ANSYS 仿真分析系列丛书

ANSYS Workbench 结构分析实用建模方法与单元应用

胡凡金　杨锋苓 等　编著

中国铁道出版社有限公司

2022年·北　京

内容简介

本书从工程结构分类和 ANSYS Workbench 用户常见建模难点入手，结合作者十余年来的科研、软件教学经验，归纳形成了基于工程结构特点的结构实用建模方法和一系列高级专题，可帮助读者快速、系统地掌握 ANSYS 有限元分析的实用建模方法。本书涉及的专题内容包括工程结构分类、ANSYS Workbench 单元类型选择、几何模型准备与参数化建模、连续体单元与实体结构建模、板壳单元与板壳结构建模、杆单元与杆系建模、部件的接触与连接、组合结构建模、基于 External Model 的有限元模型装配、Remote Point 技术在建模计算中的应用、Named Selection、温度场单元与热分析建模技术、结构分析的求解技术要点、ANSYS 单元算法与选项、Workbench 应用技巧等。本书提供了一系列精心设计的建模例题，便于读者对照自学，部分例题还涉及多种建模方法的对比研究。建议结合《ANSYS Workbench 结构分析深入应用与提高》一书阅读使用本书。

本书适合于理工科研究生及高年级本科生学习有限元方法和 ANSYS Workbench 软件应用课程时作为参考书，也可供相关工程技术人员、学习型工程师作为学习和应用 ANSYS Workbench 结构分析技术的参考书。

图书在版编目(CIP)数据

ANSYS Workbench 结构分析实用建模方法与单元应用/胡凡金等编著.—北京:中国铁道出版社有限公司,2022.2
(ANSYS 仿真分析系列丛书)
ISBN 978-7-113-28443-5

Ⅰ.①A… Ⅱ.①胡… Ⅲ.①建模结构-有限元分析-应用软件
Ⅳ.①TU3-39

中国版本图书馆 CIP 数据核字(2021)第 204532 号

ANSYS 仿真分析系列丛书
书　　名:ANSYS Workbench 结构分析实用建模方法与单元应用
作　　者:胡凡金　杨锋苓 等

策　　划:陈小刚
责任编辑:冯海燕　　**编辑部电话:**(010)51873170
封面设计:崔　欣
责任校对:焦桂荣
责任印制:樊启鹏

出版发行:中国铁道出版社有限公司(100054,北京市西城区右安门西街 8 号)
网　　址:http://www.tdpress.com
印　　刷:三河市兴博印务有限公司
版　　次:2022 年 2 月第 1 版　2022 年 2 月第 1 次印刷
开　　本:787 mm×1 092 mm 1/16　**印张:**25.75　**字数:**636 千
书　　号:ISBN 978-7-113-28443-5
定　　价:68.00 元

版权所有　侵权必究

凡购买铁道版图书,如有印制质量问题,请与本社读者服务部联系调换。电话:(010)51873174
打击盗版举报电话:(010)63549461

前　　言

本书从工程结构分类和ANSYS Workbench用户常见建模难点入手，结合作者十余年来的科研、软件教学经验，归纳形成了基于工程结构特点的结构实用建模方法和一系列高级专题，可帮助读者快速、系统地掌握ANSYS有限元分析的实用建模方法。主要内容包括工程结构分类、ANSYS Workbench单元类型选择、几何模型准备与参数化建模、连续体单元与实体结构建模、板壳单元与板壳结构建模、杆单元与杆系建模、部件的接触与连接、组合结构建模、基于External Model的有限元模型装配、Remote Point技术在建模计算中的应用、Named Selection、温度场单元与热分析建模技术、结构分析的求解技术要点、ANSYS单元算法与选项等。本书提供了一系列精心设计的建模例题，便于读者对照自学，部分例题还涉及多种建模方法的对比研究。

书中各章的具体内容安排如下：

第1章为Workbench有限元分析建模方法综述，内容包括工程结构分类、ANSYS单元类型选择、ANSYS Workbench应用基础。

第2章为几何模型准备，内容包括DM及SCDM创建和修改几何、针对各种结构类型有限元建模的几何准备、参数化建模。

第3章为ANSYS连续实体单元与实体结构建模，内容包括常用实体单元算法与选项、2D和3D连续实体结构建模方法与案例。

第4章为ANSYS板壳单元与板壳结构建模，内容包括薄壳单元、实体壳单元的使用，板壳结构建模方法与案例。

第5章为ANSYS杆件单元与杆系结构建模，内容包括桁架单元、梁单元的使用，杆系结构与板梁组合结构建模方法与案例。

第6章为部件接触连接与模型装配，内容包括部件接触与连接、External Model组件的使用与APDL模型在Workbench导入、有限元模型的装配等。

第7章为Remote Point在结构建模及计算中的应用，内容包括远程点技术的实质、在建模和计算中的应用等。

第8章为Named Selections的定义方法及其使用，详细介绍了Mechanical中的多种命名选择集合的指定及使用方法。

第9章为温度场单元与热分析建模，内容包括常用热分析单元介绍、温度场建模方法与案例等。

第10章为结构分析求解技术实现要点，对各种结构分析类型的具体实现方法作归纳性的讲解，可帮助分析人员快速掌握相关的分析技术要点。

本书附录部分收录了常用单元的选项以及Workbench结构分析组件Mechanical中常用的快捷键。

本书适合于理工科专业研究生及高年级本科生在学习有限单元法和ANSYS应用等课程时作为参考书，也可供学习和应用ANSYS Workbench的技术人员参考。建议结合《ANSYS Workbench结构分析深入应用与提高》一书阅读和使用本书。

本书主要由胡凡金、杨锋苓负责编写，王文强、夏峰、魏凯等也参与了编写，并为本书提供算例和资料，尚晓江博士为本书的编写提供了很好的素材和思路，并认真审阅了本书的大部分初稿，是大家的共同努力，才使本书得以顺利编写完成。编写过程中，参考了一系列国内外专业书籍、软件手册、研究报告及论文等文献资料，在此对相关文献的作者也表示诚挚的谢意。此外，还要感谢中国铁道出版社有限公司编辑老师们的辛勤工作，他们负责、专业、认真的态度让本书的编排质量有了可靠的保障。

ANSYS结构建模与分析技术应用范围十分广泛，涉及众多的领域，由于作者认识水平的局限，书中的不当甚至错误之处在所难免，在此恳请读者多多批评指正。本书部分模型文件可到中国铁道出版社有限公司网站专区(http://www.m.crphdm.com/2021/1203/14415.shtml)下载，也可与微信公众号“洞察FEA”联系获取。与本书相关的技术问题讨论，欢迎发邮件至邮箱：consult_str@126.com。

作　者

2021年9月

目　　录

第 1 章　Workbench 有限元分析建模方法综述

本章从工程结构分类和特点出发，介绍了各类结构的建模思路、Workbench 常用单元类型、Workbench 的工作原理与基础知识、Workbench 有限元分析的流程与组件等内容，为系统学习 Workbench 有限元分析建模方法打下良好的基础。

1.1　工程结构分类与 ANSYS 单元类型概述

1.1.1　工程结构分类、特点与有限元建模思路

工程结构按照其几何以及受力特点，可以分为连续体结构(3D、2D)、桁架结构、梁结构、板壳结构以及组合结构等类型。本节介绍各种结构类型的特点及其在 ANSYS Workbench 中建模的思路。

1. 连续实体结构(3D)

三维连续实体结构是最为常见的结构形式，各种机电产品的零部件、桥墩和建(构)筑物的基础墩台、各种工业领域中的连接件受力分析等问题，都是典型的 3D 连续实体结构的受力问题。这类问题的几何特点是，在三个方向上的尺度基本在同一数量级。如图 1-1 所示为一些 3D 实体结构的示例，其中图 1-1(a)为机械支架结构，图 1-1(b)为齿轮零部件，图 1-1(c)为电路板结构。

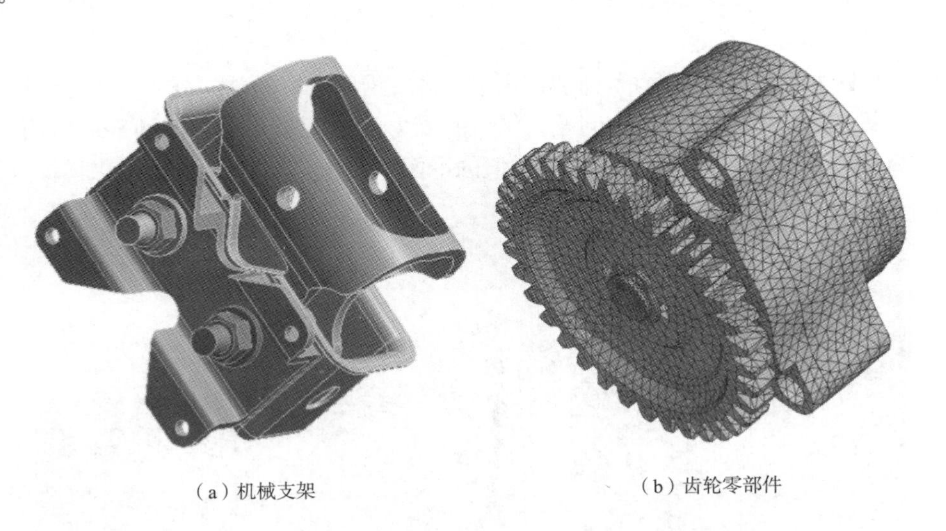

(a) 机械支架　　(b) 齿轮零部件

图　1-1

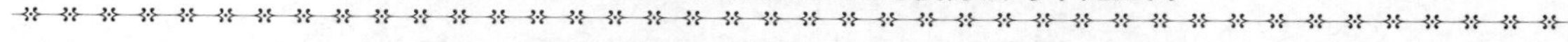

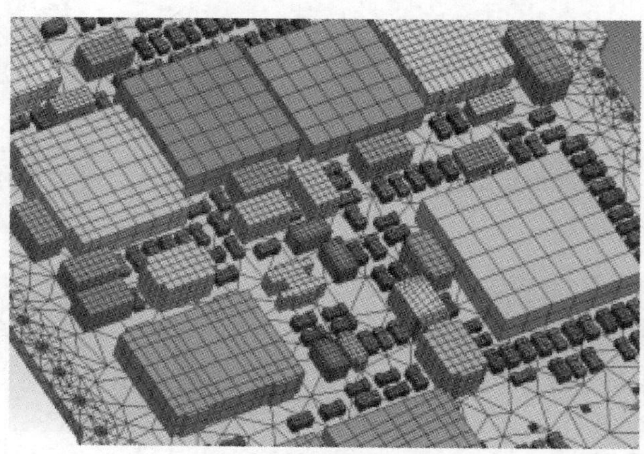

（c）电路板

图 1-1 3D 连续实体结构示例

在有限元分析中，通常采用二次插值的实体单元对 3D 连续实体进行离散，四面体单元更是具有良好的复杂几何适应性，因此得到了普遍的应用。需要指出的是，理论上讲，尽管所有结构都能够用 3D 连续实体单元来建模，但这往往是不现实的，因此要根据结构特点选用合适的单元类型。本节后面介绍的其他结构形式都是 3D 实体在特定情况下的物理简化，这些简化有效地提高了建模和计算的效率。

2. 连续实体结构(2D)

在特定情况下，三维实体结构可以被视作二维问题加以分析。常见 2D 连续实体结构类型包括平面应力问题、平面应变问题、空间轴对称问题三种类型。如图 1-2 所示为一些 2D 连续实体结构的示例，其中：图 1-2(a)为开孔板的平面应力问题；图 1-2(b)为重力坝的平面应变问题；图 1-2(c)左图为 3D 实体，由于是旋转体，任意一个轴向断面的受力状态均一致，因此可以视作二维轴对称问题建模和划分单元。

(1)平面应力问题

面内尺寸远大于其厚度的薄板，荷载作用于面内且沿厚度方向均匀分布，没有面外方向的荷载和位移约束，这种情况即平面应力问题。深梁的受力问题就是一个典型的平面应力问题。在 ANSYS Workbench 中，通常选择位移二次插值的平面单元和 Plane Stress 选项来模拟这类问题。

（a）带孔平板平面应力问题

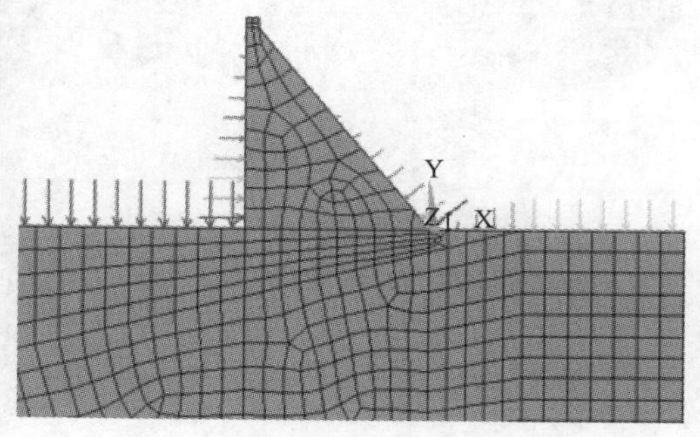

（b）重力坝平面应变问题

图 1-2

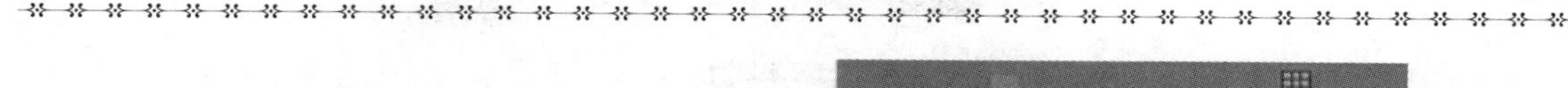

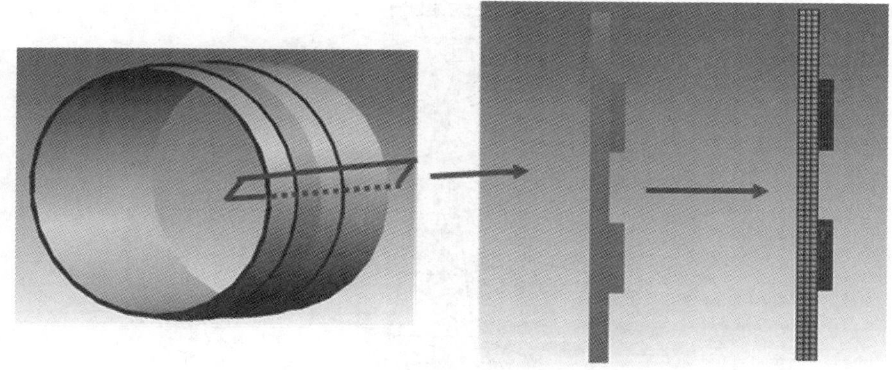

（c）套筒轴对称问题

图 1-2　二维问题示例

(2)平面应变问题

无限长且横截面沿轴向不变的结构，端部位移受到约束，外荷载作用沿着平行于横截面的方向且荷载和约束沿轴向分布无变化，这种情况即平面应变问题。坝体、隧道等问题都是典型的平面应变问题。在 ANSYS Workbench 中，通常选择位移二次插值的平面单元和 Plane Strain 选项来模拟这类问题。

(3)空间轴对称问题

轴对称问题常见于各种压力容器、散热器结构的分析中。对于几何形状轴对称的旋转体，如果其所受到的荷载和约束也为轴对称分布，即旋转方向的任意一个角度的子午面(剖面)受力状态完全相同，子午面内的应力分量与位移分量均与环向角度 θ 无关，这种情况即空间轴对称问题。在 ANSYS Workbench 中，通常选择位移二次插值的二维单元和轴对称选项来模拟这类问题。

3. 杆系结构

杆系结构是指由杆件单元组成的结构形式。杆件是在轴线方向尺寸远大于横截面尺寸的受力构件，根据杆件受力特点，通常又分为桁架结构、梁系结构、桁架-梁组合结构等类型。图 1-3为一系列杆系结构的示例。

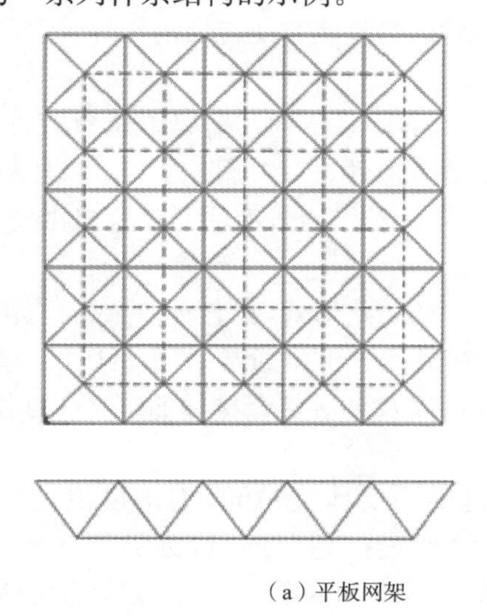

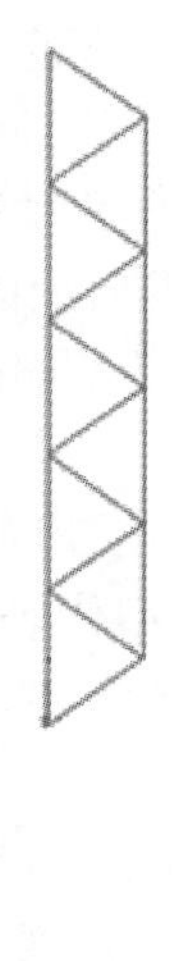

（a）平板网架

（b）钢塔架

图　1-3

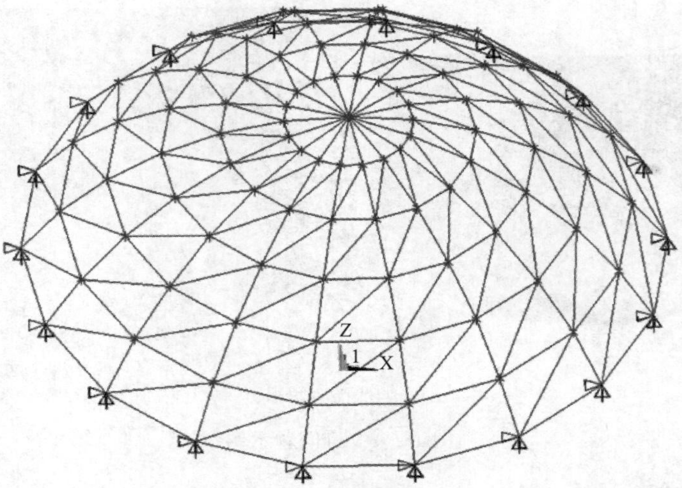

（c）球面网壳

图 1-3　杆系结构示例

(1)桁架结构

桁架结构是杆系结构的一种，是由仅能承受轴向荷载的二力杆组成的结构体系。常见于各种屋架结构、网架结构等。桁架可以视作一种自然离散的结构形式，一根杆件就是一个单元。由于二力杆的特性，两个节点之间不需要也不可能进一步细分，否则会形成机动体系。

(2)梁系结构

梁系结构是由可承受力矩(弯、扭)的杆件组成的结构体系。常见的各种空间框架结构、塔架结构、网壳结构等都是梁系结构。在有限元分析中，通常采用梁单元来模拟受弯杆件。对于工程中常用的单轴或双轴对称截面，需要为梁单元指定截面的方位。梁单元和梁单元之间的节点连接处通常为刚接形式，对于铰接形式或半刚半铰形式，在 Workbench 中通过 End Release 方式处理。此外，工程中一类常见的管道结构系统，ANSYS Workbench 中提供了管单元来进行模拟，这些单元在受力特点上实质上也是梁，但是能方便施加内压等管道荷载。

(3)桁架-梁组合结构

桁架-梁组合结构是同时包含有桁架单元和梁单元的杆系结构。桁架单元为二力杆，只能承受轴力，通常用作支撑构件。梁单元则用作主要受力构件，以受弯曲为主。两种单元组合时，每一种单元的节点所具有的自由度是不同的。杆单元的节点没有转角位移自由度。

4. 板壳结构

板壳结构为厚度方向的尺寸显著小于其面内尺寸的结构形式，如各种薄壁结构、高层建筑剪力墙、薄壁容器等都是板壳结构的典型代表。在有限元分析中通常采用 SHELL 单元来模拟板壳和薄壁结构，可定义厚度或横截面，支持变厚度以及多层复合材料的定义。如图 1-4 所示为一些板壳结构的示例。

除了 SHELL 单元外，ANSYS Workbench 还提供了实体壳单元，用来模拟三维的变厚度薄壳以及中等厚度壳，在划分单元时按实体沿厚度扫掠划分即可，因此无需抽取中面。此单元的具体使用，请参考本书后续有关章节。如图 1-5 所示为一个变厚度的实体壳结构实例。

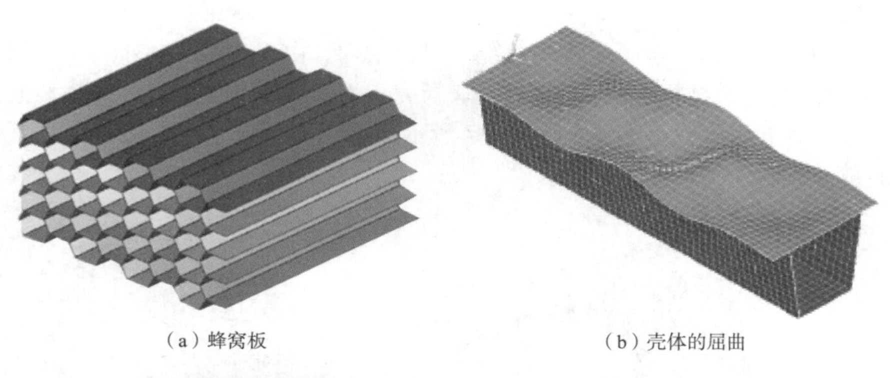

（a）蜂窝板　（b）壳体的屈曲

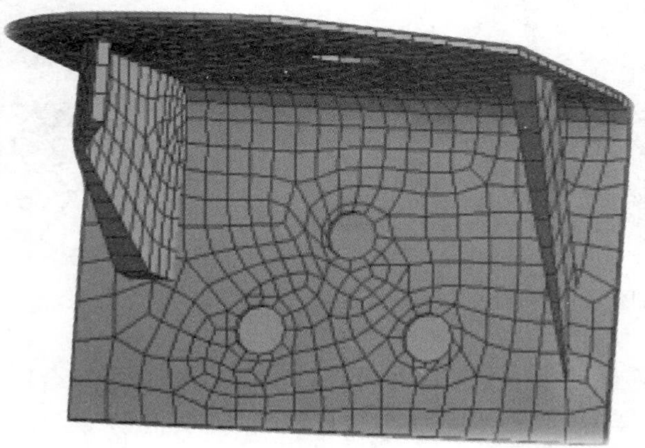

（c）变厚度壳体

图 1-4　板壳结构示例

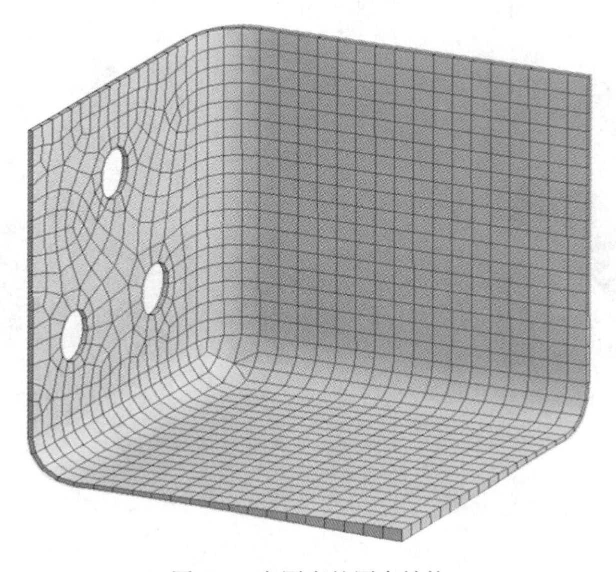

图 1-5　变厚度的厚壳结构

5. 组合结构

由上述各种结构形式组合而成的结构统称组合结构。由于二维实体不可能与其他类型的结构进行组合，因此组合结构一般是三维实体、板壳以及梁之间的组合，可以是任意两种类型的组合或者是三者的组合。如图1-6和图1-7所示为梁-壳组合结构，包含梁单元以及壳单元，并涉及梁的截面偏置。

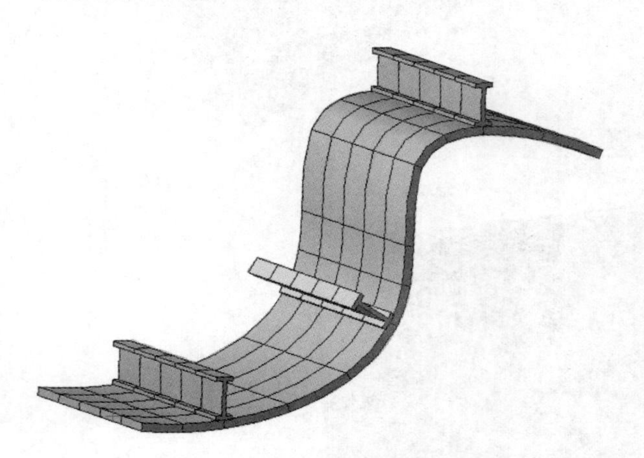

图1-6　带有加劲梁的壳体结构

图1-7　球罐容器及支撑结构

如图1-8所示为实体和梁以及实体和薄壳的组合结构，这类组合结构中，实体单元的节点没有转角位移自由度，与梁、薄壳等单元类型连接时，需要借助于MPC多点约束方程技术实现模型的连接。在ANSYS Workbench中通常采用基于多点约束方程算法的接触表面来连接这两种不同类型的单元，当然接触也可以连接不共享节点的相同类型的单元(如在公共界面不共享节点的实体部件之间)。这一技术涉及ANSYS的面-面接触单元以及线-面接触单元类型，相关细节将在后面组合结构的章节中进行讲解。

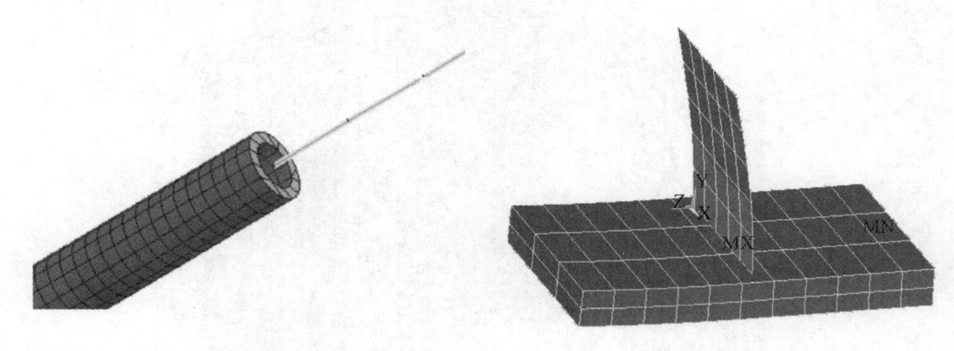

(a) 实体-梁组合结构　　(b) 实体-壳组合结构

图1-8　实体-梁/壳体组合结构实例

6. 结构简化及抽象单元类型

在有限元分析中，通常涉及到结构的系统抽象或简化。比如，分析时可以将一些弹性部件简化为刚度等效的弹簧，这就涉及到弹簧单元的使用。在Workbench中提供了线性以及非线性的连接单元类型，这些单元中还可以定义平行的阻尼器。又比如，在整体建模中经常将特定的非结构部件简化为一个与其他结构件妥善连接的质量点，在 ANSYS Workbench 中采用质量单元来模拟集中质量和转动惯量。

1.1.2 ANSYS Workbench 建模常用的单元类型

本节首先介绍 ANSYS 结构分析的单元库，然后介绍在 ANSYS Workbench 中建模选用单元类型的原则和方法。

1. ANSYS 单元库与常用单元类型

ANSYS 结构力学求解器包含了一个十分丰富的单元库，在这个单元库中的每种单元都有唯一的名称。ANSYS 的单元名称通常由单元类型标识符和单元编号两部分组成，如：20 节点实体单元的名称为 SOLID186，其中 SOLID 表示单元类型为实体单元，186 表示这一单元类型的编号。

ANSYS 求解器提供的单元类型包括有 LINK（杆单元）、BEAM（梁单元）、PIPE（管单元）、SHELL（壳单元）、SOLID（3D 实体单元）、SOLSH（实体壳单元）、PLANE（2D 实体单元）、COMBIN（弹簧阻尼单元）、MASS（质量单元）、CONTA（接触单元）、TARGE（目标单元）等，这些单元类型可用来模拟不同类型结构的受力构件及其连接。在 ANSYS Workbench 结构建模可能会用到的单元类型及其简介信息汇总列于表 1-1 中。

表 1-1 ANSYS Workbench 常用单元类型

单元类型标识符	单元名称	节点数单元形状
LINK	LINK180	两节点的杆单元
BEAM	BEAM188	轴线方向两个节点的线性梁单元
	BEAM189	轴线方向三个节点的二次梁单元
PIPE	PIPE288	轴线方向两个节点的管单元，可指定截面及液体压力荷载
	PIPE289	轴线方向三个节点的管单元，可指定截面及液体压力荷载
SHELL	SHELL181	4 节点四边形壳单元
	SHELL281	8 节点四边形壳单元
PLANE	PLANE182	4 节点平面应力、平面应变或轴对称的线性单元
	PLANE183	8 节点平面应力、平面应变、轴对称的二次单元
SOLID	SOLID186	3D 连续体单元，20 节点的 3D 连续体单元，支持六面体、四面体、三棱柱、金字塔形状的退化形式
	SOLID187	10 节点线性四面体单元
	SOLID185	8 节点线性单元
	SOLID285	4 节点 3D 连续体单元，节点具有静水压力自由度
SOLSH	SOLSH190	8 节点的 3D 实体壳单元
COMBIN	COMBIN14	非线性连接单元，可用于模拟各种弹簧，阻尼器
	COMBIN39	非线性弹簧单元，可定义位移-荷载关系
MASS	MASS21	质量以及集中惯性单元

续上表

单元类型标识符	单元名称	节点数单元形状
CONTA	CONTA173	2D面-面接触单元(3节点)
	CONTA174	3D面-面接触单元(8节点)
	CONTA175	2D/3D节点-表面接触单元
	CONTA177	3D线-面接触单元
	CONTA178	3D节点-节点接触单元
TARGE	TARGE169	2D目标单元
	TARGE170	3D目标单元

除表1-1中的基本结构分析单元类型外，ANSYS Workbench中还会用到很多具有特殊功能的单元类型，比如:用于辅助加载的表面效应单元(SURF15X)，用于施加螺栓预紧载荷的预紧单元(PRETS179)等。

2. ANSYS Workbench单元类型选择简述

ANSYS Workbench的Mechanical组件通常会根据要分析的工程结构具体类型和建模选项自动选用合适的单元类型。

对于线体(Line Body)，Workbench会根据用户选项选择LINK180单元(Truss选项)、BEAM188单元(Beam选项)或PIPE288单元(Pipe选项)。

对于2D连续实体(平面应力、平面应变、轴对称问题)，Workbench会自动选择PLANE183单元，用户需根据具体问题类型，选择Plane Stress、Plane Strain或Axisymmetric选项。

对于3D连续体结构，Workbench会自动选择二次插值的SOLID186单元(六面体以及过渡填充部分)以及SOLID187单元(四面体部分)。SOLID186是一个20节点六面体单元，并具有四面体、三棱柱、金字塔等退化形状。SOLID187是一个10节点的四面体单元。SOLID186单元的退化形式能够作为六面体网格到四面体网格之间的过渡单元。实体单元SOLID187均具有较好的几何适应性，能够用于各种复杂几何域的划分。

对于表面体(Surface Body)构成的板壳结构，Workbench会自动选择SHELL181单元。对于薄壁实体构成的板壳结构，用户可以通过厚度方向的薄壁扫掠，选择生成实体壳单元SOLSH190，这一单元的优势是无需抽取中面，且可用于变厚度问题。

如果用户修改了缺省设置或通过APDL命令直接干预单元类型选择时，Workbench也会生成相应类型的单元，比如对于实体结构选择低阶单元选项将形成SOLID185单元。此外，所选择的单元的各种选项也同样可由Workbench自动优化，或是由分析人员自行指定。

关于各种单元的理论背景、单元选项、输入以及输出数据、建模方法、Mechanical选项与单元特性的对应关系等详细内容，将在后面相关章节中结合各种结构类型的建模方法进行介绍。

本节介绍的结构类型特点及与其相对应的ANSYS单元的相关信息汇总列于表1-2中。

表 1-2　Mechanical 组件基于结构形式选择的单元类型

结构类型	几何及受力特点	Mechanical 组件的单元类型
桁架结构	线体结构体系，轴线长度远大于横截面尺寸，仅能承受轴向力，集中力作用在节点上	LINK180
梁系结构	线体结构体系，轴线长度远大于横截面尺寸，构件可承受弯矩、扭矩、轴向力、横向力的共同作用	BEAM188、BEAM189 PIPE188、PIPE189、ELBOW290
板壳结构	面体结构体系，面内的尺寸远大于厚度方向尺寸，可承受面内作用以及面外作用，在横向荷载作用下发生弯曲变形	SHELL181（线性选项） SHELL281（二次选项） SOLSH190（可用于中等厚度，薄壁扫掠划分选择 SOLID SHELL 选项）
3D 连续结构	三个方向尺寸在同一数量级	SOLID186 和 SOLID187 SOLID185（线性选项）
2D 连续结构	连续结构可简化为 2D 的几种特殊情况：平面应力、平面应变、轴对称	PLANE183（二次选项） PLANE182（线性选项）
组合结构	上述各种结构类型的组合体，通常是通过界面绑定接触来实现	CONTA175/TARGE170

实际上，对于一个特定的分析项目，建模方法和单元类型的选择并不是唯一的。比如说，模拟薄壁结构时，可以直接创建实体模型，然后进行中面抽取并通过 SHELL 单元划分表面；如果不抽取中面，也可以采用实体壳单元对实体进行扫掠划分。又比如，在压力容器分析中，可以选择 3D 实体单元进行网格划分；也可以抽取中面，采用 SHELL 单元进行网格划分；如果容器几何和载荷分布符合轴对称特征，也可以采用 2D 轴对称单元创建轴对称的剖面模型。具体采用何种建模方案取决于分析的精度要求、计算机硬件性能以及用户的经验等因素。

1.2　ANSYS Workbench 基础知识

1.2.1　ANSYS Workbench 的工作原理及若干基本概念

本节介绍 ANSYS Workbench 平台的工作原理和基本概念术语，这些内容是应用 Workbench 必备的基础知识。

1. Workbench 工作原理简介

Workbench 是一个仿真技术的集成平台，在其上集成了各种与仿真分析相关的应用程序组件。在 Workbench 中实施计算分析项目的过程通常根据任务阶段划分为若干环节，比如：材料参数定义、几何模型准备、有限元模型、约束与荷载的施加、计算设置与求解、结果后处理等，这些环节均需要在特定的应用程序组件中进行操作，而 Workbench 仅负责管理流程以及在各应用程序组件中传递相关的数据。Workbench 的工作原理可以描述为 Workbench 仅对数据进行集成而不是对应用界面进行集成，因此，Workbench 平台上进行的仿真计算任务流程必须通过一系列的应用程序组件来接力完成，而这些组件形成的数据则是在各组件之间进行共享和传递。在 Workbench 平台上集成的主要应用及其作用的描述列于表 1-3 中。

表 1-3 Workbench 集成常用模块及其作用描述

程序模块名称	作 用 描 述
ANSYS SCDM	直接几何建模、高级几何模型编辑与修复、概念建模
ANSYS DM	实体建模、几何模型的编辑修复、概念建模
ANSYS Mechanical	通用结构分析与固体热传递分析
ANSYS Mechanical APDL	通用结构分析与固体热传递分析(传统环境)
ANSYS Mesh	网格划分
ANSYS Fluent	通用 CFD 分析
ANSYS CFX	通用 CFD 分析
ANSYS CFD Post	CFD 后处理器
System Coupling	系统耦合界面
ANSYS ICEM CFD	高级网格划分组件
Design Exploration	Workbench 的本地参数优化模块
Engineering Data	Workbench 的本地工程数据模块
Project Schematic	Workbench 的本地项目流程管理模块

基于表 1-3 中的应用模块，Workbench 将分析项目按照用户指定的分析流程组织起来，完成结构静力分析、动力分析、固体传热分析、流动及流体传热分析、流-固耦合振动分析、流-固耦合传热分析、热-固耦合分析、流-固-热耦合分析等实际工程问题。Workbench 平台所集成的应用中，Project Schematic、Engineering Data 、Design Exploration 这三个为 Workbench 的本地应用程序，即集成在 Workbench 窗口中。其余的均为数据集成应用程序，在编辑数据的时候会在各自独立于 Workbench 的应用组件界面中进行，根据 Workbench 工作原理，其只负责管理和传递在不同应用程序组件中所形成的数据。以一个标准的结构分析为例，各个操作环节及其对应的 Workbench 组件如图 1-9 所示。

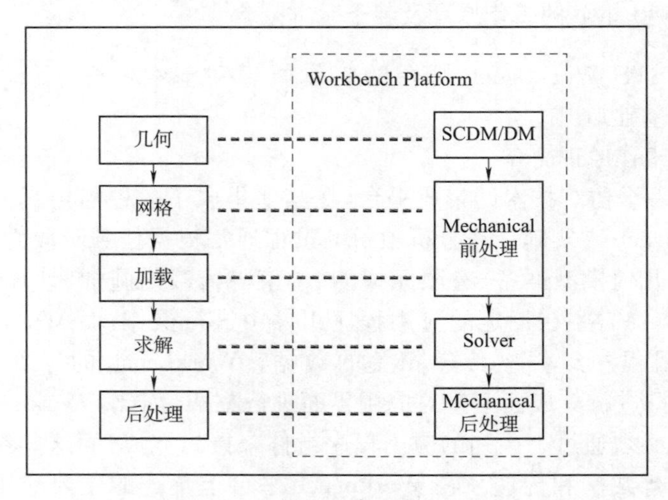

图 1-9 结构分析的任务及对应的 Workbench 组件

2. Workbench的主要作用

Workbench平台的作用主要体现在如下三个方面:仿真项目的流程管理,仿真数据的管理,仿真参数的管理和优化设计。

(1)仿真项目的流程管理

Workbench通过Project Schematic实现对分析项目流程的搭建和组织管理。一个分析流程可以包含若干个程序组件或分析系统。在Project Schematic中,仿真分析流程中包含的各组件都依赖于其上游组件,只有上游组件的任务完成后,当前组件才可以开始工作。Workbench通过直观的指示图标来区分不同组件的工作状态,用户可以通过这些提示信息来了解到分析项目的当前进度情况。

(2)仿真数据的管理

在Workbench中集成的大部分程序模块,都是数据集成而不是界面的集成。在一个分析项目中,所有相关集成模块形成的数据和形成的文件被Workbench进行统一管理。不同模块所形成的数据可以在仿真流程的不同分析组件或分析系统中间进行共享以及传递。以热-固分析为例,热传递和固体应力分析的有限元分析模型可以是共用的,这是一个典型的数据共享;而热传递分析得到的温度场数据则传递到固体应力分析中作为载荷来施加,这是一个典型的数据传递。

(3)仿真参数的管理和优化设计

Workbench的另一个重要作用,是对各集成数据程序模块所形成的参数进行统一管理,这些参数可以是来自于CAD系统的设计参数,也可是在分析过程中提取和形成的计算输出参数。在Workbench中还包含一个参数和设计点(不同参数的一个组合方案)的管理界面,此界面能够对所有的参数以及设计点实施有效的管理,基于这一管理界面的设计点列表及图示功能,可以实现方案的直观比较。此外,基于ANSYS Workbench集成的Design Exploration模块可以实现基于参数的优化设计。

3. Workbench中的系统与流程

在Workbench中的系统主要包括分析系统和组件系统两大类,通过这些系统可以搭建分析的流程。

(1)分析系统

所谓分析系统,即Analysis System,是指完成一个特定分析类型包含的应用程序组件按一定顺序的组合。比如:完成结构模态分析,需要材料数据组件Engineering Data、几何模型组件SCDM(或DM)、有限元建模及前后处理组件Mechanical。

以最常见的结构静力分析系统为例,如图1-10所示,这一分析系统包括A1～A7共计七个单元格,A1为标题栏,后面各单元格依次为Engineering Data(A2)、Geometry(A3)、Model(A4)、Setup(A5)、Solution(A6)以及Results(A7),每个单元格都对应着相关的程序组件。结构分析的前后处理组件为Mechanical,因此结构分析系统A4～A7对应的组件均为Mechanical组件。Mechanical组件在启动时会打开新的窗口,这种类型的应用组件被称为数据集成应用程序;而A2单元格启动的Engineering Data只会切换至Workbench平台的另一个工作页面而不会打开新的窗口,这种类型的应用组件被称为Workbench的本地应用程序。

右键单击系统的各单元格,都会弹出相应的快捷菜单。通过这些快捷菜单,用户可以打开与此单元格对应的程序模块,添加上游或下游分析系统,导入相关的模型文件,打开组件的

Properties 视图，进行单元格操作（如刷新、更新、重设等）或添加注释等。

在一个分析系统中，数据总是从上方单元格传递至下方单元格的，ANSYS Workbench 在每个单元格的右方给出了一个可视化的单元格状态图标，便于用户有针对性的做出快速响应。单元格的常见状态图标及其代表的意义列于表 1-4 中。

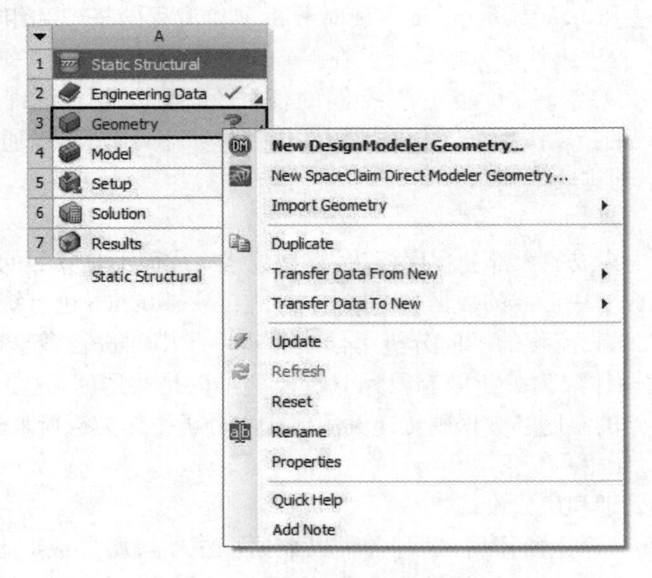

图 1-10　静力结构分析系统

表 1-4　Workbench 单元格的状态图标及其含义

图　标	图标含义
	无法执行，缺少上游数据
	需要刷新，上游数据发生改变
	无法执行，需要修改本单元或上游单元的数据
	需要更新，数据已改变、需要重新执行任务得到新的输出
	当前单元格数据更新已完成
	发生输入变动，单元局部是更新的，但上游数据发生改变导致其可能发生改变

（2）组件系统

所谓组件系统，即 Component System，是指完成一个分析中的特定环节或任务所需的应用程序组件或者按一定顺序的组件的组合。比如一个有限元分析建模组件系统 Mechanical Model，包含一个工程数据组件 Engineering Data、一个几何模型组件和前处理组件 Mechanical，如图 1-11 所示。

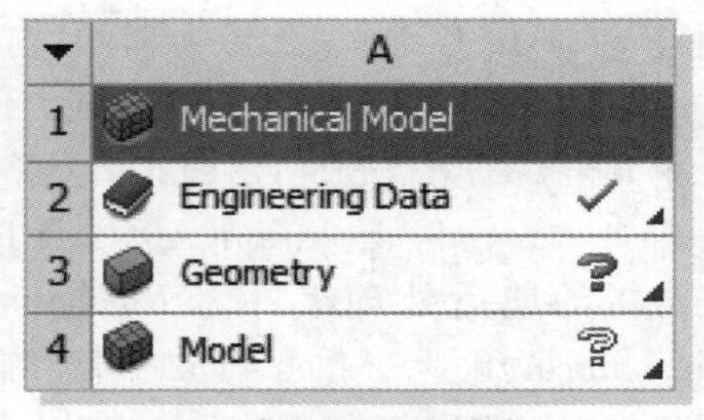

图 1-11　Mechanical Model 组件

（3）分析流程

所谓分析流程，是指在 Workbench 中定义的用于组织分析项目的流程。通常情况下，一个分析流程可以包含一个或多个系统。比如说，一个计算三个静力工况的分析流程应包含三个静力分析系统以及可能相关的几何和有限元模型等组件系统。在 Workbench 中定义分析流程时，不仅需要定义相关的系统，还需要指定系统之间的数据流，即在各系统之间的数据共享以及传递的路径，比如：多工况分析需要共享有限元模型，热应力计算时需要热分析系统传递温度数据，这些数据路径需要用户在 Project Schematic 中以连线的方式指定，具体操作将在本节后面介绍。

在 Workbench 的分析流程中，数据都是由上面单元格（组件）传递到下面单元格（组件），由左边的系统传至右边的系统。因此，项目流程中各组件的运行顺序总是由上至下、从左到右，流程中的上游组件的数据没有定义完整时，下游的组件就无法运行。

1.2.2 Workbench 界面组成简介

ANSYS Workbench 平台上集成了各种与仿真分析任务相关的应用组件，如工程数据库、建模工具、网格工具、求解器以及后处理器等，同时 Workbench 还提供参数管理并集成了设计优化模块。启动 ANSYS Workbench 界面后，可以看到其基本的界面布局如图 1-12 所示。Workbench 界面包括菜单栏（Main Menu）、工具条（Tool Bar）、工具箱（Toolbox）、项目图解窗口（Project Schematic）、Files（文件列表栏）、状态栏（Status Bar）等部分。

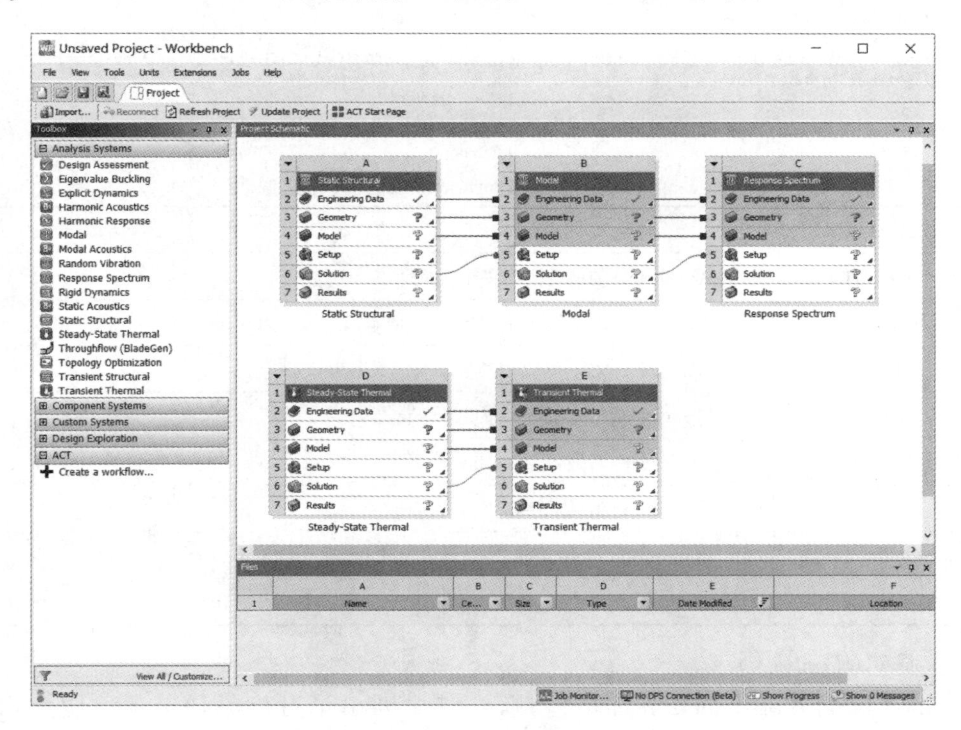

图 1-12 Workbench 的界面布局

下面对 Workbench 操作环境各部分的要点进行简要介绍。

1. 菜单栏

菜单栏由 File、View、Tools、Units、Extensions、Jobs 以及 Help 等菜单构成。File 菜单用于项目管理和文件操作，View 菜单用于界面视图控制操作，Tools 菜单用于刷新或更新分析项目、许可证管理、启动远程求解管理器界面等，Units 菜单用于设置分析项目单位系统，Extensions 菜单用于管理、安装和编译 ANSYS Workbench Customization Toolkit（ACT）所开发的扩展程序，Jobs 菜单用于监控和管理提交 RSM 的作业，Help 菜单用于访问在线帮助系统。

2. 工具栏

工具栏的第一行为文件工具栏，其中包含了最为常用的文件及项目操作工具按钮，如新建分析项目、打开项目文件、项目保存、项目另存为。文件工具栏的第二行为 Project 标签工具栏，其中 Import 按钮用于导入各种支持的模型格式，支持的格式类型以下拉列表形式列出，如图 1-13 所示，这些文件格式的后缀名及对应的文件类型说明列于表 1-5 中。在项目标签工具栏中还提供了刷新组件（Refresh）、更新项目（Update Project）等功能按钮。

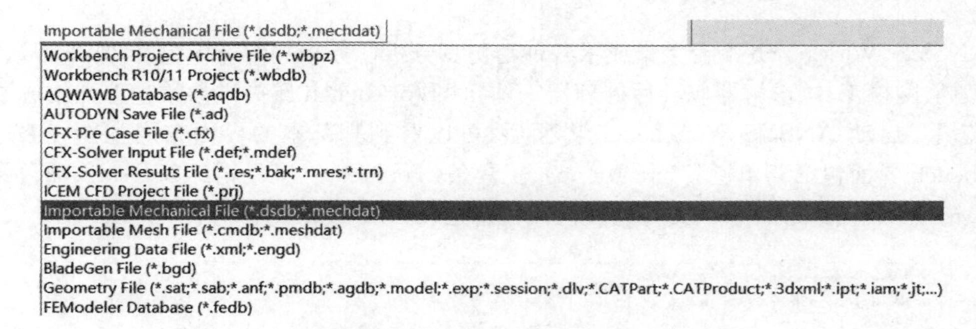

图 1-13　可导入 Workbench 的格式列表

表 1-5　部分可导入 Workbench 的文件格式说明

文件类型	文件类型说明
wbpz 文件	Workbench 的项目档案文件，后缀名为 wbpz
wbdb 文件	Workbench 的项目文件（R10、R11 版本），后缀名为 wbdb
dsdb 文件	Mechanical 文件（R11 以前版本），后缀名为 dsdb
mechdat 文件	Mechanical 文件，后缀名为 mechdat
meshdat 文件	Mesh 文件，后缀名为 meshdat
prj 文件	ICEM CFD 项目文件，后缀名为 prj
xml，engd 文件	Engineering Data 文件，后缀名为 xml、engd
Geometry 文件	各种常见几何格式，如 sat、agdb、CATPart、3dxml 、ipt、iam、jt 等

3. 工具箱（Toolbox）

Toolbox 位于 Workbench 界面的左侧，在其中列出了可以添加至项目图解（Project Schematic）区域中的所有分析系统和组件系统，用户可以利用鼠标拖动所需的系统至项目图解窗口，从而创建新的分析流程。Toolbox 工具箱包含如下几个部分。

（1）Analysis Systems

Analysis Systems 是 Workbench 预先定义的一系列标准分析系统的模板，其中常用分析系统类型及其所属学科和作用列于表 1-6 中。

表 1-6　Workbench 常用分析系统

分析系统名称	所属求解器及学科类型	分析系统的作用
Fluid Flow(CFX)	CFX 流体分析	通用流体分析系统
Fluid Flow(Fluent)	Fluent 流体分析	通用流体分析系统
Static Structural	Mechanical 结构分析	静力结构分析系统
Eigenvalue Buckling	Mechanical 结构分析	特征值屈曲分析系统
Modal	Mechanical 结构分析	结构模态分析系统
Harmonic Response	Mechanical 结构分析	结构谐振分析系统
Transient Structural	Mechanical 结构分析	结构瞬态动力分析系统
Response Spectrum	Mechanical 结构分析	响应谱分析系统
Random Vibration	Mechanical 结构分析	随机振动分析系统
Rigid Dynamics	Mechanical 结构分析	刚体动力分析系统
Steady-State Thermal	Mechanical 热传递分析	稳态热传递分析系统
Transient Thermal	Mechanical 热传递分析	瞬态热传递分析系统
Explicit Dynamics	Explicit 结构瞬态分析	显式动力学分析系统
Topology Optimization	Mechanical 优化分析	拓扑优化分析系统

(2)Component Systems

在 Toolbox 的 Component Systems 中列出了 Workbench 所集成的几乎所有程序组件以及由这些组件集合而成的具有特定功能的组件系统。常见的组件系统及其作用列于表 1-7 中。

表 1-7　Workbench 的组件系统

组件名称	组件的作用
Engineering Data	工程数据组件
External Data	外部数据组件,可用于耦合分析数据传递
External Model	外部模型组件,可用于导入既有的 CDB 文件
Finite Element Modeler	有限元模型转换器,可导入其他软件格式的模型
CFX	通用 CFD 分析组件
Fluent	通用 CFD 分析组件
Geometry	几何组件,可以是 DM、SCDM 或导入的外部几何
ICEM CFD	高级网格划分组件
Mechanical APDL	结构分析传统界面
Mechanical Model	结构分析模型组件
Mesh	网格划分组件
Results	后处理组件
System Coupling	系统耦合分析组件

(3)Custom Systems

Custom Systems 是一些预定义的耦合系统及用户定制的系统,比如:预应力模态分析系统、随机振动分析系统、响应谱分析系统、热应力分析系统、流固耦合分析系统等。

用户可以把 Project Schematic 中已经搭建好的流程通过右键菜单 Add to Custom 添加到用户定制的系统列表，如图 1-14 所示，具体操作方法如下：

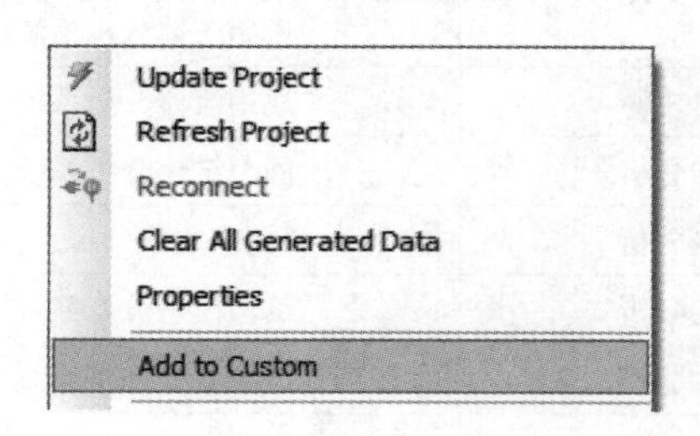

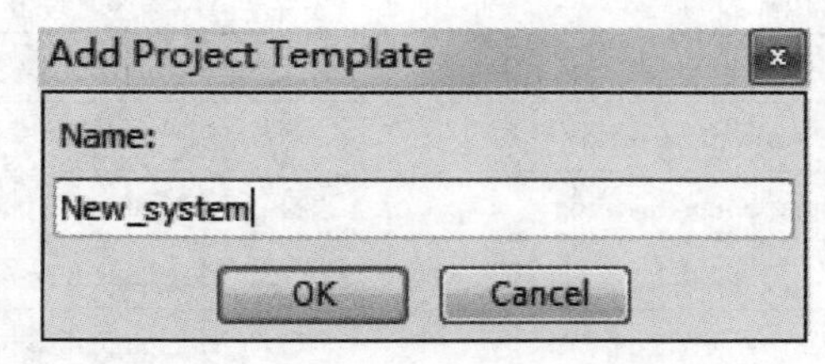

图 1-14　自定义分析流程

Step 1：在 Project Schematic 界面中搭建所需的分析流程。

Step 2：在 Project Schematic 界面的任意空白地方单击鼠标右键，在右键菜单中选择 Add to Custom 菜单项。

Step 3：在弹出的 Add Project Template 中输入模板系统的名称，在图 1-14 中为 New_system，按 OK 按钮，在 Workbench 左侧 Toolbox 的 Custom Systems 中出现一个名为 New_system 的用户系统，如图 1-15 所示。

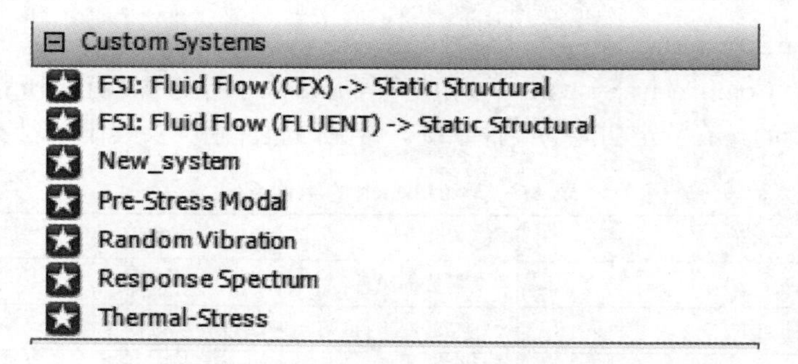

图 1-15　用户流程添加到 Custom Systems 列表

(4) Design Exploration

Design Exploration 为优化工具箱，包括了与设计优化和可靠度分析相关的 Direct Optimization、Parameters Correlation（参数相关性）、Response Surface（响应面）、Response Surface Optimization（响应面优化）以及 Six Sigma Analysis（6-sigma 分析）等组件。使用优化工具箱的前提是必须有参数，有了参数后在 Project Schematic 中会出现一个 Parameter Set 条，随后用户即可将此处的优化工具添加到参数条的下方。

(5) 工具箱的选择过滤

工具箱的项目可以选择过滤。在 Toolbox 栏底部单击“View All / Customize”，进入 Toolbox Customization 页面。用户可以在其中选择常用的分析系统、组件系统（勾选其前面的复选框）等在工具箱视图中显示，未勾选的组件或系统则被过滤掉不予显示。

4. 项目图解（Project Schematic）区域

项目图解区域用于搭建和显示分析项目的流程。在 Toolbox 中选择所需的系统添加到 Project Schematic 形成分析流程。在 Project Schematic 窗口中可以观察数据的流向以及查看分析进度等。

5. 状态信息栏

状态信息栏位于整个Workbench界面的最下方，左下角用于对操作状态进行说明，如Busy、Ready等。还可通过右下方的Show Progress和Show Messages显示当前工作的进度和输出信息。

1.2.3　Workbench环境的基本使用

本节介绍Workbench环境的基本使用，包括基本的文件操作、操作环境设置、定义和管理分析系统及流程、更新及刷新等操作。

1. 基本的文件操作

(1)新建、打开及保存项目文件

在File菜单中，用户可以创建新的项目文件(File>New)、打开已有项目文件(File>Open)、保存项目文件(File>Save、File>Save as)。

(2)导入文件

File>Import菜单用于导入文件，此菜单与工具栏上的Import按钮功能完全相同。

(3)档案文件创建与恢复

File>Archive菜单用于将整个分析项目文件"打包"压缩到一个档案文件中，并且Workbench提供了相关选项让用户可以自行选择保存的内容，比如，可选择是否保留结果文件、是否保留外部文件等，档案文件后缀名为.wbpz，实质上就是一个.zip压缩文件。

File>Restore Archive菜单用于打开通过Archive操作保存的档案文件；用户也可以将.wbpz文件直接重命名为.zip格式文件，然后直接解压缩后打开wbpj文件。

(4)记录日志并播放

基于下列步骤可以记录一个Workbench的日志，这个日志随后可以被重放。

Step 1：打开Workbench；

Step 2：选择File> Scripting> Record Journal菜单；

Step 3：指定日志文件(journal)的名称和位置，并点击Save；

Step 4：通过Workbench界面进行操作；

Step 5：选择File> Scripting>Stop Recording Journal停止录制；

Step 6：弹出一个消息提示将停止录制日志，点击OK。

按下列步骤重新播放一个录制好的Workbench日志。

Step 1：选择File> Scripting> Run Script File；

Step 2：选择并打开要播放的日志文件；

Step 3：之前录制的操作将发生。

(5)导出报告

File > Export Report菜单用于导出项目报告，此报告中包含项目内容、状态及参数和设计点等信息。

2. 操作环境设置

针对一个特定项目，可进行操作环境的设置。

(1)复位视图及窗口布局

View>Reset Workspace菜单可用于快速将当前工作空间复位至默认状态；View>Reset Windows Layout菜单用于恢复初始的窗口布局。

(2)显示文件列表

选择View>Files菜单，在Workbench窗口下侧显示所有项目文件的列表，包括文件的类型、大小、所属组件、修改时间、存放路径等信息，如图1-16所示。

Files

	A	B	C	D	E	
1	Name	Cell ID	Size	Type	Date...	
2	material.engd	A2	18 KB	Engineering Data File	2015/2/27 9:3	dp0\SYS\ENGD
3	SYS.agdb	A3	2 MB	Geometry File	2015/2/27 9:3	dp0\SYS\DM
4	SYS.engd	A4	18 KB	Engineering Data File	2015/2/27 9:3	dp0\global\MECH
5	Submodeling_Housing.wbpj		139 KB	Workbench Project File	2015/2/27 9:3	C:\Users\Administrator
6	SYS.mechdb	A4	508 KB	Mechanical Database Fi	2015/2/27 9:3	dp0\global\MECH
7	EngineeringData.xml	A2	17 KB	Engineering Data File	2015/2/27 9:3	dp0\SYS\ENGD
8	designPoint.wbdp		75 KB	Workbench Design Poin	2015/2/27 9:3	dp0

图1-16　文件列表

(3)显示属性栏

通过菜单View>Properties，可以显示属性视图，鼠标选择Project Schematic中的某一个组件时，右侧显示与之相关的Properties。

(4)显示消息栏和进度栏

通过菜单View>Messages以及View>Progress，可以在Workbench窗口底部显示消息栏以及任务进度条。

(5)Workbench Options设置

Tool>Options菜单可用于打开Workbench的常用选项设置面板，如图1-17所示。

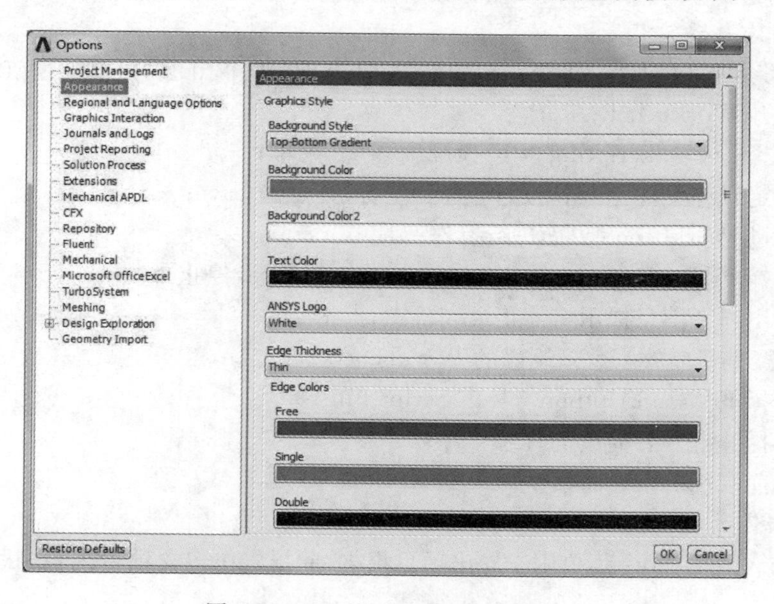

图1-17　Workbench选项设置面板

Options面板可以对Workbench及其集成的相关组件进行缺省的选项设置。比如，Options中的Appearance选项，可用于改变Workbench各集成组件(如DM、Mechanical等)

的显示窗口背景色(Background)。

(6)设置分析项目单位制

通过 Units 菜单可以设置当前项目的单位系统。

3. 定义和管理分析系统

在 Workbench 中进行有限元分析时,必须首先定义项目的分析系统和流程。分析流程是在 Project Schematic 窗口中创建和管理的。

(1)创建分析系统

ANSYS Workbench 提供了三种方法用于创建新的分析系统,分别为鼠标双击、鼠标拖动以及快捷菜单。

①双击添加方式

采用鼠标双击方式时,在 Toolbox 中选择需要添加的系统类型并双击,该系统将会出现在 Project Schematic 的已有分析系统的下一行。此方法只能创建孤立的系统,不能用于创建包含有数据流的多个系统组成的流程。

②拖动添加方式

采用鼠标拖动方式时,在 Toolbox 选择所需要添加的分析系统类型,按住鼠标左键将其拖动至 Project Schematic 窗口中释放到特定位置或单元格上来添加新的分析系统。用户可以根据分析需要,将新的系统拖放至已有系统的上、下、左、右位置或其某一个单元格上。在拖放过程中,Project Schematic 窗口中的绿色线框区域代表可以拖放到的目标位置,当移动鼠标至其中一处时,线框由绿色变成红色且会出现拖放至此的文字说明,如图 1-18 所示。

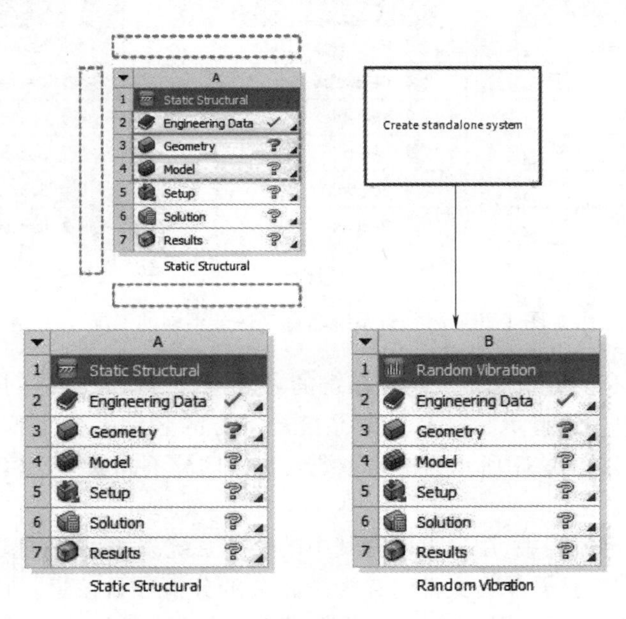

图 1-18 拖动方式创建系统

③右键快捷菜单添加方式

采用快捷菜单方式时,在 Project Schematic 窗口空白位置处单击鼠标右键,在弹出的快捷菜单中选择 New Analysis Systems、New Component Systems…在其中选择需要的分析系统即可,如图 1-19 所示。

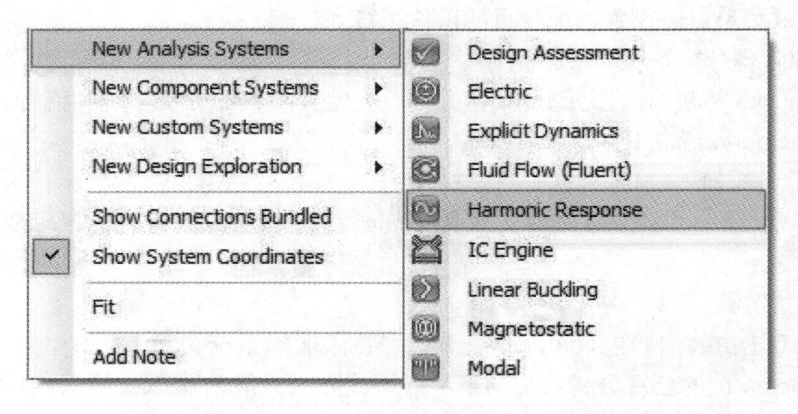

图 1-19 快捷菜单方式创建分析系统

(2)分析系统命名

添加至 Project Schematic 窗口的系统都有缺省的名称,用户也可以对这些名称进行修改。

当一个分析系统(Analysis Systems)或组件(Component Systems)被添加到 Project Schematic 中时,其最下方的名字区高亮度显示缺省的分析系统或组件系统名称,这时用户可以直接修改为想要的系统名称,如图 1-20 所示用系统名称区分工况。

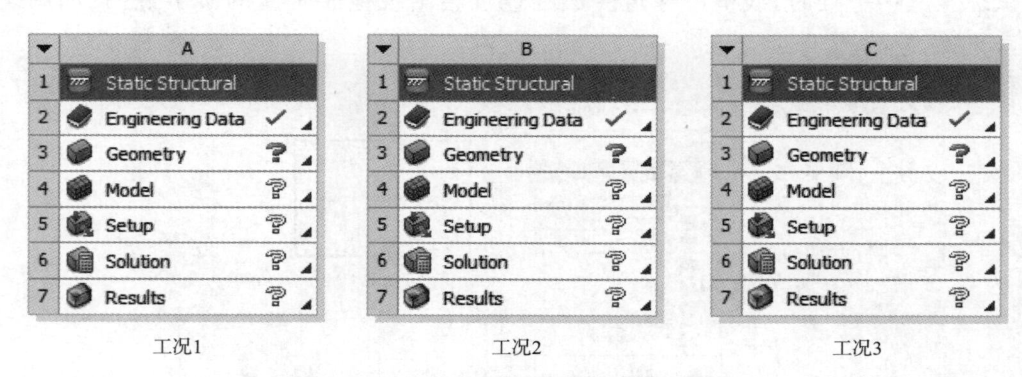

图 1-20 用分析系统名称来区分不同的工况

用户也可以对已有的分析系统或组件系统的名称进行修改。具体的方式是,选中目标系统的标题栏,右键菜单中选择 Rename,此时系统最下方的名称高亮度显示,用户在此修改为新的系统名称即可。如图 1-21 所示为修改系统名称以区分不同的湍流模型。

(3)注释分析系统

在一个复杂的分析流程中,用户可以为其中的个别系统添加注释,把这些注释与系统名称结合起来,便于其他用户打开项目文件时弄清楚相关的分析项目信息。在一个分析系统的标题栏(最上面的单元格)中单击鼠标右键,在右键菜单中选择 Add Notes,即弹出一个文本编辑框,用户可在其中填写注释。添加注释后的系统标题栏右上角出现一个三角形,点此三角形即显示带有注释内容的文本编辑框,如图 1-22 所示。

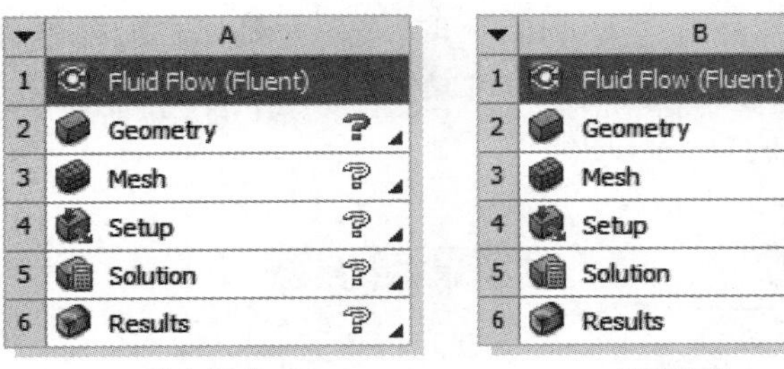

湍流模型一　　湍流模型二

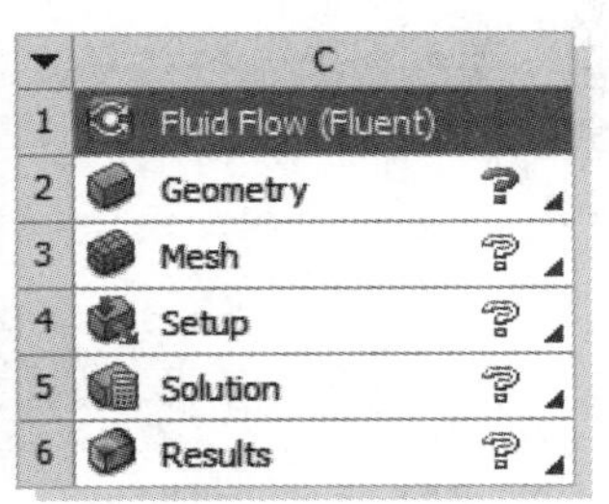

湍流模型三

图 1-21　修改流体分析系统名称

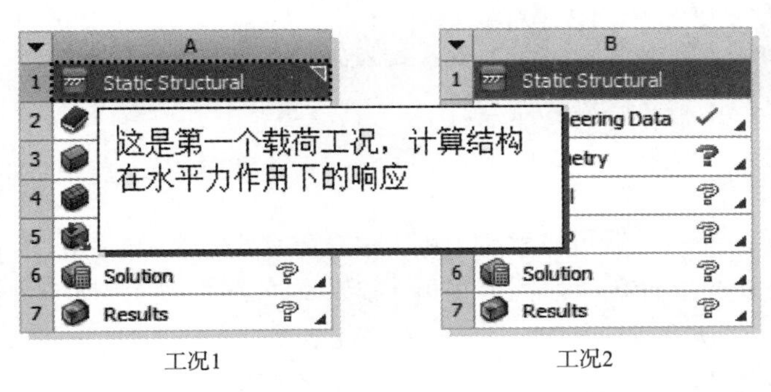

工况1　　工况2

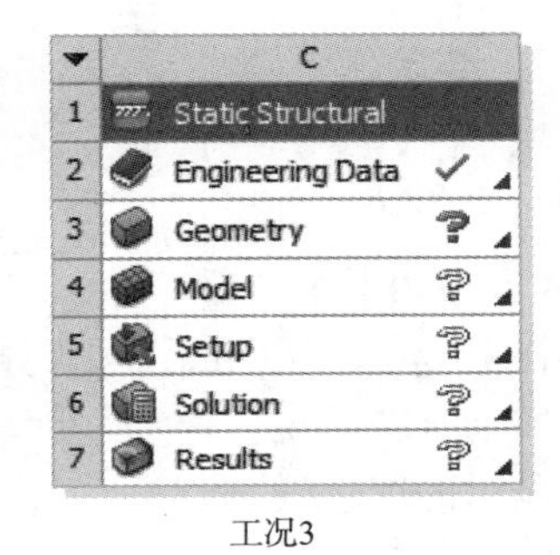

工况3

图 1-22　分析系统的注释

类似地，也可以为分析系统的每一个组件添加注释，具体方法是，在分析系统中选择要添加注释的组件，单击鼠标右键，在右键菜单中选择“Add Note”，然后为组件添加注释。添加注释后的组件单元格右上角出现一个三角形，点此三角形即显示带有注释的文本框。

(4)复制系统

通过右键快捷菜单中的 Duplicate 操作，可以快速复制一个分析系统，复制结果取决于进行 Duplicate 操作时鼠标点击的位置。

鼠标右键单击系统表头单元格然后选择 Duplicate，会生成一个新的独立系统，但是原系统的结果却不会被复制。比如，在图 1-23 中右键单击 A1 单元格选择 Duplicate，会复制出一个新的系统 B。

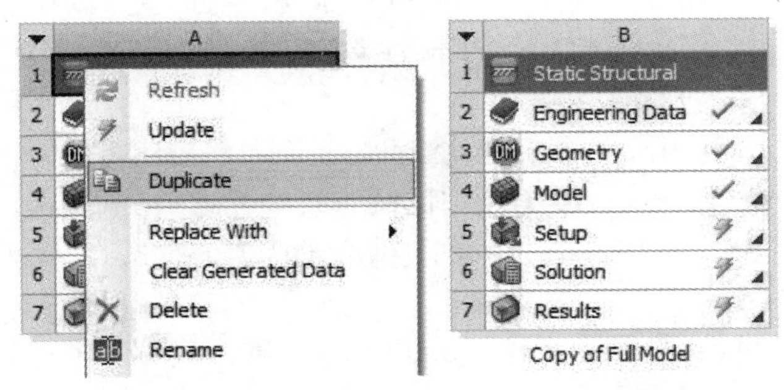

图 1-23　复制独立系统

当鼠标右键单击系统的某一单元格，然后选择 Duplicate 时，该单元格以上的内容将会被共享到新的系统中。比如，在图 1-24 中右键单击 A4 Model 单元格选择 Duplicate，生成的 B 系统会与 A 系统共享 Engineering Data 和 Geometry。

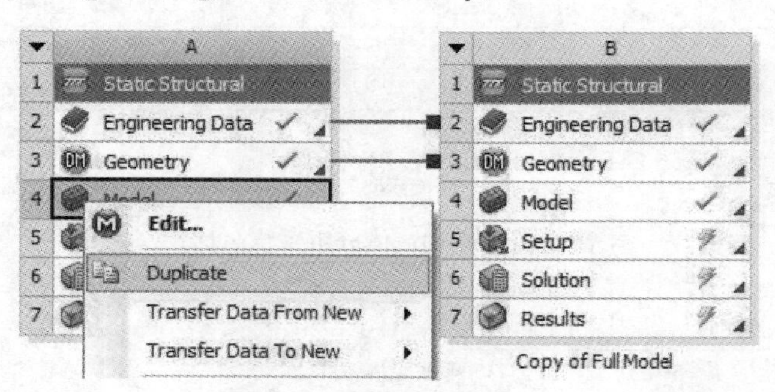

图 1-24　复制关联系统

(5)移动系统位置

在 Project Schematic 中，分析系统的位置可以移动，用鼠标左键单击表头单元格，可将该系统拖动至新的位置停放，可以停放的位置在项目图解窗口中会以绿色线框显示，与拖放新系统时显示的绿色线框相同。

(6)系统的删除

在 Project Schematic 中，分析系统或组件系统可以被删除。删除系统时，用鼠标右键单击表头单元格，在弹出的快捷菜单中，选择 Delete，即可删除此系统。

(7)分析系统替换

在 Project Schematic 中，分析系统还可以被替换。替换系统时，用鼠标右键单击表头单元格，在弹出的快捷菜单中，选择 Replace With…菜单右侧的列表，选择替换后的目标类型，即可替换当前系统为目标类型的系统。

4. 搭建分析流程

项目分析流程由一系列相互关联的系统或组件所组成，基于一系列分析系统可以组合形成复杂的项目分析流程。在关联不同的分析系统或组件时一般可采用鼠标拖放法或右键菜单法。当项目图解区域中已存在一个分析系统时，可以通过鼠标拖放法生成新的后续系统，新系统被拖放至已存在系统的某个单元格的红色框上时，新的分析系统将与当前系统建立关联，形成具有数据(比如模型、网格等)共享及传递的分析流程。用户也可以在已存在系统单元格上单击鼠标右键，通过选择 Transfer Data from New…或 Transfer Data to New…创建上游或下游分析系统。

如图 1-25 所示，分别采用上述鼠标拖放法和右键菜单法搭建热应力耦合分析流程。搭建完成的流程中，A2→B2、A3→B3、A4→B4 之间的连线端部为一个实心的方块，代表这些单元格之间的数据是共享的关系；A6→B5 之间的连线端部为实心的圆点，代表两者之间是数据传递关系。

选择菜单 View>Show Connections Bundled，以紧凑方式显示上述热-固耦合分析流程，如图 1-26 所示，其中 2：4 表示 A2 至 A4 分别与 B2 至 B4 共享数据，其右侧也是显示为一个表示数据共享的实心方块。

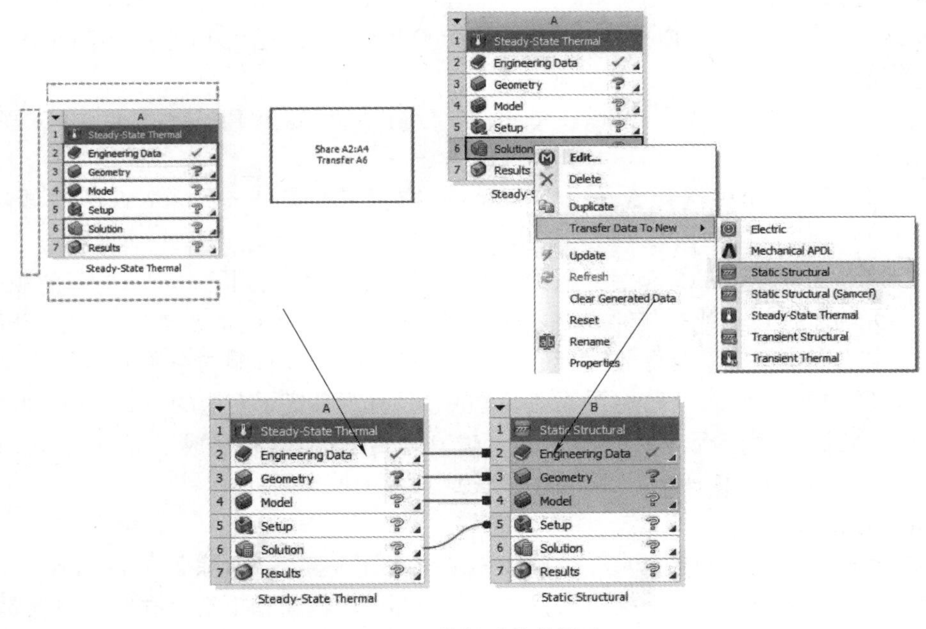

图 1-25　分析系统的搭建

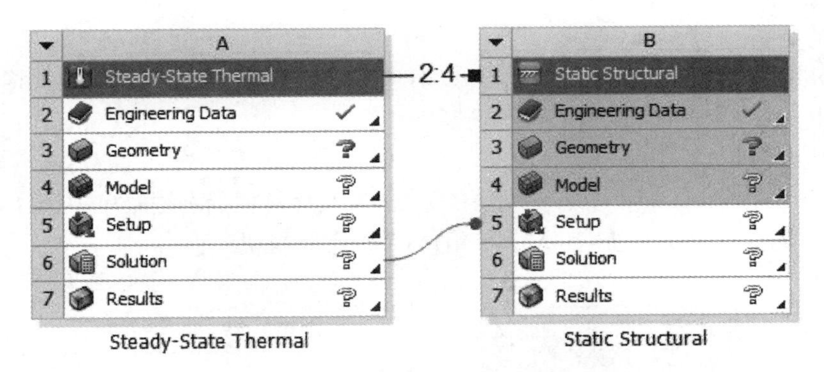

图 1-26　紧凑方式显示分析流程的数据共享

实际建立分析流程时，更多是采用鼠标拖放的方式，下面再举一例来说明复杂流程的搭建方法。如图 1-27 所示的流程，涉及到 Analysis System 和 Component System 的组合，此系统的搭建次序为：

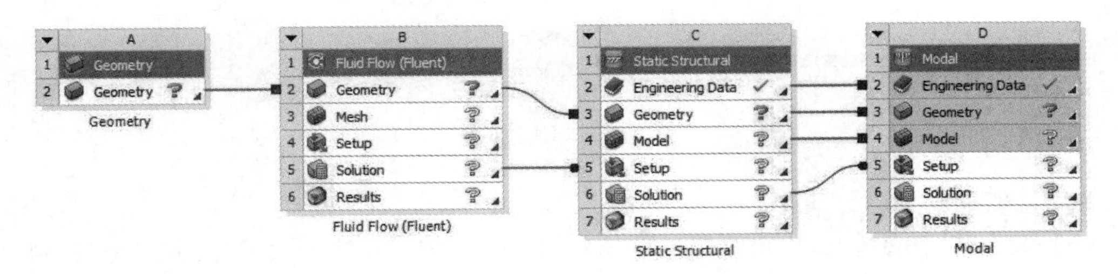

图 1-27　多系统分析项目

Step 1:左侧工具箱中选择 Geometry 组件,拖至右侧的 Project Schematic 视图区域。

Step 2:左侧工具箱中选择 Fluid Flow(Fluent)分析系统,拖至 Project Schematic 视图区域的 A2 单元格。

Step 3:左侧工具箱中选择 Static Structural 分析系统,拖至 Project Schematic 视图区域的 B5 单元格。

Step 4:左侧工具箱中选择 Modal 分析系统,拖至 Project Schematic 视图区域的 C6 单元格。

由于 ANSYS Workbench 项目分析的工作流程是按照“从上到下、从左到右”的顺序,也就是说上面单元格组件设置或操作完成后才能进行下面单元格的设置或操作,左侧分析系统或组件设置或操作完成后,才能将数据传递至右侧的分析系统,右侧的系统或组件才能开始工作。在图 1-27 中的 B:Fluid Flow(Fluent)系统中,只有定义好了左边的 Geometry 组件 A,才能进行 Mesh 的设置,因为后者会用到由前者输入的信息;而只有完成了 C:Static Structural 的分析,才能将计算数据传递至 D:Modal,以完成预应力模态的计算。

5. 刷新与更新操作

刷新(Refresh)和更新(Update)是两个重要的操作,实际上,除了项目(Project)以外,Project Schematic 中的每一个系统以及组件单元格都可以刷新和更新。刷新和更新是有区别的,刷新仅传递上游数据的改变,而更新则需要根据变化的数据做出相应的变化。

(1)刷新操作

①项目的刷新

通过 Tools>Refresh Project 菜单,可以对项目进行刷新操作。也可以选择 Workbench 工具栏上的 Refresh Project 按钮以执行刷新操作。

②系统的刷新

对于在 Project Schematic 中需要刷新的系统,在其标题栏的右键菜单中选择 Refresh。如图 1-28 中所示的静力分析系统,其 Model 组件(A4)需要刷新。

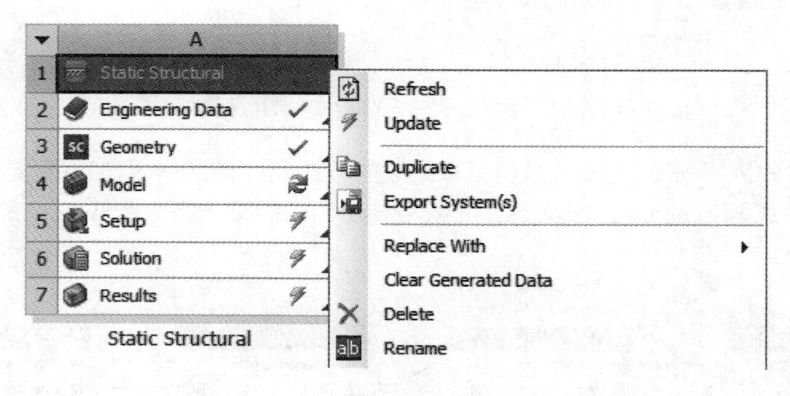

图 1-28 刷新系统

③组件的刷新

对于图 1-28 中的情况,也可直接刷新 A4:Model 组件所在的单元格,其方法是在 A4 单元格的右键菜单中选择 Refresh。

(2)更新操作

①项目的更新

通过 Tools>Update Project 菜单,可以对项目进行更新操作。也可以选择 Workbench 工具栏上的 Update Project 按钮以执行更新操作。

②系统的更新

对于在 Project Schematic 中需要更新的系统,在其标题栏的右键菜单中选择 Update。如果系统的组件(单元格)有未定义完整的情况,执行更新操作时只能更新到有完整信息定义的位置。

③组件的更新

用户可以选择更新特定的组件单元格,具体方法是选择需要更新的单元格,在其右键菜单中选择 Update。

1.3　ANSYS Workbench 有限元分析建模流程与组件介绍

1.3.1　Workbench 的建模流程和相关应用组件

在 ANSYS Workbench 中建立分析模型时,根据几何模型来源的不同,建模流程也有所区别。原始几何模型可以来源于外部 CAD 系统,也可以在 Workbench 中通过 ANSYS 的几何组件直接创建。

1. 导入外部几何时的建模流程

很多情况下,分析人员会选择导入设计人员提供的外部 CAD 系统中建立的三维几何模型,这些外部 CAD 三维模型通过 ANSYS 的几何接口导入。另一方面,由于分析建模时一般需要对原始几何模型进行必要的简化和编辑处理,比如薄壁实体抽取中面等操作,而这类型的操作需要借助于 ANSYS 的几何组件 SCDM 或 DM。由此可见,原始三维几何模型和结构分析所采用的几何模型是有区别的。即便是 3D 实体结构,通常也不建议直接导入就进行网格划分,而是应当在网格划分前进行必要的编辑和简化操作,比如删除原始几何模型中的细微凸起等不必要的细节特征。

导入外部几何模型情况的建模流程如图 1-29 所示,首先在外部 CAD 系统中创建原始几何模型,然后通过 ANSYS 与 CAD 系统的接口将原始几何模型导入 ANSYS Workbench,借助于 ANSYS 的几何组件 SCDM 或 DM 进行几何的修补、简化、编辑等操作,为结构分析准备所需的几何模型,最后将准备好的几何模型导入 Mechanical 组件中,通过网格划分后形成分析所需的有限元模型。

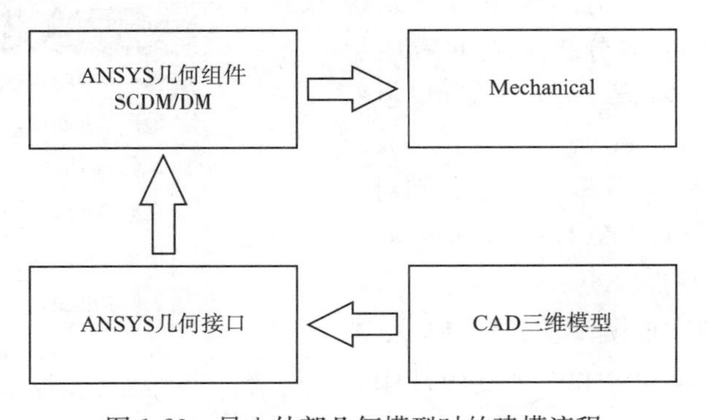

图 1-29　导入外部几何模型时的建模流程

2. 直接使用几何组件的建模流程

如果分析人员直接在 ANSYS 的几何组件 SCDM 或 DM 中创建并准备几何模型，这时建模的流程简化为如图 1-30 所示。在 SCDM 和 DM 中均可以针对 2D 或 3D 实体、表面体、线体完成对应的建模操作。准备好的几何模型直接导入 Mechanical 进行网格划分等操作。

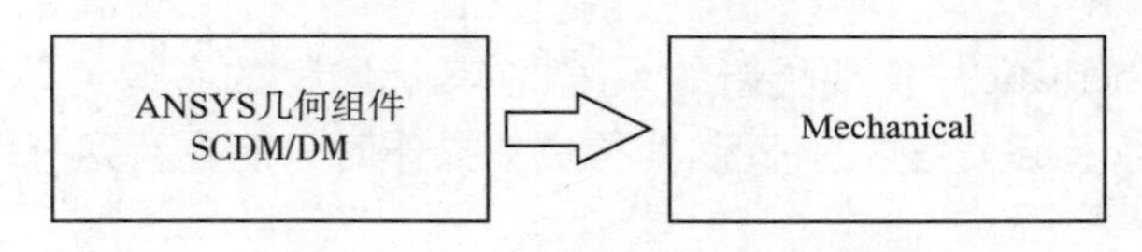

图 1-30 基于几何组件的建模流程

3. 与结构分析建模相关的 Workbench 系统与组件

在 Workbench 中，所有的建模和计算任务都是通过 Project Schematic 中指定的流程组织起来的，而流程则是由 Toolbox 中的 Analysis Systems 组合和搭建形成的。Analysis Systems 作为 Workbench 预先定义的一系列标准分析系统模板，均包含有建模和分析组件，常用的各种系统模板及其作用列于表 1-8 中。

表 1-8 常用结构分析系统及其作用

分析系统名称	作　用
Static Structural	静力学分析，计算结构的变形、应力、应变等
Eigenvalue Buckling	线性屈曲分析，计算屈曲失稳的临界力及模式，需要与静力分析系统配合使用
Modal	模态分析，计算结构的固有振动频率及振形
Harmonic Response	谐响应分析，计算结构在简谐荷载作用下的响应幅值及相位
Transient Structural	瞬态分析，计算结构在任意瞬态作用下的响应时间历程
Response Spectrum	响应谱分析，计算结构在响应谱作用下的最大响应
Random Vibration	随机振动分析，计算结构在随机荷载作用下的响应
Rigid Dynamics	刚体动力分析，计算机动系统的运动及受力
Explicit Dynamics	显式动力学分析
Steady-State Thermal	稳态热传导分析，计算稳态的温度场
Transient Thermal	瞬态热传导分析，计算瞬态温度场
Topology Optimization	拓扑优化分析

下面以结构分析中常用的模态分析系统(Modal)为例，介绍与结构分析相关的常用组件。如图 1-31 所示，模态分析系统包含有 Engineering Data、Geometry、Model、Setup、Solution、Results 等单元格，这些单元格分别对应着 Engineering Data 组件(A2)、Geometry 组件(A3)以及 Mechanical 组件(A4～A7)等应用。

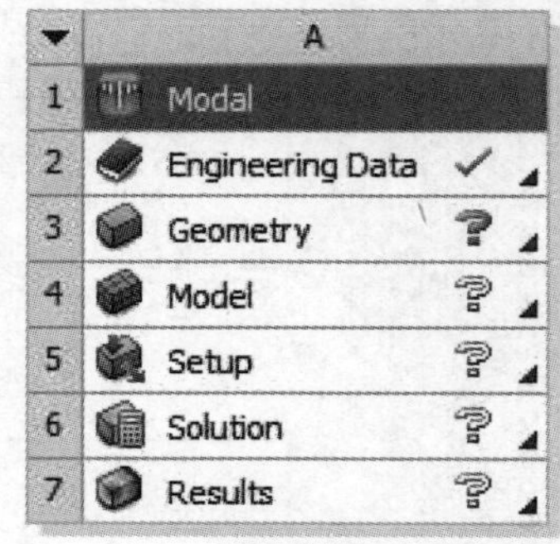

图 1-31 Project Schematic 中的 Modal 分析系统

在这些与结构建模和分析相关的 Workbench 组件中，Engineering Data 组件用于定义或导入与分析相关的工程材料数据，是 Workbench 平台的一个本地应用组件。Engineering Data 组件的具体使用方法在 1.3.2 节中具体介绍。Workbench 的几何组件包括 DesignModeler 和 SpaceClaim Direct Modeler 两个，用于创建几何模型或对导入的几何模型进行编辑和处理。几何组件的快速入门及使用要点将在 1.3.3 节、1.3.4 节以及第 2 章中进行介绍。Mechanical 组件的作用是进行结构分析的前后处理，其功能包括几何导入、网格划分、约束与荷载定义、分析设置、求解以及结果后处理。Mechanical 组件的快速使用入门将在 1.3.5 节中进行介绍，其他更深入的应用专题将在本书后续各章节中结合具体问题进行讲解。

1.3.2　工程数据组件 Engineering Data 的使用方法与技巧

工程数据组件 Engineering Data 用于定义材料模型及参数，这些材料模型将在 Mechanical 组件中被赋予几何体，本节介绍 Engineering Data 组件的使用方法和技巧。

1. Engineering Data 界面

Engineering Data 组件的作用是为 Workbench 分析项目中的结构分析系统定义材料数据，双击上面图 1-31 所示模态分析系统中的 A2：Engineering Data 单元格，即可进入到 Engineering Data 界面，如图 1-32 所示。

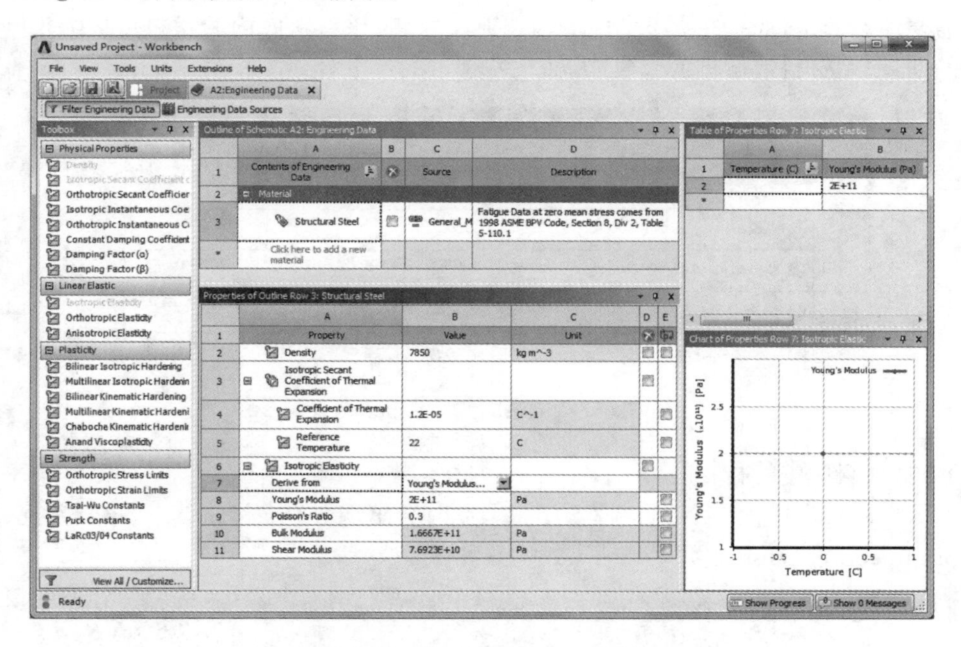

图 1-32　Engineering Data 界面

Engineering Data(简称 ED)工程材料数据界面包括菜单栏、工具栏以及以下五个功能区。

(1)Toolbox 材料模型工具箱区域

工具箱位于 ED 界面的左侧，提供了 Mechanical 支持直接定义的参数类型和材料模型，如：物性参数类型、线弹性材料、塑性材料等。

(2)Engineering Data Outline 区域

Outline 区域中显示当前分析系统中定义的材料类型列表，每一行表示一种材料。

(3)Properties 区域

此区域显示在 Outline 区域中所选择的的材料类型的各种参数，如：密度、弹性模量、泊松比、热膨胀系数等。

(4) Table 区域

Table 区域位于界面右侧上部，此区域通过表格方式来显示 Outline 区域中所选材料在 Properties 区域所选择的材料特性的数据。

(5) Chart 区域

Chart 区域位于 Table 区域下方，通过曲线方式显示在 Outline 区域所选择的材料在 Properties 区域所选择的材料特性的数据。

2. 调用材料库中的数据

Engineering Data 中提供有一系列材料库，其中的材料数据可以直接调用。单击工具条中的 Engineering Data Source 按钮，可打开 Engineering Data Source 面板，此面板中给出提供的材料库的列表，在每个材料库中又包含若干种材料类型。可以将材料库中的材料类型添加到当前分析项目中，操作步骤如下：

(1) 选择材料库

单击 Engineering Data Sources 面板中的某个材料库（比如 General Materials），如图 1-33 所示。需要注意的是，如果在下的“□”勾选上了“√”，该材料库内的材料可被编辑，此时保存材料的话，原始材料数据将会被覆盖。

Engineering Data Sources

	A	B	C	D
1	Data Source		Location	Description
2	Favorites			Quick access list and default items
3	General Materials	□		General use material samples for use in various analyses.
4	General Non-linear Materials	□		General use material samples for use in non-linear analyses.
5	Explicit Materials	□		Material samples for use in an explicit anaylsis.
6	Hyperelastic Materials	□		Material stress-strain data samples for curve fitting.

图 1-33　Engineering Data Sources 面板

(2) 添加材料库中的材料

在 Outline 面板中单击目标材料右方的，此时会出现一个标识，表明该材料已被成功添加至 Engineering Data（比如 Cooper Alloy），如图 1-34 所示。

Outline of General Materials

	A	B	C	D	E
1	Contents of General Materials	Add		Source	Description
2	Material				
3	Air				General properties for air.
4	Aluminum Alloy				General aluminum alloy. Fatigue properties come from MIL-HDBK-5H, page 3-277.
5	Concrete				
6	Copper Alloy				
7	Gray Cast Iron				
8	Magnesium Alloy				
9	Polyethylene				

图 1-34　添加材料至 Engineering Data

(3)关闭材料库

单击 Engineering Data Source 按钮，关闭材料库列表，此时在 Outline 面板中列出了新添加的 Cooper Alloy 材料，如图 1-35 所示。如需要可以鼠标右键单击 Cooper Alloy 材料，在弹出的快捷菜单中选择 Default Solid Material For Model，将其作为默认的材料类型。

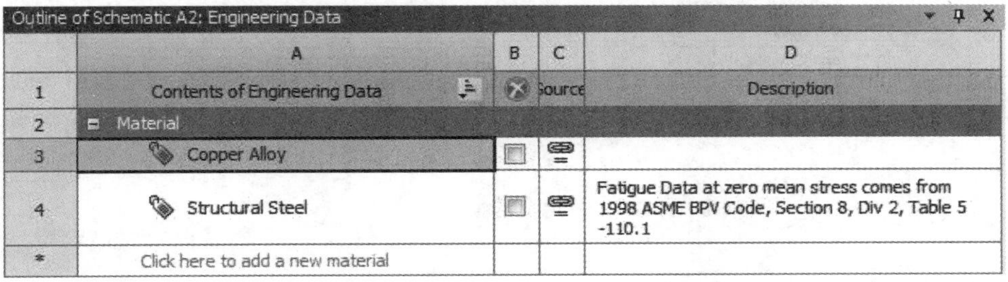

Outline of Schematic A2: Engineering Data

	A	B	C	D
1	Contents of Engineering Data		Source	Description
2	Material			
3	Copper Alloy			
4	Structural Steel			Fatigue Data at zero mean stress comes from 1998 ASME BPV Code, Section 8, Div 2, Table 5 -110.1
*	Click here to add a new material			

图 1-35　添加材料后的材料列表

3. 自定义材料以及材料库

使用 Engineering Data 还可以创建用户自定义的材料类型以及材料类型库。

(1)自定义材料类型

在实际的应用中，更常用的方式是用户自行定义材料类型及数据。自定义材料的具体操作方法如下：

①输入新材料名称

单击 Outline 区域中 Click here to add a new material 区域，输入新材料的名称，比如可以输入 my material，创建一个名为 my material 的材料类型，如图 1-36 所示。

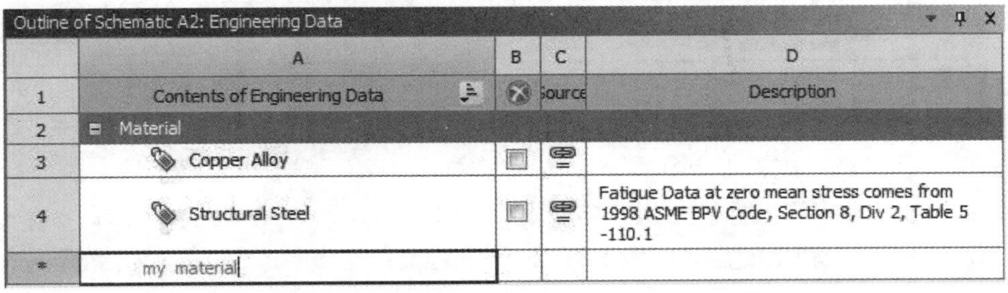

Outline of Schematic A2: Engineering Data

	A	B	C	D
1	Contents of Engineering Data		Source	Description
2	Material			
3	Copper Alloy			
4	Structural Steel			Fatigue Data at zero mean stress comes from 1998 ASME BPV Code, Section 8, Div 2, Table 5 -110.1
*	my material			

图 1-36　定义新材料名称 my material

②为新的材料指定属性

可以通过两种方式为新的材料指定属性。

第一种方式是在 Outline 中选择需要指定属性的新材料类型名称，然后在左侧 Toolbox 中双击材料特性项目，如 Density、Constant Damping Coefficient、Isotropic Elasticity 等(按需添加)，此时在 Properties 区域中即列出添加的材料属性，黄色表示欠输入，如图 1-37 所示。

另一种添加材料属性的方式是从 Toolbox 中用鼠标左键拖动相关属性至新材料的 Properties 区域的 A1 Property 单元格中或 Outline 区域新材料的名称上释放，即可添加相关的属性。

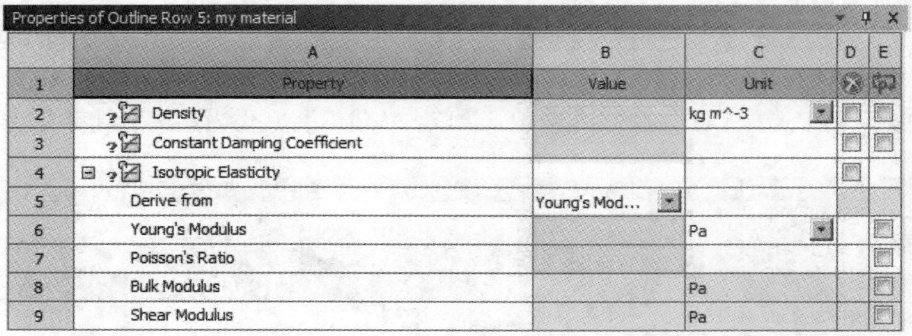

Properties of Outline Row 5: my material

	A	B	C	D	E
1	Property	Value	Unit		
2	Density		kg m^-3		
3	Constant Damping Coefficient				
4	Isotropic Elasticity				
5	Derive from	Young's Mod...			
6	Young's Modulus		Pa		
7	Poisson's Ratio				
8	Bulk Modulus		Pa		
9	Shear Modulus		Pa		

图 1-37 欠定义的 Properties 面板

③定义材料参数

在 Properties 区域中为添加的材料属性输入具体数值以完成材料属性定义，如图 1-38 所示。当材料属性单位不合适时，可以单击 Units 列中▾的进行修改，也可通过主菜单中的 Units 进行修改。

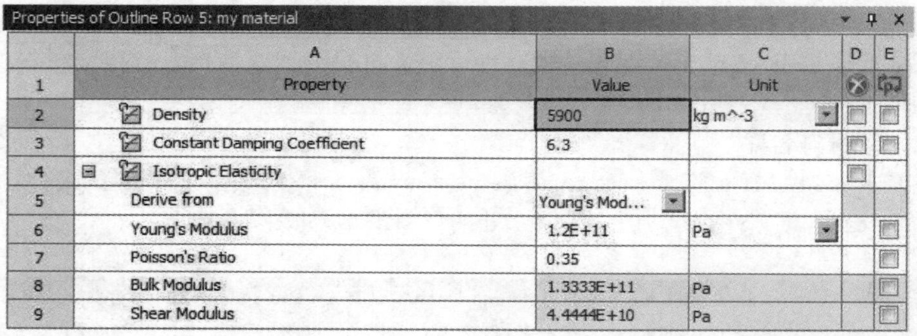

Properties of Outline Row 5: my material

	A	B	C	D	E
1	Property	Value	Unit		
2	Density	5900	kg m^-3		
3	Constant Damping Coefficient	6.3			
4	Isotropic Elasticity				
5	Derive from	Young's Mod...			
6	Young's Modulus	1.2E+11	Pa		
7	Poisson's Ratio	0.35			
8	Bulk Modulus	1.3333E+11	Pa		
9	Shear Modulus	4.4444E+10	Pa		

图 1-38 完成定义后的 Properties 面板

用户定义的材料可以被保存并在新的分析系统中被导入，其方法如下：

在 Outline 面板中用鼠标选中用户定义材料（如：my material），单击主菜单 File→Export Engineering Data…，在弹出的窗口中设定好目录，输入文件名 my material，单击保存，如图 1-39 所示。保存的材料可以通过 File→Import Engineering Data 操作导入新的分析系统中。

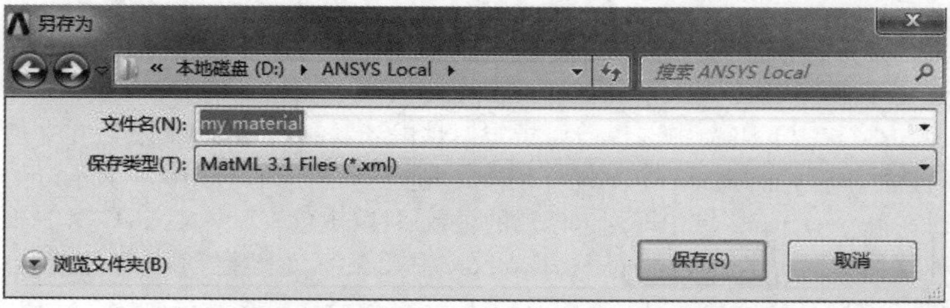

另存为
« 本地磁盘 (D:) ▸ ANSYS Local ▸
搜索 ANSYS Local
文件名(N): my material
保存类型(T): MatML 3.1 Files (*.xml)
浏览文件夹(B)
保存(S) 取消

图 1-39 保存材料

(2)自定义材料库

在 Engineering Data 中,用户除了可以自定义材料外,还可以创建属于自己的材料库。和使用程序自有材料库一样,用户可以从自有材料库中快速选择和添加所需的材料类型用于当前分析项目。自定义材料库的操作方法如下:

①打开 Engineering Data Source 面板

单击工具条中的 Engineering Data Source 按钮,打开 Engineering Data Source 面板,在 Click here to add a new library 位置处输入自定义的材料库名称,如 my material library,创建一个名为 my material library 的材料库,如图 1-40 所示。

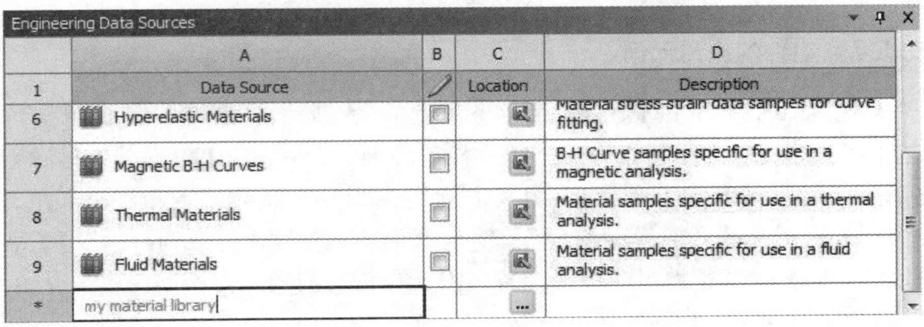

Engineering Data Sources

	A	B	C	D
1	Data Source		Location	Description
6	Hyperelastic Materials	☐		Material stress-strain data samples for curve fitting.
7	Magnetic B-H Curves	☐		B-H Curve samples specific for use in a magnetic analysis.
8	Thermal Materials	☐		Material samples specific for use in a thermal analysis.
9	Fluid Materials	☐		Material samples specific for use in a fluid analysis.
*	my material library		...	

图 1-40　创建材料库

②保存材料库文件

输入材料库名称后按下 Enter 键,在弹出的对话框中设定好保存路径,输入文件名 my material library,单击保存,此时该材料库为可编辑状态(材料库名称右侧 B 列中的"□"勾选上了"√"),如图 1-41 所示。

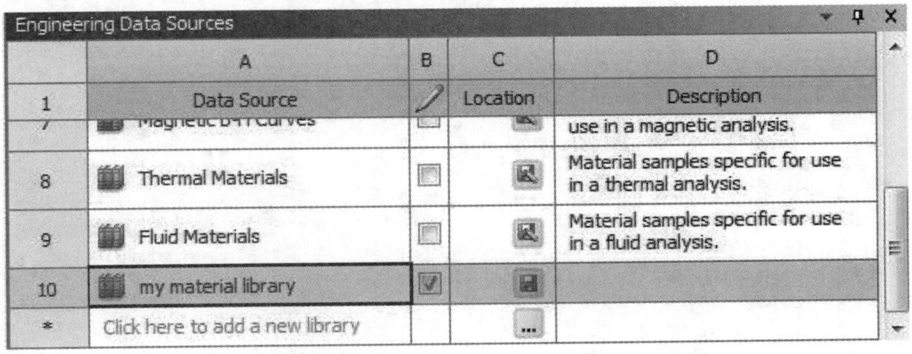

Engineering Data Sources

	A	B	C	D
1	Data Source		Location	Description
7	Magnetic B-H Curves	☐		use in a magnetic analysis.
8	Thermal Materials	☐		Material samples specific for use in a thermal analysis.
9	Fluid Materials	☐		Material samples specific for use in a fluid analysis.
10	my material library	☑		
*	Click here to add a new library		...	

图 1-41　材料库

③为定义的材料库添加材料

参照自定义材料的方法,在 Outline 区域中添加自定义的材料(比如 my material_1,my material_2,…),添加完成后取消"√",退出材料库编辑模式,在弹出的对话框中单击"是"保存更改,完成向材料库中添加用户材料,如图 1-42 所示。至此,用户材料库创建完毕,再次打开 Workbench 进入 Engineering Data 后即可调用此材料库中的材料数据。

Outline of my material library

	A	B	C	D	E
1	Contents of my material library	Add		Source	Description
2	Material				
3	my material_1				
4	my material_2				
*	Click here to add a new material				

图 1-42　在材料库添加材料

1.3.3　DM 几何组件的应用入门

DM 全称 ANSYS DesignModeler，是一个集成于 Workbench 平台的几何组件。DM 的功能主要包括两个方面：一方面是作为一个基于特征的参数化建模系统，可以像传统 CAD 软件一样创建基于 2D 草图和 3D 几何模型；另一方面是作为一个几何编辑和修复的工具，提供了一系列与仿真分析相关的几何模型修复、编辑与简化功能。DM 可以为杆系结构、板壳结构、实体结构(2D 和 3D)以及各种组合结构准备有限元分析所需的几何模型。本节介绍 DM 的启动方法、界面环境以及基本操作逻辑。

1. DM 的启动方法

DM 作为一个组件应用程序，需要通过 Geometry 组件来启动。在 Workbench 的 Project Schematic 中创建的分析系统一般自动包含有几何组件 Geometry，用户也可以通过 Component Systems 中的独立 Geometry 组件来启动 DM。

(1)通过分析系统的 Geometry 组件启动 DM

通过 Analysis System 启动 DM 时，首先在 Project Schematic 中创建结构分析系统，比如 Modal，如图 1-43 所示。在分析系统中选择 Geometry 单元格，在其右键菜单中选择 New DesignModeler Geometry，即可启动 DM。

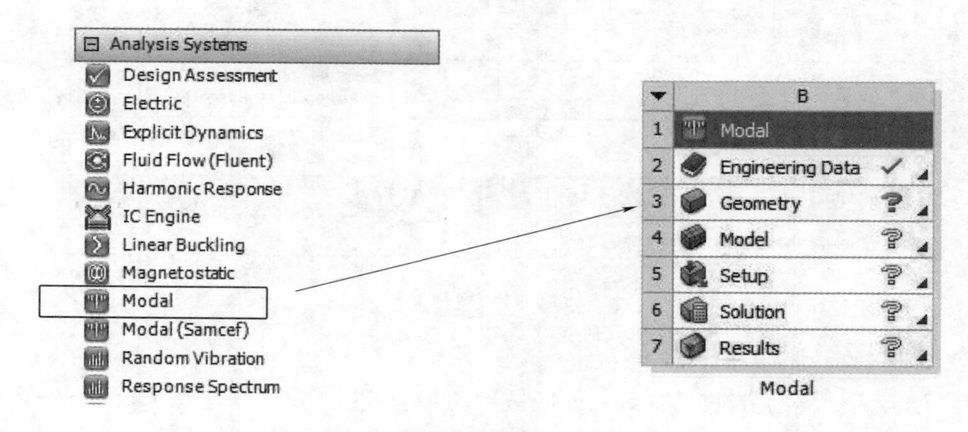

图 1-43　通过分析系统启动 DM

(2)通过独立的 Geometry 组件启动 DM

通过独立的 Geometry 组件来启动 DM 时，首先，在 Project Schematic 中创建包含

Geometry 的组件系统，比如 Geometry、Mesh 等，如图 1-44 所示。在形成的组件系统选择 Geometry 单元格，在其右键菜单中选择 New DesignModeler Geometry，即可启动 DM。

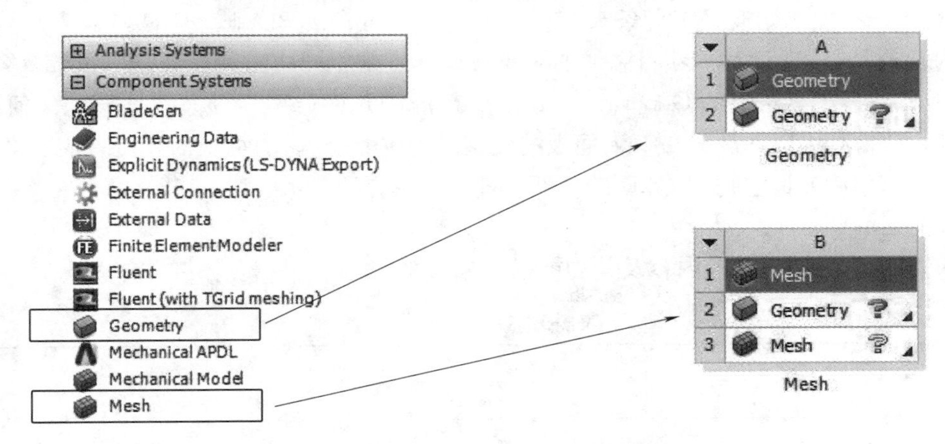

图 1-44　通过组件系统启动 DM

2. DM 界面环境及操作逻辑

DM 启动后的工作界面如图 1-45 所示，包含菜单栏、工具栏、结构树（Tree Outline）、草图/模型切换标签、明细栏（Details View）、图形显示窗口及底部的状态栏等部分。

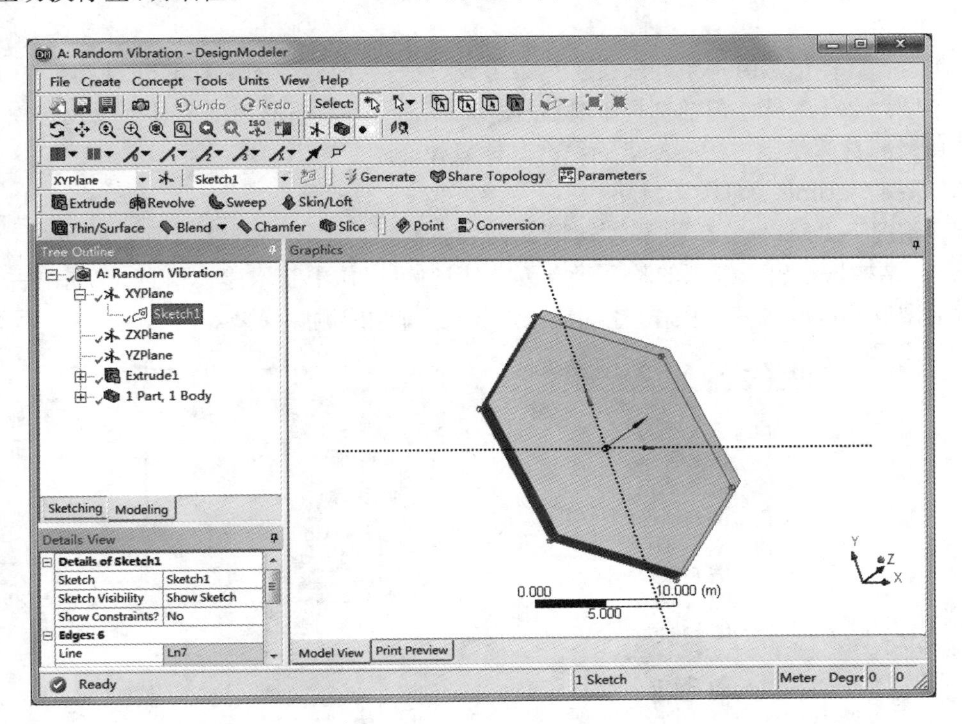

图 1-45　DM 用户界面

DM 采用依赖于特征的 3D 建模。绘制草图时，需要用户切换至 Sketching 模式，建模时则切换至 Modeling 模式。DM 模型的所有特征均显示在 Tree Outline 面板上，每一个特征

(如平面、草图、3D 特征等)以一个分支的形式出现。选择 Tree Outline 上的每一个分支时,在 Details 区域可用来指定其相关参数或属性。在为每一个分支指定属性的过程中需要的视图变化或对象选择操作则通过工具条来实现。通过菜单可实现 3D 概念建模(梁、壳结构)及添加 3D 对象或特征,通过菜单项目添加的对象或操作特征也同样出现在 Tree Outline 列表中。操作完成后通过工具条上的 Generate 按钮形成最后的几何造型。以上就是 DM 几何组件的界面操作逻辑,其中以 Tree Outline 面板的模型树为中心,此树的每一个分支决定了建模的实际效果。下面对 DM 组件操作界面的各部分进行简单介绍。

(1)主菜单

DM 主菜单主要包括的内容及其功能描述见表 1-9。

表 1-9 DM 主菜单功能

菜　单	功　能
File	基本的文件操作
Create	创建 3D 模型和修改工具
Concept	线体及面体创建工具
Tools	程序用户化、参数管理、整体建模
View	修改显示设置
Help	获取帮助文件

(2)工具栏

DM 的工具栏仍然由一系列平行工具条组成,这与后面介绍的 Mechanical 组件的 Ribbon 工具栏不同。DM 工具栏包括选择工具栏、图形显示工具栏、图形控制工具栏以及建模工具栏等。工具栏的具体使用方法将在后面结合具体操作介绍。

(3)Tree Outline 及草图工具箱

默认情况下 DM 中激活的是建模模式,此时界面中会显示出模型的建模结构树(Tree Outline)。结构树给出了模型的整个建模历史,用户可以从中获取建模信息,并利用右键快捷菜单对模型进行修改或其他操作(比如插入新特征、抑制或删除模型等),如图 1-46 所示。

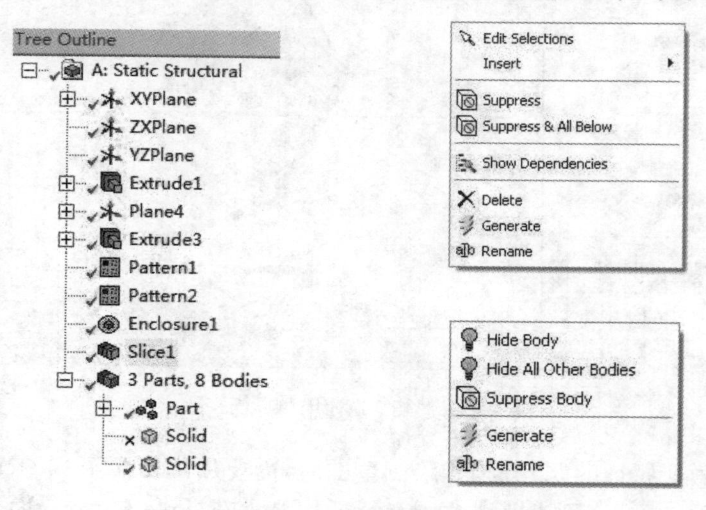

图 1-46 结构树及右键快捷菜单

单击结构树面板下方的 Sketching/Modeling 标签，可由建模模式切换至草图模式进行草图绘制。草图工具箱(Sketching Toolboxes)中包含五个子工具箱，其名称及基本功能简介见表 1-10。

表 1-10　DM 草图工具箱简介

工 具 箱	功 能 简 介
Draw Toolbox	用于草图绘制，比如线、多边形、圆、圆弧等
Modify Toolbox	用于草图修改，比如倒圆角、修剪、延伸、复制、移动等
Dimensions Toolbox	用于尺寸标注，比如智能标注、半径、角度、长度、距离等
Constraints Toolbox	用于草图约束，比如固定、水平、对称、相切、对称、等距离等
Setting Toolbox	用于草图绘制基本设置，比如显示网格、捕捉设置等

(4)Details View

Details View 中列出了当前所选择特征分支的相关信息，用户可在此处输入新特征的明细数据或对已有的特征数据进行编辑修改。DM 中采用基于草图(Sketch)的特征建模方法，各种特征的数据和选项通过 Details View 来进行设置。以最常见的拉伸操作(Extrude)为例，在建模工具条中选择 Extrude，即可在模型树中加入一个 Extrude1 对象，其 Details View 选项如图 1-47 所示。在这些 Details 选项中，Geometry 为拉伸所基于的对象(比如 Sketch1)，Operation 为操作方法，可以为 Add Material(添加实体)、Add Frozen(添加冻结体)；Direction 为拉伸操作的方向，默认为 Normal，即沿 Sketch 面的外法线方向拉伸。

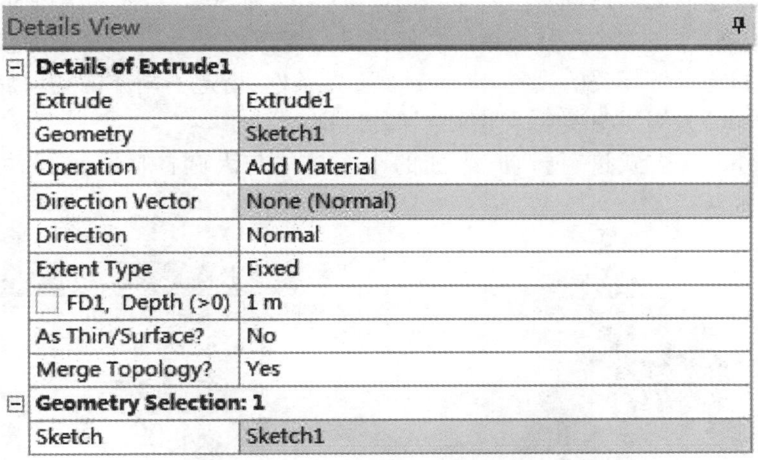

图 1-47　Extrude1 对象的 Details View 视图

(5)状态栏

底部的状态栏中显示几何建模状态以及选择对象、单位制、平面坐标等建模操作提示信息，可有效帮助用户完成几何建模操作。

3. DM 中体的类型、状态与部件的概念

DM 的模型树的最下面的一个分支中显示了构成模型的体(Body)及部件(Part)的信息。

DM 中的体有三种不同类型，部件则是由单个或多个体组合形成。下面介绍 DM 中关于体的类型、体的状态和部件的基本概念。

(1)体的类型

DM 中有三种不同类型的体，即线体(Line Body)、面体(Surface Body)以及实体(Solid Body)。线体由边(Edge)组成，不包含面和体，如图 1-48(a)所示，要注意的是线体有截面属性；面体由表面和边组成，不包含实体，如图 1-48 (b)所示，需要注意的是面体有厚度(或截面)信息；实体由表面和体组成，如图 1-48(c)所示。

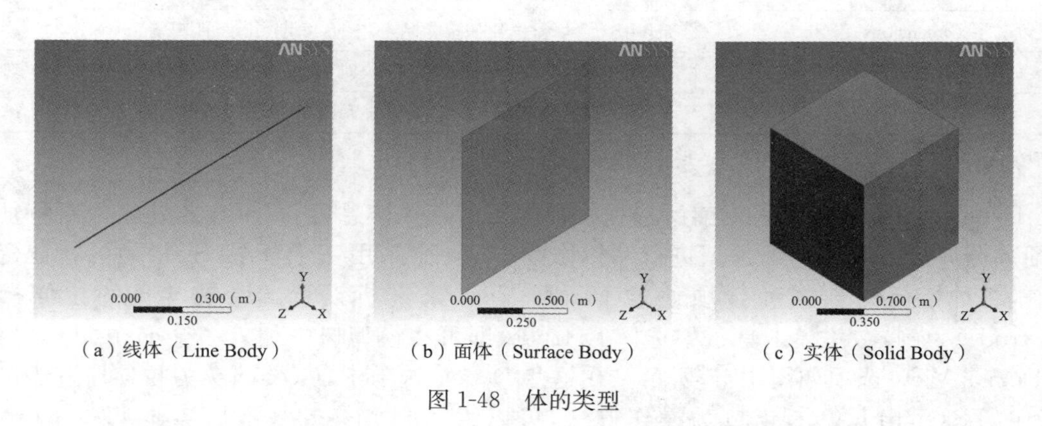

(a) 线体 (Line Body)　(b) 面体 (Surface Body)　(c) 实体 (Solid Body)

图 1-48　体的类型

(2)体的状态

DM 中的体均以两种状态之一存在：激活的(Active)或冻结的(Frozen)。激活体会和其他体在有接触或交叠的部分自动合并，而冻结体则会保持独立。引入冻结体有以下两个好处：一是有助于网格划分，对多个拓扑简单的几何体进行离散比对大型的复杂的模型离散更加高效；二是便于实施与求解相关的设置，比如施加边界条件、指定不同体的物料属性等。下面以拉伸操作(Extrude)为例说明激活体与冻结体的区别：

以 Add Material 方式进行拉伸，生成的小圆柱体与大圆柱体将被合并成为一个体(1 Body)，如图 1-49 所示。

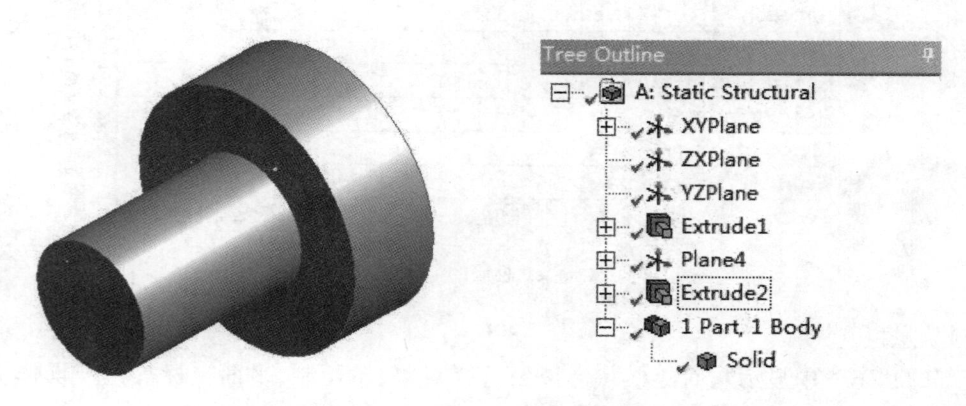

图 1-49　Add Material 生成激活体

以 Add Frozen 方式拉伸生成的小圆柱体未与大圆柱体合并，形成两个实体(2 Bodies)，如图 1-50 所示。

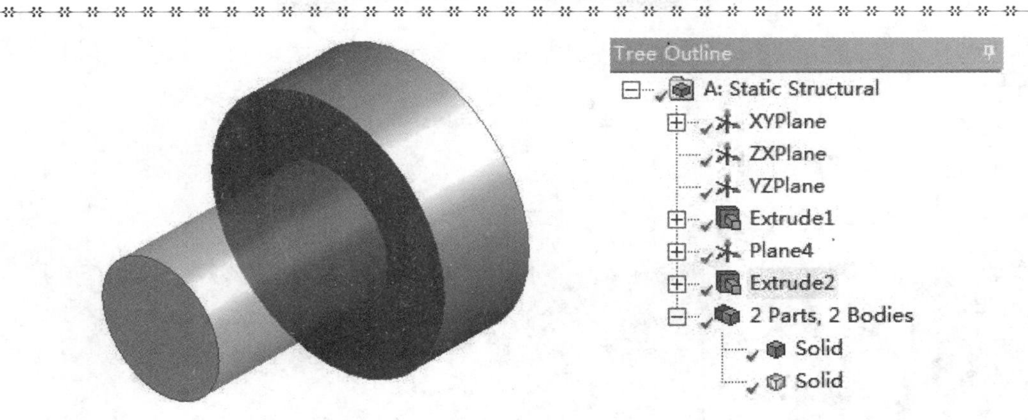

图 1-50 Add Frozen 生成冻结体

区别于上面的激活和冻结状态，DM中的体可以是可视的(Visible)、隐藏的(Hidden)以及被抑制的(Suppressed)。当一个体被抑制后，它将不能被传递至Mechanical中用于分析，也不能被导出到几何文件。

(3)部件的概念

部件即Part，部件是由体所组成。DM在默认情况下将每一个体自动放入一个部件中，即所谓的单体部件。这种情况下部件之间是独立的，后续网格划分也是分别进行的，在体的交界面上网格不连续。

用户可以根据需要创建由多个体所组成的部件，即多体部件。具体方法是在图形窗口中按住Ctrl键选中需要组合的体，然后利用右键快捷菜单或Tool菜单下的“Form New Part”来创建多体部件(Multi-Body Part)，即一个部件中包含多个体。在网格划分时，相邻体之间会根据“Shared Topology Method”的选项来处理交界面的网格。设置多体部件的另一个作用是在一个部件中保留材料的交界面。下面以一个简单的例子来介绍单体部件与多体部件之间的区别。

情况一：1 Part，1 Body，一个部件中包含一个体，网格划分对象是一个不规则形状的实体，不存在体与体的交界面问题，其模型树信息、几何模型、网格模型及局部放大如图1-51所示。

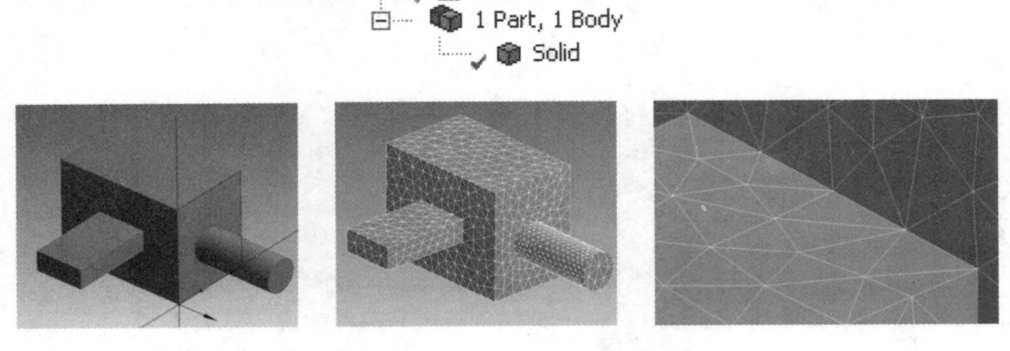

图 1-51 1 Part，1 Body 网格划分

情况二：3 Parts，3 Bodies，三个部件三个体，为了保证各个体之间独立，其中两个为冻结状态。每个部件被单独划分网格，相邻体在交界面处不作处理，各体之间在交界面处的网格不

连续，其模型树信息、几何模型、网格模型及交界面处的局部放大如图 1-52 所示。

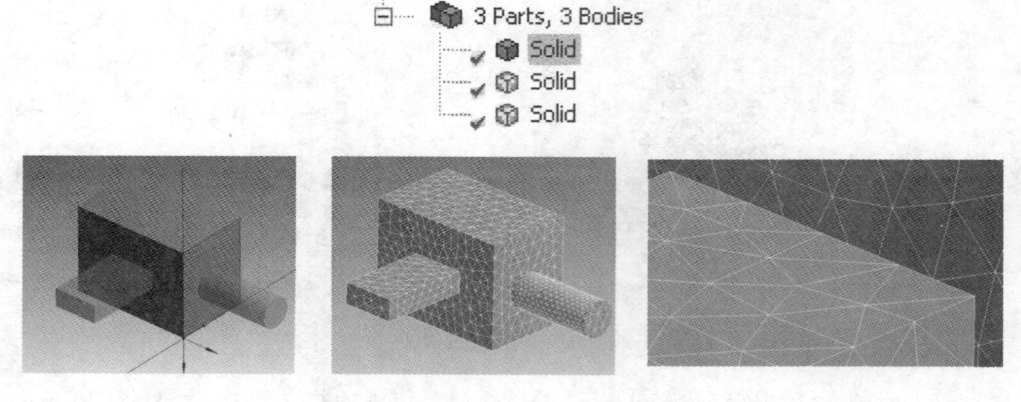

图 1-52　3 Parts，3 Bodies 网格划分

情况三：1 Part，3 Bodies，即一个部件下包含有 3 个体，为了保留体之间的交界面，同样使得其中两个体为冻结状态。在部件内的各体之间在交界面上网格是连续的，即共用节点，其模型树信息、几何模型、网格模型及交界面处的局部放大如图 1-53 所示。

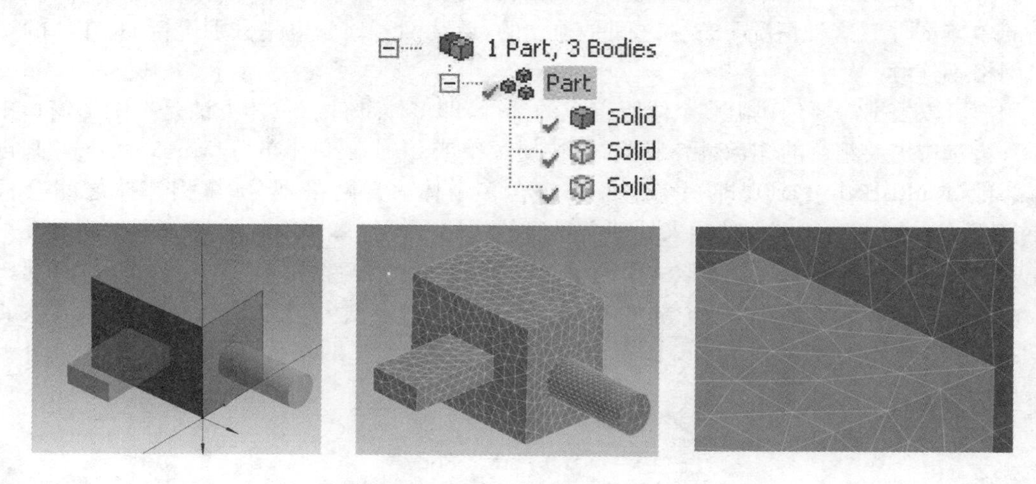

图 1-53　1 Part，3 Bodies 网格划分

当需要修改多体部件中体的组成时，可以在结构树中单击 Part，利用其右键菜单中的“Explode Part”解除多体部件，然后根据需要重新生成新的多体部件。对于包含 Line Body 和 Surface Body 的多体部件，还需设置共享拓扑选项以确保连接。

4. 对象的选择

下面介绍在 DM 建模过程中常用的对象选择操作。DM 中对象的选择主要通过工具栏上的选择工具条实现，如图 1-54 所示，选择工具栏各按钮基本功能说明见表 1-11。

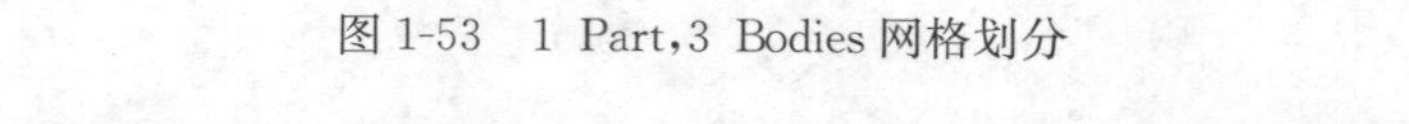

Select:

图 1-54　选择工具栏

表1-11　选择工具栏各按钮基本功能

按　钮	功能与作用
	点选模式
	框选模式
	点选择过滤
	边选择过滤
	面选择过滤
	体选择过滤

采用点选模式时，可按住Ctrl选择多个对象。采用框选模式时，可以采用从左往右或从右往左拖动鼠标两种方式，其区别在于前者只会选中全部位于选框中的特征，而后者则会选中全部及部分位于选框中的特征，如图1-55所示。

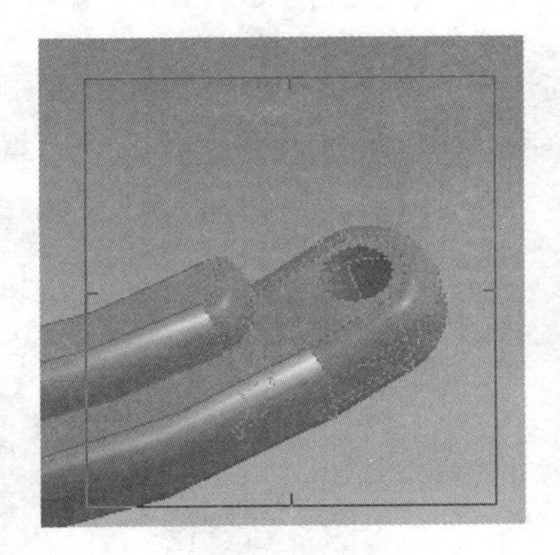
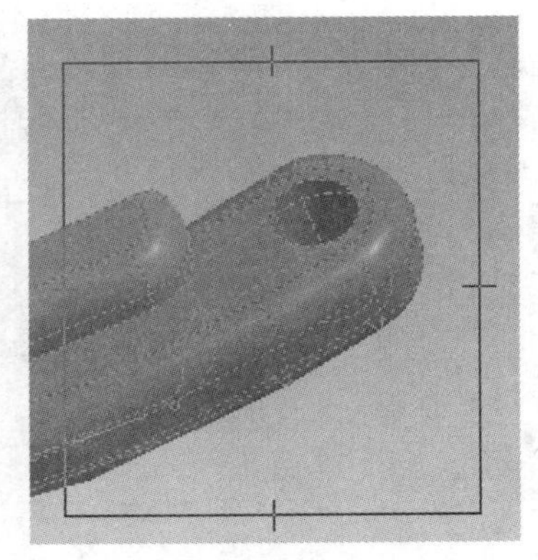

图1-55　两种框选选择方式

除了上述选择按钮外，还提供了扩展选择系列功能按钮。

Extend to Adjacent工具用于将扩展选择至相邻特征。选中3D边或3D面后，可以利用该工具选中与已选对象形成“光滑过渡”的相邻特征，如图1-56所示。

图1-56　Extend to Adjacent工具

Extend to Limits工具用于扩展选择至所有特征。与 Extended to Adjacent 选择机理类似，利用该工具选择时会不断选中相邻特征，直至没有符合条件的特征可供选择为止，如图 1-57 所示。

图 1-57 Extend to Limits 工具

Flood Blends工具可以将选择范围从当前选中的协调面扩展至所有相邻协调面。比如，选中部分倒角面后，利用该工具可快速选中所有倒角面，如图 1-58 所示。

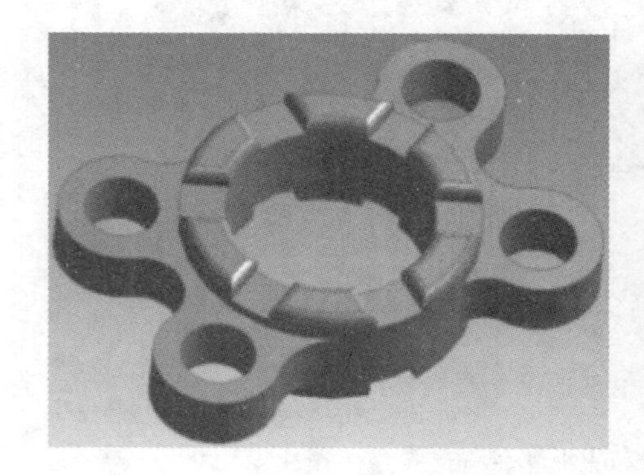

图 1-58 Flood Blends 工具

Flood Area工具可以将选择范围从当前选中面扩展至所有与其有共用边的面，如图 1-59 所示。

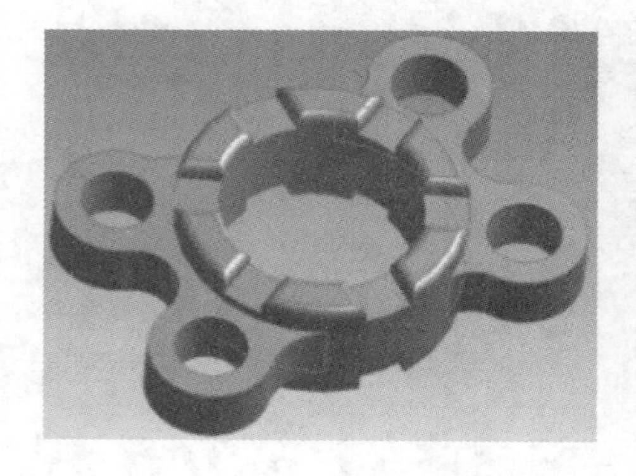

图 1-59 Flood Area 工具

Extend to Instances工具可以将选择范围从已选特征扩展至所有相同实例特征。比如，选中最上方实体后，利用该工具后可同时选中三个实体，如图 1-60 所示。

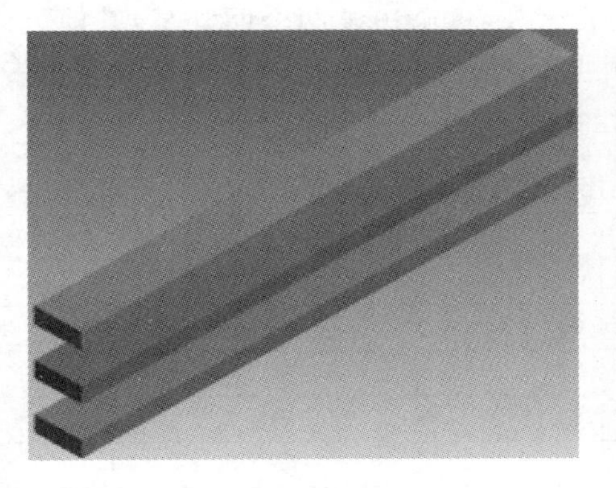
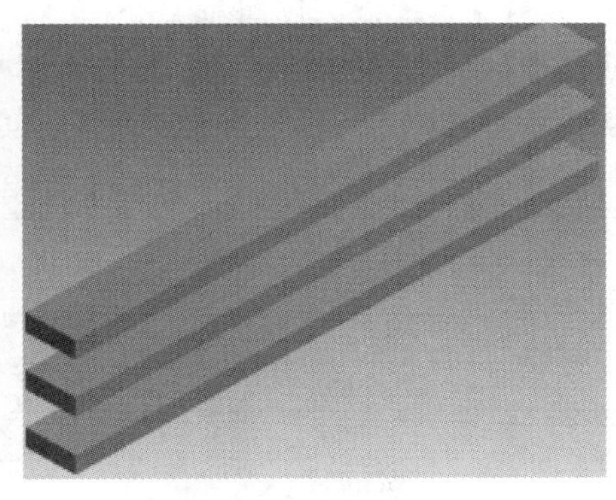

图 1-60　Extend to Instances 工具

5. DM 图形显示控制

DM 中的图形显示选项是几何对象及其连接关系的一种辅助表示，可以帮助用户检查模型的拓扑连接情况，图形显示选项工具栏如图 1-61 所示。

图 1-61　图形显示选项工具栏

图形显示选项工具栏上的面颜色显示控制按钮(Face Coloring)及其下拉选项的基本功能简介见表 1-12。

表 1-12　Face Coloring 基本功能简介

项　目	功　能
	Face Coloring 控制下拉菜单
By Body Color	默认设置，面颜色与体颜色相同
By Thickness	一种厚度对应一种颜色
By Geometry Type	DesignModeler 格式显示为蓝色，Workbench 格式显示为栗色
By Named Selection	一个命名选择对应一种颜色

图形显示选项工具栏上的边颜色显示(Edge Coloring)及其下拉选项的基本功能说明见表 1-13。

表 1-13　Edge Coloring 基本功能简介

项　目	功　能
	Edge Coloring 控制下拉菜单
By Body Color	默认设置，边颜色与体颜色一致
By Connection	5 种连接关系分别采用 5 种颜色显示
Black	全部显示为黑色

选择 By Connection 选项时，表示基于边连接类型显示不同颜色。在 DM 中共有 5 种边连接类型，分别为 Free、Single、Double、Triple 以及 Multiple，其中 Free 代表这个边不属于任何面，Single 意味着这个边仅属于一个面，Double 表示这个边被两个面共享，其他可以此类推。为了便于区分不同的边连接类型，在 DM 中以不同的颜色来表征，其对应关系见表 1-14。这个功能可以帮助用户有效地检查表面体之间的连接关系是否正确建立。

表 1-14　边连接类型与颜色

连接类型	颜　色
Free	蓝　色
Single	红　色
Double	黑　色
Triple	粉红色
Multiple	黄　色

此外，每种连接类型还有三个显示控制选项，分别为 Hide(不显示)、Show(正常显示)和 Thick(加粗显示)。图 1-62 给出了采用 By Connection 方式显示的模型，左侧为正常显示(Show)，右侧为 Thick Multiple 显示。从中可以看到不同边连接类型以不同的颜色被区分开来，右侧图片中代表 Multiple 连接类型的黄色线被加粗显示。

图 1-62　By Connection 显示连接关系

图形显示控制工具栏上的按钮用于显示边的方向。利用该工具可以显示模型边的方向，方向箭头出现在边中点位置，箭头的大小与边的长度成正比，如图 1-63 所示。

图形显示控制工具栏上的按钮用于显示点。激活该工具可以高亮显示出模型中的所有点，可用于确保边的完整性，检查模型边是否被意外分割成多段，如图 1-64 所示。

图 1-63　显示边方向

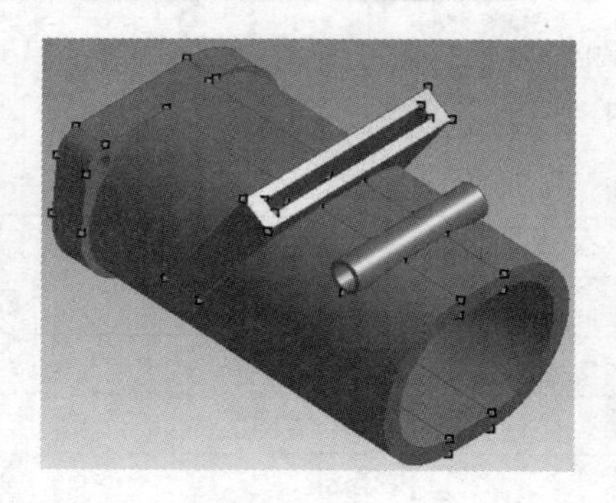

图 1-64　显示点

6. DM 视图控制

DM 的视图控制操作可以通过视图控制工具栏来实现。其中，图形控制选项工具栏如图 1-65 所示。

图 1-65　图形控制选项工具栏

图形控制选项工具栏中各个按钮的基本功能见表 1-15。

表 1-15　图形控制选项工具栏按钮简介

按　钮	功　能	按　钮	功　能
	旋转工具		下一个视图
	平移工具		等轴测显示
	缩放工具		显示坐标轴
	框选放大工具		显示 3D 模型
	适应窗口缩放(或 F7)		显示点
	放大镜		正视面、平面及草图
	返回上一个视图		

旋转工具主要用于模型的旋转操作，当鼠标位于图形显示窗口中的不同位置时，显示出的旋转图标不尽相同，如图 1-66 所示。

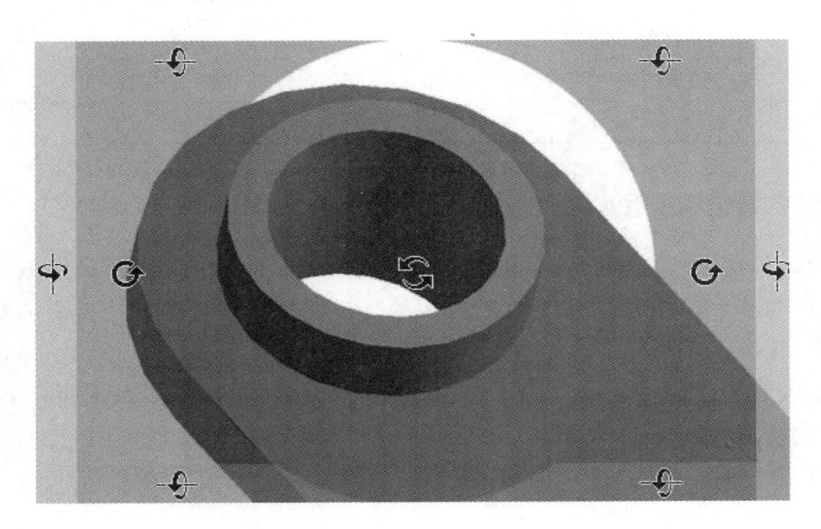

图 1-66　旋转图标

不同的旋转图标可以控制不同的视图旋转行为，其意义见表 1-16。

表 1-16　旋转图标及其意义

图　标	意　义
	鼠标位于窗口中心附近，该图标表示模型可以自由旋转
	鼠标位于窗口拐角附近时，该图标表示模型会绕垂直于屏幕的轴旋转
	鼠标位于窗口左右两侧附近时，该图标表示模型会绕竖直方向旋转
	鼠标位于窗口上下两侧附近时，该图标表示模型会绕水平方向旋转

在旋转、平移及缩放模式下，左键单击模型某处可设置模型的当前浏览或旋转中心（红点标记），而单击空白区域则会将模型浏览或旋转中心置于当前模型的质心处，如图 1-67 所示。

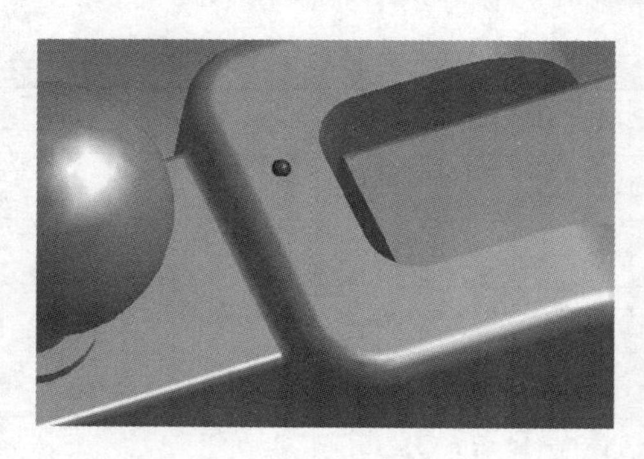

图 1-67　模型当前旋转中心

除了通过视图控制工具栏以外，也可直接通过鼠标来控制视图的平移、缩放或旋转，见表 1-17。

表 1-17　旋转工具图标

视图控制	鼠标操作
平移	Shift＋鼠标中键
连续缩放	鼠标滚轮
窗口缩放	鼠标右键拉窗口
旋转	鼠标中键

1.3.4　SCDM 几何组件应用入门

SCDM 是一款基于直接建模技术的快速三维建模、几何模型修复及高级处理软件，全称是 SpaceClaim Direct Modeler。SCDM 所采用的直接建模技术将用户从传统的 CAD 建模思想中解放出来，无需基于草图即可创建模型，摆脱了模型特征间的相互依赖关系，使得用户对模型的操作更加灵活自如，大幅提高了新产品的设计和修改过程。SCDM 拥有丰富的几何接口，具备强大的修复与编辑能力，可以为 Mechanical 有限元分析准备高质量的几何模型。本节对 SCDM 的工作界面环境及各项基本功能进行讲解，以帮助用户快速入门。

1. SCDM 几何组件的启动

SCDM 可以独立启动，也可通过 Workbench 的组件启动。

方式一：独立启动

通过开始菜单→ANSYS→SCDM 步骤启动 ANSYS SCDM，该方式与常用软件的启动方式并无区别。

方式二:基于 Workbench 平台组件启动

和 DM 的启动方式类似,在 Workbench 项目图解窗口中创建新的分析系统或组件系统后,单击 Geometry 单元格右键快捷菜单中的 New SpaceClaim Geometry…即可启动 ANSYS SCDM,如图 1-68 所示。

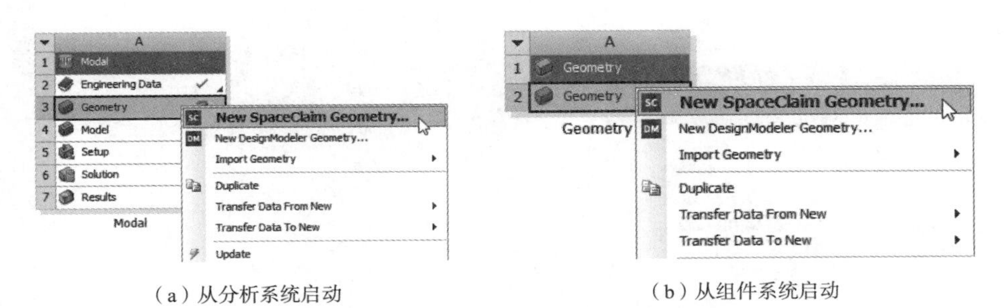

(a) 从分析系统启动　　(b) 从组件系统启动

图 1-68　基于 Workbench 平台启动 ANSYS SCDM

2. SCDM 组件的操作环境界面

SCDM 的图形用户界面采用了 Ribbon 命令工具条带架构,主要由文件菜单、Ribbon 条带工具栏、结构/图层/选择…面板、选项面板、状态栏、设计窗口等部分组成,如图 1-69 所示,下面对各部分进行简单介绍。

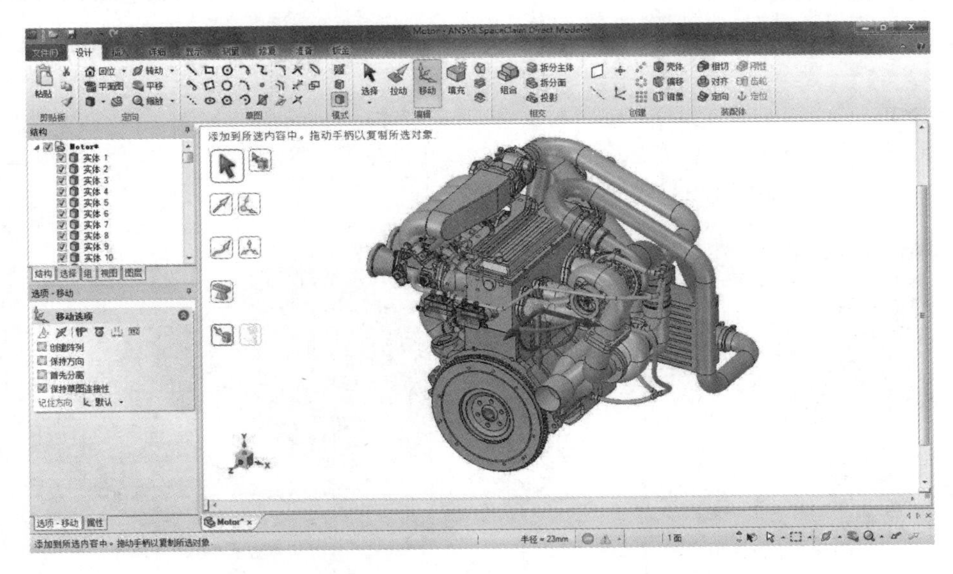

图 1-69　ANSYS SCDM 图形界面

(1)结构树

结构树位于"结构"面板中,它列出了设计中的每个对象,如图 1-70 所示。用户可以使用对象名称旁边的复选框快速显示或隐藏对象,还可以展开或折叠结构树的节点,重命名对象,创建、修改、替换和删除对象以及使用部件。

当设计窗口中的实体或曲面(或其他对象)被选中时,该对象将在结构树中高亮显示。用户可以在结构树中“Ctrl＋单击”或“Shift＋单击”多个对象以同时选择多个对象。

(2)图层

ANSYS SCDM 的图层可视为视觉特性的一种分组机制，这些视觉特性包括可见性、颜色、线型及线宽等，这点与常用二维 CAD 软件中图层的概念类似，如图 1-71 所示。用户可在“图层”面板中管理图层，在“显示”标签的“样式”工具栏组的“图层”工具中访问和修改图层。

图 1-70 结构树

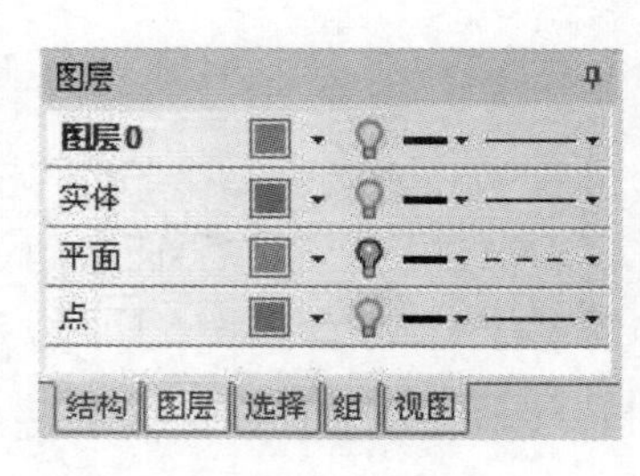

图 1-71 图层

(3)选择

ANSYS SCDM 提供了功能强大的选择方法，在选中某一对象后，用户可利用选择面板选中与当前所选对象相关的对象，如图 1-72 所示。

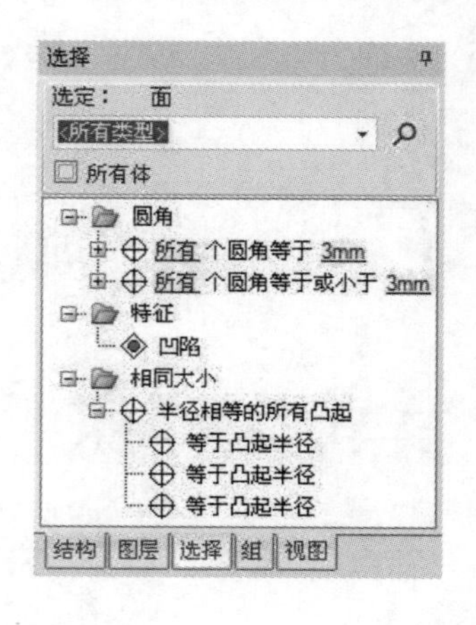

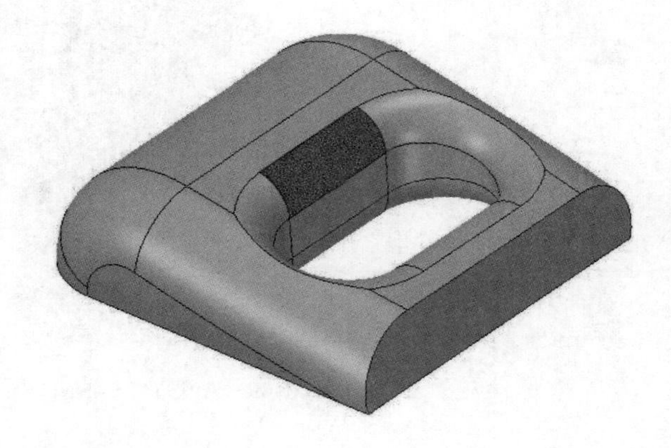

图 1-72 高级选择

(4)组

在组面板中，用户可以创建任何所选对象集合的组。创建新组时，如果所选对象包含尺寸特征(偏移距离、圆角尺寸、测量尺寸等)，那么创建的组中将具有标尺尺寸，该组会被添加至

“驱动尺寸”目录下，用户在组面板中更改尺寸值时几何随之变化，此类组在导入 ANSYS 后将成为参数；如果所选对象不包括尺寸特征，由这些对象所构成的组将会被放置在“指定的选择”目录下，此类组在导入 ANSYS 后将会成为命名选择，如图 1-73 所示。

(5)视图

在视图面板中用户可以修改已有视图的快捷键、添加新的视图等，如图 1-74 所示。

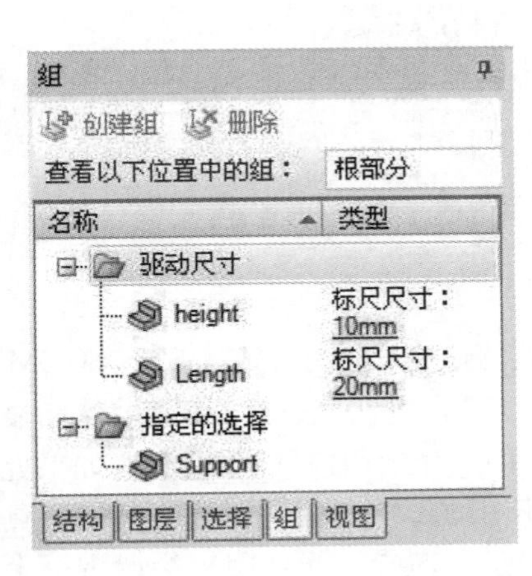

图 1-73 组

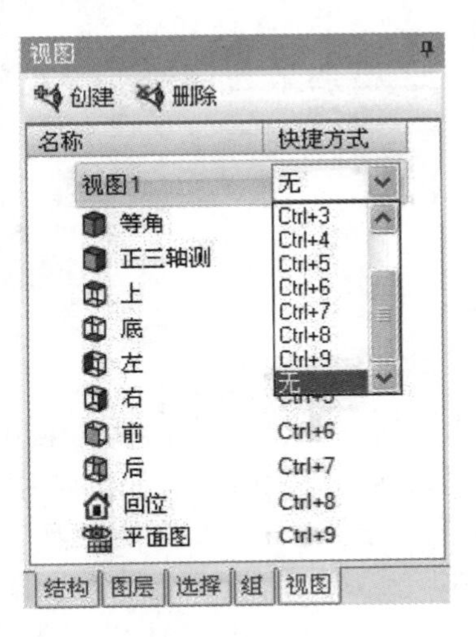

图 1-74 视图

(6)选项

在 ANSYS SCDM 中，不同工具被激活时都会启动与其对应的选项面板，在该面板中用户可对其功能进行修改，从图 1-75 中可以看到拉动及移动选项面板的基本功能设置。

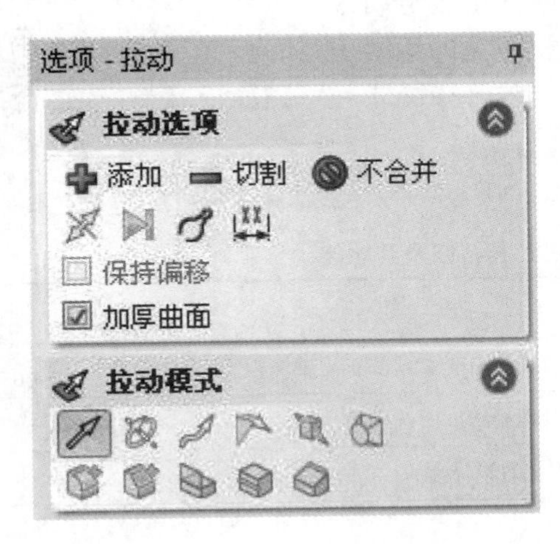

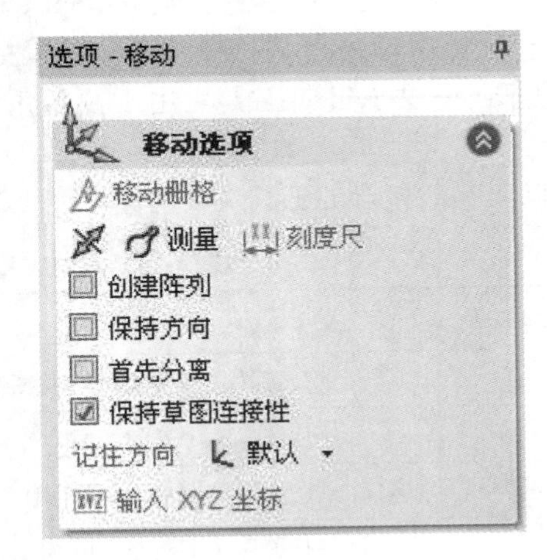

图 1-75 拉动及移动选项面板

(7)属性

当部件、曲面或实体被选中后，其属性将会在属性面板中显示出来，用户可以查看和修改当前选中对象的相关属性信息、创建自定义属性及为部件创建或指定材料等，如图 1-76 所示。

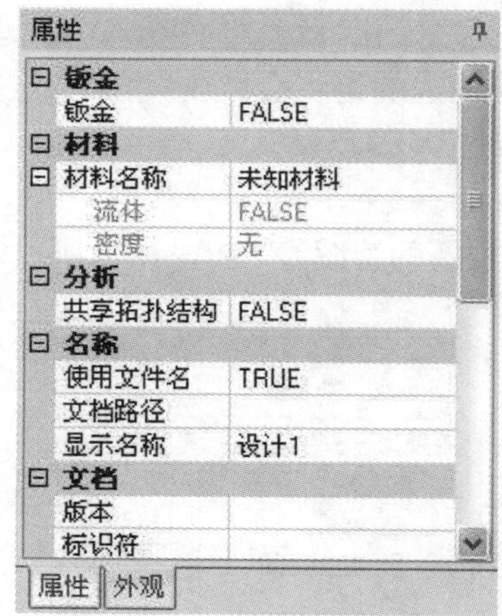

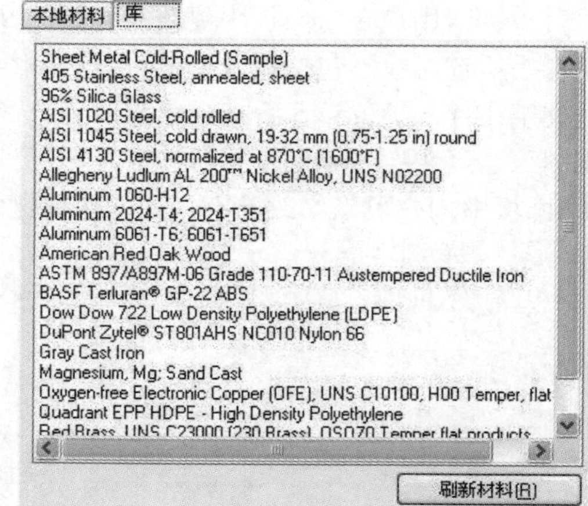

图 1-76　属性面板及库材料

除上述所列各种面板外，文件菜单中包含文件相关的命令以及定制 ANSYS SCDM 的选项。快速访问工具栏用于自定义常用操作的快捷方式。工具栏包含设计、细节设计和显示模型、图纸及三维标记需要的所有工具和模式。设计窗口用于显示用户创建的模型，如果处于草图或剖面模式，则设计窗口包含草图栅格以显示用户使用的二维平面。所选工具的工具向导显示在设计窗口的右侧。光标也会变化，以指示所选的工具向导。光标附近会出现一个微型工具栏，上面有常用选项和操作。状态栏会显示与当前设计的操作有关的提示信息和进度信息。消息图标在出错时显示错误消息。单击该图标可以显示与设计当前相关的所有消息，单击一条消息即可高亮显示该消息所指的对象。

设计时，用户可以通过鼠标操作的方式对设计视角进行调整，比如可以利用鼠标中键进行旋转、Shift＋鼠标中键进行缩放、Ctrl＋鼠标中键进行平移操作等。除鼠标和键盘的组合方式外，程序还提供了定向工具栏用于视角角度调整，如图 1-77 所示。

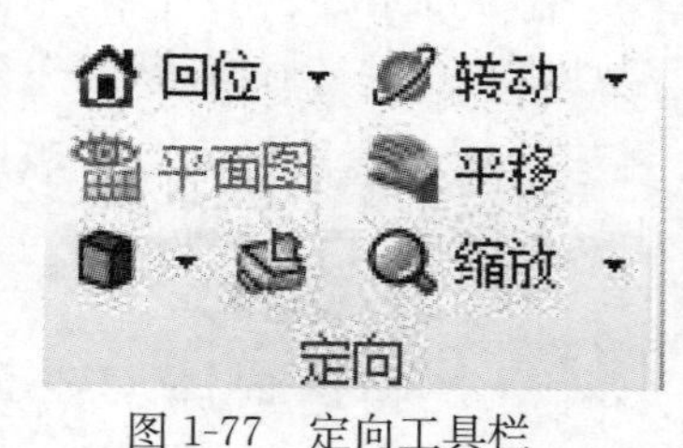

图 1-77　定向工具栏

定向工具栏包含的工具及其功能见表 1-18。

表 1-18　定向工具栏工具按钮及其功能

工具按钮	功　能
	回位工具，快捷键为“H”，将图形视角恢复至默认的正三轴测视图，用户可自定义原始视角
	平面图工具，快捷键为“V”，正视草图栅格或所选平面
	转动工具，旋转视角以从任意角度查看设计
	平移工具，在设计窗口内移动设计
	缩放工具，在设计窗口中放大或缩小设计
	视图工具，显示设计的正三轴测、等轴测、上、下、左、右、前、后各面主视图
	对齐视图工具，单击以正视表面或单击表面后移动鼠标至窗口上、下、左、右方向后释放鼠标以使所选表面法线指向相应方向

当单击转动、平移和缩放工具后，会一直保持启用状态，直至再次单击它们、按 ESC 键或单击其他工具。另外，用户还可以使用状态栏上的上一个视图和下一个视图工具或键盘左、右方向键来撤销和重做视图。

3. SCDM 对象与组件的概念

(1)对象的概念

ANSYS SCDM 可以识别的任何内容都可作为它的操作对象，二维对象包括点和线，三维对象包括顶点、边、表面、曲面、实体、布局、平面、轴和参考轴系等。部分对象类型示例如图 1-78 所示。

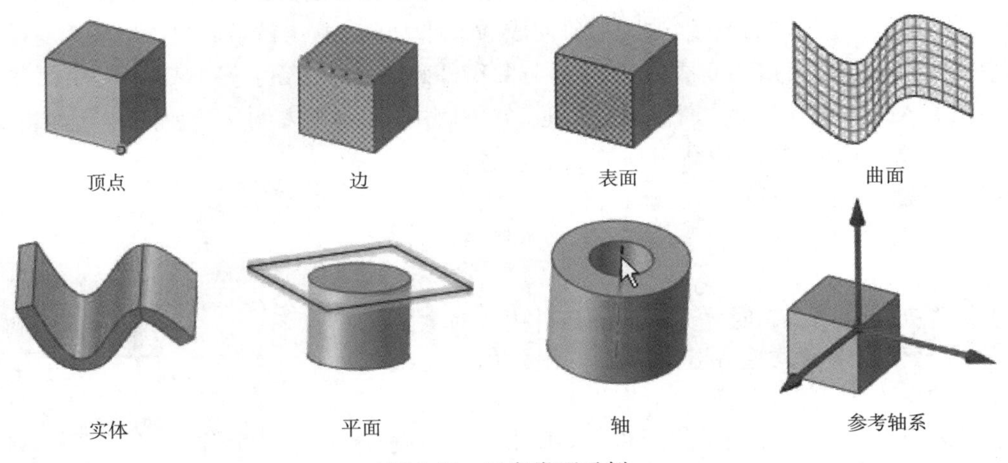

图 1-78　对象类型示例

(2)组件的概念

在 SCDM 中，通常所说的体是指实体或曲线。多个体可以组成一个组件，也可以称为“零件”，每个组件中还可以包含任意数目的子组件，组件和子组件的这种分层结构可以视为一个“装配体”。

组件在结构面板中的结构树中显示，树中的所有对象都包括在一个保存设计时由程序自动创建的顶级组件中，图 1-79 中的“设计 1”(＊表示在编辑过程中)。子组件需要用户创建，且一旦被创建后顶级组件的图标将会发生改变以表明其为装配体。

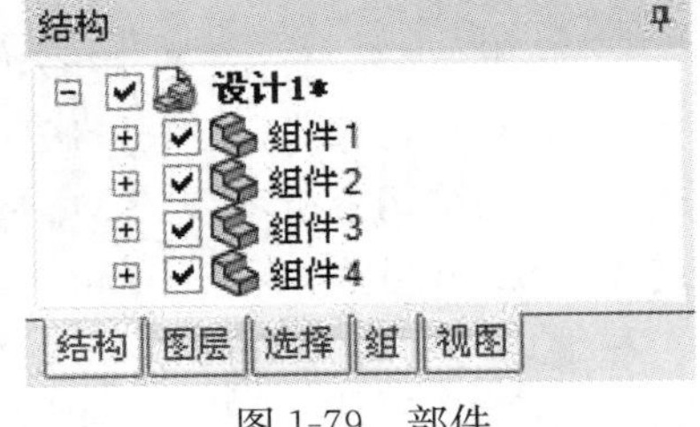

图 1-79　部件

SCDM 提供了三种方法用于创建组件：

方法 1：右键单击任意组件，在快捷菜单中选择“新建组件”即可创建包含于该组件的新组件。

方法 2：右键单击一个对象，在快捷菜单中选择“移到新部件”即可在当前激活组件中创建一个新组件，并将对象放进这个新组件。

方法 3：Ctrl＋多个对象，在右键快捷菜单中选择“将这二者全部移到新部件中”即可在当前激活组件中创建多个新组件，并将对象分别放入相应的新组件中，如图 1-80 所示。

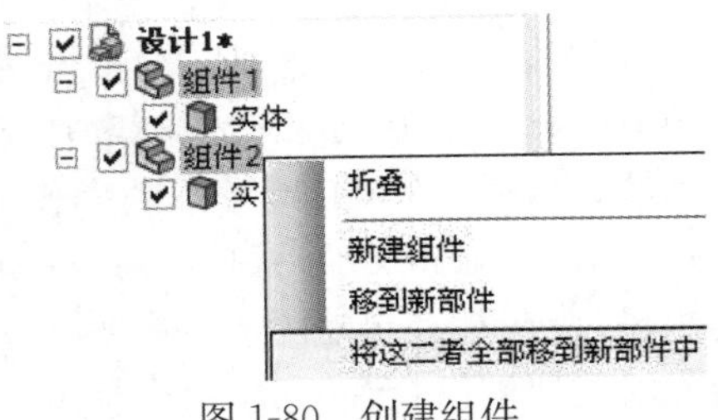

图 1-80　创建组件

包含在 SpaceClaim 文件(. scdoc)中的组件为内部组件,在结构树中新创建的组件缺省情况下均为内部组件。用户可以利用右键快捷菜单将内部组件转换为外部组件,也可以将外部组件内在化。

不包含在 SpaceClaim 文件(. scdoc)中的组件为外部组件,通过设计→插入→文件工具加载的设计是外部的。用户可以利用右键快捷菜单创建外部组件的内部副本进而进行修改、使用。

当设计中包含实例对象(比如阵列、复制对象)时,各对象是彼此关联的,修改其中一个对象,其他对象将发生相同的改变,这种对象构成的组件为非独立组件。用户可以利用右键快捷菜单中的"使其独立"将组件变成独立组件,解除组件间的关联关系,分别修改模型。

利用插入工具插入外部文件至设计中时,如果启用了"对导入的文档使用轻量化装配体"SpaceClaim 高级选项,则只加载组件的图形信息以节省内存,使用视角查看工具可快速查看该组件,当准备在 SCDM 中进行模型操作时,可以再次加载模型的几何信息。

当组件处于激活状态时才允许对该组件内的对象进行操作,且任何新对象均会创建在激活的组件内。在结构树中右键单击某组件,在弹出的快捷菜单中选择激活组件。如果待激活组件为轻量化组件,该组件将会先被加载,如图 1-81 所示。

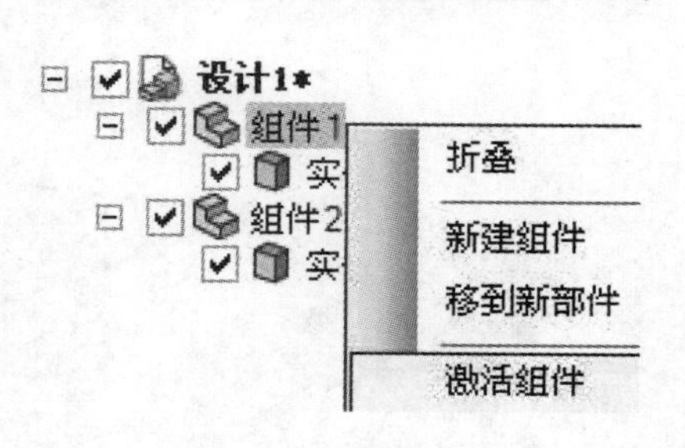

图 1-81 激活组件

1.3.5 Mechanical 前后处理组件快速入门

在 ANSYS Workbench 结构分析中,通过 Mechanical 组件来实现有限元模型的创建、加载、求解以及后处理等分析环节。本节介绍 Mechanical 组件老、新界面的对比、关键操作逻辑与入门操作要点等内容。

1. Mechanical 组件在 2019R2 版本后的新界面

在 Workbench 的 Project Schematic 页面中,当 Geometry 组件单元格中的几何模型定义完成后,双击结构分析系统的 Model 单元格;或在编辑已有模型时,在 Model 单元格右键菜单中选择 Edit,即可进入 Mechanical 界面。

对于 ANSYS 2019R2 及以上版本,Mechanical 组件的操作界面如图 1-82 所示。在新的界面顶部采用了包含若干标签的 Ribbon 条带来重新组织工具栏的命令按钮,提供了之前版本 Mechanical 应用界面中分层下拉菜单和平行工具栏的全新替代方案。

与之前的 Mechanical 组件操作界面相比,新界面的主要变化在于采用了 Windows 的 Ribbon 框架。Ribbon 框架是一个丰富的命令表示系统,提供了之前版本 Mechanical 应用界面的分层下拉菜单、平行工具栏和任务窗格的全新替代方案,通过一系列标签工具栏(Tab)对原来的菜单栏、平行工具栏中的操作命令进行了重新的组织和分类。Ribbon 工具栏包含了 File、Home、Context、Display、Selection、Automation 等标签栏,其中 Context 为上下文相关工具栏,随着在 Outline 中所选择的分支变化而改变。在 Ribbon 条带的每个标签栏里,各种的相关的选项被组合在一起,每个标签栏上分布着分隔线分开的命令组(Group),每个命令组里又包含有若干个命令选项按钮(Option)。

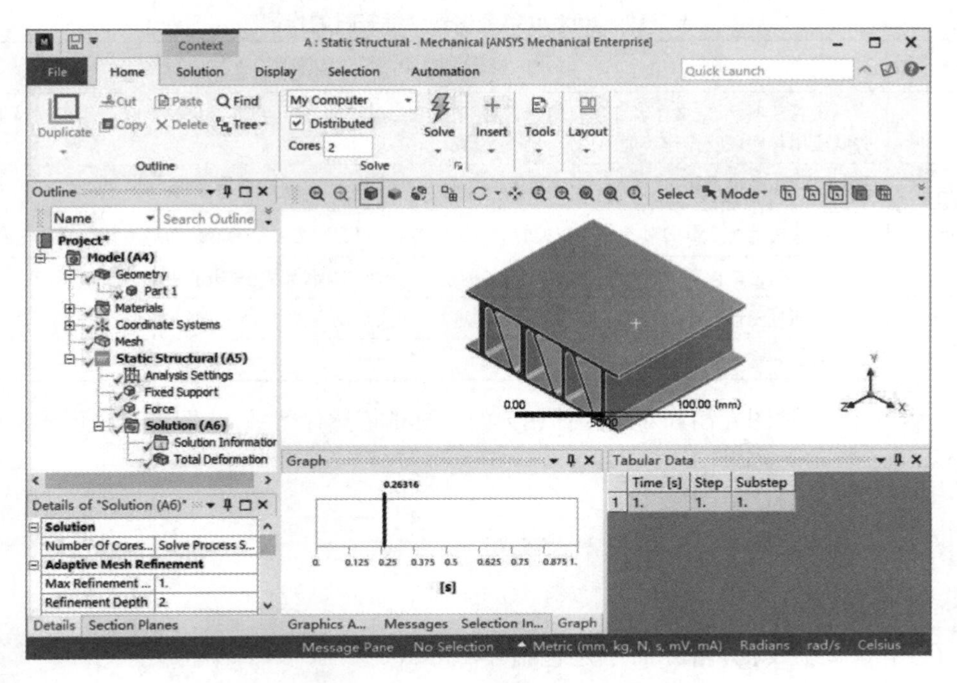

图 1-82　Mechanical 组件新版本的操作界面

如图 1-83 所示的 Home 标签栏，就是 Ribbon 命令栏中的一个典型的标签栏。

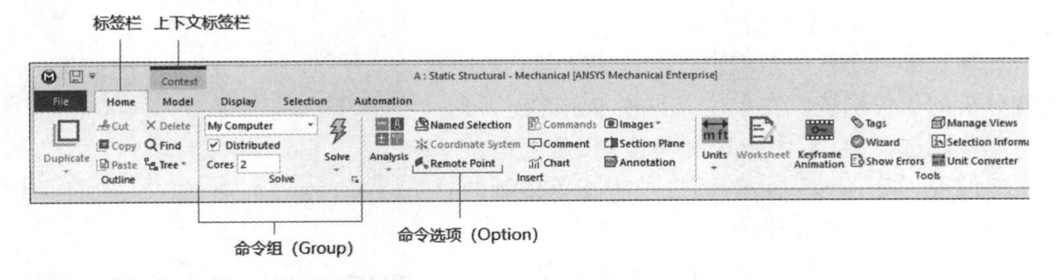

图 1-83　Ribbon 带状命令栏的 Home 标签栏

Home 标签栏包含了 Outline 、Solve 、Insert、Tools、Layout 共五个命令组(Group)。Outline 命令组提供了能够对 Outline 面板中的对象进行基本更改的命令或选项;Solve 命令组提供了求解设置及求解功能;Insert 命令组提供一系列常用的分析及图形观察选项;Tools 命令组提供了包括 Units(选择单位系统)、Worksheet(打开工作表视图)、Keyframe Animation(关键帧动画)、Tags(标签过滤选择)、Wizard(分析向导)、Show Errors(显示错误信息)、Manage Views(管理视图)、Selection Information(打开选择信息窗口)、Unit Converter (单位转换工具)、Print Preview(打印预览)、Report Preview(报告预览)、Key Assignments(快捷键指定)在内的实用工具;Layout 命令组提供了用于界面显示和界面布局控制的选项。

除了 Home 标签栏以外，Ribbon 栏中还包含了 File、Context、Display、Selection、Automation 等标签栏(Tab)，其作用见表 1-19。Ribbon 栏还可以通过快捷键 F10 收起或重新开启，这一快捷键也可通过 Quick Launch 栏右侧的第一个按钮实现。

表 1-19 Ribbon 条带中各个标签栏的作用

标签栏	作用
File	用于管理项目、定义作者和项目信息、保存项目和启动功能，使用户能够更改默认应用程序设置、集成关联应用程序以及操作环境的用户个性化设置
Home	提供常用的操作命令，包含 Outline、Solve、Insert、Tools、Layout 相关命令组
Context	与项目树上所选取的对象分支相关的上下文标签栏，随着所选对象的变化而显示相关的命令内容
Display	包含几何窗口内移动模型的选项，以及各种基于显示的选项，如线框、边的粗细、铺设方向等
Selection	提供通过图形选择或通过一些基于标准的选择(如大小或位置)功能来方便几何或网格实体的选择
Automation	提供了一系列提高效率以及自定义功能

在新版本中，与视图控制和对象选择相关的工具条依然保持独立，即位于图形显示窗口上方的 Graphics 工具条，如图 1-84 所示。

图 1-84 Graphics Toolbar

除了 Ribbon 工具栏，新界面中还包括 Outline 面板、Details View 面板、图形/工作表显示窗口以及 Graph/Animation/Messages、Tabular Data 等功能区域和界面最下方的操作提示栏、选择信息栏等，这些与老版本是相同的，本节后面会介绍。

新版本底部状态栏中新增了一个单位工具栏，用于改变分析的单位系统。在单位工具栏单击左键，可以弹出单位制选择菜单，用于选择单位制、角度单位及温度单位等，如图 1-85 所示，而之前版本单位制的选择是通过 Units 菜单完成的。

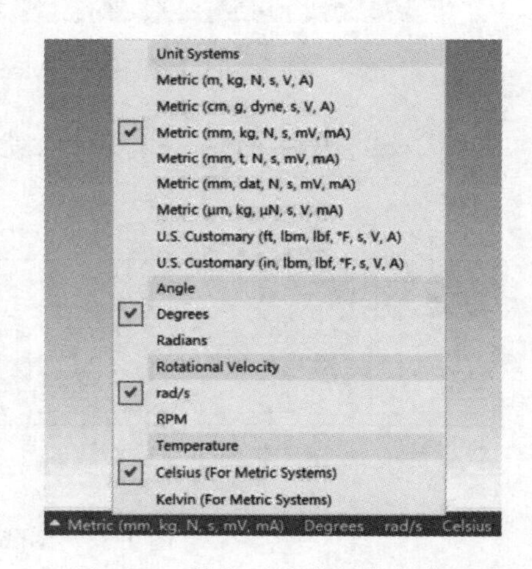

图 1-85 单位系统菜单的新位置

2. Mechanical 组件在 2019R1 及以下版本的界面

对于 ANSYS 2019R1 及以下版本，Mechanical 组件启动后的操作界面如图 1-86 所示。

此界面由 Outline 面板及 Details View 面板、菜单栏、工具栏、图形/工作表显示区以及 Graph/Animation/Messages、Tabular Data 等功能区域组成，界面的最下方还有一个操作提示栏及状态信息栏。

在此界面中，菜单栏位于 Mechanical 界面的上方，包括 File、Edit、View、Unit、Tools 以及 Help 等。File>Save Project 菜单项用于保存项目；File>Export 菜单项用于导出网格文件。View 菜单用于指定界面布局，其中 View>Windows 用于控制视图工作区各辅助功能区域(如 Messages、Graphics Annotations、Section Planes、Selection Information、Manage Views、Tags 等)的显示，如图 1-87 所示。Reset Layout 选项则用于恢复初始的视图布局。Units 菜单用于指定项目单位制。

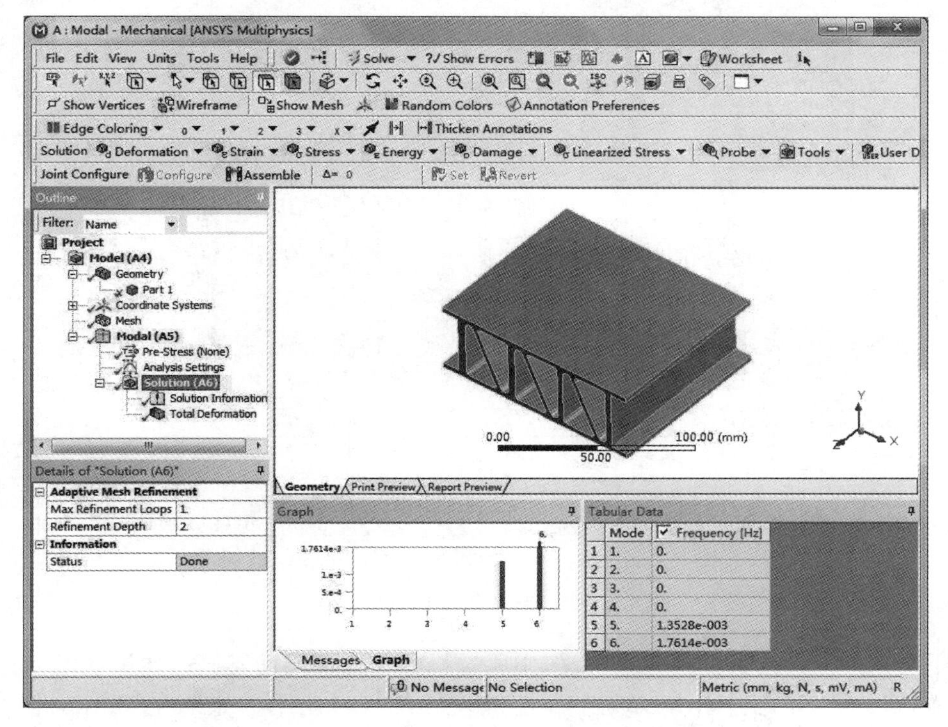

图 1-86　Mechanical 组件老版本操作界面

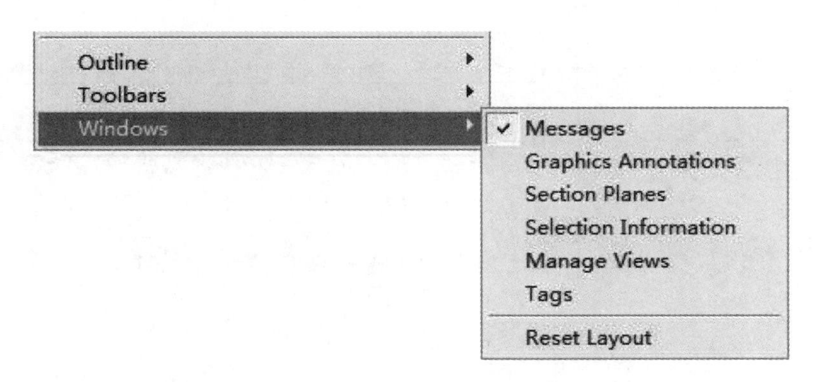

图 1-87　View>Windows 菜单

菜单栏的下方是工具栏，工具栏分为基本工具栏以及上下文相关工具栏。基本工具栏包含一系列工具条，如图 1-88 所示，有常用工具条、对象选择过滤及视图控制工具条、选择工具条、命名选择集工具条、边的连接检查工具条、图形选项工具条、单位转换工具条、爆炸图工具条等。

（a）常用工具条

（b）对象选择过滤及视图控制工具条

图　1-88

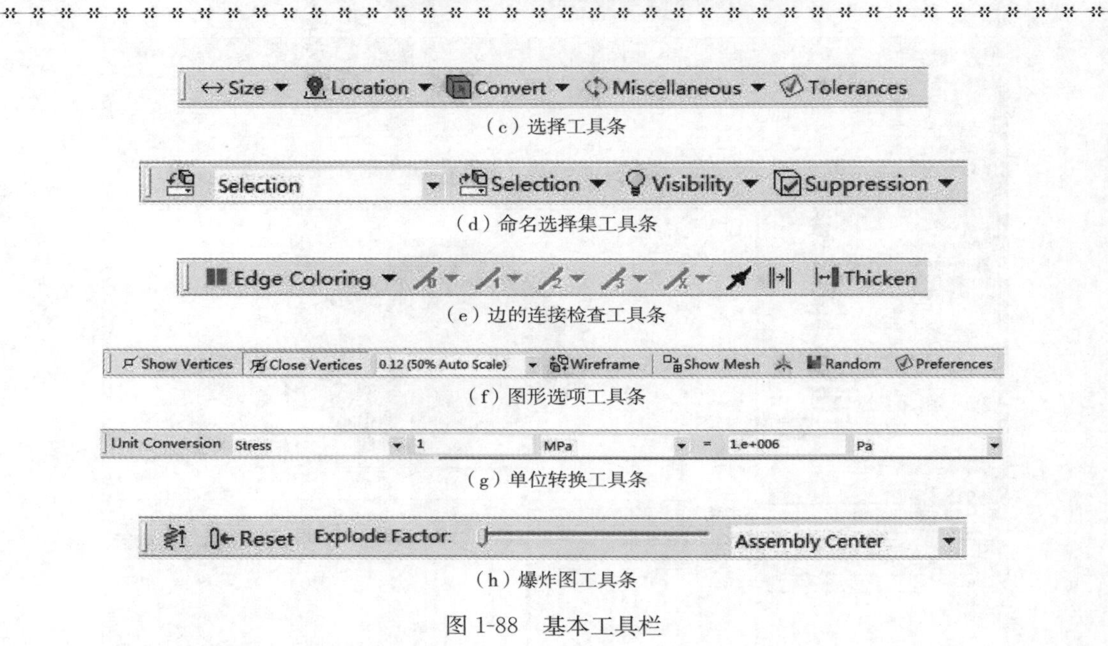

（c）选择工具条

（d）命名选择集工具条

（e）边的连接检查工具条

（f）图形选项工具条

（g）单位转换工具条

（h）爆炸图工具条

图 1-88　基本工具栏

上下文相关工具栏随着在 Outline 树中所选择的分支不同而不同。如果在 Outline 树中选择了 Model 分支，则显示 Model 工具栏，如图 1-89（a）所示。如果在 Outline 树中选择 Coordinate Systems 分支，则显示 Coordinate Systems 工具栏，如图 1-89（b）所示。如果选择 Outline 树的 Mesh 分支，则显示 Mesh 工具栏，如图 1-89（c）所示。

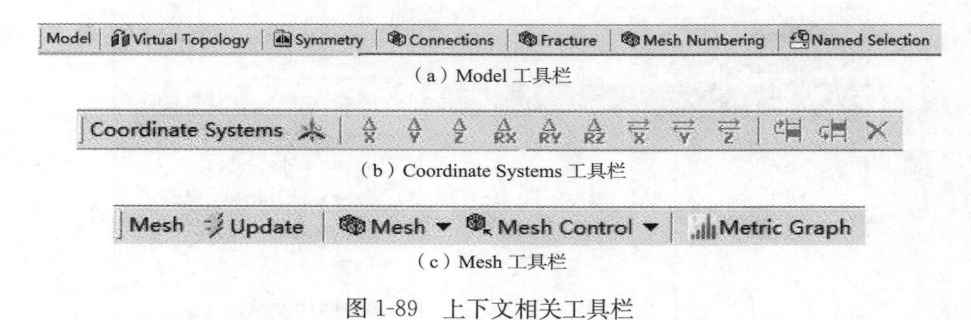

（a）Model 工具栏

（b）Coordinate Systems 工具栏

（c）Mesh 工具栏

图 1-89　上下文相关工具栏

图形显示区（Graphics）位于界面中间部分，用于显示几何图形（Geometry）、打印预览（Print Preview）以及报告预览（Report Preview）等，几何图形的显示随着在 Outline 面板中选择不同的分支而显示不同的内容。在工具栏中按下 Worksheet 按钮后，图形显示区切换进入当前所选择 Outline 分支相关信息的 Worksheet 视图模式，在显示区域的左下角出现 Worksheet 标签，用于在图形显示和工作表显示状态之间的切换，如图 1-90 所示。

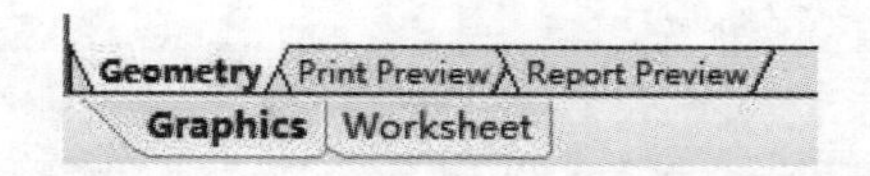

图 1-90　图形显示区/工作表显示区切换标签栏

图形显示区正下方为 Graph/Animation/Messages 多用途面板，可用来显示荷载曲线、结果曲线、输出信息及动画控制台等。多用途面板右侧为 Tabular Data 面板，用于列出载荷步信息、荷载-时间历程数据、自振频率列表、计算结果项目时间历程数据等表格。Mechanical 的界面底部是信息提示栏，用于显示 Message、被选择对象的信息、物理量单位制、角度单位、角速度单位、温度单位等信息。

3. Mechanical 组件的关键操作逻辑

Mechanical 组件老、新界面的主要区别在于，ANSYS 2019R1 及以下版本中的界面环境显示的是平行工具条，而 ANSYS 2019R2 及以上版本中采用了较新的 Ribbon 工具框架，其他方面则区别不大。从操作的关键逻辑来看，实际上老、新界面的区别并不显著。无论是老界面还是新界面，Mechanical 组件的操作过程都是围绕 Outline 面板的项目树展开，与模型、分析和计算结果相关的全部数据都保存在项目树(Project 树)的分支中。

Mechanical 左侧 Outline 面板的 Project 树是整个界面操作的关键，在项目树中选择每一个分支时，都在 Details View 区域中有着相对应的具体分支属性信息，因此 Mechanical 操作的过程实际上就是在项目树中定义分支，并通过 Details View 中完善分支属性的过程。在 Details View 区域会列出与所选分支相应的属性和参数列表，需要用户在 Details View 区域中设置这些分支的属性和参数，以便完成各分支的定义。当 Details View 中缺少信息时，分支前面的图标上会显示一个“?”号；当 Details View 中的信息定义完整后，分支前面的图标上会显示一个绿色的“√”号，表示此分支被完整地定义。可以说，项目树中的每一个分支都定义或计算完成了，则整个分析项目就完成了。无论是新界面还是老界面，这就是 Mechanical 组件的核心操作逻辑。

Mechanical 的 Project 树包含有很多分支，其根分支为项目分支 Project，此分支下包含模型分支 Model，Model 分支下包含几何分支 Geometry、坐标系分支、Mesh 分支、Named Selection 分支、分析环境分支等，各分支下又包含了相关的对象或设置子分支，如 Geometry 分支下包含部件和体的对象分支。当 Model 分支下的所有分支都完成时(分支前面显示一个绿色的√标志)，分析模型就创建好了。Coordinate Systems 分支下包含各坐标系分支，Mesh 分支下可以加入各种网格控制选项分支，Named Selections 分支下包含已经指定的 Named Selection 分支，分析环境(可以为静力分析、模态分析、瞬态分析等)分支下包含 Analysis Settings 分支、Solution 求解分支，并可以加入边界约束及载荷项目分支，在 Solution 分支下又可以加入所需要查看的结果项目分支。Solution 分支下的后处理结果项目分支需要进行求解才能完全确定，求解之前结果分支图标显示为黄色闪电符号，求解过程中显示为绿色闪电符号，求解后也显示一个绿色的√符号。

Mechanical 组件的 Project 树中常见的分支及其包含内容见表 1-20。

表 1-20　Mechanical 组件常用的分支

分　支	分支包含的内容
Model	模型分支，包含模型信息及相关分支
Construction Geometry	构造几何分支，包含 Path、Surface、Solid 等类型
Geometry	几何分支，包含所有的几何体分支、质量点
Coordinate Systems	坐标系分支
Named Selections	命名集合分支
Connections	连接关系分支，包含接触、运动副以及各种连接关系分支

续上表

分　支	分支包含的内容
Mesh	网格分支，包含各种网格
Environment	分析环境分支，包含分析类型所需的边界条件、荷载以及 Analysis Settings 和 Solution 等子分支
Analysis Settings	分析选项设置分支
Solution	求解及后处理分支，包含 Solution Information 及待求解项目分支
Solution Information	求解信息分支，包含求解输出文本、监控曲线、残差等

4. Mechanical 组件项目树中的几个重要分支

下面介绍 Mechanical 组件 Project 树中的几个最重要的分支，这些分支在建模和分析过程中是最为常用的，也是用户必须了解的。

(1)Geometry 分支

Geometry 分支是模型的几何分支，导入 Mechanical 中的所有的几何体都在 Geometry 分支下以一个子分支的形式列出。Mechanical 中可以导入的体类型包括表面体、实体、线体三种。线体用于模拟框架，面体用于模拟板壳，实体用于模拟一般 2D 或 3D 连续体结构。2D 结构的典型代表是平面应力、平面应变以及轴对称受力状态，这类问题在 Workbench 中创建或导入几何模型之前，需要在 Project Schematic 的 Geometry 单元格属性中明确指定为 2D。

在 Geometry 分支下选择代表每一个几何体的分支，在其 Details View 的 Graphics Properties 部分可以为其指定显示颜色、透明度等，如图 1-91 所示。

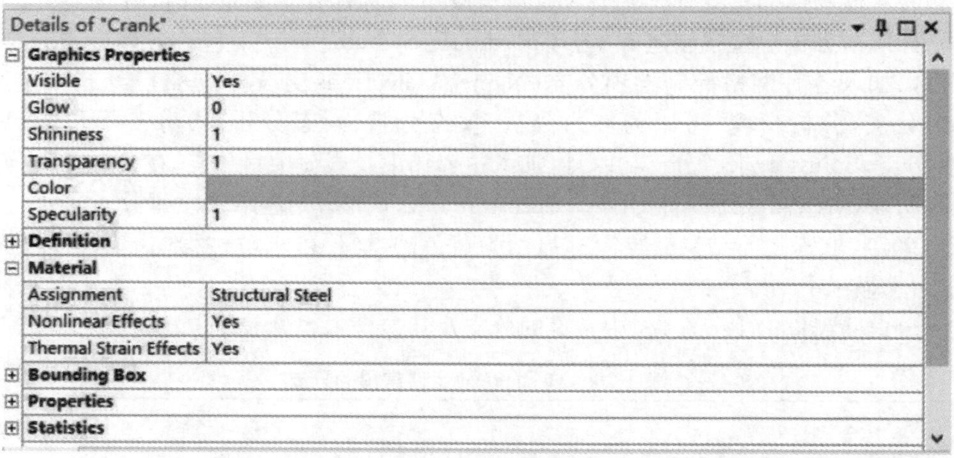

Details of "Crank"

Graphics Properties	
Visible	Yes
Glow	0
Shininess	1
Transparency	1
Color	
Specularity	1
Definition	
Material	
Assignment	Structural Steel
Nonlinear Effects	Yes
Thermal Strain Effects	Yes
Bounding Box	
Properties	
Statistics	

图 1-91　Crank 实体的 Details 列表

在几何体分支 Details 的 Definition 部分，可为其指定刚柔特性(刚体不变形、柔性体能发生变形)、参考温度等，如图 1-92 所示。

参考温度通常采用环境温度，也可设置为 By Body 为每个体单独定义，如图 1-93 所示，如果定义的体参考温度与环境温度不等时，可以引起热应变。

Definition	
Suppressed	No
ID (Beta)	27
Stiffness Behavior	Flexible
Coordinate System	Default Coordinate System
Reference Temperature	By Environment
Treatment	None

图 1-92　Definition 部分的参数

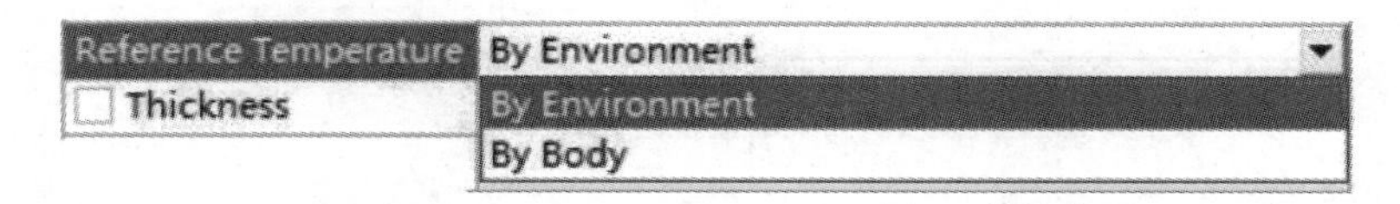

图 1-93　体参考温度的两种定义模式

对于几何组件中没有指定厚度的面体，还需要在 Mechanical 中指定其厚度或截面属性，支持多层复合材料壳截面，即 Layered Section，可以为其每一层指定材料属性、厚度及材料角度。相关内容将在后面板壳结构部分介绍。

在 Details 的 Properties 部分还列出了此几何体的统计信息，如：体积、质量、质心坐标位置、各方向的转动惯量等，如图 1-94 所示。如进行了网格划分，还会在 Statistics 部分显示出单元数量、节点数量、网格质量指标等。

Properties	
Volume	2016. mm³
Mass	1.5825e-002 kg
Centroid X	36.196 mm
Centroid Y	4.5 mm
Centroid Z	-27.126 mm
Moment of Inertia Ip1	0.14792 kg·mm²
Moment of Inertia Ip2	6.3329 kg·mm²
Moment of Inertia Ip3	6.2088 kg·mm²

图 1-94　几何体的属性

在 Details 的 Material 部分，可以为所选择的几何体指定材料类型，非线性效应以及热应变效应，如图 1-95 所示。此处可指定的材料类型及其参数是在 Engineering Data 中定义的，在新版本中也可以直接浏览搜索材料库中的材料并指定给几何体。给几何体分配过的材料类型会在 Engineering Data 中被自动添加到当前项目的材料列表中。但是要注意，在 Engineering Data 组件中修改了材料数据后，返回到 Mechanical 界面时，需通过 File>Refresh All Data 菜单进行刷新操作，把这些材料模型方面的变化传递到 Mechanical 组件。

Material	
Assignment	Structural Steel
Nonlinear Effects	Yes
Thermal Strain Effects	Yes

图 1-95　Material 属性

如果需要在 Geometry 分支下指定集中质量(转动惯量),则可在 Geometry 分支右键菜单中通过 Insert>Point Mass 添加 Point Mass 对象,其 Details 如图 1-96 所示,需要定义质量点的作用对象、质心位置、质量以及转动惯量的数值。

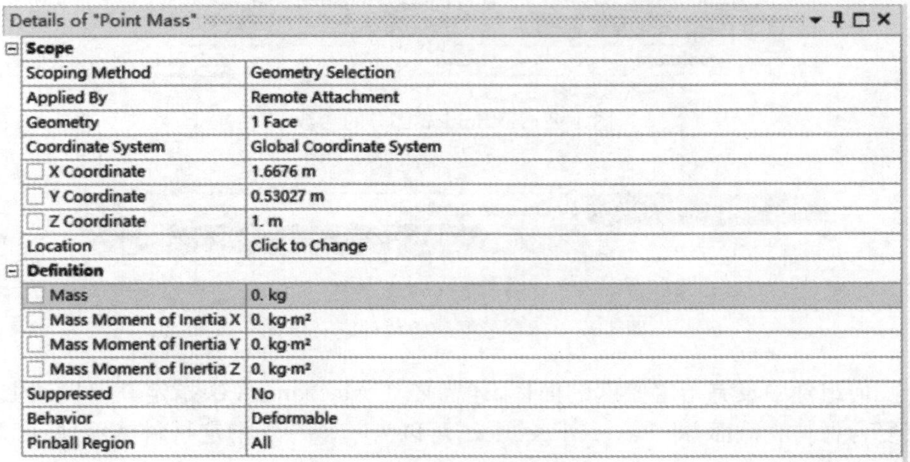

Details of "Point Mass"	
Scope	
Scoping Method	Geometry Selection
Applied By	Remote Attachment
Geometry	1 Face
Coordinate System	Global Coordinate System
X Coordinate	1.6676 m
Y Coordinate	0.53027 m
Z Coordinate	1. m
Location	Click to Change
Definition	
Mass	0. kg
Mass Moment of Inertia X	0. kg·m²
Mass Moment of Inertia Y	0. kg·m²
Mass Moment of Inertia Z	0. kg·m²
Suppressed	No
Behavior	Deformable
Pinball Region	All

图 1-96 定义集中质量

除了集中质量外,还可以通过 Geometry 分支右键菜单 Insert>Distributed Mass 添加分布质量,其 Details 属性如图 1-97 所示。在选择的表面上,可通过指定总质量或单位面积质量两种方式来定义分布质量。

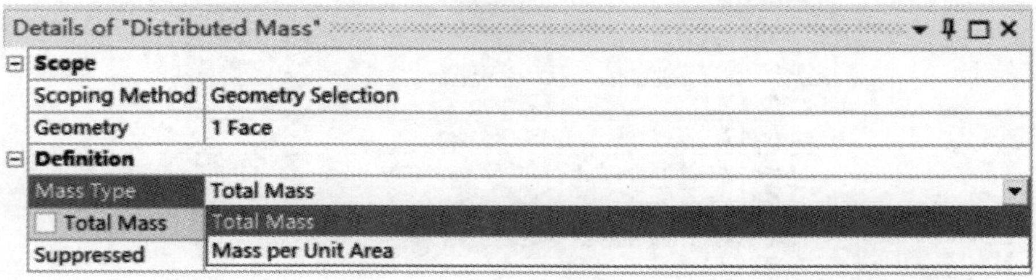

Details of "Distributed Mass"	
Scope	
Scoping Method	Geometry Selection
Geometry	1 Face
Definition	
Mass Type	Total Mass
Total Mass	Total Mass
Suppressed	Mass per Unit Area

图 1-97 定义分布质量

(2)Connections 分支

当 Geometry 分支下包含多于一个体时,在 Project 树中自动出现 Connections 分支。此分支用于指定模型中不同的体之间的连接关系,最常见的连接关系是接触关系,部件接触关系可以通过自动、半自动或手动方式指定。当模型中存在接触时,在 Connections 分支下包含有 Contacts 分支,在 Contacts 分支下包含每个具体的接触区域 Contact Region 分支。除了接触外,各部件之间还可以通过 Joint、Spot Weld、Spring、Beam 等方式进行连接,详细内容请参考本书第 6 章。

(3)Mesh 分支

确定连接关系之后,可以通过 Mesh 分支进行网格设置与划分。在 Mechanical 中也可以通过自动划分方式形成计算网格,在 Mesh 分支下不加入任何控制或方法选项,直接右键菜单中选择“Update”或“Generate Mesh”，即可生成自动网格。当然，用户也可以在Mesh分支下添加网格划分方法、网格尺寸等控制选项分支后再进行网格的划分。关于各种结构类型的网格划分的相关问题，请参考后面有关章节。

(4)Environment分支

Environment分支即分析环境分支，随分析类型不同而不同，常见的有Modal、Static Structural、Transient Structural等。在分析环境分支下包含有分析选项设置分支Analysis Settings分支以及模型的所有载荷、边界条件分支。常见分析类型的环境分支见表1-21。

表1-21　常见分析类型的环境分支及其对应作用

环境分支	分析类型及作用
Static Structural	静力分析，计算结构在外力作用下的静变形、应力、应变
Modal	模态分析，计算结构的固有振动特性
Harmonic	谐响应分析，计算结构在简谐荷载或简谐地面运动或强迫运动下的响应
Transient Structural	瞬态分析，计算结构在一般动态激励下的瞬态响应
Response Spectrum	响应谱分析，计算结构在响应谱激励下的响应幅值
Random Vibration	随机分析，计算结构在随机激励作用下的响应
Eigenvalue Buckling	特征值屈曲分析，计算无缺陷结构的临界失稳荷载
Steady-State Thermal	稳态热传导分析，计算结构在热稳态条件下的温度场
Transient Thermal	瞬态热传导分析，计算结构在瞬态条件下的温度场

(5)Solution分支

Solution分支用于求解以及后处理，此分支下面包含求解信息Solution Information分支和各种求解计算结果的项目分支。

5. 对象的选择操作

在定义Mechanical模型树各分支的属性的过程中，大部分的场合都需要借助于对象的选择，这些选择操作需要借助于工具栏上的辅助按钮和鼠标按键配合完成，下面介绍Mechanical组件中最为常用的对象选择操作方法。

(1)对象选择类型的过滤

选择对象之前首先需要规定选择的对象类型，如点、线、面、体、节点、单元等，这可以通过Graphics工具条的选择类型过滤按钮实现，也可以通过快捷键实现。与选择类型过滤相关的工具条按钮以及快捷键见表1-22。

表1-22　选择对象类型过滤按钮及快捷键

按　钮	快 捷 键	作　用
	Ctrl+P	点选择过滤
	Ctrl+E	边选择过滤
	Ctrl+F	面选择过滤
	Ctrl+B	体选择过滤
	Ctrl+N	节点选择过滤
	Ctrl+L	单元选择过滤

(2)对象选择信息及查看方法

选择对象后在界面最下方的信息提示栏中会显示出所选择对象的扼要信息。如图 1-98(a)所示,在图形显示窗口中选择了两个表面,此时在信息提示栏中显示"2 Faces Selected",同时还计算出两个面夹角为 83°,总面积为 2 330.2 mm²,如图 1-98(b)所示。双击对象选择信息提示栏区域,或者按下 I 键,可弹出一个 Selection Information 选择信息窗口,如图 1-98(c)所示,在其中列出了所选择面的信息。

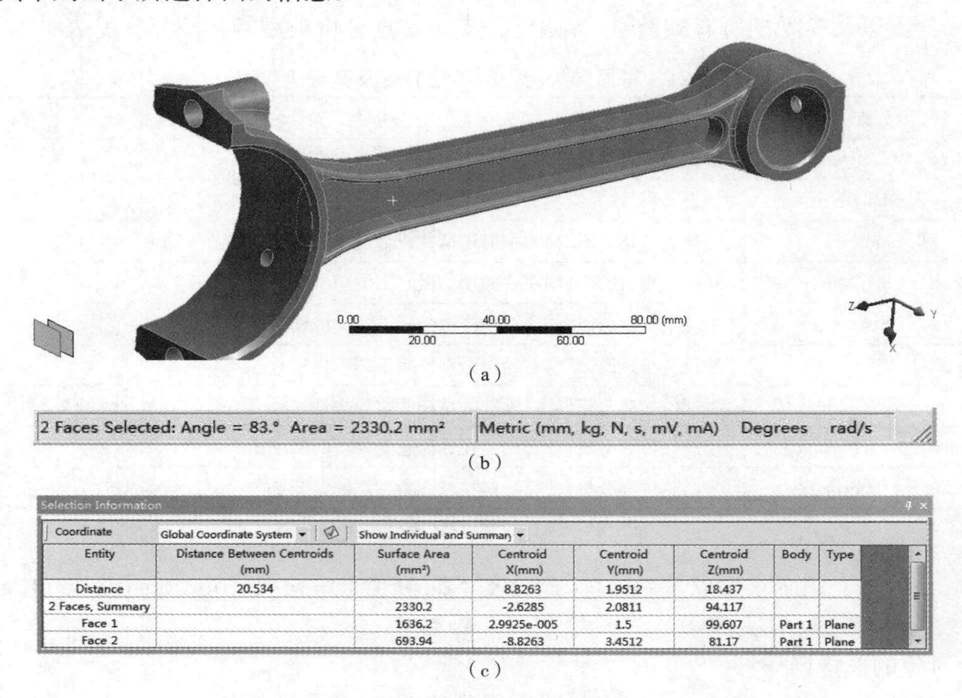

Entity	Distance Between Centroids (mm)	Surface Area (mm²)	Centroid X(mm)	Centroid Y(mm)	Centroid Z(mm)	Body	Type
Distance	20.534		8.8263	1.9512	18.437		
2 Faces, Summary		2330.2	-2.6285	2.0811	94.117		
Face 1		1636.2	2.9925e-005	1.5	99.607	Part 1	Plane
Face 2		693.94	-8.8263	3.4512	81.17	Part 1	Plane

(c)

图 1-98 Selection Information 窗口

下面对选择信息(Selection Information)窗口的作用作更一步的讲解。在选择信息窗口中详细列出了所选择的对象的各种信息,比如:点坐标、线段长度、面对象的面积和类型,体对象的体积、单元对象的类型、对象所属的体名称等。其中,面信息中的 Type 为面的类型,可以为 Plane、Cylinder、Sphere、Cone、Torus、Spline 等。单元类型中的 Element Type 为单元类型,比如:Tet10 表示 10 节点的四面体类型。图 1-99(a)~(f)依次为所选择的点对象、线对象、面对象、体对象、节点对象、单元对象以及与之相关的选择信息窗口。选择多个对象时,也可以通过 Selection Information 选择对象信息窗口来查看详细的信息。

(3)对象选择的模式

在加载的过程中选择面或体等对象时,选择对象的模式常用点选和框选(Single Selection 和 Box Selection)两种选择方式。Single Selection 和 Box Selection 两种选择模式可以按住鼠标右键再按鼠标左键来切换。对于节点选择,通过此种方式可以在 Single Section, Box Selection, Box Volume, Lasso, Lasso Volume 等选择模式之间切换。在点选模式下用鼠标左键单击选择对象,在点选模式下按住 Ctrl 键,依次用鼠标左键点选可选择多个对象。框选模式下,由左至右拉框可选择所有位于框内的对象,由右至左拉框可选择所有与框有交集的

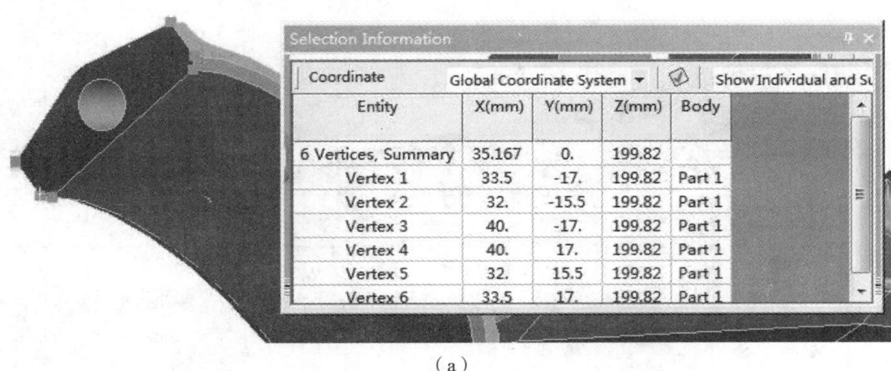

Selection Information

Coordinate: Global Coordinate System　Show Individual and Su

Entity	X(mm)	Y(mm)	Z(mm)	Body
6 Vertices, Summary	35.167	0.	199.82	
Vertex 1	33.5	-17.	199.82	Part 1
Vertex 2	32.	-15.5	199.82	Part 1
Vertex 3	40.	-17.	199.82	Part 1
Vertex 4	40.	17.	199.82	Part 1
Vertex 5	32.	15.5	199.82	Part 1
Vertex 6	33.5	17.	199.82	Part 1

（a）

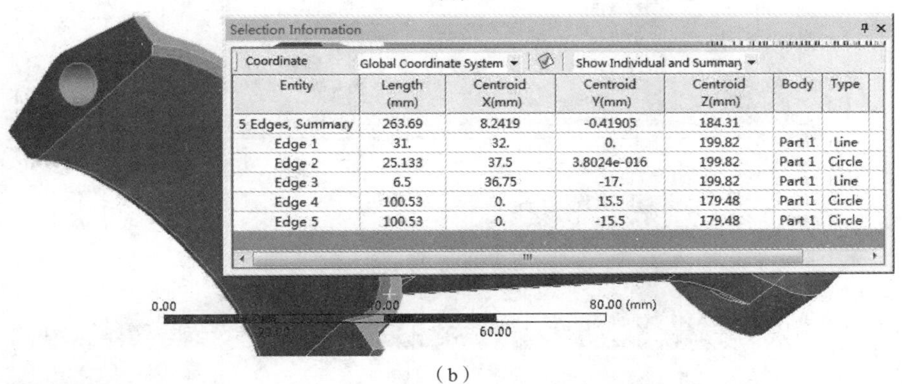

Selection Information

Coordinate: Global Coordinate System　Show Individual and Summary

Entity	Length (mm)	Centroid X(mm)	Centroid Y(mm)	Centroid Z(mm)	Body	Type
5 Edges, Summary	263.69	8.2419	-0.41905	184.31		
Edge 1	31.	32.	0.	199.82	Part 1	Line
Edge 2	25.133	37.5	3.8024e-016	199.82	Part 1	Circle
Edge 3	6.5	36.75	-17.	199.82	Part 1	Line
Edge 4	100.53	0.	15.5	179.48	Part 1	Circle
Edge 5	100.53	0.	-15.5	179.48	Part 1	Circle

（b）

Selection Information

Coordinate: Global Coordinate System　Show Individual and Summary

Entity	Surface Area (mm²)	Centroid X(mm)	Centroid Y(mm)	Centroid Z(mm)	Body	Type
6 Faces, Summary	748.37	-39.127	-2.0921	192.31		
Face 1	20.739	-38.22	-8.7319	193.8	Part 1	Sphere
Face 2	39.735	-37.551	-13.778	194.5	Part 1	Spline
Face 3	27.039	-41.575	-6.5094	193.59	Part 1	Torus
Face 4	282.38	-42.251	8.202e-017	185.92	Part 1	Cylinder
Face 5	81.389	-35.502	-8.1225	185.18	Part 1	Spline
Face 6	297.09	-37.203	-3.898e-017	199.82	Part 1	Plane

（c）

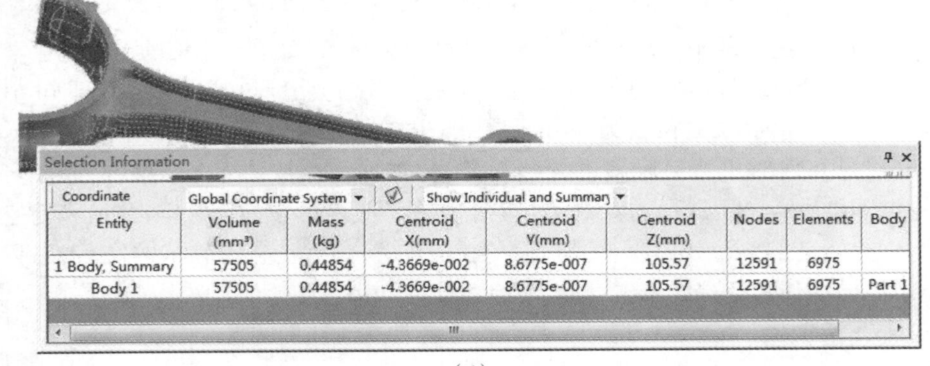

Selection Information

Coordinate: Global Coordinate System　Show Individual and Summary

Entity	Volume (mm³)	Mass (kg)	Centroid X(mm)	Centroid Y(mm)	Centroid Z(mm)	Nodes	Elements	Body
1 Body, Summary	57505	0.44854	-4.3669e-002	8.6775e-007	105.57	12591	6975	
Body 1	57505	0.44854	-4.3669e-002	8.6775e-007	105.57	12591	6975	Part 1

（d）

图　1-99

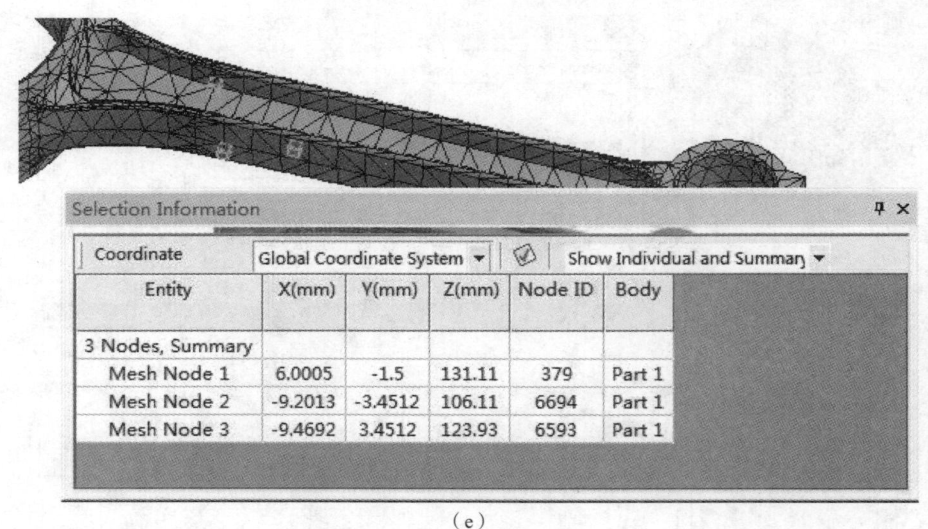

Entity	X(mm)	Y(mm)	Z(mm)	Node ID	Body
3 Nodes, Summary					
Mesh Node 1	6.0005	-1.5	131.11	379	Part 1
Mesh Node 2	-9.2013	-3.4512	106.11	6694	Part 1
Mesh Node 3	-9.4692	3.4512	123.93	6593	Part 1

(e)

Selection Information

Coordinate　Global Coordinate System　Show Individ

Entity	Element ID	Element Type	Body
3 Mesh Elements, Summary			
Mesh Element 1	3053	Tet10	Part 1
Mesh Element 2	3775	Tet10	Part 1
Mesh Element 3	4571	Tet10	Part 1

(f)

图 1-99 选择对象及其信息窗口

对象。选择过程中可以结合选择实用功能工具栏,如:选择与当前所选面尺寸相同的面对象等。还可以通过扩展选择工具按钮选择相切的线或表面,其对应的快捷键为 Shift+F1(相邻的相切对象)以及 Shift+F2(相邻的相切对象及与相邻对象又相切的对象)。

在 Single Selection 选择模式下,在鼠标左键的点击处会出现一个十字叉,即 blip,其作用一方面是在可见几何对象做标识,另一方面是用于描绘一个与屏幕相垂直的射线,这一射线会穿透所有在可见几何对象背后隐藏的几何对象,比如面。用按住 Ctrl 的方式选择多个对象时,blip 将位于最后一个所选择的对象上。单击在图形显示区域的任意空白处,将清空目前选择的对象,但是当前的 blip 还是保持其最后所在的位置。当清空选择后,按住 Ctrl 键,用鼠标在图形显示区域的任意空白处单击,即可清除之前的 blip 位置。

(4)选择方块

下面介绍一个有用的选择辅助工具:选择方块。

在图形显示区域左下角的选择方块，用于选择当前视图方向被遮挡的对象，如图 1-100 所示。选择方块代表着鼠标单击位置(blip 位置)从前到后垂直穿透显示屏幕与视线相交的一系列面对象，每个方块代表一个面，选择了方块就等同于选择到了对应的面，按住 Ctrl 选择多个方块，等同于选择到了多个与所选择方块相对应的表面。

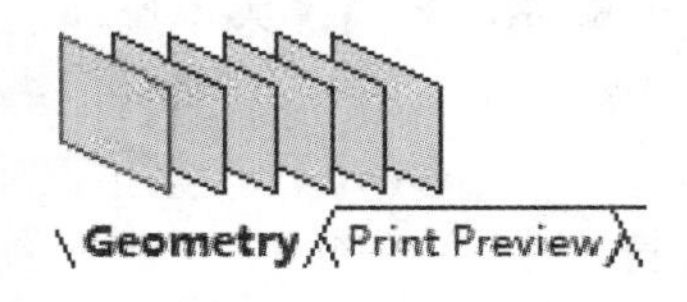

图 1-100 选择方块

(5)通过 ID 号选择节点和单元对象

在图形显示窗口鼠标右键菜单中选择最后面一项即 Select Mesh by ID(M)，如图 1-101 所示，此选项用于通过输入节点或单元的 ID 号选择节点或单元对象，此特性也可以通过按下键盘的 M 键激活，前提是光标位于图形显示窗口区域内。选择此菜单项或按下键盘的 M 键，可弹出一个如图 1-102 所示的 Select Mesh by ID…对话框，在其中直接按提示格式输入节点或单元 ID 范围，单击 Select 按钮可以基于 ID 号选择模型中的节点和单元，此对话框中的 Create Named Selection 按钮可以用于基于输入的节点或单元 ID 号范围选择对象并直接创建节点或单元的 Named Selections。

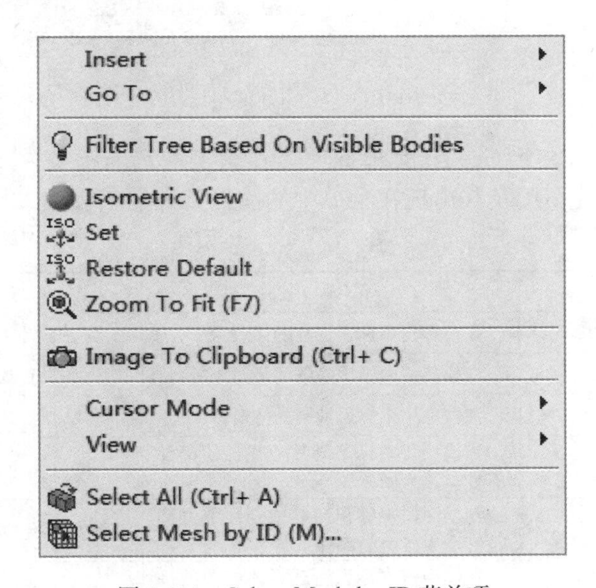

图 1-101 Select Mesh by ID 菜单项

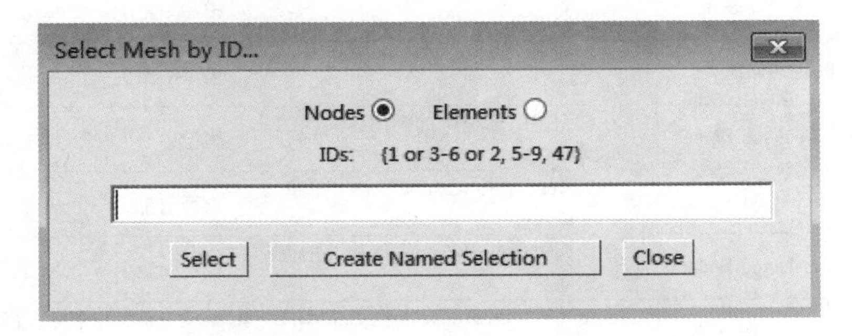

图 1-102 Select Mesh by ID 对话框

6. Go To 右键菜单选项的使用

在 Mechanical 组件中,Go To 是一个在操作过程中常用的一个辅助性功能。在建模过程中,可以通过 Go To 功能实现两个目的:快速定位模型特征所对应的模型树对象分支,对模型进行诊断。

在图形显示窗口的右键菜单中选择 Go To 菜单,在其下级菜单中选择相关的选项,如图 1-103 所示。

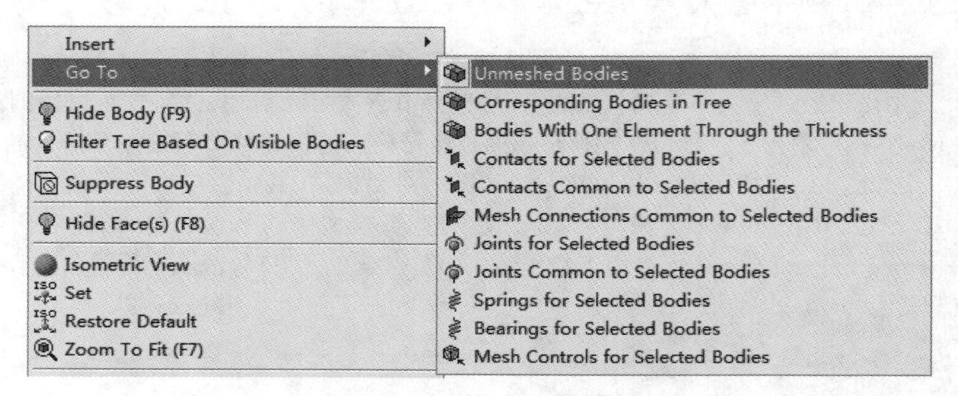

图 1-103　Go To 菜单选项

需要注意的一点是,有些 Go To 菜单选项需在满足一定前提条件下才会出现在菜单中。一些常用 Go To 选项的作用及其出现在菜单中的前提条件列于表 1-23 中。

表 1-23　Go To 选项说明

Go To 菜单选项	作　用	出现的条件
Corresponding Bodies in Tree	在模型树中标识选择的体对象	模型中至少一个点、边、面或体被选择
Hidden Bodies in Tree	在模型树中标识隐藏的体对象	模型中至少一个几何体被隐藏
Suppressed Bodies in Tree	在模型树中标识抑制的体对象	模型中至少一个几何体被抑制
Bodies Without Contacts in Tree	在模型树中标识与其他任何体都没有发生接触的体	装配中有多于一个体
Parts Without Contacts in Tree	在模型树中标识与其他任何部件都没有发生接触的部件	装配中有多于一个 Part
Contacts for Selected Bodies	在模型树中标识所选择体相关的接触区域对象	模型中至少一个点、边、面或体被选择
Contacts Common to Selected Bodies	在模型树中标识所选择的体共同的接触区域对象	模型中至少一个点、边、面或体被选择
Joints for Selected Bodies	在模型树中标识所选择体相关的 Joint 对象	模型中至少一个点、边、面或体被选择
Joints Common to Selected Bodies	在模型树中标识所选择的体共同的 Joint 对象	模型中至少一个点、边、面或体被选择
Springs for Selected Bodies	在模型树中标识所选择体相关的 Spring 对象	模型中至少一个点、边、面或体被选择
Mesh Controls for Selected Bodies	在模型树中标识与所需体相关的网格控制对象	模型中至少一个点、边、面或体被选择
Mesh Connections for Selected Bodies	在模型树中标识所选体相关的 Mesh Connection 对象	模型中至少一个点、边、面或体被选择,且存在至少一个 Mesh Connection

续上表

Go To 菜单选项	作　　用	出现的条件
Mesh Connections Common to Selected Bodies	在模型树中标识所选择的体共同的 Mesh Connection 对象	模型中至少一个点、边、面或体被选择
Field Bodies in Tree	在模型树中标识与所选体相关的包围体	至少有一个体是包围体
Bodies With One Element Through the Thickness	在模型树中标识至少在两个厚度方向只有一个单元的体	至少一个体在至少两个厚度方向上只有一个单元
Thicknesses for Selected Faces	标识模型树中与所选择面相关的定义了厚度的对象	至少一个定义了厚度的面被选择
Body Interactions for Selected Bodies	在模型树中标识所选体相关的 Body Interactions 对象	至少定义了一个 body interaction 且至少一个体被选择
Body Interactions Common to Selected Bodies	在模型树中标识所选择的体共同的 Body Interactions 对象	至少定义了一个 body interaction 且至少一个体被选择

1.3.6　External Model 组件

在 Workbench 中，用户可以利用 External Model 组件来导入在 Workbench 外部创建的有限元或网格模型，比如 Mechanical APDL、Abaqus、Nastran 等格式，还可以通过导入的网格合成几何模型。

如图 1-104 所示为 External Modal 组件，双击 A2：Setup 可进入 External Model 页面，如图 1-105 所示。在 External Model 页面下选择 Click here to add a file 右侧的 Location 按钮，可选择需要导入的外部模型文件，在对话框的下拉列表中可以选择支持导入的外部模型格式，如图 1-106 所示。

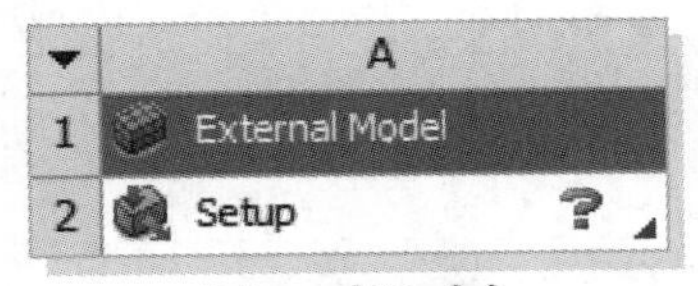

图 1-104　External Model 组件

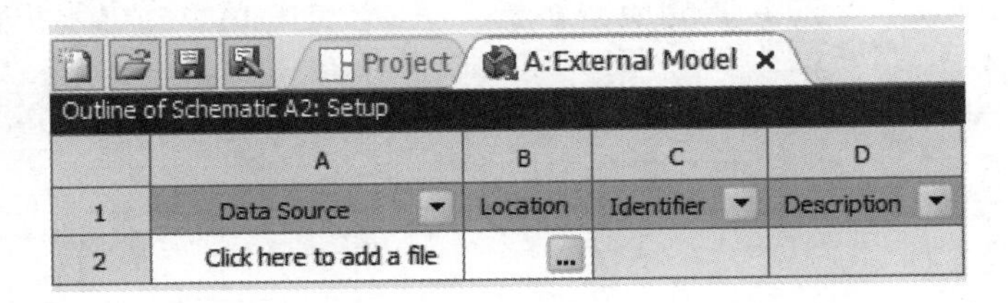

图 1-105　External Model 页面

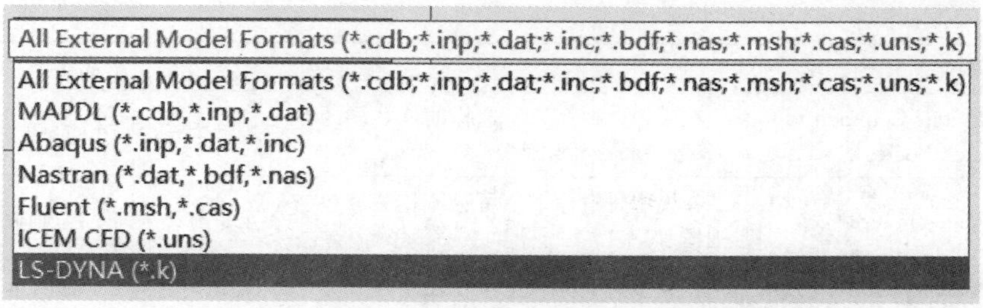

All External Model Formats (*.cdb;*.inp;*.dat;*.inc;*.bdf;*.nas;*.msh;*.cas;*.uns;*.k)

All External Model Formats (*.cdb;*.inp;*.dat;*.inc;*.bdf;*.nas;*.msh;*.cas;*.uns;*.k)
MAPDL (*.cdb,*.inp,*.dat)
Abaqus (*.inp,*.dat,*.inc)
Nastran (*.dat,*.bdf,*.nas)
Fluent (*.msh,*.cas)
ICEM CFD (*.uns)
LS-DYNA (*.k)

图 1-106 External Model 支持的外部模型格式

下面对 External Model 中可以支持导入的模型文件类型及其扩展名作简单的说明。

(1)MAPDL 格式,文件扩展名为 *.cdb, *.inp, *.dat。

(2)Abaqus 格式,文件扩展名为 *.inp, *.dat, *.inc。

(3)Nastran 模型文件,文件扩展名为 *.bdf, *.dat, *.nas。

(4)Fluent 输入文件,文件扩展名为 *.msh, *.cas。

(5)ICEM CFD 输入文件,文件扩展名为 *.uns。

(6)LS-DYNA 关键字文件,文件扩展名为 *.k。

在 External Model 页面中,可以为导入的外部文件指定属性,如图 1-107 所示为一个 cdb 模型的相关属性,其中的 Rigid Transformation 可以为导入的上游外部模型指定平移、旋转或镜像操作。

Properties of File - D:\model\model.cdb

	A	B	C
1	Property	Value	Unit
2	Description		
3	Application Source	MAPDL	
4	Definition		
5	Unit System	Metric (kg,m,s,°C,A,N,V)	
6	Process Nodal Components	☑	
7	Nodal Component Key		
8	Process Element Components	☑	
9	Element Component Key		
10	Process Face Components	☑	
11	Face Component Key		
12	Process Model Data	☑	
13	Process Mesh200 Elements	☐	
14	Node And Element Renumbering Method	Automatic	
15	Transformation Type	Rotation and translation	
16	Rigid Transformation		
17	Number Of Copies	0	
18	Origin X	0	m
19	Origin Y	0	m
20	Origin Z	0	m
21	Theta XY	0	radian
22	Theta YZ	0	radian
23	Theta ZX	0	radian

图 1-107 外部模型的属性

External Model 组件中的外部有限元模型可以被直接导入下游的 Mechanical 组件中，其中包含的 Solid 单元、Shell 单元和 Beam 单元均可被同时导入，并可自动合成在 Mechanical 组件中可用的几何模型。如图 1-108 所示，系统 A 为 External Model，系统 B 为一个标准的 Mechanical 静力分析系统。由系统 A 的 Setup 单元格向系统 B 的 Engineering Data 以及 Model 单元格传递数据，即可实现相关模型的导入和使用。

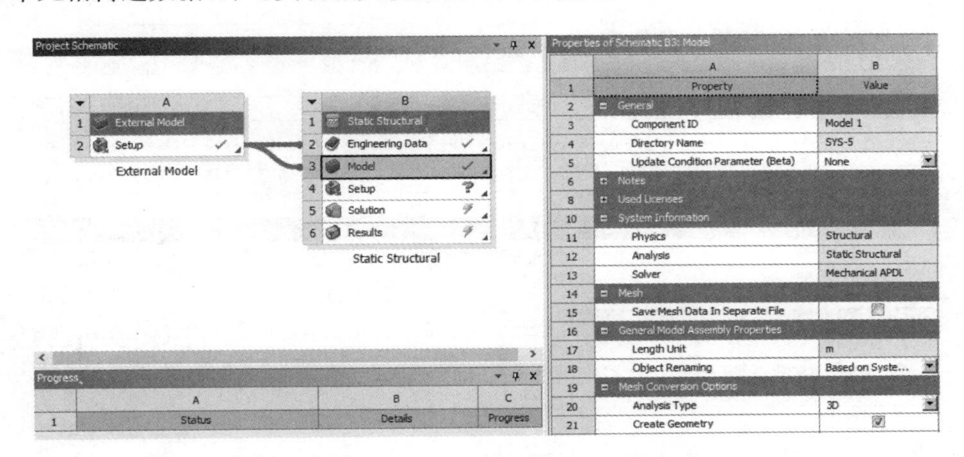

图 1-108　External Model 用于下游分析的示意图

用户还可以将多个 Mechanical Model、Mechanical 分析系统中的 Model 或 External Model 导入同一个分析系统中，如图 1-109 所示的流程。其中的系统 A 和 B 为 Mechanical Model，系统 D 为 External Model，这三个系统中的模型信息可以导入同一个静力分析系统 C 中。

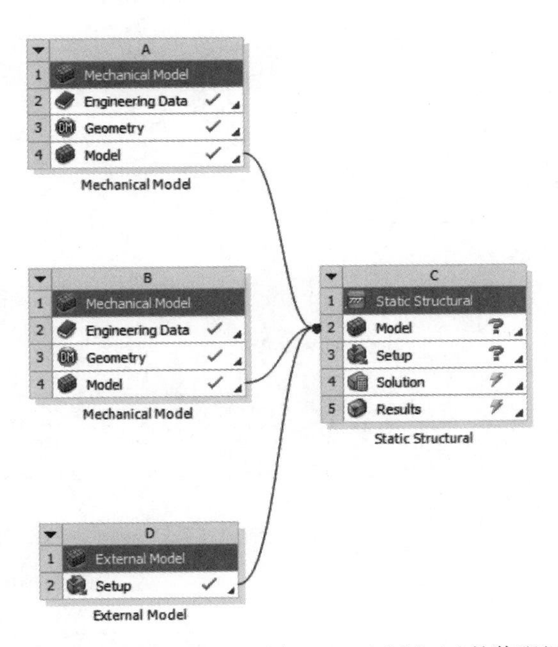

图 1-109　Mechanical Model 与 External Model 的装配组合

在上述三个模型的组合时，均可以根据需要指定模型的平移、旋转和镜像等操作。对于模型 D，其平移、旋转和镜像可在上面介绍的 External Model 页面中进行设置。模型 A 和模型 B 的平移、旋转和镜像可以通过系统 C 的 Model 单元格的属性进行设置，如图 1-110 所示。

Transfer Settings for Mechanical Model (Component ID: Model)		
Transformation Type	Rotation and Translation	
Number of Copies	0	
Renumber Mesh Nodes and Elements Automatically	☑	
Rigid Transform		
Origin X	0	m
Origin Y	0	m
Origin Z	0	m
Theta XY	0	radian
Theta YZ	0	radian
Theta ZX	0	radian
Transfer Settings for Mechanical Model (Component ID: Model 1)		
Transformation Type	Rotation and Translation	
Number of Copies	0	
Renumber Mesh Nodes and Elements Automatically	☑	
Rigid Transform		
Origin X	0	m
Origin Y	0	m
Origin Z	0.8128	m
Theta XY	0	radian
Theta YZ	0	radian
Theta ZX	0	radian

图 1-110　参与组合的上游模型的平移与旋转设置

第 2 章　准备几何模型

在 ANSYS Workbench 环境中，可选择 DesignModler（以下简称为 DM）或 SpcaceClaim Direct Modeler（以下简称为 SCDM）两个几何组件为有限元分析准备所需的几何模型，本章介绍基于这两个组件的几何建模和模型处理技术要点。

2.1　使用 DM 创建或修改几何

在上一章中已经提及，DM 中可以创建的几何对象包括实体、表面体以及线体三大类。除了创建几何模型外，DM 还可以对导入的几何模型进行修改，包括各种修复、简化、编辑等功能。本节介绍 DM 的实体建模、概念建模以及模型的导入与修改方法。

2.1.1　DM 实体建模方法

DM 提供了大量的 3D 特征生成工具，有效利用这些工具可以满足几乎所有实体模型的建模工作，这些工具都可以通过如图 2-1 所示的 Create 菜单或相关的工具条来访问。3D 建模依赖的草图则通过如图 2-2 所示的草图工具箱来创建。

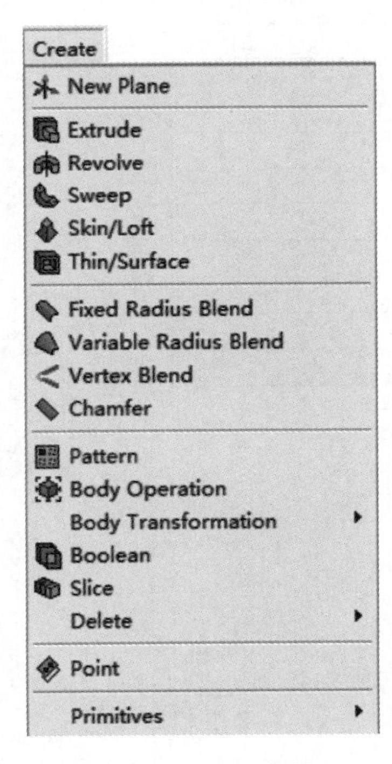

图 2-1　Create 菜单

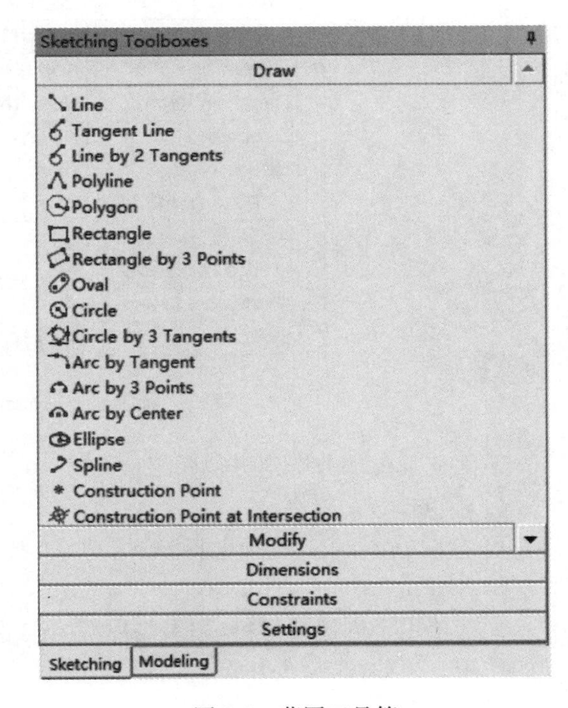

图 2-2　草图工具箱

1. 创建工作平面与草图

由于 3D 特征一般需要基于草图，而草图在创建前需要指定草图所在的平面。

DM 中在缺省情况下包括三个基本平面，即 XYPlane、YZPlane、ZXPlane，用户可以根据需要建立新的平面，其方法是通过 Create>New Plane 菜单或通过工具栏上的新建平面按钮 。平面创建完成后，选择所需创建草图的平面，然后切换至 Sketching 模式创建草图。还有一种快捷方式，是选择 3D 实体模型的表面(平面)，然后直接切换至 Sketching 模式并在此表面所在的平面内创建草图，操作所在的平面可以自动创建。

Sketching 工具箱包含了基本的 2D 几何特征、几何约束以及尺寸标注功能，操作均比较直观，本章不再展开介绍相关内容，读者可以参考后续各章中相关例题的几何建模部分。

2. Extrude 对象

Extrude 即拉伸工具，是将草图或几何特征进行拉伸生成体的过程。Extrude 是 3D 建模中最基本也是最为常用的一个特征工具，可以通过菜单 Create> Extrude 或工具条上的 Extrude 按钮，向模型树中添加 Extrude 对象。

如图 2-3 所示，在 Extrude 对象的 Details View 中，用户需要指定一系列选项，包括拉伸的基准几何(Geometry)、操作方式(Operation)、拉伸方向向量(Direction Vector)、拉伸方向(Direction)、延伸类型(Extend Type)、拉伸距离(Extrude Depth)、是否作为薄壁件/面体(As Thin/Surface?)、是否合并拓扑(Merge Topology?)等。

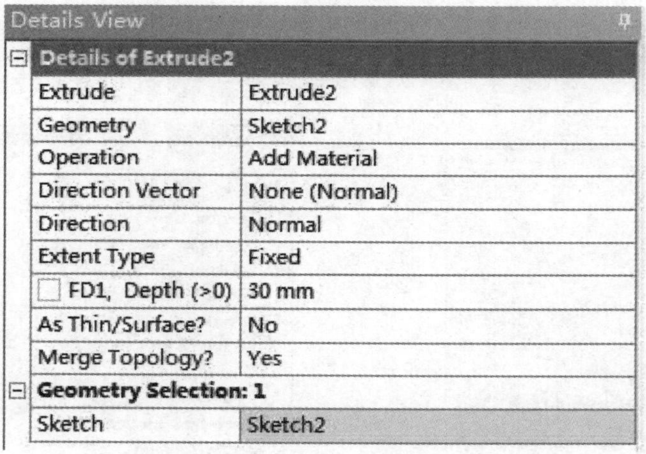

Details View

Details of Extrude2	
Extrude	Extrude2
Geometry	Sketch2
Operation	Add Material
Direction Vector	None (Normal)
Direction	Normal
Extent Type	Fixed
FD1, Depth (>0)	30 mm
As Thin/Surface?	No
Merge Topology?	Yes
Geometry Selection: 1	
Sketch	Sketch2

图 2-3 Extrude 明细栏

下面就其中部分选项进行介绍：

(1)Operation 选项

可选的 Operation 选项包括如下 5 种：

①Add material

此选项用于创建新材料，如果与模型中激活的体接触或交叠，则会合并为一体。采用此选项的作用效果如图 2-4(a)所示。

②Add Frozen

此选项用于创建冻结的体，不会与已有体合并。采用此选项的作用效果如图 2-4(b)所示。

③Cut Material

此选项用于从激活体上切除材料。采用此选项的作用效果如图 2-4(c)所示。

④Imprint Faces

此选项用于在激活体表面上形成印记面以便于后续加载或施加约束。采用此选项的作用效果如图 2-4(d)所示。

⑤Slice Material

此选项用于将冻结的体分割成多个块,如对激活体分割,则激活体会自动冻结。采用此选项的作用效果如图 2-4(e)所示。

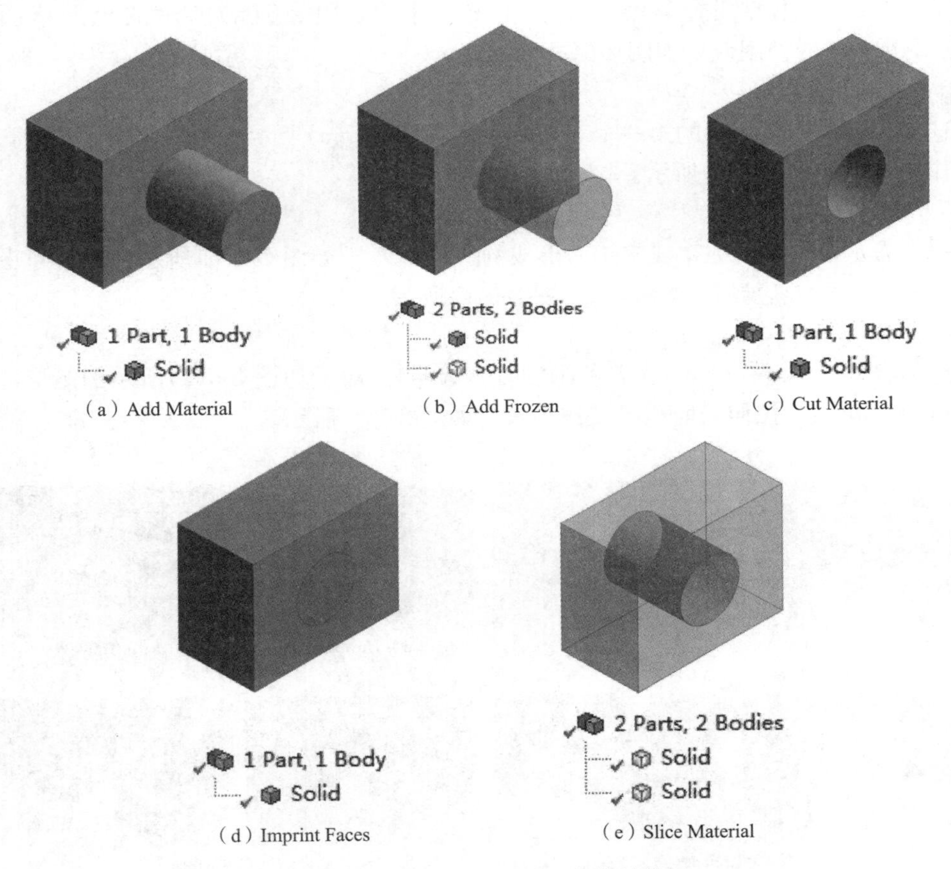

图 2-4 不同 Operation 设置的拉伸特征

(2)Direction 选项

Direction 选项用于控制拉伸的方向,可选择的选项包括以下几种:

①Normal

此选项表示沿拉伸对象所在表面法向拉伸。

②Reverse

此选项与 Normal 方向相反,即沿着负法线方向拉伸。

③Both-Symmetry

两个方向同时对称拉伸,有相同的拉伸距离。

④Both-Asymmetry

两个方向同时不对称拉伸，每个方向可单独定义拉伸距离。

(3)Extend Type 选项

Extend Type 选项即延伸类型，可供选择的延伸类型有以下几种：

①Fixed

此选项表示按指定的拉伸距离拉伸。对于如图 2-5(a)所示的矩形草图，采用 Fixed 选项的作用效果如图 2-5(b)所示。

②Through All

此选项表示拉伸特征会与整个模型相交。对于如图 2-5(a)所示的矩形草图，采用 Through All 选项的作用效果如图 2-5(c)所示。

③To Next

此选项表示拉伸至遇到的第一个表面。对于如图 2-5(a)所示的矩形草图，采用 To Next 选项的作用效果如图 2-5(d)所示。

④To Faces

此选项表示拉伸至由一个或多个面形成的边界。对于如图 2-5(a)所示的矩形草图，采用 To Faces 选项的拉伸边界和作用效果如图 2-5(e)所示。

⑤To Surface

此选项表示拉伸至一个表面(需考虑表面的延伸)。对于如图 2-5(a)所示的矩形草图，采用 To Surface 选项的拉伸表面边界及作用效果如图 2-5(f)所示。

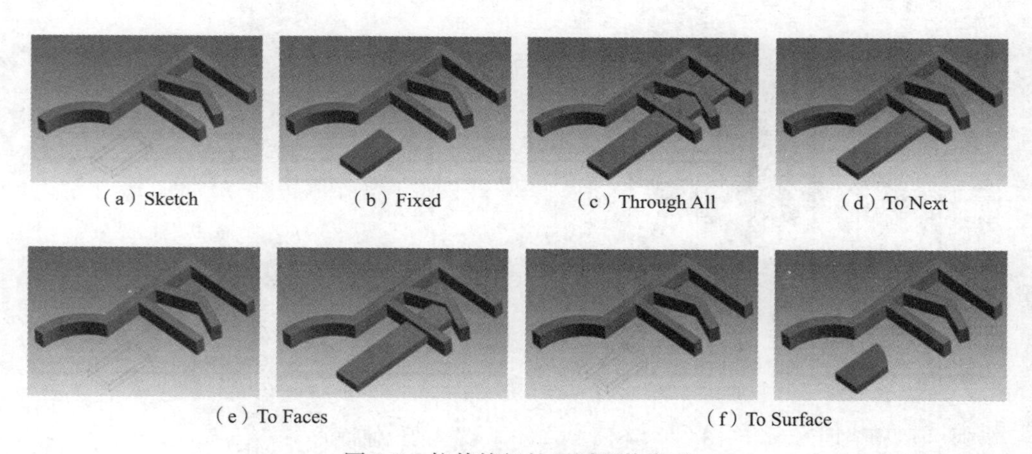

(a) Sketch　(b) Fixed　(c) Through All　(d) To Next

(e) To Faces　(f) To Surface

图 2-5　拉伸特征的不同延伸类型

(4)As Thin/Surface? 选项

在 DM 中，通过修改拉伸特征的 As Thin/Surface? 选项可以创建薄壁实体结构或面体，如图 2-6 所示。

(5)Merge Topology? 选项

在 DM 中，此选项能够影响特征生成时的拓扑处理方式。如图 2-7(a)所示的草图，选择“No”时，不对特征拓扑作任何处理，形成的拉伸效果如图 2-7(b)所示；选择“Yes”时，程序会自动优化特征拓扑，形成的拉伸效果如图 2-7(c)所示。

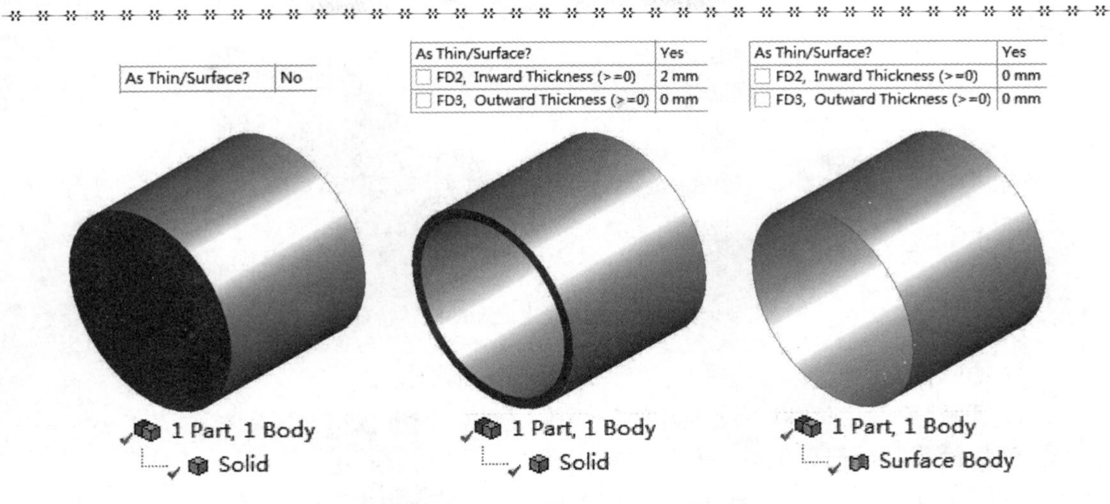

图 2-6　As Thin/Surface? 的拉伸效果

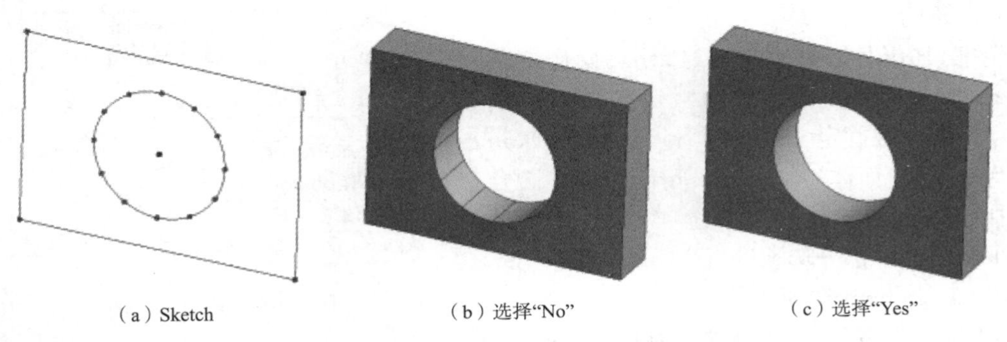

（a）Sketch　（b）选择"No"　（c）选择"Yes"

图 2-7　Merge Topology? 的拉伸效果

3. Revolve 对象

Revolve 即旋转，是基于草图或几何特征沿着旋转轴进行旋转形成的几何对象。在 DM 中可以通过 Create>Revolve 菜单或工具条上的 Revolve 按钮向模型中添加 Revolove 对象。在 Revolve 对象的 Details View 中，用户需要指定旋转的几何特征（Geometry）、旋转操作方式（Operation）、旋转轴（Axis）、旋转的方向（Direction）、旋转的角度（FD1，Angle）、是否作为薄壁件/面体（As Thin/Surface?）、是否合并拓扑（Merge Topology?）等选项，如图 2-8 所示。

Details View

Details of Revolve1	
Revolve	Revolve1
Geometry	1 Edge
Axis	3D Edge
Operation	Add Material
Direction	Normal
FD1, Angle (>0)	90 °
As Thin/Surface?	No
Merge Topology?	Yes
Geometry Selection: 1	
Edge	1

图 2-8　Revolove 对象的属性

如图 2-9 所示，在旋转特征实例中，被旋转的几何特征为面体上的圆孔边线，旋转轴为图中面体的右侧的矩形边，旋转角度为 90°，旋转操作后形成$\frac{1}{4}$圆环面。

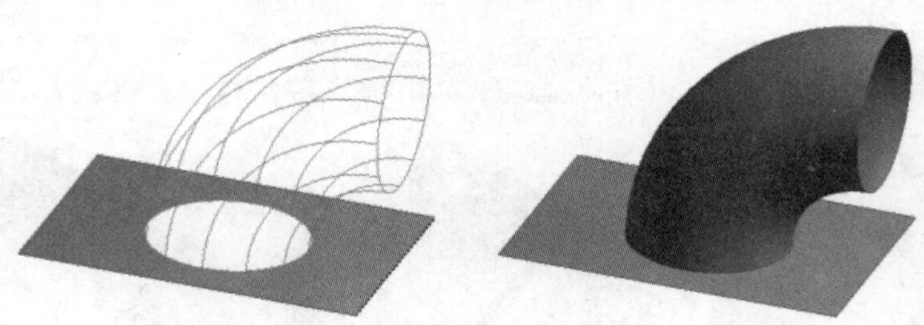

图 2-9 基于面体边线生成新的旋转特征

4. Sweep 对象

Sweep 即扫掠，是一种以草图等几何特征作为轮廓，然后沿着路径扫掠生成的几何对象。在DM中，可以通过Create>Sweep或工具条上的 Sweep 按钮向模型中添加Sweep对象。在Sweep对象的Details View中，用户需要指定扫掠的轮廓（Profile）、扫掠路径（Path）、操作方式（Operation）、对齐（Alignment）、定义缩放比例（FD4，Scale）、螺旋定义（Twist Specification）、是否作为薄壁件/面体（As Thin/Surface?）、是否合并拓扑（Merge Topology?）等选项，如图 2-10 所示。下面就其中部分选项进行介绍。

Details View

Details of Sweep3	
Sweep	Sweep3
Profile	Sketch5
Path	Sketch4
Operation	Add Material
Alignment	Path Tangent
FD4, Scale (>0)	1
Twist Specification	No Twist
As Thin/Surface?	No
Merge Topology?	No
Profile: 1	
Sketch	Sketch5

图 2-10 Sweep 明细栏

（1）Alignment 选项

在默认情况下，Alignment 选项为 Path Tangent，扫掠时程序会重新定义轮廓的朝向以保持其与路径一致；当 Alignment 选项改为 Global Axes 后，扫掠执行过程中不会考虑路径的形状，轮廓朝向始终不变。两种情况的操作效果分别如图 2-11(a)及图 2-11(b)所示。

（a）Path Tangent

（b）Global Axes

图 2-11 Sweep Alignment

(2)FD4,Scale 选项

若扫掠时需要对轮廓进行缩放,可以通过修改 FD4,Scale 值(默认取值 1,表示不缩放)实现。当其值大于 1 时,扫掠轮廓逐渐变大,如图 2-12(a)所示为 1.5 的情况;当其值小于 1 时,扫掠轮廓逐渐变小,如图 2-12(b)所示为 0.5 的情况。

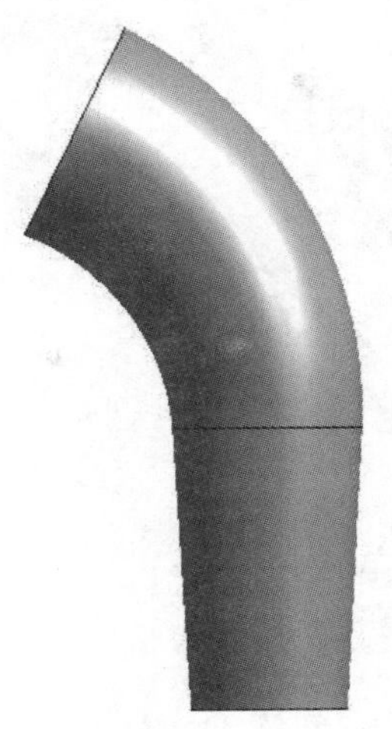

(a) FD4, Scale=1.5

(b) FD4, Scale=0.5

图 2-12　Sweep Scale

(3)Twist Specification 选项

默认情况下,该选项为 No Twist。当该选项为 Turns 或 Pitch 时,用户可通过输入圈数或间距来定义螺旋扫掠。在下面的实例中,扫掠轮廓为圆环,扫掠路径为曲线,定义旋转参数为 6,生成的实体模型如图 2-13 所示。

5. Skin/Loft 对象

Skin/Loft 即蒙皮/放样,是将不同平面上一系列的轮廓进行拟合生成三维实体对象。在 DM 中,可以通过菜单 Crate>Skin/Loft 或工具条上的 Skin/Loft 按钮向模型中添加 Skin/Loft 对象。在 Skin/Loft 对象的 Details View 中,用户需指定轮廓的选择方法(Profile Selection Method)、轮廓(Profiles)、模型处理方式(Operation)、是否作为薄壁件/面体(As Thin/Surface?)、是否合并拓扑(Merge Topology?)等选项,如图 2-14 所示。

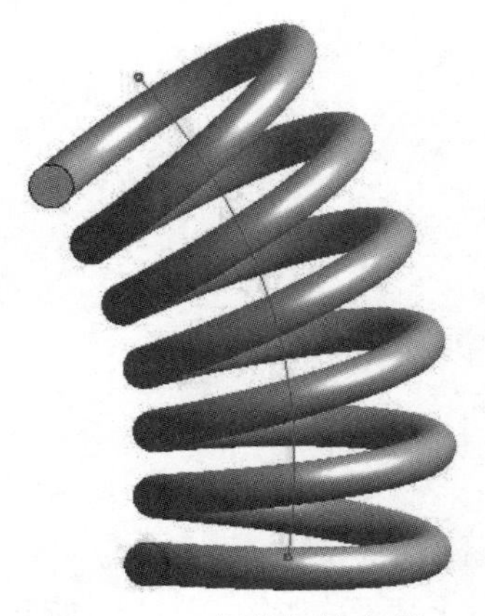

图 2-13　螺旋扫掠实例

Details View

Details of Skin1	
Skin/Loft	Skin1
Profile Selection Method	Select All Profiles
Profiles	3 Sketches
Operation	Add Material
As Thin/Surface?	No
Merge Topology?	No
Profiles	
Profile 1	Sketch9
Profile 2	Sketch8
Profile 3	Sketch7

图 2-14　Skin/Loft 明细栏

在进行蒙皮/放样时，至少需要选择两个以上的草图轮廓，且各轮廓要求具有相同数量的边，以保证拓扑的一致性。如图 2-15 所示，左图蒙皮/放样轮廓为 3 个六边形，剩余线为蒙皮/放样的导航线，右图为操作形成的实体效果。

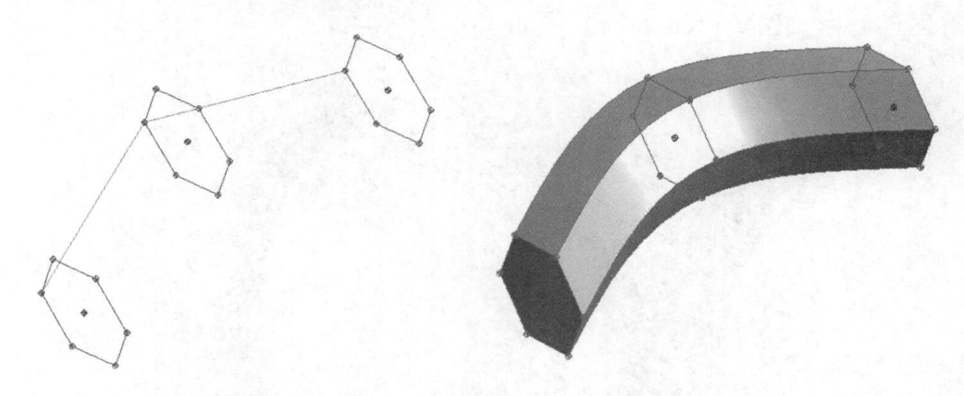

图 2-15　蒙皮/放样实例

6. Thin/Surface 对象

Thin/Surface 即抽壳，是将实体转化成薄壁实体或表面体的建模对象。在 DM 中，可以通过 Create＞Thin/Surface 菜单或工具条上的 Thin/Surface 按钮向模型中添加 Thin/Surface 对象。在 Thin/Surface 对象的 Details View 中，用户需指定几何特征选择方式(Selection Type)、选择的几何(Geometry)、抽取方向(Direction)、抽取厚度(FD1，Thickness)等选项，如图 2-16 所示。下面就其中部分选项进行介绍。

Details View

Details of Thin1	
Thin/Surface	Thin1
Selection Type	Faces to Remove
Geometry	1 Face
Direction	Inward
FD1, Thickness (>=0)	1 mm

图 2-16　Thin/Surface 的细节选项

(1)Selection Type 选项

Selection Type 包含三种选项：

①Faces to Remove

此选项用于去除实体上被选中的面，其余的面将保留。

②Faces to Keep

此选项用于保留实体上被选中的面，剩余的面被去除。

③Bodies Only

此选项针对选中的体进行 Thin/Surface 操作，不会去除任何面。

对一个六棱柱体进行 Thin/Surface 操作，如果选择了上表面，如图 2-17(a)所示，采用上述三种不同 Selection Type 选项形成的实体模型分别如图 2-17(b)～(d)所示。其中采用 Bodies Only 方式的实体内部被抽空,成为一个薄壁的空心实体。

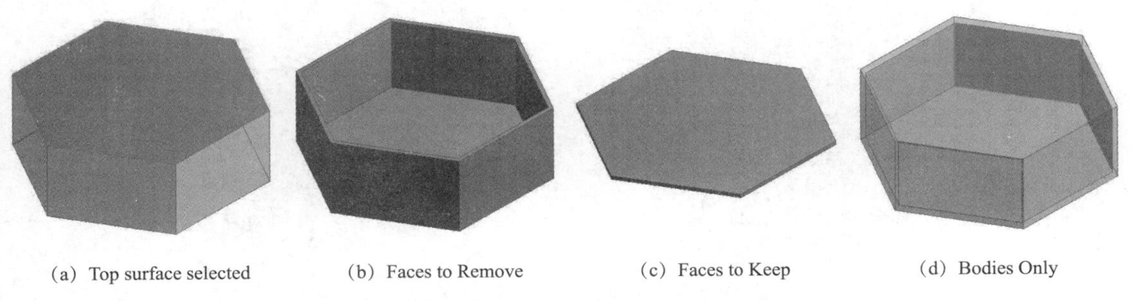

(a) Top surface selected　(b) Faces to Remove　(c) Faces to Keep　(d) Bodies Only

图 2-17 不同 Selection Type 的 Thin/Surface 效果

(2)Direction 选项

Direction 选项用于定义 Thin/Surface 操作生成实体/面时的偏移方向,包括 Inward、Outward 和 Mid-plane 三种方式。如图 2-18 所示为采用 Mid-plane 方式抽取的薄壁实体,可以看出所选面的边线两边的实体厚度一致。需要注意的是与中面抽取的区别,中面抽取形成的不是实体而是表面,相关内容在后面介绍。

(3)FD1,Thickness 选项

当 FD1,Thickness 大于 0 时,其值表示 Thin/Surface 操作后生成的薄壁实体的厚度;当其值为 0 时,表示最后生成的是面体,如图 2-19 所示。

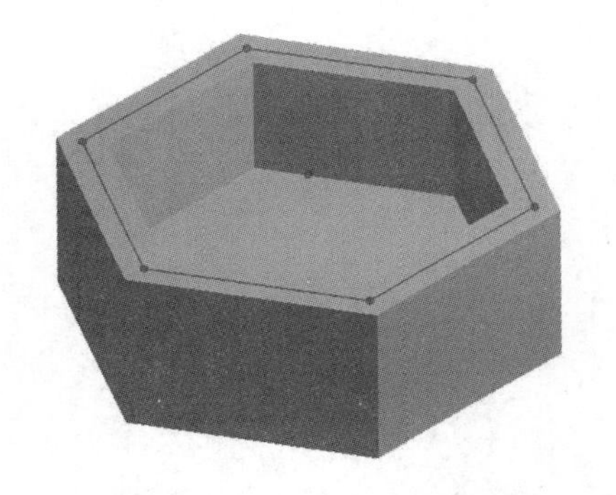

图 2-18 Mid-plane 方式

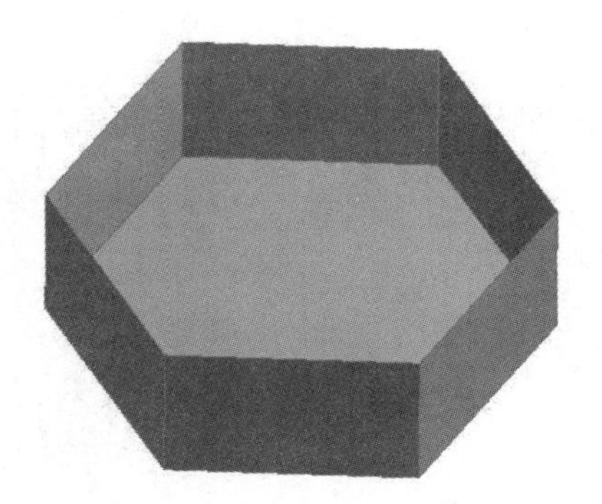

图 2-19 Thin/Surface 生成面体

7. 倒角工具

在建模过程中经常需要对几何体进行倒圆角、倒直角的操作,DM 提供了以下四个工具用于完成此类操作。这些操作可以通过 Create 菜单或工具条上的按钮实现。

(1)Fixed Radius Blend

即固定半径倒圆角,该工具用于创建固定半径的倒圆角,倒圆角的操作对象可以是 3D 实体的边或面,如图 2-20 所示为一个体的表面进行倒圆角操作的效果。

(2)Variable Radius Blend

即可变半径倒圆角,该工具用于创建具有变化半径的倒圆角,倒圆角的操作对象为 3D 的边,此外还需要输入操作边两端的圆角半径,圆角过渡方式有 Smooth 和 Liner 两种,其效果分

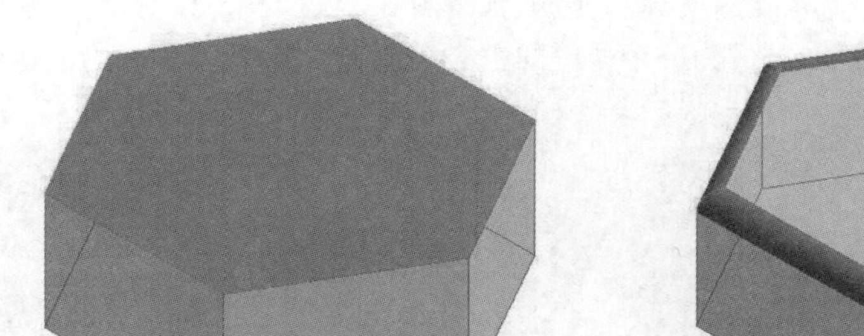
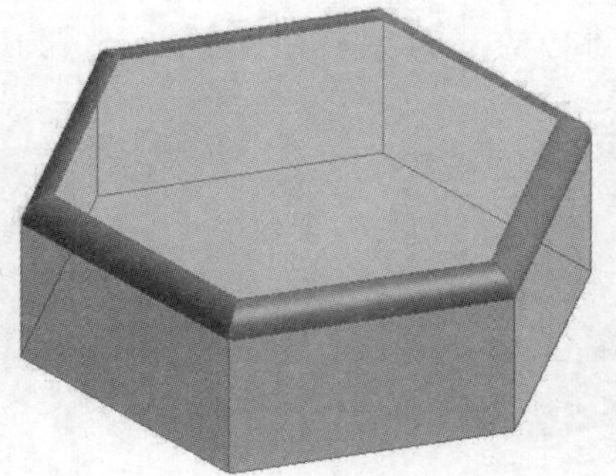

图 2-20　创建 Fixed Radius Blend

别如图 2-21(a)、图 2-21(b)所示。

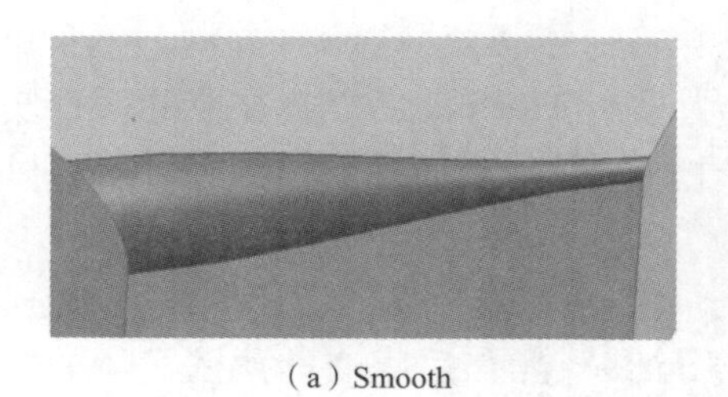
(a) Smooth

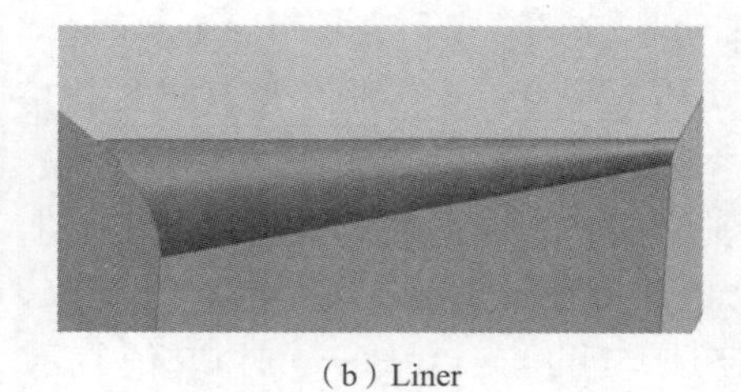
(b) Liner

图 2-21　创建 Variable Radius Blend

(3)Vertex Blend

即顶点倒圆,该工具用于在实体、面体或线体的顶点处创建倒圆角,选中点后再指定倒圆角半径即可,如图 2-22 所示为一个顶点倒圆角的效果。

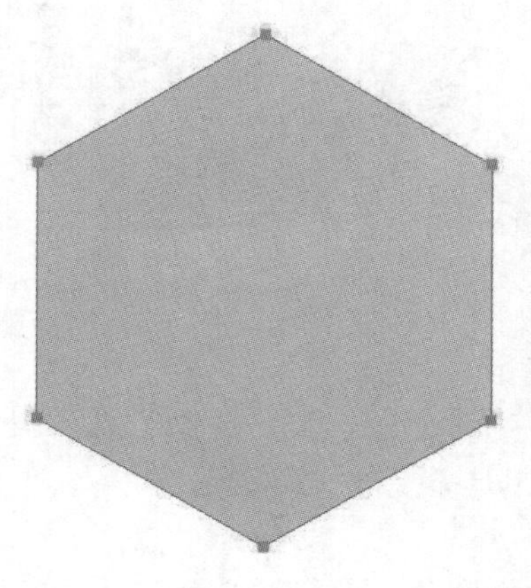

图 2-22　创建 Vertex Blend

(4)Chamfer

即倒直角工具,该工具用于创建倒直角,倒直角的操作对象为 3D 的边或面,此外还有 Left-Right、Left-Angle、Right-Angle 三种方法用于倒直角,其选项及操作效果分别如图 2-23

(a)～(c)所示。

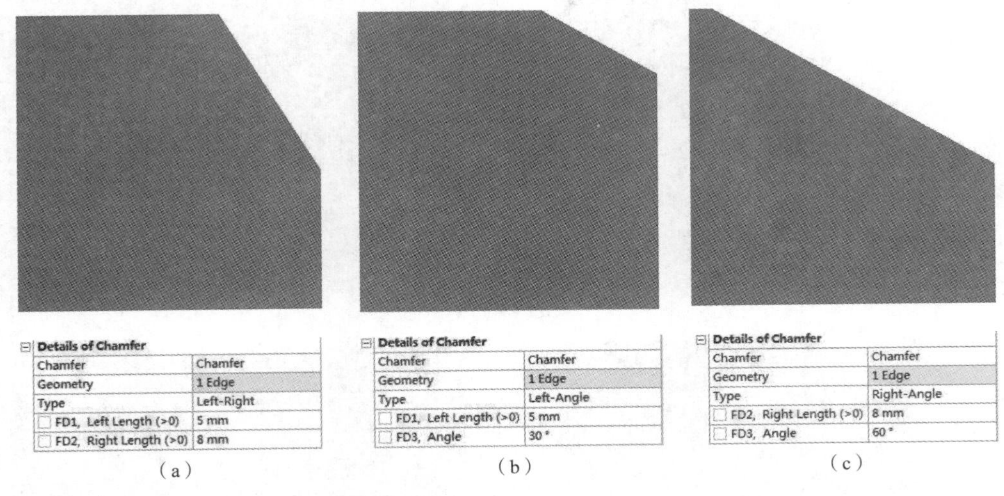

（a）　（b）　（c）

图 2-23　创建 Chamfer

8. Pattern 工具

Pattern 即阵列工具，可以通过 Create>Pattern 菜单向模型中添加阵列对象。Pattern 工具允许用户创建三种不同类型的面或体的阵列。

(1)Linear

即线性阵列，这种阵列方式需要指定阵列方向、偏移距离及拷贝数量。

(2)Circular

即环形阵列，这种阵列方式需要指定阵列轴、角度及拷贝数量。

(3)Rectangular

即矩形阵列，这种阵列方式需要指定两个阵列方向、各个方向的偏移距离及拷贝数量。

上述三种阵列方式的典型应用实例如图 2-24 所示。

9. Body Operation 工具

Body Operation 即体操作工具，可以通过 Create>Body Operation 菜单向模型中添加体操作对象，并在其 Details 中指定相关的操作方式和选项。此工具提供了 11 种用于已有实体

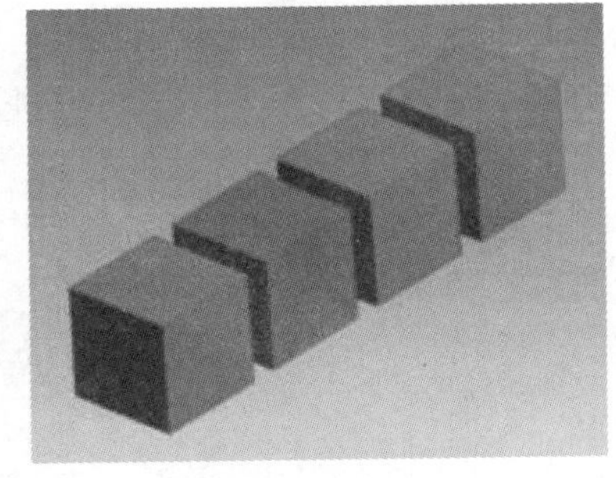

（a）Linear

图　2-24

（b）Circular

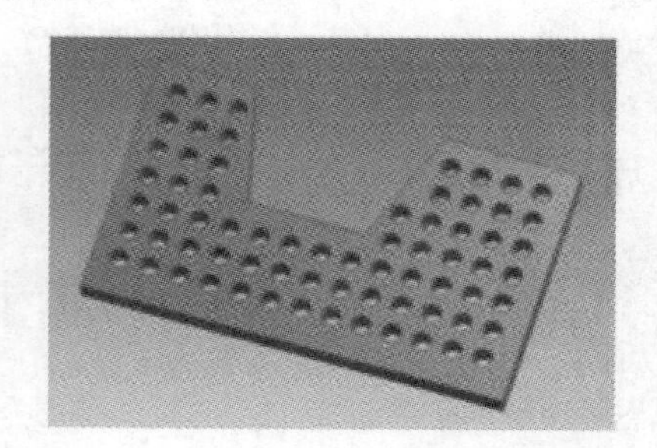

（c）Rectangular

图 2-24　三种阵列类型

对象的操作方式，包括 Mirror（镜像）、Move（移动）、Delete（删除）、Scale（缩放）、Simplify（简化）、Sew（缝合）、Cut Material（切除材料）、Imprint Faces（印记面）、Slice Material（切分材料）、Translate（平移）以及 Rotate（旋转）。这些操作不仅与用于创建几何模型，而且其中有一部分还与后续网格划分或加载等环节密切相关。下面对每一种涉及到的体操作类型分别进行简要介绍。

（1）Mirror

即镜像操作工具。选择一个平面作为镜像面，利用该工具即可创建所选体的镜像体，镜像过程中可以控制是否保留原体。需要注意的是，如果被操作的体是激活状态，且与镜像后的体有接触或交叠，两者会自动合并成一体。图 2-25 所示的镜像实例中就发生了这种体合并行为。

（2）Move

即体移动操作工具。利用该工具可以通过平面（By Plane）、点（By Vertices）及方向（By Direction）三种方式将体移动到合适的位置。这里以 ByPlane 方式为例，对 Move 操作方法进行介绍。通过平面方式进行体的移动操作时，需要选择待移动的体、源面、目标面，单击 Generate 后 DM 就会将所选体从源面移动至目标面，该方式非常适用于导入 DM 的实体的定位。如图 2-26 所示的盖子部件，由源面移动到目标面，盖子与箱体实现正确的定位。

（3）Delete

即删除操作工具。该工具用于模型中不需要的体对象的删除操作。

（4）Scale

即缩放操作工具。该工具用于对模型进行缩放，缩放时需要指定缩放中心及缩放比例，其

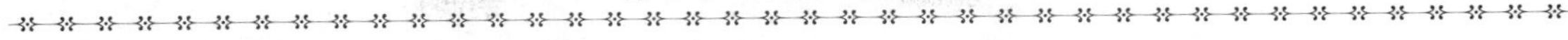

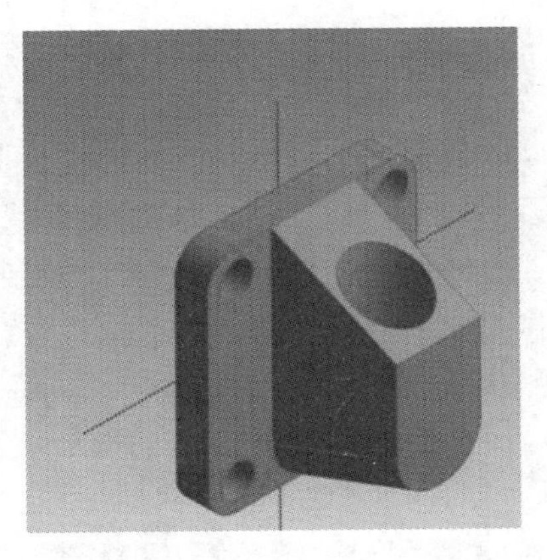

图 2-25　Mirror 操作示意图

图 2-26　通过平面移动

中缩放中心有 World Origin(世界原点)、Body Centroids(体的重心)及 Point(自定义点)三个选项。

(5)Simplify

即几何简化工具。该工具有几何简化和拓扑简化两个功能。利用几何简化可以尽可能简化模型的面和曲线以生成适于分析的几何,该功能默认是开启的;利用拓扑简化可以尽可能地去除模型上多余的面、边和点,其默认也是开启的。

(6)Sew

即缝合工具。利用该工具可以将所选的面体在其公共边(一定容差范围内)上缝合在一起,需要注意的是如果在其 Details View 中将 Create Solids 设置为 Yes,缝合后 DM 会将封闭的表面体转换成实体。

(7)Cut Material

即体的切割工具。利用该工具可以从模型的激活体对象中切除所选的体,如图 2-27 所示为一个体切割工具的作用效果示例。

(8)Imprint Faces

即印记面工具。利用该工具可以在模型中激活的体上生成所选体的印记面,如图 2-28 所示为一个印记面操作的效果示例。

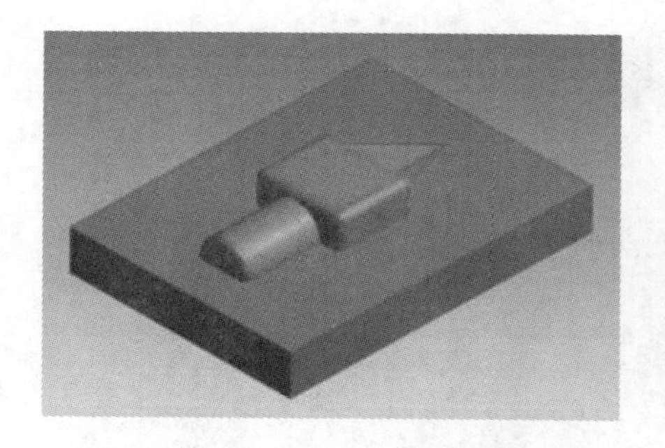
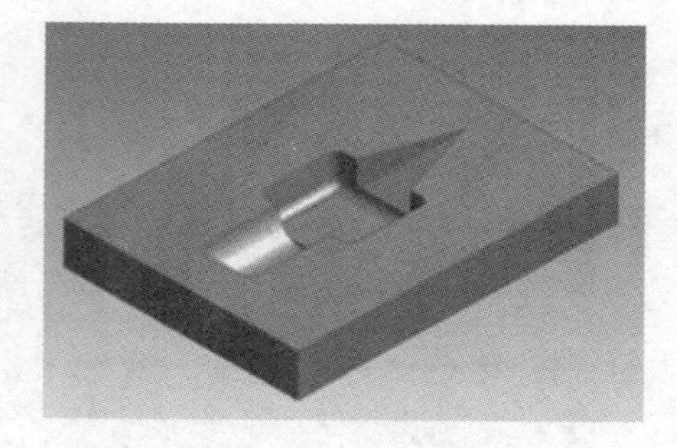

图 2-27 通过 Cut Material 生成模具

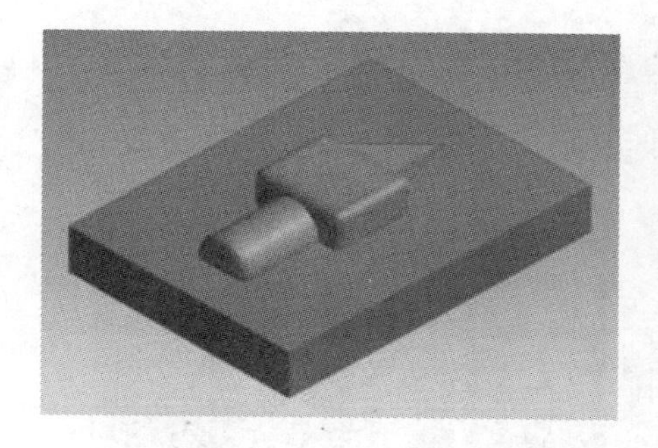
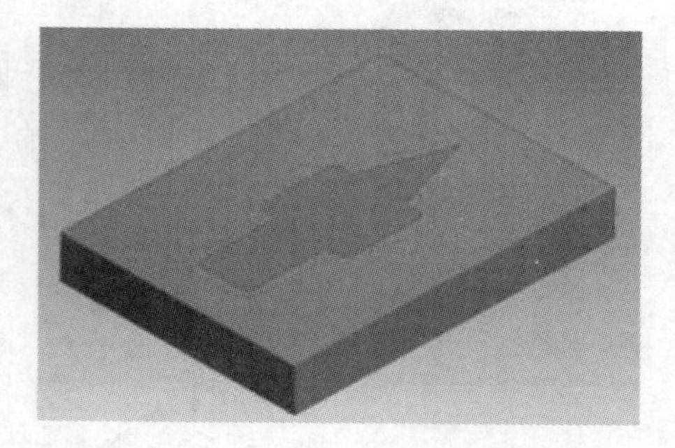

图 2-28 通过 Imprint Faces 生成印记面

(9)Slice Material

即体切片工具。利用该工具可以将所选的体作为切片工具并对其他体进行切片操作，如图 2-29 所示为一个切片操作的示例。

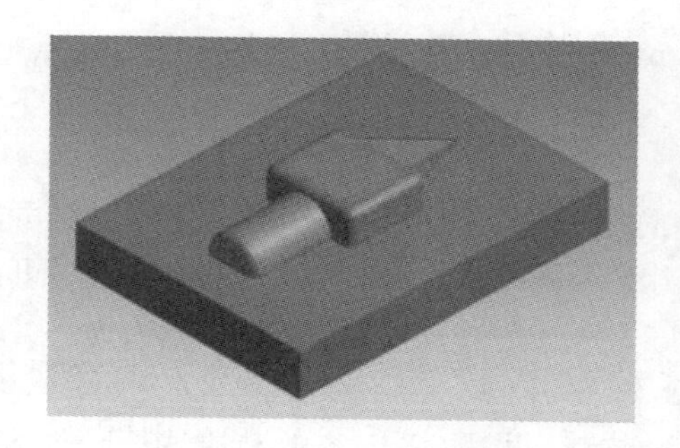
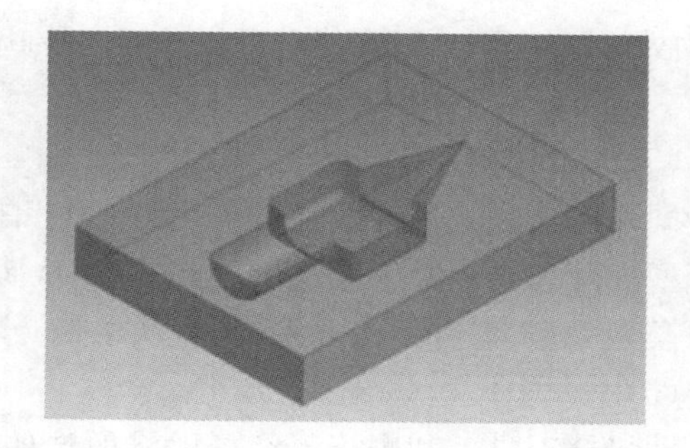

图 2-29 对长方体进行 Slice Material 操作

(10)Translate

即平移工具，利用该工具可将所选体沿着指定方向进行平移。

(11)Rotate

即旋转工具，利用该工具可将所选体绕着指定轴旋转一定的角度。

10. Body Transformation 操作

利用 Body Trsnsformation 工具可以实现体的移动、平移、旋转、镜像以及缩放等操作，如图 2-30 所示。这部分操作与 Body Operation 中的部分操作效果是相同的。

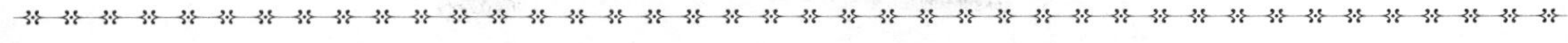

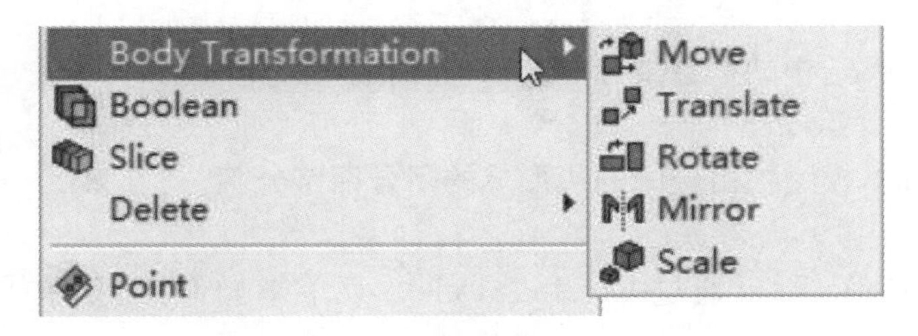

图 2-30　Body Trsnsformation 工具

11. Boolean 操作

Boolean 即布尔操作。可以通过 Create>Boolean 菜单向模型中添加 Boolean 操作对象。

利用 Boolean 操作可以对体进行 Unite（相加）、Subtract（相减）、Intersect（相交）以及 Imprint Faces（印记面）操作，被操作的体对象可以是实体、面体或线体（仅能加操作）。如图 2-31 所示为一些不同的 Boolean 操作效果的示意。

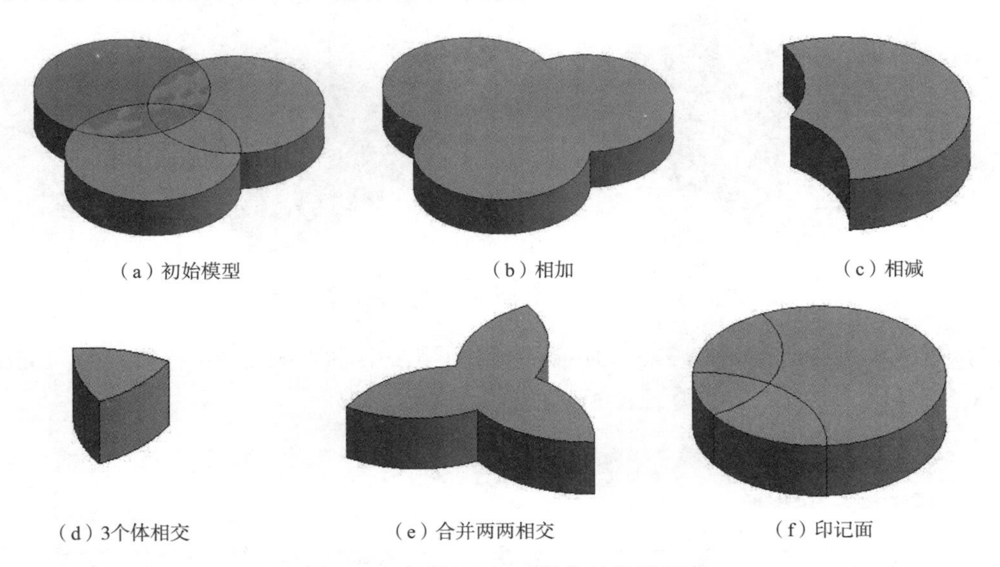

（a）初始模型　（b）相加　（c）相减

（d）3个体相交　（e）合并两两相交　（f）印记面

图 2-31　各种 Boolean 操作的效果示意

12. Slice 操作

Slice 即切片操作，可以通过菜单 Create>Slice 向模型中添加 Slice 对象。利用 Slice 工具可以对体进行切割，从而构建出可划分高质量网格的体积块，或对切割形成的线体指定不同的截面属性。Slice 操作完成后，作为操作对象的激活体会自动变成冻结体。该工具提供以下五种选项。

(1)Slice by Plane

选择这个选项时，模型被选中的平面分割。

(2)Slice Off Faces

选择这个选项时，选中的面被分割出来，并由这些面生成新的体。

(3)Slice by Surface

选择这个选项时，模型被选中的表面分割。

(4)Slice Off Edges

选择这个选项时,选中的边会被分割出来,并由这些边生成新的线体。

(5)Slice by Edge Loop

选择这个选项时,模型被由选中的边形成的闭合回路分割。

13. Delete 操作

Delete 即删除操作,可以通过 Create>Delete 菜单来操作,此菜单下包含三个子菜单选项。

(1)Body Delete

利用此工具可以删除模型中不需要的体。通过菜单 Create>Delete>Body Delete 向模型中添加 BDelete 对象,选择要删除的体,然后按 Generate 按钮完成体删除操作。

(2)Face Delete

利用该工具可以删除模型中不需要的凸台、孔、倒角等特征,如图 2-32 所示。

图 2-32　Face Delete 倒圆角、凸台及凹槽示例

通过菜单 Create>Delete>Face Delete,可以向模型中添加 FDelete 对象。在 FDelete 对象的 Details View 中提供了如图 2-33 所示的四个选项。

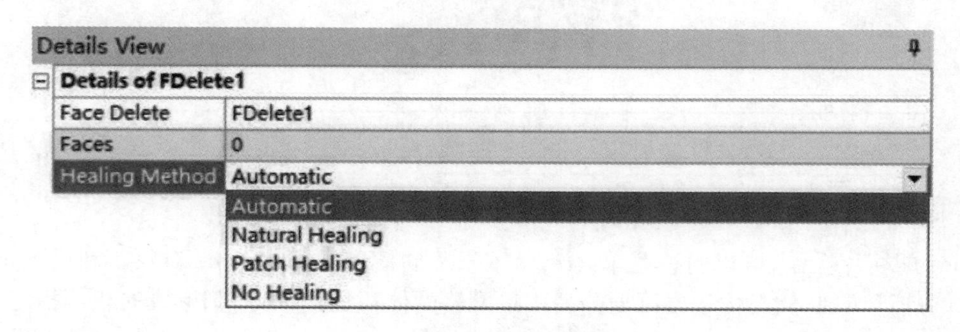

图 2-33　面删除选项

①Automatic 选项

选择这一选项时,DM 首先尝试 Natural Healing 修复方式,如果失败再采用 Patch Healing 修复方式。

②Natural Healing 选项

选择这一选项时,自然延伸周围几何至保留"伤口"被覆盖。

③Patch Healing 选项

选择这一选项时，通过所选面周围的边生成一个面用于覆盖“伤口”区域。

④No Healing 选项

选择这一选项时，用于面体修复的专用设置，直接从面体中删除所选面不进行任何修复。

(3)Edge Delete

利用该工具可以删除模型中不需要的边。此工具经常被用于去除面体上的倒角、开孔等，也可以用于处理实体和面体上的印记边，如图 2-34 所示。

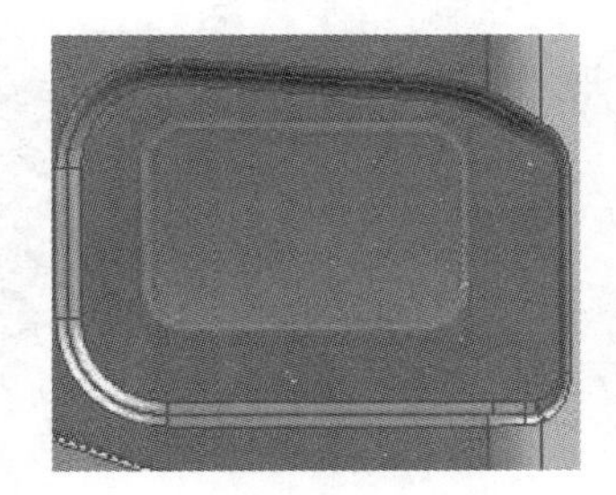
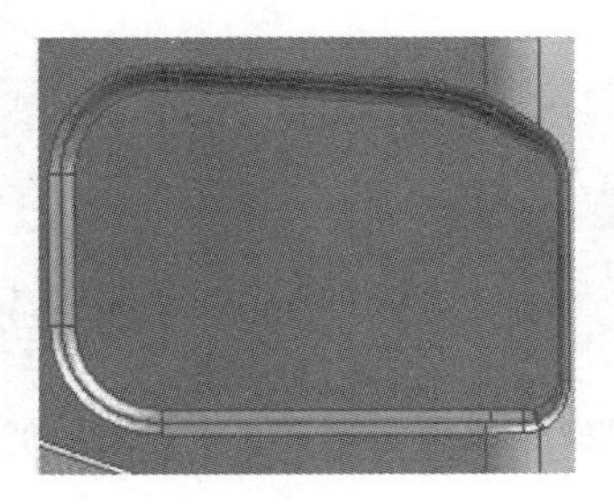

图 2-34　Edge Delete 操作

14. Point 点工具

Point 工具可以用于创建一些模型中所需的特殊类型的点，通过 Create>Point 菜单添加 Point 对象。

(1)Spot Weld

即焊点，用于将不同的体“焊接”到一起，仅在成功生成匹配点时才会在导入 Mechanical 后转换成焊点；在 Mechanical 组件中也可以直接创建焊点。

(2)Point Load

即加载点，用于生成硬点(Hard Points)以便于在特定的位置施加载荷。

(3)Construction Point

即构造点，这类点不会被导入到 Mechanical 中。

利用该工具创建点对象时可以选择 Single、Sequence By Delta、Sequence By N、From Coordinates File 及 Manual Input(仅用于 Construction Point)等方式。

15. Primitives 体素

利用 DM 还可以快速创建不基于草图的基本几何体，在 DM 中可以通过 Create>Primitives 菜单来调用相关操作命令，如图 2-35 所示。

上述 Primitives 几何体类型一共包含 9 种，这些体的形状及相关参数如图 2-36 所示。其创建方法都比较直观，这里不再逐个展开介绍。

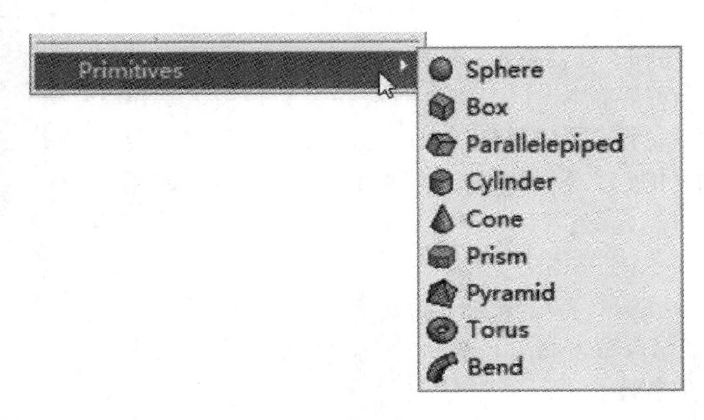

图 2-35　创建 Primitives 体对象

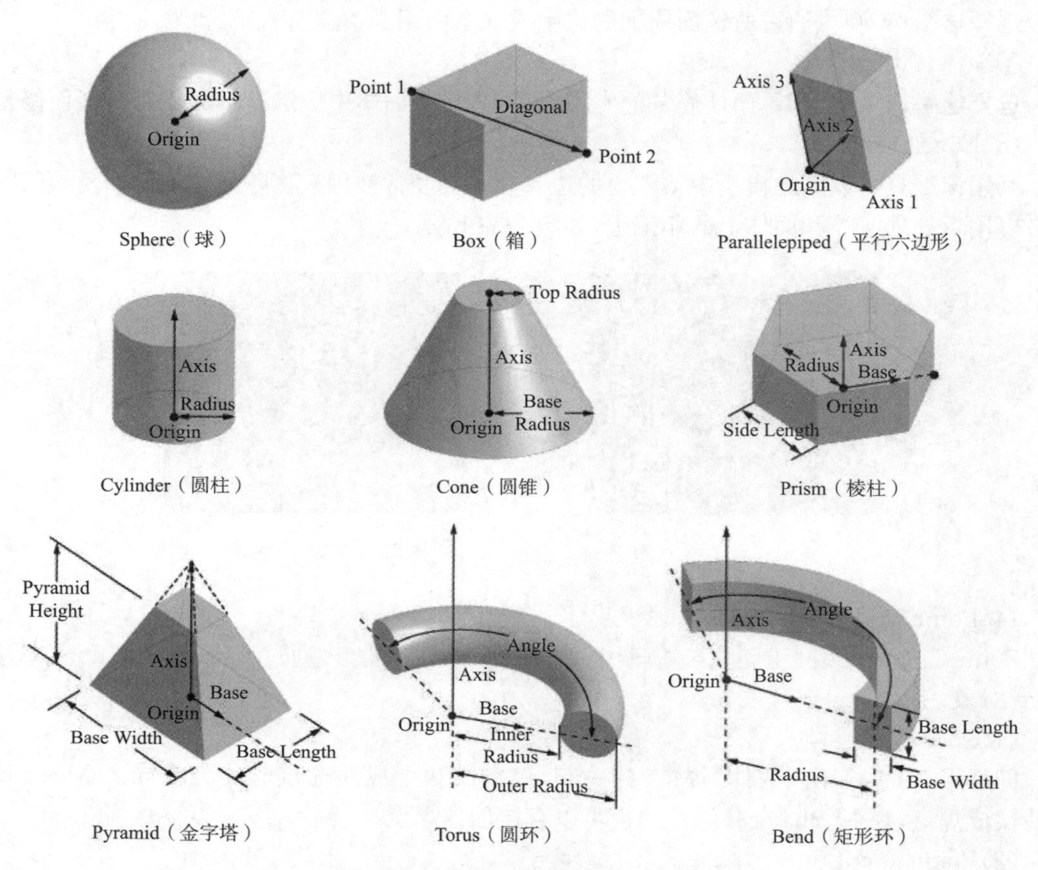

图 2-36　Primitive 各种基本几何体

2.1.2　DM 概念建模方法

上一节介绍了基于 Create 菜单的 3D 实体建模，本节介绍梁板概念模型的创建方法。

DM 的概念建模工具集成在如图 2-37 所示的 Concept 菜单中。DM 提供的这些概念建模工具可实现线体及面体的创建、3D 曲线的创建、分割边及横截面的定义等。下面对这些概念建模工具的使用要点进行介绍。

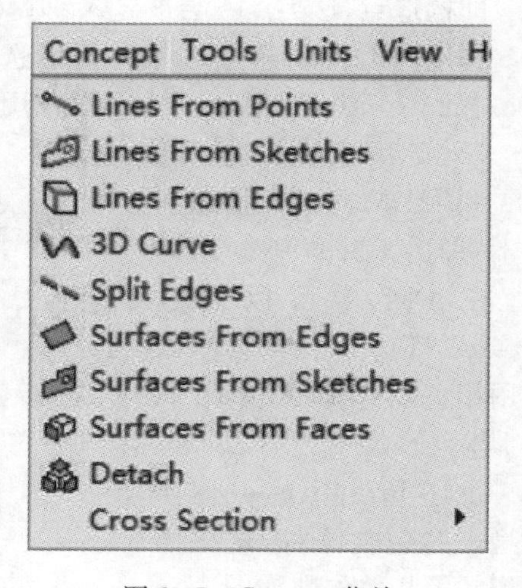

图 2-37　Concept 菜单

1. 创建线体的工具

Concept 菜单中有 Lines From Points、Lines From Sketches 和 Lines From Edges 三种方法用于线体的创建。

(1) Lines From Points

这个工具通过点连线生成线体，这里的点可以是 2D 的草图点、3D 的模型点或前述点特征生成的点。

(2)Lines From Sketches

这个工具通过草图生成线体,该方法可以基于草图或 Plane 内的表面边缘生成线体。

(3)Lines From Edges

这个工具通过边生成线体,该方法可基于已有 2D 或 3D 模型的边界来创建线体。

2. 创建 3D Curve 对象

3D 曲线工具允许用户基于已存在的点或坐标创建曲线和线体,这些点可以是任意的 2D 草图的点、3D 模型的点或 Point 工具生成的点,还可由文本文件中读取点的坐标形成曲线。此工具通过菜单 Concept＞3D Curve 调用。

点的坐标文件必须符合一定的格式才能被 DM 读取并正确识别,它由 5 部分内容组成,每部分通过空格或 Tab 键分隔开来,各部分基本内容如下:

(1)Group number(整数)

(2)Point number(整数)

(3)X coordinate

(4)Y coordinate

(5)Z coordinate

下面给出一个封闭曲线(末行 Point number 为 0)的文件示例,其中“#”开始的为注释行。

```
#Group 1 (closed curve)
1 1 100.0101 200.2021 15.1515
1 2 -12.3456 .8765 -.9876
1 3 11.1234 12.4321 13.5678
1 0
```

3. Split Edges

Split Edges 为边分割工具,利用这个工具可以将边(包括线体)分割成多段,通过菜单 Concept Split Edges 来向模型中添加 Edge Split 对象,在这类对象的 Details View 中可选择四种不同的分割方法,如图 2-38 所示。

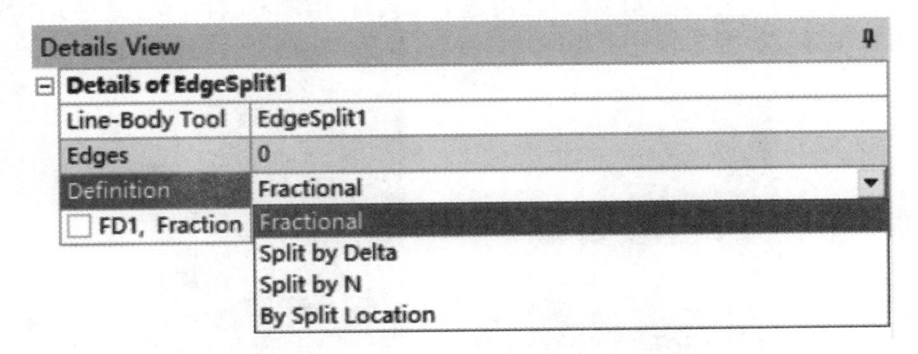

图 2-38 EdgeSplit 对象的选项

各个选项的意义如下:

(1)Fractional:此选项按照指定的比例分割边。

(2)Split by Delta:此选项通过沿着边上给定的 Delta 确定每个分割点间的距离;Sigma 为距离边起始点的距离。

(3)Split by N:此选项按指定的段数(包含 Sigma 段和 Omega 段在内)分割边;Sigma 和 Omega 指定了第一段和最后一段的长度,可以为 0。

(4)Split by Coordinate 即 By Split Location:此选项通过坐标值分割边。

相关操作比较直观,这里不再详细展开。

4. 创建面体的工具

Concept 菜单下面提供了 Surfaces From Edges、Surfaces From Sketches 和 Surfaces From Faces 三种方法用于创建面体。

(1)Surfaces From Edges

这个工具用于通过边生成面体。使用这个工具时,用户可利用已经存在的体的边线(包括线体所在的边)作为边界生成面体,且边线必须组成一个非相交的封闭环。如图 2-39 所示,中间的面体由模型中已有的边围成。

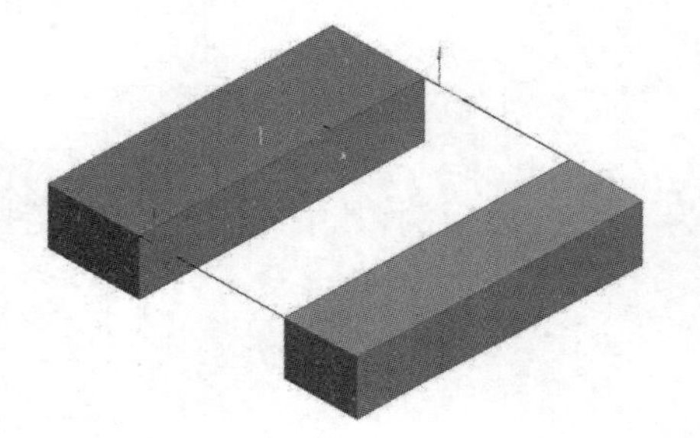
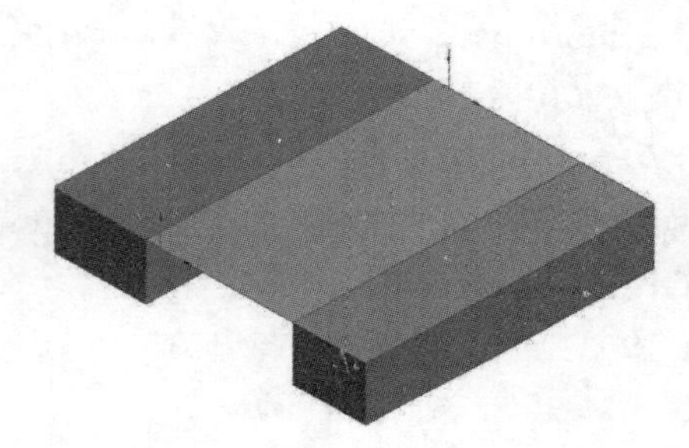

图 2-39 Surfaces From Edges 生成面体

(2)Surfaces From Sketches

这个工具用于通过草图创建面体。使用这一工具时,用户需首先创建草图,再利用草图(单个或多个)作为边界创建面体,草图必须闭合且不相交。

(3)Surfaces From Faces

这个工具用于通过表面创建面体。使用这一工具时,用户可以利用已存在实体或面体的表面生成新的面体。如图 2-40 中右图所示的折板,就是通过两个表面创建的。

图 2-40 Surfaces From Faces 创建面体

5. Detach

Concept>Detach 菜单用于将模型分离成多个部分，每个部分都是一个面。此特性以实体或表面体作为输入，并将所有的表面分离成单独的面体。对于表面体，分配给体或面的任何厚度都保存在分离后的体中。

6. Cross Section

横截面作为一种属性可被赋予线体，并在导入 Mechanical 后成为梁的截面属性。DM 提供了 12 种横截面类型，Concept>Cross Section 菜单用于为线体定义横截面，如图 2-41 所示。

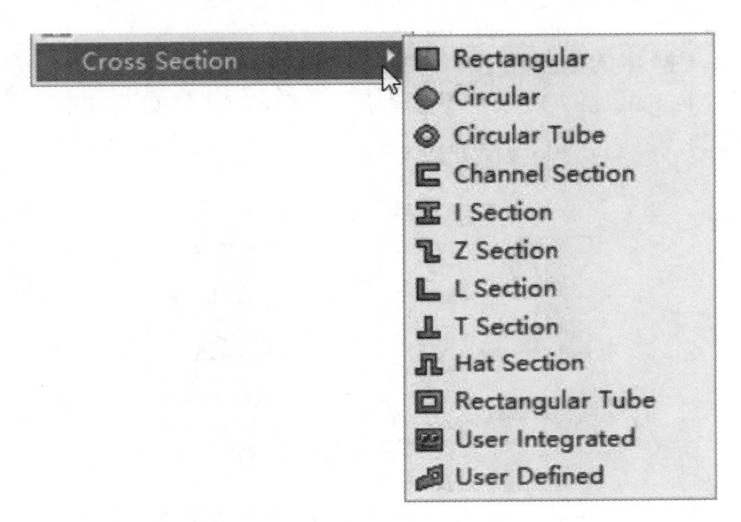

图 2-41　定义横截面菜单列表

用户可以从上述菜单中选择需要定义的截面类型，在模型中添加 Cross Section 对象，然后在其 Details View 中设置相关的截面几何尺寸。各种预置的截面类型及其几何参数如图 2-42 所示。User Integrated 为自定义截面属性参数，User Defined 为通过草图自定义不规则截面。

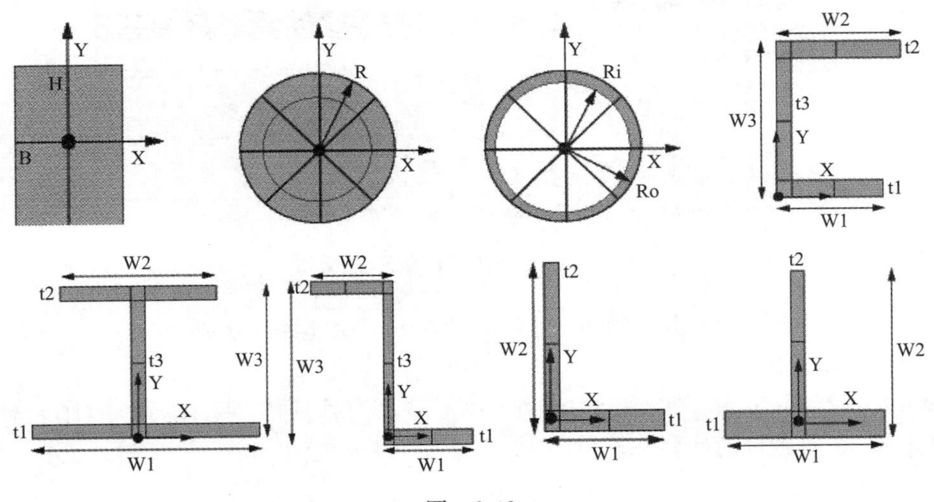

图　2-42

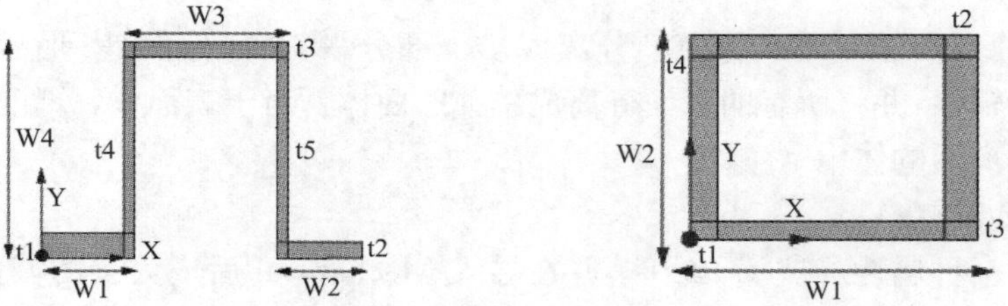

图 2-42 各种预定义横截面类型

需要强调一点，DM 中的截面位于 *XY* 平面，*Z* 轴表示线体（梁）的轴线方向，而在传统的 ANSYS 经典界面 Mechanical APDL 中截面则位于 *YZ* 平面，如图 2-43 所示。单元局部坐标的规定并不影响计算。

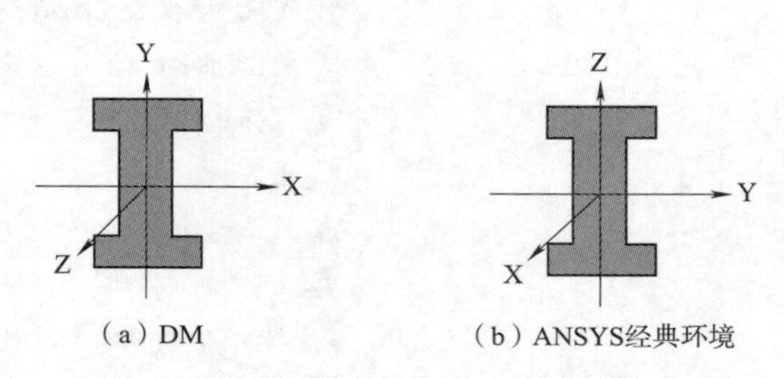

图 2-43 DM 与 ANSYS 传统环境的截面坐标系

当线体被赋予横截面后，用户需要定义横截面的方向，也就是定义 DM 中的 *Y* 轴的朝向。设置截面方向时，首先用 Ctrl＋E 切换至边选择模式，然后选择需要设置截面方向的线体（边），之后在 Details 中设置 Alignment 选项，如图 2-44 所示。

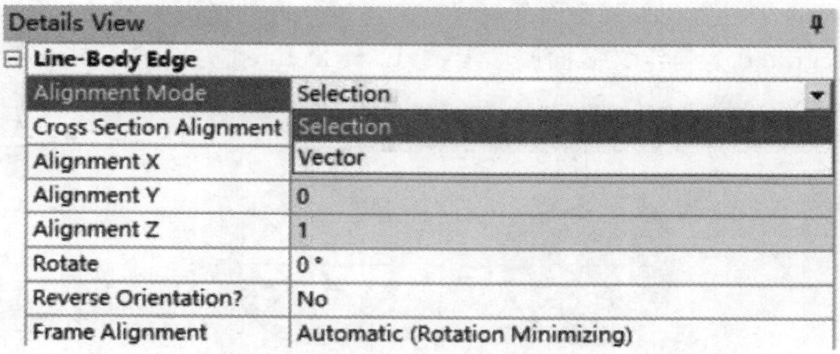

Details View	
Line-Body Edge	
Alignment Mode	Selection
Cross Section Alignment	Selection
Alignment X	Vector
Alignment Y	0
Alignment Z	1
Rotate	0 °
Reverse Orientation?	No
Frame Alignment	Automatic (Rotation Minimizing)

图 2-44 线体的横截面定位

DM 中有两种方式可以对横截面进行对齐（Alignment）操作，分别为：

（1）Selection 方式

Alignment Mode 选择 Selection。这种方式选择现有几何体（点、线、面等）作为对齐参照对象，Alignment 向量自动计算并显示。

（2）Vector 方式

Alignment Mode 选择 Vector。这种方式通过矢量输入的方式直接定义对齐方向。

除了定位向量外，还可以通过 Rotate 来指定横截面的旋转角度，通过 Reverse Orientation

来翻转梁的截面轴的指向。具体的操作方法请参照后续相关章节中的建模实例。

此外，当 Line Body 被赋予横截面后，通过 Details 中的偏移设置，用户还可对横截面进行偏移，DM 中的偏移方法通过 Offset 设置，如图 2-45 所示。

Details View	
Details of Line Body	
Body	Line Body
Faces	0
Edges	4
Vertices	4
Cross Section	Rect1
Offset Type	Centroid
Shared Topology Method	Centroid Shear Center Origin User Defined
Geometry Type	

图 2-45　横截面的偏移设置选项

可以定义的截面偏移方法有下面几种：

(1)Centroid：横截面中心和线体质心相重合(默认设置)。

(2)Shear Center：横截面剪切中心和线体中心相重合。

(3)Origin：横截面不偏移，依照其在草图中的样子放置。

(4)User Defined：用户自定义横截面 X、Y 方向上的偏移量。

采用不同偏移方法时的工字梁截面偏移效果如图 2-46 所示。通常在板梁组合结构中需要设置截面的偏置，具体方法可参考后面相关章节的操作例题。

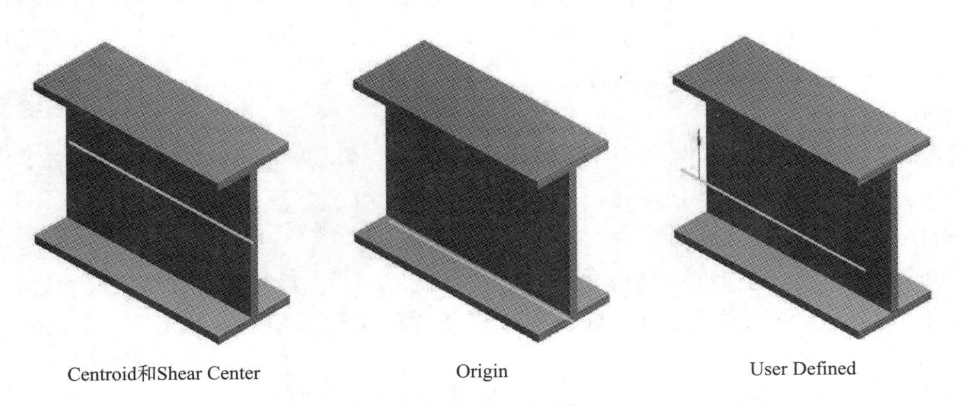

图 2-46　各种偏移方法偏移效果

2.1.3　在 DM 中导入和修改几何模型

前面两节分别介绍了 DM 的实体建模和概念建模方法。在很多情况下，用户可能在外部 CAD 系统中创建几何模型，这些外部几何很可能不适合于直接进行仿真分析，比如：3D 实体模型质量较差或有需要清理的细节特征，薄壁实体不适合直接 Mesh 而需要抽取中面等，这些情况下建议用户首先将外部几何导入 DM 中进行修复、简化和编辑操作，然后再导入

Mechanical 组件进行后续的网格划分等仿真前处理操作。本节介绍外部模型导入 DM 以及几何模型的编辑修复等技术。

1. 导入外部模型

外部几何模型的导入可通过两种方法,一种是关联激活的 CAD 几何模型,另一种是直接读取外部几何文件。

(1)关联 CAD 模型

利用 File>Attach to Active CAD Geometry 菜单,可添加一个 Attach 对象,DM 会探测当前打开的 CAD 系统中的文件(已保存),并将其导入至 DM 中,并在 Tree Outline 中添加一个 Attach 对象。进行几何关联时的选项通过 Attach 对象的 Details View 进行设置,下面介绍部分设置选项。

①Source

DM 可以自动探测当前激活的 CAD 系统,用户可以通过修改 Attach 对象的 Source 属性来选择可被探测的 CAD 程序。比如存在多种 CAD 程序时,该设置尤为重要。

②Model Units

当其他 CAD 模型没有单位时,DM 会提供一个 Model Units property 项供用户设定导入几何模型的单位,默认情况下该设置与 DM 单位一致。

③Parameter Key

此选项用于供用户设置几何模型参数的关联关键字段,默认关键字段为“DS”,意味着只有名称中包含“DS”的参数才能被关联至 DM;如果该选项无输入,则表示所有参数都能被关联至 DM。此外,建议赋予每个 CAD 参数惟一的名称,且不以数字作为参数名的开头字符。如果 CAD 系统中的模型无需在 DM 或 SCDM 几何组件中进行编辑修改,也可以直接导入 Mechanical 组件进行网格划分和结构分析,通过在 CAD 系统及 Workbench 的 Project Schematic 中预设的 Parameter Key,也可以在 Mechanical 中导入 CAD 系统几何模型中的参数,相关方法可参考第 2.3.3 节的内容。

④Material

通过设置 Material Property 可以控制几何模型的材料属性的导入与否。目前支持材料属性传递的程序有 Autodesk Inventor,Creo Parameter 和 NX 等。

⑤Refresh

当几何被探测关联至 DM 中后,允许用户在其他 CAD 系统中继续对几何模型进行编辑。将 Refresh Property 设置为 Yes 后,即可通过刷新操作实现 CAD 系统与 DM 中几何的双向更新。

⑥Base Plane Property

此选项用于进行 Attach to Active CAD Geometry 操作时指定用于几何模型定位的基准面。

⑦Operation Property

此选项用于控制关联几何模型至 DM 后是否进行合并。

⑧Body Filtering Property

此选项用于控制可导入至 DM 中几何体的类型,用户需要在项目图解窗口中进行设置,默认情况下允许导入实体和面体,不允许导入线体。进行 Attach to Active CAD Geometry 操作时，仅支持 Creo Parametric、Solid Edge 和 SolidWorks 中的线体的导入，NX 面体厚度的导入。

(2)导入外部几何文件

通过菜单 File>Import External Geometry File 可以实现外部几何模型文件的导入，支持的格式包括 ACIS(.sab 和 .sat)，BladeGen(.bgd)，GAMBIT(.dbs)，Monte Carlo N-Particle(.mcnp)，CATIA V5(.CADPart 和 .CATProduct)，IGES(.igs 或 .iges)，Parasolid(.x_t 和 .xmt_txt;.x_b 和 .xmt_bin)，Spaceclaim(.scdoc)，STEP(.step 和 .stp)等。此操作可在 DM 建模的任意时刻进行，支持材料导入的 CAD 系统有 Autodesk Inventor、Creo Parameter 和 NX。导入外部几何后，在模型树中会添加一个 Import 对象。

与关联几何文件的属性设置类似，导入外部几何文件时也可通过 Import 对象的 Details 进行相关属性设置。导入外部几何文件时，Solid Bodies、Surface Bodies 和 Line Bodies 为三个过滤器选项，Solid Bodies、Surface Bodies 缺省为 Yes，Line Bodies 缺省为 No。

2. 模型高级修改工具

当外部的几何文件导入 DM 以后，可以借助于 DM 的 Tool 菜单中的高级特征工具进行几何修复、清理或编辑操作，这些特征工具及其功能描述列于表 2-1 中。

表 2-1　Tool 菜单中的高级特征工具

Tool 菜单工具名称	实现功能
Freeze	冻结
Unfreeze	解冻
Named Selection	创建命名选择
Attribute	标志
Mid-Surface	创建中面抽取
Joint	创建边结合
Enclosure	创建包围体
Face Split	创建面分割
Symmetry	创建对称面
Fill	创建对象填充
Surface Extension	面延伸
Surface Patch	面修补
Surface Flip	面翻转
Merge	创建对象合并
Connect	创建连接对象
Projection	创建投影对象
Conversion	创建转换对象
Weld	创建焊缝几何
Repair	修复模型缺陷
Form New Part	创建多体零件

下面对表 2-1 中的部分特征工具进行介绍。

(1)Named Selection 工具

Tools>Named Selection 菜单用于创建几何对象的命名选择集合，利用此工具可以将任意 3D 特征进行分组集合，并可以被传递至 ANSYS Mechanical 组件中以便于进行后续的网格控制、边界条件的施加等操作。Mechanical 组件不支持一个命名选择集合中包含不同的特征类型，因此当混合对象类型的命名选择集合被创建并导入至 Mechanical 后，程序会自动依据特征类型将该命名选择分成多个。

创建命名选择时经常会遇到这样一种情况，当命名选择区域处发生共享拓扑行为时，导入到 Mechanical 后发生命名选择丢失或变化的现象。这是因为 DM 中多体部件内的各个体依旧是独立的，而当其被导入至 Mechanical 中后，这些体可能会合并成一体，从而引起以上情况的发生。为了避免这个问题，用户可以在激活 DM 工具栏按钮 Share Topology 后创建命名选择。

(2)Mid-Surface 工具

Tools>Mid-Surface 菜单提供了中面抽取工具。利用该工具可以在薄壁实体的壁中心处抽取成面体，DM 在抽取时可以自动捕捉薄壁实体的厚度并将其赋予生成的面体。进行壁中面抽取时，用户可以手工选择面对，也可以在指定厚度范围后由程序自动选择。

如图 2-47 所示为一个薄壁结构的三个部件通过中面抽取操作后生成的中面模型。

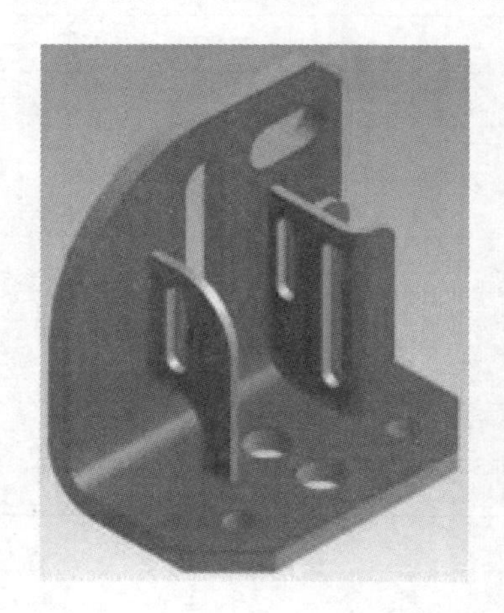

图 2-47　中面抽取

(3)Enclosure 工具

Tools>Enclosure 菜单用于创建包围体，利用该工具可以在体附近创建包围体生成外流场。包围体可以是 Box、Sphere、Cylinder 或其他用户自定义形状。如图 2-48 所示为一些包围体的实例。

(4)Fill 工具

Tools>Fill 菜单用于创建填充工具，利用该工具可以创建体内的空腔填充体作为内流场。抽取内流场时有以下两种选项：

①By Cavity：通过孔洞填充，该法要求选中所有被"浸湿"的表面。

②By Caps：覆盖填充，该法要求创建入口及出口封闭表面体并选中实体。

Box

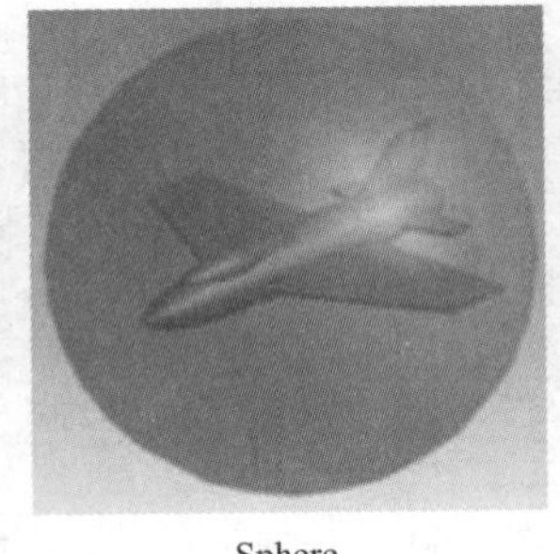
Sphere

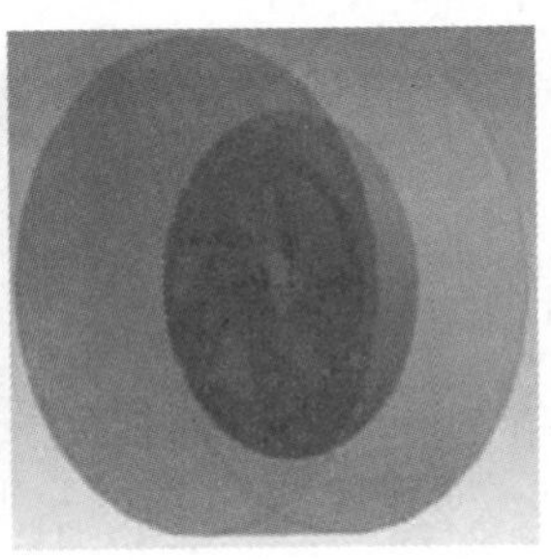
Cylinder

图 2-48　包围体

如图 2-49 为 Fill 操作的实例示意，图 2-49(a)采用 By Cavity 方法，需要选择内部 4 个侧面及 1 个底面；图 2-49(b)采用 By Caps 方法，需要创建换热管的入口表面和出口表面，然后选择换热管实体。

(a) By Cavity

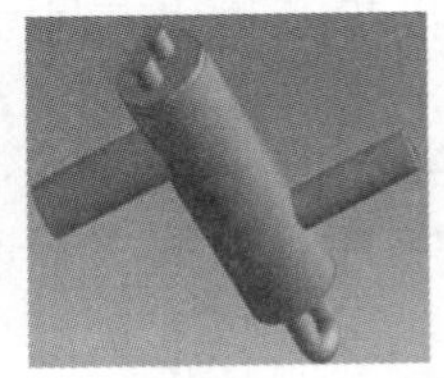
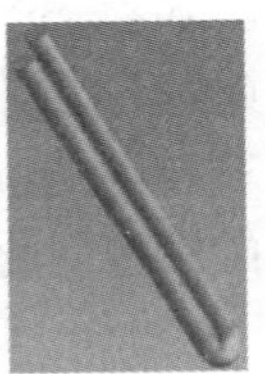
(b) By Caps

图 2-49　Fill 工具的使用

(5)Surface Extension 工具

Tools>Surface Extension 工具用于创建表面体的延伸，此工具一般与 Mid-Surface 工具配合使用，填充由于中面抽取造成的缝隙。进行面延伸时，用户可以选择手动方式，也可以指定间隙值后由程序自动搜索符合条件的延伸区域并进行延伸。

DM 提供了以下五种延伸方法供用户选择：

①Fixed：面体会按照给定距离进行延伸。

②To Faces：面体会延伸至面的边界。

③To Surface：面体会延伸至一个面。

④To Next：面体会延伸至第一个遇到的面。

⑤Automatic：延伸所选面体上的边至面的边界面。

如图 2-50 所示为一些不同方法的面延伸操作实例。

(a) To Faces

(b) To Surface

图　2-50

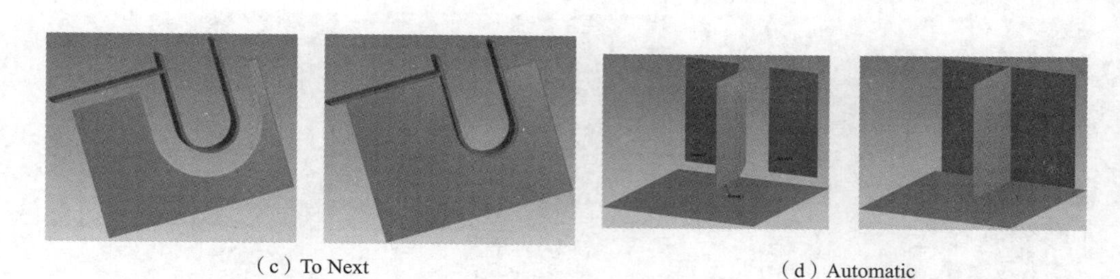
(c) To Next (d) Automatic

图 2-50 Surface Extension 操作

(6)Surface Patch 工具

Tools>Surface Patch 菜单用于调用 Surface Patch 工具,该工具用于填充面体上的孔洞或间隙。

(7)Surface Flip 工具

Tools>Surface Flip 菜单用于调用 Surface Flip 工具,该工具用于倒置面体的法向。

(8)Merge 工具

Tools>Merge 菜单用于调用 Merge 工具,该工具用于合并边或面,对于网格划分准备工作时的模型简化非常有用。如图 2-51 所示为边合并及面合并的实例。

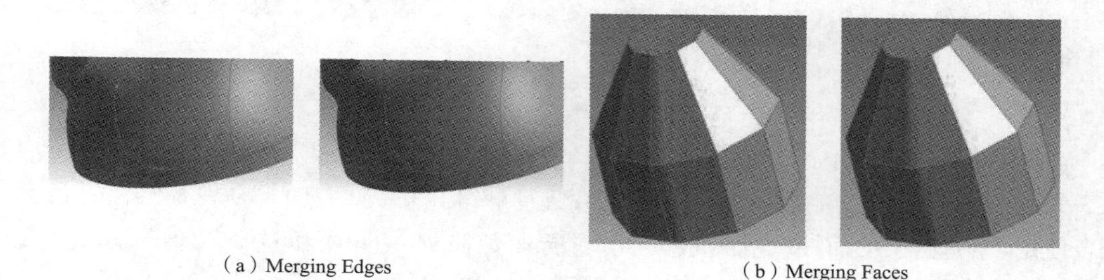
(a) Merging Edges (b) Merging Faces

图 2-51 合并边和面

(9)Projection 工具

Tools>Projection 菜单用于调用 Projection 工具,利用该工具可将点投影至边,或将面、边投影至面或体上。DM 中提供了 4 种投影类型,分别为:

①Edges On Body Type:边投影至面体或实体。

②Edges On Face Type:边投影至面。

③Points On Face Type:点投影至面。

④Points On Edge Type:点投影至 3D 边。

(10)Weld 工具

Tools>Weld 菜单用于调用 Weld 工具,利用该工具可创建焊缝对象。如图 2-52 所示为连接表面之间的 T 形焊缝的创建。

(11)Repair 工具

Tools>Repair 菜单用于调用模型修复工具,如图 2-53 所示。此菜单的子菜单提供了一系列几何模型缺陷的修复工具,通常直接调用即可完成修复。

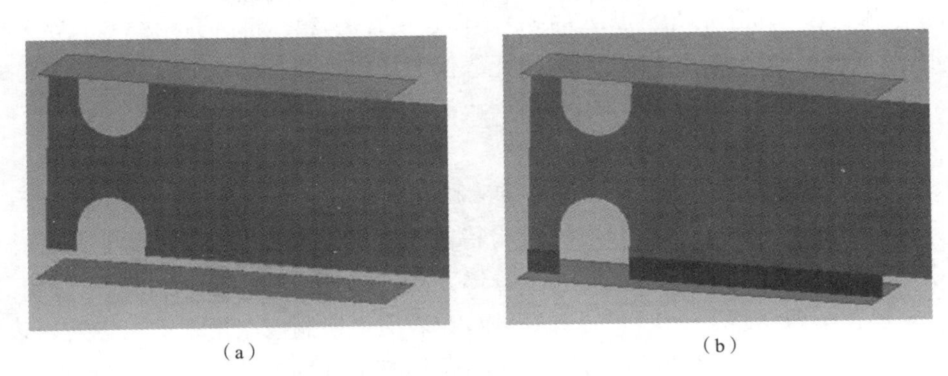

(a)　　　　(b)

图 2-52　Weld 示例

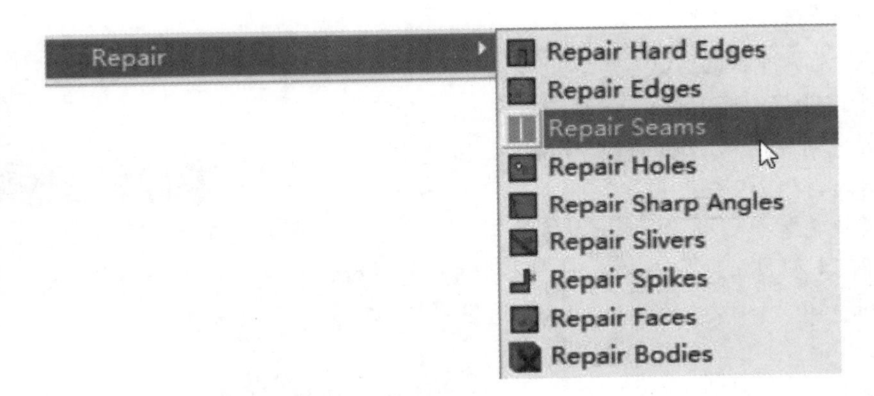

图 2-53　Repair 菜单

(12)Analysis Tools 工具

Tools>Analysis Tools 菜单用于调用模型分析工具，如图 2-54 所示。此菜单的子菜单提供了一系列几何模型的分析工具，如测量距离、计算质量重心、干涉检查等。

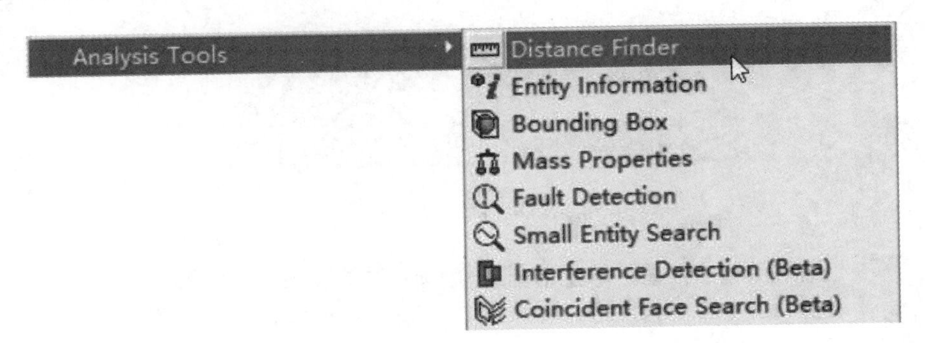

图 2-54　几何模型分析工具

2.2　使用 SCDM 创建或修改几何

SCDM 是 ANSYS 推荐优先应用的几何组件。本节分为三部分，全面介绍基于 SCDM 几何组件的使用。第一部分介绍SCDM的3D实体建模方法，第二部分介绍模型的导入导出、装配及测量，第三部分介绍模型的修复与有限元分析的几何准备。

2.2.1 实体模型的创建

本节介绍SCDM创建实体几何模型的方法和要点。在SCDM中，几何实体的创建和编辑之间的界线是模糊的。由于没有分层的结构特征树，因此建模时的自由度非常大。比如在SCDM中，通过拉动矩形区域可创建一个立方体，通过拉动立方体的一个表面可编辑其大小，绘制一个矩形草图即创建了一个可拉动的区域，在表面上绘制一个矩形即可创建新表面。本节首先介绍SCDM的界面启动设置与三种设计模式，然后介绍SCDM编辑或创建模型可使用的主要工具，涉及草图、编辑、相交、创建等工具栏的使用方法。

1. SCDM的启动

(1)SCDM两种启动方式

SCDM软件可以通过开始菜单独立启动，也可以通过Workbench平台的Geometry组件启动。通过后面一种方式启动时，操作步骤：

①通过开始菜单启动Workbench。

②在窗口左侧的Toolbox中，双击Component Systems下的Geometry，创建Geometry组件系统，如图2-55所示。

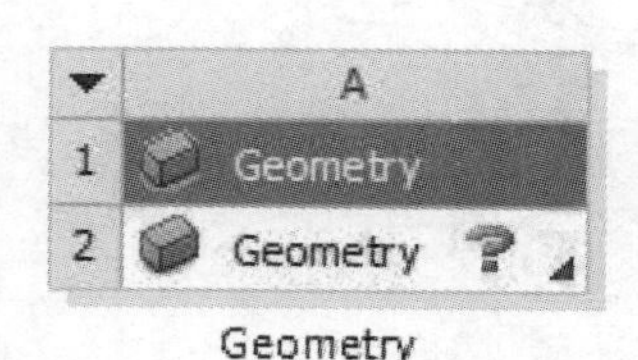

图2-55 Geometry组件系统

③右键单击A2 Geometry单元格，然后选择New Spaceclaim Geometry…，启动SCDM。

注意：如果是创建2D几何，首先勾选Workbench菜单View>Properties，设置Geometry的Analysis Type属性为2D(缺省为3D)，如图2-56所示。

Properties of Schematic A2: Geometry

	A	B
1	Property	Value
18	Advanced Geometry Options	
19	Analysis Type	2D

图2-56 分析类型设置

初次打开ANSYS SCDM时，程序会自动生成一个名为“设计1”的空白设计，用户可以在其中直接展开建模工作，也可以利用文件菜单下的“新建”创建一个新的设计。

(2)界面语言设置

如果SCDM启动时界面语言为英文，可按照下述方法进行设置，将其改为中文。

在Workbench窗口的菜单栏中，单击Tools→Options，在弹出的Options窗口中，单击Geometry Import，然后取消勾选Use Workbench Language Settings前的复选框即可，如图2-57所示。

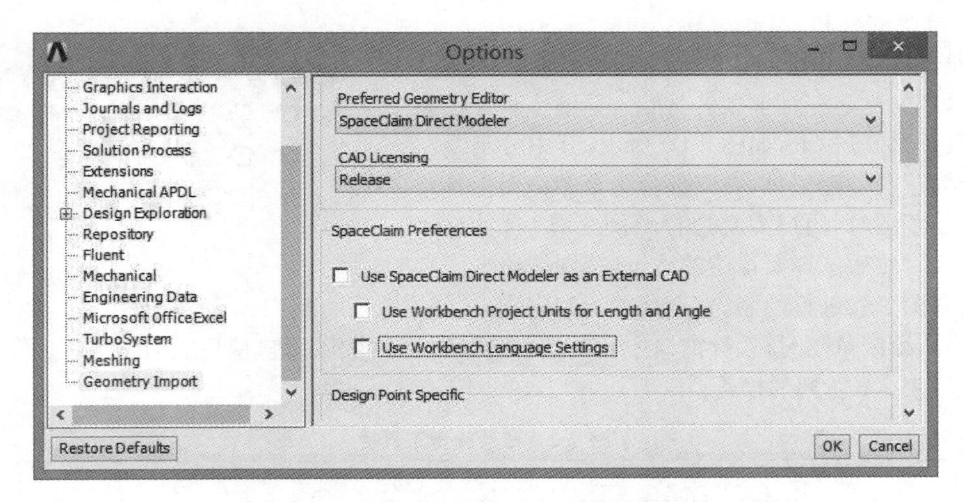

图 2-57　设置 Spaceclaim 界面语言

2. 三种设计模式

SCDM 为用户提供了三种设计模式：草图模式（快捷键“K”）、剖面模式（快捷键“X”）和三维模式（快捷键“D”）。如图 2-58 所示的模式工具栏，此工具栏位于“设计”标签下。三种模式可以通过单击工具栏中的模式按钮或使用快捷键进行切换。

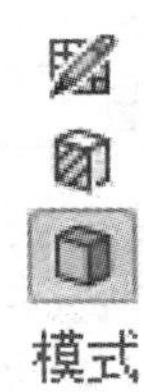

图 2-58　模式工具栏

下面简单介绍在三种不同的 SCDM 操作模式及在各种模式下可进行的操作。

（1）草图模式

草图模式是一种 2D 工作模式。在草图模式下，界面会显示草图栅格，用户可以使用草图工具绘制草图；草图模式的工作状态如图 2-59(a)所示。

（2）剖面模式

剖面模式也是一种 2D 工作模式。在剖面模式下，允许用户通过对体内剖面上实体和曲面的边和顶点进行操作来达到编辑实体和曲面的效果，对实体来说，拉动直线相当于拉动表面，拉动顶点则相当于拉动边；剖面模式的工作状态如图 2-59(b)所示。

（3）三维模式

三维模式是一般的建模模式。在三维模式下，允许用户直接处理三维空间中的几何对象。三维模式的工作状态如图 2-59(c)所示。

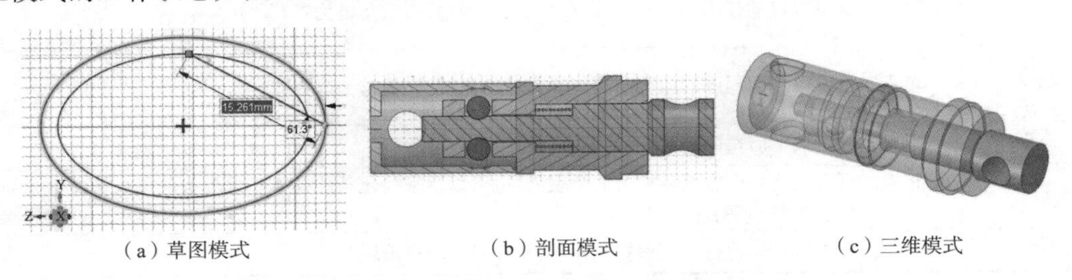

（a）草图模式　（b）剖面模式　（c）三维模式

图 2-59　SCDM 的三种工作模式

3. 草图的绘制

用户可以利用 SCDM 的草图工具创建二维的草绘图形，作为创建三维模型的基础。草图工具栏也集成在“设计”标签栏下，如图 2-60 所示，其中分割线左侧部分为草图创建工具，右侧部分为草图编辑工具。

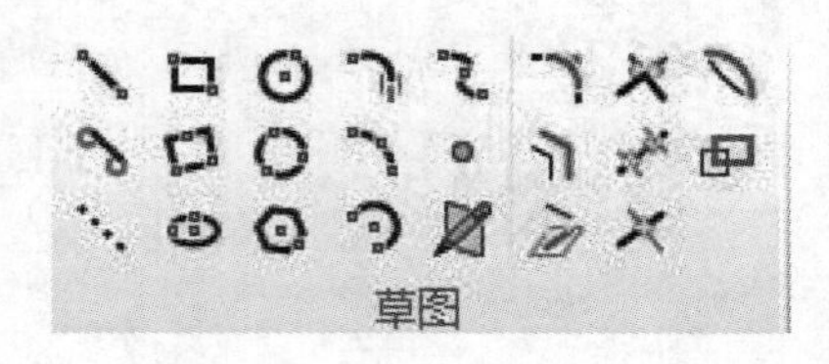

图 2-60　草图工具栏

绘制草图时，用户需要选择草图工具（自动进入草图模式），然后选择要草绘的位置（草图栅格平面），再利用草图工具进行绘制，直至草图绘制完成。

另外，绘制草图时，设计窗口中会出现草绘微型工具栏供用户使用，利用这些工具用户可快速进行表 2-2 所列的操作。

表 2-2　草绘微型工具栏

按　钮	功　能
	返回三维模式。切换为拉动工具并将草图拉伸为三维结构，所有封闭的环将形成曲面或表面，相交的直线将会分割表面
	选择新草图平面。选择一个新的表面并在其上进行草绘
	移动栅格。使用移动手柄来移动或旋转当前草图栅格
	平面图。正视草图栅格

4. 编辑工具栏

ANSYS SCDM 中的编辑工具也是位于“设计”标签下，如图 2-61 所示。利用这些工具用户可以完成模型创建及编辑的大部分工作，用户需要注意在 SCDM 中创建和编辑的界限是模糊的。

图 2-61　编辑工具栏

由图 2-61 可以看到，编辑工具栏中包含了 7 种编辑工具，这 7 种编辑工具的基本功能见表 2-3。

表 2-3　编辑工具栏基本功能

工具	基本功能说明
选择	选择工具用于选择设计中的二维或三维对象，快捷键为“S”
拉动	拉动工具可以偏置、拉伸、旋转、扫掠、拔模和过渡表面，以及将边角转化为圆角、倒直角或拉伸边，快捷键为“P”
移动	移动工具可以移动任何单个的表面、曲面、实体或部件，快捷键为“M”
填充	填充工具可以利用周围的曲面或实体填充所选区域，快捷键为“F”
	融合工具可以在所选的表面、曲面、边或曲线之间创建过渡
	替换工具可以将一个表面替换另一个表面，也可以用来简化与圆柱体非常类似的样条曲线表面，或对齐一组已接近对齐的平表面
	调整面工具可打开执行曲面编辑的控件，从而对面进行编辑

下面对这些常用的建模编辑工具的使用方法进行介绍。

(1)选择工具

用户可以利用选择工具选择三维的顶点、边、平面、轴、表面、曲面、圆角、实体和部件，选择二维模式中的点和线；也可以选择圆心和椭圆圆心、直线和边的中点以及样条曲线的中间点和端点；还可以在结构树中选择组件和其他对象或利用选择面板选择与所选对象相关的对象。用户进行选择时，可以在状态栏中修改选择过滤器、选择模式，查看当前的对象选择信息等。可以使用 Ctrl＋单击添加或删除项目，滚动滚轮可用于选择被遮挡的对象，并使用以下类型的选择模式。

①默认：单击选择对象，双击选择环边(再次双击循环选择下一组环边)，三连击选择实体，如图 2-62 所示。

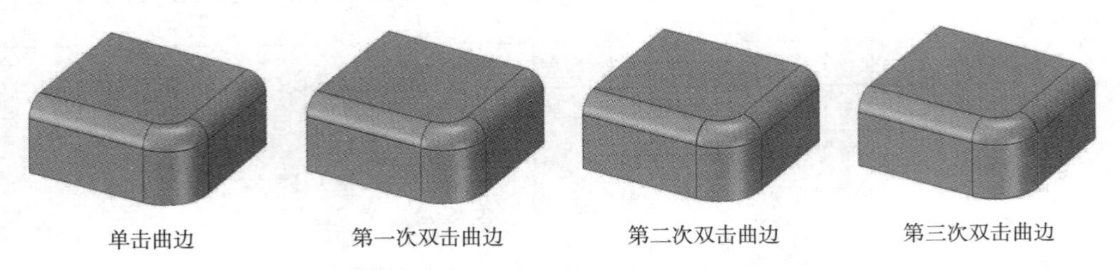

图 2-62　单、双击选择边及环边

②使用方框：在设计窗口中框选待选择的对象。从左至右框选时，仅仅被完全框中的对象才被选中；从右至左框选时，与方框接触及框内的对象都会被选中。

③使用套索：单击并拖动鼠标绘制任意形状，被完全包括的对象将被选中，如图 2-63 所示。

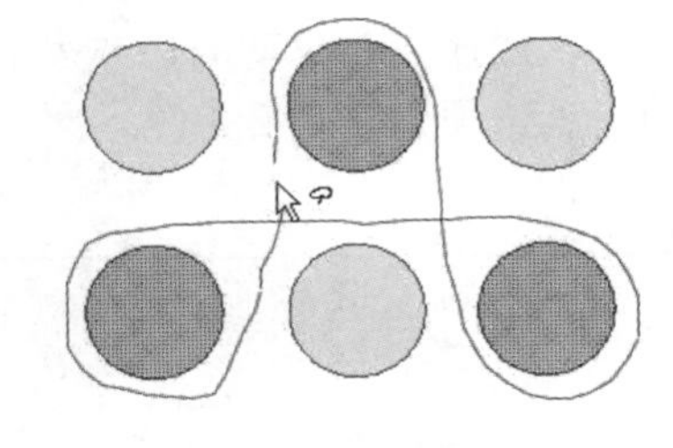

图 2-63　使用套索选择

④使用多边形：单击并拖动鼠标绘制多边形，多边形内的对象将被选中。

⑤使用画笔：选择一个对象，单击并拖动鼠标划过相邻的其他对象，释放鼠标完成选择。

⑥使用边界：选择一组面定义边界，然后单击区域内的一个面以选择所有面，如图 2-64 所示。

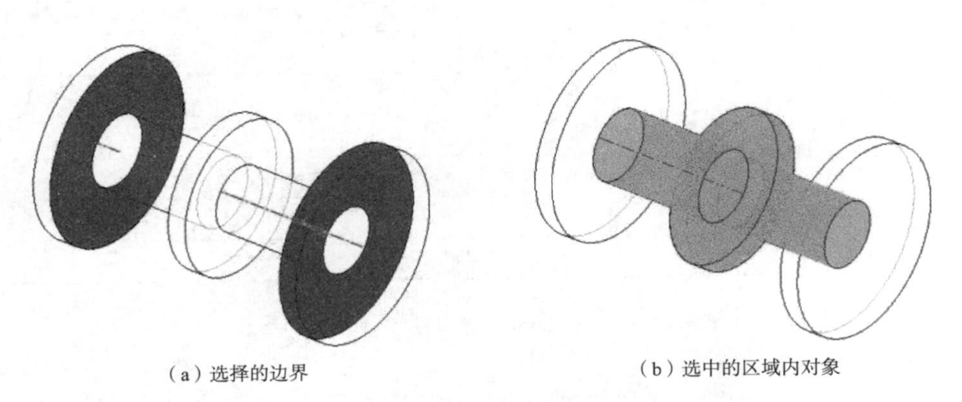

(a) 选择的边界　　(b) 选中的区域内对象

图 2-64　使用边界选择

⑦全选:选中全部对象。

⑧选择组件:仅对组件进行选择。

(2)拉动工具

拉动是SCDM中最重要和常用的建模工具之一,用户可以利用拉动工具进行偏移、拉伸、旋转、扫掠、拔模、过渡表面、倒圆角、倒直角或拉伸边等建模操作。拉动操作时,可使用的拉动工具及拉动选项与具体的操作对象有关。通常情况下,程序会根据所选对象推断出下一步操作,用户也可以在设计窗口中自行选择所要使用的工具。在拉动工具里,可以使用多个工具向导来指定拉动的操作行为,这些向导的功能见表2-4。

表2-4　拉动工具向导及其功能描述

按钮	向导功能
	选择工具向导,默认情况下处于活动状态
	方向工具向导,选择直线、边、轴、参考坐标系轴、平面或平表面以设置拉动方向
	旋转工具向导,进行旋转操作,定义旋转轴
	拔模工具向导,定义拔模参考面、表面或边
	扫掠工具向导,定义扫掠路径
	缩放工具向导,定义锚点,缩放模型
	直到工具向导,指定延伸目标对象

一旦选择了要拉动的边或表面后,需要从拉动选项面板中或微型工具栏中设定相关选项,拉动工具选项列于表2-5中。

表2-5　拉动工具选项

按钮	功能
添加	仅添加材料
切割	仅删除材料
不合并	不与其他对象合并,即使发生接触
	双向拉动
	完全拉动
	测量工具,可通过更改对象属性(比如面积)更改模型尺寸或创建属性组
	创建标尺尺寸
	倒直角
	倒圆角
	拉伸边形成面
	复制边
	旋转边

下面介绍拉动工具向导及拉动工具选项的使用方法。

①拉伸表面

如图2-65所示为一个偏置拉伸表面实例。其中,图2-65(a)表示原始模式;图2-65(b)为采用拉动工具拉动侧面,模型向其自然方向拉伸;图2-65(c)为拉动侧面及侧面周边,创建拉伸体；在图 2-65(c)的基础上利用定向工具指定拉伸方向，则可以创建如图 2-65(d)所示的实体对象。

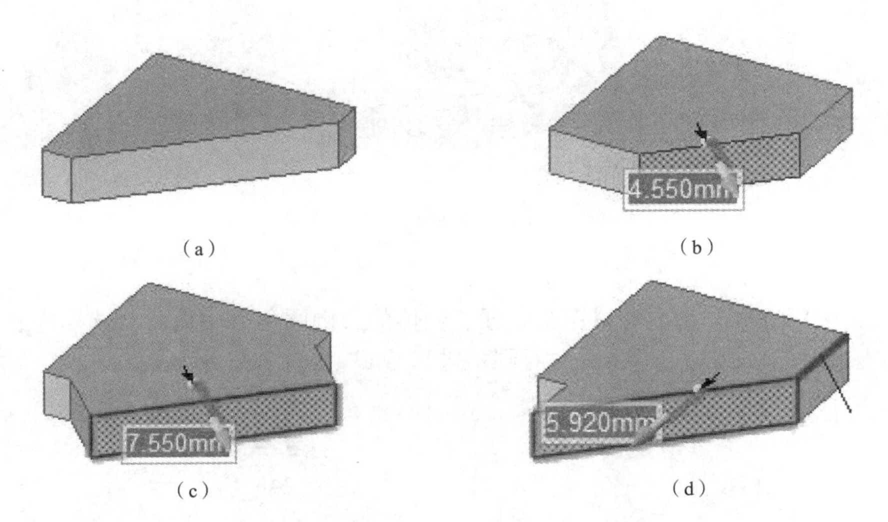

图 2-65　拉伸表面

②拉伸边

SCDM 可以拉伸表面的边或实体的边。

拉动工具可以拉伸曲面的边，如图 2-66 所示。其中图 2-66(a)为初始模型，图 2-66(b)为自然延伸，图 2-66(c)为按住 Ctrl 键沿着切向延伸。

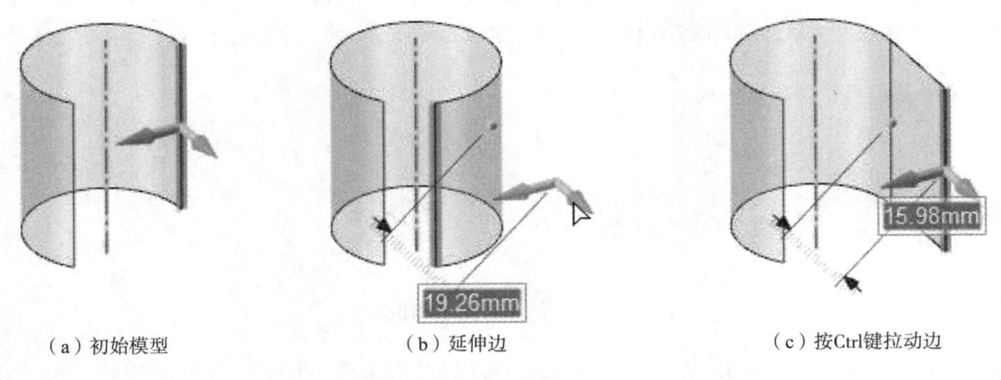

图 2-66　延伸或拉伸曲面边

利用选择拉动工具的“拉伸边”选项，用户可以拉伸任何实体的边形成曲线，如图 2-67 所示。

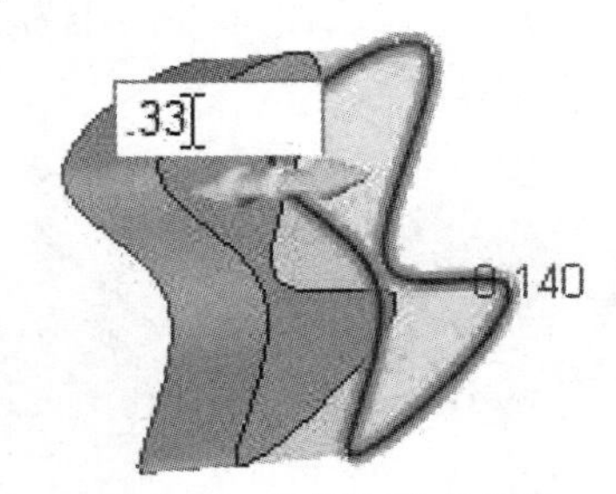

图 2-67　拉伸边形成曲线

通过选择拉动工具的“拉伸边”选项可以复制边和表面，当然也可以使用移动工具来实现该操作。图 2-68 所示为复制圆环边至圆锥台其他部分，然后再拉动圆锥台上部改变其直径，从中也可以看出在复制边时，边会基于实体的几何形状进行调整。

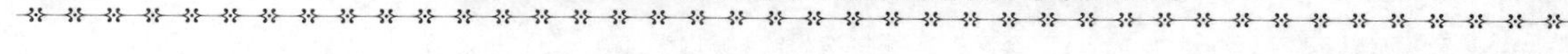

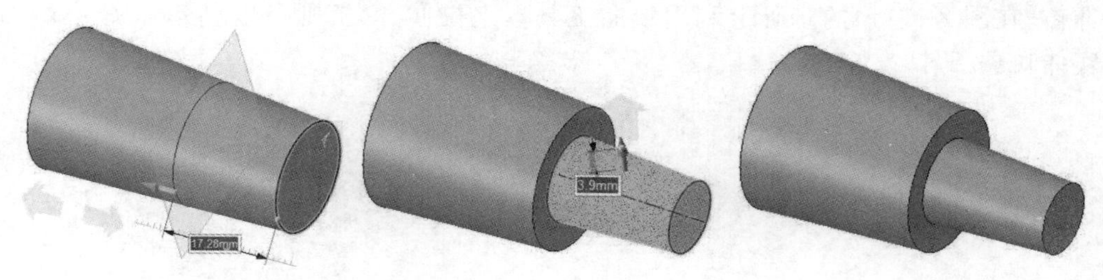

图 2-68　复制边

③倒角

拉动工具的“倒圆角”选项可以用来给任意实体的边倒圆角。用户可以选择边或面来创建倒圆角，且支持对已有圆角边进行拉动对圆角进行编辑，如图 2-69 所示。

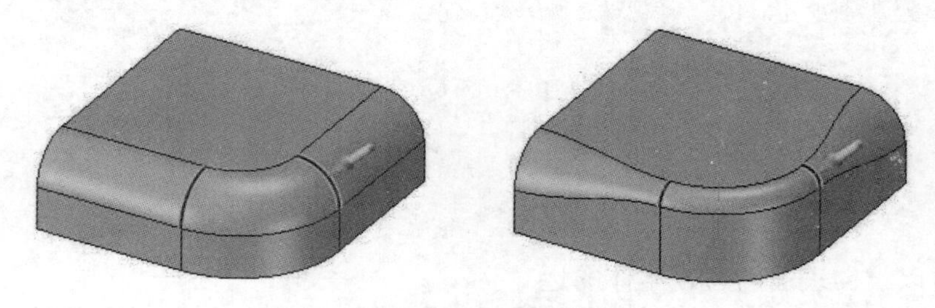

图 2-69　编辑圆角

利用拉动工具，还可以通过两个表面(或曲面)之间的间隙创建倒圆角，如图 2-70 所示，图 2-70(a)为通过平面建立倒圆角，图 2-70(b)为在曲面之间建立倒圆角。

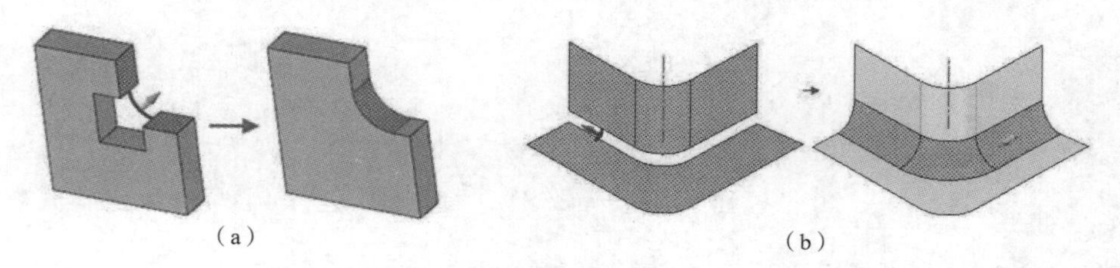

图 2-70　表面及曲面之间倒圆角

利用拉动工具的“倒直角”选项，用户可以对任何实体的边进行倒直角的操作。对于已经倒出的直角，其边或面都可以作为选择对象被进一步编辑。倒直角及倒直角的编辑示例如图 2-71 所示。

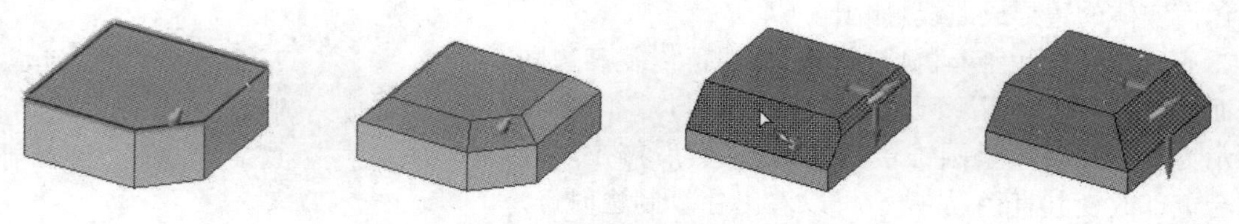

图 2-71　创建及编辑倒直角

④旋转表面和边

使用拉动工具的“旋转边”选项可以旋转任何实体的边，如图 2-72 所示。

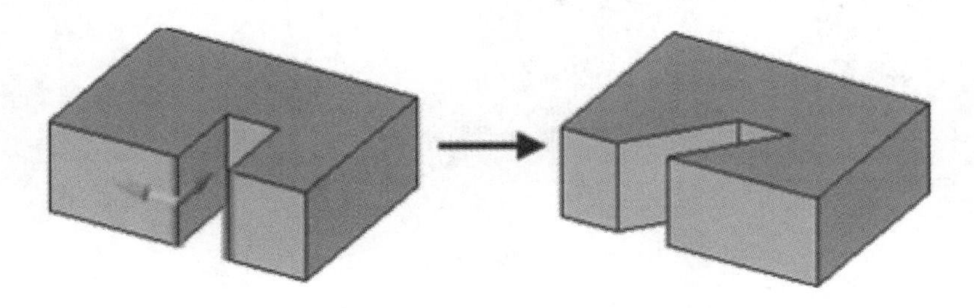

图 2-72　旋转边

使用拉动工具可以旋转实体或曲面的边以形成曲面，如图 2-73 所示。

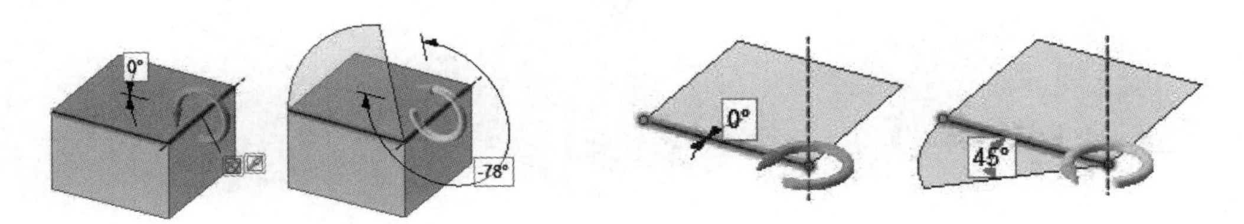

图 2-73　旋转边形成曲面

使用拉动工具可以旋转任何表面或曲面以形成实体，如图 2-74 所示。

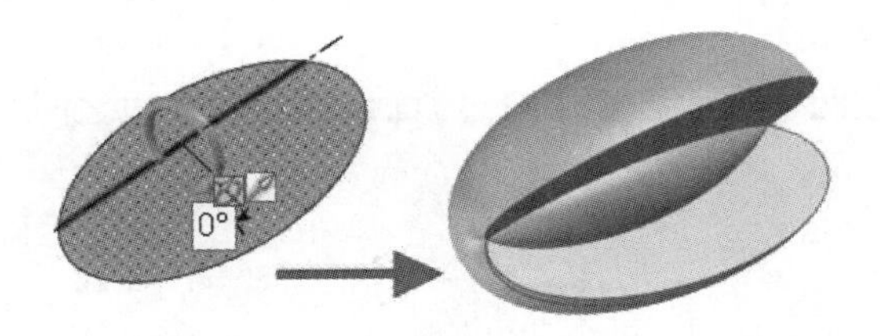

图 2-74　旋转表面形成实体

使用拉动工具还可以生成旋转螺旋。用户可以利用 Tab 键切换输入内容(高度、螺距及锥角)，完成螺旋的创建，如图 2-75 所示。

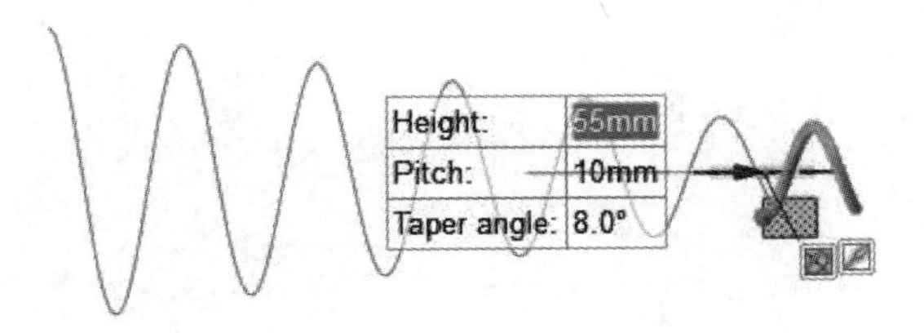

图 2-75　旋转螺旋

⑤扫掠表面

使用拉动工具可将表面、边、曲面、3D 曲线或其他对象沿着轨线进行扫掠。绕封闭的路径扫掠表面时将会创建一个环体。一些典型的扫掠实例如图 2-76 所示。

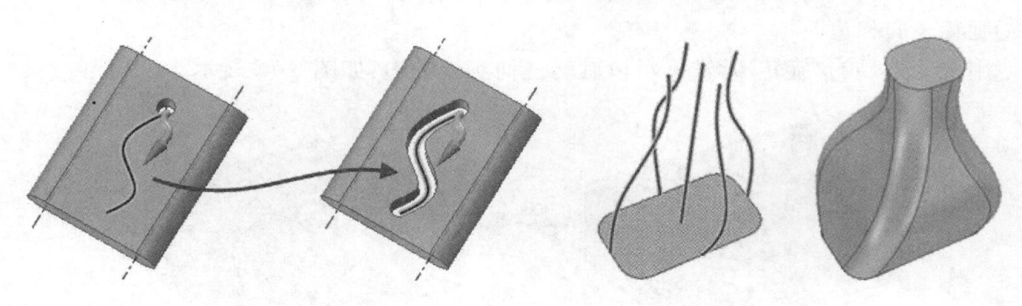

图 2-76　扫掠

⑥拔模表面

使用拉动工具,可绕一个平面、另一个表面、边或曲面来拔模表面,如图 2-77 所示。

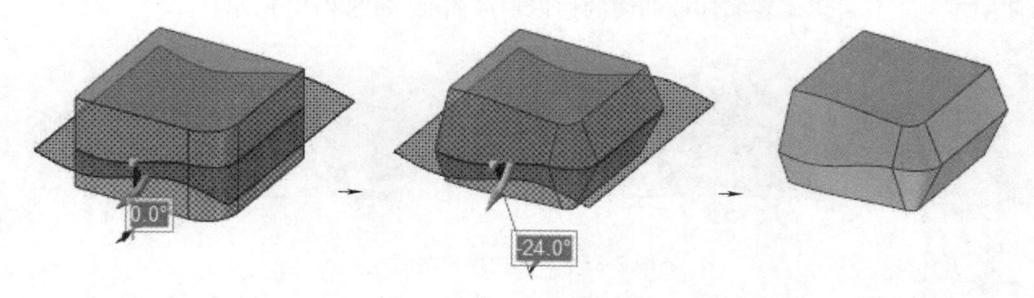

图 2-77　拔模表面

⑦过渡

使用拉动工具可以在两个表面之间生成过渡面或体,两条边之间生成过渡面,两点之间创建连接曲线,如图 2-78 所示。

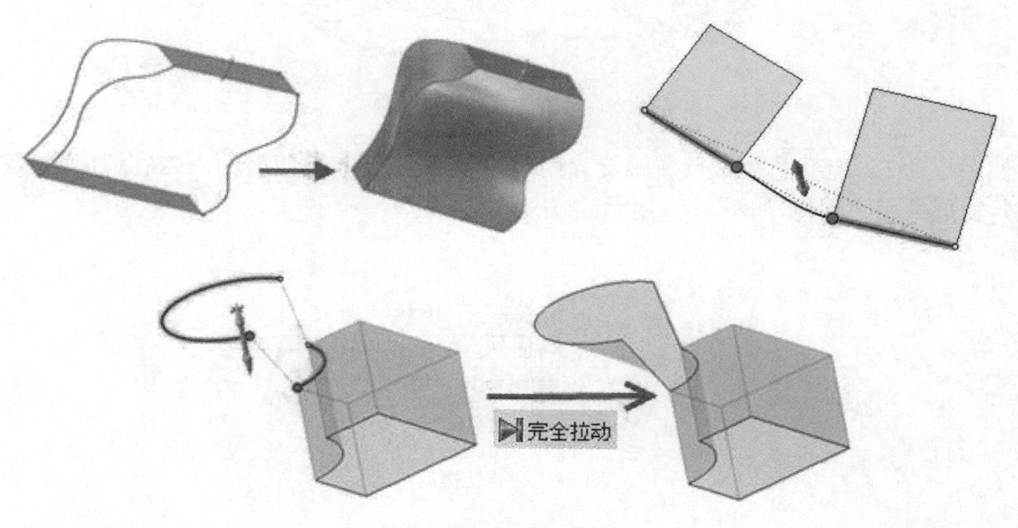

图 2-78　过渡

⑧创建槽

使用拉动工具,可以利用孔来创建槽,还可以对槽进行编辑,槽与各面之间的关系保持不变。当孔周边包含倒圆角或倒直角时，创建槽时将会保留这些特征。一些创建槽的典型实例如图 2-79 所示。

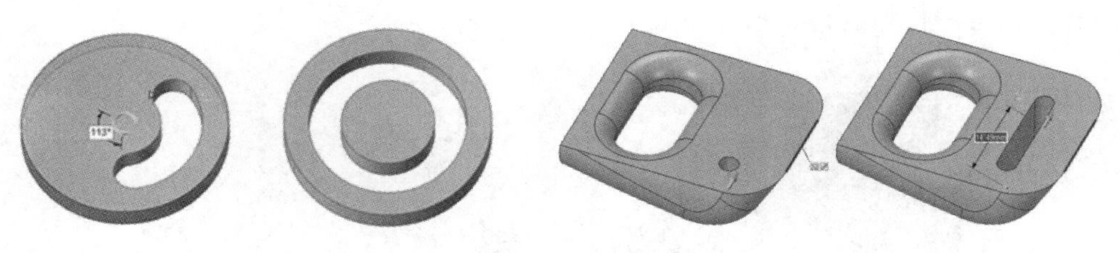

图 2-79　创建槽

⑨缩放

使用拉动工具可以缩放实体和曲面，允许对不同部件中的多个对象进行缩放。

⑩尺寸修改

在使用拉动工具时，借助于测量工具，用户可以通过修改对象的测量结果（比如长度、面积、体积等）实现对模型的修改，具体操作步骤如下：

a. 激活拉动工具，选中拉动对象。

b. 激活测量工具，测量对象。

c. 修改测量值，模型基于新值自动更新。

如图 2-80 所示是通过修改六棱台顶面面积的方式自动调整棱锥高度的实例。

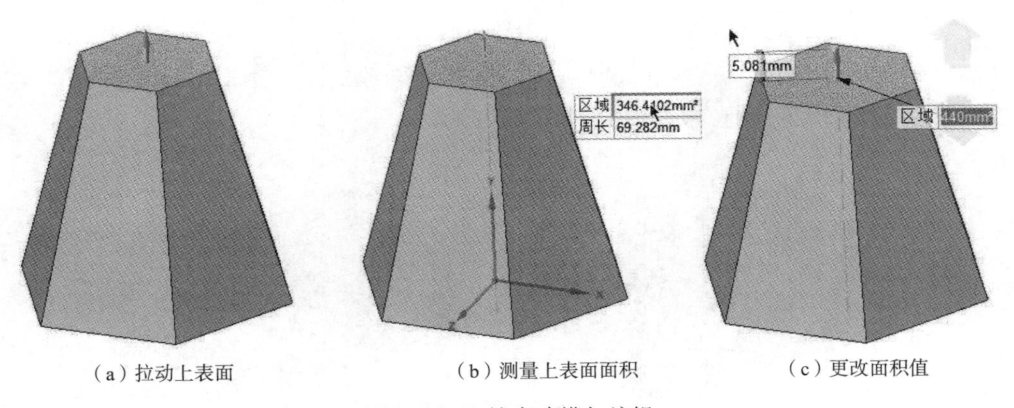

（a）拉动上表面　（b）测量上表面面积　（c）更改面积值

图 2-80　六棱台建模与编辑

(3)移动工具

使用移动工具可移动任何 2D 和 3D 对象，包括图纸视图。移动工具的行为基于所选内容的变化而改变，执行移动操作时的工具向导与拉动工具向导类似，不再展开讲解。

①利用移动工具平移或转动对象

选中对象并激活移动工具后，图形显示窗口中会出现一个移动手柄以指示操作，该手柄包含 3 个平移指示箭头、3 个转动指示箭头和中心点。手柄中心点的位置由 SCDM 依据所选择的对象自动调整，使用窗口右侧的定位向导工具，用户可以移动手柄中心点至所需位置，选中某个箭头即可对对象进行平移或转动操作，如果同时按住 Ctrl 键将对所选择的对象进行复制操作。

下面给出两个使用移动工具的示例。

如图 2-81 所示，选中底板右侧的圆柱凸起部分，拖动移动图标中向左的平移箭头至左侧凸台上，程序自动对模型进行布尔合并操作。

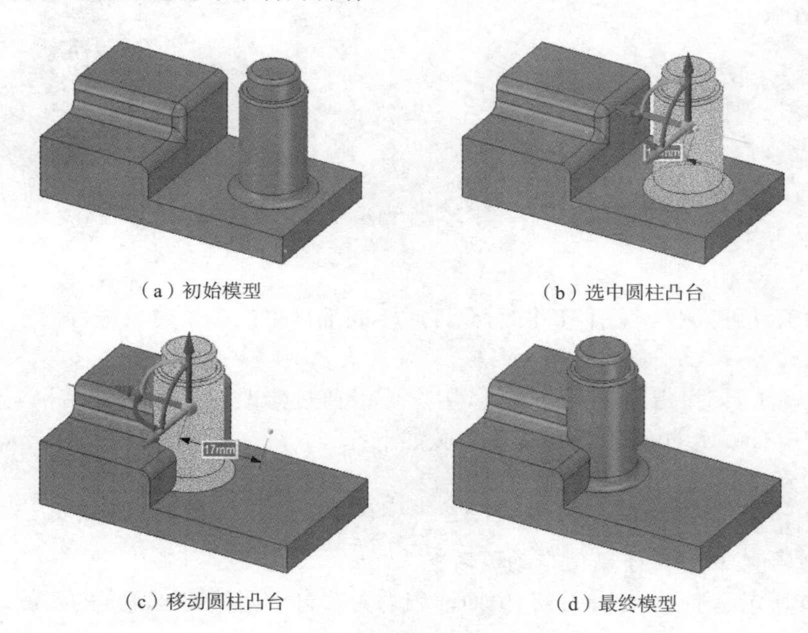

（a）初始模型　（b）选中圆柱凸台

（c）移动圆柱凸台　（d）最终模型

图 2-81　平移移动

如图 2-82 所示，选中底板右侧的圆柱凸起部分，拖动移动图标中顺时针的旋转箭头至合适角度，程序自动对模型进行布尔合并操作。

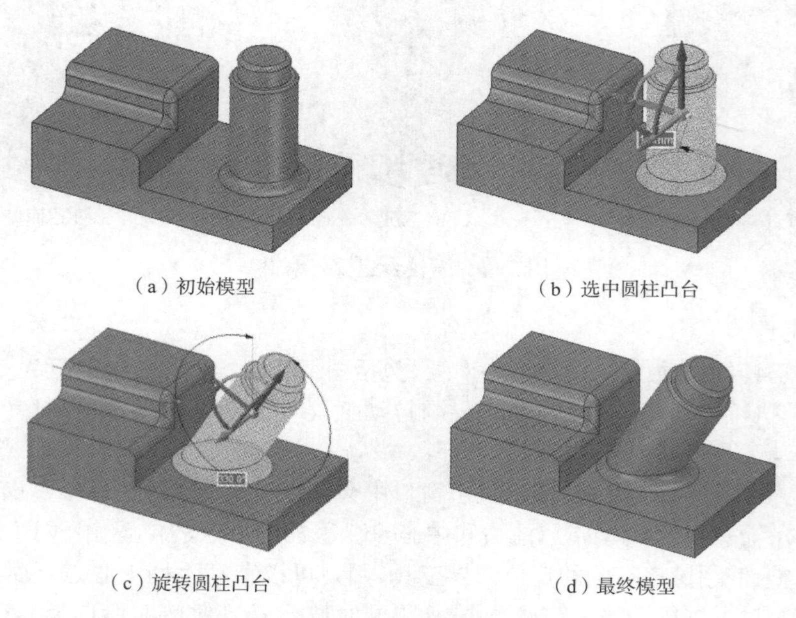

（a）初始模型　（b）选中圆柱凸台

（c）旋转圆柱凸台　（d）最终模型

图 2-82　旋转移动

②利用移动工具创建阵列

通过移动工具可以创建凸起或凹陷(包括槽)、点或部件的阵列,也可以对混合类型的对象创建阵列,例如 SCDM 中的孔(表面)和螺栓(导入的部件)的阵列,任意阵列成员创建后均可用于修改该阵列。

利用移动工具创建阵列时必须在移动选项面板中勾选创建阵列复选框。程序支持的阵列类型包括线性阵列、矩形阵列、径向阵列、径向圆阵列、点阵列、阵列的阵列等。对于已有阵列,用户可以执行编辑阵列属性、移动阵列、调整线性阵列间距、从阵列中移除对象等操作。图 2-83 为部分类型的阵列实例。

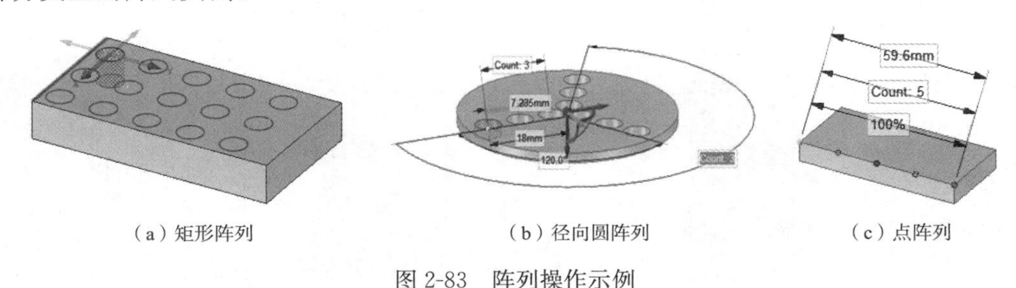

(a) 矩形阵列　　(b) 径向圆阵列　　(c) 点阵列

图 2-83　阵列操作示例

③利用移动工具分解装配体

利用移动工具向导中的支点工具还可以实现装配体的分解,如图 2-84 所示。

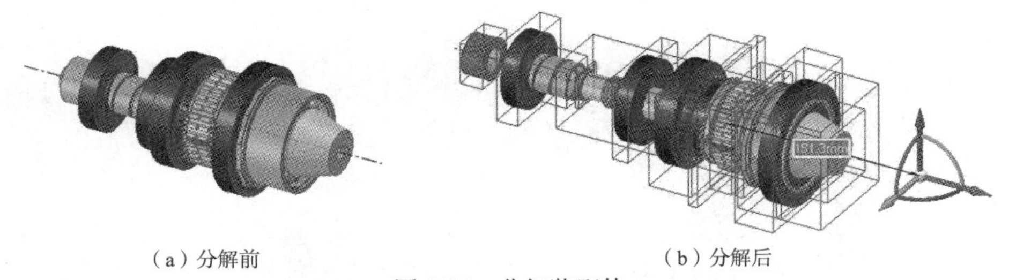

(a) 分解前　　(b) 分解后

图 2-84　分解装配体

(4)填充工具

在 SCDM 中,填充工具可以通过周围的曲面或实体填充所选区域。填充可以“缝合”几何模型中的许多切口,例如倒直角和圆角、旋转切除、凸起、凹陷以及通过组合工具中的删除区域工具所删除的区域。填充工具还可用于简化曲面边缘和封闭曲面以形成实体。

进行填充操作时,有两个主要操作步骤:第一步,选择对象;第二步,单击填充工具或按 F 键。一些典型的填充操作的示例如图 2-85 所示。

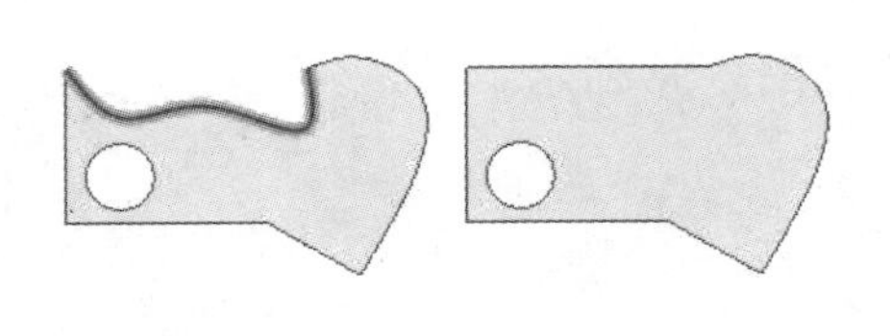

(a) 简化边

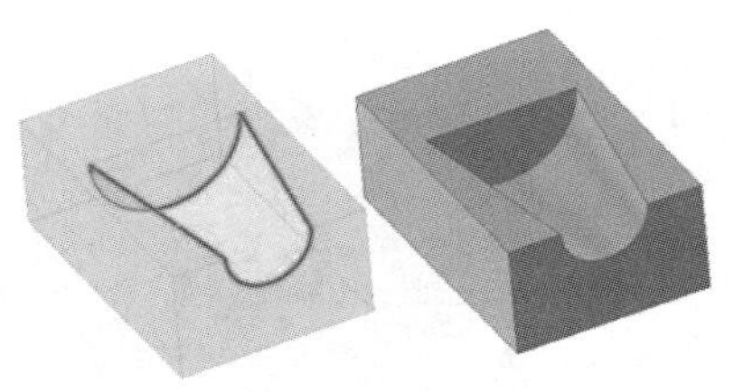

(b) 封闭曲面

图　2-85

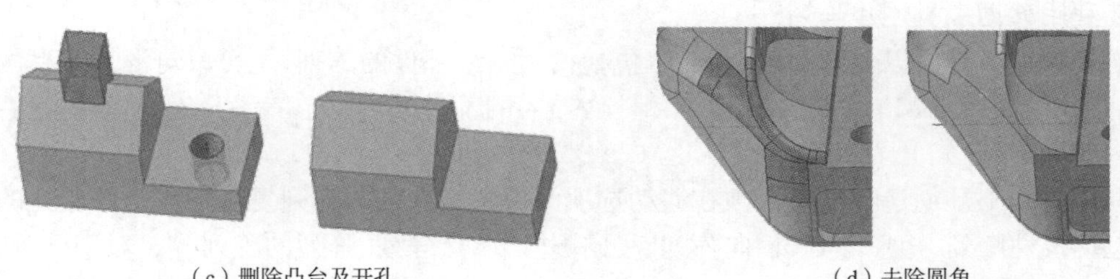

（c）删除凸台及开孔　　（d）去除圆角

图 2-85　填充操作示例

(5)融合工具

融合工具可以在所选的表面、曲面、边或曲线之间创建过渡，如图 2-86 所示。

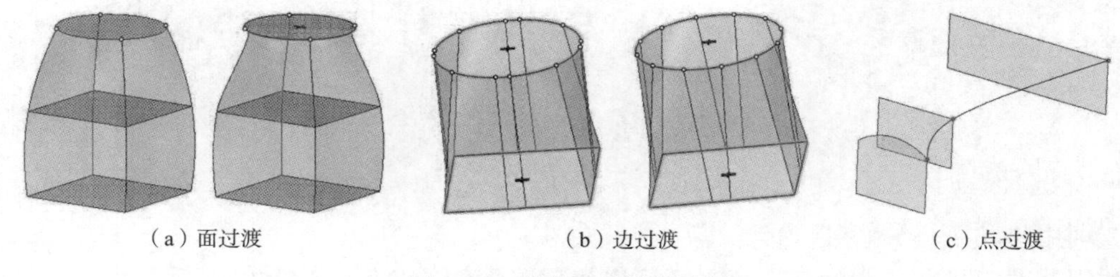

（a）面过渡　　（b）边过渡　　（c）点过渡

图 2-86　融合工具操作示例

(6)替换工具

替换工具可以将一个表面替换另一个表面，也可以用来简化与圆柱体非常类似的样条曲线表面，或对齐一组已接近对齐的平表面，如图 2-87 所示。

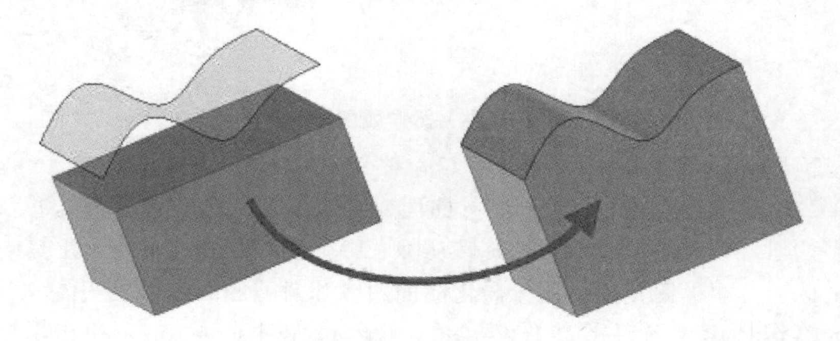

图 2-87　替换表面

(7)调整面工具

激活调整面工具可打开执行曲面编辑的控件，如图 2-88 所示。

图 2-88　曲面工具

曲面编辑控件中包括控制点、控制曲线、过渡曲线、扫掠曲线四种编辑方法。选中某曲面后，采用不同的曲面编辑方法并结合其他工具可完成对曲面的调整及编辑，如图 2-89 所示。

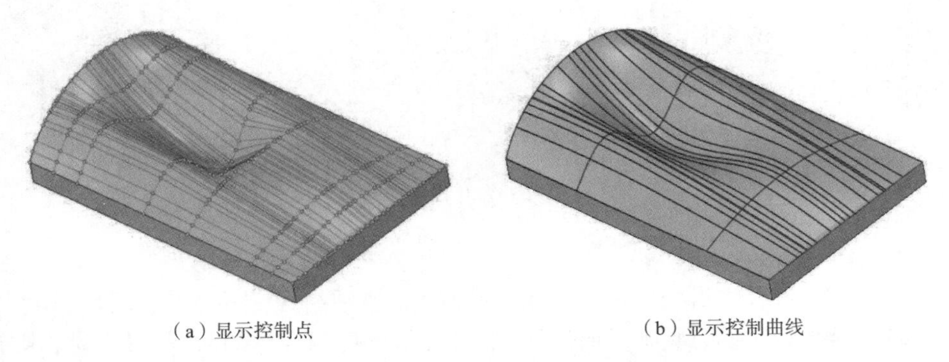

（a）显示控制点　　（b）显示控制曲线

图 2-89　曲面调整工具

5. 相交工具栏

相交工具栏提供了一系列工具，可以将设计中的实体、曲面与其他实体、曲面进行合并或分割，也可通过一个表面分割实体或使用表面来分割表面，还可以投影表面的边到设计中的其他实体和曲面上。

在 SCDM 相交工具栏中，所有操作均通过一个主要工具(组合)和两个次要工具(拆分实体和拆分表面)进行。组合操作始终需要两个或两个以上的对象。拆分工具始终对一个对象进行操作，并且是在定义切割器或投影表面时自动选择该对象。相交工具栏如图 2-90 所示。相交工具栏包含的工具列于表 2-6 中。

图 2-90　相交工具栏

表 2-6　相交工具及其功能说明

工　具	功　能
	组合工具，合并和分割实体及曲面
	拆分主体工具，通过实体的一个或多个表面或边来分割实体
	拆分面工具，对表面或曲面进行分割以形成边
	投影工具，通过延伸其他实体或曲面的边在实体的表面上创建边

(1)组合工具

使用组合工具可以合并或拆分对象(实体、曲面)，对应的快捷键为 I，执行的操作被称为布尔操作。

①合并操作

进行合并操作时，首先需要通过鼠标点击或按 I 键激活组合工具，然后单击第一个实体或曲面，最后按住 Ctrl 键(或利用窗口右侧的工具向导)并单击其他实体或曲面完成合并操作。利用组合工具的合并功能可以执行两个或多个实体的合并、合并曲面实体、合并有共用边的曲面、使用平面来封闭曲面等操作，如图 2-91 所示为相关的操作示例。

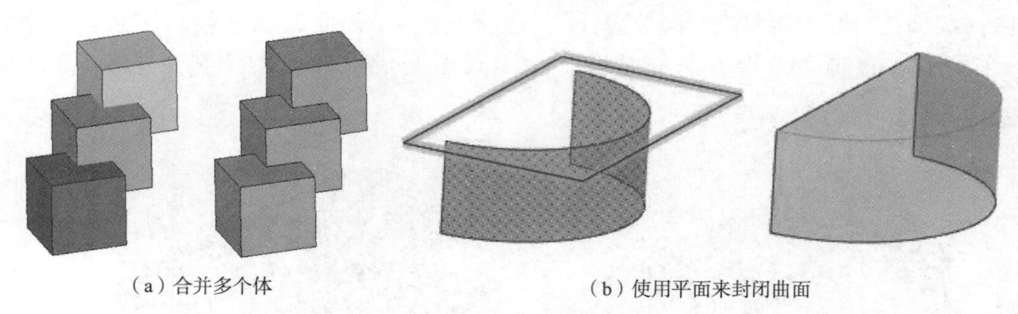

(a) 合并多个体　　(b) 使用平面来封闭曲面

图 2-91　合并操作示例

②分割操作

进行分割操作时，首先需要通过鼠标点击或按I键激活组合工具，然后选择要切割的实体或曲面，此时将会激活选择刀具工具向导，再单击要用于切割实体的对象，最后单击要删除的区域，完成分割操作。利用组合工具的分割功能可以执行使用曲面或平面分割实体、使用实体分割实体、使用实体或平面分割曲面、使用曲面分割曲面、使用曲面去除材料以形成实体凹陷、从实体中删除封闭的体等操作，如图 2-92 所示为相关的操作示例。

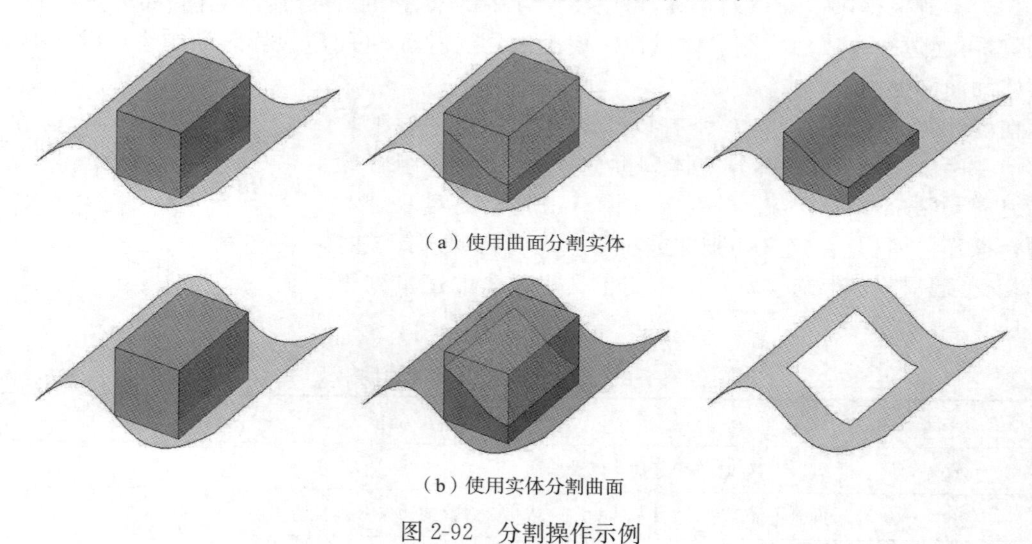

(a) 使用曲面分割实体

(b) 使用实体分割曲面

图 2-92　分割操作示例

(2)拆分主体工具

拆分主体工具可通过实体的一个或多个表面或边来分割实体，然后选择一个或多个区域进行删除。拆分主体工具与组合工具中的分割功能相似。

(3)拆分面工具

拆分面工具可通过其他对象对表面或曲面进行分割以创建一条边。通过使用工具向导中的不同工具可以进行以下几种类型的拆分：在表面上创建一条边、使用另一个表面分割表面、使用边上的一点分割表面、使用两个点分割表面及使用过边上一点的垂线分割表面等。

(4)投影工具

投影工具通过延伸其他实体、曲面、草图或注释文本的边在实体的表面上创建带有轮廓的印记面，如图 2-93 所示为相关操作的示例。

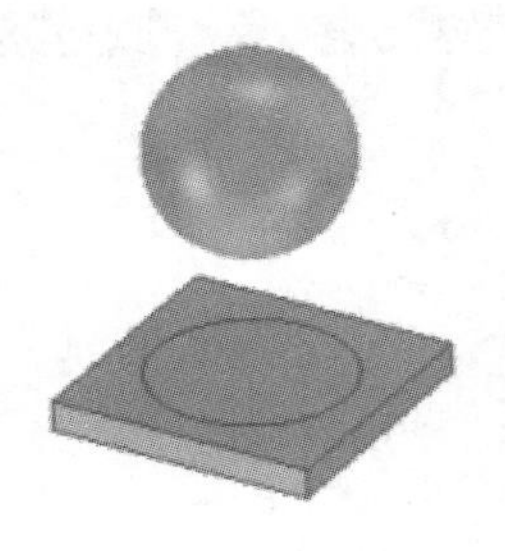
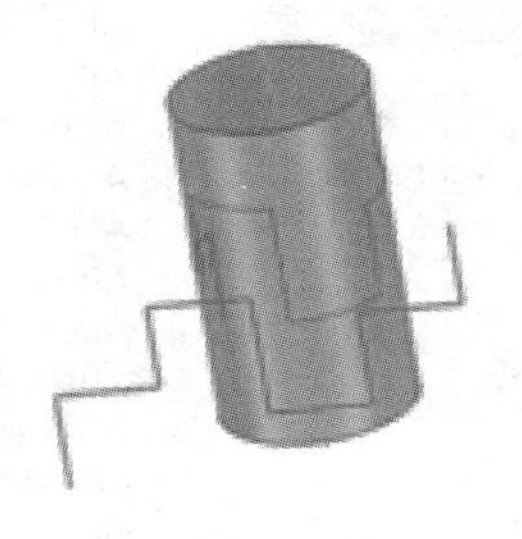
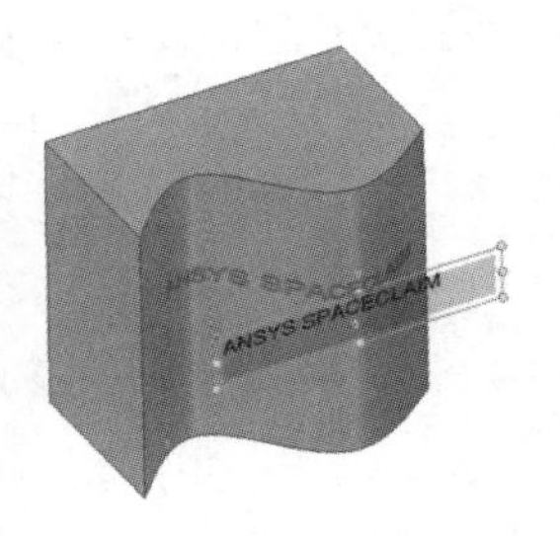

图 2-93　投影操作示例

6. 创建工具栏

ANSYS SCDM 的创建工具栏位于设计标签下，利用其中的工具可以实现某些特征的快速创建，如图 2-94 所示。

图 2-94　创建工具栏

创建工具栏中各个工具按钮及其功能的描述见表 2-7。

表 2-7　创建工具栏的工具功能简介

按　钮	功　能
	平面：根据所选对象创建一个平面，或者创建一个包含草图元素的布局
	轴：根据所选对象创建一个轴
	点：在指定位置创建一个点
	坐标系：在选定对象中心或可放置移动工具的位置创建坐标系
	线性阵列：创建线性一维或二维阵列
	圆形阵列：创建一维或二维圆形阵列
	填充阵列：创建一个阵列，使用阵列成员填充区域
壳体	壳体：删除实体的一个表面，创建指定厚度的壳体
偏移	偏移：建立两个表面之间的偏移关系，使其在进行其他二维、三维编辑时的相对位置保持不变
镜像	镜像：创建一个对象的镜像

2.2.2　模型的导入导出、装配与测量

1. 模型的导入与导出

SCDM 中可以很方便地导入和导出各种格式的几何模型。

在模型的导入方面，主要存在两种情况，即直接打开模型、导入模型至当前设计。利用文件>打开菜单，可以打开已有的几何模型文件，可导入的模型格式不仅限于 SCDM 的自有格式 .scdoc，还支持多种格式类型的导入，可导入的格式类型如图 2-95(a)所示。

利用文件菜单下的“另存为”按钮，用户可以对当前的设计内容进行保存和导出。ANSYS SCDM 支持多种导出格式，用户可根据需要自行选择，可导出的格式类型如图 2-95(b)所示。

ANSYS SCDM 所具备的丰富的几何接口使得它可以对不同来源(格式)的模型进行操作。从设计角度来说，设计工程师可以自由引用不同格式的模型，在 ANSYS SCDM 中对其组合、修改，从而形成新的设计，大大增强了设计的灵活性；从仿真角度来说，CAE 工程师再也无需对用户提供的各种格式的模型进行转化，缩短了模型处理时间，提升了前处理效率。

SpaceClaim 文件 (*.scdoc)
ACIS (*.sat;*.sab;*.asat;*.asab)
AMF (*.amf)
ANSYS (*.agdb;*.pmdb;*.meshdat;*.mechdat;*.dsdb;*
ANSYS Electronics Database (*.def)
AutoCAD (*.dwg;*.dxf)
CATIA V4 (*.model;*.exp)
CATIA V5 (*.CATPart;*.CATProduct;*.cgr)
CATIA V6 (*.3dxml)
CREO 参数 (*.prt*;*.xpr*;*.asm*;*.xas*)
DesignSpark (*.rsdoc)
ECAD (*.idf;*.idb;*.emn)
Fluent 网格 (*.tgf;*.msh)
ICEM CFD (*.tin)
IGES (*.igs;*.iges)
Inventor (*.ipt;*.iam)
JT Open (*.jt)
NX (*.prt)
OBJ (*.obj)
OpenVDB (*.vdb)
OSDM (*.pkg;*.bdl;*.ses;*.sda;*.sdp;*.sdac;*.sdpc)
Other ECAD (*.anf;*.tgz;*.xml;*.cvg;*.gds;*.sf;*.strm)
Parasolid (*.x_t;*.xmt_txt;*.x_b;*.xmt_bin)
PDF (*.pdf)
PLM XML (*.plmxml;*.xml)
PLY (*.ply)
QIF (*.QIF)
Rhino (*.3dm)
SketchUp (*.skp)
Solid Edge (*.par;*.psm;*.asm)

（a）可导入格式

SpaceClaim 文件 (*.scdoc)
ACIS 二进制 (*.sab)
ACIS 文本 (*.sat)
AMF (*.amf)
ANSYS Modeler网格 (*.amm)
ANSYS 中性格式 (*.anf)
AutoCAD (*.dwg)
AutoCAD (*.dxf)
CATIA V5 零件 (*.CATPart)
CATIA V5 组件 (*.CATProduct)
Fluent 网格 (*.msh)
Fluent 网格化刻面化几何体 (*.tgf)
FM 数据库 (*.fmd)
GLTF (*.glb)
Icepak 项目 (*.icepakmodel)
IGES (*.igs;*.iges)
JT Open 几何体 (*.jt)
JT Open 刻面 (*.jt)
Luxion KeyShot (*.bip)
OBJ (*.obj)
OpenVDB (*.vdb)
Parasolid 二进制 (*.x_b;*.xmt_bin)
Parasolid 文本 (*.x_t;*.xmt_txt)
PDF 几何体 (*.pdf)
PDF 刻面 (*.pdf)
PLM XML (*.plmxml;*.xml)
PLY (*.ply)
POV-Ray (*.pov)
QIF (*.QIF)
Rhino (*.3dm)

（b）可导出格式

图 2-95 SCDM 可导入、可导出文件格式类型

2. 模型的装配

前面一章已经讲过，在 SCDM 中由若干个对象（如实体和曲面）组成组件（或称为零件），而每个组件中还可以包含任意数目的子组件，组件和子组件的这种分层结构就是所谓的装配关系。

在设计标签下，装配体工具的操作对象为组件，只有选中不同组件中的两个对象时这些工具才会被启用，装配工具栏如图 2-96 所示。

对组件进行操作时，用户可以指定它们彼此对齐的方式，即创建配合条件。已创建的配合条件会在结构树中显示。用户可以为组件创建多个配合条件以达到预期设计要求。如果组件没有按预期方式装配在一起，用户可以单击结构树中配合条件旁边的复选框来关闭配合条件。无法实现的配合条件在结构树中会以不同的图标表征，用户可以在结构树中切换该配合条件或将其删除。以下对装配工具栏中的工具进行简单讲解。

图 2-96 装配工具栏

（1）相切

相切工具可以使所选的面相切，有效的面包括平面与平面、圆柱面与平面、球面与平面、圆柱面与圆柱面、球面与球面等。如图 2-97 所示为一个圆柱、一个圆筒及一个平板三个零件的相切装配示例。

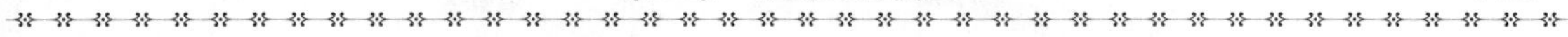

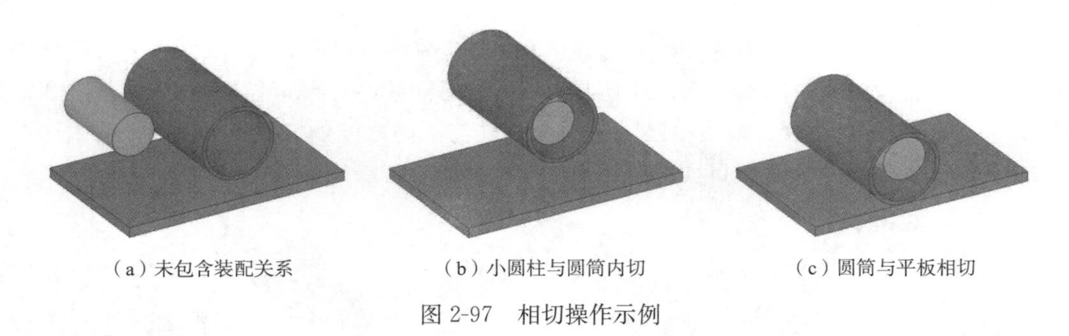

（a）未包含装配关系　（b）小圆柱与圆筒内切　（c）圆筒与平板相切

图 2-97　相切操作示例

(2)对齐

对齐工具可以利用所选的轴、点、平面或这些对象的组合来对齐零件的位置，如图 2-98 所示为一个圆柱与圆筒的对齐装配示例。

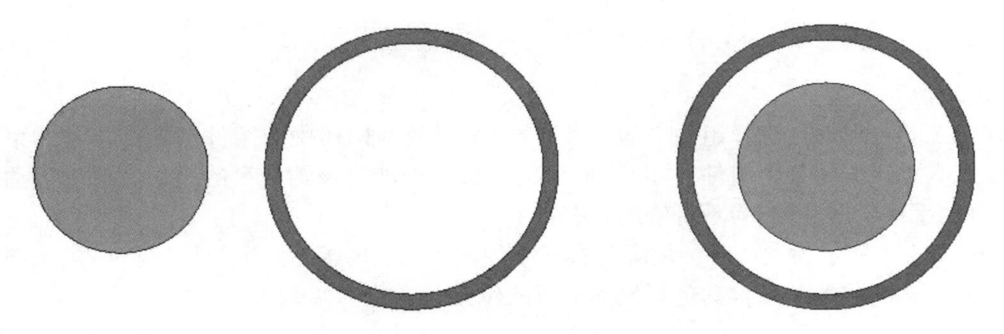

图 2-98　对齐操作示例

(3)定向

定向工具可以使所选的对象具备相同的朝向，如图 2-99 所示为利用定向工具使得上方柱体与下方柱体侧面法线方向一致的一个示例。

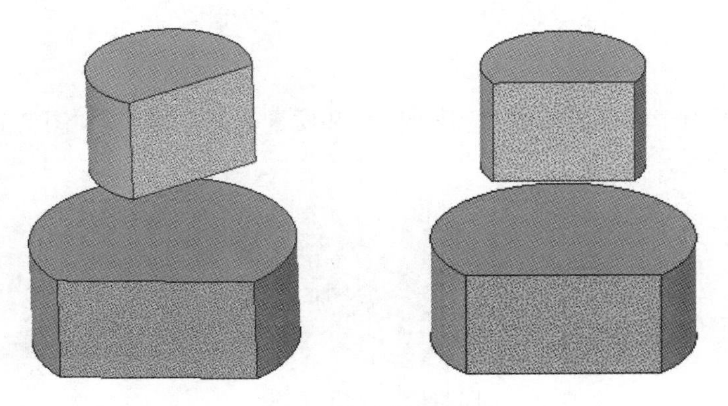

图 2-99　定向操作示例

(4)刚性

刚性工具用于锁定两个或两个以上组件之间的相对方向和位置。

(5)齿轮

齿轮工具可以在两个对象之间建立齿轮约束,当其中一个对象旋转时,另一个对象将绕其旋转。可以施加齿轮约束的对象有两个圆柱体、两个圆锥体、一个圆柱体和平面、一个圆锥体和平面等。如图 2-100 所示,模型中已定义两个圆柱与圆筒之间的齿轮装配关系,利用移动工具转动圆筒或圆柱其他部件将自动调整位置。

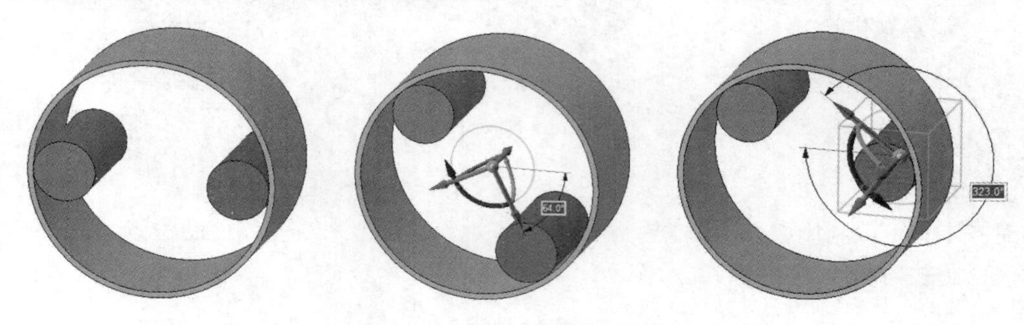

图 2-100　齿轮约束示例

(6)定位

定位工具可以通过选择组件中的一条边、一个面或结构树中的组件来施加定位约束。通过定位工具可以固定某个组件在 3D 空间中的位置。施加完该约束后的组件在进行移动操作时,其移动手柄呈现灰色,为不可使用状态。

如图 2-101 所示为利用各种装配工具建立装配关系后的模型,调整任意部件,剩余部件将依据预先定义的装配关系自动更新至其最新的位置。

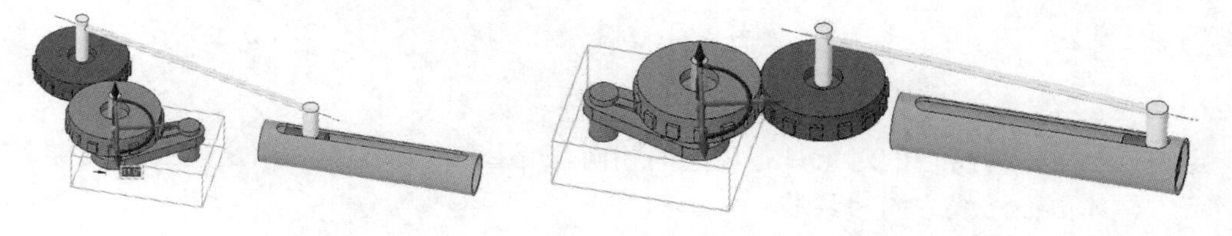

图 2-101　建立装配关系后的模型

3. 模型的测量

测量工具主要用于模型的检查、显示干涉域和质量分析等操作,如图 2-102 所示。下面介绍测量标签下的工具。

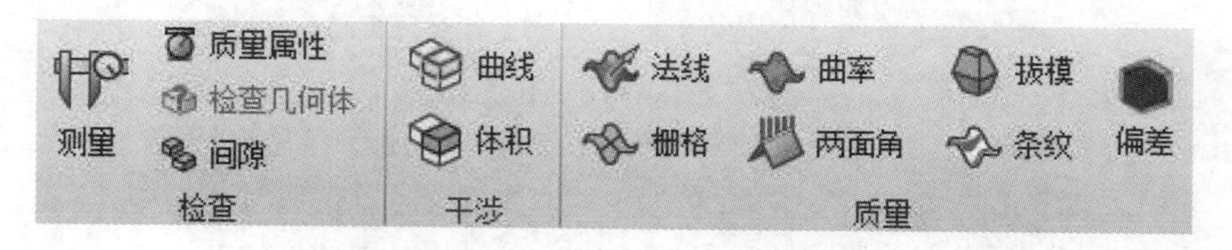

图 2-102　测量工具栏

(1)检查工具组

检查工具组包括测量、质量属性、检查几何体及间隙等工具。

①测量工具

当用鼠标选中设计中的单个或成对对象时，在界面底部的状态栏中会给出其基本测量信息，测量单位与总体设置一致，这被称之为快速测量。快速测量方式可以获得的信息包括：两个对象的间距、边或线的长度、环形边的半径、柱面的半径、球面的半径、两个对象的夹角、两个平行对象间的偏移距离、点在全局坐标系中的坐标值等内容。

通过检查工具箱中的测量工具，除了可以获得快速测量的信息外，还可以测得更多的信息，且测量结果会自动存入剪切板以待其他文档所用。如图 2-103 所示为利用测量工具对一条曲线进行测量的结果，如图 2-104 所示为利用测量工具对两条平行直线进行测量的结果。

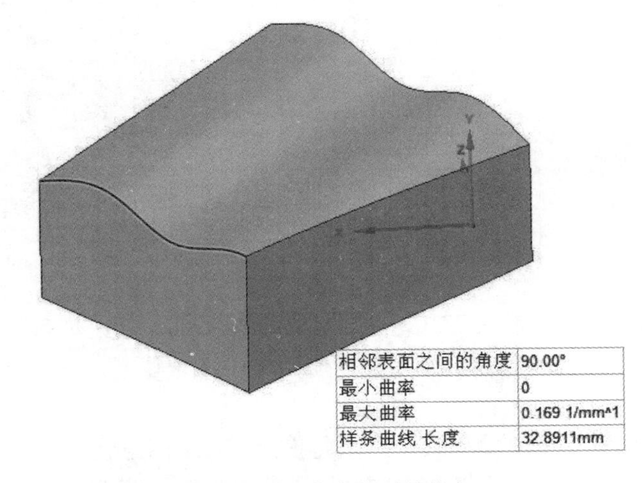

图 2-103　曲线的测量信息

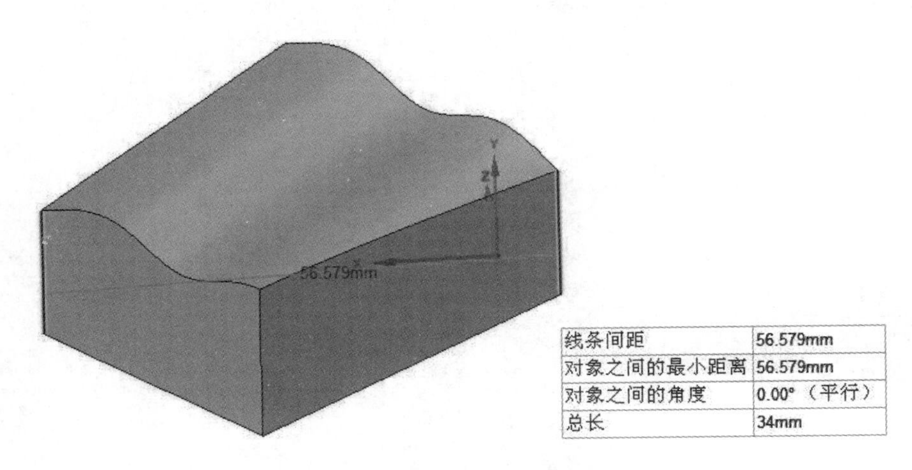

图 2-104　两平行直线的测量信息

此外，在进行拉动或移动操作中激活测量工具，允许通过改变测量结果的方式改变模型。

②质量属性工具

质量属性工具通常用来显示设计中的实体和曲面的质量及体积特性，并可自动将测量结果信息存入剪贴板。当测量对象为多个时，程序将给出总的值。在进行拉动或移动过程中激活质量工具，允许通过改变质量测量结果的方式改变模型。

利用质量工具可以完成以下四类对象的测量：测量实体的质量属性，测量曲面的总表面积，测量某对象的投影面积，测量所选平面的相关属性。如图 2-105 所示为利用质量属性工具测量实体的质量及投影面积信息。

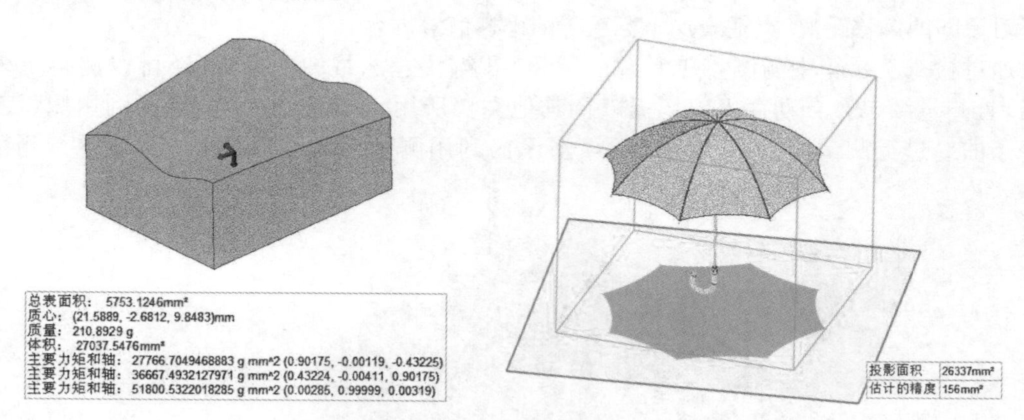

图 2-105 测量实体质量和投影面积示例

③检查几何体工具

检查几何体工具可对实体和表面几何中存在的所有 ACIS 错误进行检查并给出检查结果信息，用户可以选中错误或警告信息，并在设计窗口中快速定位对应的几何对象。

④间隙工具

间隙工具可快速定位表面之间的微小间隙，然后由用户决定是否对模型进行调整。如图 2-106 所示，激活间隙工具后，SCDM 自动捕捉到薄壁件与底座之间的小间隙（显示为红色），利用先前讲到的测量工具测得薄壁件底面与底座顶面之间的距离为 0.2 mm。

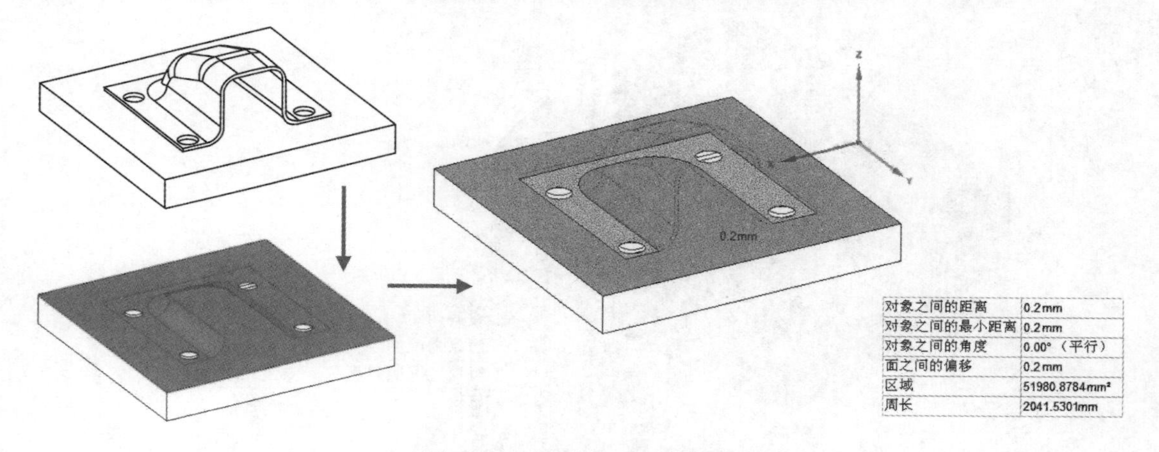

图 2-106 间隙检查及测量示例

(2)干涉工具组

干涉工具组包括曲线及体积两个工具。

激活曲线或体积工具后，利用 Ctrl 键选择发生干涉的对象，在图形窗口中绘制出干涉曲线或绘出干涉域并给出干涉体的相关信息。此外，在激活体积工具后，还可以选择向导工具栏中的“创建体积”工具，生成干涉域模型。如图 2-107 所示为使用干涉曲线及体积工具的测量效果，其中干涉曲线工具仅仅显示出了圆柱体与六面体之间的干涉曲线，而干涉体积工具不仅显示出圆柱体与六面体之间的干涉体积并给出了干涉体积的具体信息。

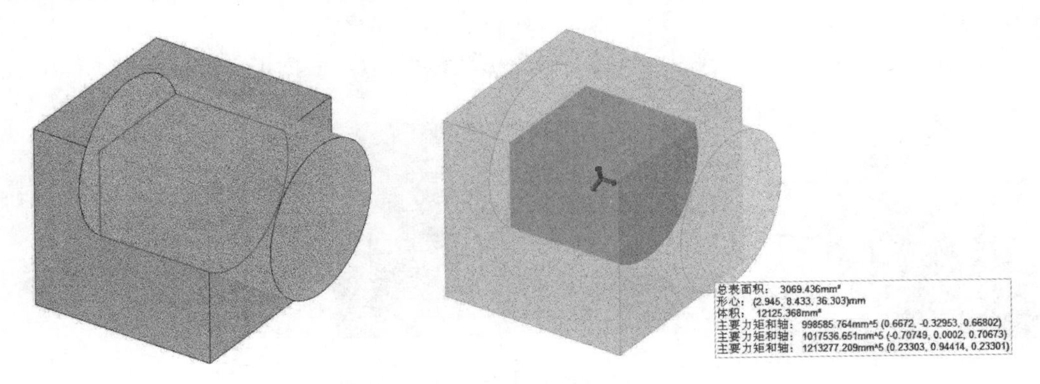

图 2-107　干涉曲线及干涉体积示例

(3)质量工具组

质量工具组包括法线、栅格、曲率、两面角、拔模、条纹及偏差等工具。

①法线工具

法线工具用来显示模型中的平面或曲面的法向，包括箭头及颜色两种显示方式，如图 2-108 所示。当存在不正确的法向时，可以右键单击相应表面或曲面然后选择“反转面的法线”调整法向。

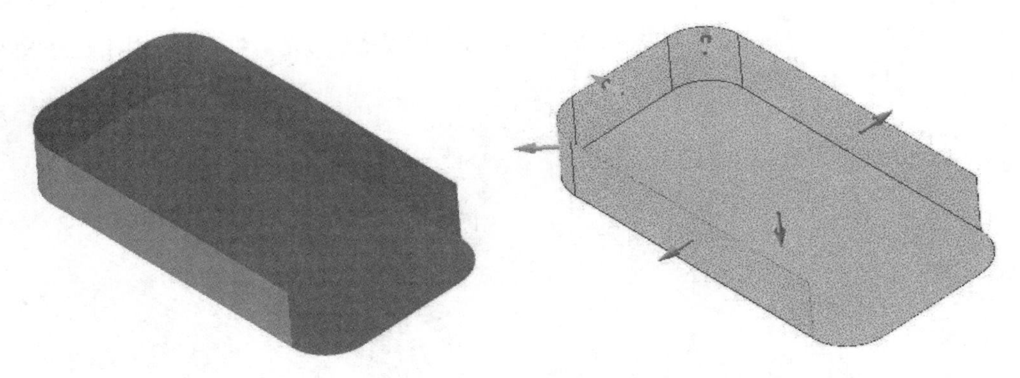

图 2-108　以颜色及箭头方式显示法线方向

②栅格工具

栅格工具用于显示定义模型表面的曲线，通过可视化的图形来判断表面质量的优劣。栅格显示有三种方式，用户可在其选项面板中进行设定，如图 2-109 所示。

图 2-109　栅格的三种显示方式

③曲率工具

曲率工具可以显示出沿面或边的曲率值，利用该工具可以判断曲面或曲边的曲率变化程度。面的颜色或指示线过渡平缓、光滑通常对应着连续的曲率变化，而面颜色或指示线长短的突变通常意味着不连续的曲率变化。如图 2-110 所示为曲边及曲面上的曲率变化。

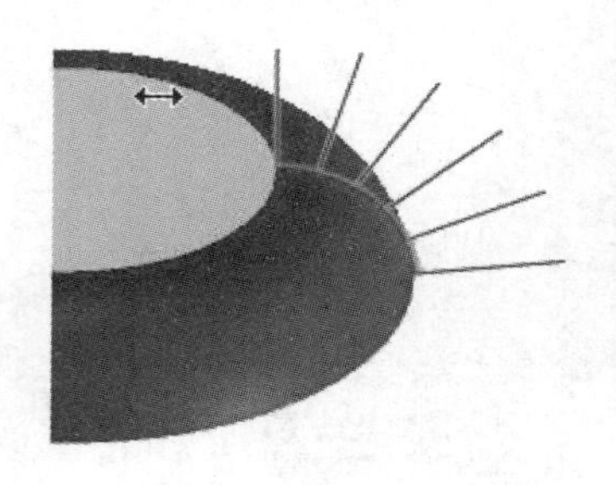
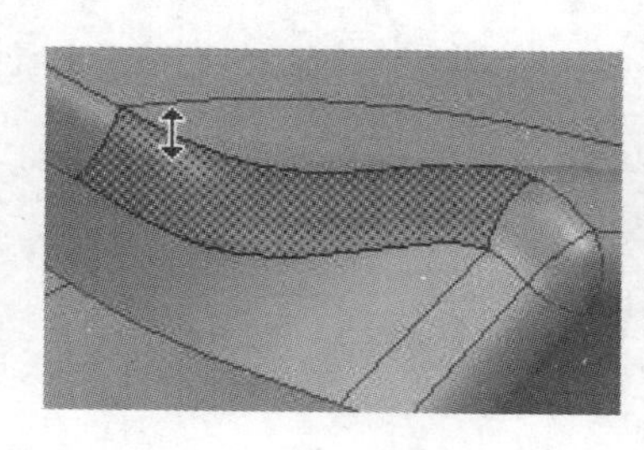

图 2-110 曲边及曲面上的曲率显示

④两面角工具

两面角工具用于判断两相邻表面之间的相切程度并通过指示线显示出来。选中两个相切面之间的边时不会显示出任何指示线，而非相切面之间由于夹角大于 0°则必定会有指示线存在，且指示线越长、面面夹角越大。

⑤拔模工具

拔模工具用于识别任何表面的拔模量以及方向。

⑥条纹工具

条纹工具可反射出所选面上的无限条纹面，可用来判断面的光滑性，也可用于检查相邻面之间的相切性和曲率的连续性，如图 2-111 所示。

图 2-111 显示面条纹

⑦偏差工具

偏差工具可以显示出源/参考体与所选体之间的距离，利用此项功能可以查看两个几何体之间的接近程度。比如在逆向工程中，利用该工具可以查看基于网格数据拟合得到的几何体与初始网格之间的匹配程度，如图 2-112 所示。

图 2-112　逆向工程中拟合模型与初始网格之间的偏差检查

2.2.3　模型修复与准备

本节介绍 SCDM 中模型修复与准备相关的工具及应用场景。

1. 模型的修复工具

外部的 CAD 模型不一定适合于直接进行 CAE 分析，通常通过 SCDM 作必要的简化和编辑处理。此外，由于格式的转换可能导致模型信息的缺失等问题，也需要通过 SCDM 进行相关的修复操作。SCDM 修复标签下提供了多种工具以对模型进行编辑处理，这些工具包括固化、修复、拟合曲线和调整等类型。

(1)固化工具组

固化工具组包括拼接、间距及缺失的表面三种具体的固化工具，如图 2-113 所示。

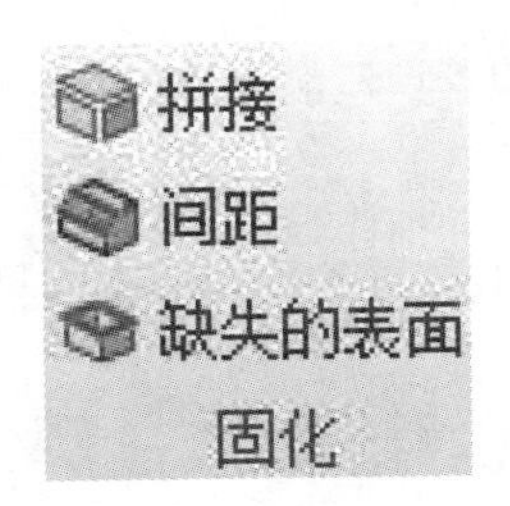

图 2-113　固化工具组

①拼接工具

拼接工具可以将相互接触的曲面在其边线处合并起来。如果合并后的曲面形成了一个闭合面，程序将基于该闭合面自动创建一个实体，如图 2-114 所示。

②间距工具

间距工具可以自动检测并去除曲面之间的间隙，如图 2-115 所示。

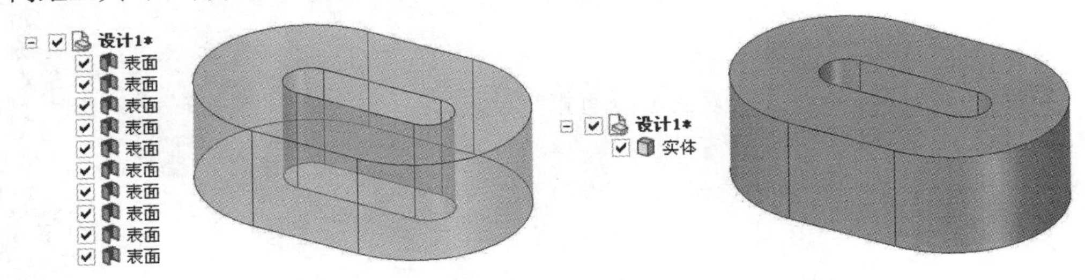

图 2-114　拼接操作示例

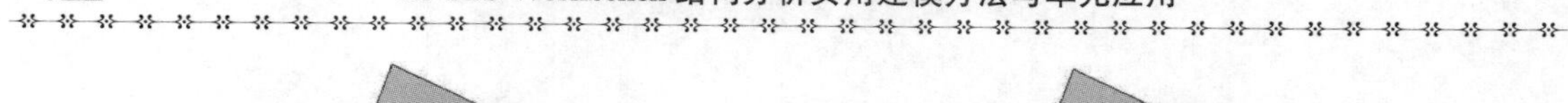

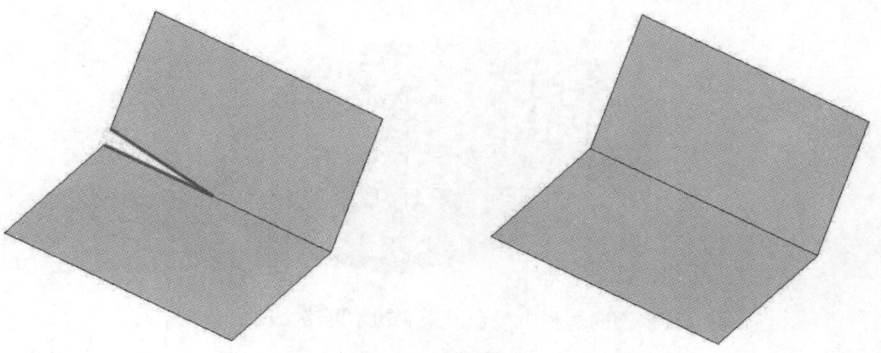

图 2-115　间距工具示例

③缺失的表面工具

缺失的表面工具可以自动检测并修复缺失的表面，比如开孔，如图 2-116 所示。

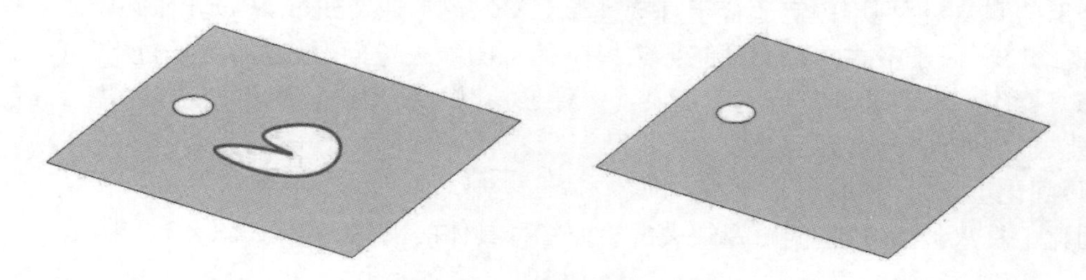

图 2-116　修复缺失的表面

(2)修复工具组

修复工具组包括分割边、非精确边、重复及额外边四种工具，如图 2-117 所示。

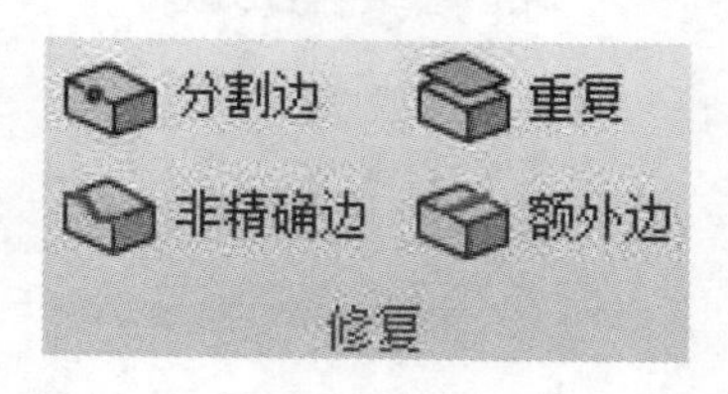

图 2-117　修复工具组

①分割边工具

分割边工具可以探测和合并多段边，如图 2-118 所示为一个分割边的合并示例。

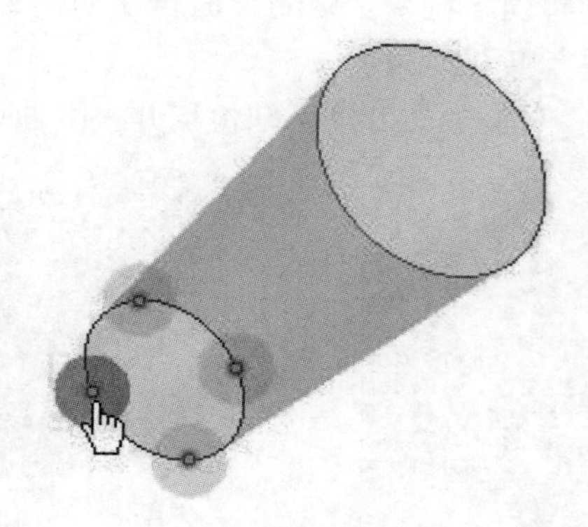

图 2-118　修复分割边

②非精确边工具

非精确边工具可以探测并修复两个表面相交处定义不精确的边，这种类型的边通常在导入其他 CAD 系统的文件时出现，特别是一些概念建模系统。

③重复工具

重复工具可以探测并修复重复的曲面。执行该操作时，SCDM 会高亮度显示重复的曲面并将其删除，用户也可以手工指定要删除的对象。

④额外边工具

额外边工具和合并曲面工具的功能类似，但其操作的对象为边。此工具通过选择并去除曲面之间的边来合并曲面，如图 2-119 所示。

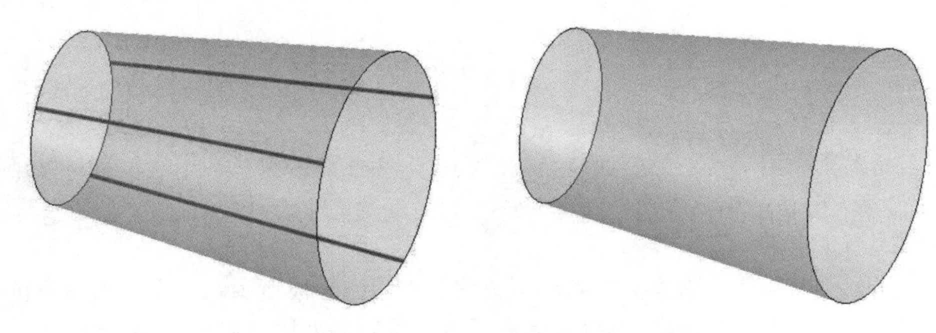

图 2-119　额外边工具合并曲面

(3)拟合曲线工具组

拟合曲线工具组包括曲线间隙、小型曲线、重复曲线和拟合曲线四个工具，如图 2-120 所示。

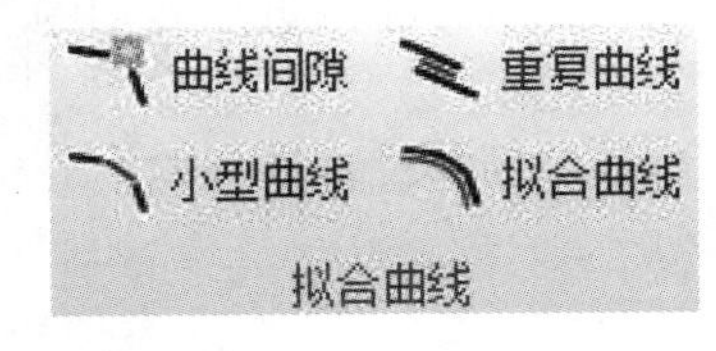

图 2-120　拟合曲线工具组

①曲线间隙工具

曲线间隙工具可以探测出曲线间的间隙并将其闭合，闭合方式有延伸曲线和移动曲线两种。

②小型曲线工具

小型曲线工具可以探测到小于定义长度值的任意曲线，删除小型曲线并弥补间隙，如图 2-121 所示为一个小型曲线工具的应用示例。

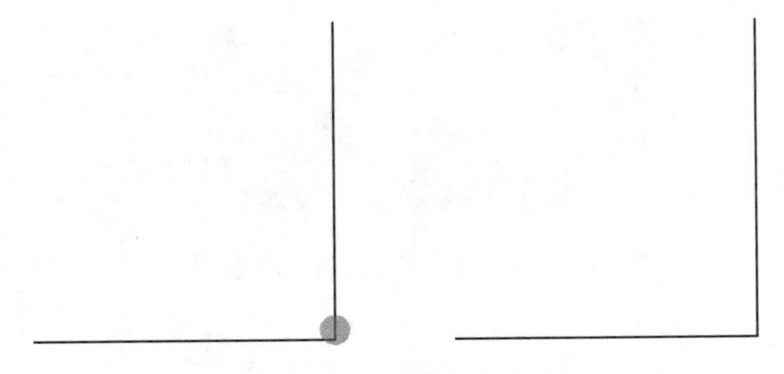

图 2-121　删除小型曲线

③重复曲线工具

重复曲线工具用于检测并删除额外的重复曲线。

④拟合曲线工具

拟合曲线工具用于通过拟合数量更少和质量更好的曲线(比如直线、弧、样条曲线等)来代替所选的不连续或相切的曲线。

(4)调整工具组

调整工具组包括合并表面、小型表面、相切、简化、放松和正直度，如图 2-122 所示。

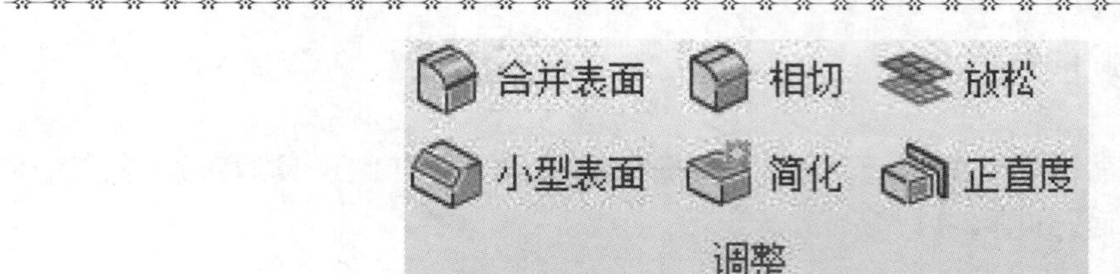

图 2-122　调整工具组

①合并表面工具

合并表面工具利用一个新的表面替换两个或多个相邻的表面。利用该工具对模型进行简化，可以使得导入分析的模型在离散时划分成更为平滑的网格。

②小型表面工具

小型表面工具探测并删除模型中的小型或狭长表面。当模型中的此类表面对分析精度影响较小但却大大制约求解速度时，可以考虑利用该工具对模型进行修复处理。

③相切工具

相切工具探测出近似相切的表面并对其调整使其相切。

④简化工具

简化工具对设计进行检查并将复杂的曲面或曲线传化成规则的平面、锥面、圆柱面、直线、弧线等。

⑤放松工具

放松工具可以搜索具有过多控制点的曲面并减少定义曲面的控制点的数目。

⑥正直度工具

正直度工具用于搜寻并摆正小于指定倾斜角度范围内的孔面积平面，如图 2-123 所示为此工具的应用示例。

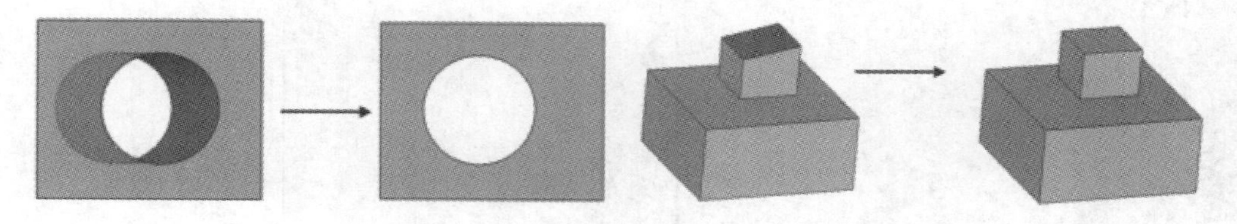

图 2-123　正直度工具调整面示例

2. 模型的准备

所谓模型的准备，是指为有限元分析准备几何模型。比如：板壳结构需要的中面模型、梁结构需要的线体模型，即便是实体结构也需要进行必要的处理才可用于分析。相关的准备工作在 SCDM 的准备标签下完成，此标签中包含有分析、删除、横梁等几个工具组。

(1)分析工具组

分析工具组包括体积抽取、中间面、点焊、外壳、按平面分割、延伸及压印七种工具，如图 2-124 所示。

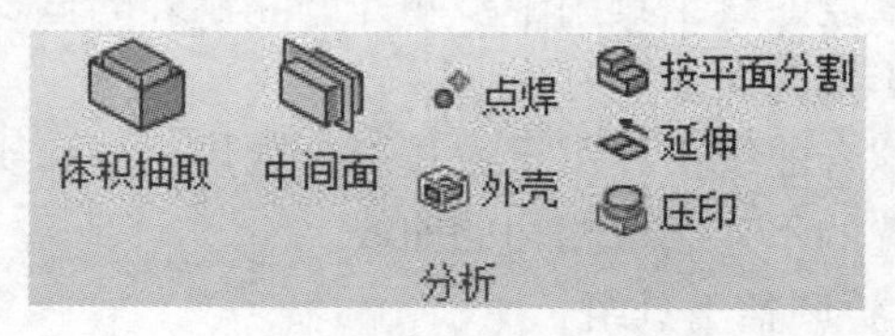

图 2-124　分析工具组

①体积抽取工具

体积抽取工具与 DM 中的 Fill 工具类

似，可基于已有模型获得其内流场域的实体模型。进行该操作时，SCDM 提供两种定义抽取边界的方式，分别为封闭面和边。如图 2-125 所示为通过多个封闭边的方式抽取内部流体域。

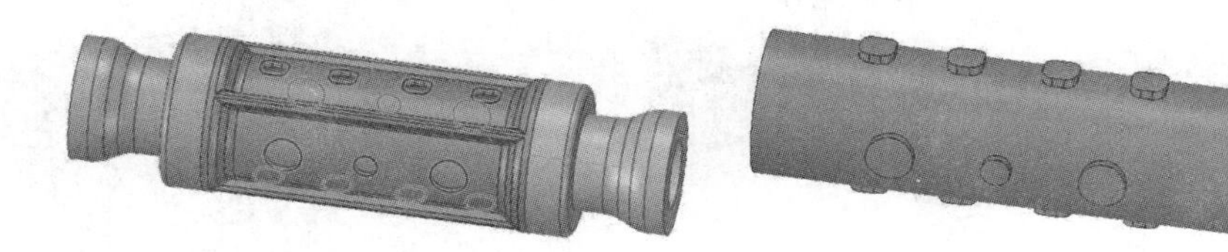

图 2-125　体积抽取

②中间面工具

中间面工具与 DM 中的 Mid-Surface 工具的功能是一致的，用于对薄壁结构进行中面抽取。在 SCDM 中应用中间面抽取工具时，用户可以手动逐一选择面对，也可以在中间面选项面板中指定最小、最大厚度，然后由 SCDM 自行探测面对并进行中间面抽取。中间面抽取时 SCDM 可以自动延伸或修剪相邻的曲面，并且储存厚度。抽取完成后 SCDM 会自动将先前的三维薄壁实体模型隐藏，在图形显示窗口中仅绘制出中间面模型。如图 2-126 所示为一个设备底座的中间面抽取示例，左侧图为三维模型，右侧图为抽取后的中间面模型。

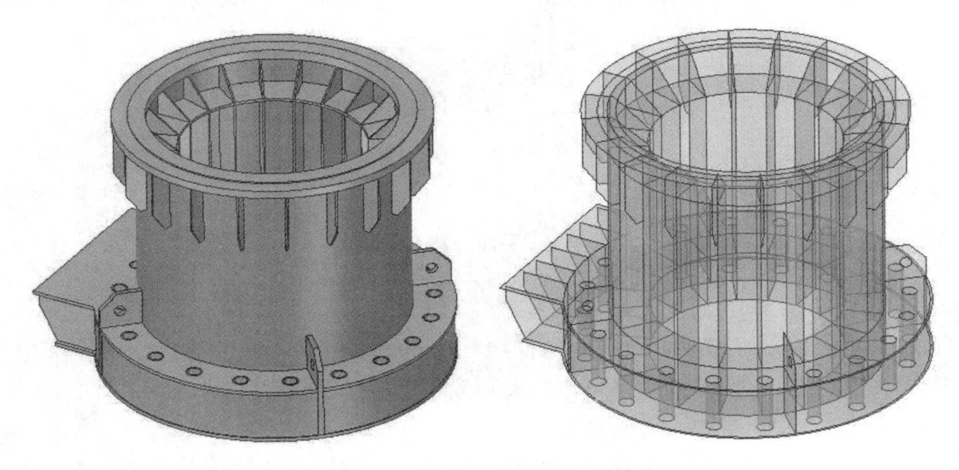

图 2-126　设备底座的中间面抽取

③点焊工具

点焊工具用于在两个面之间创建焊点，每组焊点包括分别位于两个面上的点。定义点焊时，用户可以调整焊点的起点偏移量、边偏移量、终点偏移量、焊点数目及增量等。点焊工具的一个应用示例如图 2-127 所示。

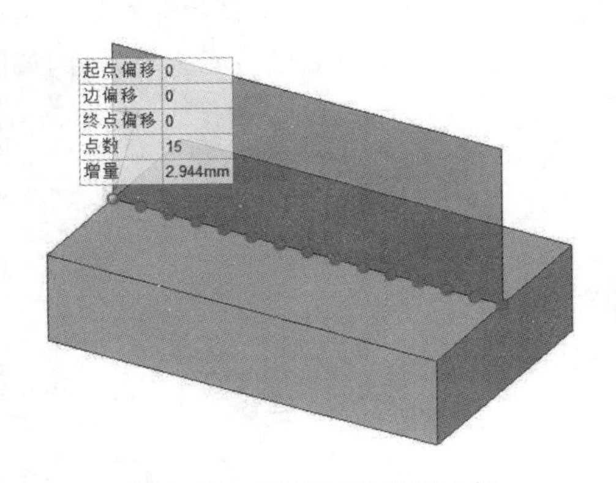

图 2-127　点焊工具应用示例

④外壳工具

外壳工具与 DM 中的 Enclosure 工具的功能类似，用于包围场的创建，外壳可以为箱形体、圆柱体、球体以及自定义实体，如图 2-128 所示。

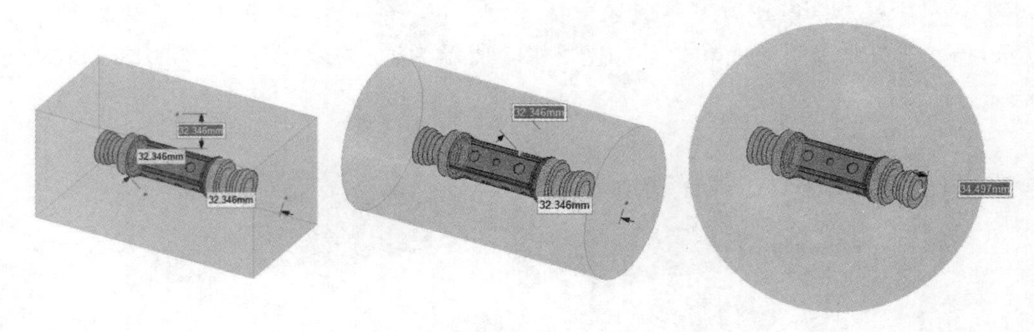

图 2-128　外壳操作示例

⑤按平面分割工具

按平面分割工具可以基于一个平面分割对象。该工具和拆分主体工具的功能类似，但其支持通过选择轴线、点或边来定义分割平面，便于对称结构的分割。如图 2-129 所示为平面分割工具的一个示例。

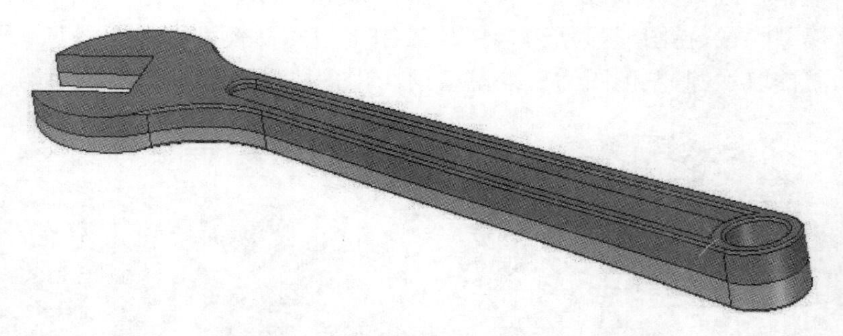

图 2-129　平面分割工具示例

⑥延伸工具

延伸工具可将曲面的边或草图曲线延伸至相交的体，SCDM 可以在指定的距离范围内探测并高亮显示出待延伸的区域，用户可以选择全部延伸或逐个延伸。

⑦压印工具

压印工具可探测重合面并将一个面的边压印到另一个面上。通过该操作，两个表面接触区域形状相同，有利于在接触面上施加网格划分控制方法，可保证接触区域的网格质量，或便于在后续的分析中施加载荷或边界条件，如图 2-130 所示为一个压印工具应用示例。

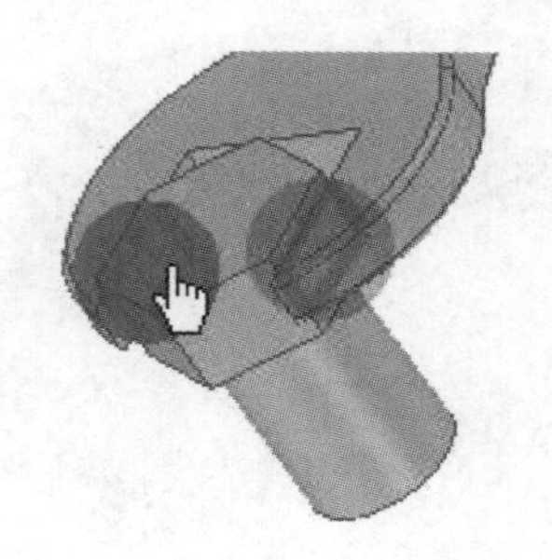

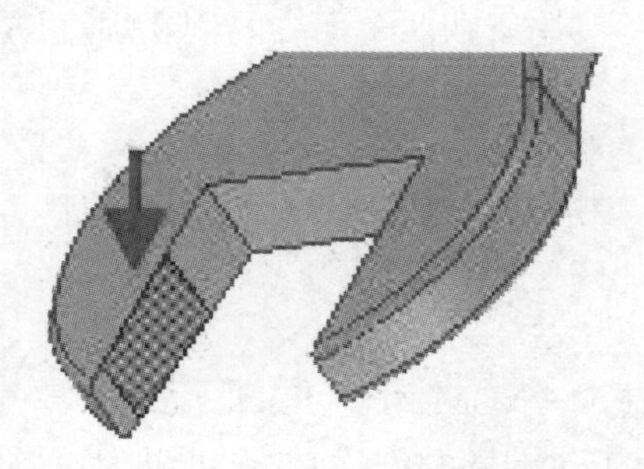

图 2-130　压印操作示例

(2)删除工具组

删除工具组包含圆角、面和干涉三个工具,如图 2-131 所示。

①圆角工具

圆角工具可以方便快捷地删除圆角特征,其功能与填充工具类似,但其仅限于圆角的删除。如图 2-132 所示为圆角工具的应用示例。

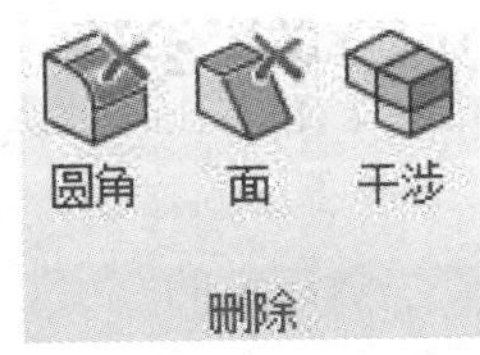

图 2-131　删除工具组

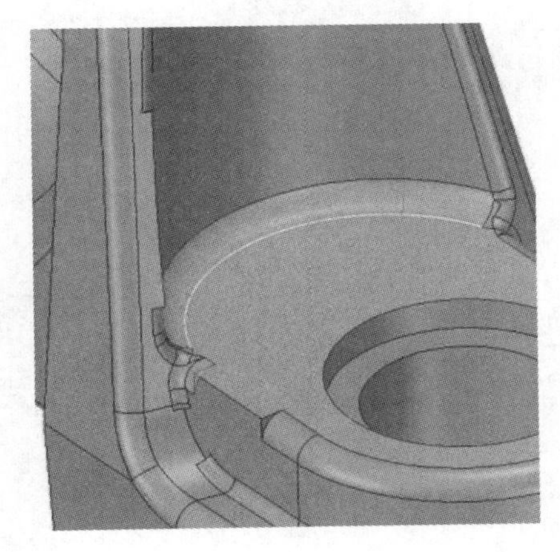

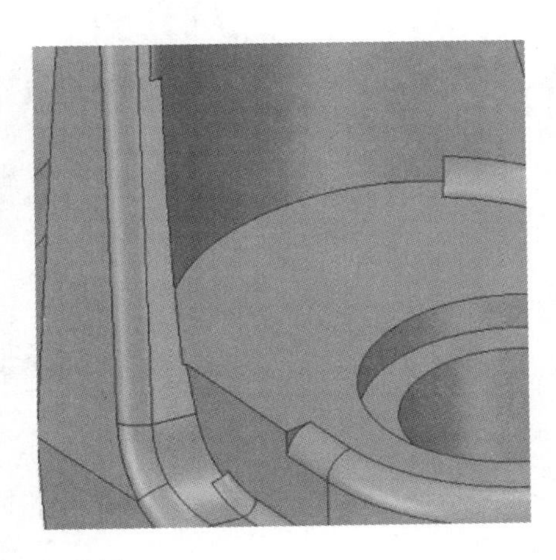

图 2-132　删除圆角示例

②面工具

面工具用于快速删除设计中的面,利用该工具可以删除诸如圆孔、凸台等特征。

③干涉工具

干涉工具可以探测并去除发生干涉的体,去除对象为具有较多面的干涉体,如图 2-133 所示为干涉工具的一个示例。干涉工具的探测对象为所有可见的体,不包括隐藏的体。

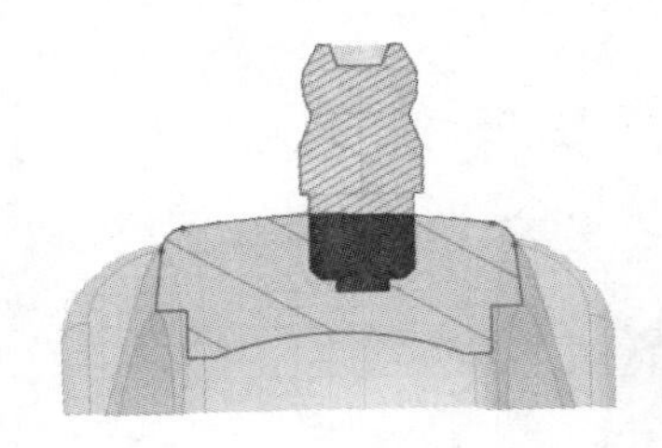

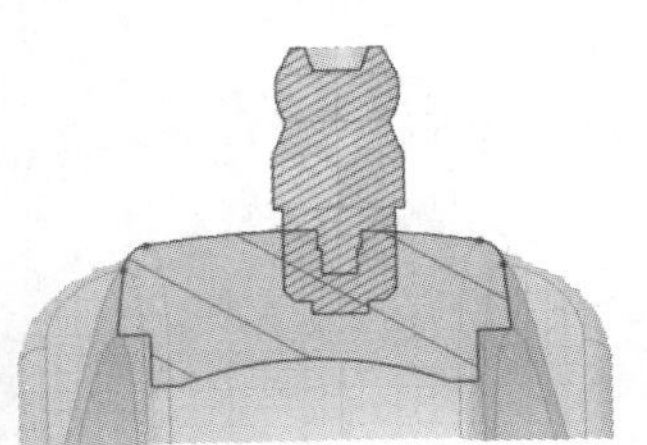

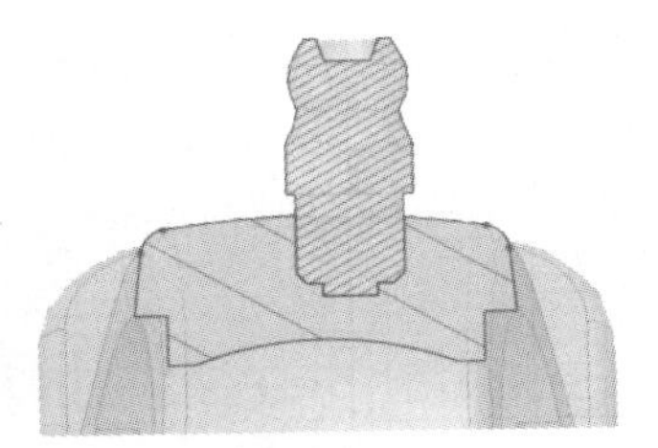

图 2-133　干涉探测及修复示例

(3)横梁工具组

SCDM 的横梁工具组用于定义线体或梁的特征。用户可以直接创建梁或对实体对象进行抽取,从而得到包含截面属性的梁模型。横梁工具组中包括轮廓、创建、抽取、定向及显示等工具,如图 2-134 所示。在 ANSYS SCDM 中创建的横梁(包括梁截面属性、梁的长度及材料等)可被传递至 ANSYS 中进行后续的结构分析。

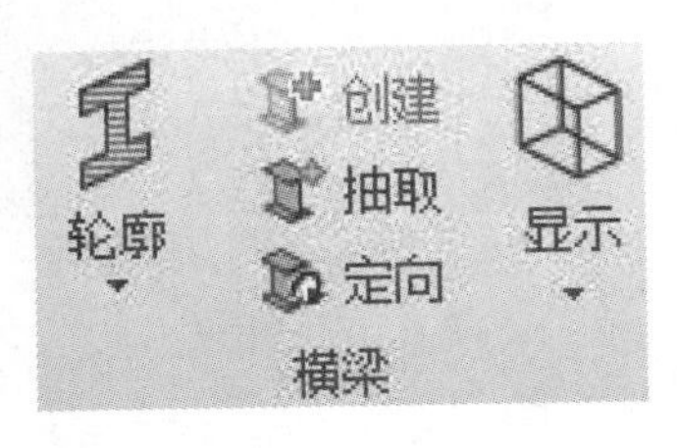

图 2-134　横梁工具组

①轮廓工具

轮廓工具中包含了软件内置的、用户定义的以及抽取得到的各种梁截面类型。一旦梁被创建(或抽取),结构树中会自动生成一个名为横梁轮廓的隐藏分支。鼠标右键单击轮廓分支下的某一个特定的截面,然后选择编辑横梁轮廓就可以进入该截面编辑窗口,用户可以修改组标签下的各驱动尺寸值以对梁截面进行修改,如图 2-135 所示。

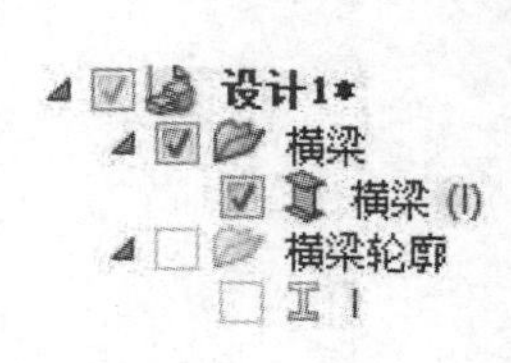

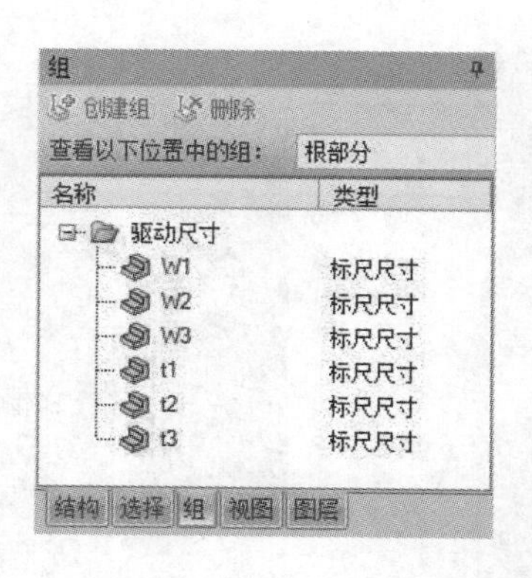

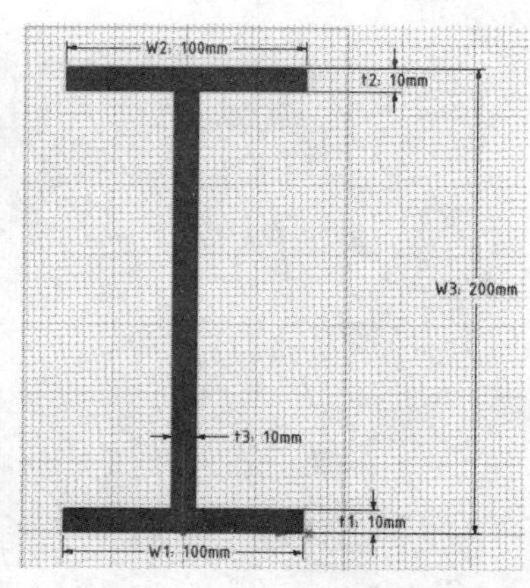

图 2-135 结构树中的横梁及截面信息

在 SCDM 中还支持不规则形状截面,不规则的轮廓有两个来源:一是直接创建一个新的轮廓;二是抽取实体梁所得的轮廓。下面就这两种自定义轮廓的方法进行简要介绍。

直接创建新轮廓的基本步骤如下:

a. 在 ANSYS SCDM 中绘制轮廓草图。

b. 利用拉动工具将该草图拉伸成实体,拉伸距离可取任意值。

c. 将待作为梁轮廓的表面的颜色改成与其他面不一致的任意颜色,如图 2-136 所示。

d. 利用设计标签下创建中的原点工具,插入一个新的坐标系。

e. 保存模型为 . scdoc 格式的文件。

在下次创建横梁定义轮廓时,在轮廓工具中单击“更多轮廓”选项,打开已存格式为 . scdoc 的文件,接下来创建的横梁将以此作为其横梁轮廓,如图 2-137 所示。

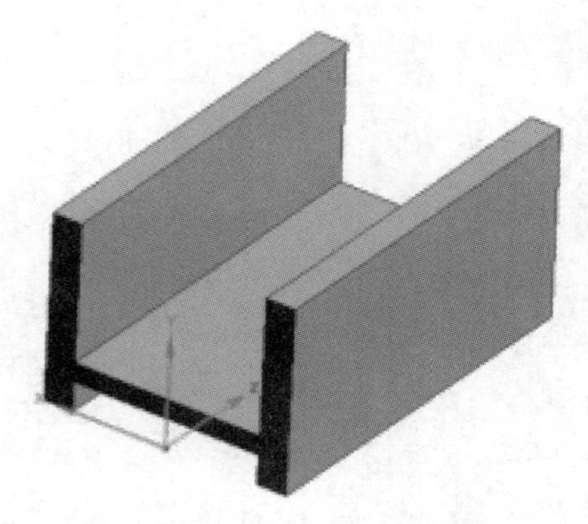

图 2-136 修改轮廓表面颜色及插入坐标轴

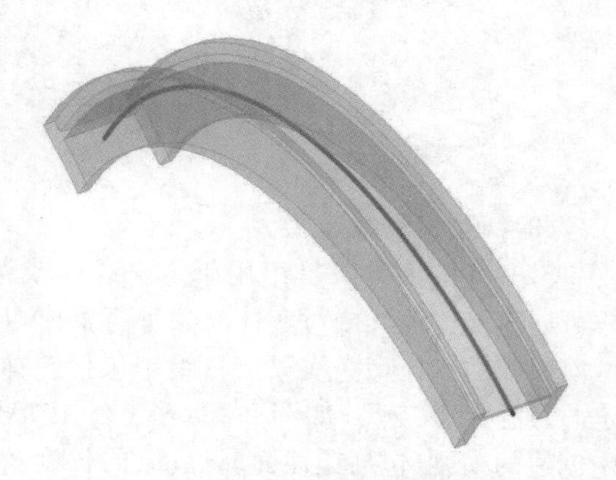

图 2-137 以自定义轮廓创建的横梁

利用抽取轮廓创建新轮廓的基本步骤如下：

a. 利用抽取工具对实体梁进行抽取。

b. 在结构树中找到该梁抽取后对应的横梁轮廓，鼠标右键单击该轮廓选择保存横梁轮廓。

c. 设定路径，输入名称，保存为 . scdoc 格式的文件。

②创建工具

创建梁包括两个要素，一是定义轮廓，二是定义梁轴线。SCDM 中可用于定义梁轴线的对象包括草图曲线、实体或表面的边以及模型中的点或中点。通过创建工具以选点的方式定义梁的轴线时，可采用“选择点链”或“选择点对”两种方式之一。两种方法的区别在于，前者始终在连续选择的两个点之间创建梁轴线，而后者则是选择两个点创建一条梁轴线，然后再选择另外两个点创建另一条梁轴线。

③抽取工具

当模型中已经存在梁的 3D 实体时，利用抽取工具可以抽取梁的轴线，并自动捕捉到梁的截面。如图 2-138(a)所示为 3D 实体模型，完成梁的抽取后，结构树中会自动创建抽取的横梁以及横梁轮廓分支，如图 2-138(b)所示。横梁轮廓目录中包含有实体梁的截面信息，如图 2-138(c)所示。当抽取的梁包含多个相同的截面时，程序可自动将相同的截面合并，也就是说结构树中不会出现多个相同的梁轮廓。

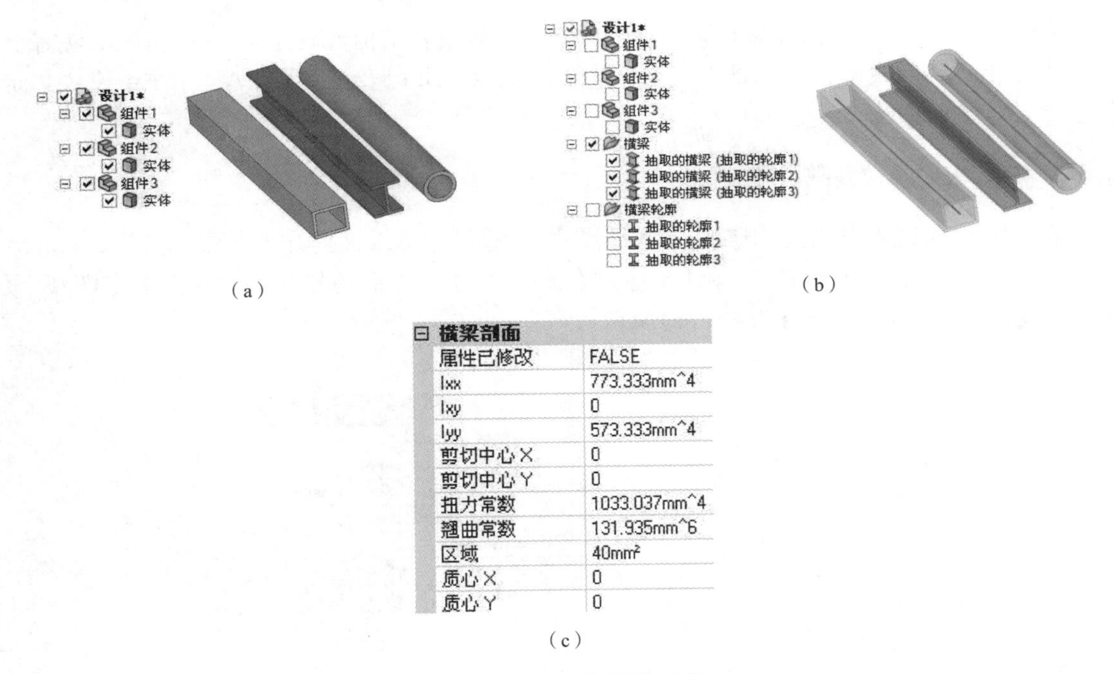

图 2-138　抽取梁操作示例

④定向工具

定向工具主要用于定义梁截面的方向及偏置。激活定向工具且选定梁后梁的一端出现定向工具图标，用户可以通过拖动相应箭头进行截面定向或偏置，也可以选择已有的面、边或轴来指定截面的方位，如图 2-139 所示。

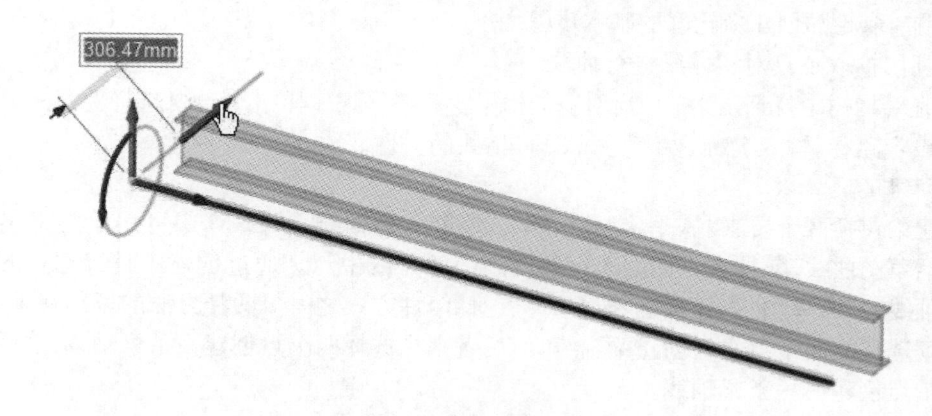

图 2-139 梁的定向

⑤显示工具

显示工具用于控制梁的显示效果,包括线型横梁和实体横梁两种显示模式。

2.3 参数化建模

在很多分析项目中,需要进行多个设计方案的比较或者结构参数优化,这些情况下就需要建立参数化的几何模型。本节介绍在几何组件 DM、SCDM 以及第三方 CAD 系统中设置几何模型尺寸参数的方法。

2.3.1 DM 中的几何参数设置

在 DM 建模过程中,需要用户输入各种尺寸,这些尺寸可以被提升为参数。如图 2-140(a)所示的草图,其中的尺寸标注 L1 和 L2,通过在 Details 中点左侧的复选框,出现"D"字样,尺寸标注被提升为设计参数,如图 2-140(b)所示。

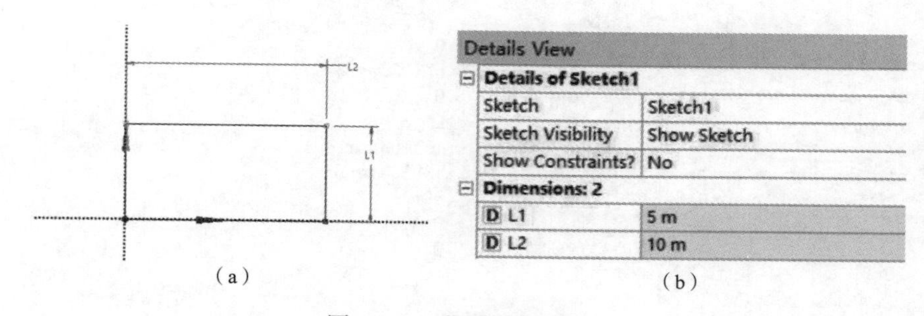

图 2-140 草图及尺寸标注

如图 2-141 所示,尺寸标注 L1 和 L2 被提升为设计参数,其名称分别为 XYPlane. L1 和 XYPlane. L2。

如图 2-142(a)所示的 Extrude 对象的详细列表框,在其中勾选 FD1,Depth 项目前面的复选框,将拉伸距离尺寸提升为设计参数 Extrude1. FD1,如图 2-142(b)所示。

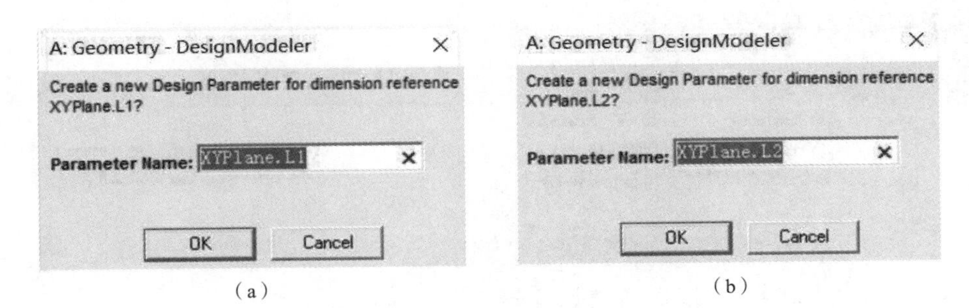

（a）　（b）

图 2-141　尺寸标注提升为参数

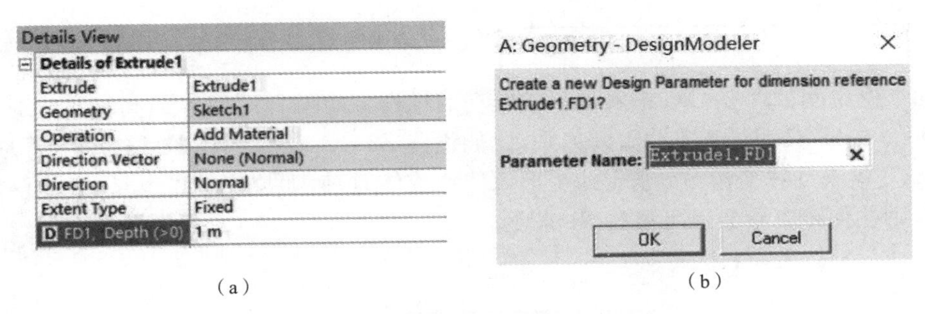

（a）　（b）

图 2-142　拉伸距离提升为参数

单击在 DM 工具条上的 Parameters 按钮，即可进入到参数管理窗口，在 Design Parameter 标签页面显示各变量的数值及类型，如图 2-143(a)所示。在 Parameter/Dimension Assignments 标签页面显示目标值与对应的变量表达式，如图 2-143(b)所示。

在上述参数表达式中，可以用给定的设计参数来驱动模型的尺寸，Target 相当于表达式等式的左边，而 Expression 表示等式的右边。表达式中可以包含常数、变量，可包含+、-、*、/、^(指数)及%(x/y 的余数)等运算符号以及括号，引用设计参数时在参数名称前加@符号。表达式中还可以包含数学函数，如：ABS(X)、EXP(X)、LN(X)、SQRT(X)、SIN(X)、COS(X)、TAN(X)、ASIN(X)、ATAN(X)、ACOS(X)等，三角函数的自变量为角度。

Parameter Editor

	Name	Value	Type	Comment
✓	XYPlane.L1	5 m	Length	
✓	XYPlane.L2	10 m	Length	
✓	Extrude1.FD1	1 m	Length	

Check　Close

Design Parameters　Parameter/Dimension Assignments

（a）

图　2-143

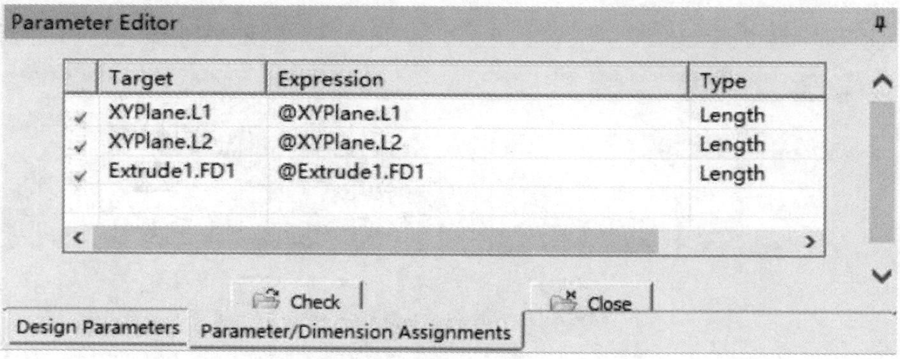

Parameter Editor

	Target	Expression	Type
✓	XYPlane.L1	@XYPlane.L1	Length
✓	XYPlane.L2	@XYPlane.L2	Length
✓	Extrude1.FD1	@Extrude1.FD1	Length

Check　Close

Design Parameters　Parameter/Dimension Assignments

（b）

图 2-143　DM 中的参数管理

下面举例说明如何在 DM 中实现参数驱动的过程。如图 2-144 所示，高和宽分别为 S1 和 S2 的矩形。如果 S1 和 S2 满足比例关系，比如设置 S2＝2＊S1，则在 DM 的参数管理中可以 S1 为驱动变量来计算变量 S2；基于此矩形拉伸形成体时，假如拉伸距离也是 S1 的倍数，比如 0.5＊S1，则拉伸距离参数也可通过 S1 来驱动。

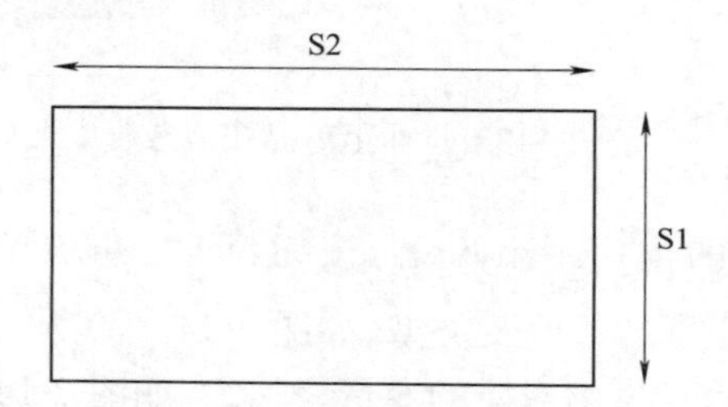

图 2-144　尺寸参数示意

如图 2-145 所示，在 DM 的设计参数管理中设置 S1 的值，在 Parameter Assignments 中设置其他的从动参数。当用户修改 S1 的值后，单击 Generate 按钮，可以按驱动变量重新形成模型。

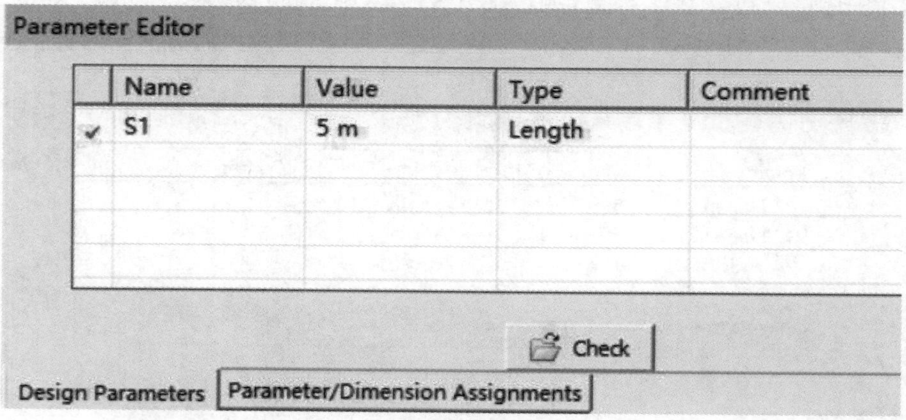

Parameter Editor

	Name	Value	Type	Comment
✓	S1	5 m	Length	

Check

Design Parameters　Parameter/Dimension Assignments

（a）设置驱动变量

图　2-145

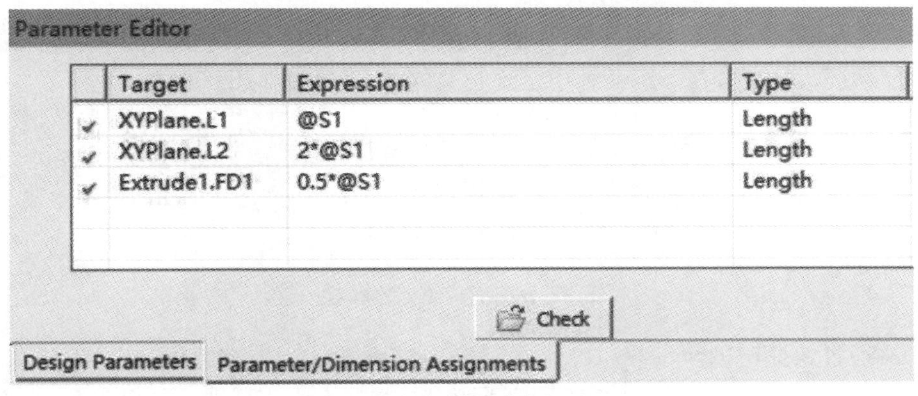

（b）从动变量表达式

图 2-145　基于驱动变量 S1 设置其他从动参数

2.3.2　SCDM 中的几何参数设置

在 SCDM 几何组件中，可以在建模过程中实现几何尺寸的参数化，也可对既有的固定尺寸的中性几何重新标注尺寸，实现参数的驱动。

1. 建模过程中的参数定义

在建模过程中，处于拉动或移动模式时，可将几何尺寸创建为参数。创建参数的操作方法包括如下三种：

方法 1：通过尺寸框右侧按钮创建参数

如图 2-146 所示，当用户处在输入几何尺寸的状态时，单击尺寸输入框右侧的 P 按钮，这时 P 按钮被按下并出现向左的箭头，这时参数创建成功，在左侧群组面板中出现“驱动尺寸”项目，如图 2-147 所示。

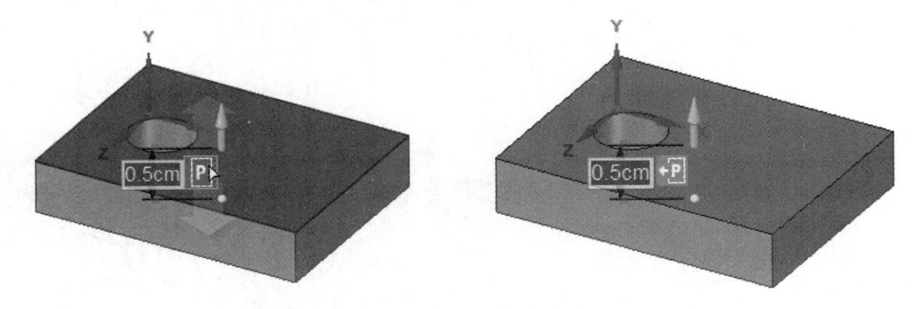

图 2-146　创建拉动尺寸参数

图 2-147　驱动尺寸列表

方法 2:通过群组面板创建参数

当用户处在输入几何尺寸的状态时,按下左侧群组面板中的"创建参数"按钮,如图 2-148 所示,这时参数创建成功,在群组面板中出现相关的"驱动尺寸"项目。

图 2-148 群组面板的创建参数按钮

方法 3:通过快捷键创建参数

当用户处在输入几何尺寸的状态时,按下组合快捷键 Ctrl+D 即可创建参数,在群组面板中出现相关的"驱动尺寸"项目。

2. 中性几何模型的参数化

对于既有的固定尺寸几何模型,在 SCDM 中可以实现尺寸的重新标注和参数化。如图 2-149(a)所示,在拉动操作模式下,选择圆孔面,出现半径尺寸标注框;如图 2-149(b)所示,通过修改半径尺寸得到变大的圆孔。半径尺寸参数也可以按照前述方法实现参数的驱动。

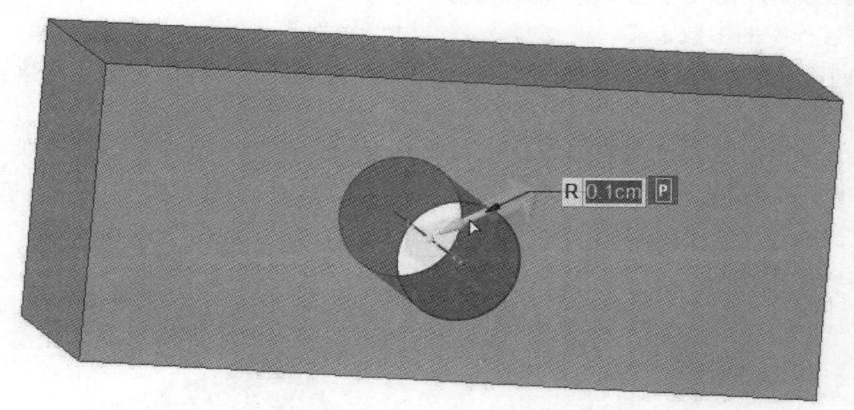

(a) 拉动状态修改半径尺寸

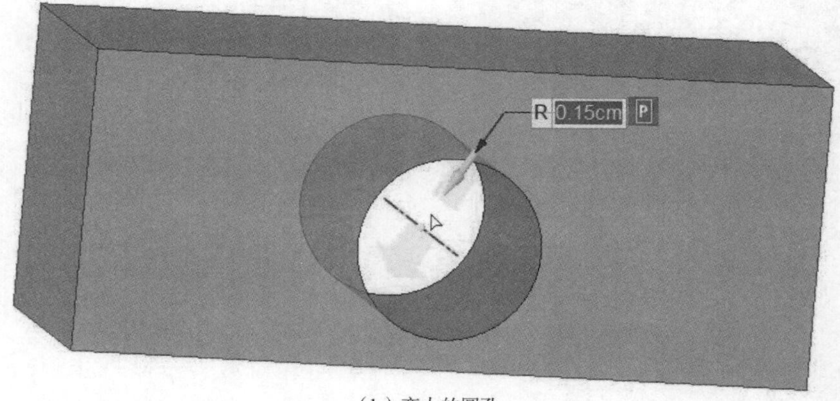

(b) 变大的圆孔

图 2-149 既有几何模型圆孔半径的改变

如图 2-150(a)所示,在移动操作模式下,选择对圆孔进行水平方向的移动,单击浮动工具栏中的“标尺”工具,选择左端面,即可实现圆心水平位置的尺寸标注。如图 2-150(b)所示,修改标尺尺寸值后,圆孔向左移动。标尺尺寸也可以按照前述方法实现参数驱动。

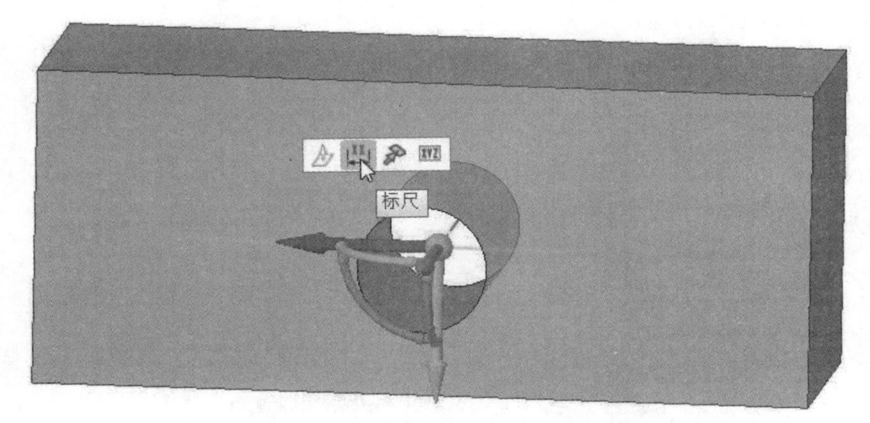

(a) 移动操作模式及标尺工具

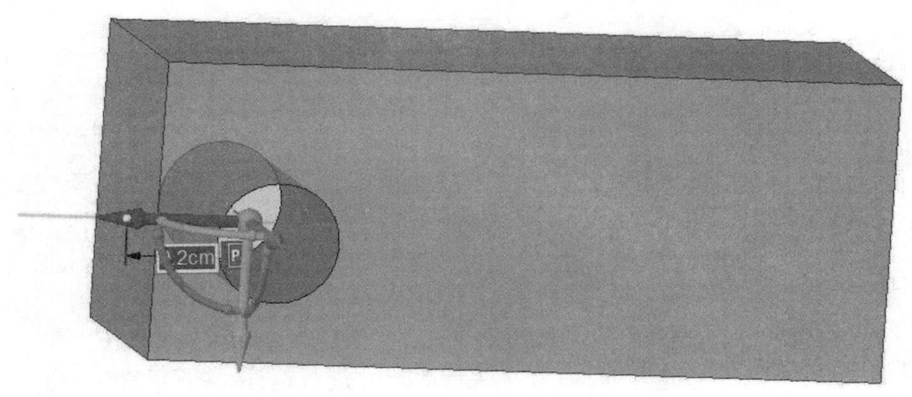

(b) 移动模式的标尺尺寸修改

图 2-150　中性几何模型的尺寸参数化

2.3.3　导入参数化的外部 CAD 模型

在 ANSYS Workbench 中可能被导入的常见几何格式如图 2-151 所示。

在 ANSYS Workbench 导入外部 CAD 几何模型时,有的情况下需要同时导入几何模型中的参数。几何参数的设置有前缀字符,即 Parameter Key,比如“DS”(字符可更改),如图 2-152 所示,因此在 CAD 软件中创建参数时需要在其名称中加入相应的字符,这样才能够被 ANSYS Workbench 所识别。

下面以 SolidWorks 软件为例,介绍将 CAD 系统中的几何参数导入 ANSYS Workbench 环境中的方法。SolidWorks 出现尺寸参数的地方有两处:一是草图中的尺寸参数,比如长、宽尺寸等;二是特征的尺寸,如拉伸特征的深度,旋转特征的旋转角度等。

ACIS (*.sat;*.sab)
ANSYS Neutral File (*.anf)
AutoCAD (*.dwg;*.dxf)
BladeGen (*.bgd)
Catia [V4] (*.model;*.exp;*.session;*.dlv)
Catia [V5] (*.CATPart;*.CATProduct)
Catia [V6] (*.3dxml)
Creo Elements/Direct Modeling (*.pkg;*.bdl;*.ses;*.sda;*.sdp;*.sdac;*.sdpc)
Creo Parametric (*.prt*;*.asm*)
DesignModeler (*.agdb)
FE Modeler (*.fedb)
GAMBIT (*.dbs)
IGES (*.iges;*.igs)
Inventor (*.ipt;*.iam)
JT (*.jt)
Monte Carlo N-Particle (*.mcnp)
NX (*.prt)
Parasolid (*.x_t;*.xmt_txt;*.x_b;*.xmt_bin)
Solid Edge (*.par;*.asm;*.psm;*.pwd)
SolidWorks (*.SLDPRT;*.SLDASM)
SpaceClaim (*.scdoc)
STEP (*.stp;*.step)

图 2-151　可能被导入 Workbench 的几何格式类型

Basic Geometry Options	
Solid Bodies	☑
Surface Bodies	☑
Line Bodies	☐
Parameters	Independent
Parameter Key	ANS;DS
Attributes	☐
Named Selections	☐
Material Properties	☐

图 2-152　Workbench 中的 Parameter Key

下面是一个带参数的外部 CAD 几何模型导入 Workbench 的典型操作步骤。

1. 在 SolidWorks 中创建参数化的几何模型

(1)创建一个任意尺寸的矩形草图,并对其长度尺寸进行标注,在尺寸输入窗口中不要输入具体的数值,直接输入"＝DS_L",如图 2-153(a)所示。单击"√"按钮,并在弹出的对话框中,点选"是",如图 2-153(b)所示。

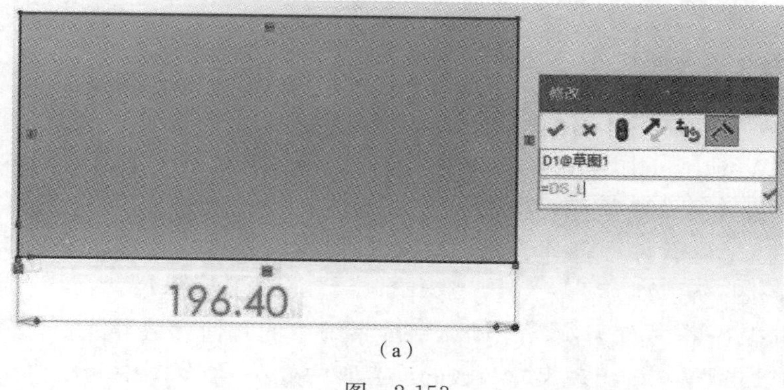

(a)

图　2-153

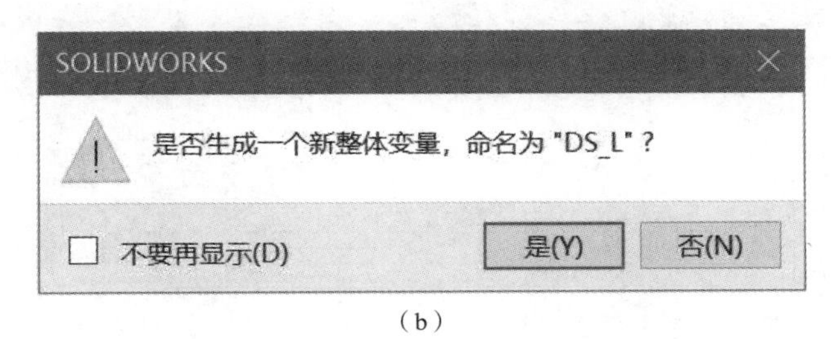

(b)

图 2-153　标注长边尺寸并生成变量

(2)标注宽度尺寸并输入“=DS_H”，如图 2-154 所示。单击“√”按钮生成变量。

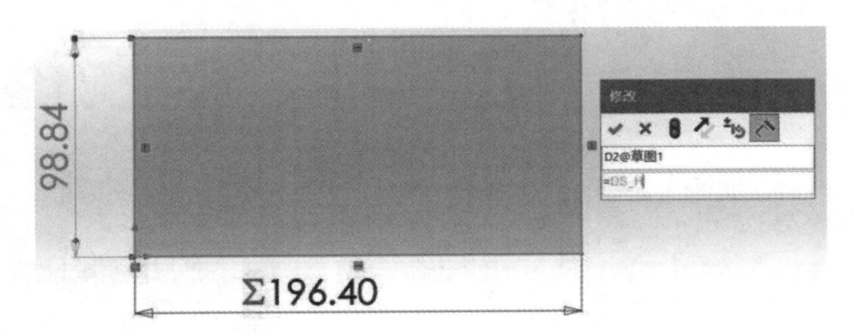

图 2-154　宽度尺寸标注

(3)创建拉伸。完成草图绘制，对其进行拉伸，但不要输入具体的拉伸数值，直接输入“=DS_Depth”，如图 2-155 所示。

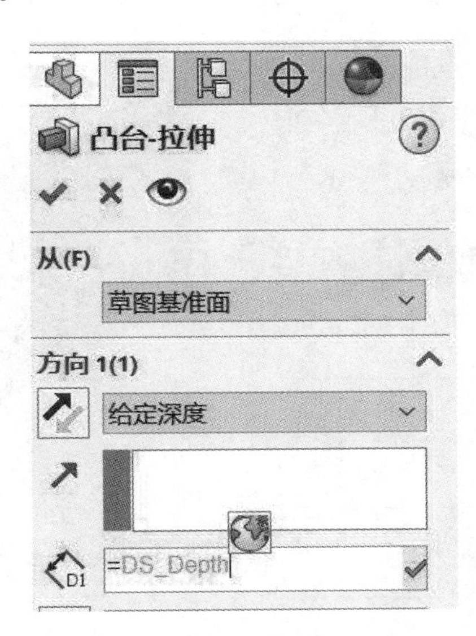

图 2-155　拉伸距离变量

(4)查看变量。上面已经完成平板的长、宽、高三个尺寸的参数设置，在 SolidWorks 主菜单中的工具→方程式中可以看到程序创建了三个全局变量参数，如图 2-156 所示。

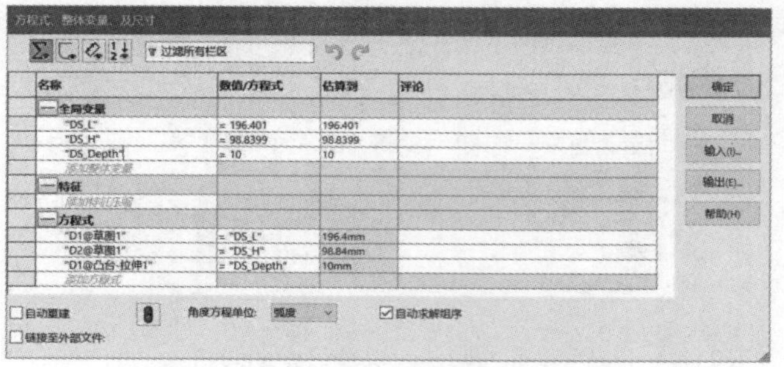

图 2-156　创建的变量参数

(5)输入“Plate. SLDPRT”作为文件名,保存文件。

2. 在 ANSYS Workbench 导入参数并实现尺寸驱动

(1)创建 Mechanical Model 组件系统,在 Geometry 单元格导入“Plate. SLDPRT”文件,然后刷新 Model 单元格;这时的 Mechanical Model 系统状态如图 2-157 所示。

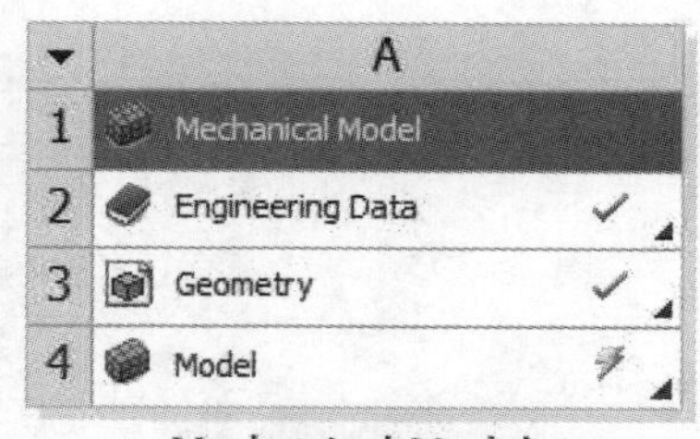

图 2-157　Mechanical Model 组件

(2)启动 Mechanical 并确认参数。双击 Model 单元格进入 Mechanical,在 Geometry 分支下选择 Plate,可以看到其 Details 中显示 CAD Parameters,几何参数 DS_L、DS_H、DS_Depth 已经被导入 Workbench 中。勾选三个参数前的复选框,会出现“P”字符,表示其已被提取为 Workbench 参数,如图 2-158 所示。

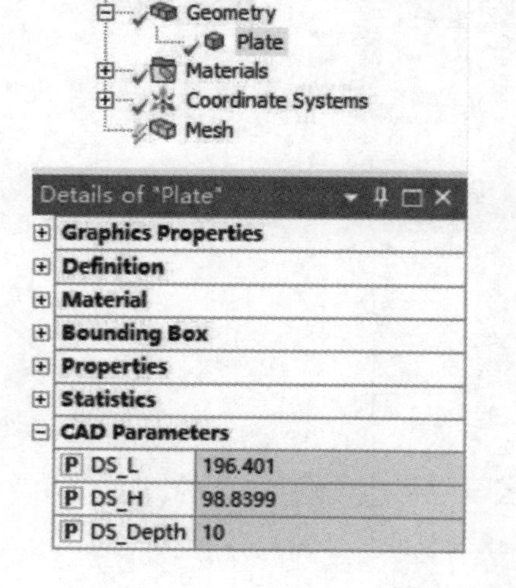

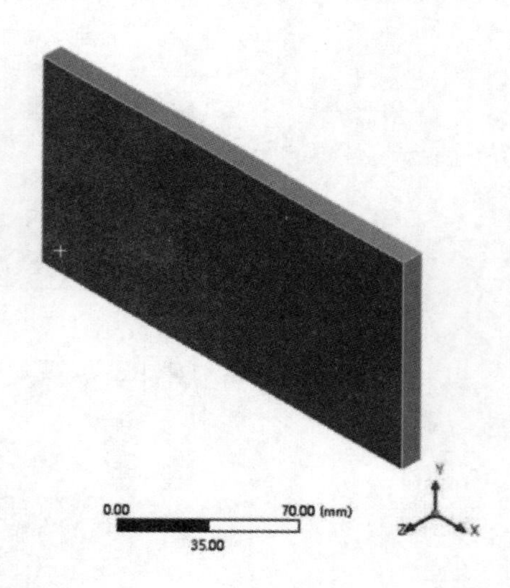

图 2-158　导入的 CAD 参数

(3)返回 Workbench 窗口,在组件系统下方出现了 Parameter Set 条,表示参数提取成功,双击 Parameter Set 进入其设置面板,并将三个参数数值分别进行如下更改:DS_L 改为 150,DS_H 改为 150,DS_Depth 改为 40,如图 2-159 所示。

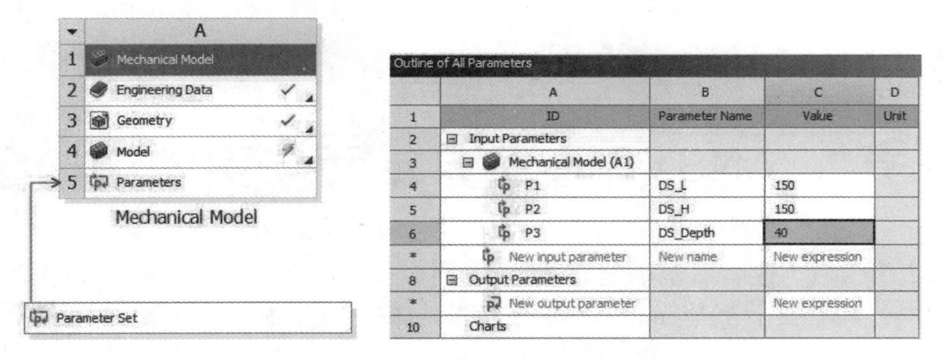

图 2-159　修改参数值

(4)对系统进行刷新操作，Mechanical 中的几何参数和三维模型会随之作出相应变化，如图 2-160 所示。

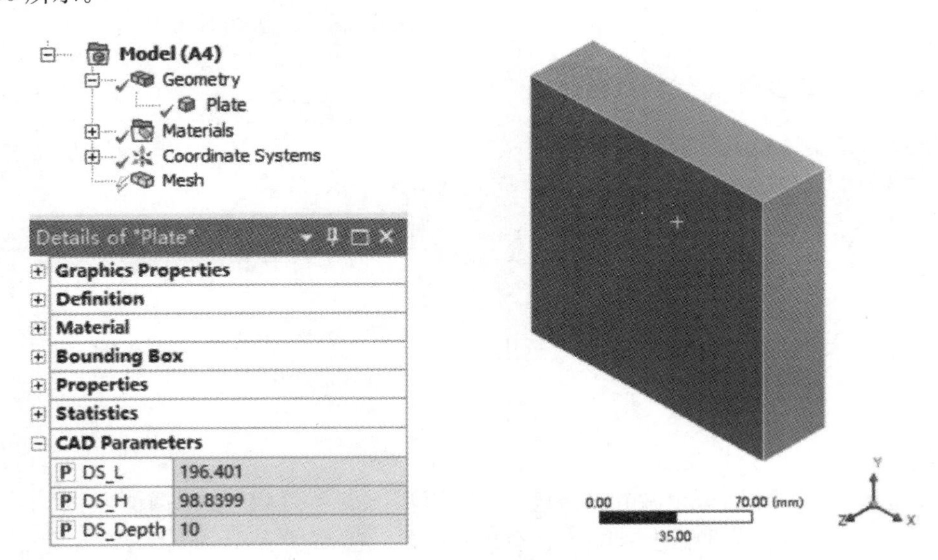

图 2-160　调整参数后的模型

通过上述操作，平板的三个几何参数成功导入 ANSYS Mechanical，这些参数改变时通过刷新系统即可驱动新的模型生成。

第3章 ANSYS 连续体单元与实体结构建模

实体结构又称为连续体结构，是最常见的结构形式，在机械零件、局部节点等分析中应用较多。实体结构本质上都是 3D 的，但是在特定的情况下可简化为 2D。本章系统介绍在 ANSYS Workbench 中常用的实体单元特性及建模要点，并结合典型建模例题进行讲解。

3.1 连续实体单元的算法与特性解析

本节介绍目前 ANSYS Workbench 常用连续实体单元的算法和基本特性。

3.1.1 ANSYS 连续实体单元算法概述

1. 传统连续实体单元的算法背景

对于连续体单元来说，其单元特性由单元刚度方程给出，即：

$$[K^e]\{u^e\} = \{F^e\}$$

式中 $\{u^e\}$——单元的节点位移向量；

$\{F^e\}$——节点荷载向量；

$[K^e]$——单元刚度矩阵且由下式给出：

$$[K^e] = \int_{V_e} [B]^T[D][B]\mathrm{d}V$$

式中 $[D]$——材料的弹性矩阵；

$[B]$——应变矩阵，等于微分算子阵$[L]$乘以单元的形函数（位移插值函数）矩阵$[N]$。单元的形函数请参考后面对每一种单元类型的介绍，而微分算子是计算应变时对位移的导数，对于三维单元，其微分算子阵为 6×3 的矩阵，其右边乘以位移向量（3 个分量）即可得到单元应变分量（6 个分量）。

对于连续实体单元而言，通常不施加集中节点力，单元等效节点力向量 $\{F^e\}$ 中通常包含作用于单元的体积力的等效载荷 $\{F_p\}$ 、作用于单元表面的分布力的等效载荷 $\{F_q\}$ 。按照虚功等效原则，其表达式分别如下：

$$\{F_p\} = \int_{V_e} [N]^T\{p\}\mathrm{d}V$$

$$\{F_q\} = \int_{S_q} [N]^T\{q\}\mathrm{d}S$$

式中 $\{p\}$ ，$\{q\}$ ——表示单元所承受的体积力以及表面力向量；

S_q ——表面力作用的单元表面区域。

由于 ANSYS 程序计算采用等参单元，因此上述计算单刚和等效载荷的积分都可通过等参变换转化为在单元自然坐标下的标准区间[−1,1]上的三重或两重积分。以 3D 六面体单元为例，其自然坐标轴 s、t、r 如图 3-1 所示，其刚度矩阵可在自然坐标中表示如下：

$$[K^e]=\int_{-1}^{1}\int_{-1}^{1}\int_{-1}^{1}[B]^T[D][B]\det[J]\,\mathrm{d}s\mathrm{d}t\mathrm{d}r$$

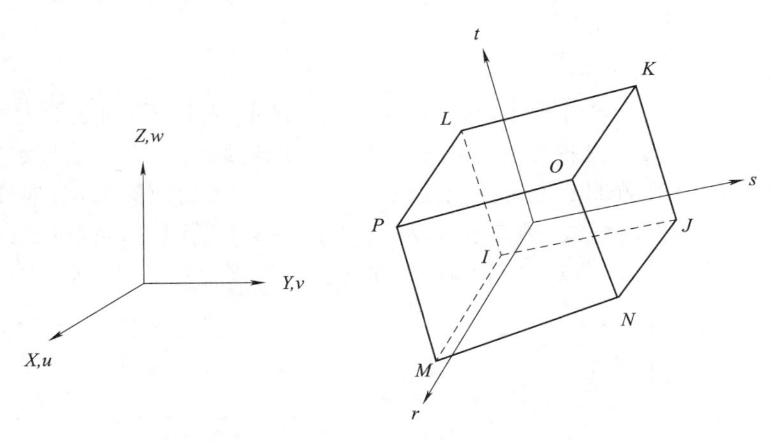

图 3-1　实体单元的自然坐标

实际计算过程中，上述积分通过数值积分方法来计算，因此程序只需要计算积分点处的函数值并进行数值求积即可。以 3D 的 8 节点六面体单元为例，体积分采用 Gauss 数值积分计算时，其积分计算公式如下：

$$I=\int_{-1}^{1}\int_{-1}^{1}\int_{-1}^{1}f(\xi,\eta,\zeta)\mathrm{d}\xi\mathrm{d}\eta\mathrm{d}\zeta=\sum_{i=1}^{l}\sum_{j=1}^{m}\sum_{k=1}^{n}w_iw_jw_kf(\xi_i,\eta_j,\zeta_k)$$

如果采用 2×2×2 积分方案，则上述数值积分的积分点位置如图 3-2 所示，图中 I、J、K、L、M、N、O、P 表示节点，1、2、3、4、5、6、7、8 为积分点，各自然坐标方向的积分点坐标及权系数列于表 3-1 中。

表 3-1　高斯数值积分的积分点坐标及权系数

积分点个数	积分点坐标 $f(s_i,t_j,r_k)$	积分权系数 w
1	0.00000 00000 00000	2.00000 00000 00000
2	±0.57735 02691 89626	1.00000 00000 00000

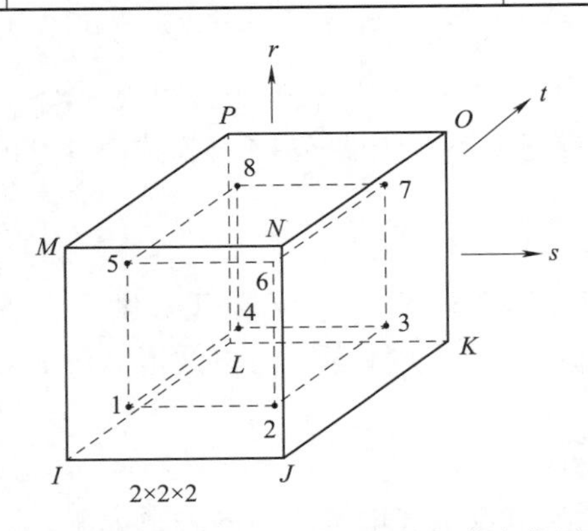

图 3-2　三维线性单元(SOLID185)的积分点位置示意图

2. 连续实体单元常见的锁定问题

上述实体等参单元在计算中最常见的问题是网格锁定，这是由于在计算刚度矩阵时采用完全积分所引起的，表现形式是在特定情况下低估了位移。常见的网格锁定包括剪切锁定和体积锁定。完全积分的线性单元易于发生剪切和体积锁定，完全积分的二次单元易于发生体积锁定。

(1)剪切锁定

剪切锁定导致弯曲行为过分刚化，这种现象出现在薄壁构件等弯曲变形为主导的问题中，这实际上是一种与结构的几何特性有关的锁定现象。用连续实体单元模拟纯完曲变形问题时，如图 3-3(a)所示，在纯弯曲变形时横截面保持平面，上下边变成圆弧，剪应变为零；而完全积分的低阶单元上下边保持直线，剪应变不为零，如图 3-3(b)所示。完全积分低阶单元表现出的这种“过度刚化”现象，即剪切锁定问题，其中包含了并不存在的寄生剪切应变。

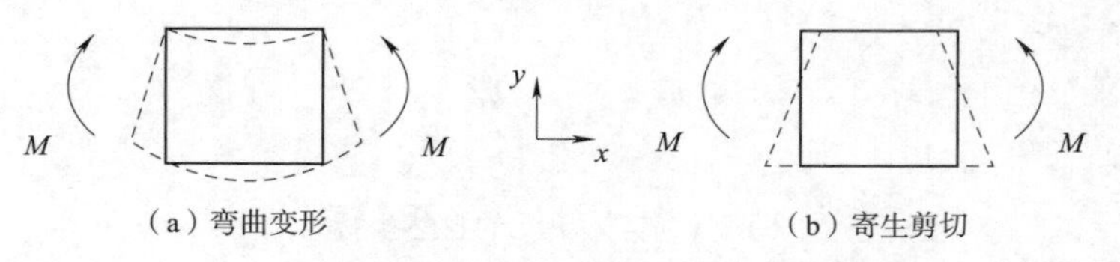

图 3-3 弯曲变形的剪切锁定示意图

(2)体积锁定

当泊松比接近或等于 0.5 时，体积应变接近于零，易于导致数值计算上的困难，即体积锁定，表现为过度的刚化响应，这是一种与材料特性相关的锁定现象。

根据弹性力学，应力可以分解为体积项以及偏差项，即：

$$\boldsymbol{\sigma} = -pI + \boldsymbol{s}$$

$$\boldsymbol{s} = 2G\boldsymbol{e}$$

静水压力与体积应变之间满足如下关系：

$$p = -K\varepsilon_{\text{vol}} = -\frac{1}{3}(\sigma_x + \sigma_y + \sigma_z)$$

$$K = \frac{E}{3(1-2\nu)}$$

$$\varepsilon_{\text{vol}} = \varepsilon_x + \varepsilon_y + \varepsilon_z = \frac{1-2\nu}{E}(\sigma_x + \sigma_y + \sigma_z)$$

当泊松比接近或等于 0.5 时，体积模量 K 将变得很大，体积应变 ε_{vol} 则接近或等于零，材料行为表现为几乎不可压缩或完全不可压缩，这将引起数值计算的困难，表现为过度刚化的行为，即体积锁定问题。

3. 克服网格锁定的算法

为了克服传统网格锁定问题，ANSYS 为实体单元提供了一系列可选算法，这些算法包括 B-Bar、URI、增强应变、简化增强应变、实体壳算法以及混合 u-P 等。下面对这些算法的概念和适用范围作简要的介绍。

(1)选择缩减积分(B-bar)方法

在结构分析中，应变增量与节点位移增量之间的关系为

$$\Delta\{\varepsilon\} = [B]\Delta\{u\}$$

将应变矩阵 $[B]$ 拆分为体积变形相关的体积项 $[B_V]$ 以及与形状改变相关的偏差项 $[B_d]$，即：

$$[B] = [B_V] + [B_d]$$

对体积项采用缩减积分，而偏差项仍然使用全积分，即：

$$[\bar{B}_V] = \frac{\int [B_V] dV}{V}$$

$$[\bar{B}] = [\bar{B}_V] + [B_d]$$

于是，应变增量可以表示为

$$\Delta \{\varepsilon\} = [\bar{B}] \Delta \{u\}$$

由于体积项和偏差项不是以同一积分阶次计算，只有体积项用缩减积分，因此该方法称为选择缩减积分。因为$[\bar{B}]$在体积项上平均，因此也称为 B-bar 法。B-bar 方法只用于四边形或者六面体形状。对于退化的单元，B-bar 方法不起作用，此时系统自动使用退化的形函数。

在 B-bar 方法中，体积项采用缩减积分，使其因为没有被完全积分而得以“软化”，因此 B-bar方法可以处理几乎不可压缩行为引起的体积锁定问题。另一方面，由于偏差项没有改变，因此仍然存在寄生剪切应变，所以 B-bar 方法不能解决剪切锁定问题。

(2)一致缩减积分(URI)方法

如果对于体积和偏差项都采用缩减积分计算，则称为一致缩减积分算法，即 URI 方法。URI 采用比数值精确积分所需要的阶次低一阶的积分方案，全积分以及缩减积分的积分点个数列于表 3-2 中。

表 3-2　全积分及缩减积分的积分点个数

单元类型	全积分方案	缩减积分方案
4 Node Quad	2×2	1×1
8 Node Quad	3×3	2×2
8 Node Hex	2×2×2	1×1×1
20 Node Hex	14 点积分	2×2×2

URI 算法由于其体积项的缩减积分可以求解几乎不可压缩问题，由于其偏差项的缩减积分可以防止弯曲问题中的剪切锁定问题。由于低阶和高阶 URI 单元的积分公式都比完全积分低一阶，这意味着对低阶单元应力在 1 点求值，对高阶单元在 2×2 或 2×2×2 点求值。低阶 URI 单元偏差项的缩减积分会引起零能变形模式，称为沙漏模式，因此不建议对低阶单元采用 URI 算法。对于高阶 URI 单元，只要在每一个方向上有多于一个的单元，就可以克服沙漏模式。缺省情况下，对于 PLANE183 及 SOLID186 等 ANSYS 高阶单元均使用 URI 算法。

(3)增强应变(ES)算法

增强应变算法是通过给低阶单元添加内部自由度，用附加的增强项修正位移的梯度，因此被称为“增强应变”。增强应变单元可以处理剪切锁定或几乎不可压缩问题的体积锁定。由于增强应变导致网格中产生缝隙和重叠，所以也称为“非协调模式”，如图 3-4 所示。

增强应变算法仅适用于四边形或六面体低阶单元，对于四边形或六面体形状有两种单元可使用增强应变算法，即 2D 的 PLANE182 单元和 3D 的 SOLID185 单元。2D 和 3D 单元中的增强应变有两组选项，一组用于处理剪切锁定(分别有 4 个和 9 个内部自由度)，另一组用于处理体积锁定(分别有 1 个和 4 个内部自由度)。这些附加的内部 DOF 被凝聚在单元层次，但仍额外消耗计算机时间。

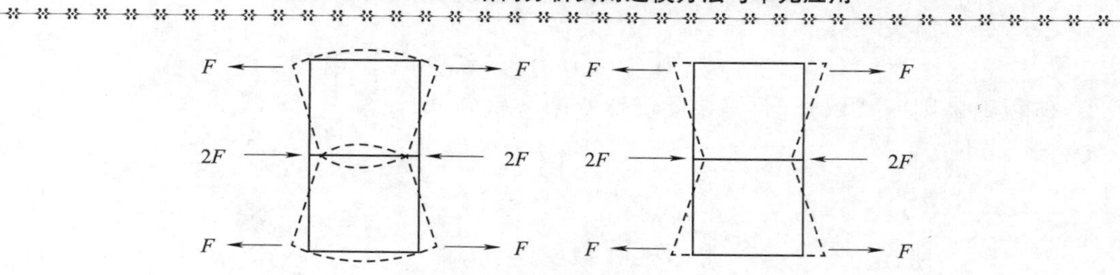

图 3-4 增强应变单元克服剪切锁定

在弯曲变形中,如果单元形状不佳,则增强应变将表现不佳,尤其是梯形单元,这是增强应变方法的一个局限性。此外,增强应变不能用于完全不可压缩分析,但对 PLANE182 和 SOLID185 可以与混合 u-P 算法结合使用。

(4)简化增强应变(SES)方法

简化的增强应变是增强应变算法的一个子集,仅处理剪切锁定。简化增强应变对低阶四边形单元 PLANE182 或六面体单元 SOLID185 分别添加 4 个和 9 个内部自由度。和增强应变算法相似,如果单元形状扭曲,则简化增强应变将表现不佳,尤其是梯形单元。简化增强应变算法不能处理体积锁定问题,但是可以与混合 u-P 算法配合使用。当混合 u-P 算法激活时,应用简化增强应变和增强应变实际上没有区别。

(5)混合 u-P 算法

混合 u-P 算法又被称为杂交单元或 Herrmann 单元,此算法将位移 u 以及静水压力 P 作为独立自由度求解,并将体积约束作为附加的约束方程来考虑,因此被称之为"混合 u-P"算法。在这一算法中,静水压力的精度与体积应变、体积模量或泊松比无关,就不必担心大的体积模量或很小的体积应变,因此可以处理泊松比接近或等于 0.5 的情形。混合 u-P 算法可以用于 ANSYS 18x 系列单元(PLANE182~183,SOLID185~187),静水压力自由度与 ANSYS 生成的"内部节点"相关,用户无法直接获取。混合 u-P 本身能解决体积锁定问题,也可以和其他单元算法(如 B-bar、URI 或增强应变)结合来解决剪切锁定问题。

(6)实体壳算法

实体壳算法是另一种处理弯曲变形问题中剪切锁定的方法。ANSYS 的 SOLSH190 单元即实体壳单元,关于此单元的算法和具体应用将在第 4 章详细介绍。

对于上述各种克服网格锁定的方法,这里简单总结如下。ANSYS 提供了丰富的单元算法,不同场合下用户可以选用合适的算法。对于低阶单元(PLANE182、SOLID185)缺省为 B-bar算法,也可选择带有沙漏控制的 URI、增强应变或简化增强应变。对高阶单元(PLANE183 及 SOLID186~187),缺省为 URI 算法。混合 u-P 算法独立于其他算法,可以和 B-Bar、增强应变或 URI 联合使用。对于高阶单元,如果材料是完全不可压缩的,应该采用混合 u-P 算法。相关算法及其特性和适用的问题类型汇总列于表 3-3 中。

表 3-3 连续实体单元的算法汇总

算法	低阶单元	高阶单元	处理剪切锁定	处理几乎不可压缩	处理完全不可压缩
B-bar	支持	—	不适用	适用	不适用
ES	支持	—	适用	适用	不适用
SES	支持	—	适用	不适用	不适用

续上表

算法	低阶单元	高阶单元	处理剪切锁定	处理几乎不可压缩	处理完全不可压缩
URI	支持	支持	适用	适用	不适用
混合 u-P	支持	支持	不适用	适用	适用

下列单元选项用于控制所采用的算法：

KEYOPT(1)用于选择 PLANE182 的 B-bar、URI、ES、SES 算法。

KEYOPT(2)用于选择 SOLID185 的 B-bar、URI、ES、SES 算法，以及选择 SOLID186 的 URI 或完全积分算法。

KEYOPT(6)用于选择 182～186、190 单元的混合 u-P 算法。

关于各种单元的详细 KEYOPT 选项，请参考本书附录 A 的相关内容。

3.1.2　二维连续体 ANSYS 单元

二维连续体结构在空间上是三维的，但是其受力特征表现为二维。常见二维问题包括平面应力问题、平面应变问题、空间轴对称问题等类型。在 Workbench 的 2D 建模中涉及到的 ANSYS 二维连续体单元包括 PLANE182 及 PLANE183，下面介绍这两种单元的基本特性。

1. PLANE182 单元

PLANE182 单元为一个 4 节点的 2D 连续体单元，每个节点具有 UX、UY 两个自由度。对于轴对称问题，X 方向为径向，Y 方向为轴向。PLANE182 单元的形状及节点组成如图 3-5 所示，通常情况下每个单元包含 4 个节点，依次为 I、J、K、L。如果节点 K 与节点 L 重合，则退化为三角形形式。需要注意，PLANE182 单元必须位于总体坐标的 X-Y 平面内；也就是说，几何模型也需要建立在 X-Y 平面内，如果几何模型与 X-Y 平面成一个夹角，即便是位于同一平面内，也将不能被正确导入 Mechanical 中。

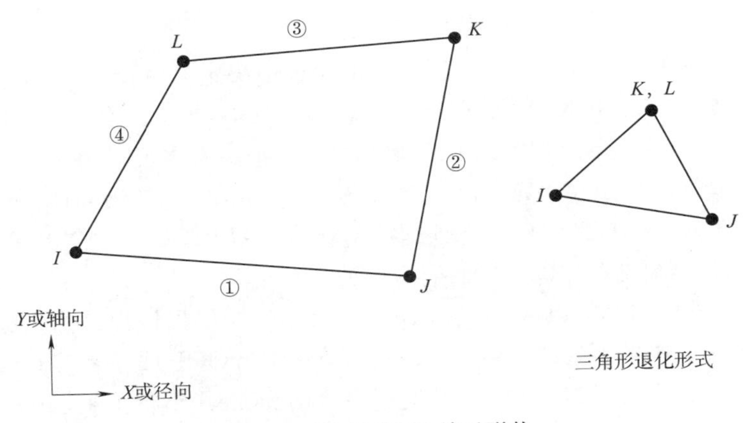

图 3-5　PLANE182 单元形状

在 ANSYS Workbench 结构分析中，采用等参变换及数值积分方法计算单元刚度矩阵、等效载荷等量，数值积分根据算法选项的不同可采用 2×2 积分方案或 1 点缩减积分方案。在缩减积分时，选择应变矩阵的体积项缩减积分（即 B-bar 算法），这使其因为没有被完全积分而“软化”，可以用来求解几乎不可压缩行为引起的体积锁定问题。PLANE182 形函数一般采用以单元中心为原点的自然坐标 s 和 t 表示，自然坐标的取值范围是[−1,1]。PLANE182 单元自然坐标 s、t 方向如图 3-6 所示。

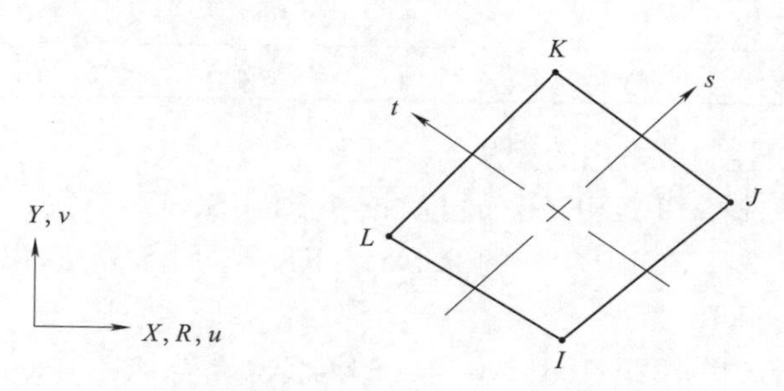

图 3-6　线性四边形单元的自然坐标

根据节点编号，PLANE182 单元的形函数以及位移分量表达式如下：

$$N_I = \frac{1}{4}(1-s)(1-t) \quad N_J = \frac{1}{4}(1+s)(1-t)$$

$$N_K = \frac{1}{4}(1+s)(1+t) \quad N_L = \frac{1}{4}(1-s)(1+t)$$

$$u = \sum_i u_i N_i \qquad v = \sum_i v_i N_i$$

对于三角形退化形式的线性单元 PLANE182，采用单点缩减积分方案，其形函数采用面积坐标表示：

$$N_I = L_I, N_J = L_J, N_K = L_K$$

其各位移分量可通过形函数（面积坐标）表示如下：

$$u = \sum_i u_i N_i = u_I L_I + u_J L_J + u_K L_K$$

$$v = \sum_i v_i N_i = v_I L_I + v_J L_J + v_K L_K$$

PLANE182 单元的算法和力学行为通过其单元选项决定，这些单元选项在 ANSYS 手册中被称为关键选项，即单元的 KEYOPT 选项。每一种 ANSYS 单元类型通常都包含有若干个 KEYOPT 选项。关于各种单元相关的 KEYOPT 选项，请参考本书附录 A。对于 PLANE182 单元而言，KEYOPT(1)控制着单元算法，这些算法中包括克服剪切锁和体积锁等问题的增强应变或缩减积分算法等；KEYOPT(3)选项则控制着单元的力学行为，比如 KEYOPT(3)=0、1、2，分别表示平面应力、轴对称以及平面应变行为。

通常情况下，ANSYS Workbench 的 Mechanical 组件会根据用户的指定或基于程序的自动选择，为单元分配相关的 KEYOPT 选项，并将这些 KEYOPT 选项直接写入计算输入文件中。对于一些特定的场合，用户可能需要通过在 Mechanical 组件的 Geometry 分支下添加 APDL Command 对象的方式来干预单元的 KEYOPT 选项，对应命令为 KEYOPT，其格式和变量列表如下：

KEYOPT，*ITYPE*，*KNUM*，*VALUE*

在编写上述命令时注意一个关键变量 MATID，该变量用于指代材料号、单元类型号、实常数号或截面号，此处可以用来指代单元类型号 ITYPE。

PLANE182 单元的荷载包括表面荷载、温度作用以及体积荷载。一般情况下，PLANE182

单元的节点上不建议直接施加集中力，这样的加载方式会引起应力异常。施加温度作用时，可以为各节点指定不相等的温度值 $T(I)$、$T(J)$、$T(K)$及 $T(L)$，这可以通过 Workbench 平台的 External Data 组件导入外部数据文件来实现。对于均匀温度变化，可通过 Thermal Condition 荷载类型直接施加即可。在计算温度作用时，用户还需要指定参考温度，可在分析环境选项中指定或基于每一个体来指定。在 Mechanical 中施加表面力时，可以通过 Vector 或 Component 方式施加到任意方向。对于 PLNAE 单元类型，施加体积力包括总体坐标下的 X 分量和 Y 分量。对轴对称问题，X 方向为径向，结构必须位于 X 轴正半轴区域，Y 轴则是轴对称分析的旋转轴。

PLANE182 单元坐标系缺省条件下为总体直角坐标系，可根据需要转换到其他的方向。对正交异性材料模型，其参数与单元坐标系相关。PLANE182 单元原始的应力计算结果也是在单元坐标系中的，用户可以根据需要提取指定坐标系方向的应力结果。

2. PLANE183 单元

PLANE183 单元是一种包含边中间节点的 2D 连续体单元，其每个节点具有 UX、UY 两个自由度。对于轴对称问题，X 方向为径向，Y 方向为轴向，单元必须位于 X 轴正半轴区域。PLANE183 单元的形状与其 KEYOPT(1)选项相关，如图 3-7 所示。当 KEYOPT(1)＝0 时，此单元为 8 节点四边形单元，节点编号依次为 I、J、K、L、M、N、O、P；如果节点 K、节点 L 与节点 O 重合，则退化为三角形形式。当 KEYOPT(1)＝1 时，此单元为 6 节点的三角形单元，节点编号顺次为 I、J、K、L、M、N。

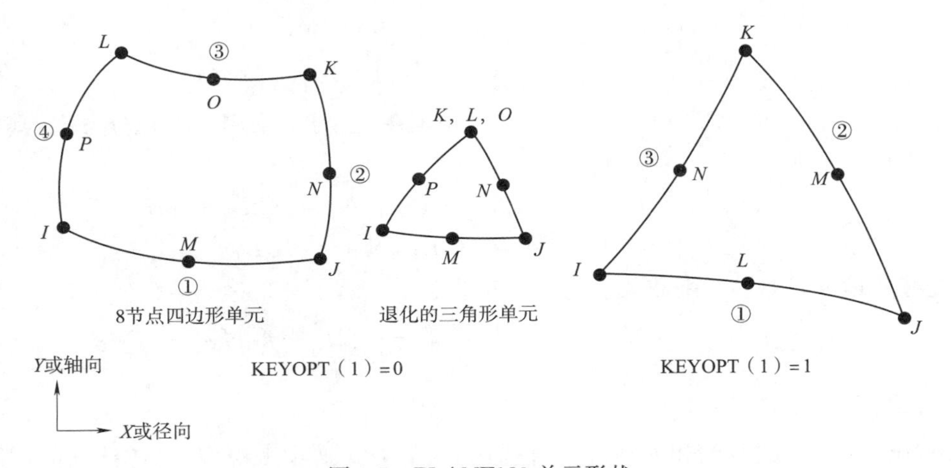

图 3-7　PLANE183 单元形状

需要注意，PLANE183 单元必须位于总体坐标的 X-Y 平面内；也就是说，几何模型也需要建立在 X-Y 平面内，如果几何模型与 X-Y 平面成一个夹角，即便是位于同一平面内，也将不能被正确导入 Mechanical 中。

在 ANSYS Workbench 结构分析中，采用等参变换及数值积分方法计算 PLANE183 的单元刚度矩阵、等效载荷等量，数值积分通常为 2×2 积分方案。对于 KEYOPT(1)＝0 的 8 节点四边形单元情形，PLANE183 单元的形函数采用以单元中心为原点的自然坐标 s 和 t 表示，自然坐标的取值范围是[－1,1]，自然坐标 s、t 方向如图 3-8 所示。

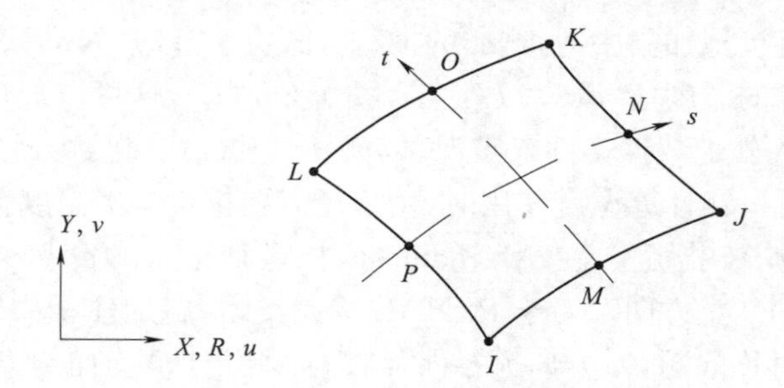

图 3-8 二维二次单元示意图

PLANE183 单元内部任意一点的位移可通过各节点的位移及形函数表示如下：

$$u=\sum_i u_iN_i=\frac{1}{4}[u_I(1-s)(1-t)(-s-t-1)+u_J(1+s)(1-t)(s-t-1)+u_K(1+s)(1+t)(s+t-1)+u_L(1-s)(1+t)(-s+t-1)]+\frac{1}{2}[u_M(1-s^2)(1-t)+u_N(1+s)(1-t^2)+u_O(1-s^2)(1+t)+u_P(1-s)(1-t^2)]$$

$$v=\sum_i v_iN_i=\frac{1}{4}[v_I(1-s)(1-t)(-s-t-1)+v_J(1+s)(1-t)(s-t-1)+v_K(1+s)(1+t)(s+t-1)+v_L(1-s)(1+t)(-s+t-1)]+\frac{1}{2}[v_M(1-s^2)(1-t)+v_N(1+s)(1-t^2)+v_O(1-s^2)(1+t)+v_P(1-s)(1-t^2)]$$

对于 PLANE183 的 KEYOPT(1)＝1 的三角形单元情形，采用三点积分方案，其形函数通过面积坐标表示如下：

$$N_I=(2L_I-1)L_I,N_J=(2L_J-1)L_J,N_K=(2L_K-1)L_K$$
$$N_L=4L_IL_J,N_M=4L_JL_K,N_N=4L_KL_I$$

其位移分量可以通过形函数及节点位移表示为

$$u=\sum_i u_iN_i=u_IN_I+u_JN_J+u_KN_K+u_LN_L+u_MN_M+u_NN_N$$
$$v=\sum_i v_iN_i=v_IN_I+v_JN_J+v_KN_K+v_LN_L+v_MN_M+v_NN_N$$

PLANE183 单元的算法和力学行为通过其 KEYOPT 选项来决定，具体选项的说明请参考本书附录 A。

PLANE183 单元的荷载包括表面荷载、温度作用以及体积荷载。一般情况下，PLANE183 单元的节点上不建议直接施加集中力，这样的加载方式会引起应力异常。在 Mechanical 中施加表面力时，可以通过 Vector 或 Component 方式施加到任意方向。施加温度作用时，可以为各节点指定不相等的温度值，当 KEYOPT(1)＝0 时，可分别指定 8 个节点的温度值，即 $T(I)$、$T(J)$、$T(K)$、$T(L)$、$T(M)$、$T(N)$、$T(O)$、$T(P)$；当 KEYOPT(1)＝1 时，则可以分别指定 6 个节点的温度值，即 $T(I)$、$T(J)$、$T(K)$、$T(L)$、$T(M)$、$T(N)$。节点温度值可以通过 Workbench 平台的 External Data 组件来实现。对于均匀温度变化，可通过 Thermal Condition 荷载类型直接施加即可。在计算温度作用时，用户还需要指定参考温度，可在分析环境选项中指定或基于每一个体来指定。对于PLNAE183单元类型，施加体积力只包括总体坐标下的 X 分量和 Y 分量。对轴对称问题，X 方向为径向，结构必须位于 X 轴正半轴区域，Y 轴则是轴对称分析的旋转轴。

PLANE183单元坐标系缺省条件下为总体直角坐标系，可根据需要转换到其他的方向。对正交异性材料模型，其参数与单元坐标系相关。PLANE183单元原始应力的计算结果也是在单元坐标系中的，用户可以根据需要提取指定坐标系方向的应力结果。

3.1.3　三维连续体ANSYS单元

目前，在ANSYS Workbench常用的3D连续体单元包括SOLID185单元、SOLID186单元、SOLID187单元等。3D体单元每一个节点均具有三个线位移自由度，即UX、UY、UZ。

1. SOLID185单元

SOLID185单元是一个8节点的线性六面体单元，同时支持棱柱体、五面体金字塔、四面体等退化形式。如图3-9所示为SOLID185单元及其退化形状的示意。

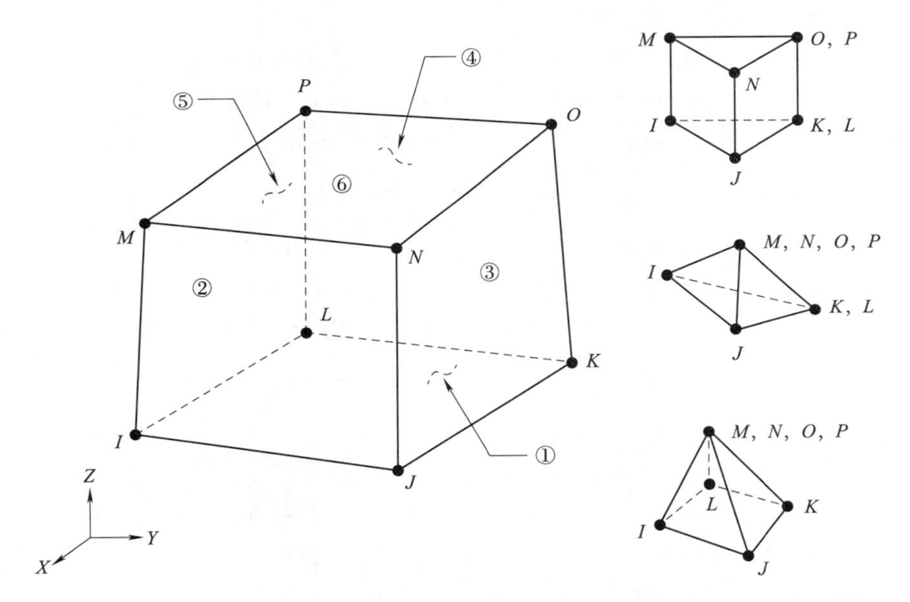

图3-9　SOLID185单元形状示意

SOLID185单元的节点号排列应按照图3-9中预设的节点顺序，节点编号依次为 I、J、K、L、M、N、O、P。施加表面荷载时的表面号(图中带圆圈的数字)与节点编号有关。如果节点 K 与节点 L 重合且节点 O 与节点 P 重合，则退化为三棱柱形式；如果节点 K 与节点 L 重合且节点 M、N、O、P 重合于一点，则退化为四面体单元形式；如果仅节点 M、N、O、P 重合于一点，则退化为五面体的金字塔单元形式。三棱柱以及金字塔退化单元形状可以用于连接四面体网格与六面体网格的过渡单元。

在ANSYS Workbench结构分析中，采用等参变换及数值积分方法计算SOLID185单元的刚度矩阵、等效载荷等，数值积分采用 $2\times2\times2$ 积分方案或1点缩减积分方案。如图3-10所示为 $2\times2\times2$ 积分方案的积分点位置示意。

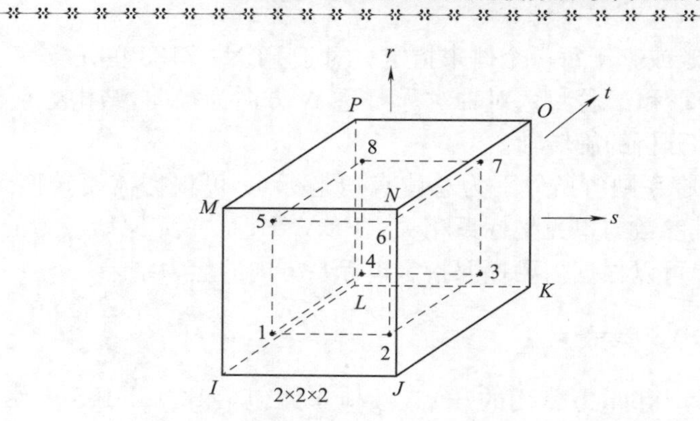

图 3-10　三维线性单元(SOLID185)的积分点位置示意图

SOLID185 单元内部任意一点的位移可通过各节点的位移及用自然坐标给出的形函数表示如下：

$$
\begin{aligned}
u = \sum_i u_i N_i = \frac{1}{8}[&u_I(1-s)(1-t)(1-r)+u_J(1+s)(1-t)(1-r)+\\
&u_K(1+s)(1+t)(1-r)+u_L(1-s)(1+t)(1-r)+\\
&u_M(1-s)(1-t)(1+r)+u_N(1+s)(1-t)(1+r)+\\
&u_O(1+s)(1+t)(1+r)+u_P(1-s)(1+t)(1+r)]
\end{aligned}
$$

$$
\begin{aligned}
v = \sum_i v_i N_i = \frac{1}{8}[&v_I(1-s)(1-t)(1-r)+v_J(1+s)(1-t)(1-r)+\\
&v_K(1+s)(1+t)(1-r)+v_L(1-s)(1+t)(1-r)+\\
&v_M(1-s)(1-t)(1+r)+v_N(1+s)(1-t)(1+r)+\\
&v_O(1+s)(1+t)(1+r)+v_P(1-s)(1+t)(1+r)]
\end{aligned}
$$

$$
\begin{aligned}
w = \sum_i w_i N_i = \frac{1}{8}[&w_I(1-s)(1-t)(1-r)+w_J(1+s)(1-t)(1-r)+\\
&w_K(1+s)(1+t)(1-r)+w_L(1-s)(1+t)(1-r)+\\
&w_M(1-s)(1-t)(1+r)+w_N(1+s)(1-t)(1+r)+\\
&w_O(1+s)(1+t)(1+r)+w_P(1-s)(1+t)(1+r)]
\end{aligned}
$$

SOLID185 单元的算法和单元的力学行为通过其 KEYOPT 选项所决定。关于各种类型单元的 KEYOPT 选项的详细描述，请参考本书附录 A。

在 Mechanical 中 Mesh 时，选择 Mesh 分支 Details 中的 Element Order 选项为 Linear，划分得到 SOLID185 单元。网格划分的方法和控制等请参照本章第 3.2 节。

SOLID185 单元的荷载包括表面荷载、温度作用以及体积荷载。一般情况下，在 SOLID185 单元的节点上不建议直接施加集中力或点约束，这样的加载或约束方式会引起应力异常。在 Mechanical 中施加表面力时，可以通过 Vector 或 Component 方式施加到任意方向。施加温度作用时，可以为各节点指定不相等的温度值，即 $T(I)$、$T(J)$、$T(K)$、$T(L)$、$T(M)$、$T(N)$、$T(O)$、$T(P)$，这些温度值可以来源于热分析，也可以是通过 Workbench 平台的 External Data 组件由外部文件导入节点的温度值。对于均匀温度变化，通过 Thermal Condition 荷载类型直接施加即可。在计算温度作用时，用户还需要指定参考温度，可在分析环境选项中指定或基于每一个体来指定。对于 SOLID185 单元类型，施加体积力可包括总体坐标下的 X、Y、Z 三个分量。

SOLID185 单元坐标系缺省条件下为总体直角坐标系，可根据需要转换到其他的方向。对正交异性材料模型，其参数与单元坐标系相关。SOLID185 单元应力的原始计算结果也是在单元坐标系中的，用户可以根据需要提取指定坐标系方向的应力结果。

2. SOLID186 单元

SOLID186 单元是一个二次的 20 节点六面体单元，同时支持棱柱体、五面体金字塔、四面体等退化形式，此单元与 SOLID185 单元的区别在于每条边的中点处有一个节点，因此在各边上位移为二次分布。如图 3-11 所示为 SOLID186 单元形状的示意图。

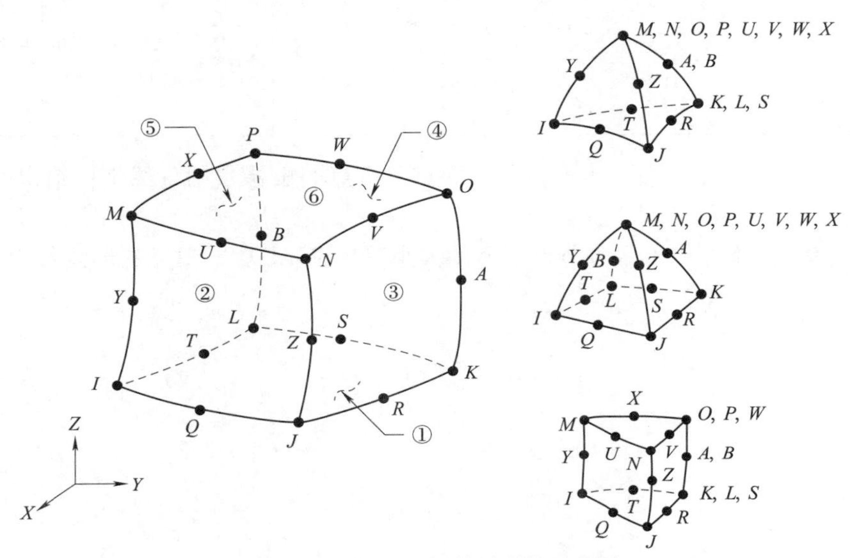

图 3-11　SOLID186 单元形状示意图

SOLID186 单元的节点号排列应按照图 3-11 中预设的节点顺序，节点编号依次为 I、J、K、L、M、N、O、P、Q、R、S、T、U、V、W、X、Y、Z、A、B。施加表面荷载时的表面号（图中带圆圈的数字）与节点编号有关。如果节点 OK 边与 PL 边重合，则退化为三棱柱形状；如果 M、N、O、P、U、V、W、X 8 个节点重合于一点，则退化为五面体的金字塔形状；在金字塔形状中，如果节点 K、L、S 重合于一点且节点 A、B 重合于一点，则退化为四面体形状。退化的三棱柱以及金字塔形状单元可以用于连接四面体网格与六面体网格之间的过渡单元。

在 ANSYS Workbench 结构分析中，采用等参变换及数值积分方法计算 SOLID186 单元的刚度矩阵、等效载荷等，数值积分采用 14 点积分方案或 $2\times2\times2$ 缩减积分方案。如图 3-12 所示为 14 点积分方案的积分点位置示意。

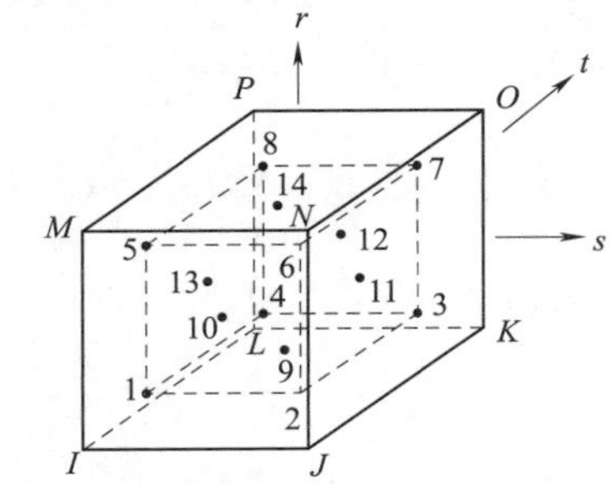

图 3-12　SOLID186 单元积分点位置示意图

SOLID186 单元的 14 点积分方案的积分点坐标及权重系数列于表 3-4 中。

表 3-4 14 点积分方案的积分点坐标与权重系数

积分点位置	积分点坐标	权重系数
角点	$s=\pm 0.75878\ 69106\ 39328$ $t=\pm 0.75878\ 69106\ 39329$ $r=\pm 0.75878\ 69106\ 39329$	0.33518 00554 01662
中心点	$s=\pm 0.79582\ 24257\ 54222$ $t=r=0.0$ $t=\pm 0.79582\ 24257\ 54222$ $s=r=0.0$ $r=\pm 0.79582\ 24257\ 54222$ $s=t=0.0$	0.88642 65927 97784

SOLID186 单元内部任意一点的位移可通过各节点的位移及用自然坐标给出的形函数表示如下：

根据节点编号(本书中不区分节点字母的大小写)，SOLID186 单元的形函数为

$$N_I=\frac{1}{8}(1-s)(1-t)(1-r)(-s-t-r-2)$$

$$N_J=\frac{1}{8}(1+s)(1-t)(1-r)(s-t-r-2)$$

$$N_K=\frac{1}{8}(1+s)(1+t)(1-t)(s+t-r-2)$$

$$N_L=\frac{1}{8}(1-s)(1+t)(1-r)(-s+t-r-2)$$

$$N_M=\frac{1}{8}(1-s)(1-t)(1+r)(-s-t+r-2)$$

$$N_N=\frac{1}{8}(1+s)(1-t)(1+r)(s-t+r-2)$$

$$N_O=\frac{1}{8}(1+s)(1+t)(1+r)(s+t+r-2)$$

$$N_P=\frac{1}{8}(1-s)(1+t)(1+r)(-s+t+r-2)$$

$$N_Q=\frac{1}{4}(1-s^2)(1-t)(1-r) \qquad N_R=\frac{1}{4}(1+s)(1-t^2)(1-r)$$

$$N_S=\frac{1}{4}(1-s^2)(1+t)(1-r) \qquad N_T=\frac{1}{4}(1-s)(1-t^2)(1-r)$$

$$N_U=\frac{1}{4}(1-s^2)(1-t)(1+r) \qquad N_V=\frac{1}{4}(1+s)(1-t^2)(1+r)$$

$$N_W=\frac{1}{4}(1-s^2)(1+t)(1+r) \qquad N_X=\frac{1}{4}(1-s)(1-t^2)(1+r)$$

$$N_Y=\frac{1}{4}(1-s)(1-t)(1-r^2) \qquad N_Z=\frac{1}{4}(1+s)(1-t)(1-r^2)$$

$$N_A=\frac{1}{4}(1+s)(1+t)(1-r^2) \qquad N_B=\frac{1}{4}(1-s)(1+t)(1-r^2)$$

因此，SOLID186 单元的三个位移分量可用自然坐标给出的形函数表示为

$$u = \sum_i u_i N_i \text{ , } v = \sum_i v_i N_i \text{ , } w = \sum_i w_i N_i$$

其中，$\sum_i$ 表示对各节点的数值进行求和。

SOLID186 单元的算法和单元的力学行为通过其 KEYOPT 选项所决定，关于单元的 KEYOPT 选项的详细描述，请参考本书附录 A。

在 Mechanical 中，对于 Solid Body 进行六面体网格划分时，将会自动形成 SOLID186 单元。关于网格划分的方法和控制等请参照本章第 3.2 节的相关内容。

SOLID186 单元的荷载包括表面荷载、温度作用以及体积荷载。一般情况下，在 SOLID186 单元的节点上不建议直接施加集中力或点约束，这样的加载或约束方式会引起应力异常。在 Workbench Mechanical 中施加表面力时，可以通过 Vector 或 Component 方式施加到任意方向，表面力作用的面号会自动分配。施加温度作用时，可以为各节点指定不相等的温度值，即 $T(I)$、$T(J)$、$T(K)$、$T(L)$、$T(M)$、$T(N)$、$T(O)$、$T(P)$、$T(Q)$、$T(R)$、$T(S)$、$T(T)$、$T(U)$、$T(V)$、$T(W)$、$T(X)$、$T(Y)$、$T(Z)$、$T(A)$、$T(B)$，这些温度值可以来源于上游的热分析系统，也可以通过 Workbench 平台的 External Data 组件由外部文件导入。对于均匀的温度变化，可通过 Mechanical 中的 Thermal Condition 荷载类型直接施加即可。在计算温度作用时，用户还需要指定参考温度，可在分析环境选项中指定或基于每一个体来指定。对于 SOLID186 单元，施加体积力可包括总体坐标下的 X、Y、Z 三个分量。

SOLID186 的单元坐标系在缺省条件下为总体直角坐标系，可根据需要转换到其他的局部坐标系方向。对正交异性材料模型，其参数与单元坐标系相关。SOLID186 单元应力的原始计算结果也是在单元坐标系中的，用户可以根据需要提取指定坐标系方向的应力结果。

3. SOLID187 单元

SOLID187 单元是一个 10 节点的四面体单元，由于每条边的中点处有节点，因此位移在各边上的位移为二次分布。图 3-13 为 SOLID187 单元的示意图。

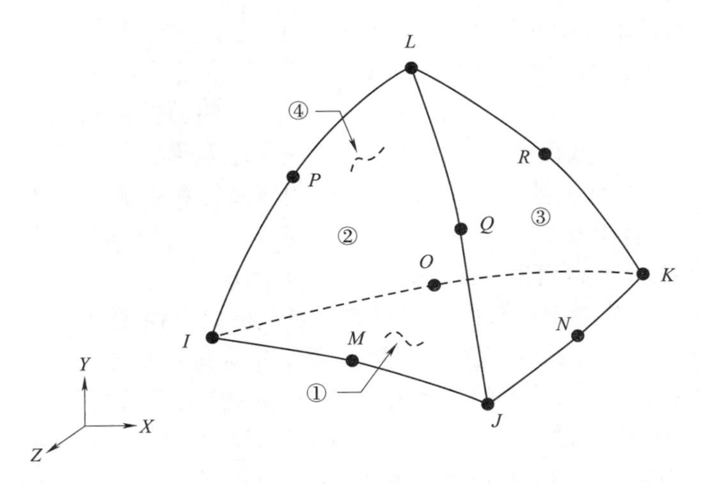

图 3-13　SOLID187 单元示意图

SOLID187 单元的节点号排列应按照图 3-13 中预设的节点顺序，节点编号依次为 I、J、K、L、M、N、O、P、Q、R。施加表面荷载时的表面号(图中带圆圈的数字)与节点编号有关。SOLID187 单元在实际建模过程中可以单独使用，也可以与 SOLID186 单元混合使用。与

SOLID186 混合使用时，几何体的不规则部分采用 SOLID187 单元来填充，而规则部分则采用 SOLID186 划分六面体网格，六面体单元与四面体单元之间可通过 SOLID186 的退化形状单元来过渡。

在 ANSYS Workbench 结构分析中，采用数值积分方法计算 SOLID187 单元的刚度矩阵、等效载荷等，矩阵和体积力的数值积分采用 4 点积分方案，表面力的计算则采用表面的 6 点积分方案。如图 3-14 所示为 4 点积分方案的积分点位置示意。

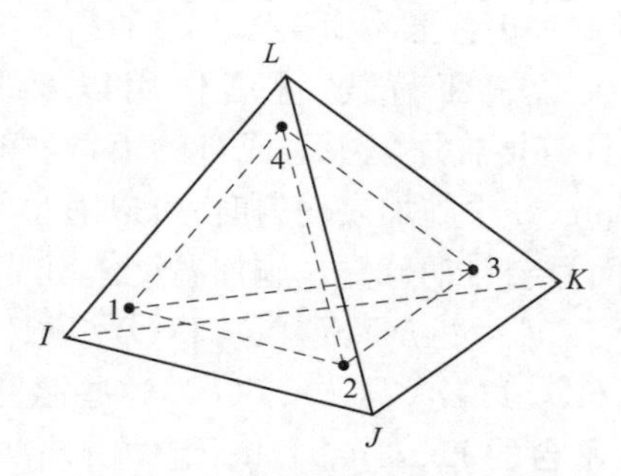

图 3-14　四面体单元的积分点位置

SOLID187 单元的形函数由体积坐标表示，由形函数和节点位移值得到单元内部位移分量的表达式如下：

$$u=u_I(2L_I-1)L_I+u_J(2L_J-1)L_J+u_K(2L_K-1)L_K+u_L(2L_L-1)L_L+4u_ML_IL_J+4u_NL_JL_K+4u_OL_IL_K+4u_PL_IL_L+4u_QL_JL_L+4u_RL_KL_L$$

$$v=v_I(2L_I-1)L_I+v_J(2L_J-1)L_J+v_K(2L_K-1)L_K+v_L(2L_L-1)L_L+4v_ML_IL_J+4v_NL_JL_K+4v_OL_IL_K+4v_PL_IL_L+4v_QL_JL_L+4v_RL_KL_L$$

$$w=w_I(2L_I-1)L_I+w_J(2L_J-1)L_J+w_K(2L_K-1)L_K+w_L(2L_L-1)L_L+4w_ML_IL_J+4w_NL_JL_K+4w_OL_IL_K+4w_PL_IL_L+4w_QL_JL_L+4w_RL_KL_L$$

SOLID186 单元的算法和单元的力学行为通过其 KEYOPT 选项所决定，关于各种单元的 KEYOPT 选项的详细描述，请参考本书附录 A。

在 Workbench Mechanical 中，对于 Solid Body 进行四面体网格划分时，将会自动形成 SOLID187 单元。关于网格划分的方法和控制等请参照本章第 3.2 节的相关内容。

SOLID187 单元的荷载包括表面荷载、温度作用以及体积荷载。一般情况下，SOLID187 单元的节点上不建议直接施加集中力，这样的加载方式会引起应力异常。在 Workbench Mechanical 中施加表面力时，可以通过 Vector 或 Component 方式施加到任意方向，表面力作用的面号会自动分配。施加温度作用时，可以为各节点指定不相等的温度值，即：$T(I)$、$T(J)$、$T(K)$、$T(L)$、$T(M)$、$T(N)$、$T(O)$、$T(P)$、$T(Q)$、$T(R)$，这些温度值可以来源于上游的热分析系统，也可以通过 Workbench 平台的 External Data 组件由外部文件导入。对于均匀的温度变化，可通过 Mechanical 中的 Thermal Condition 荷载类型直接施加即可。在计算温度作用时，用户还需要指定参考温度，可在分析环境选项中指定或基于每一个体来指定。对于 SOLID187 单元，施加体积力可包括总体坐标下的 X、Y、Z 三个分量。

SOLID187 的单元坐标系缺省条件下为总体直角坐标系，可根据需要转换到其他的方向。对正交异性材料模型，其参数与单元坐标系相关。SOLID187 单元应力的原始计算结果也是在单元坐标系中的，用户可以根据需要提取指定坐标系方向的应力结果。

3.2　ANSYS Workbench 连续实体结构建模方法与注意事项

3.2.1　几何准备的注意事项

本节介绍与连续实体结构几何模型准备的注意事项。

1. 二维问题几何准备的注意事项

二维问题的几何建模体现着问题本身的特点，结构分析的几何模型中仅能包含面实体对象，并且模型都位于一个 *XY* 面内。由 PLANE182 和 PLANE183 单元的特性规定，分析轴对称问题时，模型需创建在 *XY* 平面内右侧的 *X* 正半轴区域。

在 ANSYS Workbench 中创建或导入 2D 问题的几何模型之前，需要特别注意预先指定几何的 2D 属性，如果不指定此属性，ANSYS 将按照 3D 问题处理，即使是导入平面几何对象也无法设置平面应力、平面应变、轴对称这些二维选项。只有当指定了 2D 属性后，ANSYS Workbench 才将问题作为 2D 问题处理，这时将只允许在 XY 平面的特定区域创建或导入几何模型。2D 选项设置的方法是，首先在 Workbench 的 Project Schematic 界面中选择 Geometry 组件所在的单元格，然后选择菜单 View>Properties 打开 Geometry 的属性视图，在其中选择 Analysis Type 为 2D，如图 3-15 所示。

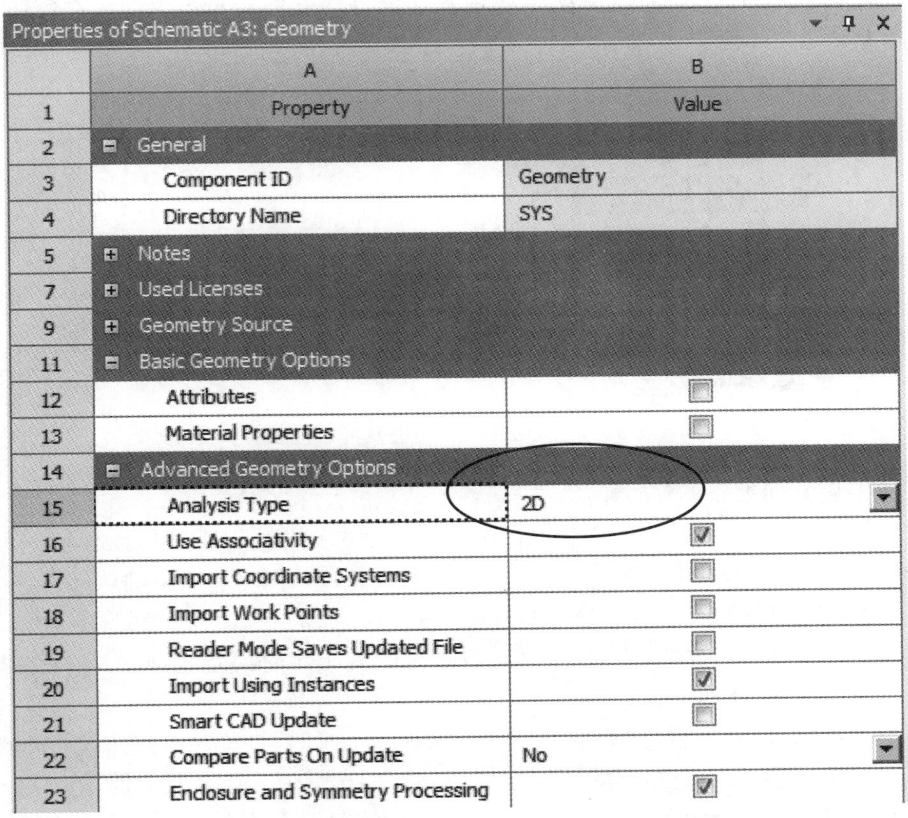

Properties of Schematic A3: Geometry

	A	B
1	Property	Value
2	⊟ General	
3	Component ID	Geometry
4	Directory Name	SYS
5	⊞ Notes	
7	⊞ Used Licenses	
9	⊞ Geometry Source	
11	⊟ Basic Geometry Options	
12	Attributes	☐
13	Material Properties	☐
14	⊟ Advanced Geometry Options	
15	Analysis Type	2D
16	Use Associativity	☑
17	Import Coordinate Systems	☐
18	Import Work Points	☐
19	Reader Mode Saves Updated File	☐
20	Import Using Instances	☑
21	Smart CAD Update	☐
22	Compare Parts On Update	No
23	Enclosure and Symmetry Processing	☑

图 3-15　设置 2D 分析类型

设置好问题的 2D 属性后，即可创建或导入 2D 问题的几何模型。创建新的几何时，可选择几何组件 DM 或 SCDM，具体使用哪一个建模工具可以通过 Geometry 组件右键菜单来选择，New SpaceClaim Geometry 表示采用 SCDM 创建几何，New DesignModeler Geometry 表示采用 DM 创建几何，如图 3-16 所示。2D 几何模型相对比较简单，建模难度不大，具体的建模操作方法可以参考第 2 章介绍 DM 和 SCDM 的相关内容。

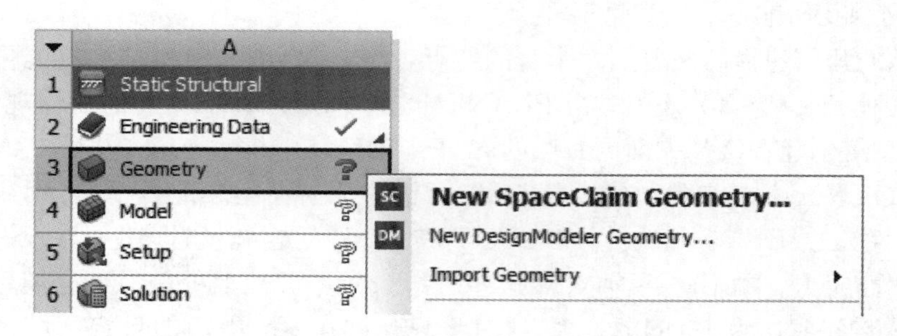

图 3-16　几何右键菜单

导入几何模型时，可以直接在 Geometry 单元格右键菜单中选择图 3-16 中所示的 Import Geometry 选项，选择已经存在的外部几何文件并导入。外部几何导入后，还可以根据需要在右键菜单中选择在 SCDM 或 DM 中编辑处理几何文件(Edit Geometry)，或者替换(Replace Geometry)为其他的几何文件，如图 3-17 所示。建议对导入的外部几何文件进行必要的编辑和处理。

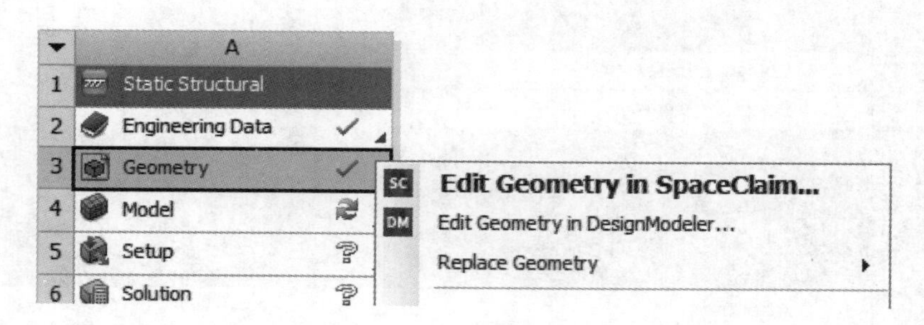

图 3-17　导入外部文件后的几何右键菜单

2. 三维问题几何准备的注意事项

由于 Geometry 组件的 Analysis Type 选项默认为 3D，因此三维问题建模前一般情况无需像 2D 问题的几何模型那样进行设置，用户在创建或导入几何之前简单确认即可。

三维问题几何准备的工作量与分析的目标有关，但是无论何种分析，都基本上可以分为零件级以及零件装配这两大类，本章主要介绍 3D 零件的有限元建模问题，而与零件装配体有关的问题将在第 6 章进行讨论。

3D 实体零件的几何模型可以创建或导入。创建几何时，在 Geometry 单元格的右键菜单选择使用 SCDM 或 DM 创建新的几何模型，如图 3-16 所示。导入几何时，在 Geometry 单元格的右键菜单中选择 Import Geometry>Browse 导入已经存在的外部几何文件，如图 3-18 所示。

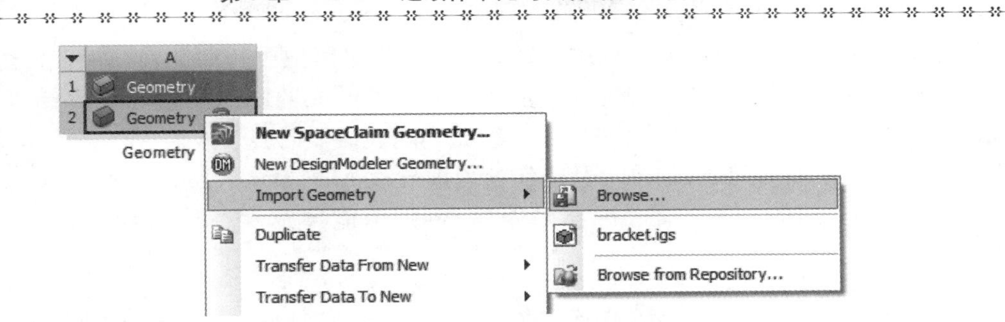

图 3-18　3D 几何组件的右键菜单选项

对于 3D 实体结构，可以直接将 CAD 系统中创建的几何模型导入 Mechanical 组件中进行网格划分，但是一般建议首先通过 DM 或 SCDM 对几何模型进行必要的修复、编辑、简化等操作，需要处理的几何问题大致有如下几种情况。

对于三维实体零件的力学分析，在几何准备过程中需要注意保留关心部位的细节特征，而忽略次要部位的细节特征。一般情况下，一些倒圆面、厚度或半径变化区域很可能是应力集中的部位，需要重点关注，这些部位的细节特征需要创建和保留。零件模型表面的立体商标、表面突起、矮的凸台或凸边倒角面等特征则通常对应力计算结果影响甚微，这些特征需要删除。如图 3-19 所示的表面突起，在进行网格划分之前需要进行简化处理。

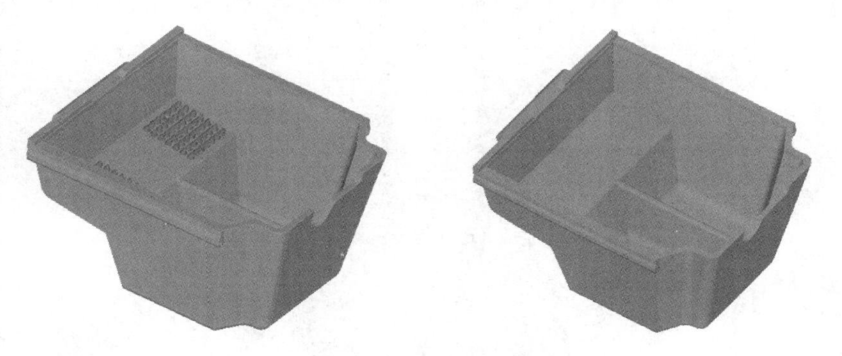

图 3-19　删除细节特征

在一些装配体分析中可以将螺栓简化为接触面(定义零件间接触的方法详见第 6 章)，这时模型中的螺栓体也需要进行简化处理，如图 3-20 所示。

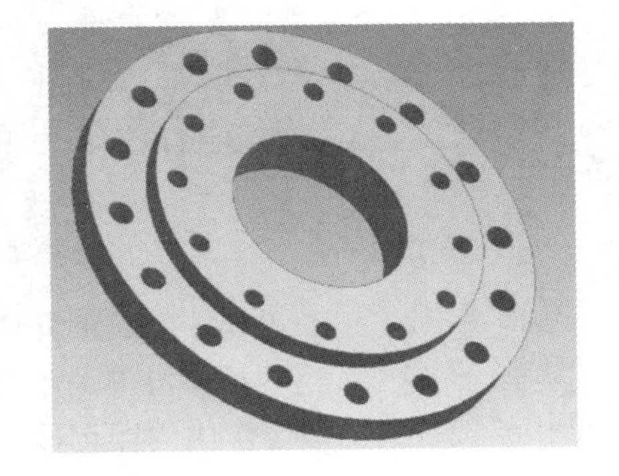

图 3-20　次要体简化

在建模过程中，用户还需要对质量较差的 3D 几何模型进行简化，比如存在大量碎面、短线段等，这些问题如果不作处理，会严重影响后续形成的网格质量和计算结果的精度。如图 3-21(a)所示为合并短线段，图 3-21(b)为删除表面上的多余线段，图 3-21(c)为合并碎面。这些几何模型的问题，如果不经任何处理即导入 Mechanical，那么在 Mechanical 中还可以通过创建虚拟拓扑等方式进行合并处理，否则可能导致网格质量较差甚至网格划分失败。

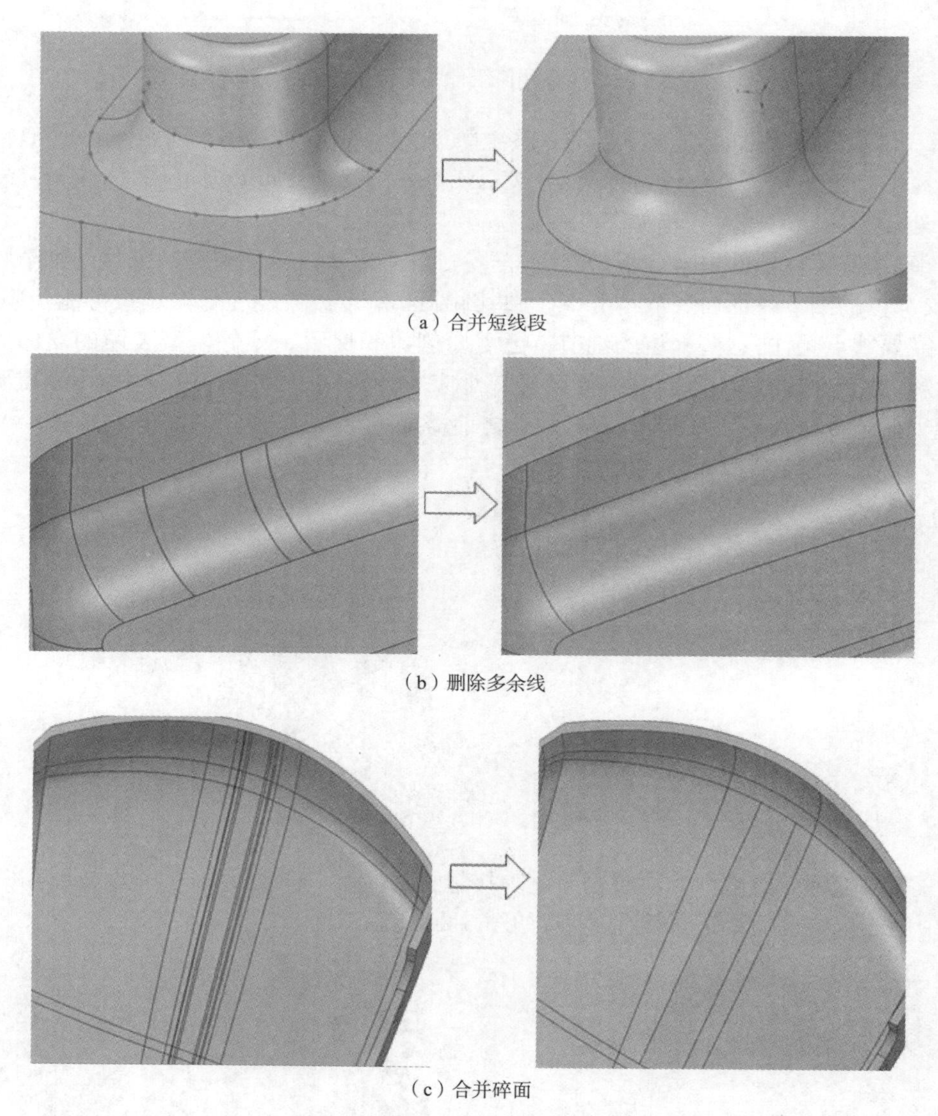

(a) 合并短线段

(b) 删除多余线

(c) 合并碎面

图 3-21 处理几何模型上的问题

在一些情况下，可能会需要在原始的几何体上添加印记面，以便在后续 Mechanical 中施加约束或表面分布荷载，这些操作可借助于几何组件 SCDM 或 DM 来实现。图 3-22 所示为在 SCDM 中给扳手添加螺栓作用的印记面，这样就起到简化模型避免进行装配接触分析的效果。

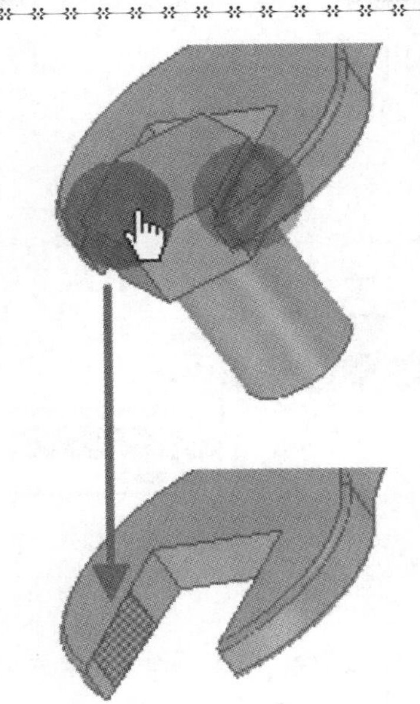

图 3-22　添加用于加载的印记面

3.2.2　二维问题的 Mechanical 前处理操作要点

当 2D 结构的几何模型准备完成后，在 Workbench 的项目视图 Project Schematic 中 Geometry 单元格的状态显示为绿色的"√"表示几何模型完成，此时双击 Model 单元格，即可启动 Mechanical 界面，在其中进行网格划分即形成 2D 实体结构的有限单元模型。

2D 实体结构的有限元模型在 Mechanical 中通过对 Surface Body 划分网格而形成，关于 Mesh 的具体选项，将在下面一节 3D 结构网格划分中详细介绍，这里只介绍几个与 2D 建模相关的选项。

1. 总体设置选项

(1)Defaults 选项

在 Mesh 分支 Details 的 Defaults 部分用于指定网格划分的缺省选项，如果选择了结构分析系统，其 Physics Preference 缺省为 Mechanical。网格的总体尺寸可以直接在 Element Size 中输入数值，如图 3-23 所示。

Details of "Mesh"	
Display	
Display Style	Use Geometry Setting
Defaults	
Physics Preference	Mechanical
Element Order	Linear
Element Size	150.0 mm

图 3-23　Element Size 总体尺寸

Element Order 选项用于控制是否包含单元边中间节点，可供选择的选项有 Program Controlled、Linear、Quadratic，对于结构分析的 Program Controlled 选项为 Quadratic，即采用

包含中间节点的二次实体单元 PLANE183 单元划分。如需要划分为线性 2D 连续单元，Element Order 选项设为 Linear，如图 3-24 所示。

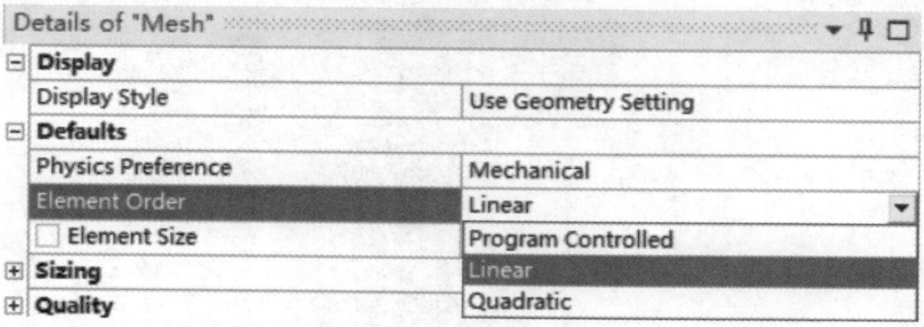

图 3-24 单元阶次选项

(2)Sizing 选项

Sizing 选项包括 Size Functions 及其相关选项设置，相关内容在 3.2.3 节 3D 网格划分方法中详细介绍。与 Shell 单元有关的设置选项，将在第 4 章介绍。

2. 局部控制

局部控制主要包括网格划分方法控制、网格局部尺寸控制及面映射网格控制。

(1)网格划分方法控制

在 Mesh 分支的右键菜单中选择 Insert>Method，在 Mesh 分支下加入一个网格划分的 Method 子分支。在 Method 子分支的 Details 中可以选择划分网格的方法。对于面体，可选择的网格划分方法有 Quad Dominant、Triangles、MultiZones，如图 3-25 所示。相关划分方法的简介列于表 3-5 中。

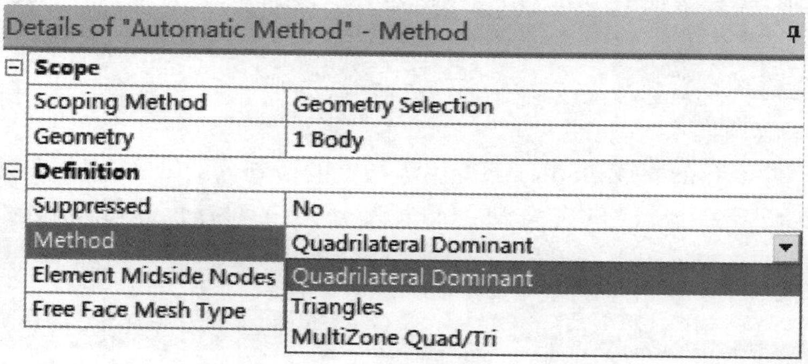

图 3-25 面体网格划分方法

表 3-5 2D 网格划分方法

二维网格划分方法	简　介
Quadrilateral Dominant	Patch conforming 方法，四边形为主的 2D 网格划分
Triangles	Patch conforming 方法，三角形的 2D 网格划分
MultiZone Quad/tri	Patch Independent 方法，四边形或三角形混合的 2D 网格划分

(2)网格局部尺寸控制

网格的局部尺寸控制主要有针对线或面的 Sizing 控制以及局部的加密控制。

①局部 Sizing 控制

在 Mesh 分支的右键菜单中选择 Insert>Sizing,在 Mesh 分支下加入一个局部的 Sizing 控制分支,在局部 Sizing 控制分支的 Details 中可以选择几何对象(面或边),指定面上或边上的网格尺寸或划分的单元数。

如果选择了面,则 Sizing 分支自动更名为 Face Sizing,如果选择了边则 Sizing 分支自动更名为 Edge Sizing。图 3-26 为一个 Edge Sizing 分支的 Details 设置。其中,Geometry 域用于选择需要指定网格尺寸的边,图中选择了一条边,即显示的“1 Edge”;Definition 部分用于指定局部尺寸,对于 Edge Sizing 而言,有 Element Size、Number of Divisions 以及 Sphere of Influence 三种方式,与之相对应的选项设置分别如图 3-26 中(a)～(c)所示。

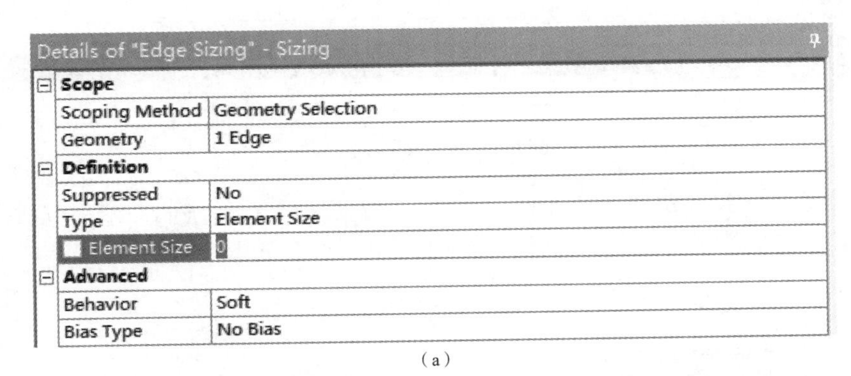

(a)

Details of "Edge Sizing" - Sizing

Scope	
Scoping Method	Geometry Selection
Geometry	1 Edge
Definition	
Suppressed	No
Type	Number of Divisions
Number of Divisions	1
Advanced	
Behavior	Soft
Bias Type	No Bias

(b)

Details of "Edge Sizing" - Sizing

Scope	
Scoping Method	Geometry Selection
Geometry	1 Edge
Definition	
Suppressed	No
Type	Sphere of Influence
Sphere Center	Global Coordinate System
Sphere Radius	Please Define
Element Size	Please Define

(c)

图 3-26　Edge Sizing 设置

对于采用 Element Size 方式的尺寸控制，直接输入 Element Size 即可；对于 Number of Divisions 直接输入边的网格等分数 Number of Divisions 即可；对于 Sphere of Influence 方式，则需要指定影响球的球心、半径以及影响球范围内的单元尺寸，影响球的球心通过坐标系的方式指定，缺省为总体坐标系 Global Coordinate System 的原点，也可以指定为预先指定的局部坐标系的原点。要指定局部坐标系，可通过选择 Project 树的 Coordinate Systems 分支，在图形窗口选择几何对象，在鼠标右键菜单中选择 Insert>Coordinate System，即可在所选择的几何体的几何中心位置建立局部坐标系。

对于采用 Element Size、Number of Divisions 方式定义的局部尺寸，还可以指定两个选项，即 Behavior 和 Bias。Behavior 有 Soft 和 Hard 两个选项，如图 3-27 所示。如果是 Soft 则可能被其他附近的设置修改，而 Hard 则需要更严格地遵循。

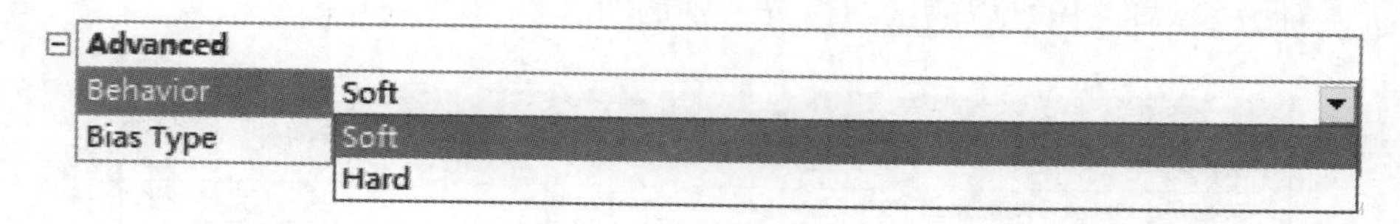

图 3-27　行为控制选项

Bias 选项是单元尺寸偏置，可以由一端向另一端过渡渐变，由中间向两头或两头向中间过渡渐变，Bias 选项可通过 Bias Factor 或 Growth Rate 指定，如图 3-28 所示。

Advanced	
Behavior	Soft
Bias Type	No Bias
	____ ___ _ _
	_ _ ___ ____
	_ ___ ____ ___ _
	____ _ __ ____
	No Bias

（a）选择Bias类型

Advanced	
Behavior	Soft
Bias Type	____ ___ _ _
Bias Option	Bias Factor
Bias Factor	Please Define
Reverse Bias	No Selection

（b）基于Bias Factor定义Bias

Advanced	
Behavior	Soft
Bias Type	____ ___ _ _
Bias Option	Smooth Transition
Bias Growth Rate	1.2
Reverse Bias	No Selection

（c）基于Growth Rate定义Bias

图 3-28　Edge Sizing 中的 Bias 控制

基于面的 Face Sizing，可通过指定面上的 Element Size 或通过指定影响球范围内的单元尺寸来控制划分的面网格的尺寸。

②局部加密控制

在 Mesh 分支的右键菜单中选择 Insert>Refinement，在 Mesh 分支下加入一个局部加密分支 Refinement，在此分支的 Details 中选择需要局部加密的几何对象（面或边），在 Refinement 域指定需要局部加密的级别，如图 3-29 所示。

Details of "Refinement" - Refinement

Scope		
Scoping Method	Geometry Selection	
Geometry	Apply	Cancel
Definition		
Suppressed	No	
Refinement	1	

图 3-29　Refinement 设置

(3)面映射网格控制

在 Mesh 分支的右键菜单中选择 Insert>Face Meshing，可在 Mesh 分支下增加一个 Face Meshing 分支，其 Details 设置如图 3-30 所示。其中：Method 选项用于指定网格划分方法，可选择 Quadrilaterals 或 Triangles：Best Split；Internal Number of Divisions 选项用于指定环形区域的等分数；Constrain Boundary 选项用于控制映射网格区域的边界是否可分割，选择 Yes 表示不可分割，选择 No(缺省值)表示可以分割。

Details of "Face Meshing" - Mapped Face Meshing

Scope	
Scoping Method	Geometry Selection
Geometry	No Selection
Definition	
Suppressed	No
Mapped Mesh	Yes
Method	Quadrilaterals
Internal Number of Divisions	Default
Constrain Boundary	No

图 3-30　Face Meshing 分支的选项设置

3.2.3　三维实体结构 Mechanical 前处理操作要点

本节介绍在 Mechanical 界面下对实体模型进行网格划分形成有限元模型的具体操作方法和注意事项。对于模型中包含多体装配的情形，在网格划分之前需要通过 Connection 分支定义装配接触关系，相关操作可参考第 6 章的相关内容。

当 3D 几何实体模型准备完成后，在 Workbench 的 Project Schematic 中可以看到 Geometry 单元格右侧状态图标为绿色的"√"，此时双击下游的 Model 单元格即可启动 Mechanical 界面，同时向此界面中导入几何。前已述及 Mechanical 界面用于结构分析的前处理、求解以及后处理过程。本节着重介绍结构分析的前处理操作，这些操作通常包括设置 Geometry 属性、定义零件之间的接触或连接关系、网格划分。下面首先简单介绍 Geometry

属性及指定，然后重点介绍 3D 实体模型网格划分的操作要点。接触以及连接关系指定在第 6 章介绍。

1. Geometry 属性与虚拟拓扑

在 Mechanical 中导入几何模型之后，首先需要指定项目树的 Geometry 属性，对实体部件而言主要是指定其材料属性，具体方法是，选择 Geometry 分支下的实体部件，在其 Details 视图中赋予材料属性。

图 3-31 为一个名称为 SOLID_1 的实体部件，其材料属性通过 Detials 中的 Material Assignment 选项进行指定。缺省的材料类型为结构钢(Structural Steel)，可通过右边三角形按钮选择其他在 Engineering Data 中定义的材料类型，或通过 New Material…选项打开 Engineering Data 定义材料然后再返回 Mechanical 界面下重新指定。当重新指定材料时需要在返回 Mechanical 时执行一次项目数据的刷新操作，此操作通过 Workbench 界面中的菜单 File>Refresh All Data 来实现。

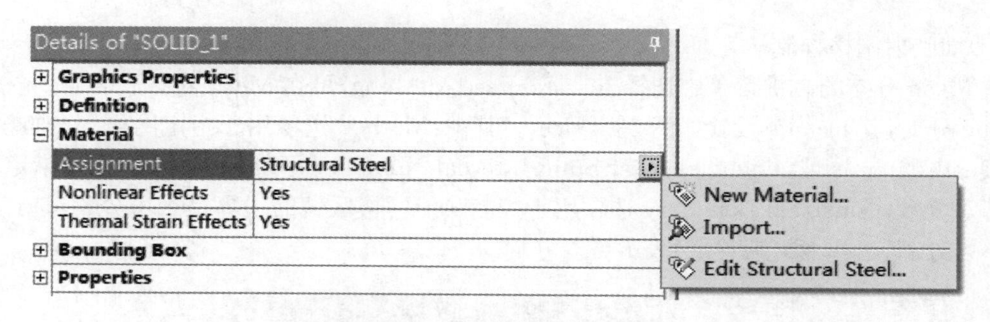

图 3-31　实体部件的材料属性

对于 2019R2 以上版本，在 Mechanical 中还可以在材料选择列表中通过 View Material Card 按钮浏览材料数据卡片，如图 3-32 所示。以 Structural Steel 作为示例，打开的材料数据卡片如图 3-33 所示，在卡片的右下角有一个 Assign 按钮，单击此按钮也可以将此材料赋予所选择的几何体。

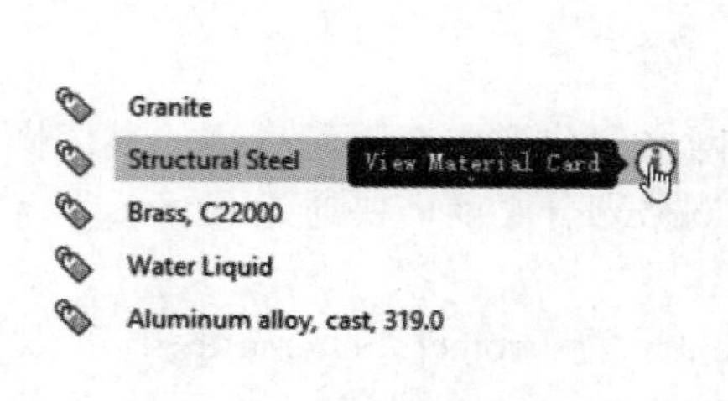

图 3-32　View Material Card 按钮

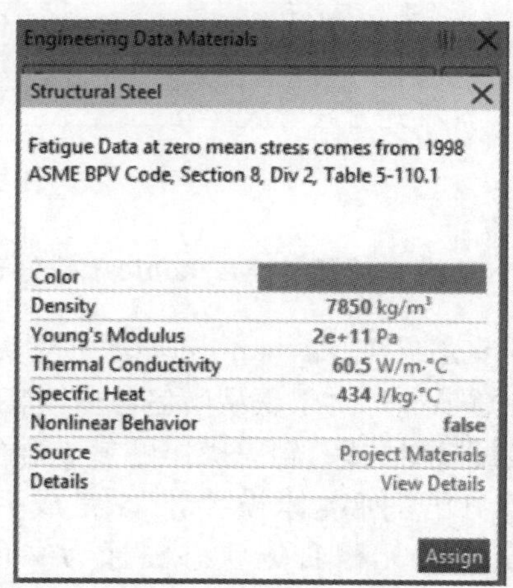

图 3-33　在 Mechanical 中查看材料卡片

网格划分之前，如果几何模型中有一些碎面没有处理，会严重影响网格质量，这种情况下可以通过添加虚拟拓扑来改进几何质量。如图 3-34 所示，在模型中存在一个细长条，可以按照如下操作步骤添加虚拟拓扑消除细长条：

第一步，选择 Model 分支，在其鼠标右键菜单选择 Insert > Virtual Topology，在 Model 分支下添加一个 Virtual Topology 分支。

第二步，在图形窗口选择多个需要添加虚拟拓扑合并的表面，然后在鼠标右键菜单中选择 Insert>Virtual Cell，这样所选择的多个表面就形成了虚拟拓扑意义上的一个面。

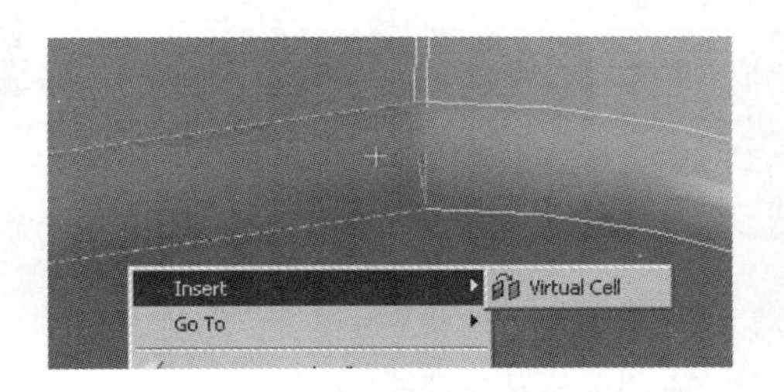

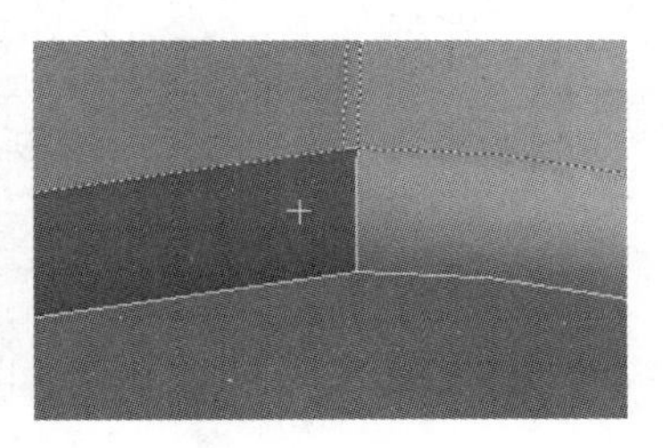

图 3-34　添加虚拟拓扑

2. 网格划分过程描述与缺省选项

网格划分通过项目树的 Mesh 分支来完成，首先要进行控制选项的设置，网格划分的选项设置包括缺省设置、总体控制选项以及局部控制选项。选项设置完成后，如图 3-35 所示，通过 Mesh 分支右键菜单 Generate Mesh 即可形成网格；对于形状复杂的体，在正式划分网格前可通过 Mesh 分支右键菜单 Preview>Surface Mesh 预览表面网格。在一些较新的版本中，对于多体结构还可以选择其中的部分体，通过图形区域的右键菜单在所选择体上形成网格(Generate Mesh On Selected Bodies)、预览表面网格(Preview Surface Mesh On Selected Bodies)或清除网格(Clear Generated Data Selected Bodies)，如图 3-36 所示。

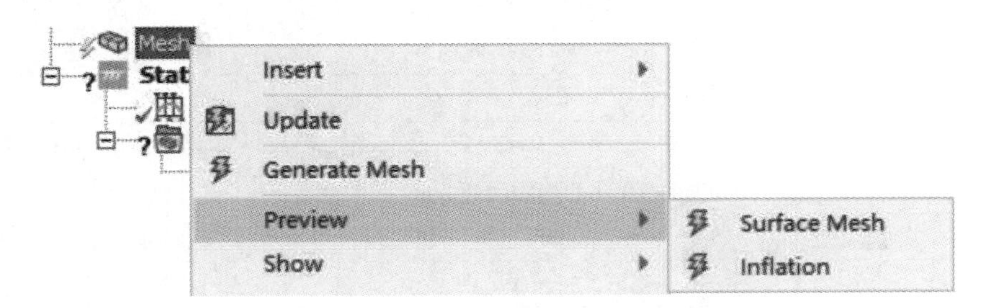

图 3-35　Mesh 右键菜单

Generate Mesh On Selected Bodies
Preview Surface Mesh On Selected Bodies
Clear Generated Data On Selected Bodies

图 3-36　图形区域的右键菜单

通过 Mechanical 界面的 File>Options 菜单打开 Options 对话框，在其中选择 Meshing 可进行网格划分的缺省选项设置，如图 3-37 所示。

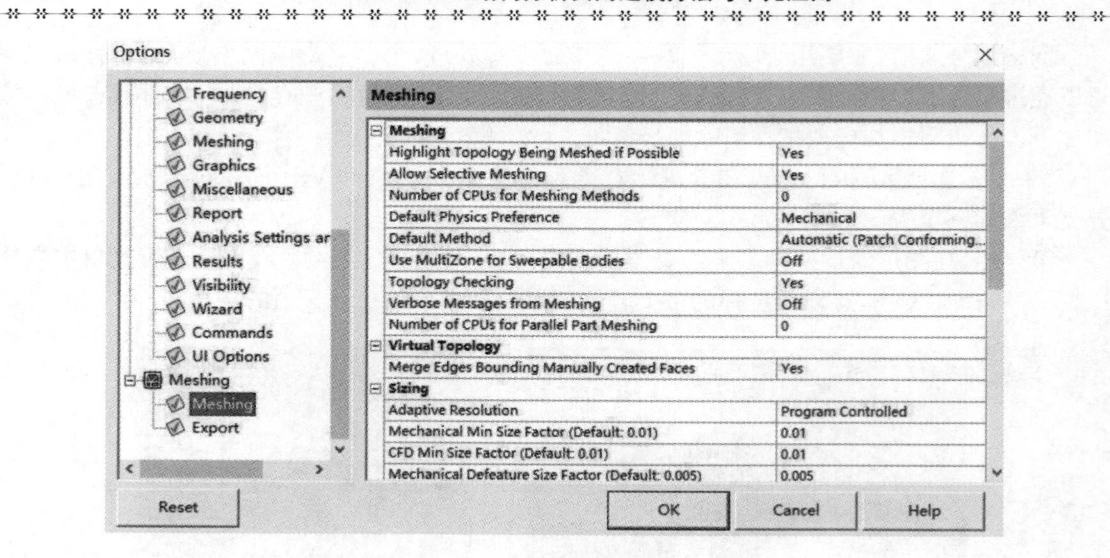

图 3-37 ANSYS Mesh 缺省选项设置

在 Options 对话框中涉及到的网格设置选项列于表 3-6 中，其中大部分选项都可以在后面介绍的具体选项设置中完成。

表 3-6 Options 设置选项说明

Options 类型	选 项	说 明
Meshing	Highlight Topology Being Meshed if Possible	高亮度显示正在划分的拓扑
	Allow Selective Meshing	是否允许选择性网格划分
	Number of CPUs for Meshing Methods	指定用于网格操作的 CPU 个数
	Default Physics Preference	缺省物理场偏好
	Default Method	缺省划分方法
	Use MultiZone for Sweepable Bodies	对可扫掠体使用多区域网格划分方法
	Topology Checking	拓扑检查选项
	Verbose Messages from Meshing	网格划分详细信息控制
	Number of CPUs for Parallel Part Meshing	并行部件划分的 CPU 个数
	Check Mesh Quality	检查网格质量选项
	Mechanical Error Limit	Mechanical 误差极限
	Target Quality (0 = Program Default)	目标质量(程序缺省为 0)
Virtual Topology	Target Skewness (0 = Program Default)	目标斜度(程序缺省为 0)
Sizing	Target Jacobian Ratio (Corner Nodes) (0 = Program Default)	目标雅克比比率(程序缺省为 0)
	Maximum Height over Base	基体上覆盖的最大高度
	Adaptive Resolution	当“使用自适应尺寸”设置为“是”时，设置网格尺寸的分辨率
	Mechanical/CFD Min Size Factor	此值乘以全局单元大小用于确定默认的最小大小，缺省值为 0.01
	Mechanical/CFD Defeature Size Factor	此值乘以总体单元尺寸用于确定缺省的 defeature 尺寸

续上表

Options 类型	选　　项	说　　明
Sizing	Bounding Box Factor	SOLID 结构关闭自适应划分时，此数值乘以边框对角线确定默认单元尺寸
	Surface Area Factor	用于通过平均面积确定板单元缺省尺寸
	MultiZone Sweep Sizing Behavior	用于设置多区域扫掠尺寸行为
Quality	Check Mesh Quality	设置缺省的质量检查方式
	Mechanical Error Limit	设置网格误差限制方式，可选择 Standard Mechanical 或 Aggressive Mechanical
	Target Quality	设置目标质量缺省值
	Target Skewness	设置目标偏斜值
	Target Jacobian Ratio	设置目标雅可比比率
Inflation	Maximum Height over Base	基体上覆盖的最大高度
	Gap Factor	缺省膨胀层间隙系数
	Growth Rate Type	缺省膨胀层生长率
	Maximum Angle (Degrees)	缺省膨胀层最大基体角度
	Fillet Ratio	缺省膨胀层圆角比率
	Use Post Smoothing	使用后光顺选项
	Smoothing Iterations	光顺迭代设置
CGNS	File Format	导出文件格式
	CGNS Version	CGNS 版本
	Export Unit	导出单位
ANSYS Fluent	Format of Input File (*.msh)	Fluent 输入文件类型
	Auto Zone Type Assignment	自动区域类型分配选项

3. 总体控制选项

如果不进行上述缺省设置，可直接在 Mesh 分支的 Details 中进行总体网格选项设置，如图 3-38 所示。对于实体结构分析的网格划分而言，主要的总体控制包括 Defaults、Sizing、Quality、Advanced 等部分。Display 部分用于控制显示选项，缺省为 Use Geometry Setting，即按 Geometry 分支的 Display Style 显示设置来显示网格颜色。Quality 部分为网格质量评价信息，将在本节后面介绍。Inflation 部分用于控制 CFD 边界层或电磁场气隙网格的总体控制参数，如最大层数、增长率等，较少用于结构分析场合。Statistics 部分为网格统计信息，如节点总数、单元总数等。下面对常用的总体控制选项进行介绍。

(1)Defaults 部分

如图 3-39 所示，Defaults 部分提供针对体网格划分的缺省选项，涉及的选项如下：

①Physics Preference

此选项为学科选项，对结构分析选择 Mechanical 即可。

Details of "Mesh"

⊟ **Display**	
Display Style	Use Geometry Setting
⊟ **Defaults**	
Physics Preference	Mechanical
Element Order	Program Controlled
☐ Element Size	Default
⊞ **Sizing**	
⊞ **Quality**	
⊞ **Inflation**	
⊞ **Advanced**	
⊞ **Statistics**	

图 3-38 Mesh 分支的 Details

Details of "Mesh"

⊟ **Display**	
Display Style	Use Geometry Setting
⊟ **Defaults**	
Physics Preference	Mechanical
Element Order	Linear
☐ Element Size	Program Controlled
⊞ **Sizing**	Linear
⊞ **Quality**	Quadratic

图 3-39 Defaults 部分

②Element Order

此选项用于控制单元的阶数(旧版本中为 Element Midside Nodes),可供选择的选项有 Program Controlled、Linear、Quadratic。对于结构分析的 Program Controlled 选项为采用包含中间节点的二次实体单元 SOLID186 和 SOLID187 单元划分。

③Element Size

此选项用于设置缺省的网格尺寸,直接定义一个总体的尺寸数值即可。在旧版本中是通过 Relevance 选项设置总体网格相对尺寸的,新版本中已经不再采用此选项。

(2)Sizing 部分

Sizing 部分提供了关于网格尺寸的总体尺寸控制选项,具体选项与 Use Adaptive Sizing 设置有关。当 Use Adaptive Sizing 设置为 Yes(缺省)时的尺寸选项如图 3-40(a)所示,当 Use Adaptive Sizing 设置为 No 时的尺寸选项如图 3-40(b)所示。

下面对 Sizing 部分各选项的具体意义进行讲解。

①Use Adaptive Sizing 选项

此选项用于控制自适应尺寸选项,缺省为 Yes。此选项的设置将会直接影响到下面的选项内容。

②Resolution 选项

当 Use Adaptive Sizing 选项设为 Yes 时出现,可以在 0～7 范围内选择,其数值由 0 变化至 7 网格越来越密。

③Growth Rate 和 Max Size

这两个选项当 Use Adaptive Sizing 选项设为 No 时出现。

Growth Rate 表示相邻两层单元的边长增长率，比如设置为 1.2 意味着相邻层单元边长增大 20%，可以使用缺省值或指定 1 到 5 之间的数值。

Max Size 为最大单元尺寸，可使用缺省值或采用用户指定的值。

④Mesh Defeaturing 选项和 Defeature Size

Mesh Defeaturing 选项用于设置小特征清除，缺省为 Yes 且需要指定 Defeature Size 值。ANSYS Mesh 会基于此处指定的 Defeature Size 值自动消除不干净几何模型的细节特征。

Sizing	
Use Adaptive Sizing	Yes
Resolution	Default (2)
Mesh Defeaturing	Yes
Defeature Size	Default
Transition	Fast
Span Angle Center	Coarse
Initial Size Seed	Assembly
Bounding Box Diagonal	5.9161 m
Average Surface Area	7.6667 m²
Minimum Edge Length	1.0 m

（a）Use Adaptive Sizing设置为Yes的Sizing选项

Sizing	
Use Adaptive Sizing	No
Growth Rate	Default (1.85)
Max Size	Default (0.59161 m)
Mesh Defeaturing	Yes
Defeature Size	Default (1.479e-003 m)
Capture Curvature	No
Capture Proximity	No
Size Formulation (Beta)	Program Controlled
Bounding Box Diagonal	5.9161 m
Average Surface Area	7.6667 m²
Minimum Edge Length	1.0 m
Enable Size Field (Beta)	No

（b）Use Adaptive Sizing设置为No的Sizing选项

图 3-40 Sizing 部分

Defeature Size 值为一个正数，设为 0 时采用缺省值，用户可以指定具体的数值。基于网格划分的特征清除支持的网格划分方法包括：3D 实体划分的 Patch Conforming Tetrahedron、Patch Independent Tetrahedron、MultiZone、Thin Sweep、Hex Dominant 以及表面网格划分的 Quad Dominant、All Triangles、MultiZone Quad/Tri 等。对于 Patch Independent Tetrahedron、MultiZone 和 MultiZone Quad/Tri 划分方法，在这里指定的 Defeature Size 将会填充到局部方法控制中，如果后续修改了局部控制，则局部控制将改写此处指定的总体 Defeature Size。

⑤Transition 选项

Transition 选项仅当 Use Adaptive Sizing 选项设为 Yes 时出现，用于影响邻近单元的尺寸过渡速率，可选择 Slow 或 Fast，设为 Slow 将形成光滑过渡的网格，而设为 Fast 则尺寸过渡较为突然。

⑥Span Angle Center 选项

Span Angle Center 选项仅当 Use Adaptive Sizing 选项设为 Yes 时出现，用于设置使用 Adaptive Size Function 时基于曲率的细化目标。对于曲线区域，网格将沿曲率再分直到单个单元跨过这个角度。Coarse 选项一个单元最大跨过角度 90°，Medium 选项一个单元最大跨过角度 75°，Fine 选项一个单元跨过最大角度为 36°。这里单元跨越的角度是指法向角度的改变量，如图 3-41 所示的 α 就是此角度。

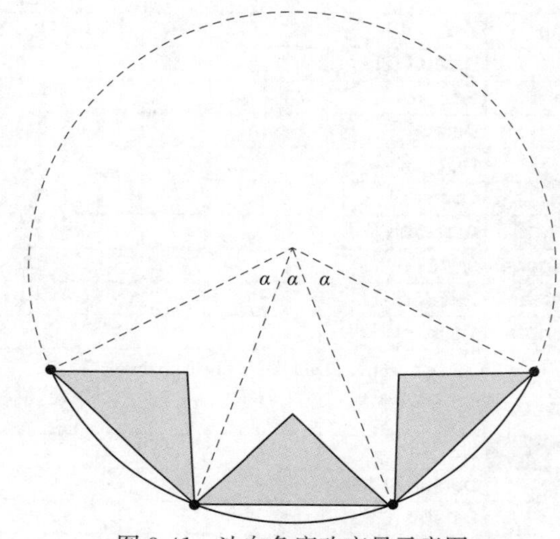

图 3-41 法向角度改变量示意图

⑦Initial Size Seed 选项

此选项仅当 Use Adaptive Sizing 选项设为 Yes 时出现，用于控制各部件的初始网格尺寸播种，可选择 Assembly 或 Part 选项，其中缺省选项为 Assembly。Assembly 表示基于包含所有部件(包括被抑制的部件)的对角线范围；Part 选项基于单一部件范围，通常会导致更精细的网格，推荐用于单个部件网格的精细度相对重要的情况。

⑧Capture Curvature 选项

Capture Curvature 选项为曲率捕捉选项，仅当 Use Adaptive Sizing 选项设为 No 时出现。当 Capture Curvature 选项设置为 Yes 时，可指定 Curvature Min Size 和 Curvature Normal Angle 参数，如图 3-42 所示。Curvature Min Size 为曲率附近的最小尺寸，Curvature Normal Angle 为单元法向的最大跨角，网格将细化有曲率的区域直至单个单元跨过此角度，其意义与 Span Angle Center 中的法向角度改变量相同。这些参数均提供了缺省值，用户也可以手工指定参数值。当 Curvature Min Size 的数值过小时，可以用 Curvature Normal Angle 来限制沿着曲线的单元数。

⑨Capture Proximity 选项

Capture Proximity 选项为邻近距离捕捉选项，仅当 Use Adaptive Sizing 选项设为 No 时

Capture Curvature	Yes
Curvature Min Size	Default (2.958e-003 m)
Curvature Normal Angle	Default (70.395°)

图 3-42 Capture Curvature 选项

出现。当 Capture Proximity 选项设置为 Yes 时,可指定 Proximity Min Size 和 Num Cells Across Gap 参数,如图 3-43 所示。Proximity Min Size 为间隙附近的最小单元尺寸,Num Cells Across Gap 指定在狭窄的间隙中的单元数。这些参数均提供了缺省值,用户也可以手工指定参数值。

Capture Proximity	Yes
Proximity Min Size	Default (2.958e-003 m)
Num Cells Across Gap	Default (3)
Proximity Size Function Sources	Faces and Edges

图 3-43 Capture Proximity 选项

除了上述参数外,还可设置 Proximity Size Function Sources 选项,此选项决定面和边之间的哪个区域是 Proximity Size Function 起作用的区域,可指定边(Edges)、面(Faces)或面和边(Faces and Edges)。指定为 Edges 时,仅边之间的狭窄面区域的网格被细化,而指定为 Faces 时,仅距离相近的表面之间的体积被细化。

⑩只读标识

在 Sizing 部分,还提供了如下三个只读标识信息选项,即 Bounding Box Diagonal、Average Surface Area 以及 Minimum Edge Length,这些几何信息可供用户在进行网格划分尺寸设置时作为参照和比较。

a. Bounding Box Diagonal

此选项提供了几何模型装配总对角线长度的只读标识。

b. Average Surface Area

此选项提供了一个模型平均表面积的只读标识。

c. Minimum Edge Length

此选项提供了一个模型中最短边长的只读标识。

(3)Advanced 部分

Advanced 部分提供了一些高级划分选项,如图 3-44 所示。下面介绍此部分涉及的具体选项。

Advanced	
Number of CPUs for Parall...	Program Controlled
Straight Sided Elements	No
Rigid Body Behavior	Dimensionally Reduced
Triangle Surface Mesher	Program Controlled
Use Asymmetric Mapped ...	No
Topology Checking	Yes
Pinch Tolerance	Default (2.6622e-003 m)
Generate Pinch on Refresh	No

图 3-44 Advanced 部分

①Number of CPUs for Parallel Part Meshing

此选项用于设置并行部件分网使用的处理器个数。缺省为 Program Controlled 或 0，这时程序将使用所有可用的 CPU 核数。缺省设置内在限制了每个 CPU 核心 2GB 内存。可选择 0 到 256 之间的数值。并行网格划分仅可用于 64 位 Windows 系统。

②Straight Sided Elements

Straight Sided Elements 选项用于指定单元为直边，可选择 Yes 或 No，此选项可影响二次单元(Element Order 设为 Quadratic 时)中间节点的放置。如图 3-45(a)所示，设置此选项为 Yes，形成的单元即便具有中间节点也不会形成曲边。如图 3-45(b)所示，设置此选项为 No，则中间节点与端节点不再共线。

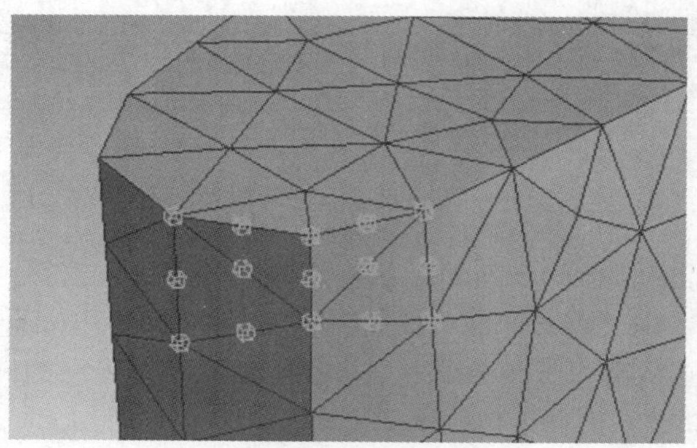

(a) Straight Sided Elements 设置为Yes

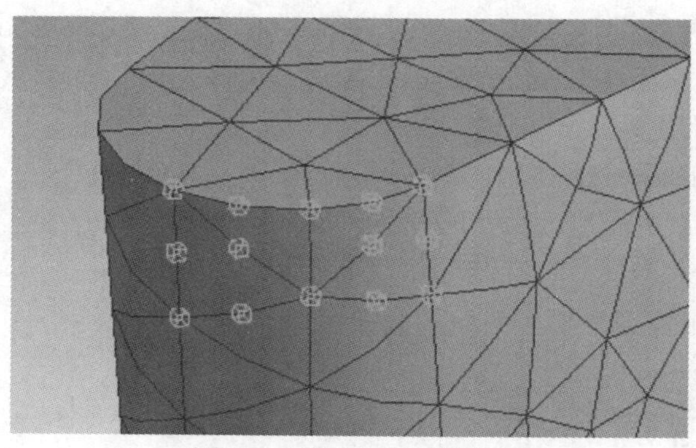

(b) Straight Sided Elements 设置为No

图 3-45 单元直边设置对二次单元的影响

③Rigid Body Behavior

此选项用于指定刚体的网格划分选项。选择 Dimensionally Reduced 时仅形成表面接触网格，选择 Full Mesh 时形成全部的网格，缺省为 Dimensionally Reduced，除非 Physics Preference 选项被设置为 Explicit。如果 Geometry 分支下没有被设置为刚性的体，则此选项为不可编辑状态。

④Triangle Surface Mesher

此选项控制决定 Patch Conforming 划分方法将使用哪一种三角形面网格划分策略。可选择的选项包括 Program Controlled 以及 Advancing Front。Program Controlled 为缺省选项，程序基于一系列因素(如表面类型、面拓扑以及特征清除边界等)自行决定使用Delaunay或Advancing Front算法。选择Advancing Front选项时，程序首选Advancing Front算法，遇到问题时再返回到Delaunay算法。一般来说，Advancing Front Algorithm可提供更平滑的尺寸变化和更好的Skewness以及Orthogonal Quality指标。当选择了Assembly Meshing算法时(仅用于CFD建模中)，此选项不可用。

⑤Topology Checking

此选项控制决定在Patch Independent划分操作及后续前处理过程(荷载、边界条件、Named Selections等)是否执行拓扑检查。选择No(缺省值)时，Patch Independent方法在划分过程中试图捕捉到受保护的拓扑并进行印记，但当网格尺寸过粗或由于受到映射或其他限制时则不能捕捉这些特征，网格划分结束时跳过拓扑检查。选择Yes时，网格划分结束时运行拓扑检查以确保网格与受保护拓扑的正确关联，如果网格不能与拓扑特征正确关联会报Error信息。支持拓扑检查的网格划分方法包括3D的Patch Independent Tetra、MultiZone以及2D的MultiZone Quad/Tri、Quadrilateral Dominant、Triangles。

⑥Pinch

此选项用于在网格层面去除小特征(比如短边、窄条)以在这些特征周围生成质量更好的单元。Pinch和Virtual Topology都是去除小特征的方法，区别在于后者是在几何层面的处理手段。指定了Pinch控制后，满足准则的小特征将被“挤”掉。Pinch控制可以用于实体和壳体模型，可以选择自动创建Pinch，也可人工指定要挤压掉的对象(详见后面的局部控制部分)。支持Pinch的划分方法包括3D的Patch Conforming、Thin Solid Sweeping、Hex Dominant Meshing以及2D的Quad Dominant、All Triangles、MultiZone Quad/Tri。ANSYS Mesh提供了如下几个Pinch设置选项。

a. Use Sheet Thickness for Pinch

此选项当模型包含壳体时出现，如图3-46所示。此选项用于决定Pinch操作是基于一个指定的Pinch Tolerance还是基于壳体的厚度。此选项打开时，Pinch算法使用的容差为壳体厚度的1/2。

Use Sheet Thickness for Pinch	Yes
Pinch Tolerance	Based on Sheet Thickness
Generate Pinch on Refresh	No

图3-46 Use Sheet Thickness for Pinch选项

b. Pinch Tolerance

此选项用于指定Pinch操作的容差(小于此容差的小特征将被清除)，需指定一个大于0的数值。对于自动Pinch控制必须指定此参数，除非设置了Use Sheet Thickness for Pinch选项为Yes。当Generate Pinch on Refresh选项设置为Yes且几何模型有变化的情况下，执行Refresh操作会重新生成Pinch控制。

c. Generate Pinch on Refresh

此选项用于指定几何模型有改变时是否重新自动生成Pinch控制。选择Yes时，所有自动创建的Pinch控制将被删除并基于几何的改变重新创建。如果选择No选项，对于有改变的部件相关的Pinch控制仍然出现在Tree Outline中，但是被标记为未定义的。

4. 网格划分的方法控制

除总体控制外，还可在 Mesh 目录下添加局部控制分支。网格划分方法的控制是最为常用的局部控制选项。当鼠标停放在 Mesh 分支的右键菜单 Insert 上时会弹出下一级子菜单，如图 3-47 所示，在右键菜单可网格划分方法（Method）局部控制选项。

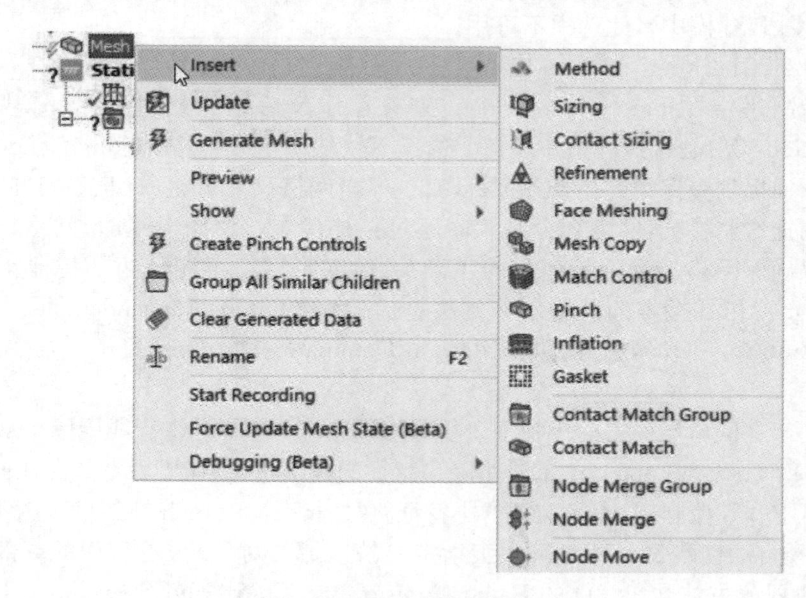

图 3-47　Mesh 分支右键菜单

在 Mesh 分支的右键菜单中选择 Insert>Method，可在 Mesh 分支下添加网格划分方法控制分支，此分支的缺省名称为“Automatic Method”，即自动网格划分。程序缺省采用 Automatic 方法划分网格，此方法试图对可扫掠划分的体进行扫掠（Sweep）划分，而对不能扫掠划分的体采用四面体划分（Patch Conforming）。在网格划分方法分支的属性中，首先选择要指定划分方法的几何对象并在 Geometry 选项中单击 Apply 按钮，然后在 Method 一栏下拉列表中选择网格划分方法，如图 3-48 所示。如果选择了其他网格划分方法，此分支的名称随之更改。

Details of "Automatic Method" - Method

Scope	
Scoping Method	Geometry Selection
Geometry	1 Body
Definition	
Suppressed	No
Method	Automatic
Element Midside Nodes	Automatic Tetrahedrons Hex Dominant Sweep MultiZone

图 3-48　网格划分的方法选项

Mechanical 中提供了五种适合于结构分析的网格划分方法，可用的方法（Method）及其简介列于表 3-7 中。

表 3-7　3D 网格划分方法及简介

网格划分方法	简　介
Automatic	自动划分方法，缺省方法，首先进行 Sweep 划分，不能 Sweep 划分的采用 Patch Conforming 四面体划分
Tetrahedrons Patch Conforming	片相关四面体划分方法，该方法划分时模型表面的细节特征会影响网格
Tetrahedrons Patch Independent	片独立四面体划分方法，该方法划分时模型表面的细节特征会被忽略
Hex Dominant	六面体为主的网格划分
Sweep	扫掠网格划分，需要自动或手动指定扫掠的源面和目标面
MultiZone	多区域划分，自动切分复杂几何为多个相对简单的部分，然后基于 ICEM CFD Hexa 方法划分各部分

下面详细介绍各种网格划分方法的具体选项。

(1)Automatic 方法

Automatic 方法是缺省的网格划分方法。基于此方法进行网格划分时，对可以扫掠划分的体进行扫掠划分，对其他的体采用四面体划分。可以通过 Mesh 分支的右键菜单 Show＞Sweepable Bodies 查看模型中可以被扫掠划分的体。Automatic 划分方法的设置选项如图 3-49 所示。

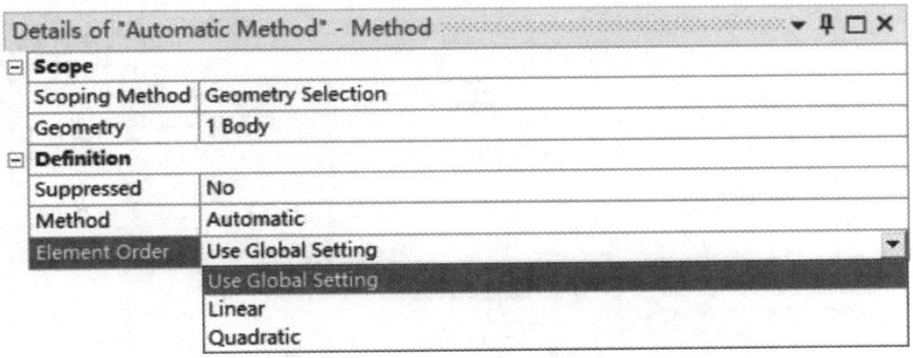

图 3-49　自动划分方法的设置选项

在 Details of "Automatic Method"的 Definition 部分需指定 Element Order 选项(旧版本中为 Element Midside Nodes)，如果选择 Use Global Setting，则沿用总体选项中的 Element Midside Nodes 选项；设为其他选项时将改写总体 Element Order 选项中的设置。当 Element Order 设置为 Quadratic 且当 Straight Sided Elements 设为 No 时，中间节点将被放置到几何上使得单元的曲边能够很好捕捉几何曲线的形状。

如果对于可扫掠划分的体需要采用 MultiZone 方法划分网格，则可对这些体施加一个 MultiZone 网格划分方法；如果要使用 MultiZone 方法代替 Sweep 方法，可通过设置缺省选项的方式实现，即通过 Mechanical 的 Tools＞Options 菜单打开 Options 面板，在其中选择 Meshing＞Meshing：Use MultiZone for Sweepable Bodies。

(2)Tetrahedrons 方法

此方法为四面体网格划分，在 Scope 区域选择作用的几何对象，在 Algorithm 中选择

Patch Conforming(碎片相关方法,会考虑表面的细节或印记)或 Patch Independent(碎片无关方法)两种划分方法之一。当 Algorithm 选择 Patch Conforming 时对应的网格划分方法分支名称为 Patch Conforming,其 Details 选项如图 3-50(a)所示。Algorithm 选择 Patch Independent 时对应的网格划分方法分支名称为 Patch Independent,其 Details 选项如图 3-50(b)所示。

Details of "Patch Conforming Method" - Method	
Scope	
Scoping Method	Geometry Selection
Geometry	1 Body
Definition	
Suppressed	No
Method	Tetrahedrons
Algorithm	Patch Conforming
Element Order	Use Global Setting

(a)

Details of "Patch Independent" - Method	
Scope	
Scoping Method	Geometry Selection
Geometry	1 Body
Definition	
Suppressed	No
Method	Tetrahedrons
Algorithm	Patch Independent
Element Order	Use Global Setting
Advanced	
Defined By	Max Element Size
Max Element Size	Default
Feature Angle	30.0°
Mesh Based Defeaturing	Off
Refinement	Proximity and Curvature
Min Size Limit	Please Define
Num Cells Across Gap	Default
Curvature Normal Angle	Default
Smooth Transition	Off
Growth Rate	Default
Minimum Edge Length	1.0027e-002 m
Write ICEM CFD Files	No

(b)

图 3-50 Tetrahedrons 方法的设置选项

1)Patch Conforming 方法

Patch Conforming 方法是一种 Delaunay 四面体划分方法,采用 Advancing-Front 点插入技术进行网格细化,内置金字塔层过渡以及增长平滑控制,算法试图创建一个基于特定增长因子的平滑单元尺寸变化。Element Order 选项与前述方法中的同名选项一致。

2)Patch Independent 方法

Patch Independent 方法是一种基于空间细分的四面体划分方法,其中 Element Order 选项与前述方法中的同名选项一致。在 Patch Independent 的 Details 的 Advanced 部分，有如下的具体选项。

①Defined By

此选项有两个选择，即 Max Element Size 以及 Approx Number of Elements。

②Max Element Size

此选项为初始单元细分的尺寸，如果 Size Function 为 On，缺省值集成自总体选项 Max Tet Size 的值，如果 Size Function 为 Adaptive，缺省值继承自总体选项 Element Size 的值。任何一种情况下都可以输入所需要的数值。

③Approx Number of Elements

此选项为大约的单元总数，当 Defined By 选择 Approx Number of Elements 时出现，缺省为 5.0E+05。只有当用于单个部件时，Patch Independent 方法才能指定单元数量。

④ Feature Angle

此选项用于指定几何特征可以被捕捉到的最小角度。如果两个面之间的夹角小于指定的 Feature Angle 值，面之间的边将被忽略，节点将不会放置到此边上。缺省值为 30°，可指定 0°到 90°之间的数值。当夹角大于此值时面之间的边也可能因其他 Defeature 而被忽略。

⑤Mesh Based Defeaturing

此选项用于基于尺寸忽略边。缺省为 Off，如果设为 On，需要输入一个 Defeature Size，如图 3-51 所示。缺省值与总体控制中的 Defeature Size 一致。如果在此处指定一个不同的值将改写总体控制中的参数。在此处输入 0 将重置缺省设置。如果在多个 Patch Independent 方法中设置了不同的值，最小的值将被使用。

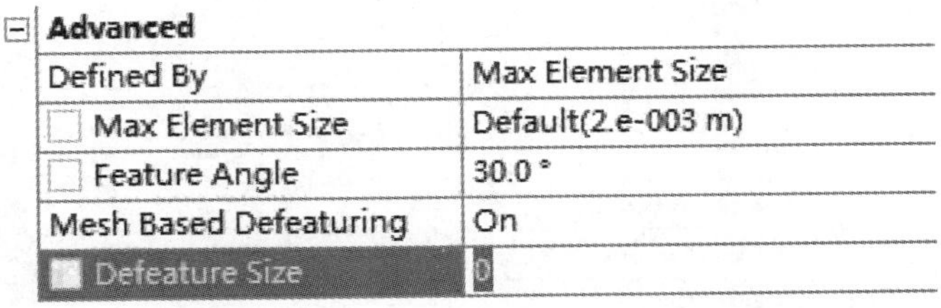

Advanced	
Defined By	Max Element Size
Max Element Size	Default(2.e-003 m)
Feature Angle	30.0 °
Mesh Based Defeaturing	On
Defeature Size	0

图 3-51　Defeature Size

⑥Refinement 和 Min Size Limit

这两个选项用于指定局部加密和最小尺寸限值。当 Refinement 被设置为 Proximity and Curvature(缺省值)、Curvature 或 Proximity 时，程序基于几何曲率或距离细化网格。这将导致平坦区域的网格单元较大而在高曲率或狭窄间隙处的网格较小。基于曲率或距离的细化将细分单元直至达到指定的 Min Size Limit。Min Size Limit 避免基于曲率和距离的细分导致过小的单元。Min Size Limit 的缺省值取决于 Size Function，当 Size Function 为 On 时，Min Size Limit 缺省为继承自总体设置中的 Min Size/Proximity Min Size，也可以在此处指定新的数值；当 Size Function 为 Adaptive 时必须指定 Min Size Limit 的值。

⑦Smooth Transition

此选项用于设定是保留 Patch Independent 的 Octree 体网格还是用起始于 Patch Independent 表面网格的 Delaunay 体网格代替。选择 On 时，采用 Delaunay 体网格，如果设置为 Off(缺省值)，则采用 Octree 体网格。

⑧Growth Rate

此选项用于控制相邻层单元的边长增长率，如 1.2 意味着相邻层单元边长增大 20%。当 When Size Function 设为 Uniform、Curvature、Proximity 或 Proximity and Curvature 时可用。指定一个介于 1.0 到 5.0 之间的数值或采用缺省值。采用缺省值时，当 Size Function 打开时，缺省值与总体 Growth Rate 值一致；当 Size Function 为 Adaptive 时，缺省值基于 Smooth Transition 设置为不同的值，当 Smooth Transition 为 Off 时缺省值为 2.0，当 Smooth Transition 为 On 时，缺省值为 1.2。

⑨Minimum Edge Length

此选项为部件中最短边长的一个只读标识。

⑩Match Mesh Where Possible

此选项适用于面之间的接触指定，缺省为 Yes。如果接触定义在一个拓扑上属于两个不同的体的单个面上时设为 Yes 无任何影响。但是如果接触定义在两个体上的独立的面之间时，设为 Yes 将在接触两侧的表面上基于 Patch Independent 方法生成网格和节点，这些节点之间不连接但有着相同的坐标。

(3)Hex Dominant 方法

此方法即六面体为主导的网格划分，形成的单元大部分为六面体，因此单元个数一般较少。Hex Dominant 方法的 Details 设置选项如图 3-52 所示。

Details of "Hex Dominant Method" - Method	
Scope	
Scoping Method	Geometry Selection
Geometry	1 Body
Definition	
Suppressed	No
Method	Hex Dominant
Element Order	Use Global Setting
Free Face Mesh Type	Quad/Tri
Control Messages	No

图 3-52 Hex Dominant 方法的设置选项

其中，Element Order 选项与前述方法中的同名选项一致。Free Face Mesh Type 选项用于确定填充体的单元形状，可供选择的选项有 Quad/Tri(缺省)或 All Quad。

(4)Sweep 方法

此方法即扫掠网格划分，其 Details 选项如图 3-53 所示。其中，Element Order 选项与前述方法中的同名选项一致。下面对其他选项进行简单介绍。

1)Src/Trg Selection

此选项用于选择源面以及目标面，可通过下拉列表选择，如图 3-54 所示，下面介绍可供选择的 5 个选项。

Details of "Sweep Method" - Method

Scope	
Scoping Method	Geometry Selection
Geometry	1 Body
Definition	
Suppressed	No
Method	Sweep
Algorithm	Program Controlled
Element Order	Use Global Setting
Src/Trg Selection	Automatic
Source	Program Controlled
Target	Program Controlled
Free Face Mesh Type	Quad/Tri
Type	Element Size
Element Size	Please Define
Element Option	Solid
Advanced	
Sweep Bias Type	No Bias

图 3-53　Sweep 方法的 Details 设置选项

Element Midside Nodes	Use Global Setting
Src/Trg Selection	Automatic
Source	Automatic
Target	Manual Source
Free Face Mesh Type	Manual Source and Target
Type	Automatic Thin
Sweep Num Divs	Manual Thin
Element Option	Solid

图 3-54　扫掠划分的源面和目标面指定选项

①Automatic

此选项即程序自动选择，选择此项时下面的 Source 域和 Target 域均为不可编辑的状态。

②Manual Source

此选项为手工选择源面，选择此项时下面的 Source 域为可编辑状态，需要在图形区域内选定 Source。

③Manual Source and Target

此选项为手工选择源面以及目标面，选择此项时下面的 Source 域和 Target 域均为可编辑的状态，需要在图形区域内分别选定 Source 面和 Target 面。

④Automatic Thin

此选项为自动薄壁扫掠，选择此项时下面仅出现一个不可编辑的 Source 域。此选项用于对薄壁体扫掠划分形成体单元网格或实体壳单元网格（在第 4 章介绍）。可通过 Sweep Num Divs 选项设置厚度方向划分的单元层数。选择此选项时，需指定 Element Option 选项。

⑤Manual Thin（手工薄壁扫略）

此选项为手动薄壁扫掠，选择此选项时下面仅出现一个可编辑的 Source 域，需要在图形区域内选定 Source 面。选择这个选项时，也需要指定 Element Option 选项。

2）Free Face Mesh Type

此选项用于决定用于填充可扫掠体的单元形状（纯六面体、纯三棱柱楔形体或两者的组合），当 Src/Trg Selection 选项为 Automatic、Manual Source 或 Manual Source and Target 时可选择的选项有 All Tri、Quad/Tri 或 All Quad；当 Src/Trg Selection 选项为 Automatic Thin 或 Manual Thin 时可选择的选项有 Quad/Tri 或 All Quad。所有情况下的缺省选项均为 Quad/Tri。

3）Type

此选项用于选择设置扫掠方向单元尺寸的方式，可选择的选项包括 Number of Divisions 或 Element Size，选择 Number of Divisions 时需要指定沿扫掠方向的等分数 Sweep Num Divs，如图 3-55(a)所示。选择 Element Size 时需要指定扫略方向的单元尺寸 Sweep Element Size，如图 3-55(b)所示。注意此选项不用于 Thin 类型的 Sweep。

Src/Trg Selection	Automatic
Source	Program Controlled
Target	Program Controlled
Free Face Mesh Type	Quad/Tri
Type	Number of Divisions
Sweep Num Divs	Default
Element Option	Solid

（a）Number of Divisions选项

Src/Trg Selection	Automatic
Source	Program Controlled
Target	Program Controlled
Free Face Mesh Type	Quad/Tri
Type	Element Size
Sweep Element Size	Please Define
Element Option	Solid

（b）Element Size选项

图 3-55　扫掠尺寸类型

4）Sweep Bias Type

此选项用于设置沿着扫掠方向的偏置 Bias 类型，此处的 Bias 与前述 Edge Sizing 设置中的 Bias 选项意义一致。偏置方向为从 Source 到 Target。

5）Element Option

选择 Thin 类型的扫掠时，在 Details 中会出现一个 Element Option 选项，如图 3-56 所示，这个附加选项用于选择生成体单元(Solid)还是实体壳单元(Solid Shell)。对于本章的 3D 实体建模，选择 Solid 选项。关于实体壳单元及其应用详见第 4 章。

(5)MultiZone 方法

即多区域网格划分方法，这种划分方法可以自动将形状复杂的几何体切分为较简单的几个部分，然后对各部分划分网格。MultiZone 方法提供对映射区域以及自由区域的网格划分方法选项。其 Details 设置如图 3-57 所示，涉及的选项介绍如下。

①Mapped Mesh Type

此选项用于设置映射部分的划分方法，可选择的选项有 Hexa、Hexa/Prism、Prism 三种，如图 3-58 所示。

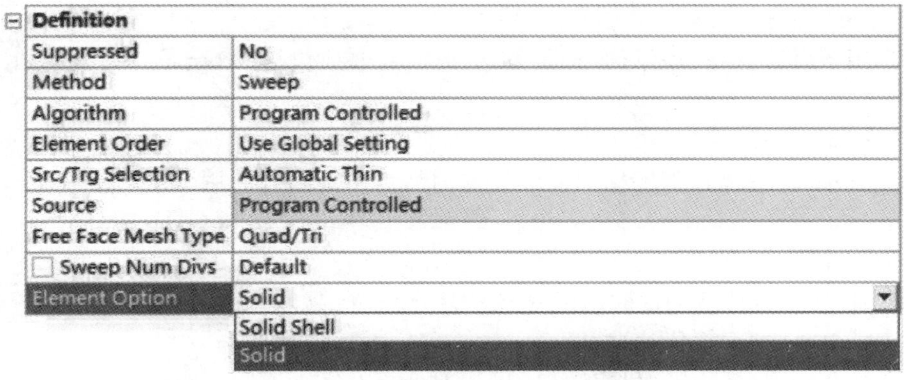

Definition	
Suppressed	No
Method	Sweep
Algorithm	Program Controlled
Element Order	Use Global Setting
Src/Trg Selection	Automatic Thin
Source	Program Controlled
Free Face Mesh Type	Quad/Tri
Sweep Num Divs	Default
Element Option	Solid
	Solid Shell
	Solid

图 3-56　薄壁扫掠的单元类型选项

Details of "MultiZone" - Method

Scope	
Scoping Method	Geometry Selection
Geometry	1 Body
Definition	
Suppressed	No
Method	MultiZone
Mapped Mesh Type	Hexa
Surface Mesh Method	Program Controlled
Free Mesh Type	Not Allowed
Element Midside Nodes	Use Global Setting
Src/Trg Selection	Automatic
Source Scoping Method	Program Controlled
Source	Program Controlled
Sweep Size Behavior	Sweep Element Size
Sweep Element Size	Default
Advanced	
Preserve Boundaries	Protected
Mesh Based Defeaturing	Off
Minimum Edge Length	1.2363e-003 m
Write ICEM CFD Files	No

图 3-57　MultiZone 方法选项设置

Definition	
Suppressed	No
Method	MultiZone
Mapped Mesh Type	Hexa
Surface Mesh Method	Hexa
Free Mesh Type	Hexa/Prism
Element Order	Prism

图 3-58　MultiZone 方法的 Mapped Mesh Type 设置

a. Hexa

选择此选项即划分全六面体的单元。

b. Hexa/Prism

选择此选项划分六面体和楔形体单元的混合网格。

c. Prism

选择此选项划分楔形体单元网格，当源面与四面体网格相连时此选项有用。

②Surface Mesh Method

此选项用于设置划分表面网格的方法，可选择的选项包括 Program Controlled、Uniform 或 Pave。

a. Program Controlled

选择此选项时，程序根据网格尺寸设置和面特性自动组合使用 Uniform 和 Pave 网格划分方法。

b. Uniform

选择此选项时，程序使用递归循环分解方法创建一个高度一致的网格。

c. Pave

选择此选项时，程序使用铺路网格方法，在高曲率并且当相邻边具有高纵横比的面上创建良好质量的网格，这种方法也能更可靠地提供全四边形网格。

③Free Mesh Type

此选项用于指定 MultiZone 方法如果不经切割不可能生成纯六面体或六面体/楔形体网格时是否允许自由网格，可选择的选项有 Not Allowed、Tetra、Tetra/Pyramid、Hexa Dominant、Hexa Core，如图 3-59 所示。

Definition	
Suppressed	No
Method	MultiZone
Mapped Mesh Type	Hexa
Surface Mesh Method	Program Controlled
Free Mesh Type	Not Allowed
Element Order	Not Allowed
Src/Trg Selection	Tetra
Source Scoping Method	Tetra/Pyramid
Source	Hexa Dominant
Sweep Size Behavior	Hexa Core

图 3-59 MultiZone 方法的 Free Mesh Type 选项

a. Not Allowed

选择此项不允许自由网格，需要映射网格时选择此选项。

b. Tetra

选择此项时对于不能映射网格划分的模型区域填充四面体单元。

c. Tetra/Pyramid

选择此项时对于不能映射网格划分的模型区域内部填充四面体单元，表面采用金字塔四棱锥单元，即模型的外表面为四边形网格。

d. Hexa Dominant

选择此选项时，对于不能映射网格划分的模型区域划分一个六面体为主导（Hexa Dominant）的网格。

e. Hexa Core

选择此选项时，对于不能映射网格划分的模型区域划分一个六面体核心网格，内部用直角阵列的六面体单元，这些单元通过自动生成的金字塔单元与楔形体、四面体单元相连。六面体核心网格可有效减少单元数量以获得更快的求解速度和更好的收敛性。

④Element Order

与前述方法中的同名选项意义相同，缺省为使用总体设置。

⑤ Src/Trg Selection

此选项用于定义源面和目标面选择类型，可以选择的选项包括 Automatic(缺省选项)、Manual Source。

a. Automatic

选择 Automatic 选项时程序自动选择源面以及目标面，但是对于复杂几何最好采用 Manual Source 选项以手工指定源面。

b. Manual Source

选择 Manual Source 选项时手工选择源面。

⑥Source Scoping Method

此选项用于指定选择 Source 面的方法，提供 Geometry Selection 以及 Named Selection 两个选项。

a. Geometry Selection

选择 Geometry Selection 选项时，设置选项如图 3-60(a)所示。这种情况下，首先在图形区域中选择几何面对象，然后在 Source Scoping Method 选项下面的 Source 选项中点 Apply 按钮确认选择几何。

b. Named Selection

选择 Named Selection 选项时，设置选项如图 3-60(b)所示。这种情况下，在 Source Scoping Method 选项下面的 Source Named Selection 选项的下拉列表中选择 Named Selection 名称。此处的 Named Selection 是一组预先指定的面对象集合。

Details of "MultiZone" - Method

Scope	
Scoping Method	Geometry Selection
Geometry	1 Body
Definition	
Suppressed	No
Method	MultiZone
Mapped Mesh Type	Hexa
Surface Mesh Method	Program Controlled
Free Mesh Type	Not Allowed
Element Midside Nodes	Use Global Setting
Src/Trg Selection	Manual Source
Source Scoping Method	Geometry Selection
Source	No Selection
Sweep Size Behavior	Sweep Element Size
Sweep Element Size	Default
Advanced	

(a)

Details of "MultiZone" - Method

Scope	
Scoping Method	Geometry Selection
Geometry	1 Body
Definition	
Suppressed	No
Method	MultiZone
Mapped Mesh Type	Hexa
Surface Mesh Method	Program Controlled
Free Mesh Type	Not Allowed
Element Midside Nodes	Use Global Setting
Src/Trg Selection	Manual Source
Source Scoping Method	Named Selection
Source Named Selection	None
Sweep Size Behavior	Sweep Element Size
Sweep Element Size	Default
Advanced	

(b)

图 3-60　Source Scoping Method 选项

⑦Sweep Size Behavior

此选项用于指定扫掠尺寸控制方式，可选择 Sweep Element Size 或 Sweep Edges。

a. Sweep Element Size

选择此选项直接指定扫掠单元尺寸，在下面的 Sweep Element Size 域输入即可。

b. Sweep Edges

选择此选项可移除边对象以避免其对源面的约束。此选项需要与一个 Edge Sizing 结合使用，由 Edge Sizing 控制沿扫掠路径的分布，使用此选项移除 Edge Sizing 对扫掠源面网格的影响。Sweep Edges 域需要指定相应的边对象，如图 3-61 所示。

Details of "MultiZone" - Method	
⊞ Scope	
⊟ Definition	
Suppressed	No
Method	MultiZone
Mapped Mesh Type	Hexa
Surface Mesh Method	Program Controlled
Free Mesh Type	Not Allowed
Element Midside Nodes	Use Global Setting
Src/Trg Selection	Manual Source
Source Scoping Method	Named Selection
Source Named Selection	None
Sweep Size Behavior	Sweep Edges
Sweep Edges	No Selection
⊞ Advanced	

图 3-61 Sweep Edges 选项

⑧ Preserve Boundaries

此选项用于设置特征保留选项，可供选择的选项包括 Protected 和 All。

a. Protected

此选项为缺省值，仅保留受保护的拓扑。

b. All

设置为 All 选项时保留模型中的全部特征，选择此选项时可在划分网格之后施加边界条件及创建 Named Selection。

⑨Mesh Based Defeaturing

此选项用于设置基于网格的特征消除。缺省为 Off，当选择 On 时需要输入一个 Defeature Size。缺省情况下，局部控制参数 Defeature Size 与前述总体控制中的 Defeature Siz 一致，如果在此处指定不同的值将改写之前的总体设置值。指定 0.0 将重置为缺省值。

⑩Minimum Edge Length

此选项给出一个模型中最短边长的只读标识。

5. 局部网格尺寸的控制

针对几何对象的网格尺寸控制也是十分常用的局部控制选项。Mechanical 提供了功能完善的局部网格尺寸控制、接触单元尺寸控制及网格尺寸加密控制选项，这些选项均可通过 Mesh 分支的右键菜单加入。

(1)Sizing 局部控制

Sizing 对象用于加入局部的尺寸控制。使用 Sizing 时，在 Mesh 分支的右键菜单中选择 Insert>Sizing，在 Mesh 分支下加入 Sizing 子分支。在 Sizing 分支的 Details 中选择不同的几何对象类型，Sizing 分支会根据所选择的对象类型自动改变名称，如 Vertex Sizing、Edge Sizing、Face Sizing、Body Sizing。对各种 Sizing 控制，可选择 Type 为 Element Size 直接指定 Element Size；也可以选择 Sphere of Influence（影响球），通过定义影响球的球心（指定坐标系的原点）及其半径，再指定影响球内的 Element Size，这时尺寸控制仅作用于影响球的半径范围内。如图 3-62 所示为一个 Body Sizing 的控制选项，图 3-62（a）为 Element Size 方式，图 3-62（b）为 Sphere of Influence 方式。此外，Behavior 选项选择 Hard 将比 Soft 采用更加严格的尺寸控制。

Details of "Body Sizing" - Sizing

Scope	
Scoping Method	Geometry Selection
Geometry	1 Body
Definition	
Suppressed	No
Type	Element Size
Element Size	2.e-003 m
Advanced	
Defeature Size	Default
Behavior	Hard

（a）

Details of "Body Sizing" - Sizing

Scope	
Scoping Method	Geometry Selection
Geometry	1 Body
Definition	
Suppressed	No
Type	Sphere of Influence
Sphere Center	None
Sphere Radius	Please Define
Element Size	2.e-003 m

（b）

图 3-62　Sizing 分支选项设置

如图 3-63（a）所示为一个设置了 Body Sizing 为 0.25 的边长为 10 的立方体的网格，图 3-63（b）为仅仅在其一个顶点为中心的影响球范围设置了 Body Sizing 为 0.25 情况下的网格，划分方法均为 Tetra。

（2）Contact Sizing

此选项用于在接触区域两侧表面形成相对一致尺寸的单元。在 Mesh 分支右键菜单中选择 Insert> Contact Sizing，或拖拉一个 Contact Region 分支到 Mesh 分支上，都将在 Mesh 分支下形成一个 Contact Sizing 分支。

在 Contact Sizing 的 Details 中，可选择 Element Size 或 Relevance 方式来指定接触区域

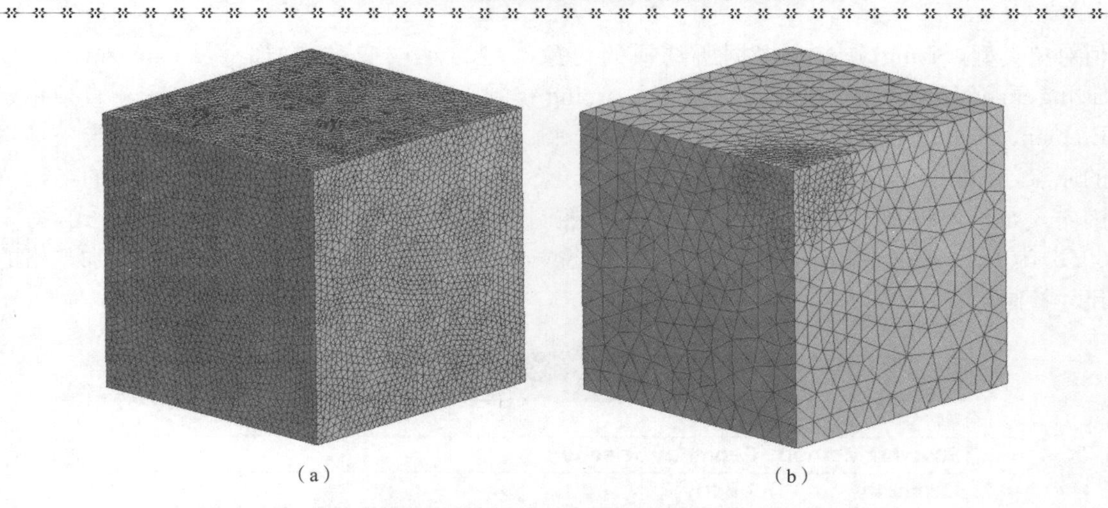

（a）　　　　　　　　　　　　（b）

图 3-63　Body Sizing 与影响球控制

的单元尺寸。选择 Element Size 方式时需要指定一个具体的单元尺寸的绝对数值，如图 3-64(a)所示，而选择 Relevance 方式时则通过指定 Relevance 值设置一个接触区域的相对单元尺寸，如图 3-64(b)所示。

Details of "Contact Sizing" - Contact Sizing

Scope	
Contact Region	None
Definition	
Suppressed	No
Type	Element Size
Element Size	0

（a）

Details of "Contact Sizing" - Contact Sizing

Scope	
Contact Region	None
Definition	
Suppressed	No
Type	Relevance
Relevance	0

（b）

图 3-64　Contact Sizing 参数设置

(3)Refinement

此选项用于指定初始网格的最大加密次数。使用此选项时，在 Mesh 分支的右键菜单中选择 Insert>Refinement，在 Mesh 分支下出现一个 Refinement 分支，其 Details 如图 3-65 所示。在其中 Scope 部分的 Geometry 区域内选择需要加密的局部几何对象，在 Definition 部分的 Refinement 区域内指定最大加密次数，1 到 3 之间。

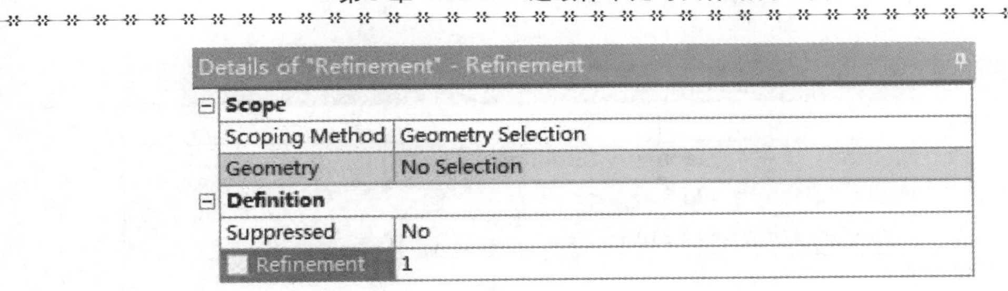

图3-65　Refinement的选项

6. 其他局部控制

通过Mesh分支的右键菜单，还可以添加其他的局部控制选项，这里作简要的介绍。

(1)Face Meshing Control

此选项用于形成表面上的映射网格。要使用此选项，选择Mesh分支的右键菜单Insert＞Face Meshing，在Mesh分支下加入Face Meshing。

通过此选项可以改善表面网格的质量。Face Meshing支持的网格划分方法包括3D的Sweep、Patch Conforming Tetrahedron、Hex Dominant、MultiZone以及2D的Quadrilateral Dominant、Triangles和MultiZone Quad/Tri。图3-66为一个不规则形状实体采用Hex Dominant方法划分网格，图3-66(a)为各侧立面及圆柱体侧面采用表面映射网格，图3-66(b)为表面未加任何控制。

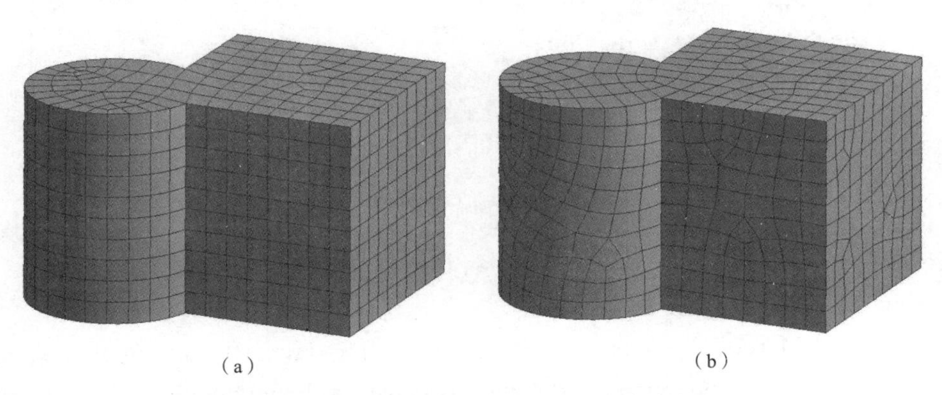

图3-66　表面映射网格与自由网格的对比

(2)Match Control

此选项用于匹配两个或多个面(边)上的网格，提供两种类型的匹配控制：Cyclic和Arbitrary。支持匹配控制的网格划分方法包括3D的Sweep、Patch Conforming、MultiZone以及2D的Quad Dominant和All Triangles。使用Match Control时，选择Mesh分支，在其右键菜单中选择Insert＞Match Control，这时在Mesh分支下出现一个Match Control子分支，然后在其Details中进行相关设定，Cyclic和Arbitrary两种类型的匹配控制选项设定分别如图3-67(a)、图3-67(b)所示。

①Cyclic类型的选项设置

对于Scoping Method为Geometry Selection需指定High和Low的几何对象，对于Scoping Method为Named Selection需指定High Boundary和Low Boundary。Transformation选项选择

Details of "Match Control" - Match Control	
Scope	
Scoping Method	Geometry Selection
High Geometry Selection	No Selection
Low Geometry Selection	No Selection
Definition	
Suppressed	No
Transformation	Cyclic
Axis of Rotation	None
Control Messages	No

(a)

Details of "Match Control" - Match Control	
Scope	
Scoping Method	Geometry Selection
High Geometry Selection	No Selection
Low Geometry Selection	No Selection
Definition	
Suppressed	No
Transformation	Arbitrary
High Coordinate System	None
Low Coordinate System	None
Control Messages	No

(b)

图 3-67　Match Control 选项设置

为 Cyclic，在 Axis of Rotation 选择一个坐标系，其 Z 轴与几何旋转轴一致。

②Arbitrary 类型的选项设置

对于 Scoping Method 为 Geometry Selection 需指定 High 和 Low 的几何对象，对于 Scoping Method 为 Named Selection 需指定 High Boundary 和 Low Boundary。Transformation 选项选择为 Arbitrary，High Coordinate System 和 Low Coordinate System 分别选择对应于 High 和 Low 边界的局部坐标系。

(3)Pinch Control

除了前面总体控制中介绍的自动 Pinch 控制外，也可通过此处的手工方式局部指定 Pinch 控制。选择 Mesh 分支，在其右键菜单中选择 Insert>Pinch，在 Mesh 分支下增加一个 Pinch 分支，在 Pinch 分支的 Details 为其定义 Master Geometry(保留的几何)和 Slave Geometry(被简化的特征)，被选择的 Master Geometry 和 Slave Geometry 分别显示为红色和蓝色，如果需要可改变 Tolerance(缺省值为总体的 Pinch Tolerance)。

(4)Inflation Control

Inflation 主要用于求解 CFD 边界层和电磁场的气隙问题，也用于求解结构的高应力集中问题。要加入局部的 Inflation 控制，可通过选择一个网格划分方法分支，在其右键菜单中选择 Inflate This Method，也可直接选择几何对象，在图形窗口中点击鼠标右键，选择 Insert>Inflation。局部 Inflation 控制将覆盖总体的 Inflation 控制，此处不再展开详细介绍，关注 CFD 和电磁场问题网格划分的读者可参考 ANSYS 网格划分指南。

(5)Sharp Angle Tool

使用此选项捕捉尖角特征，比如刀刃或轮胎与地面接触区域。此选项仅当使用 Assembly 网格划分算法时才可用。使用此选项时首先选择 Mesh 分支，在其右键菜单中选择 Insert>Sharp Angle。

7. 网格的观察与质量评估

网格划分完成后，可以通过各种方式对网格进行观察和质量评估。

(1)网格的观察与截面

除了可以观察表面的网格外，还可以通过切面显示内部网格的情况。选择标准工具条上的切面按钮，会弹出 Section Plane 管理窗口，用于管理切面，如图 3-68 所示。切面在建模过程中可以用于观察内部网格形状，在后处理过程中则可以观察内部的变量分布情况。

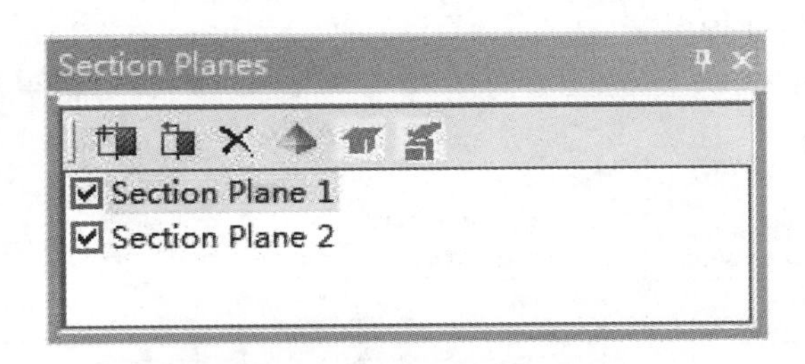

图 3-68　Section Planes 管理窗口

如图 3-69 所示为显示截面内部的网格情况，左图为截面直接显示，右图为选择 Section Planes 面板的按钮，显示内部截面处单元的完整形状。

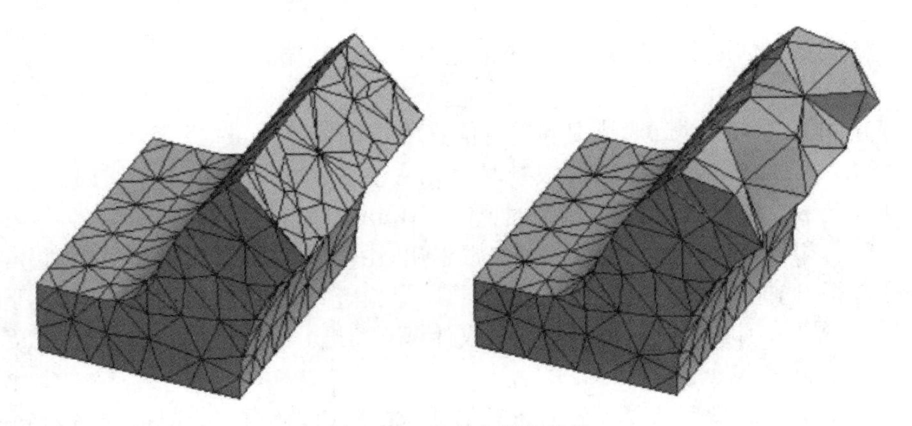

图 3-69　观察内部的网格

(2)网格质量统计信息查看

选择 Mesh 分支，在其 Details 中的 Statistics 部分给出了网格的节点和单元统计信息，包含 Nodes 和 Elements。如图 3-70 所示为 Mesh 分支的 Statistics 内容显示。

Statistics	
Nodes	47295
Elements	21081

图 3-70　网格统计信息

①Nodes 选项

此选项提供了一个模型中节点总数的只读标识。如果模型包含有多个部件或体，可以在 Geometry 分支下选择某个部件或体，这个部件或体对应 Details 中 Statistics 部分也会出现一个 Nodes 选项，此处将显示这个被选择对象上包含的节点数。

②Elements 选项

此选项提供了一个模型中单元总数的只读标识。如果模型包含有多个部件或体，可以在 Geometry 分支下选择某个部件或体，这个部件或体对应 Details 中 Statistics 部分也会出现一个 Elements 选项，此处将显示这个被选择对象上包含的单元数。

(3)网格质量检查与评估

在 Mesh 分支的 Details 中，Quality 部分用于检查与评估网格质量，如图 3-71 所示。

Quality	
Check Mesh Quality	Yes, Errors
Error Limits	Standard Mechanical
Target Quality	Default (0.050000)
Smoothing	Medium
Mesh Metric	Skewness
Min	3.7763e-003
Max	0.99197
Average	0.34966
Standard Deviation	0.21568

图 3-71　Quality 选项

对于网格质量评估涉及的具体选项，下面进行有关的讲解。

①Check Mesh Quality

此选项用于决定 Meshing 对错误和警告信息限制如何响应：选择 Yes，Errors 选项（缺省选项）时，如果 Meshing 算法超出错误限制时还无法生成网格将打印一个错误信息并失败退出；选择 Yes，Errors and Warnings 选项时，如果 Meshing 算法超出错误或警告的限制时还无法生成网格将打印一个错误或警告信息并失败退出；由于网格质量检查在网格划分过程的各个阶段都在进行，选择 No 选项将关闭大部分的质量检查，但是一些最小的检查还是被执行，No 选项不推荐使用，因其可能导致求解失败或计算不精确。

②Error Limit 和 Warning Limit

Error Limit 是一个单元质量不符合求解器要求的限值，超出这个限值网格划分失败。一般来说 Error Limit 由 Physics Preference 来决定，对于结构分析而言，可选择 Standard Mechanical 或 Aggressive Mechanical 两组 Error Limit 之一。用户不能改变 Error Limit 值。

Warning Limit 则有两个目的：一是作为警告限值使用，如果网格包含可疑的不符合求解要求的单元，则此单元可以被 Warning Limit 标记，要使用这一标记功能需要设置 Check Mesh Quality 选项为 Yes，Errors and Warnings；二是作为一个目标的限值（Target Limit），程序将首先试图改善网格以确保没有单元超出 Error Limit，如果成功，程序将进一步改善网格以满足目标限值（Target Limit）。

用于可以将 Error Limit 视作最低的网格质量标准，而将 Warning（Target）Limit 视作网格划分的质量目标。如果程序不能满足目标，则会发出警告信息。如果要打开警告功能，需要设置 Check Mesh Quality 选项为 Yes，Errors and Warnings。当 Check Mesh Quality 被设置为 Yes，Errors and Warnings 时，所有网格划分方法都使用 Warning（Target）Limit 来标记可疑单元，但并不是所有的网格划分方法都使用 Target Limit 来改善网格。目前，仅 Patch Conforming Tetra 方法使用 Target Limit 来改善网格。

对于结构分析，可选择的 Error Limits 选项包括 Standard Mechanical 和 Aggressive Mechanical，如图 3-72 所示。

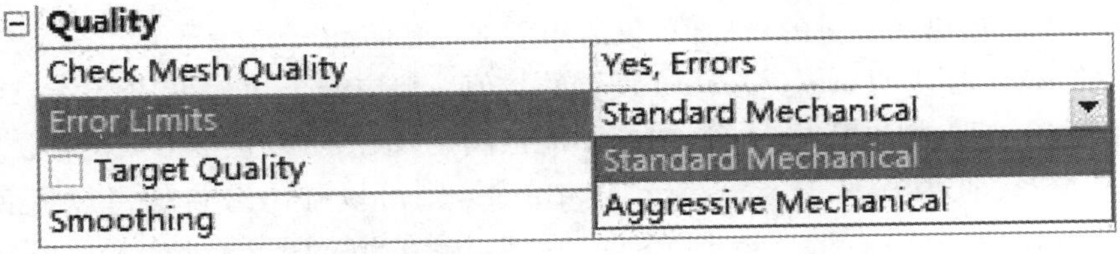

图 3-72　Error Limits 选项

Standard Mechanical 选项是缺省的选项，已经被证明广泛适用于各类线性静力分析、模态分析以及热传导分析等问题中。Aggressive Mechanical 选项采用了比 Standard Mechanical 更为严格的 Error Limit 限值，通常会导致生成更多数量的单元，更多的划分失败次数以及更多的网格划分时间。作为一种替代，用户还可以将总体设置 Defaults 部分的 Physics Preference 选项设置为 Nonlinear Mechanical，这将改变很多缺省设置并对网格质量产生大的影响。Nonlinear Mechanical 使用严格的 Error Limit 限值（不可更改），可生成高质量的网格，使得网格能够满足非线性分析的四面体单元形状检查。表 3-8 列出了针对 Mechanical 求解器的各种划分选项的 Error Limit 和 Warning（Target）Limit 缺省值。

表 3-8　Error Limit 和 Warning（Target）Limit 缺省值

Physics Preference	Mechanical			Nonlinear Mechanical	
Criterion	Standard Mechanical Error Limit	Aggressive Mechanical Error Limit	Warning (Target) Limit	Error Limit	Warning (Target) Limit
Element Quality	$<5\times10^{-6}$ for 3D <0.01 for 2D <0.75 for 1D	$<5\times10^{-4}$ for 3D <0.02 for 2D <0.85 for 1D	<0.05 (Default)	$<5\times10^{-4}$ for 3D <0.02 for 2D <0.85 for 1D	N/A
Jacobian Ratio (Gauss Points)	<0.025	N/A	N/A	<0.025	N/A
Jacobian Ratio (Corner Nodes)	N/A	<0.025	N/A	<0.001	<0.04 (Default)
Skewness	N/A	N/A	N/A	N/A	>0.9 (Default)

续上表

Physics Preference	Mechanical			Nonlinear Mechanical	
Orthogonal Quality	N/A	N/A	N/A	N/A	N/A
Element Volume	<0	<0	N/A	<0	N/A
Aspect Ratio(For Triangles and Quadrilaterals)	N/A	N/A	N/A	N/A	N/A
Face Angle	N/A	N/A	N/A	N/A	N/A
Face Warping	N/A	N/A	N/A	N/A	N/A

③Target Quality

此选项用于设置单元质量的目标值,仅适用于 Patch Conforming Tetra 划分方法,用于对四面体单元的形状改进。Target Quality 设置的数值一般应介于 0(较低质量)和 1(较高质量)之间,缺省值为 0.05。如果 Target Quality 不能被满足,依然可以正常形成网格。如果 Check Mesh Quality 被设置为 Yes, Errors and Warnings,则可以弹出警告信息以避免网格满足 Target Quality 限值,此时右键点击 Message 区域,选择 Show Elements 显示不满足 Target Quality 限值的单元。

使用 Adaptive Size Function 可导致粗网格和被拉伸的单元且不能通过较高的 Target Quality 值改进质量,因此如果使用了 Adaptive Size Function,需要设置 Target Quality 的值小于 0.1,也可使用一个不同的 Size Function。

④Target Skewness

此选项用于设置单元质量的目标值,仅适用于 Patch Conforming Tetra 划分方法,用于对四面体单元的形状改进。Target Skewness 设置的数值一般应介于 0(较高质量)和 1(较低质量)之间,缺省值为 0.9。对于四面体网格,不小于 0.8。

⑤Target Jacobian Ratio(Corner Nodes)

此选项用于设置单元质量的目标值,仅适用于 Patch Conforming Tetra 划分方法,用于对四面体单元的形状改进。Target Jacobian Ratio(Corner Nodes)设置的数值一般应介于 0(较低质量)和 1(较高质量)之间,缺省值为 0.04。

⑥Smoothing

Smoothing 尝试通过移动节点相对于周围节点和单元的位置来改善单元质量。选项 Low、Medium 和 High 控制 Smoothing 的迭代次数和阈值度量。

⑦Mesh Metric

在网格划分完成后,Mesh Metric 选项可用于查看网格 Metric 信息从而评估网格质量。通常网格质量检查是基于所选的网格质量评价指标(Metric)进行的,下面对这些网格质量评价指标进行介绍。

a. Element Quality

Element Quality 是一种综合的单元质量度量指标,介于 0 和 1 之间。

b. Aspect Ratio

Aspect Ratio 指标提供了针对三角形以及四边形单元的纵横比。一般而言,纵横比参数越大，单元形状越差。

c. Jacobian Ratio

Jacobian Ratio是单元Jacobian变换难易程度的度量指标，一般来说，此参数越大，单元变换越不可靠。ANSYS Mesh不计算线性单元（无中间节点）或有中间节点的直边单元的Jacobian Ratio，因对这些单元而言形函数是线性的，对线性函数的偏导数是常数，因此Jacobian Ratio在整个单元上都是常数，这种情况下Jacobian Ratio总是等于1。可选择的选项有Jacobian Ratio (Corner Nodes)、Jacobian Ratio (MAPDL)以及Jacobian Ratio (Gauss Points)，其中，Jacobian Ratio (Corner Nodes) 的数值介于－1(最差)和1(最佳)之间，应当避免出现≤0的情况。Jacobian Ratio (MAPDL)是Jacobian Ratio (Corner Nodes)的倒数，介于负无穷到正无穷之间，但绘图时小于零的单元被赋值－100，应避免出现≤0的情况，Jacobian Ratio (MAPDL) 的数值在1附近最佳。Jacobian Ratio (Gauss Points) 的计算相对不很严格，是基于积分点计算，数值介于－1(最差)和1(最佳)之间，应当避免出现≤0的情况。

d. Warping Factor

Warping Factor是基于四边形Shell单元或实体单元(六面体、三棱柱体或金字塔四棱锥体单元)的四边形表面形状计算的，是实体单元的表面单元或三维单元表面扭曲程度的一种度量指标，此参数越大，则表示单元质量越差，或可能暗示网格划分存在缺陷。

e. Parallel Deviation

Parallel Deviation为单元的对边平行偏差的度量指标，是一个角度，此角度越大对边越不平行。

f. Maximum Corner Angle

Maximum Corner Angle为单元的最大内角指标，此角度越大单元形状越差，且会导致退化单元。

g. Skewness

Skewness是最基本的网格质量评价指标之一，Skewness决定了一个单元表面形状与理想情形(即等边三角形或正方形)的接近程度，其取值范围是由0到1。一般地，0表示网格形状最为理想，而1.0表示单元为退化形状。表3-9列出了不同Skewness范围及其对应的质量评价。基于Skewness的评价指标，高度歪斜的网格是不可接受的，因求解程序是基于网格是相对低歪斜程度编写的。

表3-9 Skewness范围与网格质量

Skewness	1.0	0.9～1.0	0.75～0.9	0.5～0.75	0.25～0.5	0.0～0.25	0.0
网格质量	最差	差	较差	一般	良	优	最佳

h. Orthogonal Quality

Orthogonal Quality为网格的正交质量指标。

i. Characteristic Length

特征长度(有时也称为特征尺寸)指标用于计算时间步是否满足Courant-Friedrichs-Lewy (CFL)条件。多用于显式动力学分析和流体动力学分析，此条件控制着求解的稳定性，使求解稳定的时间步长可表述为

$$\Delta t \leqslant f[h/c]_{\min}$$

式中 f——系数，可取0.9；

h——特征长度；

c——介质声速。

表3-10中为不同单元类型的特征长度。

表3-10 不同单元类型的特征长度

单元类型	特征长度指定
六面体或楔形体	单元体积除以单元最长对角线平方乘以$\sqrt{2}/3$
四面体	任意单元节点到对面的最小距离

以上各种网格评价指标在网格质量评价中的作用汇总列于表3-11中。各种评价指标的具体定义和计算公式，这里不再逐个进行介绍，感兴趣的读者可参考ANSYS Mesh用户手册。

表3-11 ANSYS Mesh Metrics的类型与描述

Mesh Metrics类型	描 述
Element Quality	基于总体积和单元边长平方、立方和的比值的单元综合质量评价指标，介于0～1之间
Aspect Ratio Calculation for Triangles	三角形单元的纵横比指标，等边三角形为1，越大单元质量越差
Aspect Ratio Calculation for Quadrilaterals	四边形单元的纵横比指标，正方形为1，越大单元形状越差
Jacobian Ratio	Jacobian比质量指标，此比值越大，等参元的变换计算越不稳定
Warping Factor	单元扭曲因子，此因子越大表面单元翘曲程度越高
Parallel Deviation	平行偏差，此指标越高单元质量越差
Maximum Corner Angle	相邻边的最大角度，接近180°会形成质量较差的退化单元
Skewness	单元偏斜度指标，是基本的单元质量指标，此值在0～0.25时单元质量最优，在0.25～0.5时单元质量较好，建议不超过0.75
Orthogonal Quality	范围是0到1之间，其中0为最差，1为最优

在Mesh Metric项目列表中，可选择以上各种指标之一进行统计显示，如图3-73(a)所示。对于其中任何一个指标，比如选择Jacobian Ratio (MAPDL)，可统计此指标的最大值、最小值、平均值以及标准差，如图3-73(b)所示。

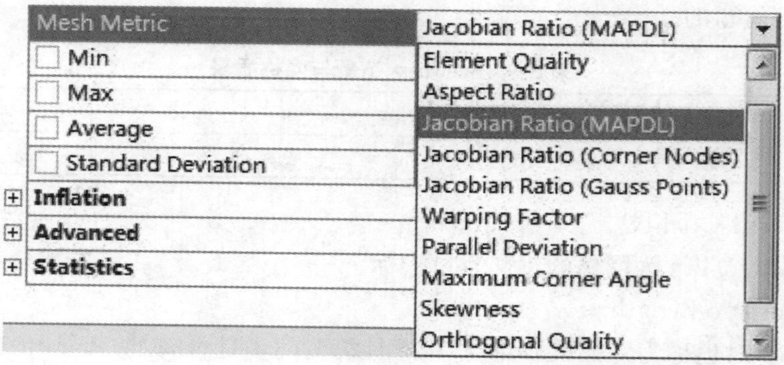

(a)

图 3-73

Mesh Metric	Jacobian Ratio (MAPDL)
Min	1.
Max	39.403
Average	1.3491
Standard Deviation	1.765

(b)

图 3-73　Mesh Metric 选项列表

对于每一种所选择的评价指标，还可显示分区间的单元分布情况，可以在 Graph 区域的 Mesh Metrics 面板中显示各种形状单元的数值分布情况柱状图，直观地给出网格质量的统计信息，单击条形图的每一个条带，可以在图形区域中显示出落入此条带范围的单元。如图 3-74 所示为一个模型中单元的 Skewness 值分布情况，其中包含四面体单元 Tet10、六面体单元 Hex20、楔形体单元 Wed15 以及金字塔椎体单元 Pyr13 的统计信息。

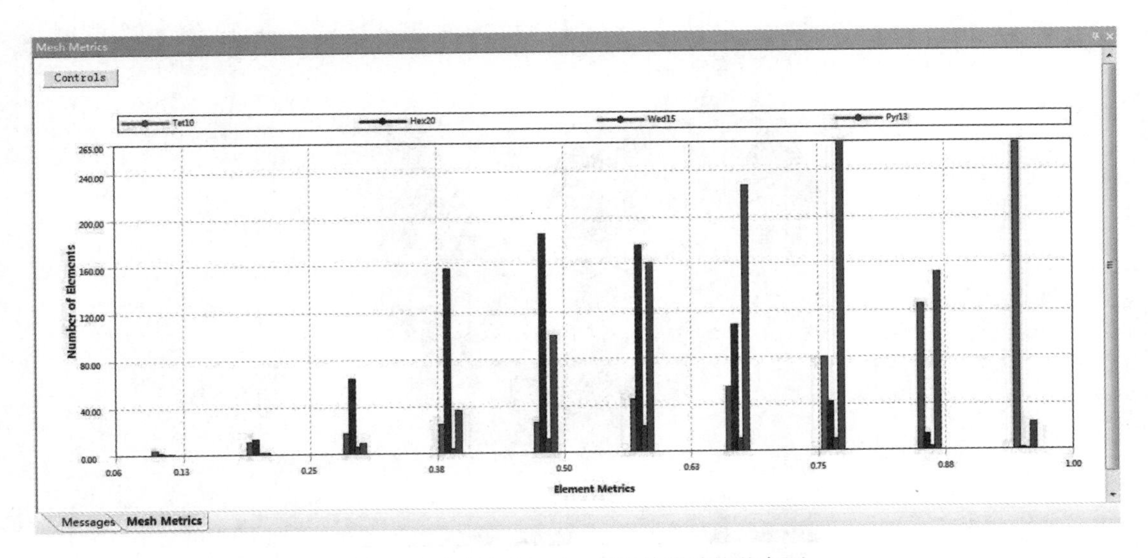

图 3-74　Mesh Metrics 面板的统计柱状条图

点击柱状图中的某一个柱条，可在模型中显示对应偏斜率范围单元的位置分布情况。如图 3-75 所示，图 3-75(a)显示 Skewness 为 0.5 附近 Hex20 单元的分布情况，图 3-75 (b)显示 Skewness 为 0.75 附近的 Pyr13 单元的分布情况。

对于其他的评价指标，均可报告各种统计特性以及进行分区间的网格分布显示，这对诊断网格划分的质量有很大帮助。如果网格质量较差，还可通过改善几何质量、添加 Virtual Topology 合并破碎面、添加 pinch 控制、通过 Sizing 选项减小网格尺寸或添加 Refinement 选项加密网格等手段并重新划分网格以改善网格的质量。在 Mesh Metric 选项列表中选择 None，则会关闭 Mesh Metric 面板以及网格质量分析功能。

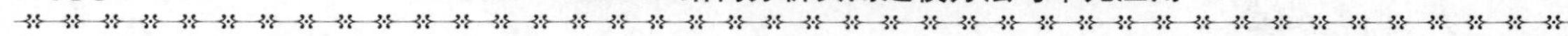

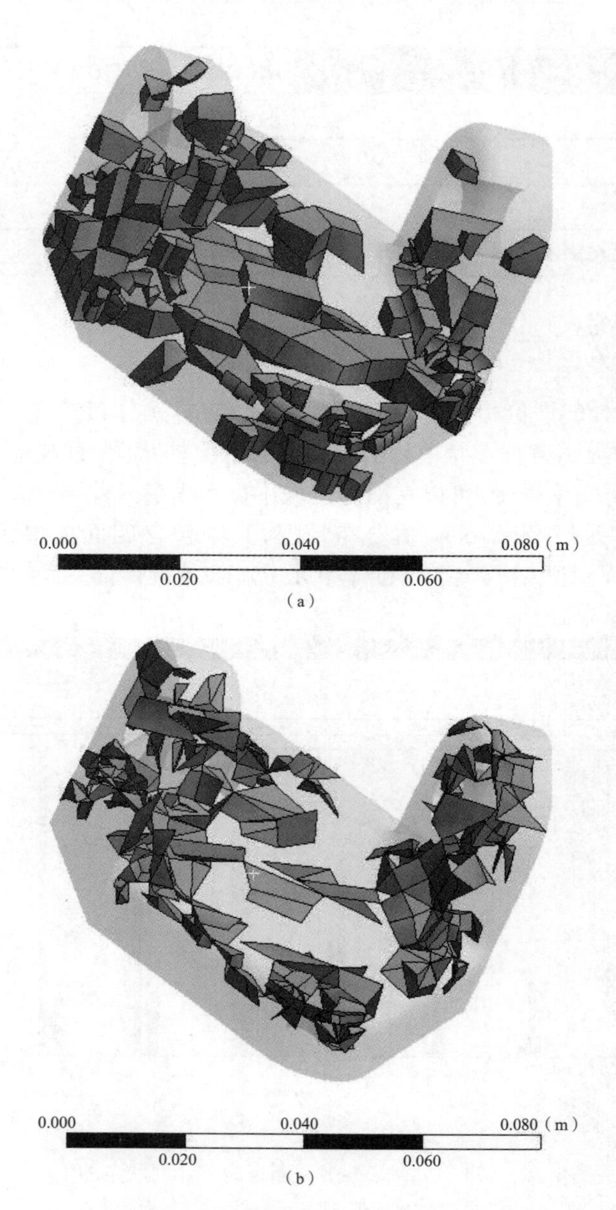

图 3-75 基于指标统计的单元分布位置

3.3 连续实体结构的典型建模案例

3.3.1 二维轴对称问题实例:压力容器轴对称分析模型

本节以一个压力容器轴对称分析问题为例,介绍 2D 连续结构建模方法。

1. 问题描述

某压力容器总高度为 1800 mm,封头为标准椭圆封头,上下两端均有一个直径 100 mm 的开孔,为上下对称结构,现采用轴对称分析,剖面的其他详细尺寸如图 3-76 所示。

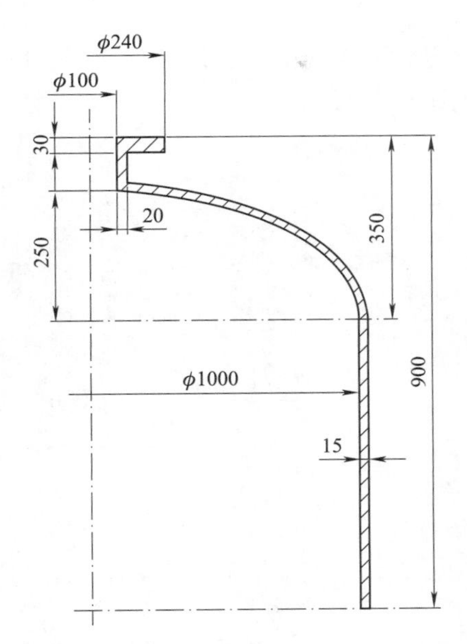

图 3-76　压力容器尺寸(单位:mm)

2. 创建 Geometry 组件和项目文件

(1)启动 Workbench 并创建 Geometry 组件。启动 ANSYS Workbench,在 Workbench 窗口左侧的 Toolbox 中,双击 Component Systems 下的 Geometry,创建一个 Geometry 组件系统,如图 3-77 所示。

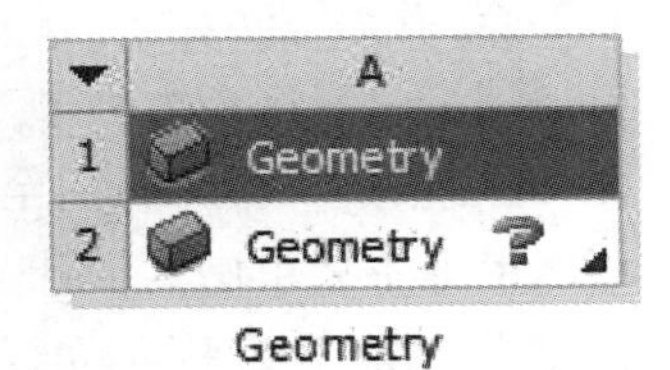

图 3-77　Geometry 组件系统

(2)设置 Geometry 分析类型。勾选菜单 View>Properties,单击 A2 Geometry 单元格,在窗口右侧的 Properties 窗口中,将 Analysis Type 由 3D 改为 2D,如图 3-78 所示。

Properties of Schematic A2: Geometry

	A	B
1	Property	Value
18	Advanced Geometry Options	
19	Analysis Type	2D

图 3-78　分析类型设置

(3)保存项目文件。在 Workbench 窗口的菜单中,单击 File→Save,输入“2D Model”作为名称,保存当前项目文件。

3. 创建几何模型

在 Workbench 的 Project Schematic 窗口中选择 A2 Geometry 单元格,在其右键菜单中选择 New Spaceclaim Geometry…,启动 SCDM。按下面步骤在 SCDM 界面中进行几何建模操作。

(1)设置草图平面

启动 SCDM 后,程序自动创建一个名为“设计 1”的设计窗口,并自动激活至草图模式,且当前激活平面为 *XZ* 平面,如图 3-79 所示。

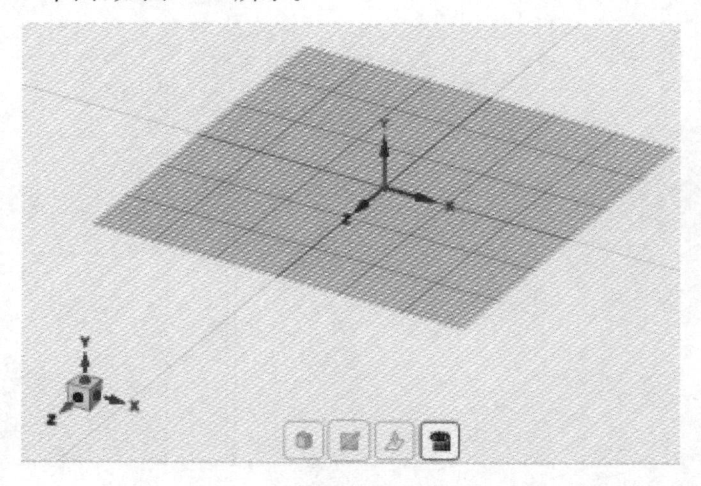

图 3-79　*XZ* 平面草图模式

由于 ANSYS 轴对称分析必须在 *XY* 平面内建模,因此需要将当前激活的草图平面切换至 *XY* 平面,操作方法如下:

单击图形显示区下方微型工具栏中的图标,移动鼠标至 *XY* 平面高亮显示,然后单击鼠标左键,此时草图平面已激活至 *XY* 平面,如图 3-80 所示。

依次单击主菜单中的设计→定向→图标或微型工具栏中的图标,也可直接单击字母“V”键,正视当前草图平面,如图 3-81 所示。

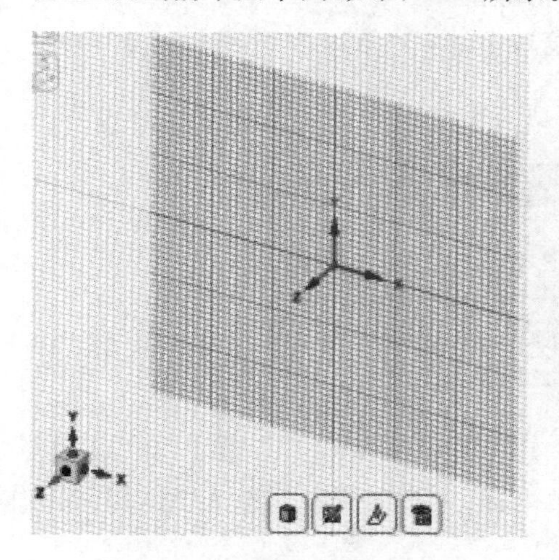

图 3-80　切换草图平面

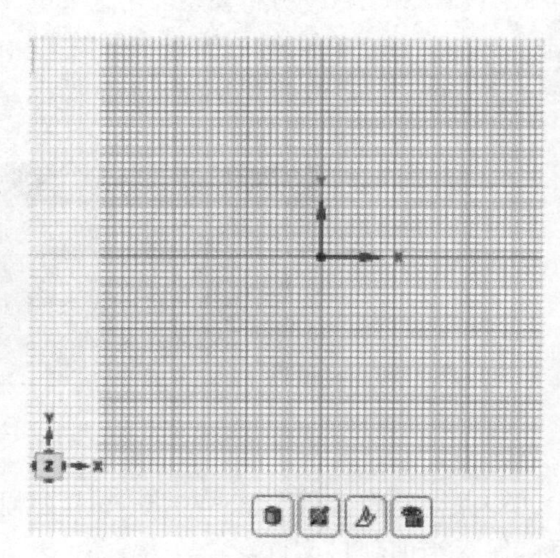

图 3-81　正视草图平面

(2)绘制回转轴线

按照如下步骤进行操作:

①依次单击主菜单中的设计→草图→参考线工具。

②移动鼠标光标至坐标原点，然后单击鼠标左键作为参考线起点。

③竖直向上拖动鼠标至长度约 1000 mm(或直接输入数值)时，单击鼠标左键作为参考线终点，完成轴线的创建，如图 3-82 所示。

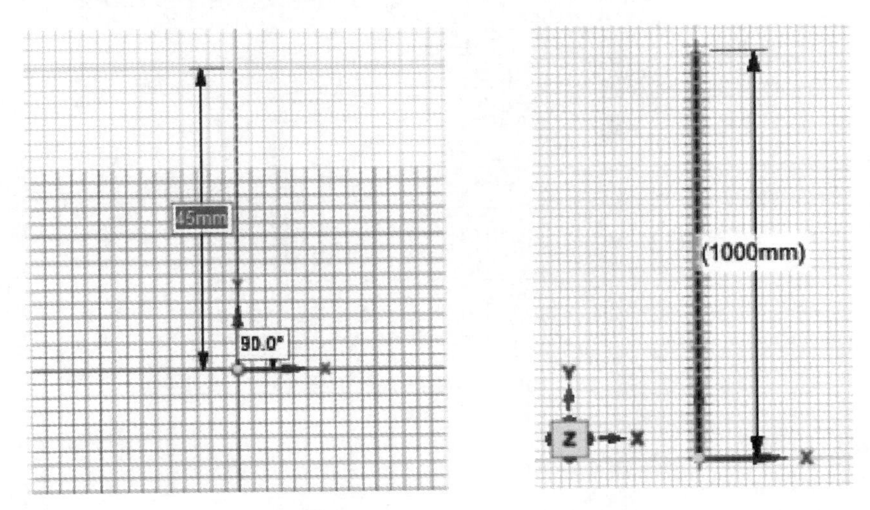

图 3-82　绘制回转轴线

(3)绘制容器桶壁草图

按照如下步骤进行操作：

①依次单击主菜单中的设计→草图→矩形工具，或直接按“R”键。

②将鼠标光标放置在坐标原点处(不单击鼠标)，然后按住“Shift”键并水平向右拖动鼠标，输入数值 500 mm，然后敲击回车键确定矩形左下角的端点位置，如图 3-83 所示。

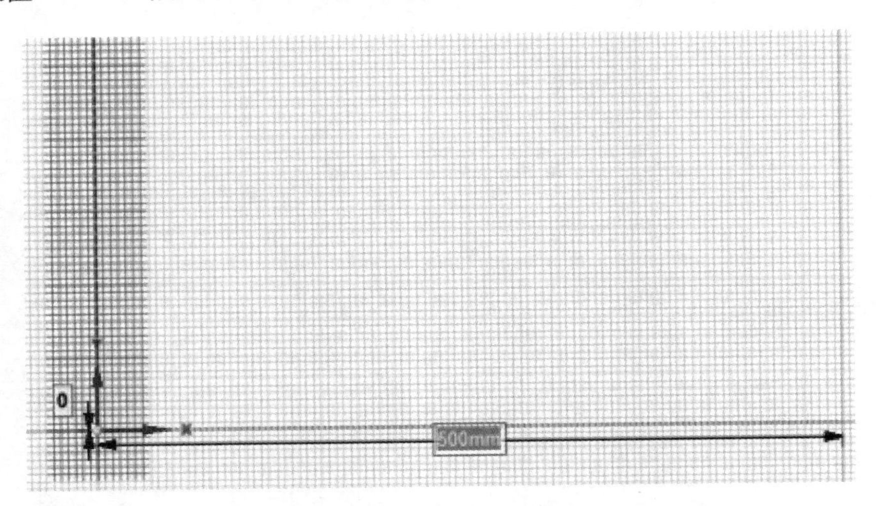

图 3-83　确定矩形左下角端点

③向窗口右上方拖动鼠标，此时会出现一个矩形线框，通过“Tab”键可切换矩形宽度及高度的输入框激活状态，分别输入 15 mm 作为矩形宽度，输入 550 mm 作为矩形的高度，然后敲击回车键，如图 3-84 所示。

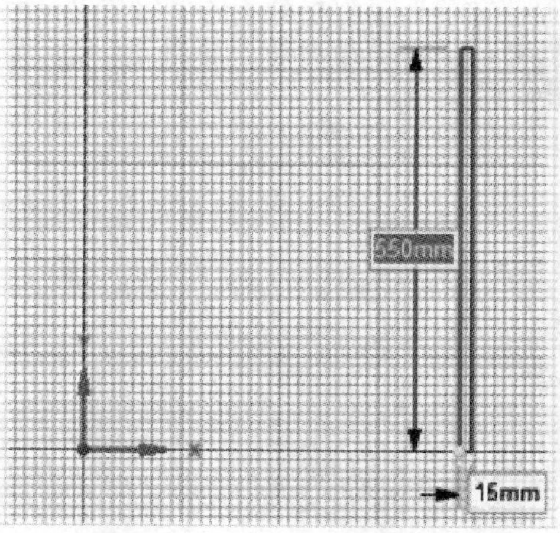

图 3-84 确定矩形右上角端点

(4)创建法兰盘草图

按照如下步骤进行操作：

①依次单击主菜单中的设计→草图→矩形工具，或直接按“R”键。

②将鼠标光标放置在坐标原点处(不单击鼠标)，然后按住“Shift”键并向右上方拖动鼠标，通过“Tab”键切换并输入相对于原点的水平及竖向距离，分别为 50 mm 及 870 mm，然后敲击回车键确定矩形左下角的端点位置。

③向窗口右上方拖动鼠标，此时会出现一个矩形线框，通过“Tab”键可切换矩形宽度及长度的输入框激活状态，分别输入 70 mm 作为矩形宽度，输入 30 mm 作为矩形的长度，然后敲击回车键，如图 3-85 所示。

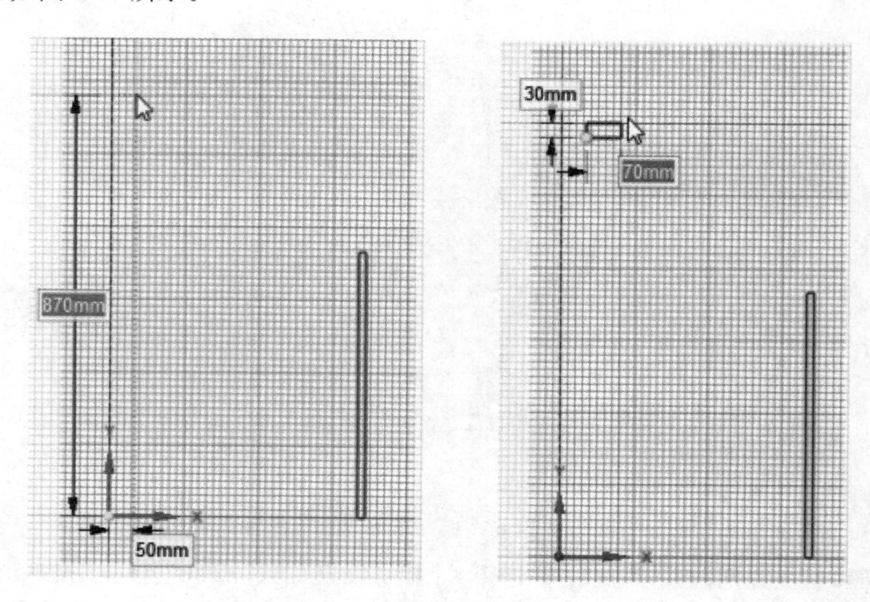

图 3-85 绘制法兰盘草图

(5)创建开孔桶壁草图

按照如下步骤进行操作：

①依次单击主菜单中的设计→草图→矩形工具，或直接按“R”键。

②将鼠标光标放置在法兰盘矩形左下角端点处，单击鼠标左键，然后向右下方拖动鼠标，此时会出现一个矩形线框，通过“Tab”键切换并输入相对于法兰盘矩形左下角端点的水平及竖向距离，分别为20 mm及70 mm，然后敲击回车键确定矩形右下角的端点位置，如图3-86所示。

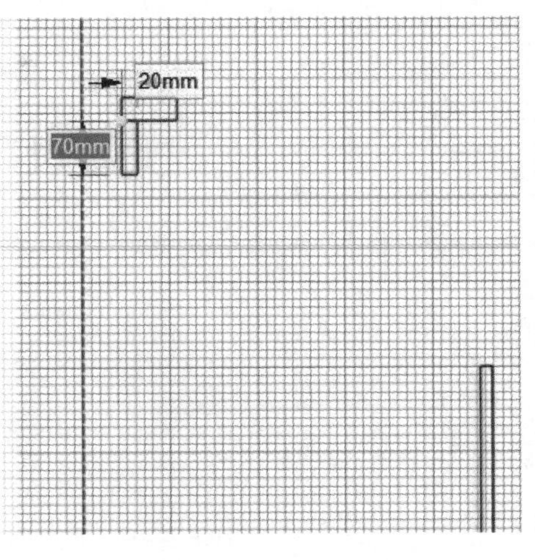

图3-86 创建开孔桶壁草图

(6)创建参考线

此压力容器桶体变径段为椭圆结构，因此本步操作通过创建辅助线的形式确定绘制椭圆所需的关键要素点，具体操作方法如下：

①依次单击主菜单中的设计→草图→参考线工具。

②移动鼠标光标至开孔壁草图矩形的左下角端点并单击鼠标左键，然后水平拖动鼠标至回转轴线，再次单击鼠标左键，完成第一条参考线的绘制。

③参照上述步骤创建以容器桶壁草图矩形左上角端点为起点的第二条参考线，如图3-87所示。

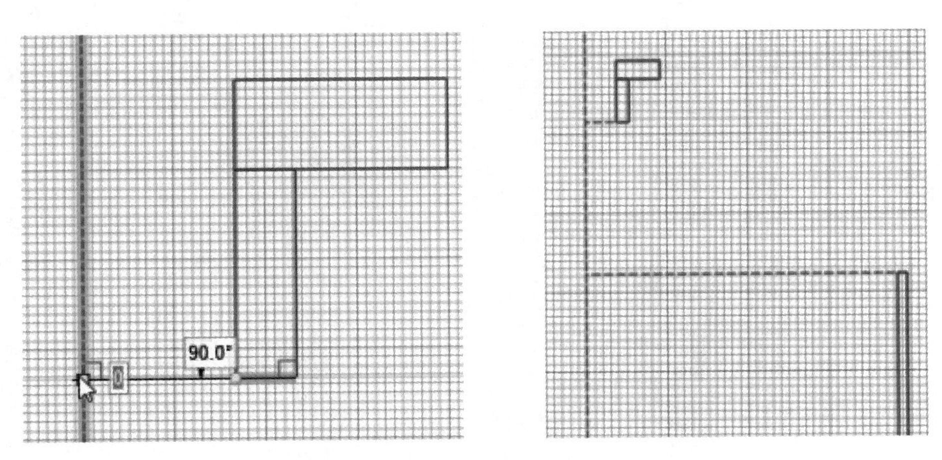

图3-87 创建辅助线

(7)绘制椭圆封头

按照如下步骤进行操作：

①依次单击主菜单中的设计→草图→椭圆工具。

②依次单击第二条辅助线左端点作为椭圆中心点，右端点作为椭圆长轴端点，第一条辅助线左端点作为椭圆短轴端点，完成椭圆绘制，如图3-88所示。

③单击主菜单中的设计→草图→偏移曲线工具。

④单击先前绘制的椭圆，然后输入 15 mm，完成封头外轮廓的绘制，如图 3-89 所示。

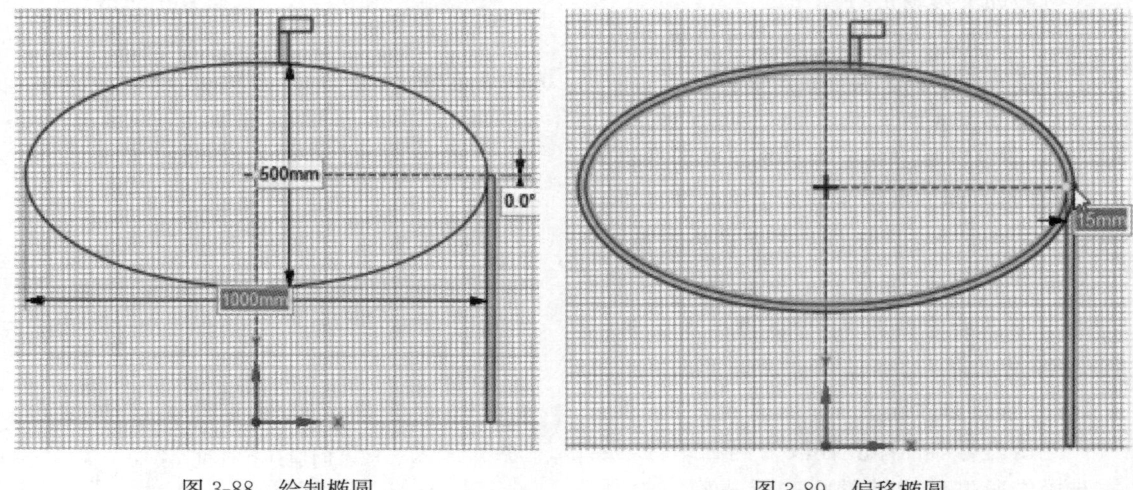

图 3-88　绘制椭圆　　　　图 3-89　偏移椭圆

⑤单击主菜单中的设计→草图→创建角工具，分别点选开孔桶壁矩形左侧边及内椭圆，建立上述两对象之间的连接，如图 3-90 所示。

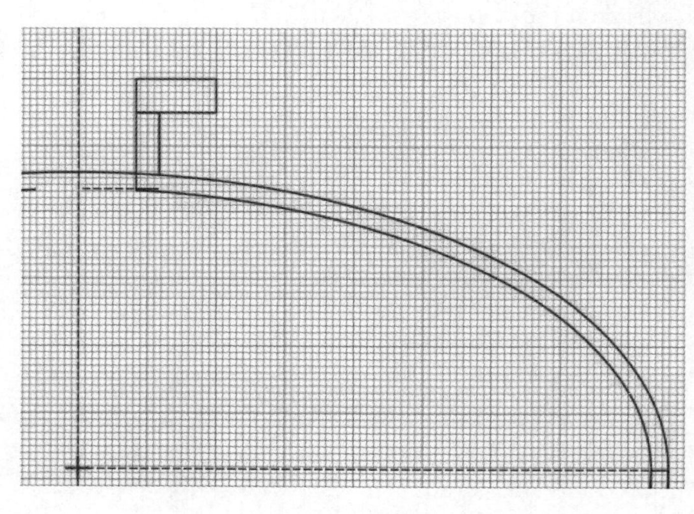

图 3-90　创建角

⑥单击主菜单中的设计→草图→剪掉工具，或按快捷键“T”，分别点选图形中各无关边线，将其删除，如图 3-91 所示。

(8)完成草图绘制

单击主菜单中的设计→模式→三维模式工具，或按快捷键“D”，进入三维模式，最终完成的模型如图 3-92 所示。

(9)保存设计

关闭 SCDM，在 Workbench 窗口的菜单中选择 File→Save，保存当前项目文件。

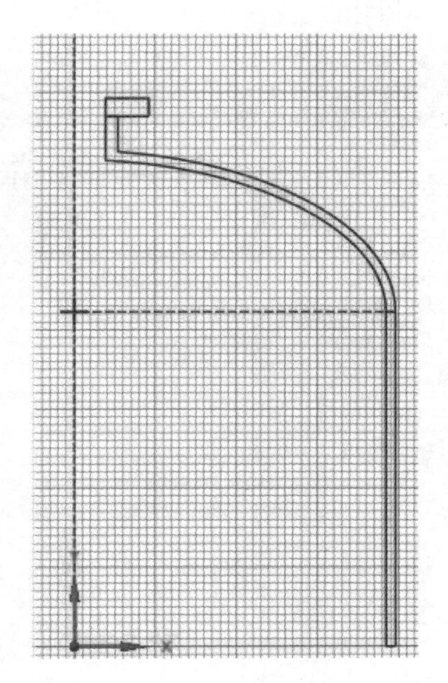

图 3-91　剪切无关边线后的 2D 草图

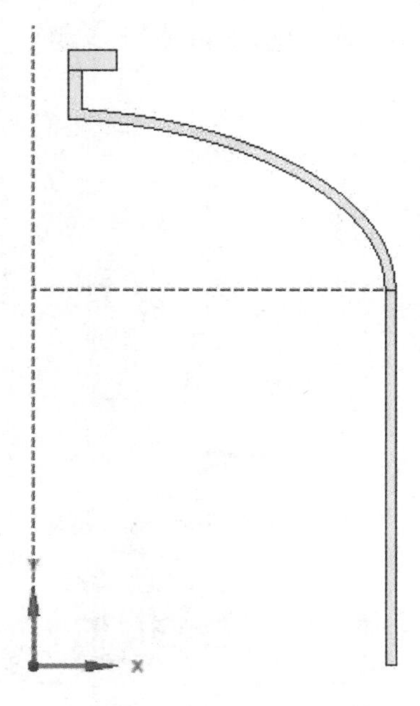
图 3-92　3D 模式下的模型

4. 创建 Mechanical Model 系统

在 Workbench 左侧 Toolbox 的组件系统中，拖动 Mechanical Model 组件系统至 A2 Geometry 单元格上释放，搭建如图 3-93 所示的 Mechanical Model 系统。

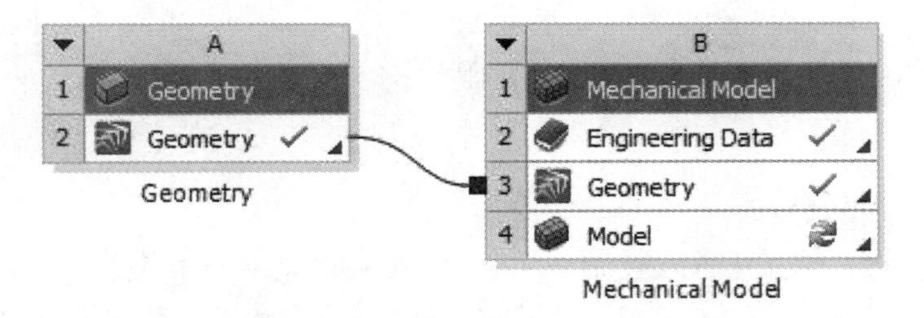

图 3-93　项目流程图

5. 建立有限元模型

(1)启动 Mechanical 组件界面

在 Workbench 的 Project Schematic 中双击 B4 Model 单元格，启动 Mechanical 界面，此时 Mechanical 界面图形显示区域显示出压力容器的 2D 几何模型，如图 3-94 所示。

(2)设置 2D Behavior 选项

在左侧 Outline 树中依次单击 Model(B4)→Geometry，在窗口左下方的属性设置窗口中将 2D Behavior 改为 Axisymmetric，如图 3-95 所示。

(3)设置虚拟拓扑

在 Outline 树中选择 Model(B4)，在其右键菜单中选择 Insert→Virtual Topology，此时 Outline 树中将添加 Virtual Topology 分支；在此 Virtual Topology 分支的右键菜单中选择

Generate Virtual Cells，此时程序会自动创建边、面虚拟拓扑，图形显示窗口中亦会高亮显示相关的边、面，如图 3-96 所示。

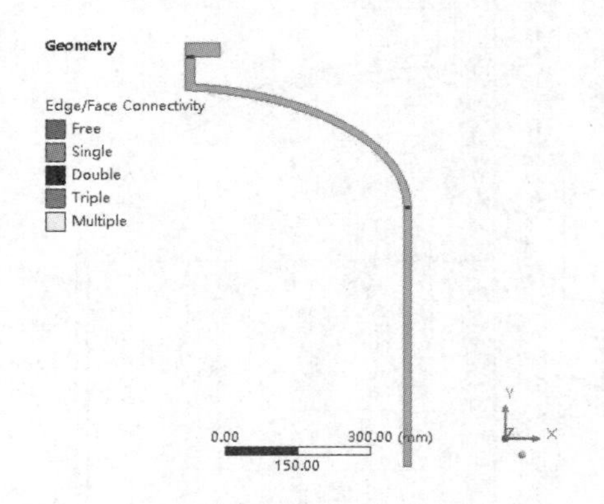

图 3-94　压力容器 2D 模型

Details of "Geometry"

Definition	
Source	D:\ANSYS BOOK\Model\2D ...
Type	SpaceClaim
Length Unit	Meters
Element Control	Program Controlled
2D Behavior	Axisymmetric
Display Style	Body Color
Bounding Box	
Properties	
Statistics	

图 3-95　属性设置

Details of "Virtual Topology"

Definition	
Method	Automatic
Behavior	Low
Advanced	
Generate on Update	No
Simplify Faces	No
Merge Face Edges	Yes
Lock Position of Depende...	Yes
Statistics	
Virtual Faces	1
Virtual Edges	2

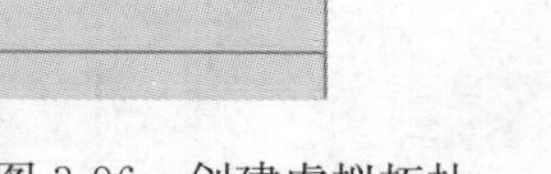

图 3-96　创建虚拟拓扑

(4)设置面映射选项

在结构树中鼠标左键选中 Model(B4)→Mesh，在右键菜单中单击 Insert→Face Meshing，然后在窗口左下方的 Face Meshing 设置选项 Scope→Geometry 中选中所有面，如图 3-97 所示。

Details of "Face Meshing" - Mapped Fa...

Scope	
Scoping Method	Geometry Selection
Geometry	2 Faces
Definition	
Suppressed	No
Mapped Mesh	Yes
Method	Quadrilaterals
Constrain Boundary	No
Advanced	
Specified Sides	No Selection

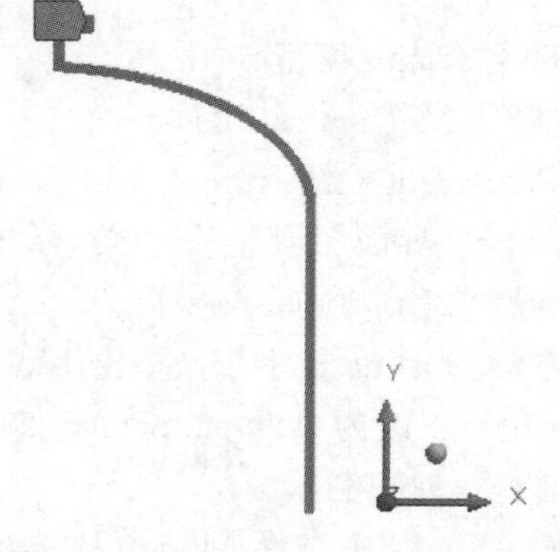

图 3-97　设置网格面映射控制

(5)设置边尺寸控制

在 Outline 树中选中 Model(B4)→Mesh,在其右键菜单中选择 Insert→Sizing,添加一个 Sizing 分支。利用框选的方式选中所有的边,然后在 Sizing 分支的 Details 中选择 Scope→Geometry 并按下 Apply 按钮,这时 Geometry 选项中显示 10Edges;设置 Element Size 选项为 5 mm,如图 3-98 所示。

Details of "Edge Sizing" - Sizing	
Scope	
Scoping Method	Geometry Selection
Geometry	10 Edges
Definition	
Suppressed	No
Type	Element Size
Element Size	5. mm
Advanced	
Size Function	Curvature
Curvature Normal Angle	Default (30.0 °)
Growth Rate	Default (1.850)

图 3-98 设置边线网格控制

(6)生成网格

在 Outline 树中选择 Model(B4)→Mesh 分支,在其右键菜单中选择 Generate Mesh,进行网格划分后得到的有限元模型及上部局部放大的网格如图 3-99 所示。

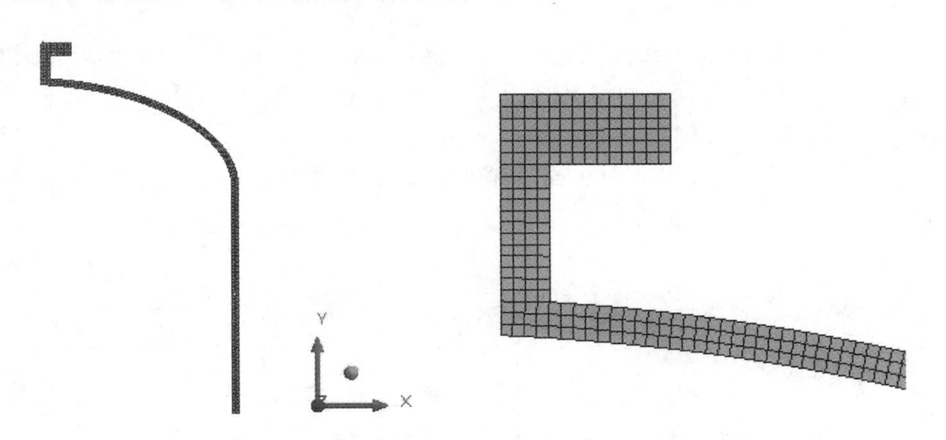

图 3-99 离散后的网格及局部放大图

在 Outline 树中选择 Model(B4)→Mesh 分支,在其 Details 中展开 Statistics 分支,可查看模型的节点及单元数目,如图 3-100 所示。

(7)查看网格质量

在 Outline 树中选择 Model(B4)→Mesh,在窗口左下方的 Details of "Mesh"中,展开 Quality 分支,在下拉列表中选择 Mesh Metric 为 Element Quality,在窗口中间的底部会以柱状图的形式显示当前网格质量的统计信息,如图 3-101 所示。

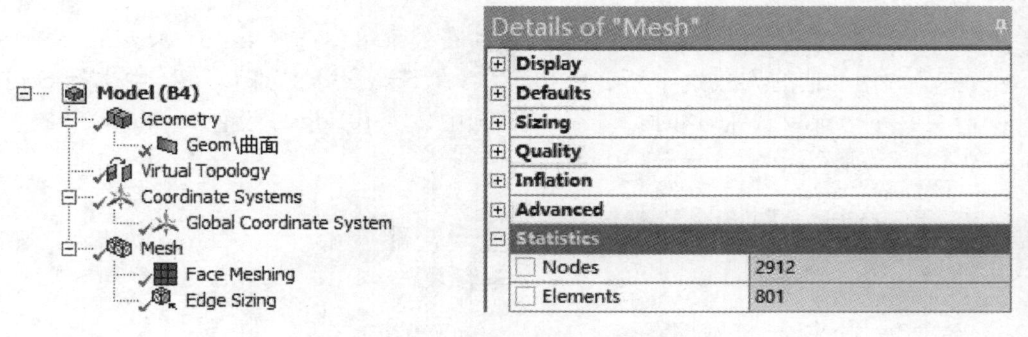

图 3-100　结构树及网格数量信息

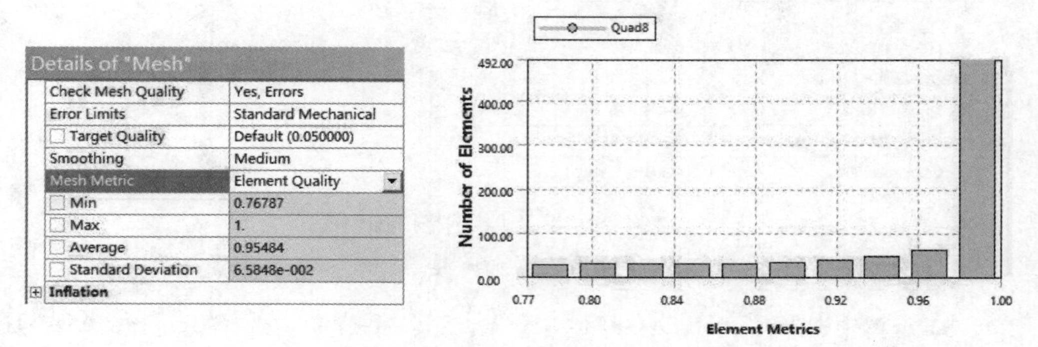

图 3-101　Element Quality 数据

一般地，Element Quality 数值越靠近 1 表明网格质量越高，越靠近 0 表明网格质量越低，从图 3-101 中可以看出，该网格的 Element Quality 数值在 0.76787～1 之间，平均值大于 0.95，网格的质量较高。

如果更改 Mesh Metric 为 Skewness，则窗口中间底部区域会以柱状图的形式显示当前网格质量指标 Skewness 信息，如图 3-102 所示。

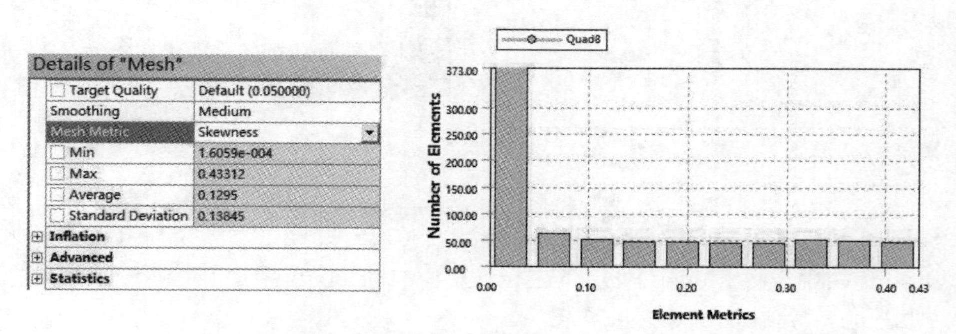

图 3-102　Skewness 数据

一般地，Skewness 数值越靠近 0 表明网格质量越高，越靠近 1 表明网格质量越低，从图 3-102 中可以看出，该网格的 Skewness 数值在 1.6059×10^{-4}～0.43312 之间，平均值约为 0.1295，因此网格质量满足要求。

3.3.2　三维实体结构建模实例：实体底座

1. 问题描述

本节以一个三维支架底座为例，介绍 3D 连续体的建模方法。支架外形直径为 62 mm，最大厚度为 32 mm，其他详细尺寸如图 3-103 所示。

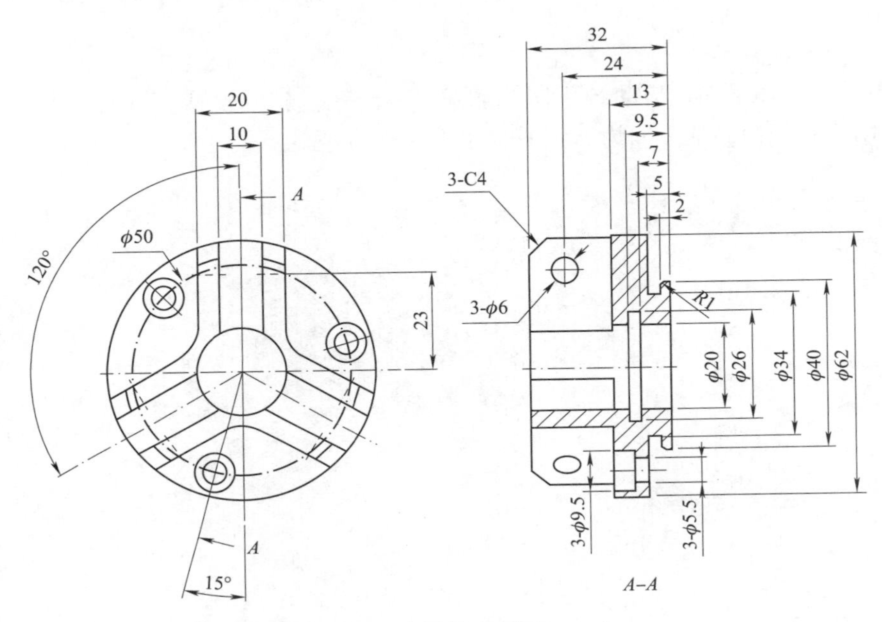

图 3-103　支架尺寸(单位：mm)

2. 创建 Geometry 组件和项目文件

按照如下步骤操作：

(1) 启动 Workbench 并创建 Geometry 组件。启动 ANSYS Workbench，在 Workbench 窗口左侧的 Toolbox 中，双击 Component Systems 下的 Geometry，创建一个 Geometry 组件系统，如图 3-104 所示。

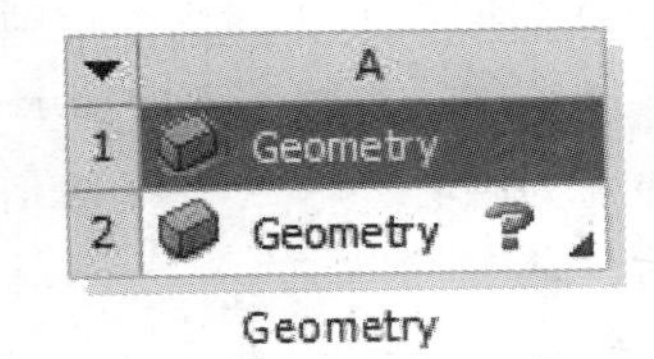

图 3-104　创建 Geometry 组件系统

(2) 设置 Geometry 分析类型。勾选菜单 View > Properties，单击 A2 Geometry 单元格，在窗口右侧的 Properties 窗口中确认 Analysis Type 选项为 3D，如图 3-105 所示。

Properties of Schematic A2: Geometry

	A	B
1	Property	Value
9	⊞ Basic Geometry Options	
18	⊟ Advanced Geometry Options	
19	Analysis Type	3D

图 3-105　分析类型设置

(3)保存项目文件。在 Workbench 窗口的菜单中,单击 File→Save,输入“3D Model”作为文件名称,保存当前项目文件。

3. 创建几何模型

在 Workbench 的 Project Schematic 窗口中选择 A2 Geometry 单元格,在其右键菜单中选择 New Spaceclaim Geometry…,启动 SCDM。按下面步骤在 SCDM 界面中进行几何建模操作。

(1)创建支架底盘

①设置草图工作平面。启动 SCDM 后,自动创建一个名为“设计 1”的设计窗口并自动激活草图模式,而且当前激活平面为 *XZ* 平面,如图 3-106 所示。

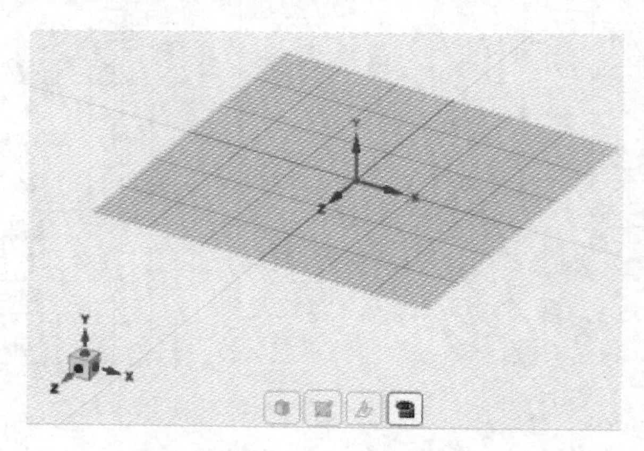

图 3-106 *XZ* 平面草图模式

依次单击顶部工具栏中的设计→定向→图标或微型工具栏中的图标,也可直接按下字母“V”快捷键,正视当前草图平面,如图 3-107 所示。

②绘制一个圆。依次单击顶部工具栏中的设计→草图→圆工具或按快捷键“C”,以坐标原点为圆心并输入直径数值 62 mm 绘制圆,然后单击回车键完成圆的绘制,如图 3-108 所示。

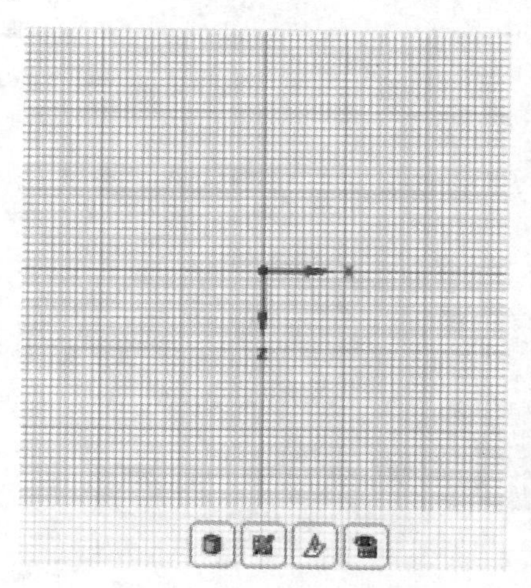

图 3-107 正视草图平面

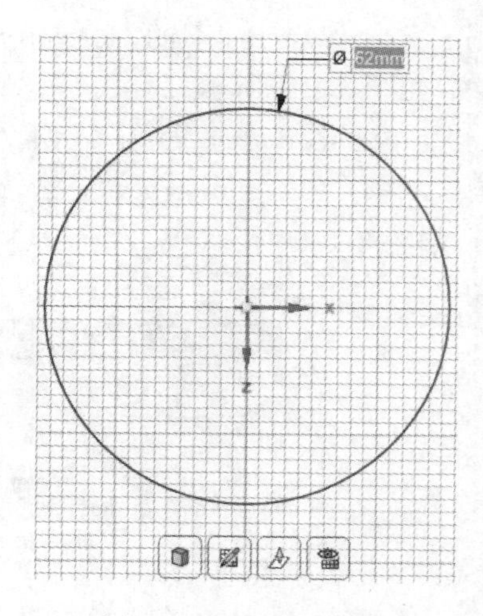

图 3-108 绘制圆草图

③拉动形成底盘。单击主菜单中的设计→编辑→拉动工具，或按快捷键“P”，此时 SCDM 将自动进入三维模式中。按住滚轮，然后拖动鼠标将视角调至便于观察的视角，如图 3-109 所示。用鼠标左键选中圆平面然后拖动鼠标，此时将动态显示圆平面被拉动后的模型，按空格键，然后输入 13 mm 作为拉伸厚度；单击窗口空白位置，完成支架底盘的创建，如图 3-110 所示。

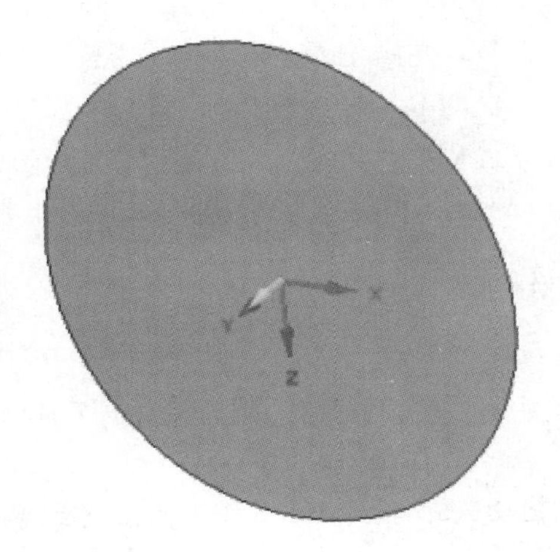

图 3-109　选中拉伸对象

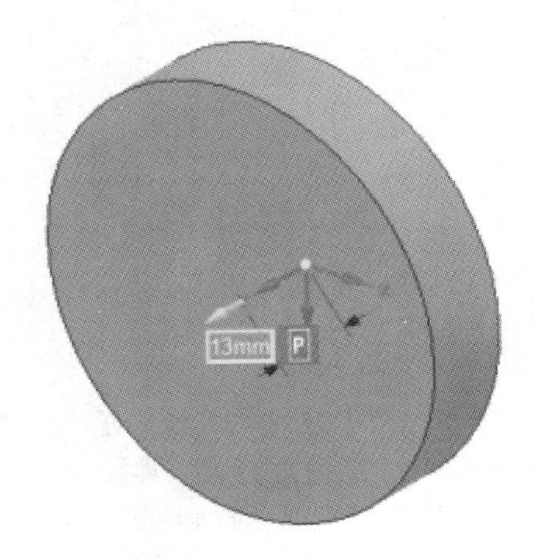

图 3-110　完成拉伸操作

(2)创建底盘开孔

①确保拉动工具处于激活状态，利用鼠标左键选中圆盘边线，然后在微型工具栏或左侧拉动选项中激活复制边工具。

②利用“Tab”键调整复制方向，然后向圆心侧拖动鼠标，之后输入 21 mm 作为偏移距离，然后单击窗口空白处，如图 3-111 所示。

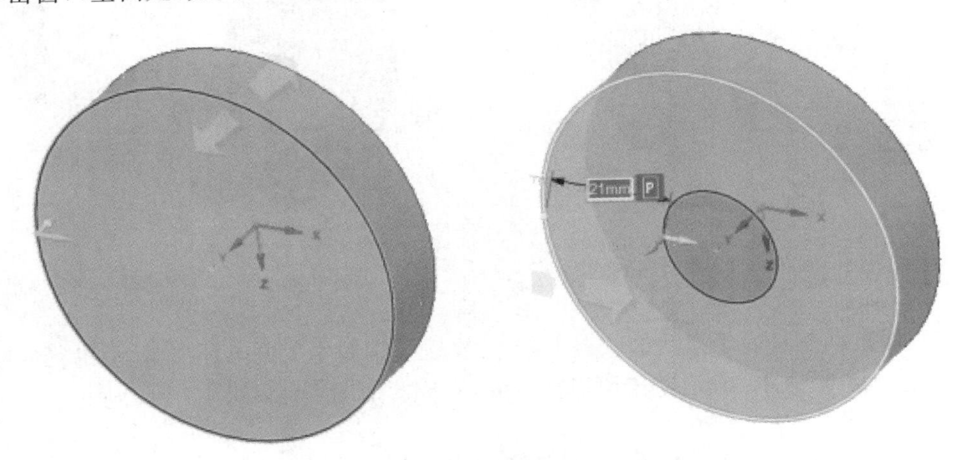

图 3-111　复制并偏移边线

③在确保拉动工具处于激活的状态下，鼠标左键选中新生成的小圆面，然后向另一侧拖动鼠标至完全贯穿，完成底盘模型的开孔操作，如图 3-112 所示。

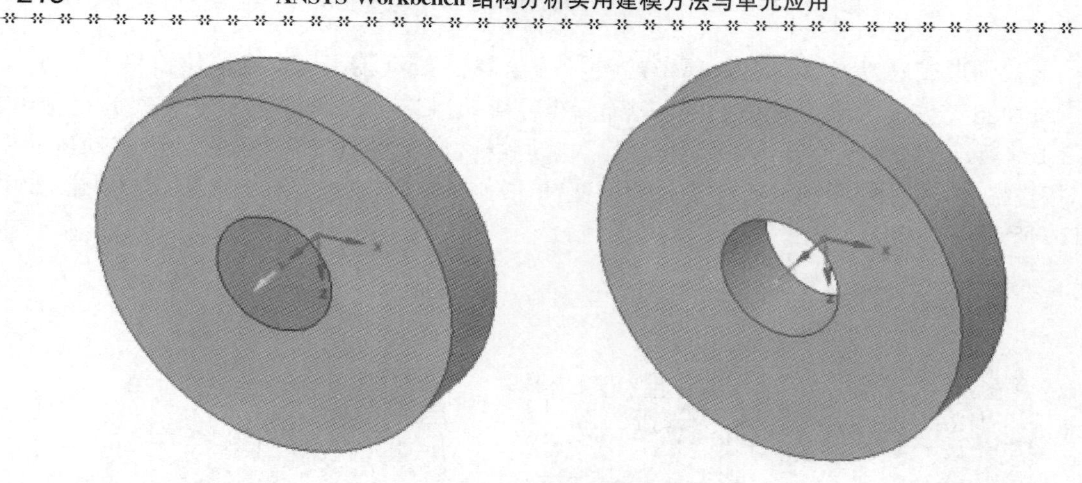

图 3-112　创建底盘圆孔

(3)创建内孔凹槽

①确保拉动工具处于激活状态,利用鼠标左键选中另一侧内孔边线,然后在微型工具栏或左侧拉动选项中激活复制边工具。

②利用“Tab”键调整复制方向,然后沿轴线方向拖动鼠标,输入 7 mm 作为偏移距离,然后单击窗口空白处,如图 3-113 所示。

③重复上面两步,输入 9.5 mm 作为偏移距离,如图 3-114 所示。

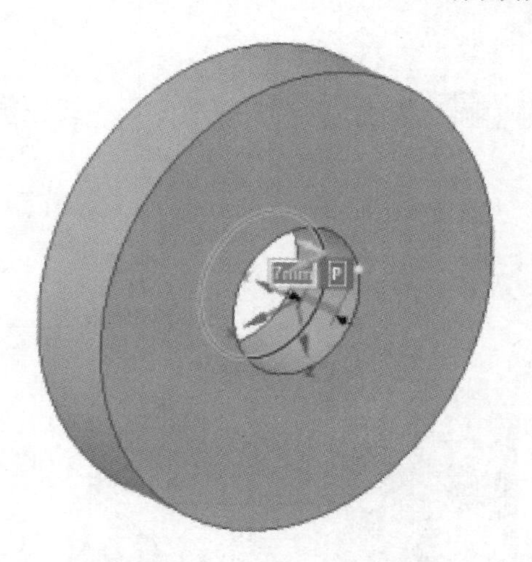

图 3-113　圆孔边线偏移 7 mm

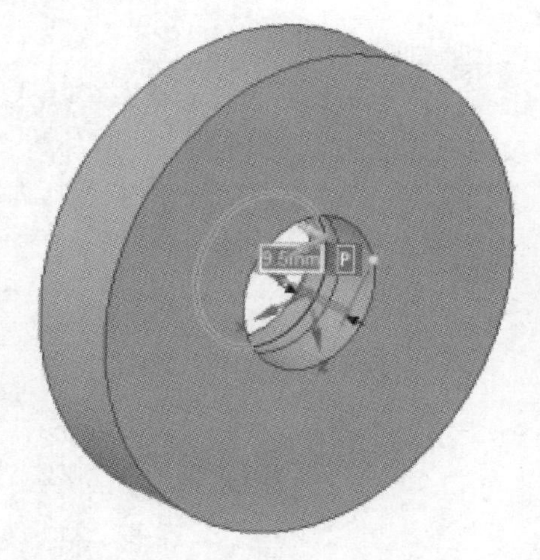

图 3-114　圆孔边线偏移 9.5 mm

④在确保拉动工具处于激活的状态下,鼠标左键选中新生成的圆环面,然后沿径向向外拉动鼠标,并输入半径值 13 mm,单击窗口空白处,完成凹槽的创建,如图 3-115 所示。

(4)创建底盘凸台

①确保拉动工具处于激活状态,利用鼠标左键选中内孔边线,然后在微型工具栏或左侧拉动选项中激活复制边工具。

②利用“Tab”键调整复制方向,然后沿径向向外拖动鼠标,输入 10 mm 作为偏移距离,然后单击窗口空白处,如图 3-116 所示。

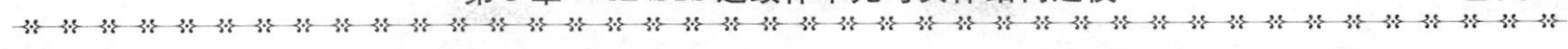

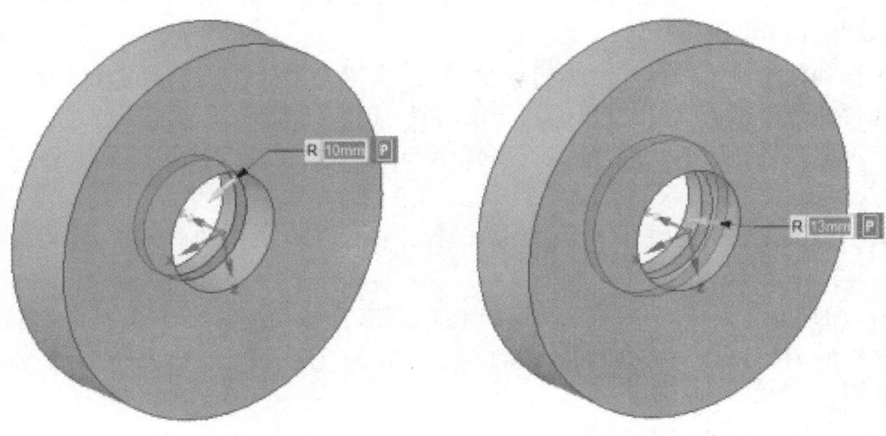

图 3-115　创建内孔凹槽

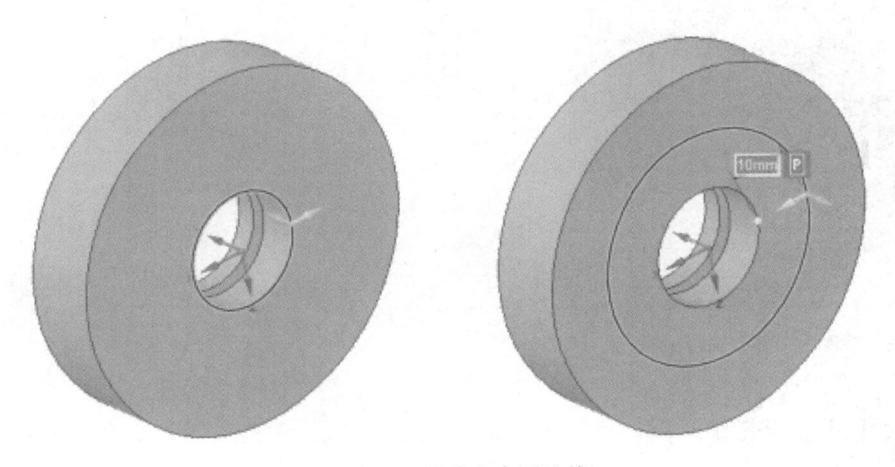

图 3-116　创建凸台圆边线

③在确保拉动工具处于激活的状态下，鼠标左键选中新生成的外圆环面，然后反向拉动鼠标，并输入 5 mm，单击窗口空白处，完成凸台的创建，如图 3-117 所示。

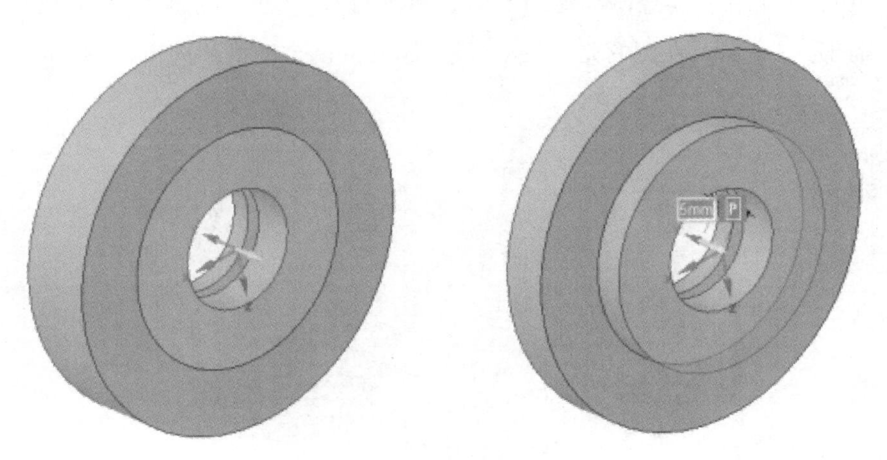

图 3-117　创建底盘凸台

(5)创建凸台凹槽

①单击顶部工具栏中的设计→编辑→选择，或按快捷键“S”，然后移动鼠标至圆盘柱面，此时其轴线将高亮显示，鼠标左键单击选中该轴线，如图 3-118 所示。

②单击顶部工具栏中的设计→模式→剖面模式工具，或按快捷键“X”，此时进入剖面设计模式。

③单击顶部工具栏中的设计→定向→图标或微型工具栏中的图标，也可直接单击字母“V”键，正视当前剖面。

④单击顶部工具栏中的设计→草图→矩形工具，或按快捷键“R”，以凸台根部角点为起点绘制一个矩形，利用“Tab”键切换输入窗口，分别输入矩形的长、宽数值，均为 3 mm，如图 3-119 所示。

图 3-118 选择轴线

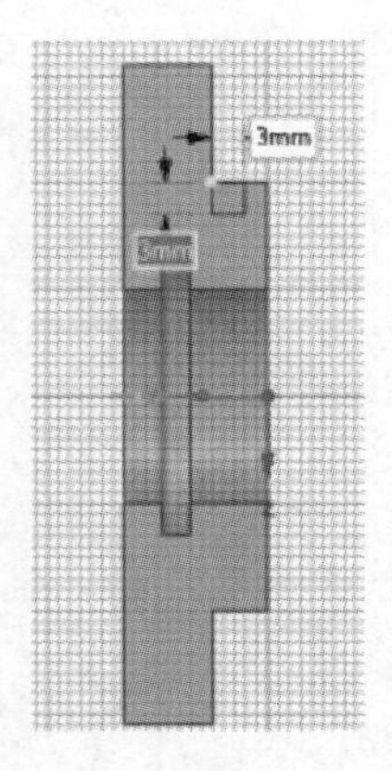

图 3-119 剖面视图

⑤单击顶部工具栏中的设计→编辑→拉动工具，或按快捷键“P”，此时将自动进入三维模式中。

a. 在结构树中选中上一步新生成的平面。

b. 激活图形显示窗口左侧的旋转按钮，然后选中圆盘轴线作为回转轴。

c. 激活窗口左侧拉动选项中的剪切工具 **剪切**。

d. 单击图形显示窗口左侧的完全拉动按钮，完成凸台凹槽的创建，如图 3-120 所示。

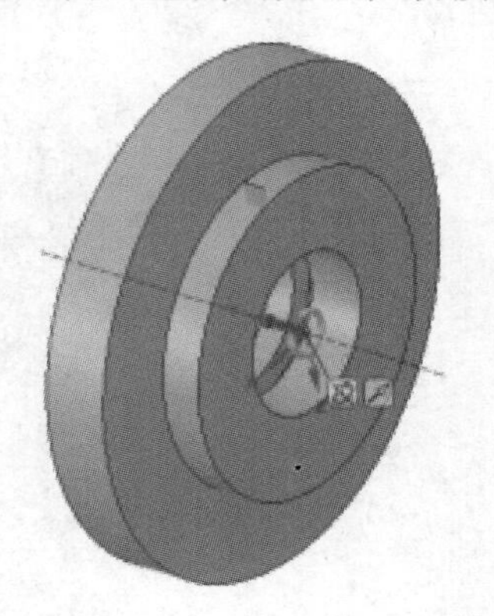

图 3-120 通过拉动切除创建凹槽

(6)创建凸台倒圆角

①确保“拉动”工具处于激活状态,鼠标左键选中凸台内侧环边。

②激活图形窗口左侧拉动选项中的圆角工具,拖动鼠标并按空格键输入圆角半径为 1 mm,按回车键并单击窗口空白区域,完成圆角的创建,如图 3-121 所示。

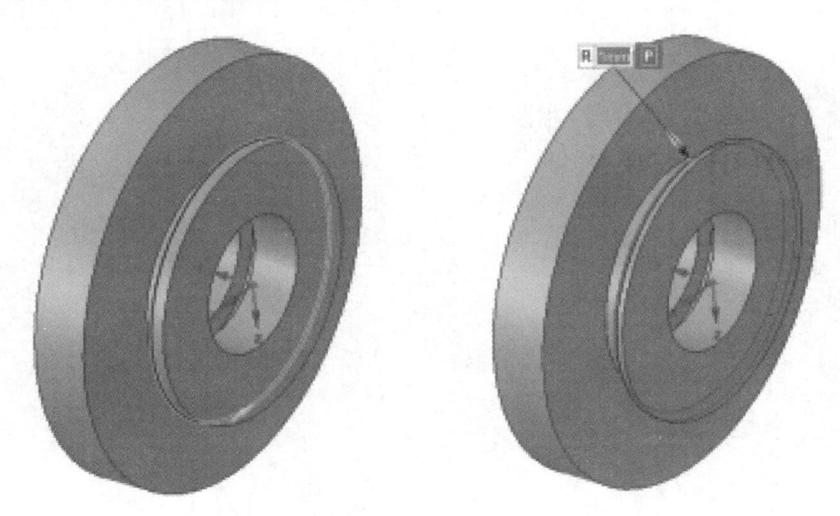

图 3-121　创建凸台圆角

(7)创建翅板模型

①鼠标左键选中底盘一侧端面,然后单击顶部工具栏中的设计→模式→草图模式工具,或通过字母“K”快捷键,进入草绘模式。单击顶部工具栏中的设计→定向→图标或微型工具栏中的图标,也可直接单击字母“V”键,正视当前视图,如图 3-122 所示。

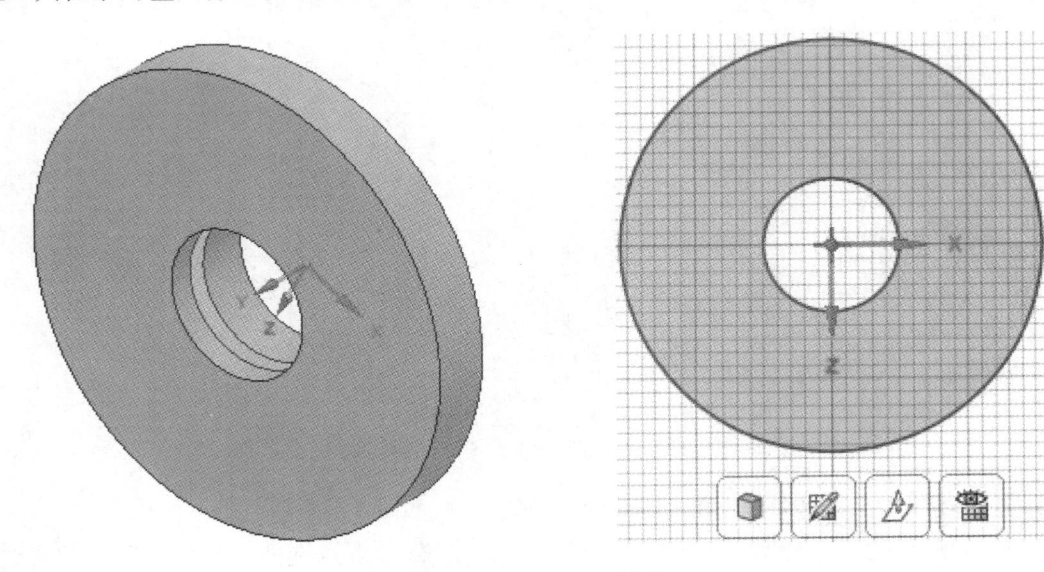

图 3-122　进入草图模式

②单击顶部工具栏中的设计→草图→线工具,以坐标原点为起点竖直向上画一条直

线,类似的向左下方再画一条与其夹角120°的另一条直线,上述角度可通过切换"Tab"键的方式进行输入,如图3-123所示。

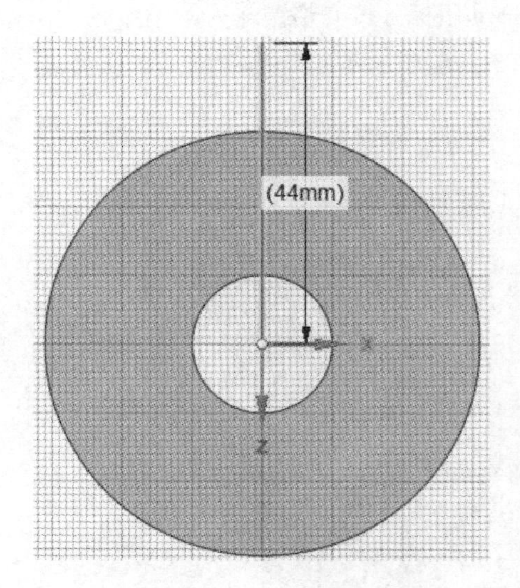

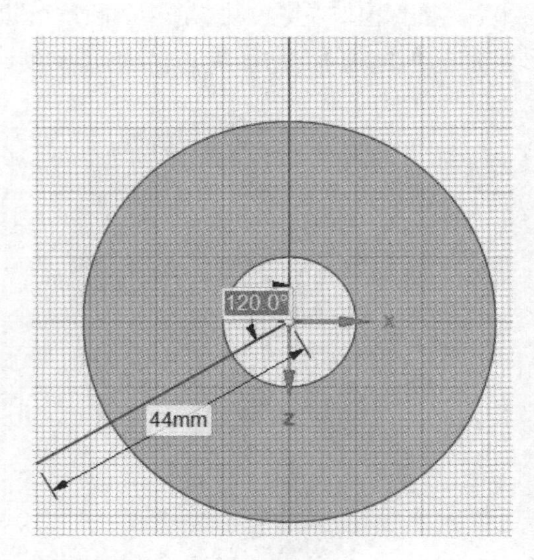

图3-123　绘制两条参考直线

③单击顶部工具栏中的设计→草图→偏移曲线工具,选中竖直参考线向左偏移5 mm创建一条新的直线,再次以新生成的直线作为基准再次偏移5 mm创建第二条偏移线,如图3-124所示。

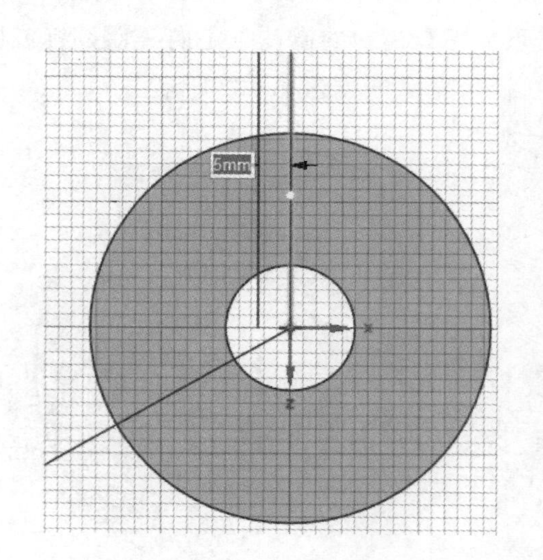

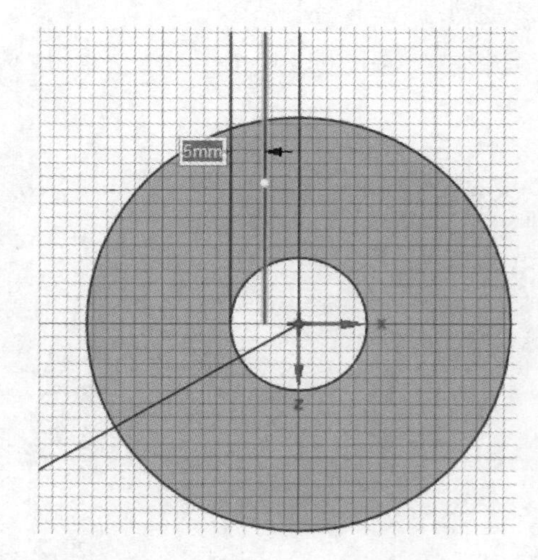

图3-124　创建第一条参考线的偏移线

参照上述步骤的操作,创建第二条参考线的偏移线,如图3-125所示。

④单击顶部工具栏中的设计→草图→创建角工具,分别点选两两相交的两组偏移线,建立上述两对象之间的连接,然后激活选择工具,选中经过坐标原点的两条参考线,按"Delete"键将其删除,如图3-126所示。

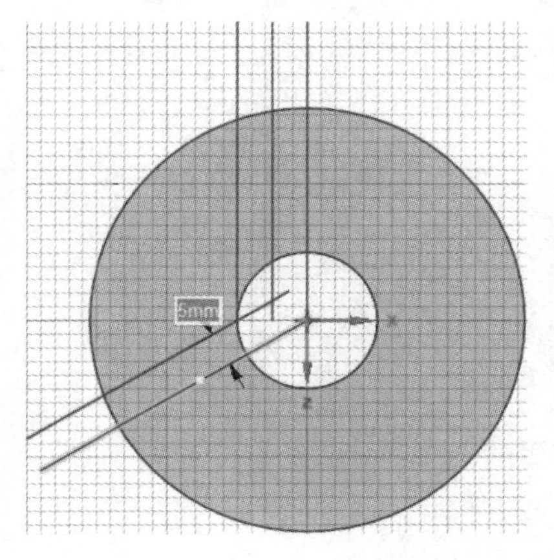

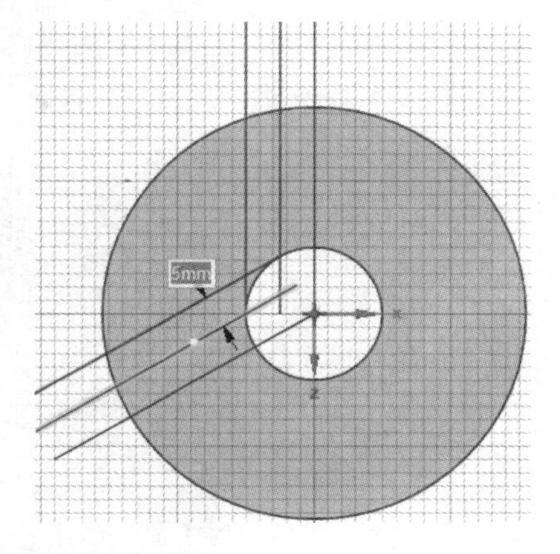

图 3-125　创建第二条参考线的偏移线

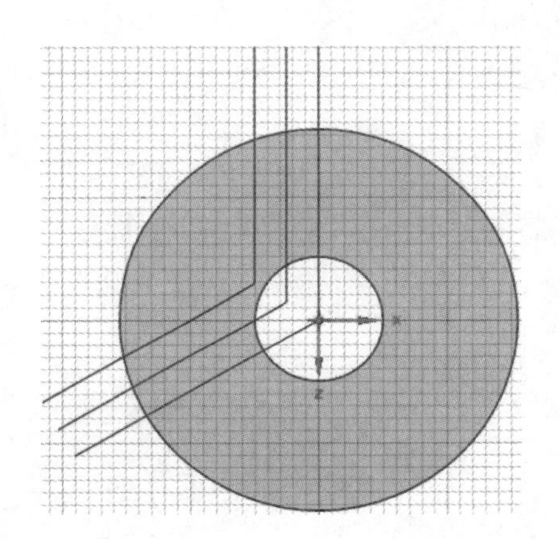

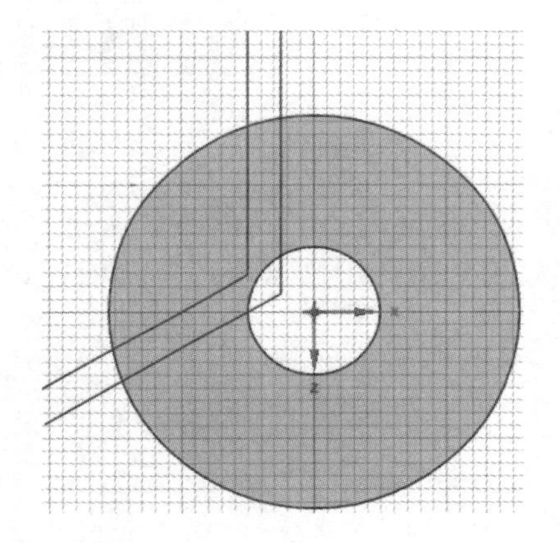

图 3-126　创建偏移曲线连接

⑤单击顶部工具栏中的设计→草图→投影到草图工具，鼠标左键依次点选内圆环及外圆环，将其投影至当前草图，如图 3-127 所示。

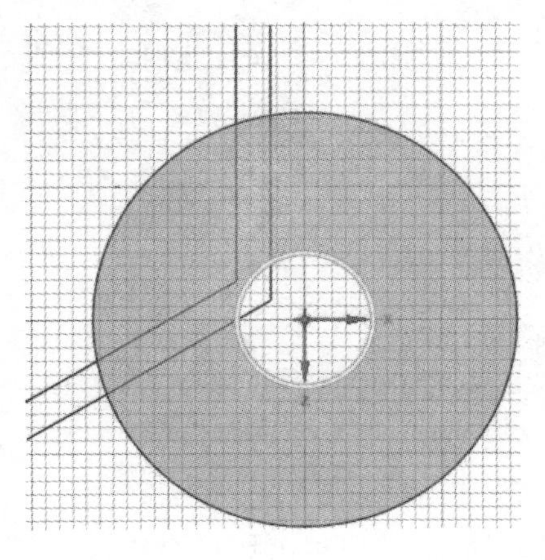

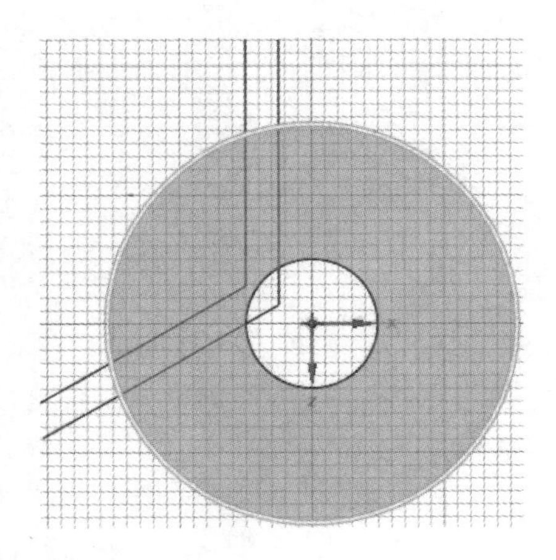

图 3-127　创建投影草图

⑥单击顶部工具栏中的设计→草图→剪掉工具，或按快捷键“T”，将无关曲线删除，删除后的草图如图 3-128 所示。

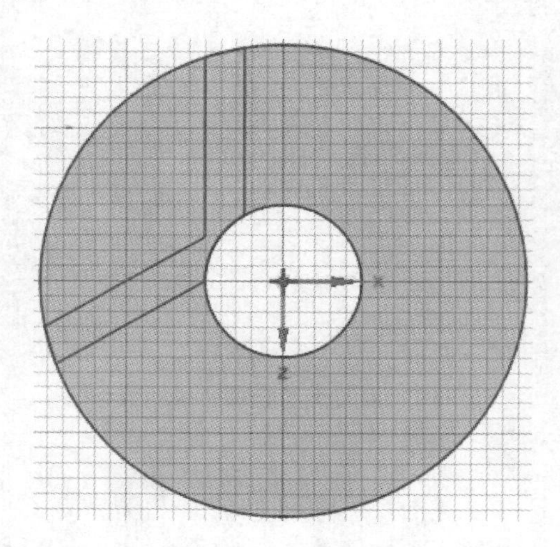

图 3-128　删除多余线段

⑦单击顶部工具栏中的设计→编辑→移动工具，或按快捷键“M”，利用框选方式选中翅板草图，然后单击图形显示窗口左侧的定位工具，将移动坐标系原点移至圆心处，如图 3-129 所示。

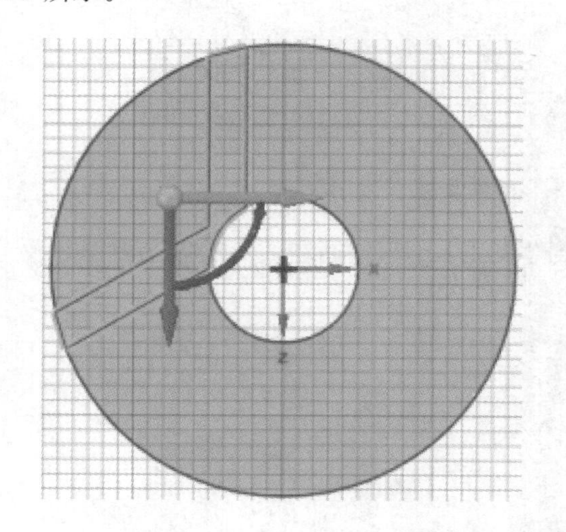

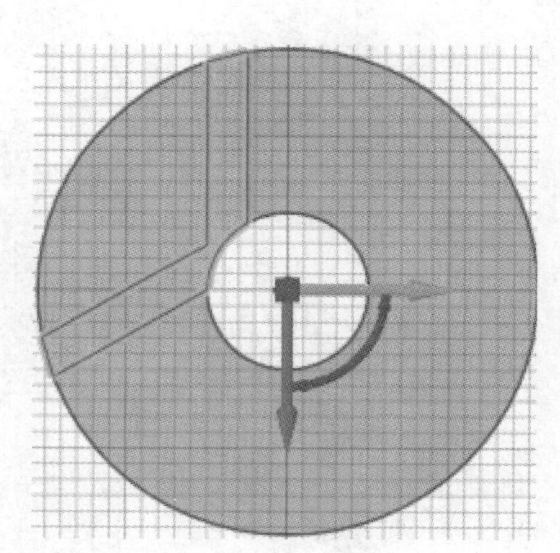

图 3-129　确定移动对象及坐标

⑧按住“Ctrl”键，鼠标左键拖动移动坐标系中的转动图标，然后输入 120°，完成第二个翅板草图的创建，继续上述操作创建第三个翅板草图的操作，如图 3-130 所示。

⑨激活拉动工具，此时自动进入三维模式，按“Ctrl”键选中三个翅板草图平面，按住滚轮拖动鼠标调整视角至便于观察的角度，如图 3-131 所示。

⑩向左下方拖动鼠标，按空格键输入拉伸距离 19 mm，然后单击窗口空白处，完成翅板模型的创建，如图 3-132 所示。

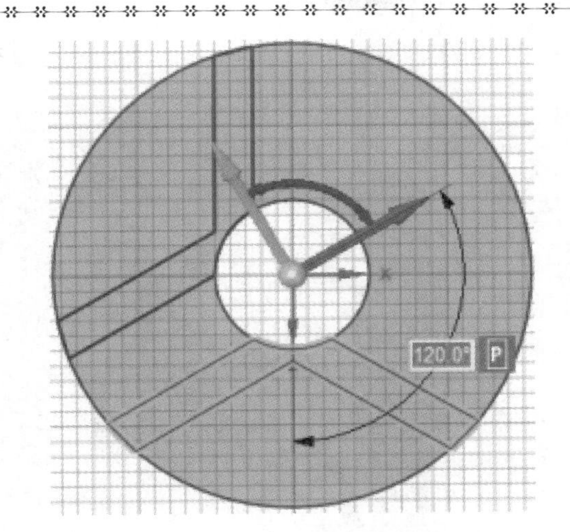

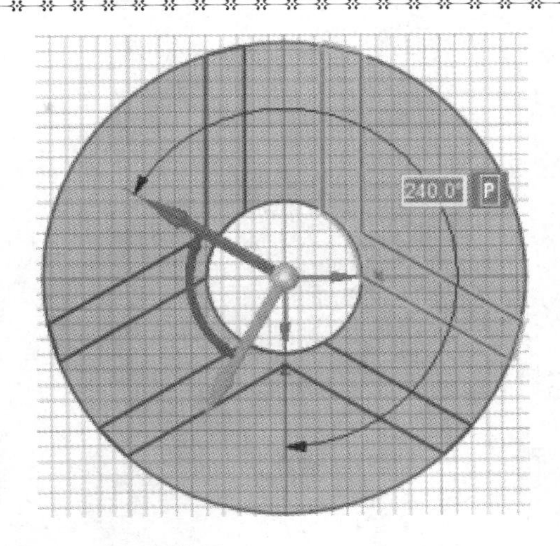

图 3-130　转动复制生产第二、三个翅板草图

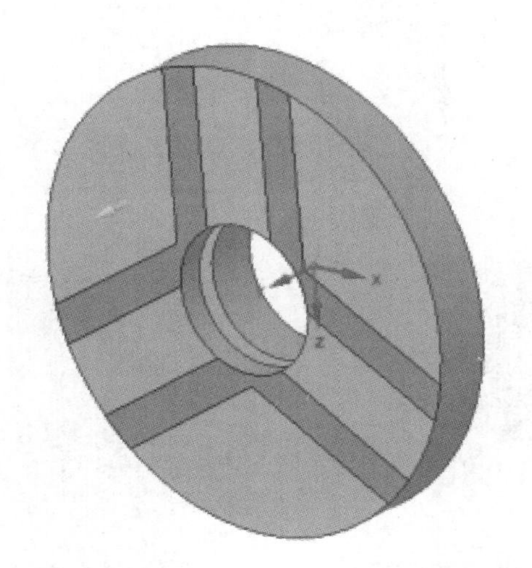

图 3-131　选中翅板草图平面

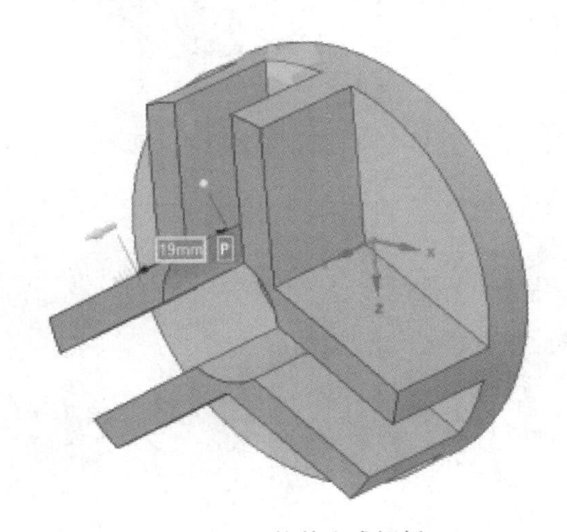

图 3-132　拉伸生成翅板

(8)创建翅板开孔

①单击设计→编辑→选择,或按快捷键“S”,激活选择工具,按“Ctrl”键选择两相邻翅板的两个内表面,如图 3-133 所示。

②单击设计→模式→草图模式工具,或按快捷键“K”,进入草图模式。单击设计→定向→平面图图标图标,或按快捷键“V”,正视草图平面,如图 3-134 所示。

③单击顶部工具栏中的设计→草图→圆工具或按快捷键“C”,在如图 3-135 所示的近似位置绘制一个直径为 6 mm 的圆。

④单击顶部工具栏中的设计→编辑→移动工具,或按快捷键“M”,选中翅板开孔圆草图;单击移动坐标系的水平箭头,在弹出的微型工具栏或窗口左侧的移动选项中选择标尺工具,将鼠标移至模型最右侧的竖直线处单击鼠标左键,并输入距离 24 mm,单击回车键对该圆的水平位置进行定位。

⑤按照与上步相同方法，对其竖直位置进行定位，其距离轴线为 23 mm，如图 3-136 所示。

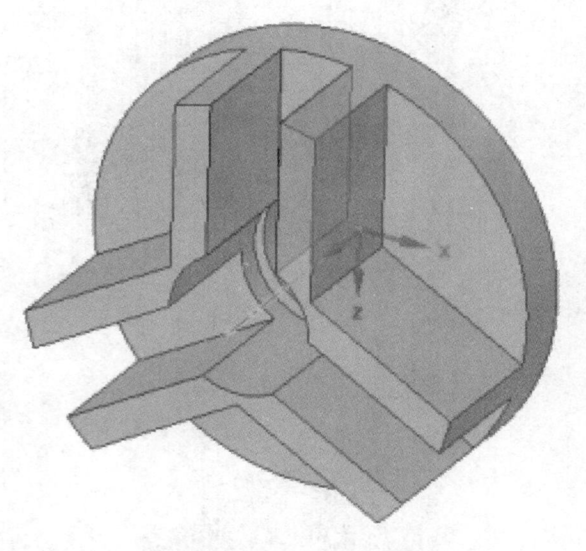

图 3-133 选中两翅板内表面

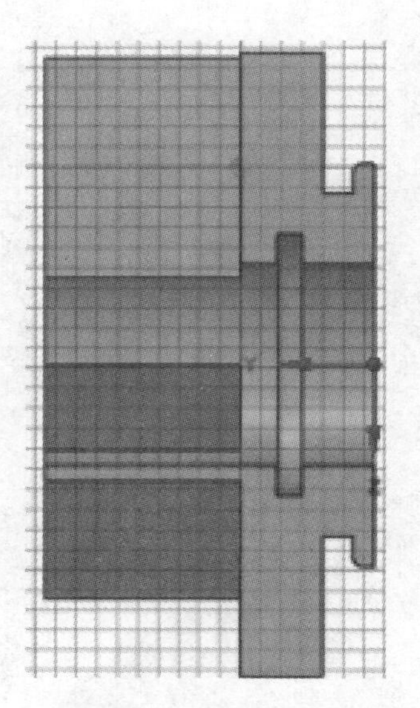

图 3-134 正视草图平面

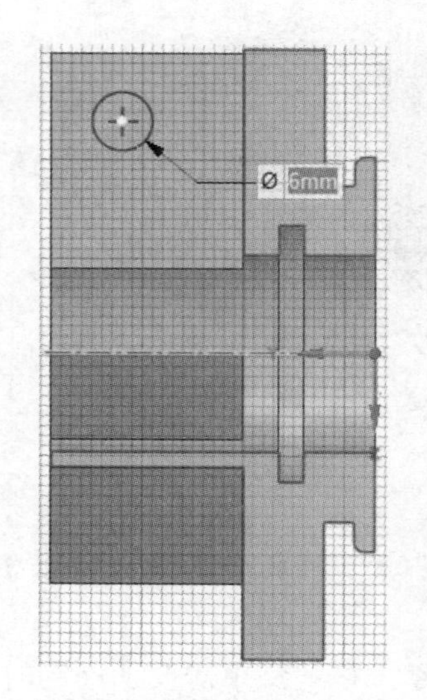

图 3-135 绘制翅板开孔草图

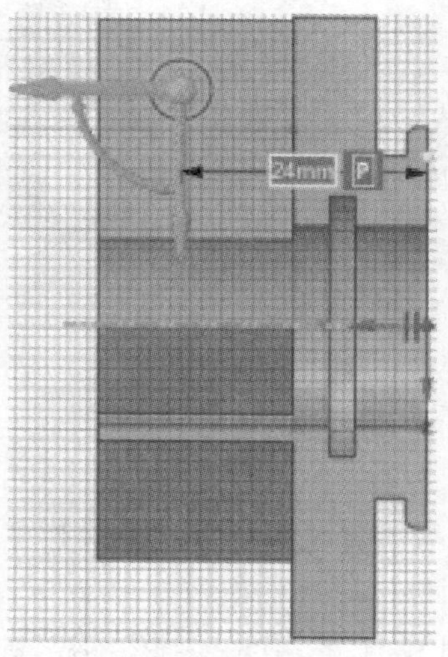

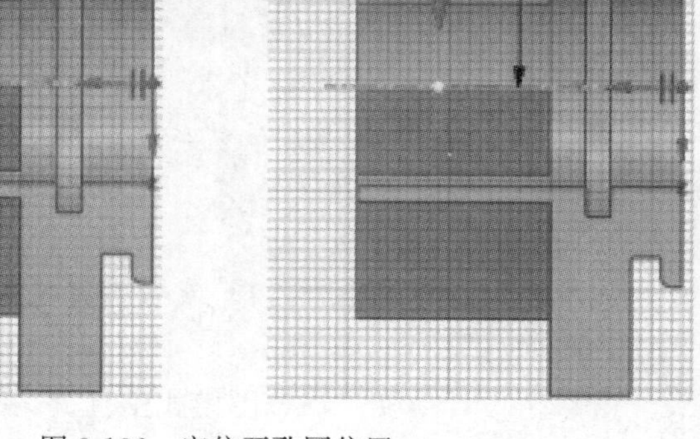

图 3-136 定位开孔圆位置

⑥激活拉动工具，选中新生成的圆平面，激活微型工具栏或窗口左侧拉动选项中的“同时拉两侧”工具，如图 3-137 所示。

⑦激活窗口左侧拉动选项中的剪切工具 **剪切**，拖动鼠标，生成圆孔，如图 3-138 所示。

⑧参照上述步骤，创建剩余翅板开孔，如图 3-139 所示。

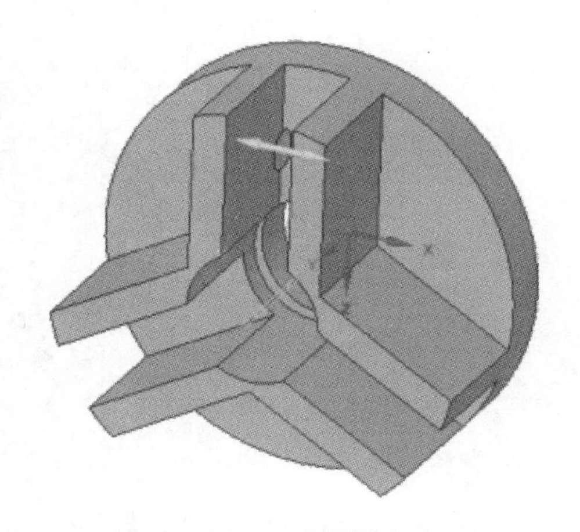

图 3-137　选中圆平面

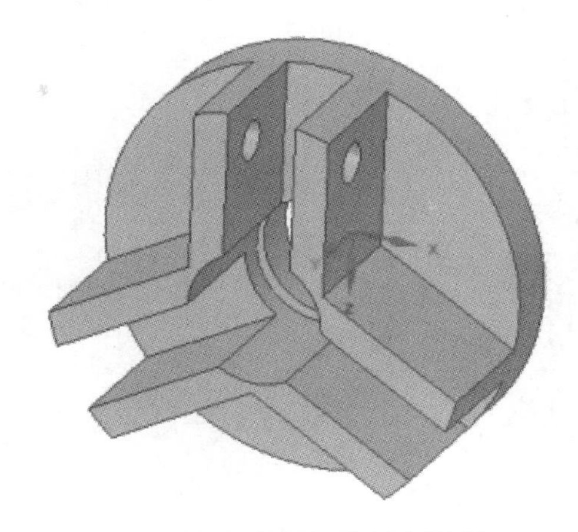

图 3-138　拉动切除创建圆孔

(9)创建翅板根部倒圆角

①激活“拉动”工具，然后按住“Ctrl”键，选中翅板根部的 3 条边，如图 3-140 所示。

②激活微型工具栏或窗口左侧拉动工具中的圆角工具，向外拖动鼠标，此时会出现一个动态的圆角，按空格键输入圆角半径 5 mm，按回车键后单击窗口空白处完成圆角的创建，如图 3-141 所示。

(10)创建翅板端部倒角

①激活“拉动”工具，选中翅板端部的任意一条边，如图 3-142 所示。

②单击窗口左上方的选择标签，然后选择“具有相同长度的边”选项，批量选择翅板端部的所有边，如图 3-143 所示。

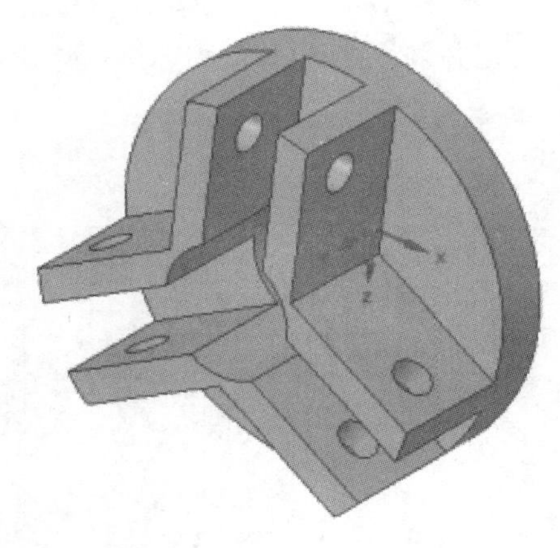

图 3-139　翅板开孔后的模型

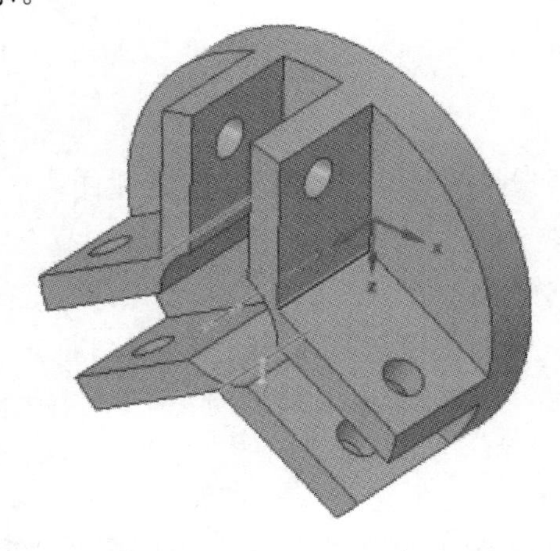

图 3-140　选中翅板根部边

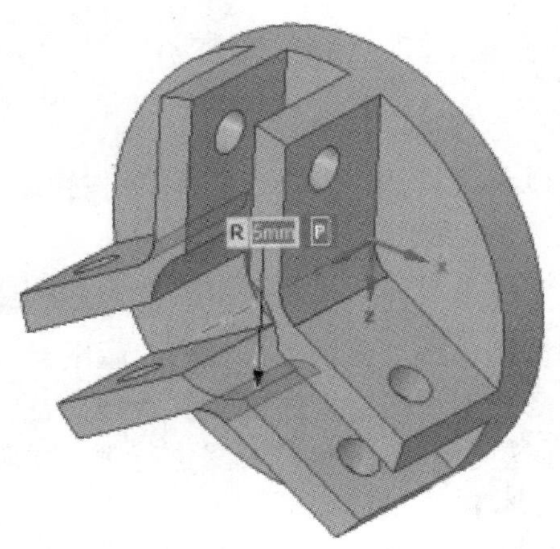

图 3-141　创建倒圆角

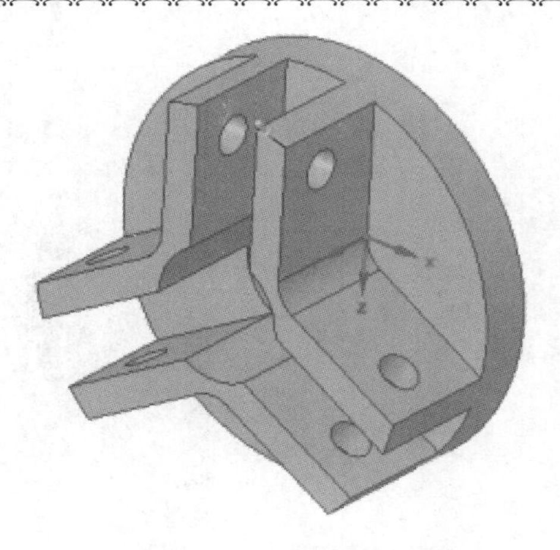

图 3-142　选中翅板端部一条边

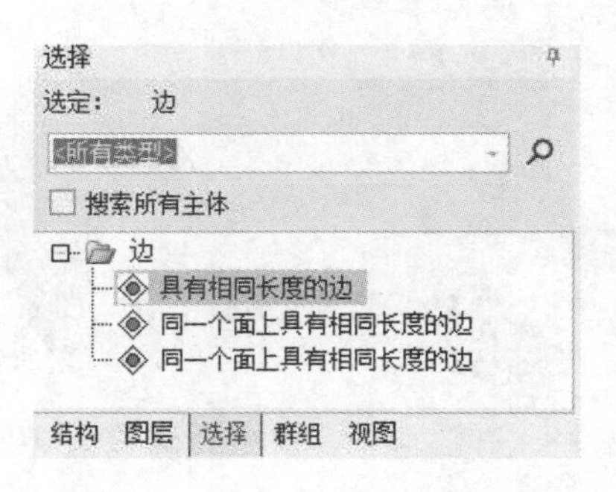

图 3-143　利用选择工具批量选择边

③激活窗口左侧拉动工具中的倒角工具，拖动鼠标，此时会出现一个动态的倒角，按空格键并输入 4 mm，按回车键后单击窗口空白处完成倒角的创建，如图 3-144 所示。

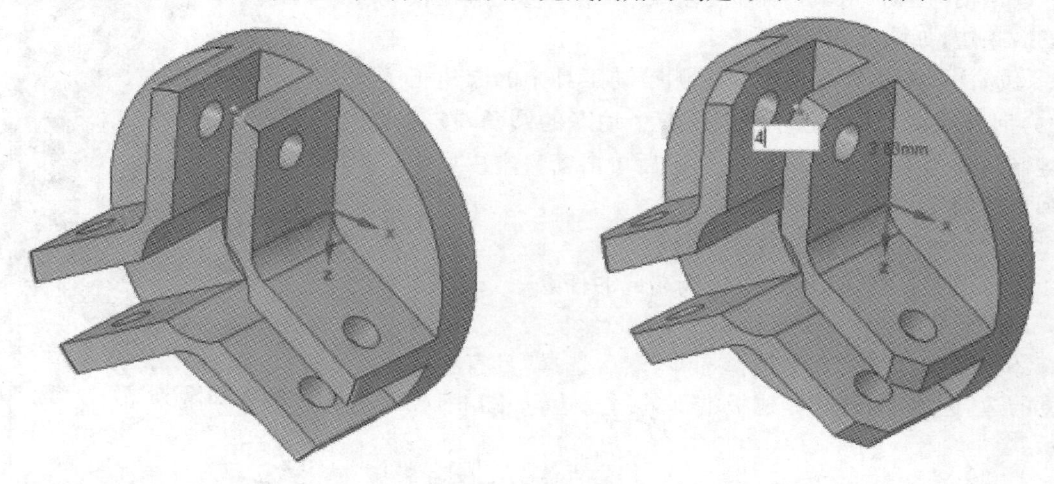

图 3-144　创建倒直角

(11)创建底盘沉孔

①单击设计→编辑→选择，或按快捷键“S”，激活选择工具，选择翅板根部所在任一平面，如图 3-145 所示。

②单击设计→模式→草图模式工具，或按快捷键“K”，进入草图模式；单击设计→定向→平面图图标或微型工具栏中的图标，或按快捷键“V”，正视草图平面，如图 3-146 所示。

③单击顶部工具栏中的设计→草图→线工具，以坐标原点为起点向左下方画一条直线，通过切换“Tab”键的方式进行输入线段长度为 25 mm，其与竖直方向的夹角为 15°，如图 3-147 所示。

④单击顶部工具栏中的设计→草图→圆工具或按快捷键“C”，以上一步创建的线段端点为圆心绘制一个直径为 5.5 mm 的圆，如图 3-148 所示。

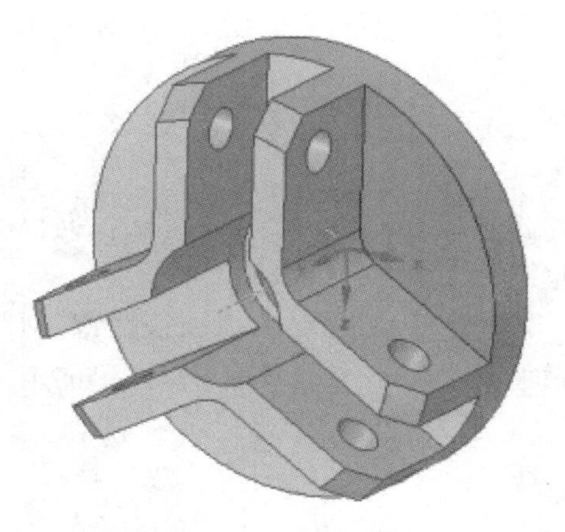

图 3-145　选中翅板根部平面

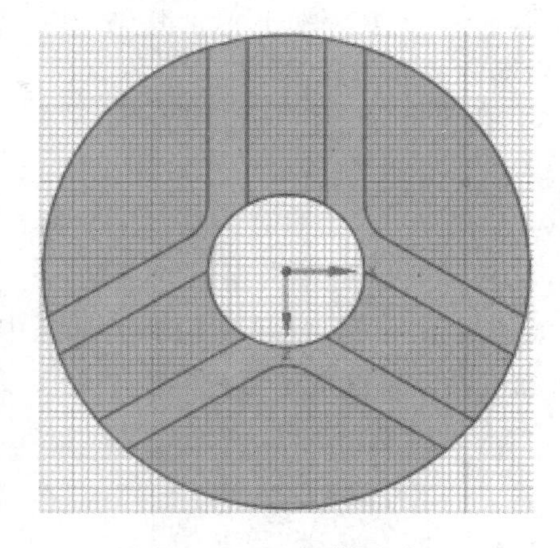

图 3-146　正视草图平面

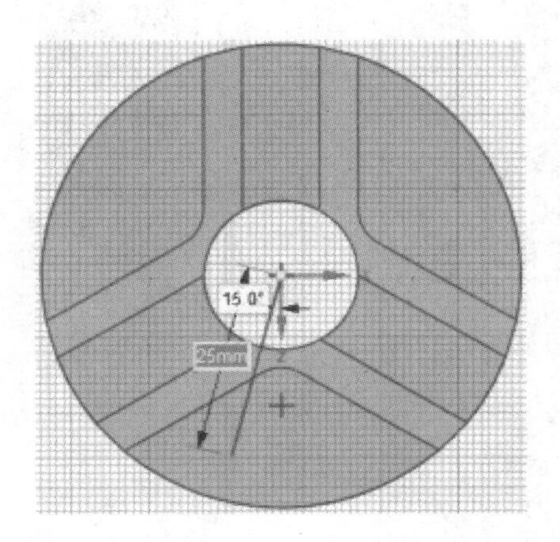

图 3-147　绘制参考线

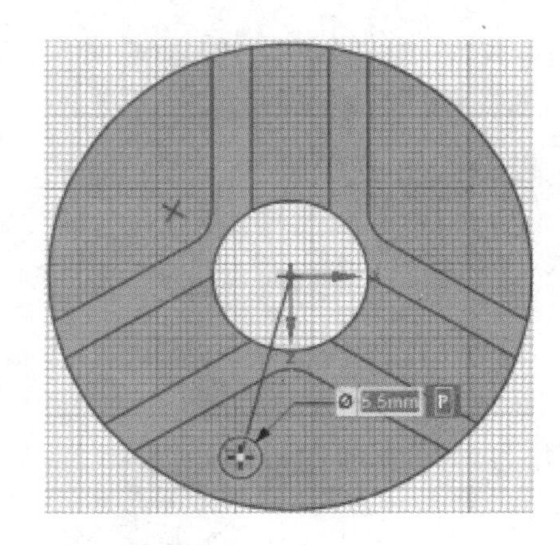

图 3-148　绘制圆

⑤单击顶部工具栏中的设计→草图→剪掉工具，或按快捷键“T”，将除圆环外的无关线段全部删除。

⑥按住滚轮拖动鼠标至便于观察的视角，激活“拉动”工具，此时自动进入三维模式，选中上一步生成的圆平面，反向拖动鼠标，即可创建一个直径 5.5 mm 的开孔，如图 3-149 所示。

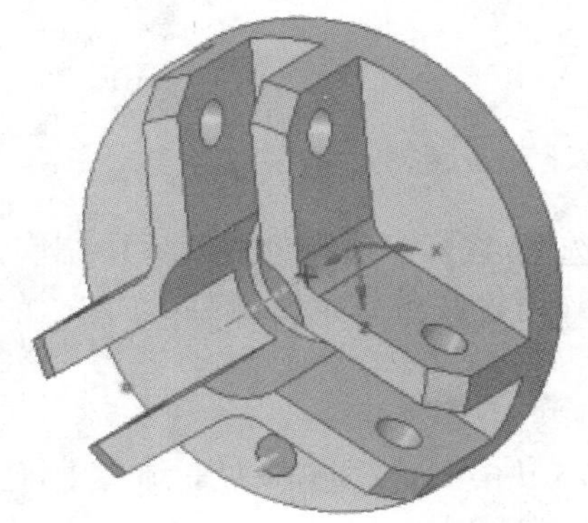

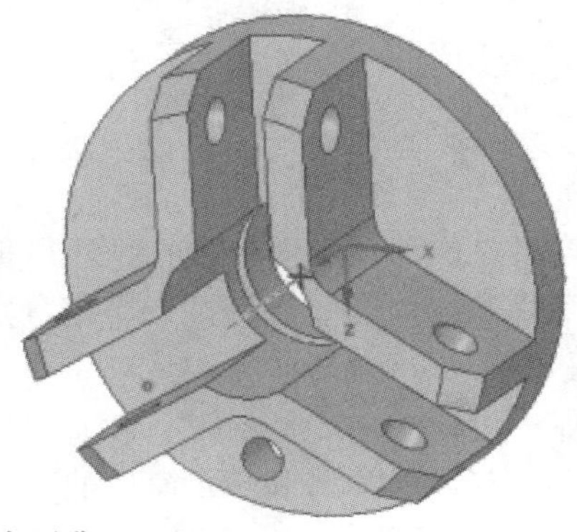

图 3-149　底盘开孔

⑦确保拉动工具处于激活状态，利用鼠标左键选中孔边线，然后在微型工具栏或左侧拉动选项中激活复制边工具。

⑧利用“Tab”键调整复制方向，然后沿径向向外拖动鼠标，输入 2 mm 作为偏移距离，然后单击窗口空白处，如图 3-150 所示。

⑨在确保拉动工具处于激活的状态下，鼠标左键选中新生成的外圆环面，然后反向拉动鼠标，并输入 4.5 mm，单击窗口空白处，完成沉孔的创建，如图 3-151 所示。

⑩创建沉孔阵列。单击顶部工具栏中的设计→编辑→移动工具，或按快捷键“M”，按“Ctrl”键，鼠标左键选中沉孔的两个柱面及沉孔台环面，然后单击图形显示窗口左侧的定位工具，将移动坐标系原点移至底盘圆心处，如图 3-152 所示。

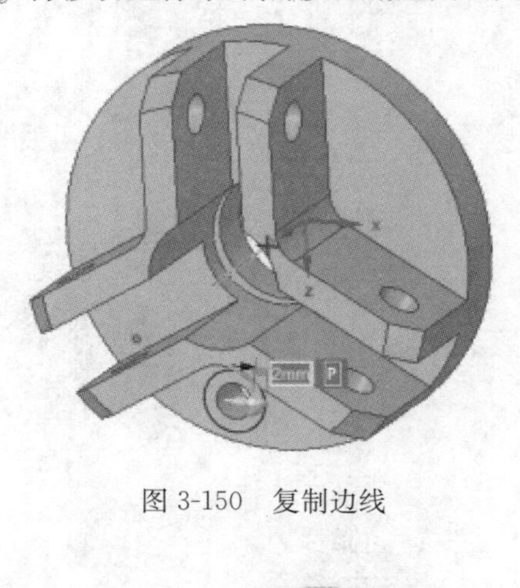

图 3-150　复制边线

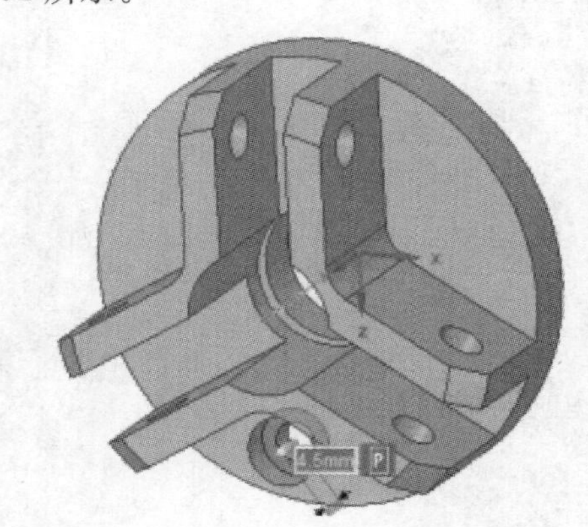

图 3-151　创建沉孔

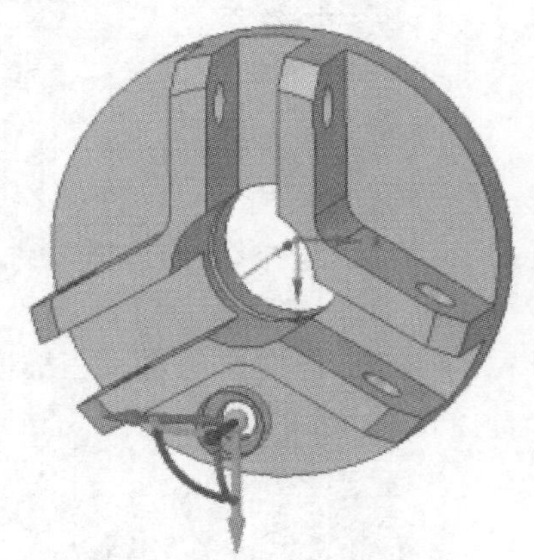
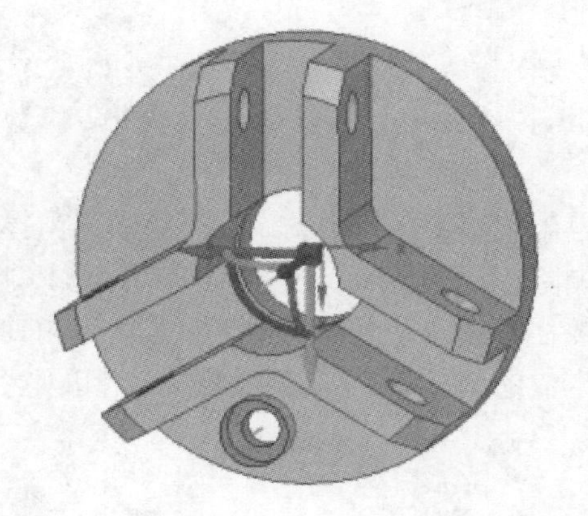
图 3-152　更改移动坐标系原点至底盘圆心

勾选窗口左侧移动选项中“创建阵列”前的复选框，鼠标点选移动坐标系中绕底盘轴线的转动箭头图标并拖动鼠标，利用“Tab”键分别输入阵列数目为 3，角度为 120°，完成沉孔阵列的创建，如图 3-153 所示。

(12)保存设计

关闭 SCDM，在 Workbench 窗口的菜单中选择 File→Save，保存当前项目文件。创建完成的三维支架模型不同视角显示如图 3-154 所示。

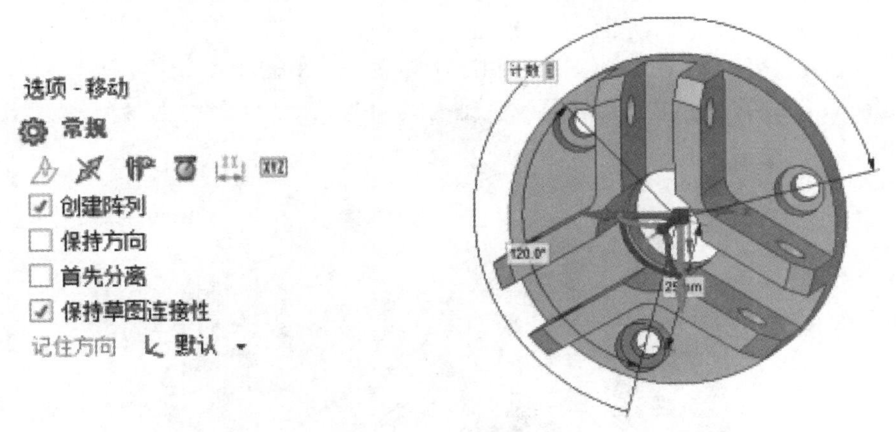

图 3-153　创建沉孔阵列

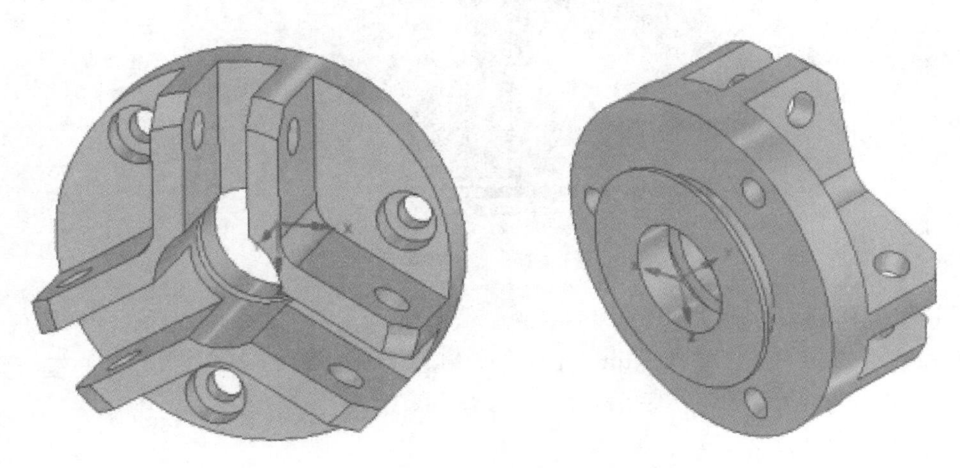

图 3-154　三维支架模型

4. 创建 Mechanical Model 系统

在 Workbench 左侧 Toolbox 的组件系统中，拖动 Mechanical Model 组件系统至 A2 Geometry 单元格上释放，搭建如图 3-155 所示的 Mechanical Model 系统。

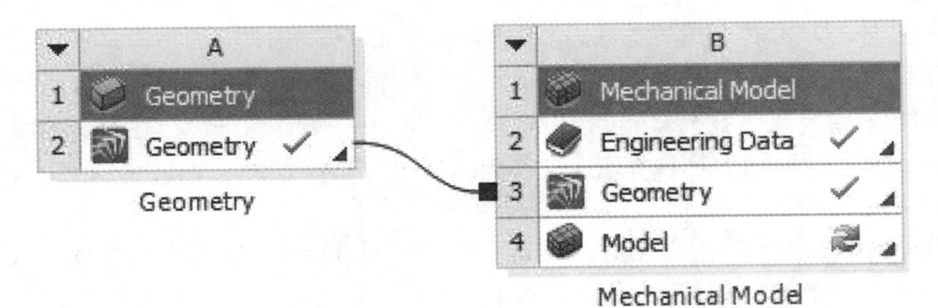

图 3-155　项目流程图

5. 建立有限元模型

按照如下步骤进行操作：

(1)启动 Mechanical 组件界面

在 Workbench 界面的 Project Schematic 中双击 B4 Model 单元格,启动 Mechanical 界面,此时 Mechanical 的图形显示区域显示三维支架的 3D 模型,如图 3-156 所示。

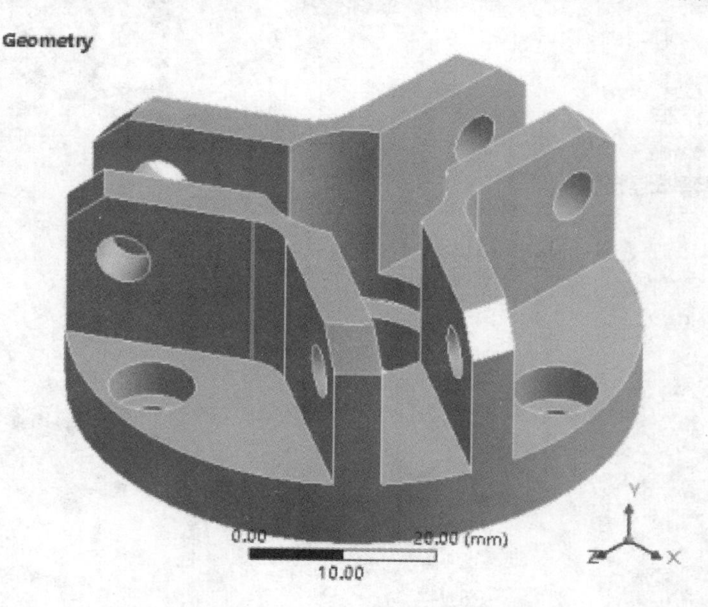

图 3-156 支架模型

(2)设置网格划分方法

①添加 Method 分支。在 Outline 树中选择 Model(B4)→Mesh 分支,在其右键菜单中选择 Insert→Method,在 Mesh 分支下增加一个 Method 分支。

②设置 Method 分支的 Details 选项。

a. 在图形窗口选择支架实体,在 Method 分支的 Details 选项 Scope→Geometry 中按下 Apply 按钮。

b. 更改 Method 的 Details 选项 Definition→Method 为 Tetrahedrons,并设置 Algorithm 选项为 Patch Conforming,如图 3-157 所示。

(3)设置网格尺寸

为向读者介绍尺寸控制设置方法,这里选择对于整个体积以及某些特定表面设置尺寸控制,按照如下步骤进行操作。

①添加 Sizing 分支。在 Outline 树中选择 Model(B4)→Mesh 分支,在其右键菜单中选择 Insert→Sizing,在 Mesh 分支下增加一个 Sizing 分支,并设置此 Sizing 分支的 Details 选项如下。

a. 在图形窗口选择支架实体,在 Sizing 分支窗口的 Details 选项 Scope→Geometry 中按下 Apply 按钮,这时 Sizing 分支自动更名为 Body Sizing。

b. 在 Body Sizing 分支的 Details 选项 Definition→Element Size 中输入 3 mm,Advanced 下的 Size Function 为 Uniform,Behavior 为 Soft,输入 Growth Rate 为 1.2,如图 3-158 所示。

②再添加一个 Sizing 分支。在 Outline 树中选择 Model(B4)→Mesh 分支,选择 Insert→Sizing,在 Mesh 分支下增加另一个 Sizing 分支,并设置此 Sizing 分支的 Details 选项如下。

Details of "Patch Conforming Method"...	
Scope	
Scoping Method	Geometry Selection
Geometry	1 Body
Definition	
Suppressed	No
Method	Tetrahedrons
Algorithm	Patch Conforming
Element Midside Nodes	Use Global Setting

图 3-157　网格划分方法设置

Details of "Body Sizing" - Sizing	
Scope	
Scoping Method	Geometry Selection
Geometry	1 Body
Definition	
Suppressed	No
Type	Element Size
Element Size	3. mm
Advanced	
Defeature Size	Default (2.3262e-002 mm)
Size Function	Uniform
Behavior	Soft
Growth Rate	1.20

图 3-158　体网格尺寸控制

a. 在图形窗口选择支架 3 处台阶孔共计 9 个面，如图 3-159(a)所示。在 Sizing 分支窗口的 Details 选项 Scope→Geometry 中按下 Apply 按钮，这时 Sizing 分支自动更名为 Face Sizing。

b. 在 Body Sizing 分支的 Detials 选项 Definition→Element Size 中输入 1 mm，Advanced→Size Function 设置为 Uniform，Behavior 设置为 Soft，输入 Growth Rate 为 1.2，如图 3-159(b)所示。

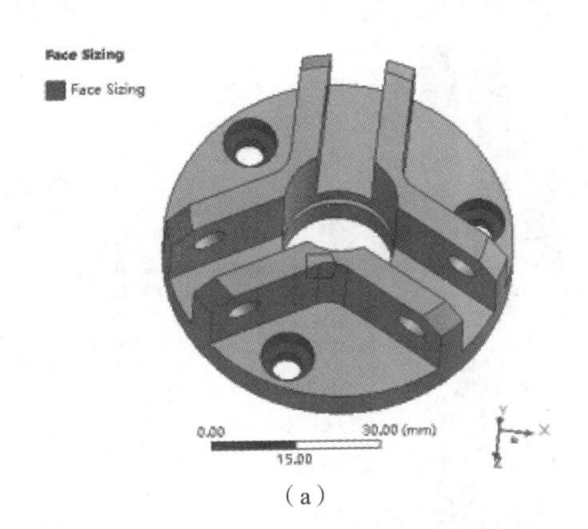

(a)

Details of "Face Sizing" - Sizing	
Scope	
Scoping Method	Geometry Selection
Geometry	9 Faces
Definition	
Suppressed	No
Type	Element Size
Element Size	1. mm
Advanced	
Defeature Size	Default (2.3262e-002 mm)
Size Function	Uniform
Behavior	Soft
Growth Rate	1.20

(b)

图 3-159　面网格尺寸控制

(4)划分网格

在 Outline 树中选择 Model(B4)→Mesh 分支，在其右键菜单中选择 Generate Mesh，执行网格划分，形成的网格如图 3-160 所示。

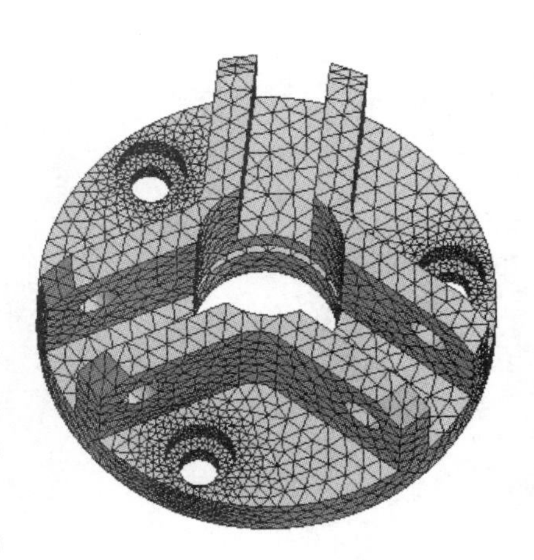

图 3-160　离散后的网格

(5)查看网格质量

在 Outline 树中选择 Model(B4)→Mesh，在窗口左下方的 Details of “Mesh”中，展开 Quality 分支，在下拉列表中选择 Mesh Metric 为 Element Quality，在窗口中间的底部会以柱状图的形式显示当前网格质量的统计信息。选择其他指标时也都有相应的显示。

①查看 Element Quality 指标。在 Outline 树中选中 Model(B4)→Mesh 分支，在 Mesh 分支的 Details 中的

Quality 部分，更改 Mesh Metric 为 Element Quality，在窗口中间的底部会以柱状图的形式显示当前模型的 Element Quality 信息，如图 3-161 所示。

Details of "Mesh"	
⊟ Quality	
Check Mesh Quality	Yes, Errors
Error Limits	Standard Mechanical
Target Quality	Default (0.050000)
Smoothing	Medium
Mesh Metric	Element Quality
Min	0.13876
Max	0.99965
Average	0.82245
Standard Deviation	9.9534e-002
⊞ Inflation	
⊞ Advanced	

（a）

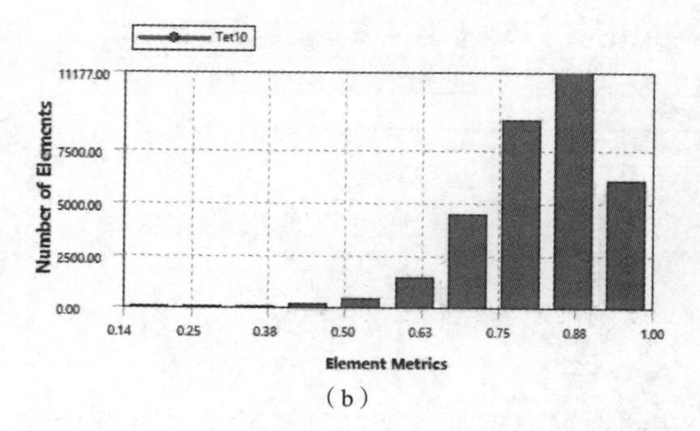

（b）

图 3-161　Element Quality 数据

②查看 Skewness 指标。改变 Mesh Metric 选项为 Skewness，在窗口中间的底部会以柱状图的形式显示当前网格的 Skewness 统计信息，如图 3-162 所示。

Details of "Mesh"	
Error Limits	Standard Mechanical
Target Quality	Default (0.050000)
Smoothing	Medium
Mesh Metric	Skewness
Min	3.2629e-005
Max	0.99026
Average	0.24677
Standard Deviation	0.13299
⊞ Inflation	
⊞ Advanced	
⊞ Statistics	

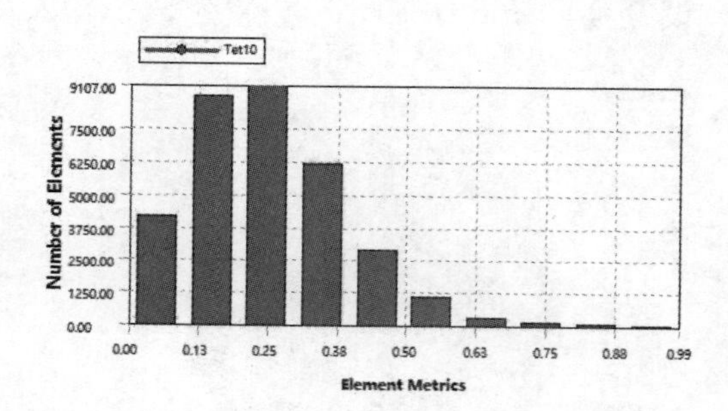

图 3-162　Skewness 数据

（6）保存模型文件

至此已经完成 3D 实体底座结构的建模操作，关闭 Mechanical 界面，在 Workbench 窗口中单击 File→Save，保存模型及项目文件。

第 4 章　ANSYS 板壳单元与板壳结构建模

板壳结构是常见的结构类型。本章首先介绍 ANSYS 壳单元及实体壳单元的算法和特性，然后详细介绍板壳结构的建模方法和要点。本章最后一节，通过水箱结构的建模实例，讲解板壳结构的三种典型建模方案。

4.1　ANSYS 板壳单元的算法与特性解析

ANSYS Workbench 的 Mechanical 组件采用 SHELL181 单元创建薄壳结构的计算模型，采用 SOLSH190 单元创建实体壳结构的计算模型。本节对这两类单元的特性进行介绍。

4.1.1　SHELL181 单元

SHELL181 单元为一个 4 节点的线性壳单元，其节点组成及形状如图 4-1 所示。如采用直接建模方法时，输入节点号要按照图中预设的节点顺序，节点依次为 I、J、K、L。如果节点 K 与节点 L 重合，则退化为三角形形式。对于壳单元算法，SHELL181 的每个节点具有 6 个自由度，即 UX、UY、UZ、ROTX、ROTY、ROTZ；对于膜单元算法，SHELL181 的每个节点具有 3 个自由度，即 UX、UY、UZ。SHELL181 单元可以用于大变形以及大应变分析，单元算法是基于对数应变和真实应力度量。SHELL181 单元还能够用于模拟多层复合材料结构。

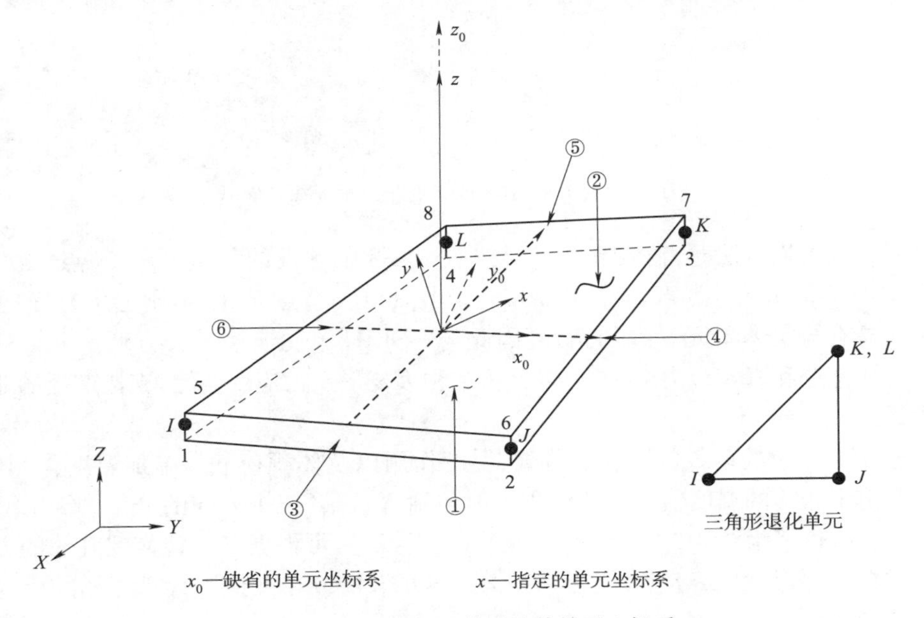

图 4-1　SHELL181 单元及其单元坐标系

SHELL181单元的荷载包括节点力、表面荷载、温度作用以及体积荷载。施加温度作用时，对壳单元算法可以为每一层的底面和顶面的各角点指定不相等的温度值，以单层壳体为例，可指定 T_1、T_2、T_3、T_4、T_5、T_6、T_7、T_8；对于膜单元算法，为每一层的各个角点指定一个温度值 T_I、T_J、T_K、T_L。其中的数字编号表示层底面和顶面的角点，如图4-1所示。

4.1.2 SOLSH190单元

SOLSH190单元是一个8节点的实体壳单元，同时支持棱柱体退化形式，图4-2为SOLSH190单元及其退化形状的示意图。此单元的每个节点有三个线位移自由度，即UX、UY、UZ，但是由于具有非协调位移模式，因此可模拟三维的变厚度薄壳以及中等厚度壳。实体壳单元与增强应变相似，包含7个内部自由度，内部自由度均凝聚于单元层次。该单元通过附加自由度抛物线增强横向剪切应变，然后根据增强的剪切应变计算应力。实体壳算法可以用来模拟应用SOLSH190单元时，不需要抽取中面，也不需要指定变厚度。SOLSH190单元还可直接与实体单元相连接。SOLSH190单元内部有2×2×2个积分点，对于非线性材料，其厚度方向要多于一个单元。

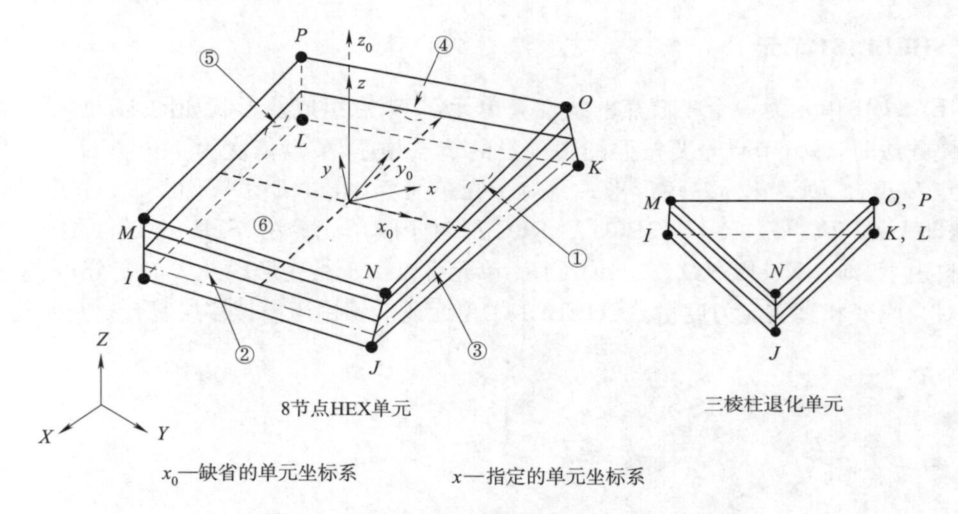

图4-2 SOLSH190单元形状及单元坐标系

如采用直接建模方法时，输入节点号要按照图4-2中预设的节点顺序，节点依次为 I、J、K、L、M、N、O、P。如果节点 K 与节点 L 重合且节点 O 与节点 P 重合，则退化为三棱柱形式。由于此单元具有与实体单元一致的拓扑，因此与SOLID单元连接十分方便。SOLSH190单元是基于对数应变和真实应力度量，可以分析各种大变形及大应变问题，支持广泛的非线性材料本构关系。

SOLSH190单元的荷载包括表面荷载、温度作用以及体积荷载。施加温度作用时，可以为各节点指定不相等的温度值。施加体积力时包括 X、Y、Z 三个方向的分量。SOLSH190单元坐标系缺省条件下为图4-2中所指的方向（X_0，Y_0，Z_0），可根据需要转换到其他的方向。对正交异性材料模型，其参数与单元坐标系相关。SOLSH190单元应力计算原始结果也是基于单元坐标系的方向。

4.2 板壳结构建模方法与注意事项

4.2.1 薄壳结构建模技术

对于薄壳结构，需要创建面模型(壳体的壁中面)。薄壳结构的几何模型可以通过 DM 或 SCDM 直接创建面体几何模型，也可对薄壁实体模型进行中面抽取操作以获得表面体几何模型。面体几何模型导入 Mechanical 后，如果在 DM 或 SCDM 中没有指定厚度，需指定厚度或截面，对薄壁中面进行网格划分即可得到薄壳结构的有限元模型。本节介绍薄壳结构建模的有关要点。

1. 薄壳几何模型及连续性检查

(1)几何建模方法

建模和中面(SCDM 中也称为中间面)的抽取方法，可参照前述的 DM 和 SCDM 建模方法章节的介绍。几何建模过程中可通过表面延伸等方法弥合缝隙，通过面合并等布尔运算将相交的表面在交线位置连为一体。

(2)模型连续性检查

如果几何模型存在不连续的情况时，导入 Mechanical 不能直接划分网格，否则会导致计算错误。为了检查面体之间连接的情况，可以通过 Edge Coloring 工具条的 By Connection 选项用不同颜色区分与边相连的面个数，如图 4-3 所示。不与任何面相连接的边用蓝色显示，仅属于一个面用红色显示，与两个面相连的边用黑色显示，与三个面连接的边用粉色显示，与多个面相连接的边用黄色显示。Thicken 按钮用于加粗颜色显示线。通过这种区分颜色的显示可以检查哪些部位存在面、边脱离的情况。

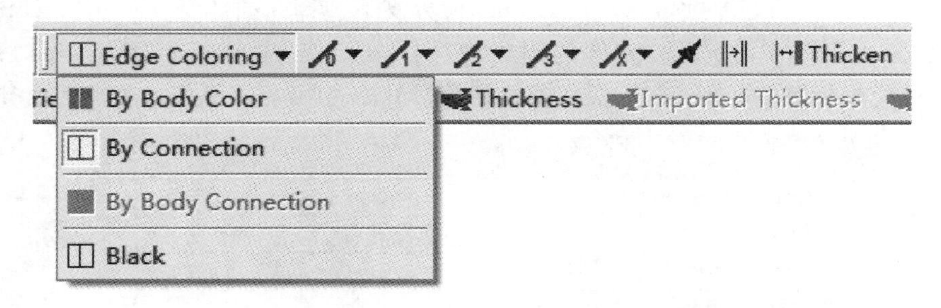

图 4-3 Edge Coloring 工具条

当多个体构成多体部件时，体与体之间会发生共享拓扑行为。一般情况下，各个体在相互接触的区域会形成连续的网格，无需在导入 Mechanical 后通过建立接触对来构建各体之间的关联。图 4-4(a)中的两个面体分属于两个部件，网格分别划分，交界线上网格不连续，在 Mechanical 中需要通过创建接触对来建立两个面体之间的关联，然后进行后续分析工作；而图 4-4(b)中的两个面体同属于一个部件，在交界线上发生了共享拓扑行为，在导入到 Mechanical 后划分的网格连续，交界线上网格共享，无需创建接触即可进行后续分析工作。分析时，通常建议(不绝对)采用共享拓扑以保证体与体之间网格连续的方式建立关联，不建议采用接触方式。

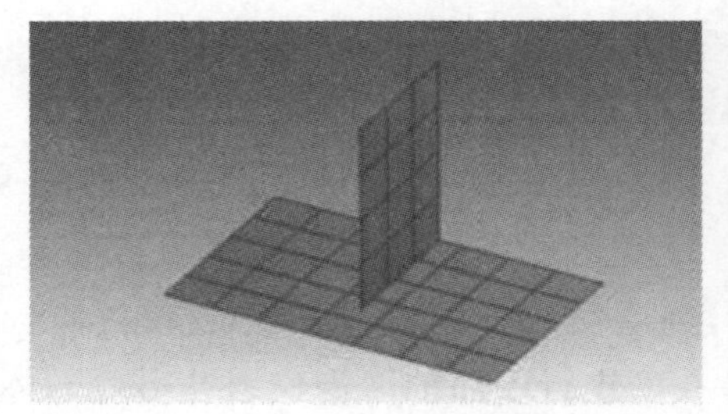
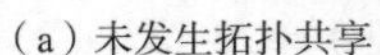
（a）未发生拓扑共享

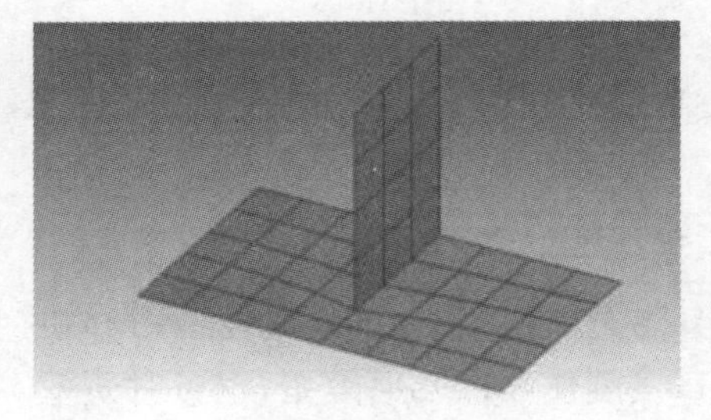
（b）发生拓扑共享

图 4-4　共享拓扑对网格划分的影响

2. 薄壳的厚度或截面

对于中面抽取的情况，厚度一般会被自动提取到。对直接建模的情况，如果在 DM 或 SCDM 中没有指定面体的厚度时，导入 Mechanical 时，Geometry 分支下的面体分支前面会显示一个“?”号表示信息缺失，如图 4-5 所示。在这种情况下，在 Mechanical 中仍可指定面体的厚度，对于多层复合材料壳体还可以指定壳体的截面。有些情况下，与其他梁或壳连接的壳还需要指定壳体截面的偏置。下面介绍定义薄壳厚度及截面的几种方式。

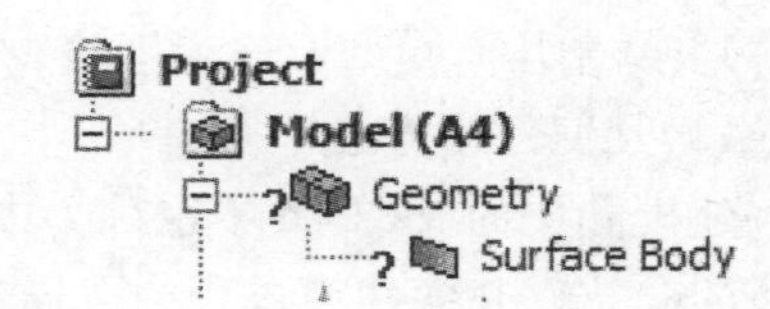

图 4-5　缺失厚度或截面信息的面体

(1)厚度

壳体的厚度指定包括指定整个体的均匀厚度、为选定的面指定厚度。后者又包括指定均匀厚度、变厚度及导入厚度。

①指定整个面体的厚度

如果整个面体为均匀厚度，可以在 Geometry 分支下选择此面体分支，在其 Details 中直接指定 Thickness，如图 4-6 所示。壳体的刚柔特性(Stiffness Behavior)、参考温度(Reference Temperature)、截面偏置(Offset Type)、材料特性(Material Assignment)等也在此处指定。

Details of "Surface Body"

Graphics Properties	
Definition	
Suppressed	No
Stiffness Behavior	Flexible
Coordinate System	Default Coordinate System
Reference Temperature	By Environment
Thickness	0. m
Thickness Mode	Refresh on Update
Offset Type	Middle
Behavior	None
Material	
Assignment	Structural Steel
Nonlinear Effects	Yes
Thermal Strain Effects	Yes

图 4-6　面体的厚度和材料

②为选定的面指定厚度

如果模型中不同的面具有不同的厚度，可以在模型中分别选择相关面逐一指定其厚度。在图形显示区域选择要指定厚度的面，在 Geometry 分支的鼠标右键菜单中选择 Insert>Thickness（也可在图形窗口中打开鼠标右键菜单选择此项），如图 4-7 所示，这时在 Geometry 分支下增加一个 Thickness 分支，其 Details 视图如图 4-8 所示。

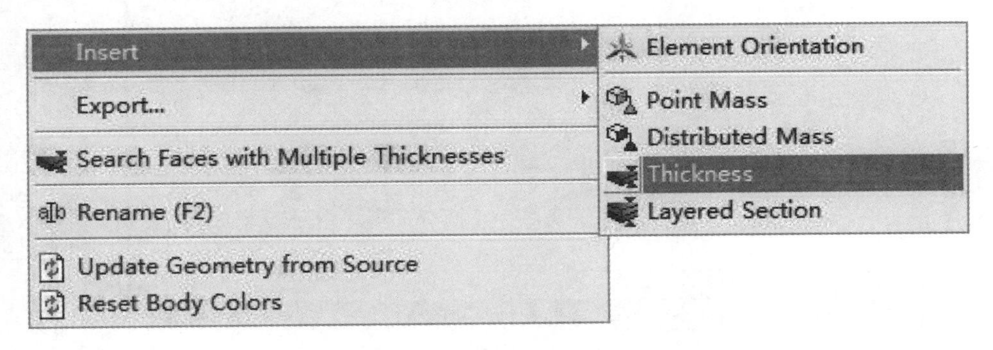

图 4-7 加入厚度分支

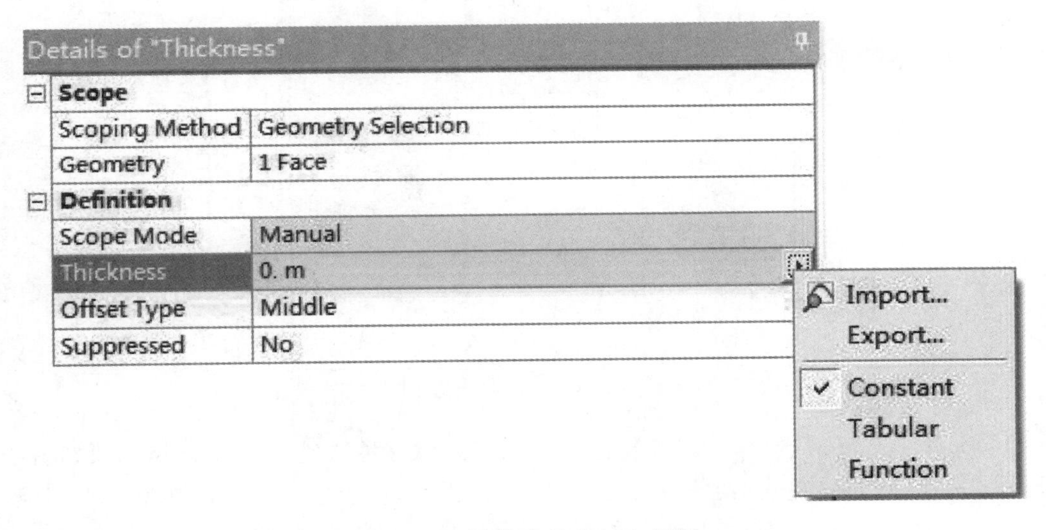

图 4-8 厚度分支的 Details 视图

Thickness 也可不选择面直接通过右键菜单加入，然后在 Details of “Thickness”的 Scope 部分选择指定。Scoping Method 区域可以选择 Geometry Selection 或 Named Selection。如果选择 Geometry Selection，则在图形显示区域选择要指定厚度的面，然后在 Geometry 域中选择 Apply 按钮；如果选择 Named Selection，则在 Named Selection 域的下拉列表中选择需要指定厚度的面对象命名集合。

Details of “Thickness”中的 Thickness 域用于指定厚度，点右边的小三角符号，出现一个选择菜单，可以看到不同的厚度指定方式。

a. 等厚度指定。图 4-8 中缺省的厚度指定方式为 Constant，这种情况下在 Thickness 域直接指定厚度即可，输入时注意量的长度单位。

b. 变厚度指定。对于壳体为变厚度的情况，可以通过表格或函数方式指定厚度。

在图 4-9(a)中，选择 Tabular 选项，用表格的方式指定厚度，在 Independent Variable 的列表中选择表格的基本独立坐标变量(X、Y 或 Z)，然后在界面右下侧的 Tabular Data 中输入基本变量坐标和对应于此坐标的厚度值，在 Graph 面板显示厚度分布曲线，如图 4-9(b)所示。

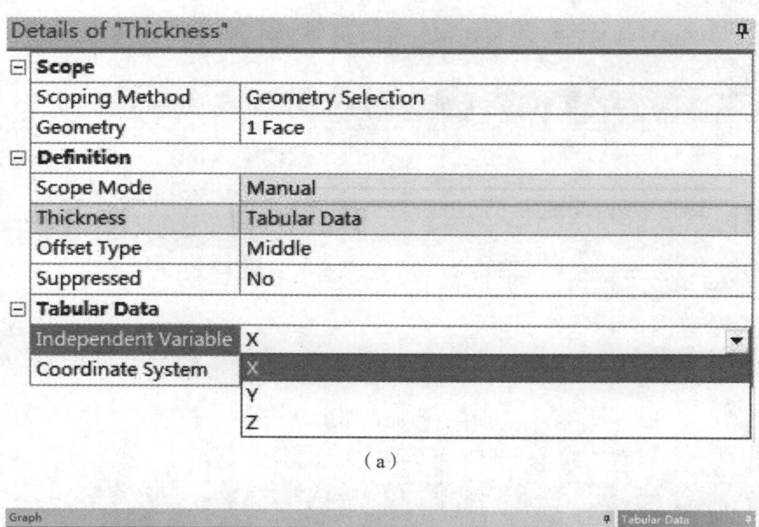

(a)

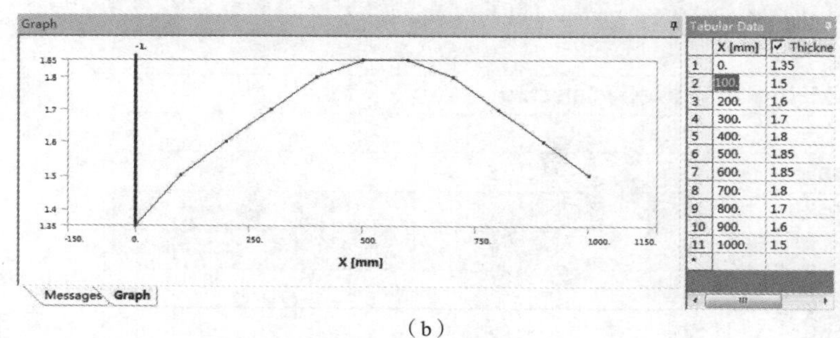

(b)

图 4-9 Tabular 形式的厚度

如果选择 Function 选项，采用函数的方式指定厚度，这种情况下的 Details 选项如图 4-10(a)所示，在 Thickness 中输入厚度随坐标变化的函数表达式，在 Graph Controls 中选择 Graph 显示曲线的坐标范围，在 Graph 面板中显示厚度分布曲线，如图 4-10(b)所示。

c. 导入厚度。还可以通过 Workbench 的 External Data 组件为结构分析中导入 Thickness，导入后，在 Mechanical 中包含 Imported Thickness 对象，如图 4-11 所示。

(2)截面

对于分层复合材料壳体，可指定壳体的截面。在 Geometry 分支的右键菜单中选择 Insert>Layered Section，如图 4-12 所示。在 Geometry 分支下插入 Layered Section 分支，其 Details 如图 4-13 所示。

在 Details of“Layered Section”中，需要在 Scope 部分指定截面所属的几何对象(Geometry Selection)或命名选择集合(Named Selection)。Definition 部分用于定义截面信息，首先选择坐标系 Coordinate System，然后在 Layers 域右侧的单击三角形箭头启动 Worksheet 视图定义截面分层信息，如图 4-14 所示。

Details of "Thickness"

Scope	
Scoping Method	Geometry Selection
Geometry	1 Face
Definition	
Scope Mode	Manual
Thickness	= sin(2*x)
Offset Type	Middle
Suppressed	No
Function	
Coordinate System	Global Coordinate System
Unit System	Metric (mm, kg, N, s, mV, mA) Degrees rad/s Celsius
Angular Measure	Degrees
Graph Controls	
Number Of Segments	200.
Range Minimum	0. mm
Range Maximum	1000. mm

(a)

Graph

X [mm]

Messages Graph

Tabular Data

	X [mm]	
118	585.	1.
119	590.	0.98
120	595.	0.93
121	600.	0.86
122	605.	0.76
123	610.	0.64
124	615.	0.5
125	620.	0.34
126	625.	0.17
127	630.	8.57
128	635.	-0.1
129	640.	-0.3
130	645.	-0.5

(b)

图 4-10　Function 形式的厚度

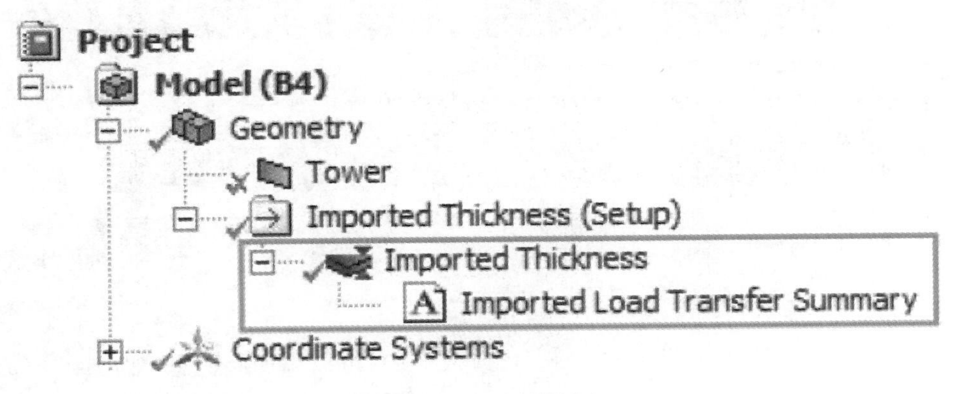

图 4-11　导入的厚度

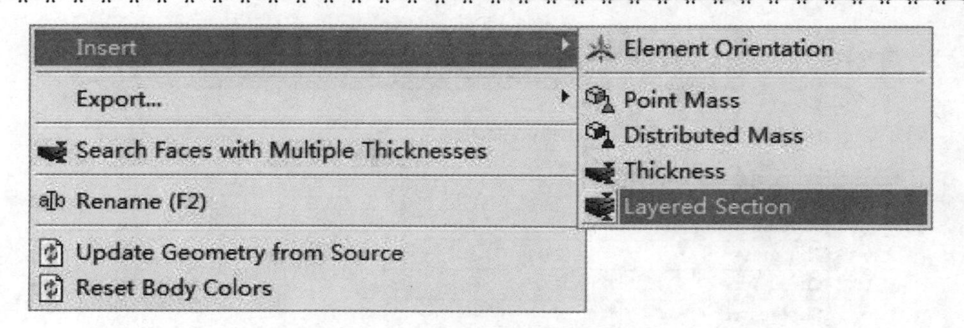

图 4-12 增加 Layered Section 对象

Details of "Layered Section"

Scope	
Scoping Method	Geometry Selection
Geometry	1 Face
Definition	
Coordinate System	Body Coordinate System
Offset Type	Middle
Layers	Worksheet
Suppressed	No
Material	
Nonlinear Effects	Yes
Thermal Strain Effects	Yes
Graphics Properties	
Properties	
Total Thickness	0. mm
Total Mass	0. kg

图 4-13 Details of “Layered Section”

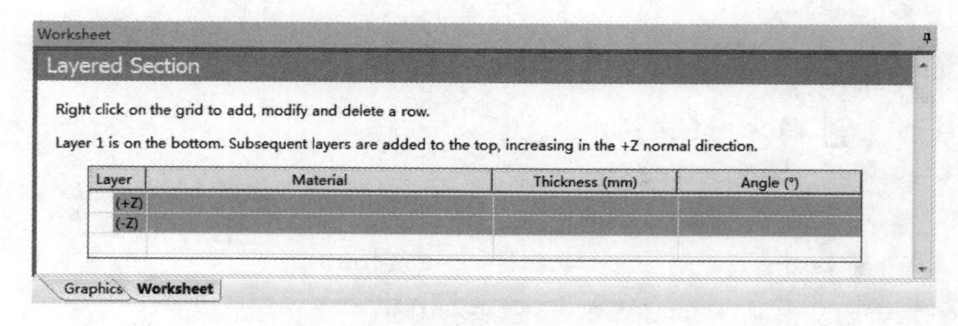

图 4-14 定义 Layered Section

在 Worksheet 视图中，右键单击“(＋Z)”或“(－Z)”可以添加层信息，如图 4-15(a)所示，每一个添加的 Layer，需要为其指定材料(Material)、厚度(Thickness)和方向角(Angle)信息。对每一个 Layer，可以单击鼠标右键，在其上面或下面插入新的 Layer 或删除此 Layer，如图 4-15(b)所示。整个截面的 Top 为最靠近＋Z 的 Layer，而整个截面的 Bottom 为最靠近－Z 的，Bottom 层的编号总是 1。

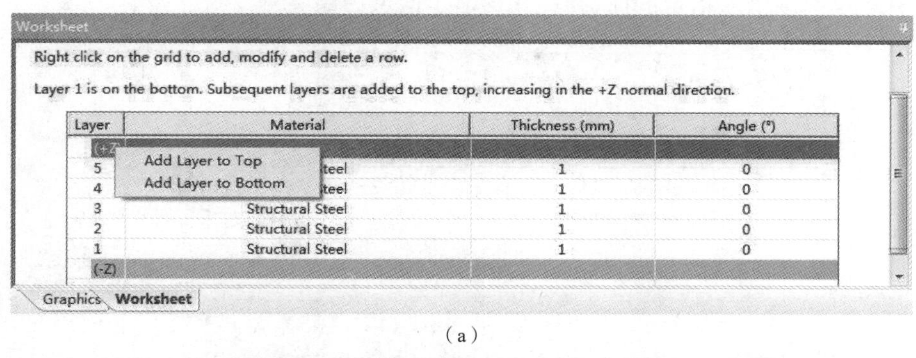

(a)

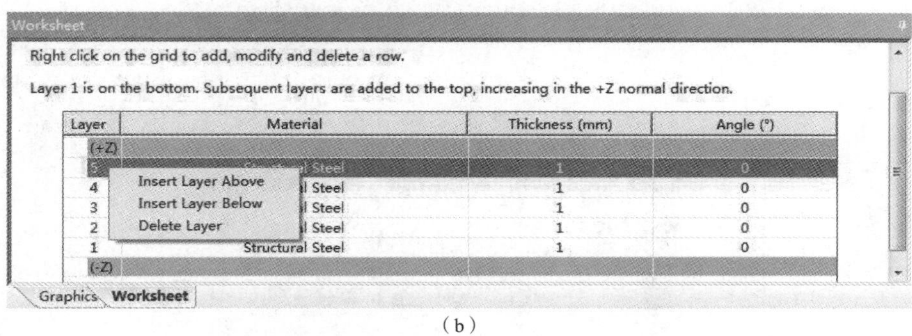

(b)

图 4-15　定义 Layered Section 层信息

除了直接定义截面，还支持通过集成于 Workbench 的 ACP(Pre)系统定义层状截面信息并在 Project Schematic 页面中导入 Mechanical 中。

(3)截面厚度特性冲突的排除

模型复杂或截面类型很多时，可能会出现面上的截面、厚度重复指定造成的冲突，用户可以通过在 Geometry 分支的右键菜单中选择 Search Faces with Multiple Thicknesses，如图 4-16 所示，可以探测到有多重厚度指定的面。

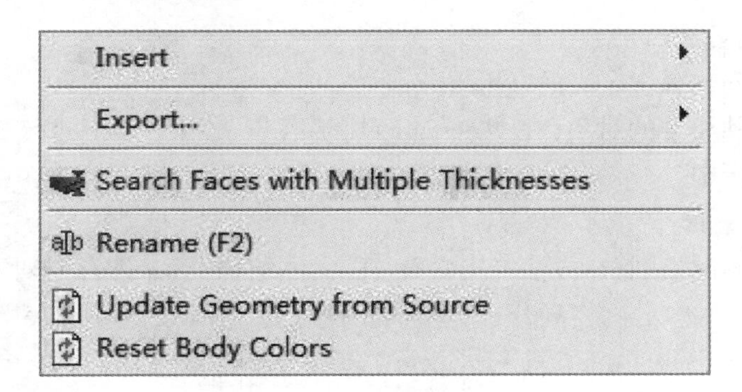

图 4-16　探测多重厚度指定的面

如果程序探测到有多重厚度或截面指定的面，在 Messages 面板中会出现一个 Warning 信息，双击此信息弹出 Warning 提示框，如图 4-17 所示。在 Messages 面板中选择 Warning 信息并打开右键菜单，如图 4-18 所示，在右键菜单中选择 Go To Face With Multiple Thicknesses，可以选中有多重厚度信息指定的面，并在图形显示区域内高亮度显示。

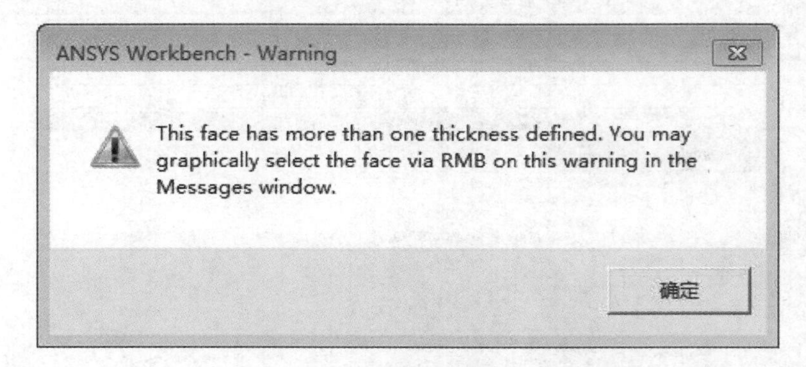

图 4-17　多重厚度指定警告信息框

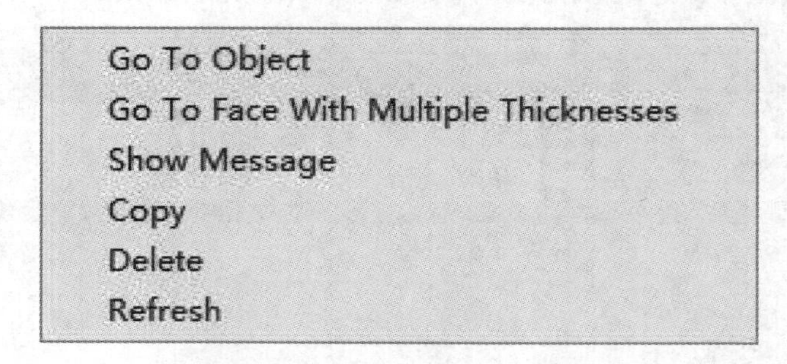

图 4-18　选择多重厚度指定的面

ANSYS Mechanical 会按照一个预先规定的优先级次序来处理这种冲突。优先级的先后次序为：

①导入的 Plies 对象。

②导入的 Thickness 对象。

③Layered Section 对象。

④Thickness 对象。

⑤作为 Body/Part 属性定义的 Thickness。

对于上述同一种类型的对象，在 Mechanical 的 Project 树中靠下边位置的（最新定义的）将被优先使用于分析中。

3. 网格划分与编辑

对于薄壳结构的网格划分，方法与第 3 章 2D 实体结构类似，即都是对面体划分网格。对于 Surface Body（表面体）的网格划分，这里补充介绍两个 Sizing 选项和表面网格编辑方法。

（1）Use Uniform Size Function for Sheets 选项

使用此选项使得用户可以对表面体使用 Uniform Size function 而对模型的其余部分使用其他的 Size function。此选项仅当模型中存在混合体类型（如表面体和实体）以及当 Size Function 设为 Proximity and Curvature、Proximity 或 Curvature 时可用。

（2）Enable Washers 选项

此选项控制面体的空洞周围的放射状网格图案。如果设置此选项为 Yes，将在每个洞的周围生成一层等距离的单元，被称为 Washer，如图 4-19 所示。此选项仅对表面体使用，并且将 Use Adaptive Sizing、Capture Curvature 和 Capture Proximity 都设置为 No 时可用。

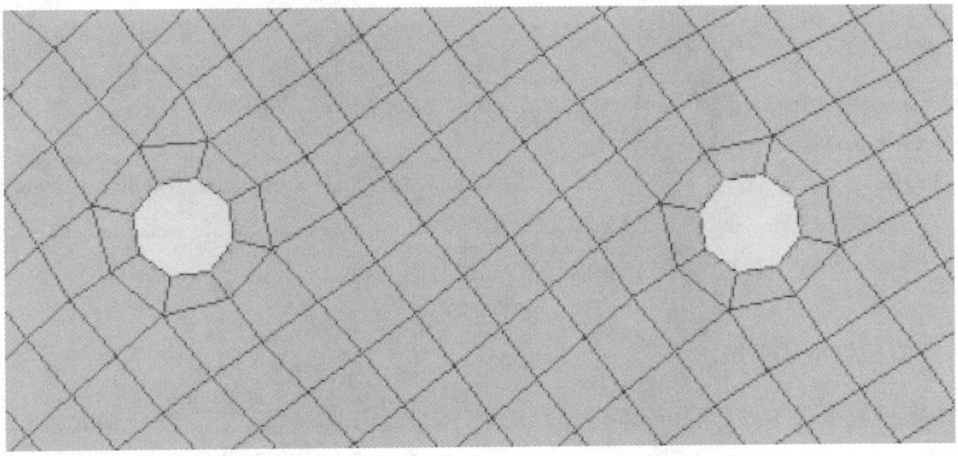

图 4-19　Wahser 示意图

Washer 形状网格划分包括三个选项，如图 4-20 所示。Enable Washers 为开关，Height of Washer 为 Washer 层的单元高度，Allow Nodesto be Moved off Boundary 用于靠近物体边界的孔周边节点的移动和微调，缺省为不移动。

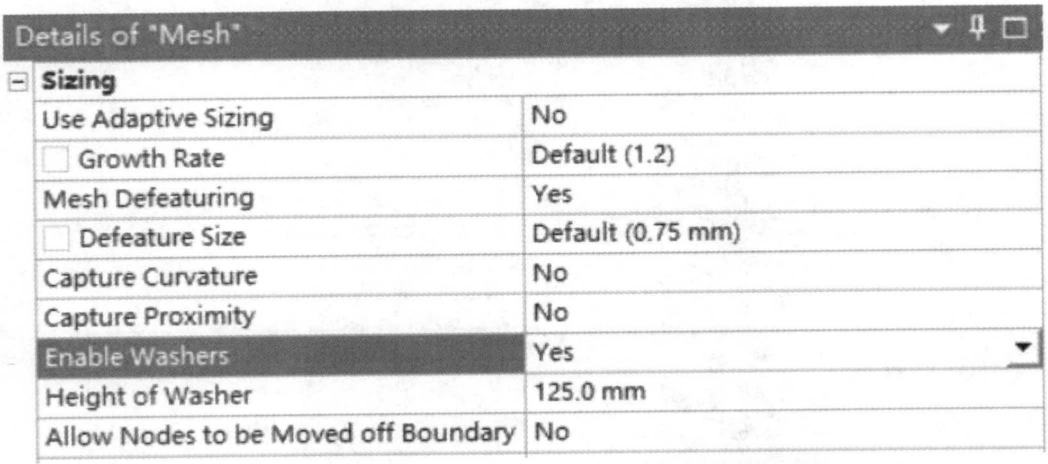

Details of "Mesh"

Sizing	
Use Adaptive Sizing	No
Growth Rate	Default (1.2)
Mesh Defeaturing	Yes
Defeature Size	Default (0.75 mm)
Capture Curvature	No
Capture Proximity	No
Enable Washers	Yes
Height of Washer	125.0 mm
Allow Nodes to be Moved off Boundary	No

图 4-20　Sizing 中的 Washer 选项

(3)表面体的网格编辑

表面体的网格划分完成后，可以通过 Mesh Edit 工具栏对网格进行编辑，Mesh Edit 包含了很多编辑功能，常用到的工具是 Node Merge 和 Node Move，工具对节点进行合并或位置的调整，如图 4-21 所示。

Mesh Connection 用于连接分离的面网格，但这样做可能会改变局部的网格拓扑。一般建议还是在几何模型处理中在面的交线处形成共享拓扑。

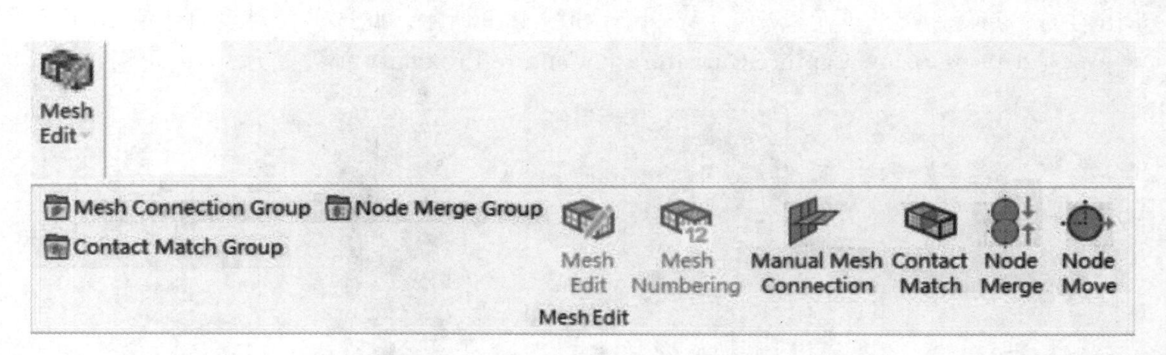

图 4-21　Mesh Edit 工具

4.2.2　实体壳结构建模技术

实体壳一般是中等厚度的壳体，按照 3D 实体进行几何建模，几何模型导入 Mechanical 后，选择 Mesh 分支，在其右键菜单中选择 Insert>Method，加入划分方法分支并选择网格划分方法为 Sweep，如图 4-22(a)所示。在 Details of “Sweep Method”中，通过 Geometry Selection 或 Named Selection 选择要划分实体壳单元的实体部件，在 Src/Trg Selection 中选择 Automatic Thin(自动薄壁扫掠)或 Manual Thin(手工薄壁扫掠)，Element Option 选择 Solid Shell，如图 4-22(b)、图 4-22(c)所示。

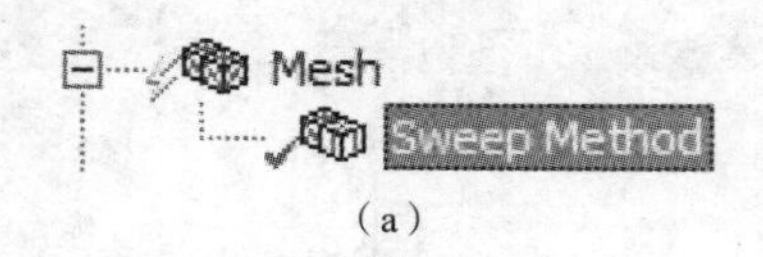

(a)

Details of "Sweep Method" - Method

Scope	
Scoping Method	Geometry Selection
Geometry	1 Body
Definition	
Suppressed	No
Method	Sweep
Element Midside Nodes	Dropped
Src/Trg Selection	Automatic Thin
Source	Program Controlled
Free Face Mesh Type	Quad/Tri
Sweep Num Divs	0
Element Option	Solid Shell

(b)

图　4-22

Details of "Sweep Method" - Method	
⊟ Scope	
Scoping Method	Geometry Selection
Geometry	1 Body
⊟ Definition	
Suppressed	No
Method	Sweep
Element Midside Nodes	Dropped
Src/Trg Selection	Manual Thin
Source	No Selection
Free Face Mesh Type	Quad/Tri
Sweep Num Divs	0
Element Option	Solid Shell

（c）

图 4-22　实体壳结构网格划分方法

其他的设置选项还包括 Source、Sweep Num Divs 以及 Free Face Mesh Type。其中，Source 选项仅用于 Manual Thin 方式手动选择扫掠的源面；Sweep Num Divs 选项用于指定扫掠方向的网格划分等分数；Free Face Mesh Type 选项用于设置自由面网格划分的单元形状，可选择 Quad/Tri（四边形/三角形混合）或 All Quad（全四边形）。

经上述设置，划分网格后即可形成实体壳单元（SOLSH190 单元）。如图 4-23 所示为一个厚度扫掠方向等分数被设置为 3 所形成的实体壳单元构成的圆柱壳体计算模型。

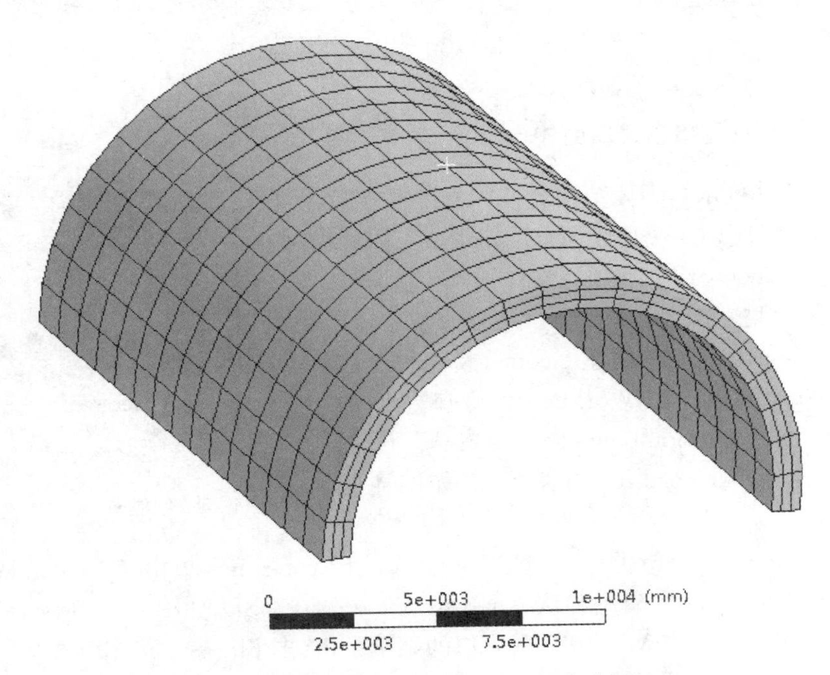

图 4-23　三层实体壳结构网格划分示例

4.3 板壳结构的建模例题:水箱结构

本节以一个薄壁水箱结构为例,介绍板壳结构的三种不同的建模方案及操作实现要点。

方案1:直接创建曲面体,然后对面体采用SHELL181单元划分网格。

方案2:创建薄壁实体,抽取薄壁的中面,然后对面体采用SHELL181单元划分网格。

方案3:对创建的薄壁实体通过薄壁扫掠方法划分SOLSH190实体壳单元。

建模涉及的结构几何参数如下:水箱总高度为2060 mm,直径为2005 mm,上端开孔直径585 mm,箱体厚度为5 mm,其他部位详细尺寸如图4-24所示。

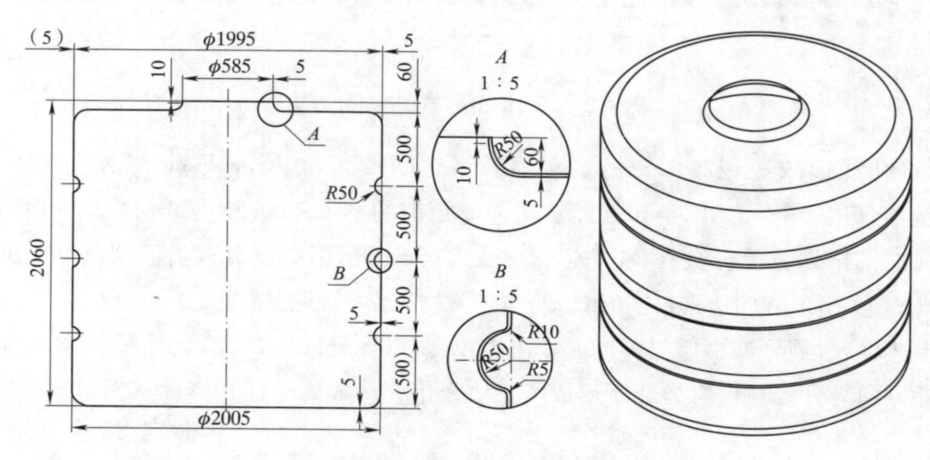

图4-24 水箱尺寸(单位:mm)

4.3.1 建模方案1:直接创建曲面体

本小节介绍薄壁水箱壳体结构的第一个建模方案,即直接建立薄壁壳体的壁厚中面体几何模型,并采用SHELL181单元划分网格形成有限元模型。

1. 创建Geometry组件和项目文件

按照如下步骤操作:

(1)启动Workbench并创建Geometry组件。启动ANSYS Workbench,在Workbench窗口左侧的Toolbox中,双击Component Systems下的Geometry,创建一个Geometry组件系统,如图4-25所示。

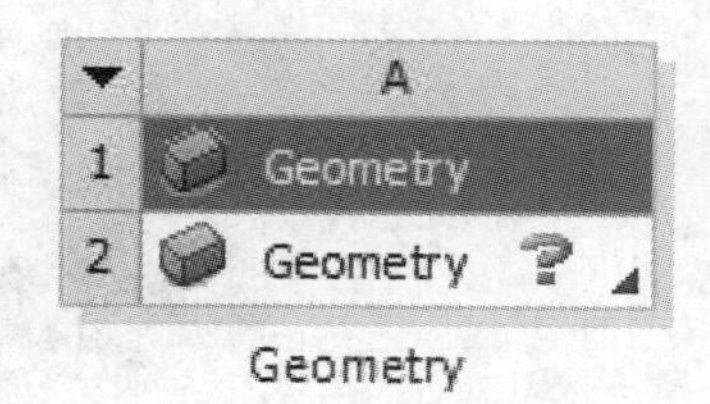

图4-25 创建Geometry组件系统

(2)设置Geometry分析类型。勾选菜单View>Properties,单击A2 Geometry单元格,在窗口右侧的Properties窗口中确认Analysis Type选项为3D,如图4-26所示。

(3)保存项目文件。在Workbench窗口的菜单中,单击File→Save,输入“Water Tank_1”作为文件名称,保存当前项目文件。

Properties of Schematic A2: Geometry

	A	B
1	Property	Value
9	⊞ Basic Geometry Options	
18	⊟ Advanced Geometry Options	
19	Analysis Type	3D

图 4-26　分析类型设置

2. 创建薄壁水箱面体几何模型

按照如下步骤进行操作：

(1)启动 SCDM 界面

在 Workbench 的 Project Schematic 窗口中选择 A2 Geometry 单元格，在其右键菜单中选择 New Spaceclaim Geometry…，启动 SCDM。

(2)设置草图平面

启动 SCDM 后，程序自动创建一个名为"设计 1"的设计窗口，并自动激活至草图模式，且当前激活平面为 XZ 平面，如图 4-27 所示。本例中采用 XY 平面作为工作平面，为此，需要首先更换工作平面，操作方法如下。

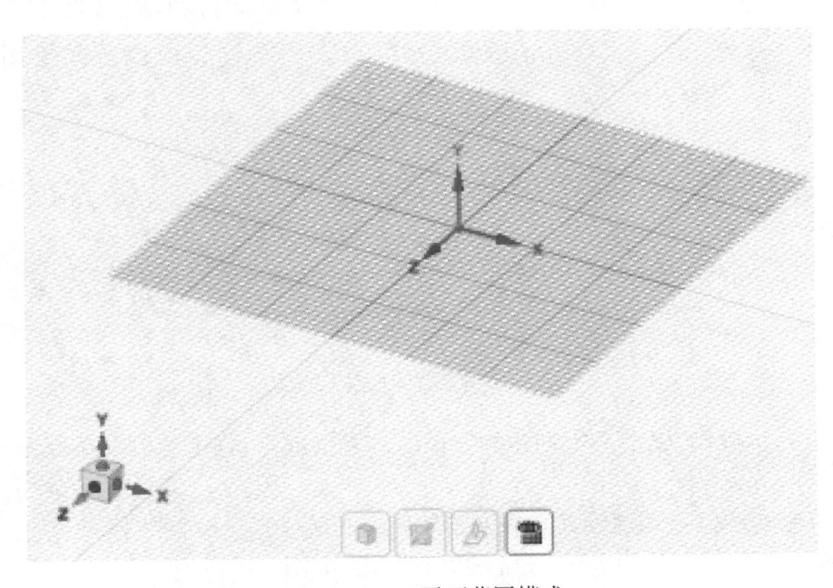

图 4-27　XZ 平面草图模式

①单击图形显示区下方微型工具栏中的图标，移动鼠标至 XY 平面高亮显示，然后单击鼠标左键，此时草图平面已激活至 XY 平面，如图 4-28 所示。

②依次单击主菜单中的设计→定向→图标或微型工具栏中的图标，也可直接单击字母"V"键，正视当前草图平面(即 XY 平面)，如图 4-29 所示。

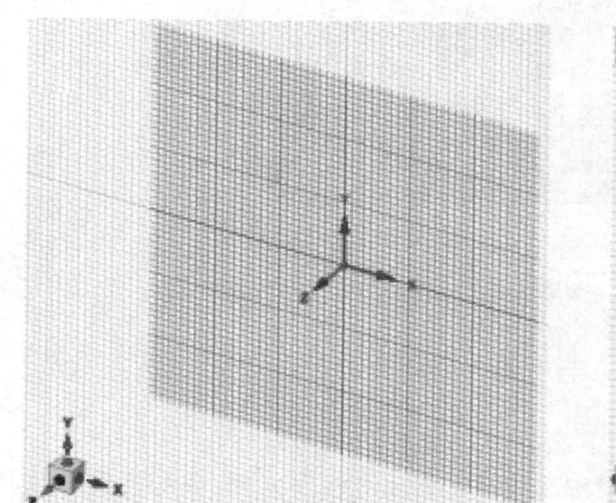

图 4-28　切换草图平面

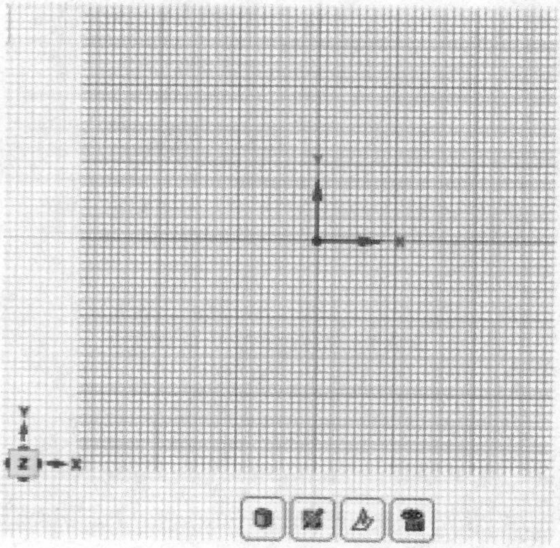

图 4-29　正视草图平面

(3)绘制草图

①绘制轮廓线段

a. 依次单击顶部工具栏中的设计→草图→线工具或按快捷键“L”,以坐标原点为起点向右绘制一条长为 1000 mm 的线段,然后单击回车键完成线段的绘制,如图 4-30 所示。

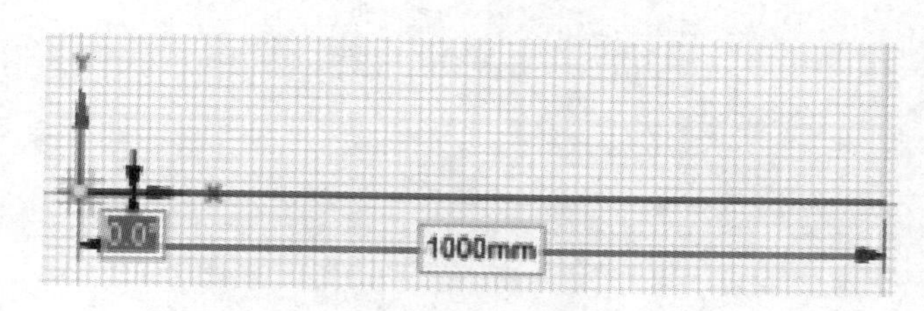

图 4-30　绘制箱底水平线段

b. 参照上一步操作,以上一步创建的线段右端点为起点,向上绘制一条高为 1995 mm 的线段,如图 4-31 所示。

c. 再次以竖直线段上端点为起点向左绘制一条长为 705 mm 的线段,然后以该线段左侧端点为起点向上绘制一条长为 62.5 mm 的竖直线段,如图 4-32 所示。

②创建箱体局部特征

a. 依次单击顶部工具栏中的设计→草图→圆工具或按快捷键“C”,以槽壁中点为圆心绘制一个直径数值为 105 mm 圆,然后单击回车键完成圆的绘制,如图 4-33 所示。

b. 单击顶部工具栏中的设计→编辑→移动工具或按快捷键“M”,选中上一步绘制的圆,然后按住“Ctrl”键并拖动向上移动的箭头,按空格键输入 500 mm,在该处创建一个复制圆,类似地向下创建一个复制圆,如图 4-34 所示。

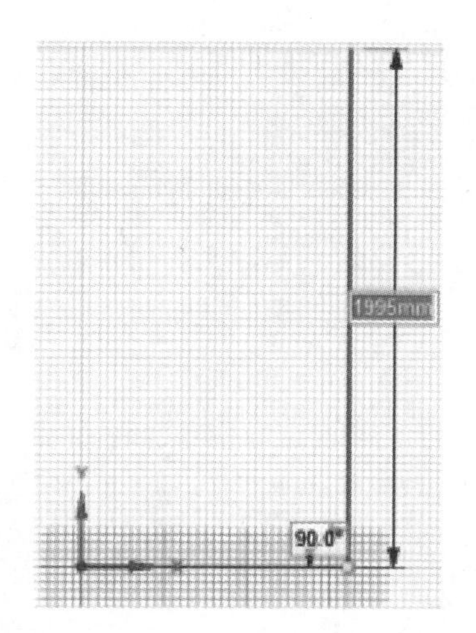

图 4-31　绘制箱壁竖直线段

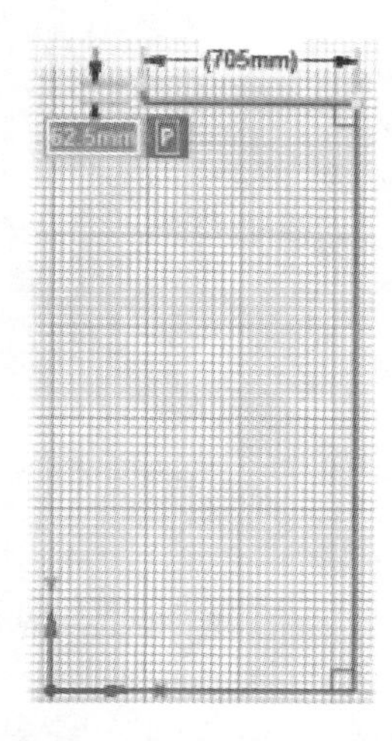

图 4-32　绘制箱顶及箱口线段

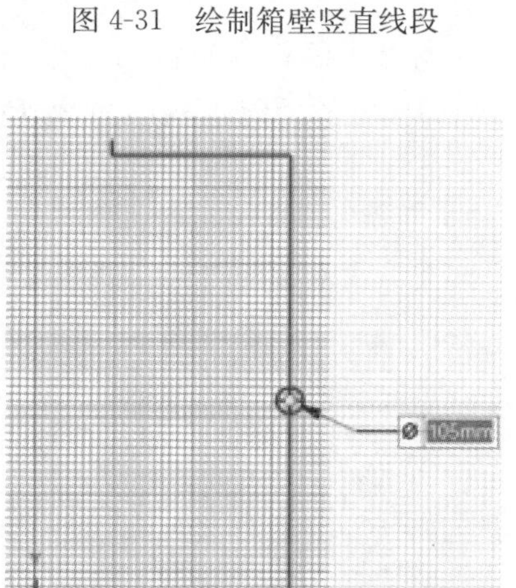

图 4-33　以箱壁中点为圆心绘制圆

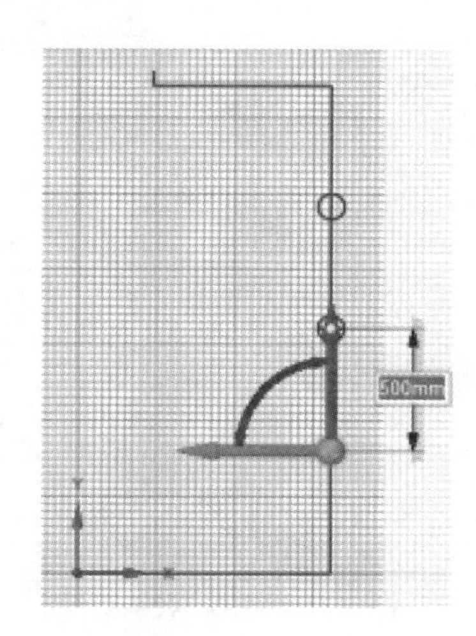

图 4-34　复制圆

c. 单击顶部工具栏中的设计→草图→剪掉工具或按快捷键“T”，将无关曲线删除，删除后的草图如图 4-35 所示。

d. 单击顶部工具栏中的设计→草图→创建圆角工具，依次选择箱底角点、箱顶角点和箱口角点，拖动鼠标并输入圆角半径为 52.5 mm，如图 4-36 所示。

(4)创建水箱面体

在草图的基础上经过旋转操作形成旋转表面实体模型，按照如下步骤进行操作：

①绘制旋转轴。单击顶部工具栏中的设计→草图→参考线工具，以坐标原点为起点向上拉伸创建一任意长度的竖直参考线，如图 4-37 所示。

②旋转操作形成面体。

a. 单击顶部工具栏中的设计→编辑→拉动工具或按快捷键“P”，此时将自动进入三维模式中。

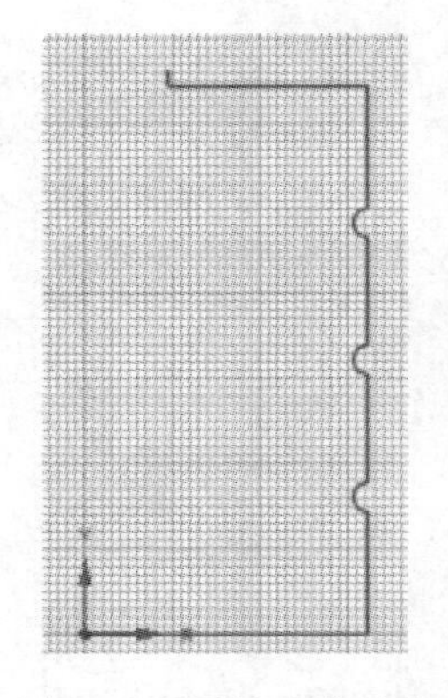

图 4-35　删掉多余线条

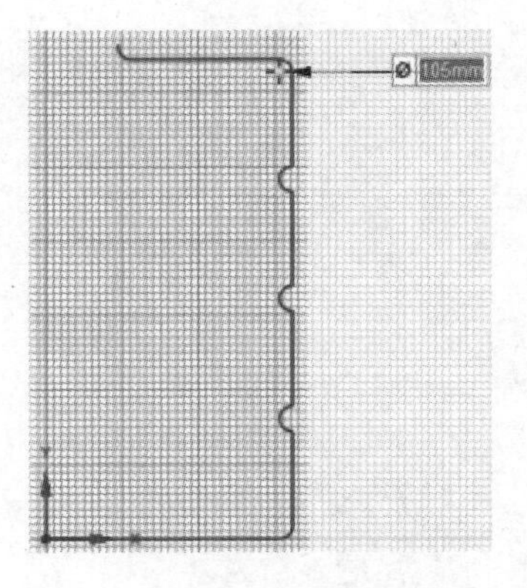

图 4-36　创建箱底及箱口圆角

b. 利用框选的方式选中除参考线外的所有箱体草图线。

c. 激活图形显示窗口左侧的旋转按钮，然后选中竖直参考线作为回转轴，如图 4-38 所示。单击图形显示窗口左侧的完全拉动按钮，完成水箱面模型的的创建，如图 4-39 所示。

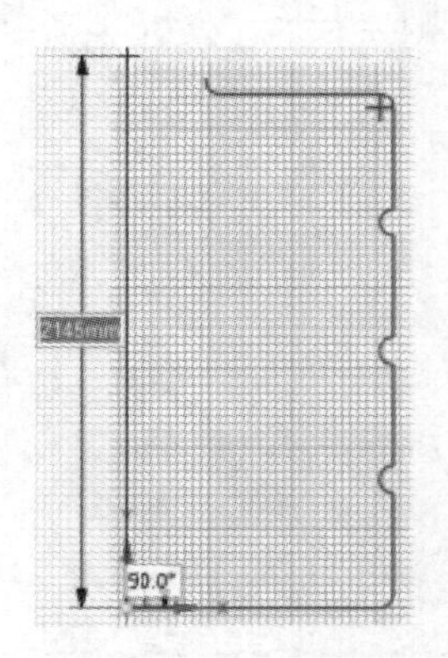

图 4-37　创建回转轴线

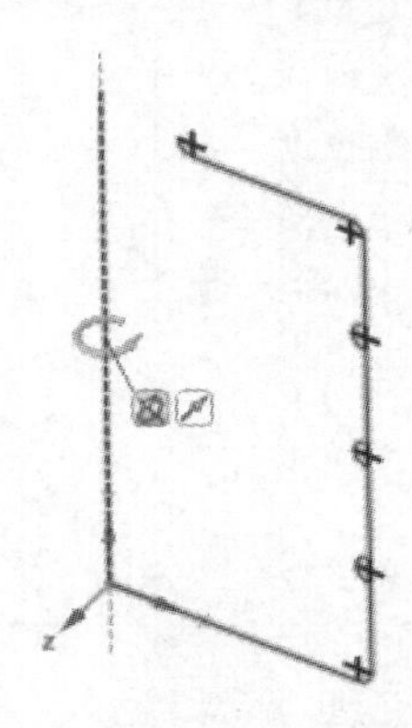

图 4-38　选中草图并指定回转轴

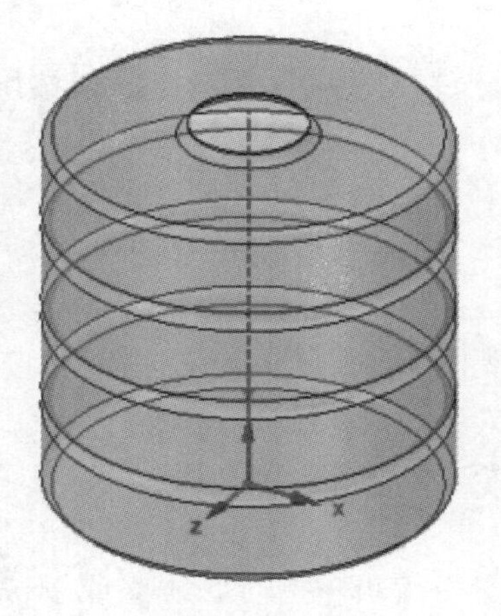

图 4-39　水箱面模型

(5)定义面体厚度

单击结构树中的水箱面模型(曲面),然后在窗口左下方的属性对话框中,在中间面→厚度一栏中输入 5 mm,该厚度在后续分析时会自动导入 Mechanical 中,如图 4-40 所示。

属性

材料	
材料名称	未知材料
流体	否
密度	无
外观	
颜色	ARGB: 255, 143, 175, 14
样式	按图层,按样式
中间面	
厚度	5mm
驱动尺寸	否

图 4-40　指定水箱面模型厚度

(6)保存设计

关闭 SCDM,在 Workbench 窗口的菜单中选择 File→Save,保存当前项目文件。

3. 建立薄壁水箱壳体有限元模型

按照如下步骤进行操作:

(1)创建 Mechanical Model 系统

在 Workbench 左侧 Toolbox 的组件系统中,拖动 Mechanical Model 组件系统至 A2 Geometry 单元格上释放,搭建如图 4-41 所示的 Mechanical Model 系统。

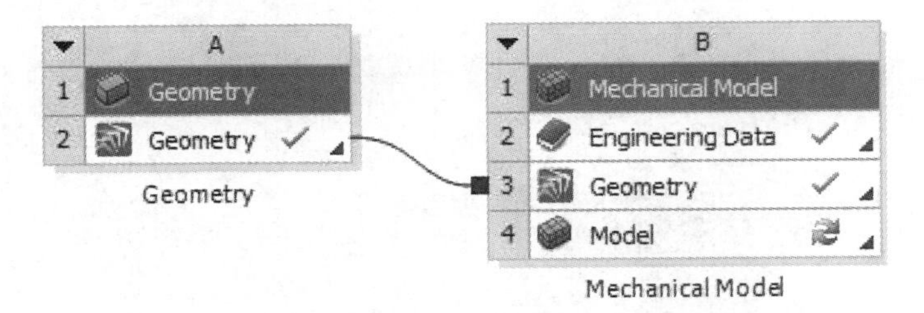

图 4-41　项目流程图

将新生成的系统改为 Water Tank_1,如图 4-42 所示。

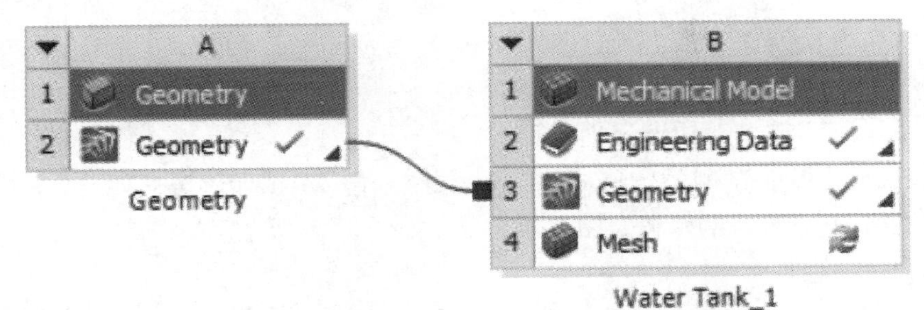

图 4-42　创建水箱的 Mechanical Model 分析系统

(2)启动 Mechanical

在 Workbench 界面的 Project Schematic 中双击 B4 Model 单元格,启动 Mechanical 界面,此时 Mechanical 的图形显示区域显示导入的水箱壳体的 3D 模型,如图 4-43 所示。

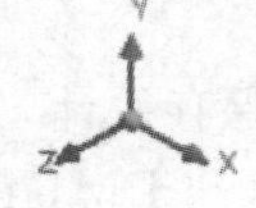

图 4-43　导入的水箱几何模型

(3)网格划分形成有限元模型

在窗口左侧的结构树中,右键单击 Model(B4)→Mesh,选择 Insert→Face Meshing,在窗口左下方 Face Meshing 设置面板中的 Scope→Geometry 中利用框选的方式选中水箱所有表面。

提示:框选几何对象时,在 Graphics 工具条中选择 Select Mode→Box Select,如图 4-44 所示。然后用鼠标拉框选择对象。

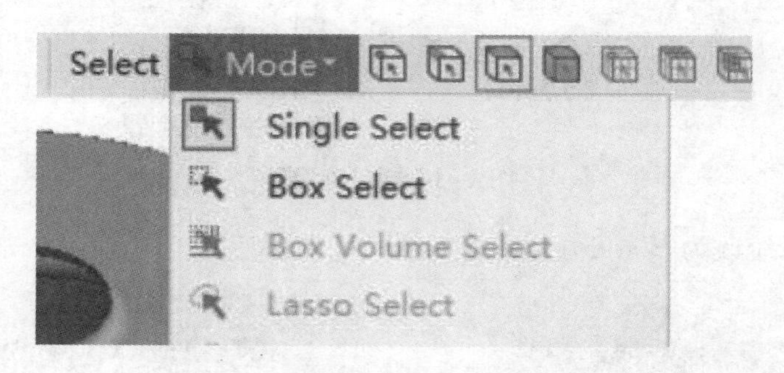

图 4-44　选择模式

在 Mechanical 界面左侧的 Project 树中,右键单击 Model(B4)→Mesh,选择 Generate Mesh,完成网格划分,形成的水箱壳体有限元模型如图 4-45 所示。

(4)保存模型文件

关闭 Mechanical,返回 Workbench 平台,单击主菜单中的 File→Save,保存当前工作项目(文件名为 Water Tank_1)。

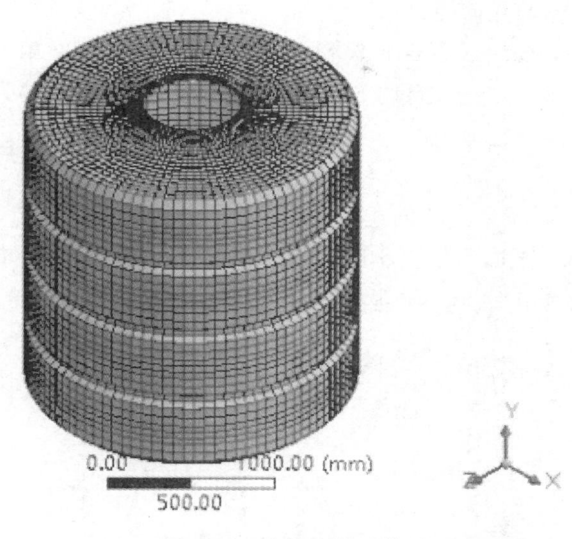

图 4-45 水箱有限元模型

4.3.2 建模方案 2:薄壁实体抽取中间面

本小节介绍薄壁水箱壳体结构的第二个建模方案,即建立薄壁水箱的三维薄壁实体几何模型,对实体模型进行中面抽取形成薄壁中面几何模型,随后采用 SHELL181 单元划分网格形成有限元模型。

1. 创建 Geometry 组件和项目文件

按照如下步骤操作:

(1)启动 Workbench 并创建 Geometry 组件。启动 ANSYS Workbench,在 Workbench 窗口左侧的 Toolbox 中,双击 Component Systems 下的 Geometry,创建一个 Geometry 组件系统,如图 4-46 所示。

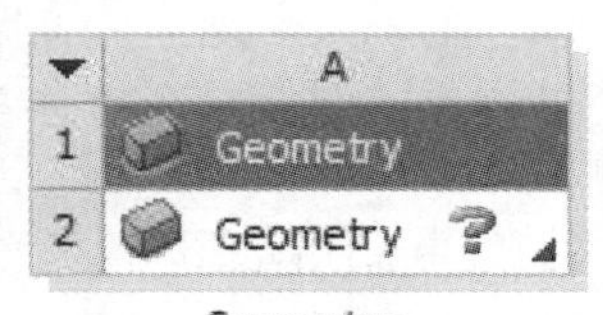

图 4-46 Geometry 组件系统

(2)设置 Geometry 分析类型。勾选菜单 View > Properties,单击 A2 Geometry 单元格,在窗口右侧的 Properties 窗口中确认 Analysis Type 选项为 3D,如图 4-47 所示。

Properties of Schematic A2: Geometry

	A	B
1	Property	Value
9	+ Basic Geometry Options	
18	− Advanced Geometry Options	
19	Analysis Type	3D

图 4-47 分析类型设置

(3)保存项目文件。在 Workbench 窗口的菜单中,单击 File→Save,输入“Water Tank_2”作为文件名称,保存当前项目文件。

2. 创建薄壁水箱面体的几何模型

在 Workbench 的 Project Schematic 窗口中选择 A2 Geometry 单元格，在其右键菜单中选择 New Spaceclaim Geometry…，启动 SCDM。按下面步骤在 SCDM 界面中进行几何建模操作。

(1)设置草图平面

启动 Spacecalim 后，程序会自动创建一个名为“设计 1”的设计窗口，并自动激活至草图模式，且当前激活平面为 *XZ* 平面。依次单击顶部工具栏中的设计→定向→图标或微型工具栏中的图标，也可直接单击字母“V”键，正视当前草图平面，如图 4-48 所示。

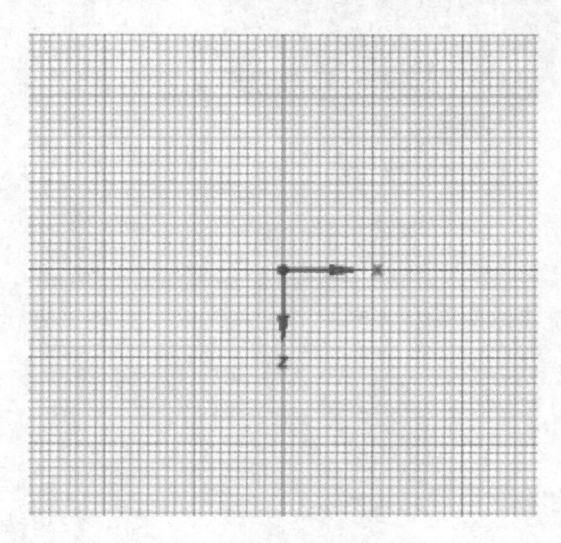

图 4-48　正视草图平面

(2)绘制圆形草图

依次单击顶部工具栏中的设计→草圆图→工具或按快捷键“C”，以坐标原点为圆心绘制一个直径为 2005 mm 的圆，如图 4-49 所示。

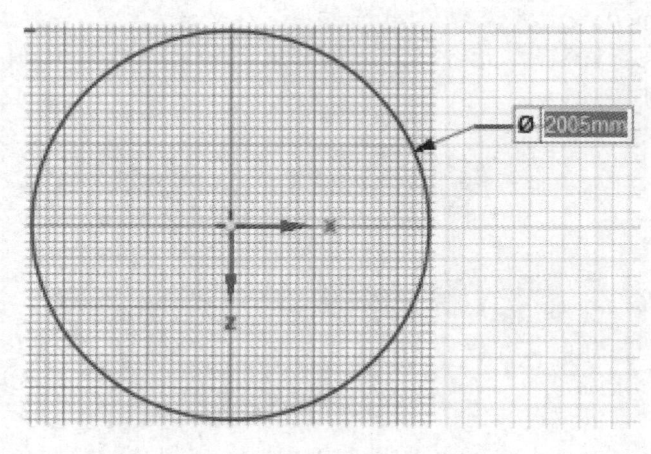

图 4-49　绘制一个圆

(3)创建一个圆柱体

①单击顶部工具栏中的设计→编辑→拉动工具，或按快捷键“P”，此时将自动进入三维模式中。

②按住鼠标滚轮，然后拖动鼠标将视角调至便于观察的视角；用鼠标左键选中圆平面然后拖动鼠标，此时将动态显示圆平面被拉动后的模型，如图 4-50(a)所示。

③按空格键，然后输入 2060 mm 作为拉伸高度，单击窗口空白位置，完成箱体的创建，如图 4-50(b)所示。

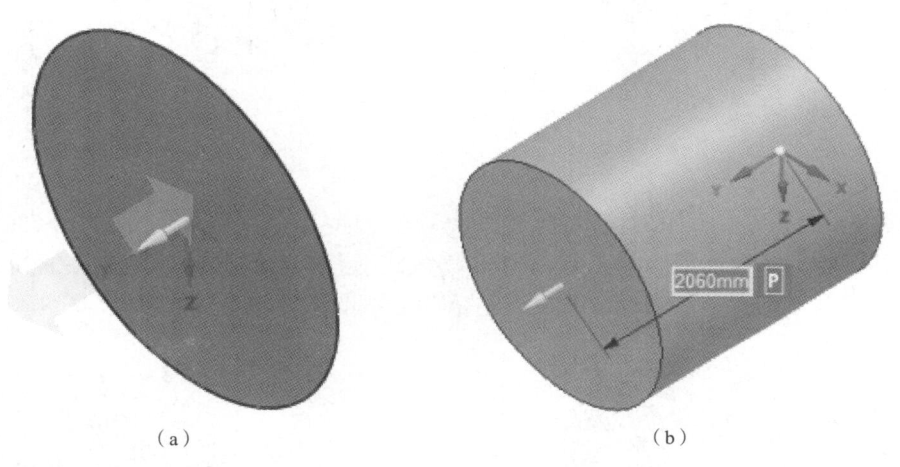

(a)　　(b)

图 4-50　拉伸生成箱体

(4)创建水箱口

①确保拉动工具处于激活状态，利用鼠标左键选中箱体顶面边线，然后在左侧拉动选项中激活复制边工具。

②利用“Tab”键调整复制方向，然后向圆心侧拖动鼠标，输入 705 mm 作为偏移距离，单击窗口空白处，如图 4-51 所示。

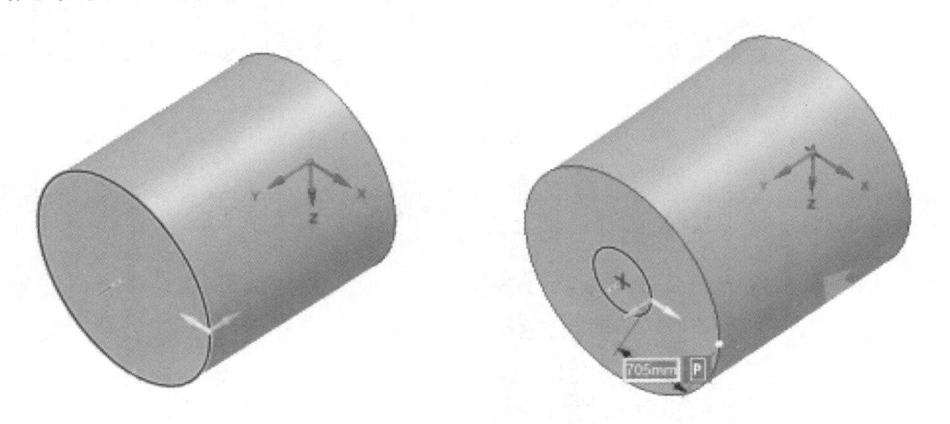

图 4-51　复制并偏移边线

③在确保拉动工具处于激活的状态下，鼠标左键选中新生成的圆环面，然后向另一侧拖动鼠标并输入距离 60 mm，完成水箱口的模型，如图 4-52 所示。

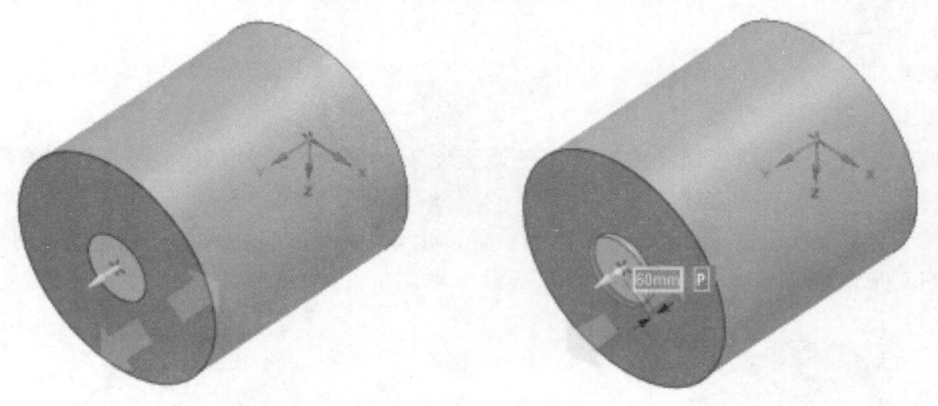

图 4-52 创建水箱口

(5)创建箱体凹槽

①拖动鼠标至箱体表面,此时箱体轴线会显示,单击鼠标左键选中箱体轴线,如图 4-53(a)所示。

②保证箱体轴线被选中的前提下,单击草图模式工具或按快捷键“K”,然后再次单击顶部工具栏中的设计→定向→图标或按快捷键“V”,正视当前草图平面,如图 4-53(b)所示。

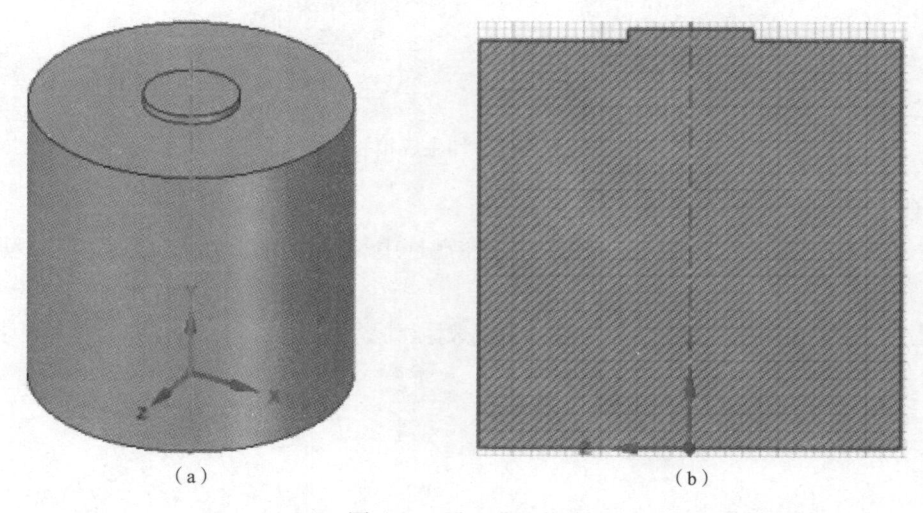

图 4-53 进入草图模式

③依次单击顶部工具栏中的设计→草图→圆工具或按快捷键“C”,以箱壁中点为圆心绘制一个直径为 100 mm 圆,然后单击回车键完成圆的绘制,如图 4-54 所示。

④单击顶部工具栏中的设计→编辑→移动工具或按快捷键“M”,选中上一步绘制的圆,然后按住“Ctrl”键并拖动向上移动的箭头,按空格键输入 500 mm,在该处创建一个复制圆,类似地向下创建一个复制圆,如图 4-55 所示。

⑤单击顶部工具栏中的设计→编辑→拉动工具或按快捷键“P”,此时将自动进入三维模式中;按住“Ctrl”键选中上一步创建的三个圆面;激活图形显示窗口左侧的旋转按钮,然后选中箱体轴线作为回转轴,如图 4-56 所示。拖动鼠标绕轴线一周,完成水箱模型凹槽创建,如图 4-57 所示。

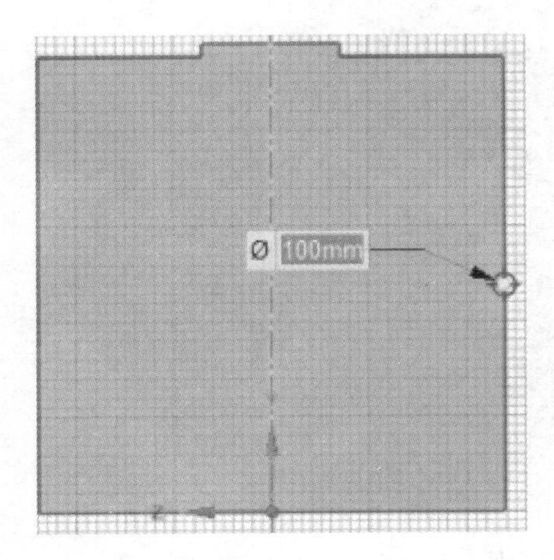

图 4-54　以箱壁中点为圆心绘制圆

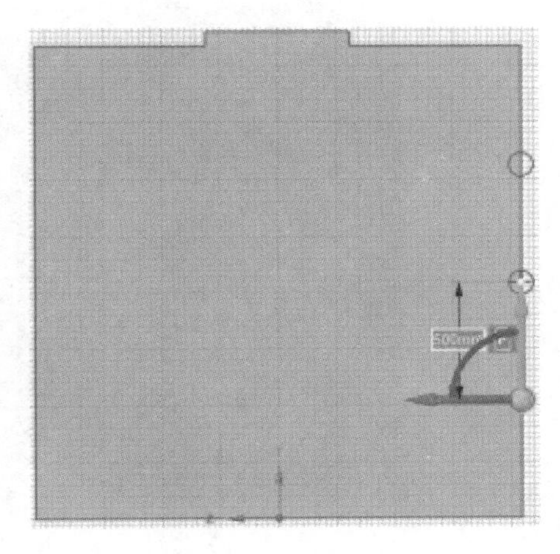

图 4-55　复制圆

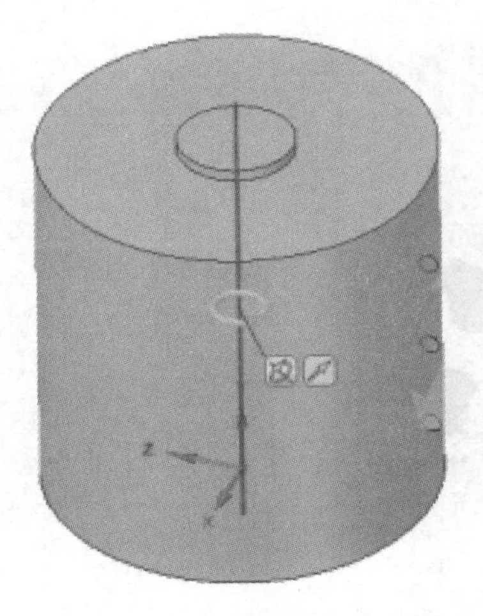

图 4-56　选中切割面及回转轴

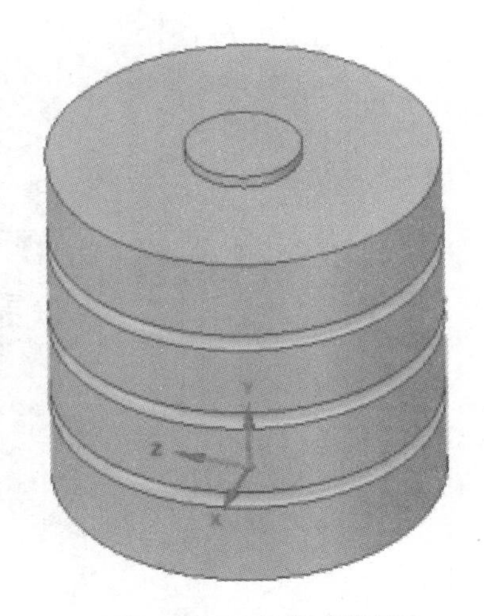

图 4-57　切割生成凹槽

(6)创建箱体倒圆角

单击顶部工具栏中的设计→编辑→拉动工具或按快捷键“P”,依次选择箱底角点、箱顶角点和箱口角点,拖动鼠标并输入圆角半径为 50 mm,如图 4-58 所示。

(7)创建水箱薄壁实体

单击顶部工具栏中的设计→创建→壳体工具,移动鼠标至箱口上表面,并输入 5 mm 作为薄壁厚度,单击鼠标左键,完成水箱薄壁实体模型的创建,如图 4-59 所示。

注意:在抽取中间面模型前,先保存一下几何模型,返回 Workbench 窗口,选择 View→Files 菜单打开文件列表,在其中选择几何文件 Geom. scdoc,选择右键菜单 Open Containing Folder,如图 4-60 所示。在打开的文件夹中选择几何模型文件,将其在另一个目录下备份并重命名为 SOLID. scdoc,这一实体几何模型在下面建模方案 3 中会用到,即通过实体壳单元来划分网格。

图 4-58　创建箱体倒圆角

图 4-59　创建水箱薄壁模型

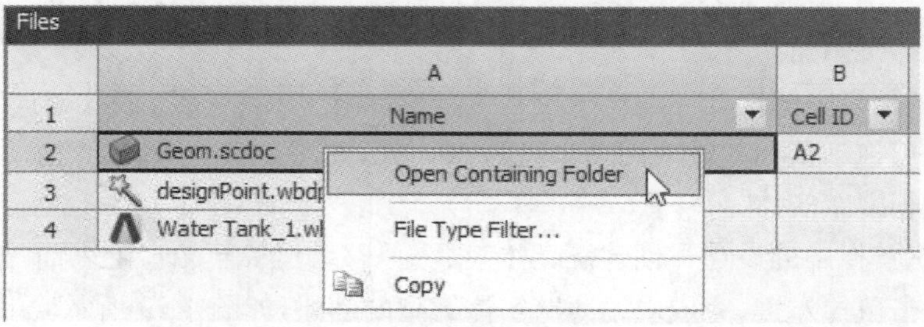

Files

	A	B
1	Name	Cell ID
2	Geom.scdoc	A2
3	designPoint.wbdp	
4	Water Tank_1.wb	

Open Containing Folder
File Type Filter...
Copy

图 4-60　备份实体模型

(8)创建水箱中面模型

单击顶部工具栏中的准备→分析→中间面工具，移动鼠标至箱体任意外表面上，然后单击鼠标左键，此时所有表面将高亮显示，单击图形显示窗口左侧的完成工具完成中面抽取，如图 4-61 所示。

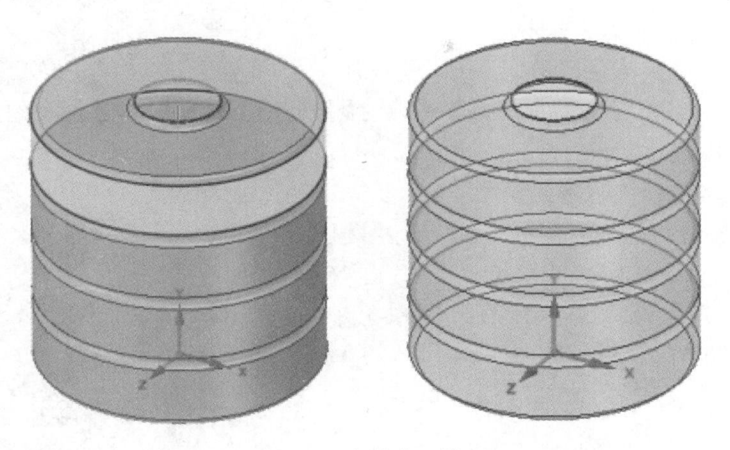

图 4-61　水箱中面模型

(9)保存设计

关闭 SCDM，在 Workbench 窗口的菜单中选择 File→Save，保存当前项目文件。

3. 建立薄壁水箱壳体有限元模型

操作方法与方案 1 的操作方法完全相同，具体操作过程可参照 4.3.1 节中“3. 建立薄壁水箱壳体有限元模型”，这里不再重复。

4.3.3　建模方案 3：实体壳单元

本小节介绍薄壁水箱壳体结构的第三个建模方案，即建立薄壁水箱的三维薄壁实体几何模型，对实体模型采用薄壁扫掠方式划分网格，形成 SOLSH190 单元的有限元模型。

1. 创建 Geometry 组件和项目文件

按照如下步骤操作：

(1) 启动 Workbench 并创建 Geometry 组件。启动 ANSYS Workbench，在 Workbench 窗口左侧的 Toolbox 中，双击 Component Systems 下的 Geometry，创建一个 Geometry 组件系统，如图 4-62 所示。

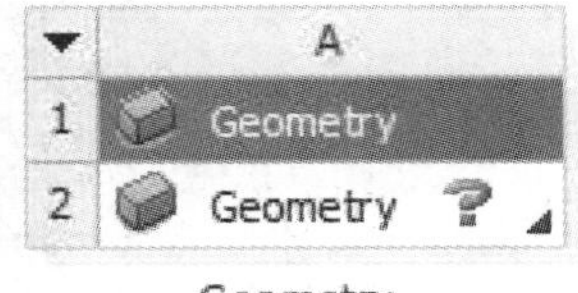

图 4-62　Geometry 组件系统

(2) 设置 Geometry 分析类型。勾选菜单 View＞Properties，单击 A2 Geometry 单元格，在窗口右侧的 Properties 窗口中确认 Analysis Type 选项为 3D，如图 4-63 所示。

Properties of Schematic A2: Geometry

	A	B
1	Property	Value
9	⊞ Basic Geometry Options	
18	⊟ Advanced Geometry Options	
19	Analysis Type	3D

图 4-63　分析类型设置

(3)保存项目文件。在 Workbench 窗口的菜单中,单击 File→Save,输入“Water Tank_3”作为文件名称,保存当前项目文件。

2. 导入薄壁水箱实体几何模型

在 A2:Geometry 单元格的右键菜单中,选择 Import Geometry,选择在建模方案 2 中备份的实体模型 SOLID. scdoc。

3. 建立薄壁水箱壳体有限元模型

按照如下步骤进行操作:

(1)创建 Mechanical Model 系统

在 Workbench 左侧 Toolbox 的组件系统中,拖动 Mechanical Model 组件系统至 A2 Geometry 单元格上释放,搭建如图 4-64 所示的 Mechanical Model 系统。

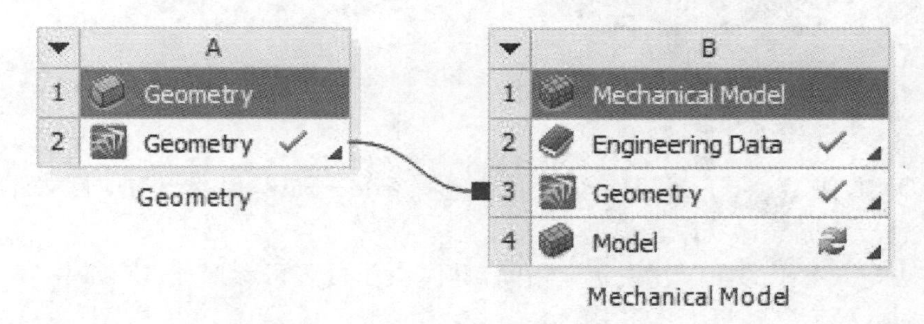

图 4-64 项目流程图

将新生成的系统改为 Water Tank_3,如图 4-65 所示。

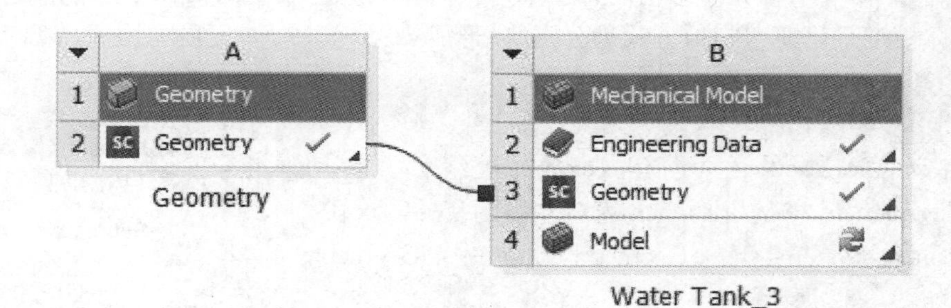

图 4-65 创建水箱的 Mechanical Model 分析系统

(2)启动 Mechanical 组件界面

在 Workbench 界面的 Project Schematic 中双击 B4 Model 单元格,启动 Mechanical 界面,此时 Mechanical 的图形显示区域显示水箱的薄壁实体 3D 模型,如图 4-66 所示。

(3)网格划分形成有限元模型

①定义网格尺寸。在 Mechanical 窗口左侧的 Project 树中,右键单击 Model(B4)→Mesh,选择 Insert→Face Sizing,在 Face Sizing 的 Details 面板的 Scope→Geometry 选项中,选择水箱所有外表面并单击 Apply,在 Definition→Element Size 中输入 30 mm,如图 4-67 所示。

图 4-66 薄壁实体模型

Details of "Face Sizing" - Sizing

Scope	
Scoping Method	Geometry Selection
Geometry	13 Faces
Definition	
Suppressed	No
Type	Element Size
Element Size	30.0 mm
Advanced	
Defeature Size	Default
Influence Volume	No
Behavior	Soft

Face Sizing

Face Sizing

图 4-67 水箱外表面网格尺寸控制

提示：在选择所有外表面时可以结合快捷键 Shift+F2，可以快速选择相切的表面。

②添加表面网格尺寸控制。在 Mechanical 界面左侧的 Project 树中，右键单击 Model (B4)→Mesh，选择 Insert→Face Meshing，在窗口左下方 Face Meshing 设置面板中的 Scope→Geometry 选项中，再次选中水箱所有外表面，在 Definition→Element Size 中输入 30 mm，如图 4-68 所示。

③添加网格划分方法。在 Mechanical 窗口左侧的 Project 树中，右键单击 Model(B4)→Mesh，选择 Insert→Method，在窗口左下方设置面板中的 Scope→Geometry 中选中水箱实体（注意由表面选择切换至实体选择），然后单击 Apply；在 Definition 分支下将 Method 改为 Sweep，将 Src/Trg Selection 改为 Manual Thin，在 Source 中选中水箱所有外表面并单击 Apply；将 Free Face Mesh Type 改为 All Quad，在 Sweep Num Divs 中输入 2，更改 Element Option 为 Solid Shell，即采用实体壳单元划分，如图 4-69 所示。

Details of "Face Meshing" - Mapped	
Scope	
Scoping Method	Geometry Selection
Geometry	13 Faces
Definition	
Suppressed	No
Mapped Mesh	Yes
Constrain Boundary	No
Advanced	
Specified Sides	No Selection
Specified Corners	No Selection
Specified Ends	No Selection

图 4-68　水箱外表面映射网格设置

Details of "Sweep Method" - Method	
Scope	
Scoping Method	Geometry Selection
Geometry	1 Body
Definition	
Suppressed	No
Method	Sweep
Algorithm	Program Controlled
Element Order	Linear
Src/Trg Selection	Manual Thin
Source	13 Faces
Free Face Mesh Type	All Quad
Sweep Num Divs	2
Element Option	Solid Shell

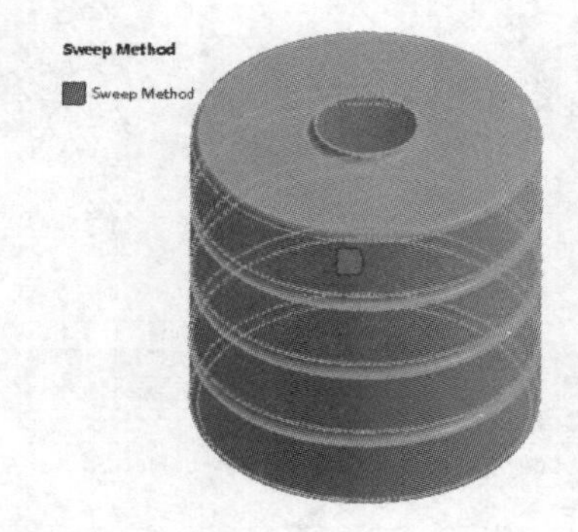

图 4-69　水箱 Solid Shell 网格划分方法设置

④划分网格。在 Mechanical 窗口左侧的 Project 树中，右键单击 Model(B4)→Mesh，选择 Generate Mesh，完成网格划分，形成的有限元模型如图 4-70(a)所示，模型厚度方向的局部放大如图 4-70(b)所示。

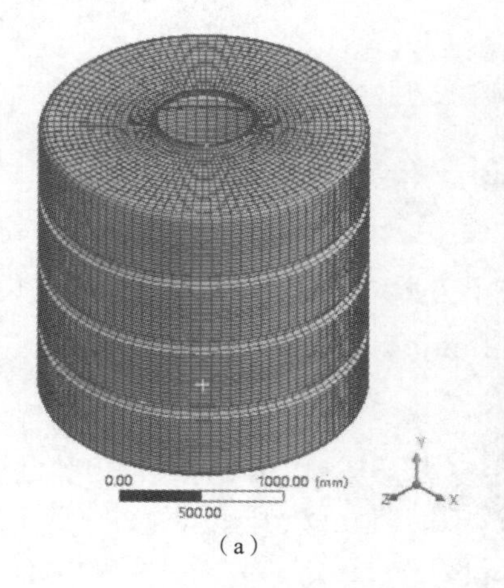

(a)

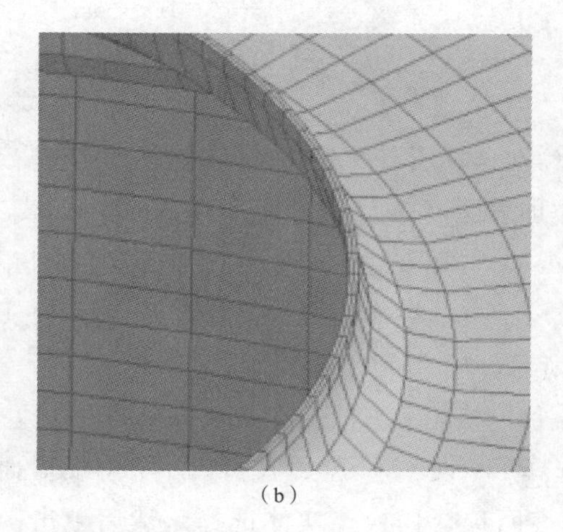

(b)

图 4-70　水箱实体壳有限元模型

(4)保存模型文件

建模操作完成，关闭 Mechanical，返回 Workbench 界面，单击主菜单中的 File→Save，保存当前工作项目文件(文件名为 Water Tank_3)。

第5章　ANSYS 杆件单元与杆系结构建模

杆系结构是常见的结构类型。本章首先介绍了 ANSYS 的杆件单元的特性，然后详细介绍了杆系结构、梁-板组合结构的建模方法和技巧。在最后一节，结合典型实例讲解了相关建模方法，在板-偏置曲梁建模例题中还分别用 DM 和 SCDM 介绍了建模实现过程。

5.1　ANSYS 杆件单元的特性说明

5.1.1　LINK180 单元简介

LINK180 单元是一个只承受轴向力的两节点（I、J）等截面直杆单元，其形状如图 5-1 所示。每个节点有三个线位移自由度，即 UX、UY、UZ。此单元类型可用于模拟各种平面以及三维桁架结构的杆件，或其他结构中的连接构件。

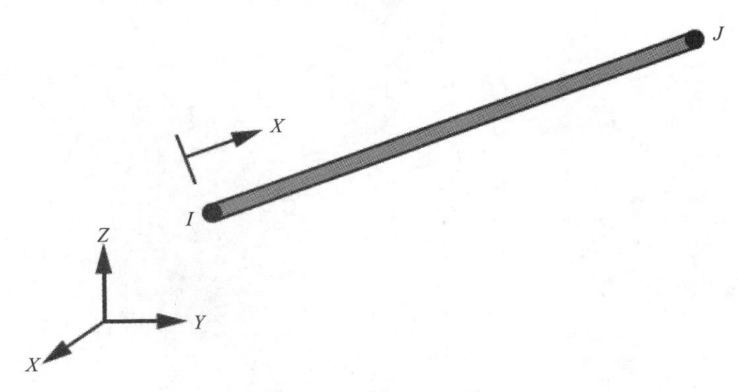

图 5-1　LINK180 单元

LINK180 单元通常作为二力杆来使用，要注意在对线划分时，一条线段仅能划分为一个 LINK180 单元。LINK180 单元的截面特性需要在几何组件中指定，单元上还可以施加均布附加质量。

LINK180 单元仅能承受集中力，不能承受分布载荷。该单元的选项 KEYOPT(3)可用于选择单元的算法类型：KEYOPT(3)取 0 为其缺省值，即同时承受拉力和压力；KEYOPT(3)取 1 表示仅承受拉力（Tension Only）；KEYOPT(3)取 2 表示仅承受压力（Compression Only）。

LINK180 单元计算后可输出节点位移向量及各种单元量，与单元有关的计算结果提取（如轴力结果和绘制轴力图）通常需要用单元表的方式，可通过添加命令对象方式绘制内力图，涉及 ETABLE 、PLETAB、PLLS 等 APDL 命令。

如采用 COMBIN14 单元（弹簧）来等效模拟轴线方向受力的三维杆件，其 KEYOPT(3)取 0，即 3D Longitudinal Spring-damper 选项，其刚度换算按下式计算：

$$k = \frac{EA}{L}$$

式中　　　k——弹簧的等效刚度系数；

E,A,L——杆件的弹性模量、截面积、长度。

关于弹簧的使用方法，请参考第6章。

5.1.2 BEAM18X 单元简介

BEAM18X单元是ANSYS的三维梁单元，BEAM188在轴线方向仅有两个端节点 I 和 J，而BEAM189单元轴线方向上除两端节点 I 和 J 外还有一个中间节点 K。BEAM188单元的形状和单元坐标系如图5-2所示，BEAM189单元的形状和单元坐标系如图5-3所示。BEAM18X的一个共同特点是有一个定位节点，BEAM188为节点 K，BEAM189为节点 L，这一节点用于确定横截面的放置方向。

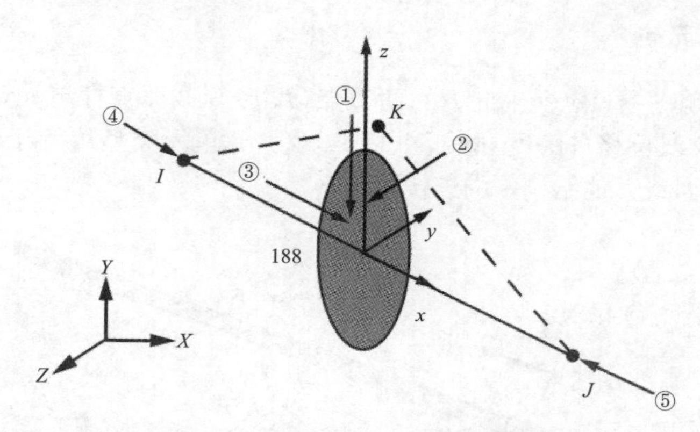

图5-2　BEAM188单元的形状及单元坐标系

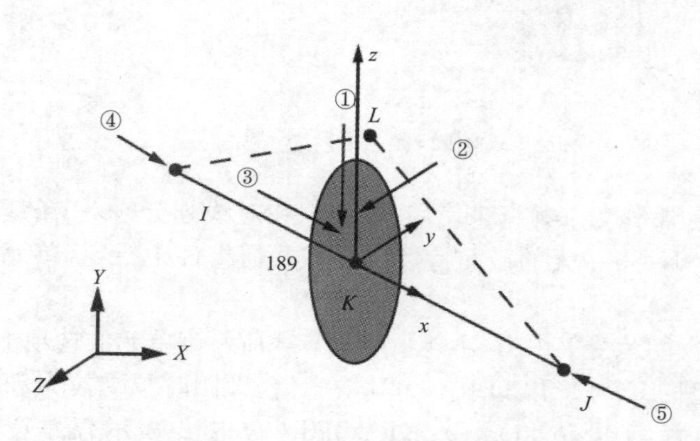

图5-3　BEAM189单元的横截面及单元坐标系

关于BEAM18X单元的截面定义、截面放置方向定位、截面的偏置等相关问题，将在下一节进行详细介绍。BEAM单元的KEYOPT选项可参考附录A。

实际应用更多的是BEAM188单元，此单元类型可施加的荷载包括集中力(矩)、表面压力、温度变化等。在BEAM188单元两端施加温度作用时，可以在梁的轴线位置输入温度

$T(0,0)$，还可以指定离开截面 X 轴的 Y 轴、Z 轴方向单位距离处的温度 $T(1,0)$ 和 $T(0,1)$，以考虑截面温度的线性变化。

BEAM188 单元输出计算结果的内力分量列于表 5-1 中。

表 5-1 BEAM188 的输出计算内力分量

输出项目	意 义
SF:y, z	截面的剪力
TQ	扭矩
Fx	轴力
My,Mz	弯矩
BM	双力矩

BEAM188 单元的后处理内力图可在 Mechanical 中直接绘制，也可通过在 Mechanical 中添加 APDL 命令流对象的方式绘制 Mechanical APDL 风格的内力图。下面为一个典型的绘制梁的弯矩图的 APDL 命令流片段：

```
ETABLE,MI,SMISC, 2      !I 端节点弯矩
ETABLE,MJ,SMISC,15      !J 端节点弯矩
ETABLE,FSI,SMISC, 5     !I 端节点剪力
ETABLE,FSJ,SMISC,18     !J 端节点剪力
/show,png
PLLS,MI,MJ,1,0          !绘制弯矩图
PLLS,FSI,FSJ,1,0        !绘制剪力图
```

要注意，在上述操作中，My 对应的剪力是 SFz。

关于上述命令，ETABLE 为定义单元表格，SMISC 表示单元内力分量在输出数据中的编号，BEAM188 单元的这些内力分量在单元表提取时的序列号列于表 5-2 中。

表 5-2 BEAM188 单元计算结果内力分量序列号

内力分量	项目	I	J
Fx	SMISC	1	14
My	SMISC	2	15
Mz	SMISC	3	16
TQ	SMISC	4	17
SFz	SMISC	5	18
SFy	SMISC	6	19
BM	SMISC	27	29

5.2 杆系结构与板梁组合结构的建模要点

本节介绍杆系结构以及板梁组合结构建模的一些要点和实用技巧。

1. 线体几何准备

杆系结构包括桁架结构和梁系结构，其几何体类型为 Line Body(线体)。杆系结构的几何模型可通过 DM 或 SCDM 创建，也可以由外部导入。无论何种情况，都需要在 Workbench 的 Geometry 组件单元格中设置可导入线体的选项。具体操作方法是在 Project Schematic 页面通过 View>Properties 菜单打开 Properties 面板，在 Geometry 单元格 Properties 的 Basic Geometry Options 选项中勾选 Line Bodies 右侧的复选框，如图 5-4 所示，以确保能够在分析中导入 Line Body。

Properties of Schematic B3: Geometry

	A	B
1	Property	Value
2	⊞ General	
5	⊞ Notes	
7	⊞ Used Licenses	
9	⊟ Basic Geometry Options	
10	Solid Bodies	☐
11	Surface Bodies	☐
12	Line Bodies	☑
13	Parameters	Independent
14	Parameter Key	ANS;DS
15	Attributes	☐
16	Named Selections	☐
17	Material Properties	☐
18	⊟ Advanced Geometry Options	
19	Analysis Type	3D

图 5-4　几何选项

在实际建模时，一般建议通过 DM 或 SCDM 来创建线体几何模型，然后再导入 Mechanical 进行单元划分形成有限元模型。目前仅有 SCDM 和 DM 可以为 ANSYS 分析提供线体的横截面，因此建议用户在 SCDM 或 DM 中定义梁的截面及其方位等几何信息。

线体几何建模方法可以参考第 2 章的相关内容。在 DM 中可通过概念建模创建 Line Body。在 SCDM 中可以直接创建 Line Body，也可以通过对实体进行抽取得到 Line Body，抽取的线体无需再重新定义截面信息及指定截面方位。

关于截面坐标系，需要注意的是，在 Workbench 的几何组件以及 Mechanical 组件中，线体截面坐标系为 XY，不同于 Mechanical APDL(包括前面一节的单元特性介绍)中的 Y 轴和 Z 轴，如图 5-5 所示。当然，这种名称上的改变并不会影响到计算结果。在实际操作中，DM 截面定位是指 Y 轴的定位，可通过直接输入向量与转角方式指定 Y 轴指向，也可选择平行于已有线段或面的法向等方式实现 Y 轴方向的定位；SCDM 中可通过选择表面法线或线段方向来指定截面 Y 轴的定位，也可通过选择旋转角度来指定截面的定位。

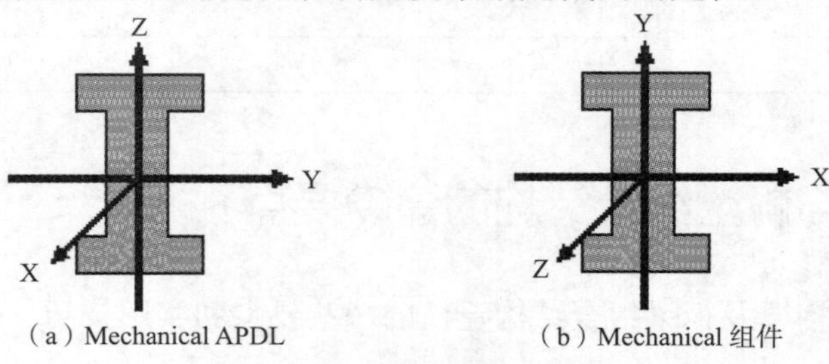

(a) Mechanical APDL　　(b) Mechanical 组件

图 5-5　梁的横截面坐标系区别

2. 线体的特性

在导入Mechanical组件后，每一个Line Body会以一个子分支的形式出现在Project树的Geometry分支下。对Mechanical组件中的每一个Line Body分支而言，除了刚柔特性（对线体包含Flexible和Rigid Beam两个选项）、材料、参考温度等基本特性和导入的截面特性外，还需定义截面偏置和模型类型选项。截面偏置即Offset，缺省为不偏置，即节点位置位于杆单元的横截面形心。一般在板梁组合结构中会涉及到梁的横截面偏置，相关操作方法在本节后面加以介绍。

Model Type是一个对于杆单元来说十分重要的选项，它决定了杆件结构的单元类型，如图5-6所示，Model Type特性包括如下几种情况：

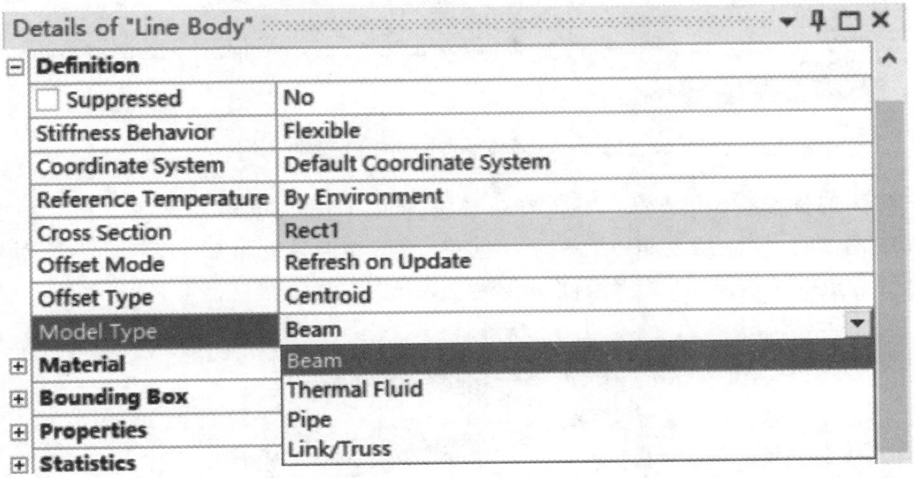

Details of "Line Body"

Definition	
Suppressed	No
Stiffness Behavior	Flexible
Coordinate System	Default Coordinate System
Reference Temperature	By Environment
Cross Section	Rect1
Offset Mode	Refresh on Update
Offset Type	Centroid
Model Type	Beam
Material	Beam
Bounding Box	Thermal Fluid
Properties	Pipe
Statistics	Link/Truss

图5-6 Line Body属性

①Beam选项

该选项是Model Type的缺省选项，表示此Line Body采用梁单元模拟。

②Thermal Fluid选项

当选择Thermal Fluid选项时，表示此Line Body采用热流体单元模拟（仅用于热分析）。

③Pipe选项

当选择Pipe选项时，表示此Line Body采用Pipe单元模拟。

④Link/Truss选项

当选择Link/Truss选项时，表示此Line Body采用Link单元模拟，这种情况下，一条线段通常只能划分为一个单元以避免形成机动体系。Link单元可模拟桁架结构和二力杆。

3. 板梁组合结构建模要点

当模型中包括板和梁时，在DM或SCDM中通过设置共享拓扑选项可使导入Mechanical组件的几何模型在网格划分时保持连续。建模时需要注意：横梁及面体必须在同一个组件中，且组件属性中的共享拓扑选项选择共享；进入Workbench后，Geometry单元格的Properties表格下的Mixed Import Resolution选项必须选择Surface and Line。共享拓扑发生作用时，在几何模型被导入Mechanical组件中划分网格时，多体部件的体之间在交界面上共享节点。

在DM中共享拓扑有多种方法，对于Line Body与Line Body或Line Body与Surface

Body 之间共享拓扑的方式是形成边结合，即 Edge Joints，如图 5-7 所示。

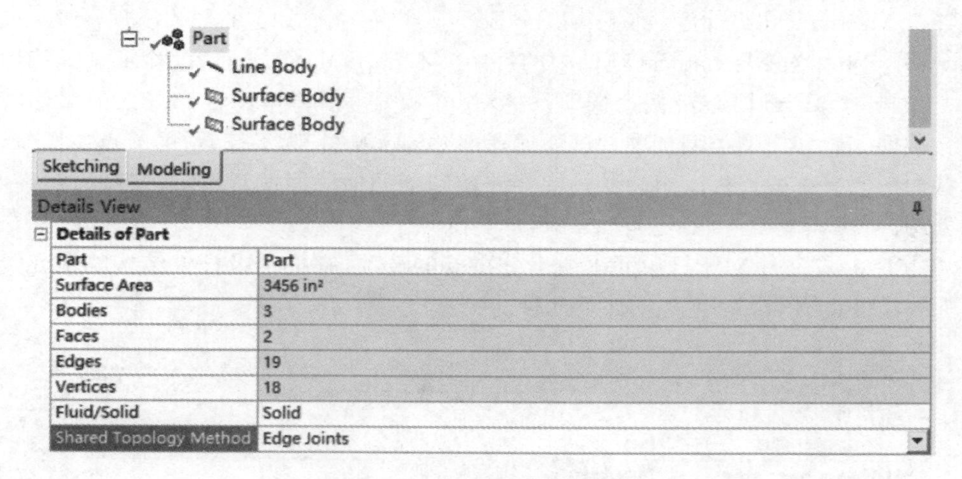

图 5-7　多体部件的边结合选项

对于多体部件而言，边结合并不会自动形成，而是在导出 DM 后才会形成。板梁组合结构在 DM 中建模时，要注意表面体应基于边创建，而不要轻易采用基于草图创建。如图 5-8 所示为一个带有板的平台结构，其上表面包含两个 3 m×3 m 的梁格。

图 5-8　带有板的平台结构

如果在 DM 中创建一个 3 m×6 m 的矩形草图，然后基于此草图创建一个表面体，则导入 Mechanical 后划分网格，表面施加压力计算后，可导致如图 5-9 所示的错误结果，即在受力后板和梁之间脱开了，即便在 DM 中定义了多体零件也还是会出错。

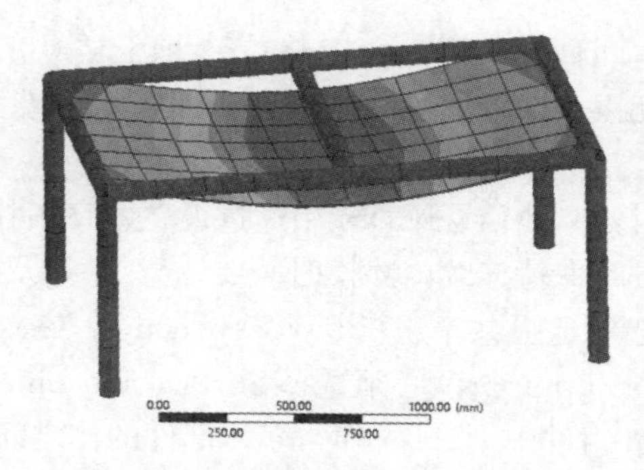

图 5-9　板梁结构建模常见的错误

这一错误的解决方案是在 DM 中创建板所在的表面体时，用围绕每一个梁格的四条边围成 3 m×3 m 的两个表面体，然后表面体和线体之间再定义为多体零件，这样再导入 Mechanical 加载计算后就能够得到正确的结果。

为了诊断面的边与其他面体（板壳）或线体（梁）的连接情况，Mechanical 提供了“Edge Coloring”功能，用不同的颜色显示具有不同连接关系的边，在 Mechanical 组件中的工具条如图 5-10 所示。

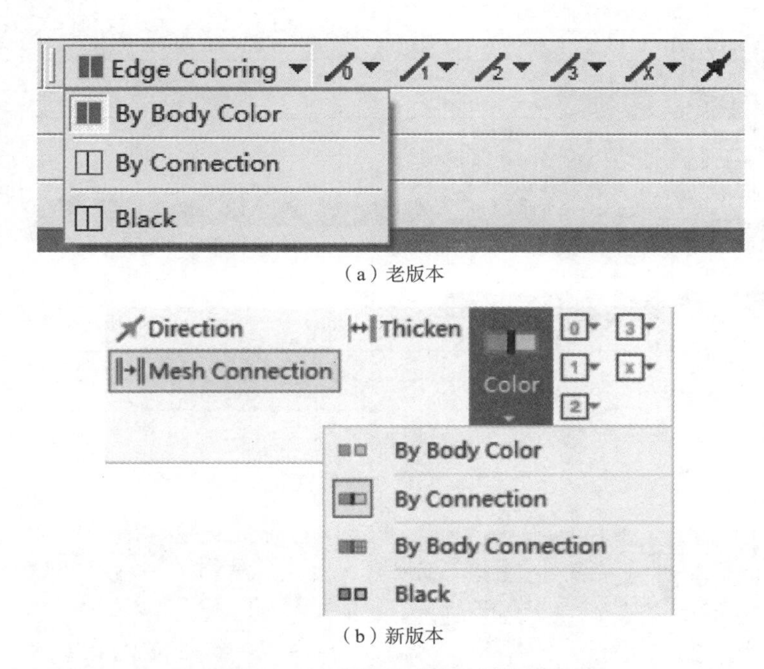

（a）老版本

（b）新版本

图 5-10　边连接关系的可视化功能

当采用 By Connection 选项时，未与任何面相连接的边用蓝色显示，仅与一个面连接用红色显示，与两个面相连接的边用黑色显示，与三个面连接的边用紫色显示，与多个面相连接的边用黄色显示。打开 By Connection 选项，选择 Mesh 分支显示网格时，可以通过颜色法则来判断梁和板之间的连接情况。如图 5-11 所示，中间的梁和板的交线位置，实际上包含了三个边，即梁所在的边以及左右两个面体的边，此处连接显示为紫色，表示连接有三条边，因此是正确的，不会在加载后发生脱开的现象。

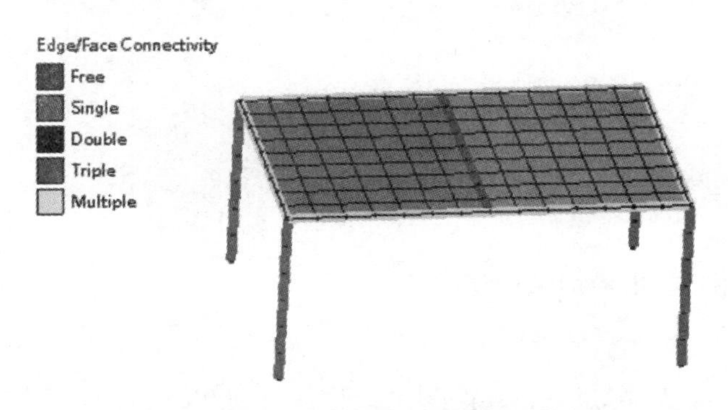

图 5-11　板梁结构的线段连接情况颜色显示

Line Body 模拟板梁组合结构中的梁时，还经常涉及到截面的偏置问题。尽管壳也可以设置 Offset，但一般建议采用梁的偏置。截面偏置可以在 DM 或 SCDM 中定义，也可以在 Mechanical 中通过 Offset 选项来指定，缺省为 Centroid，即截面的中心。最一般的情况下，可选择 UserDefined 选项来指定偏移值，如图 5-12 所示，这一选项可用于创建偏置在板一侧的加强梁，如图 5-13 所示。5.3.2 节和 5.3.3 节将给出曲面上加强梁偏置的建模实例。

Details of "Line Body"

Cross Section	Rect1
Offset Mode	Refresh on Update
Offset Type	User Defined
Offset X	Centroid
Offset Y	Shear Center
Model Type	Origin
Material	User Defined

(a)

Offset Type	User Defined
Offset X	0. m
Offset Y	0. m
Model Type	Beam

(b)

图 5-12 梁的截面偏置定义

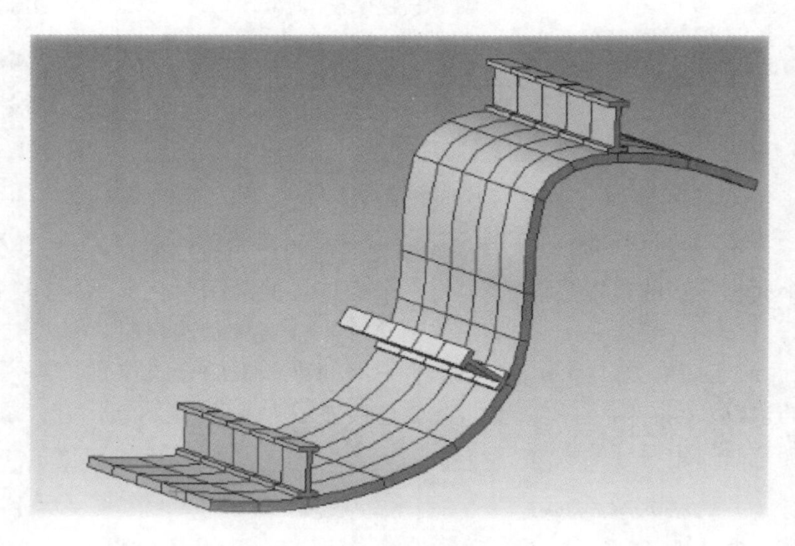

图 5-13 梁的偏置示意

5.3 杆系与板梁组合结构建模例题

5.3.1 梁单元建模例题：平台钢结构支架

1. 问题描述

钢结构支架总高度为 4050 mm，柱子中线距离为 1500 mm，柱子及顶层平台主横梁为

100 mm×5 mm 的方钢管，顶层平台次横梁为 100 mm×70 mm×5 mm 的矩形钢管，其他部位的次横梁及斜撑为 50 mm×4 mm 方钢管，详细布置及尺寸如图 5-14 所示。

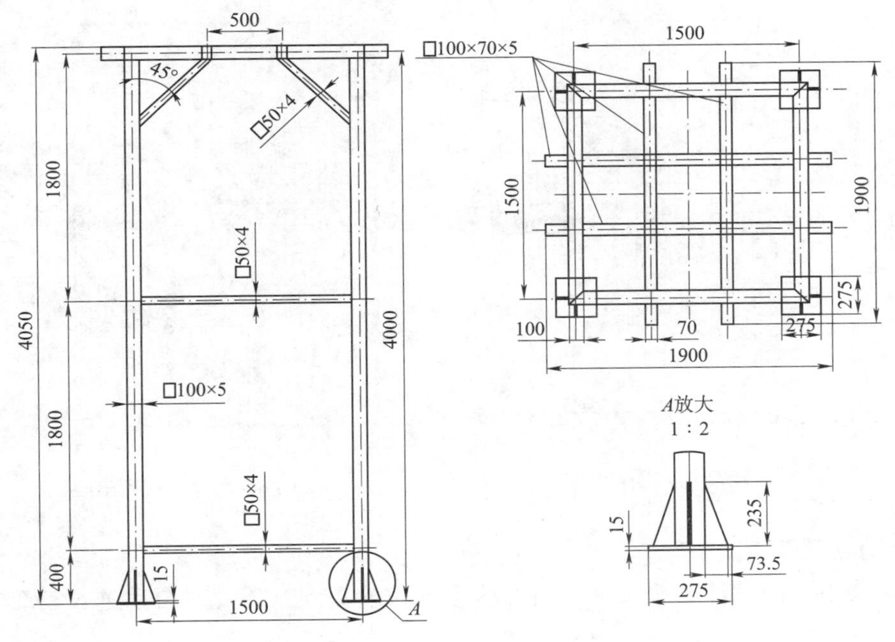

图 5-14　钢平台支架（单位：mm）

2. 创建平台立柱草图

按照如下步骤操作：

(1)启动 SCDM

通过开始菜单 ANSYS 程序组中的 SCDM，独立启动 SCDM；在 SCDM 中单击文件→保存，输入“Steel Plateform”作为文件名称，保存文件。

(2)选择工作平面

①启动 SpaceClaim 后，程序会自动创建一个名为“设计 1”的设计窗口，并自动激活至草图模式，且当前激活平面为 *XZ* 平面。

②依次单击主菜单中的设计→定向→图标或微型工具栏中的图标，也可直接单击字母“V”键，正视当前草图平面，如图 5-15 所示。

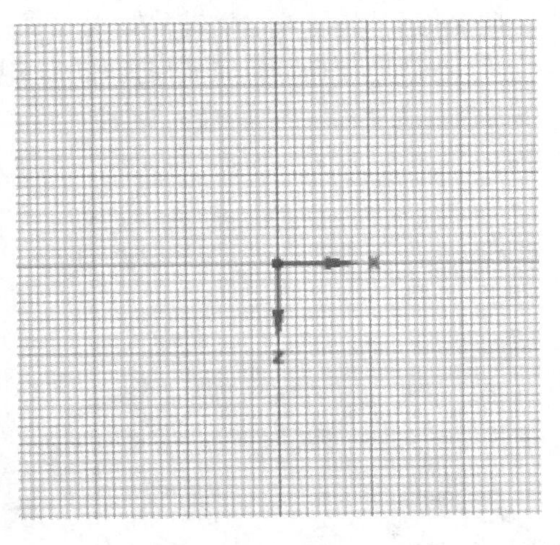

图 5-15　正视草图平面

(3)创建矩形草图

①单击主菜单中的设计→草图→矩形工具或按快捷键“R”，绘制一个长、宽均为 1435 mm 的正方形，如图 5-16 所示。

②单击主菜单中的设计→编辑→移动工具或按快捷键“M”，框选选中上一步创建的正

方形，利用直到工具，使得正方形中心与坐标原点重合，如图 5-17 所示。

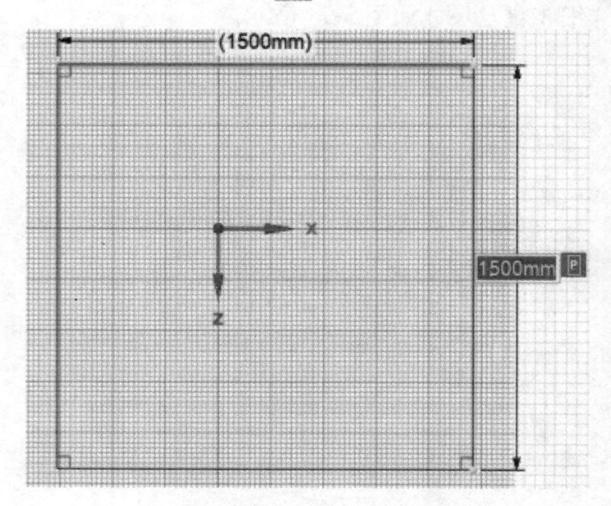

图 5-16 绘制正方形

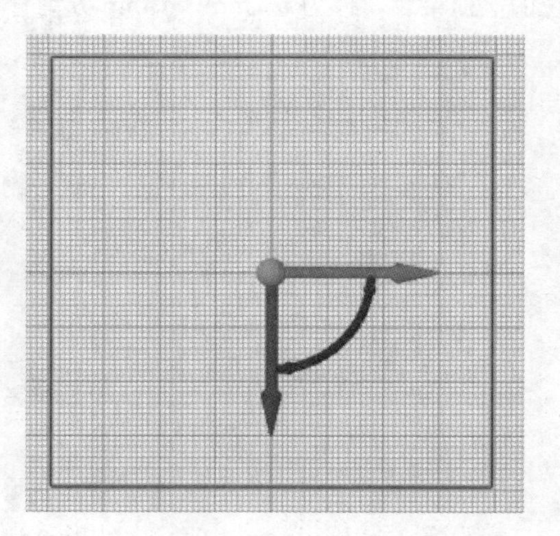

图 5-17 对齐中心

(4)拉动点形成线段

单击主菜单中的设计→编辑→拉动工具或按快捷键“P”，此时自动进入三维模式中并按照如下步骤操作：

①按住滚轮，然后拖动鼠标将视角调至便于观察的视角。

②按“Ctrl”键，鼠标左键选中四个角点，如图 5-18 所示。

③单击窗口左侧的拉动方向按钮，然后选中 Y 轴，定义拉动方向。

④向上拖动鼠标，按空格键并输入 3992.5 mm 作为拉伸高度。

⑤单击窗口空白位置，完成平台柱的创建，如图 5-19 所示。

⑥选中底部平面，按“Delete”键将其删除。

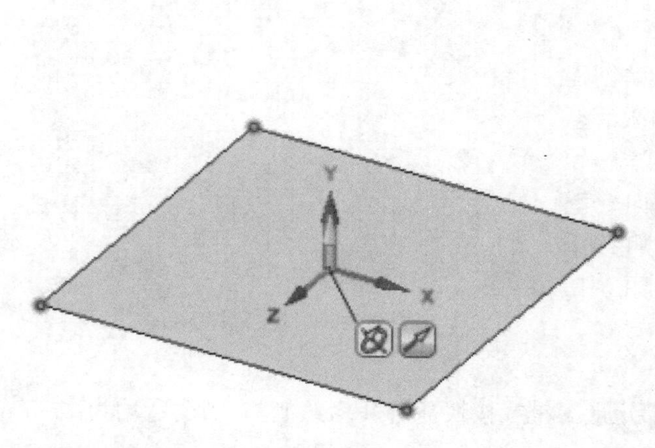

图 5-18 选择角点

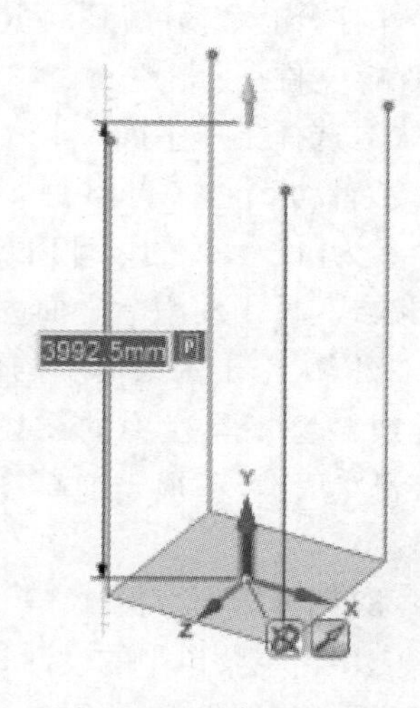

图 5-19 创建平台立柱

3. 创建横梁草图

(1)进入三维模式

单击主菜单中的设计→草图→线工具或按快捷键“L”,单击设计→编辑→三维模式按钮或按快捷键“D”,进入三维模式。

(2)创建横梁草图

依次单击柱顶任意两个相邻的端点,将其连接,创建主横梁草图,如图 5-20 所示。

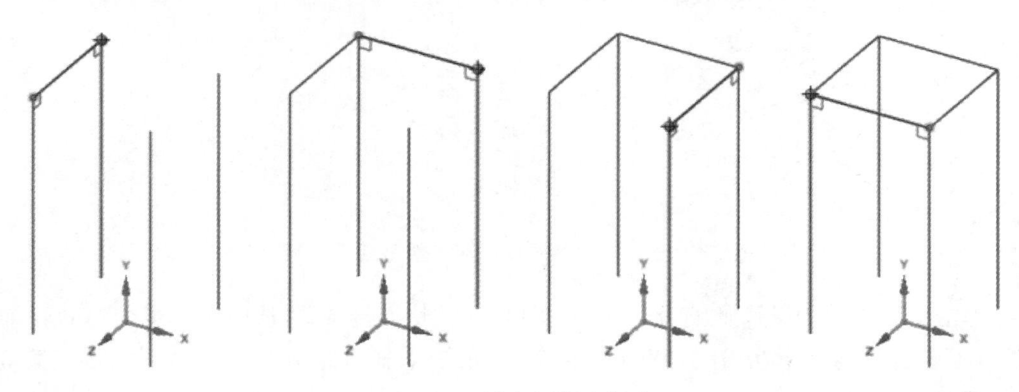

图 5-20　创建主横梁草图

(3)创建其他层横梁草图

①单击主菜单中的设计→编辑→移动工具或按快捷键“M”,框选选中上一步创建的四条横梁草图,按住“Ctrl”键并拖动向下的移动图标,输入距离 500 mm。

②参照上一步操作,分别间隔 1300 mm、1800 mm 创建其他层的横梁草图,如图 5-21 所示。

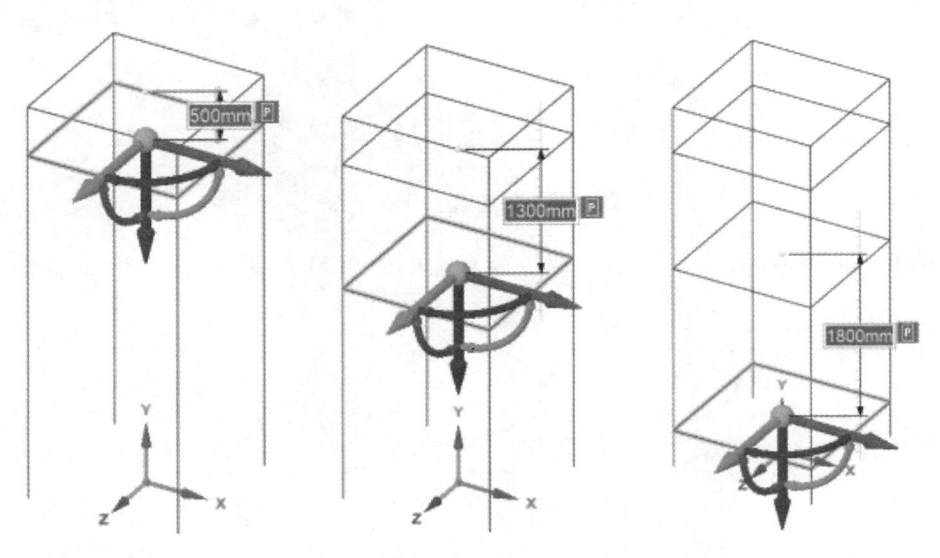

图 5-21　创建次横梁草图

(4)创建跨内梁端点

①单击主菜单中的设计→草图→点工具,单击设计→编辑→三维模式按钮或按快捷

键“D”，进入三维模式。

②将鼠标放置在任意一个柱顶的端点处，然后沿主横梁移动鼠标，利用“Tab”键切换至距离对话框，输入 500 mm，创建第 1 个点；类似地，在距离另一个柱顶端点 500 mm 处，创建第 2 个点，如图 5-22 所示。

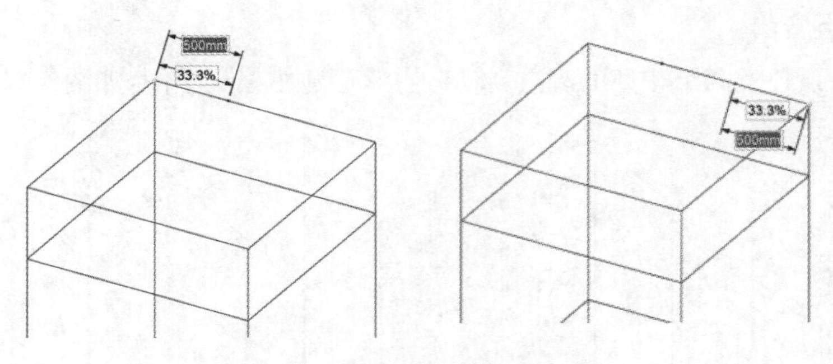

图 5-22 参照柱顶端点创建点

③单击主菜单中的设计→编辑→移动工具或按快捷键“M”，选中上一步创建的两个点，按住“Ctrl”键并沿与点所在横梁垂直方向向外移动图标，输入距离 200 mm，复制创建第 3、第 4 个点，如图 5-23 所示。

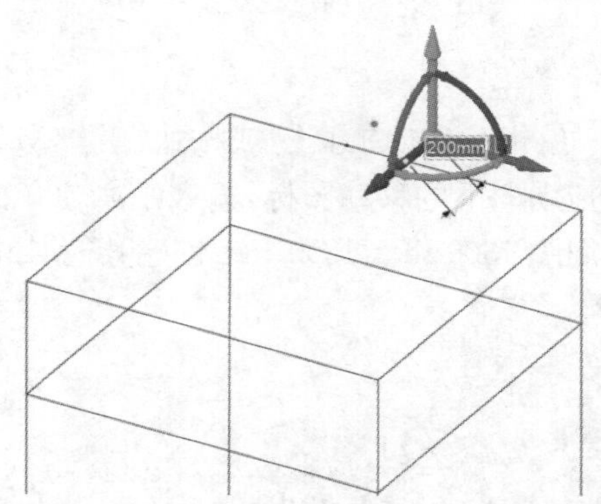

图 5-23 创建第 3、第 4 个点

④参照上面的操作方法，在其他横梁边线及其外围创建其他点，如图 5-24 所示。

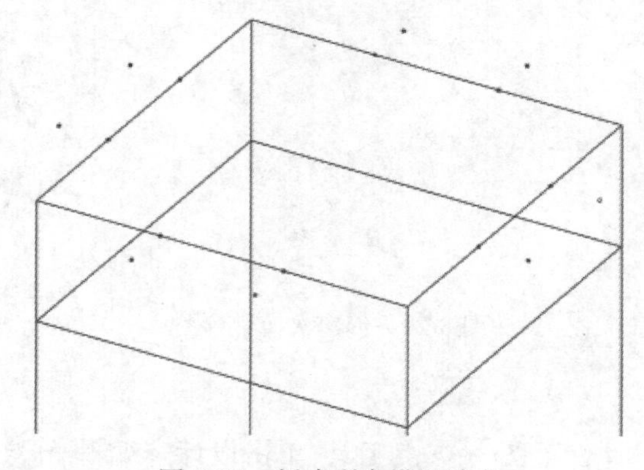

图 5-24 创建剩余横梁端点

4. 定义梁、柱横截面

(1)单击主菜单中的准备→横梁→轮廓→□矩形管道工具,此时结构树中出现了“横梁轮廓”分支,如图 5-25 所示。

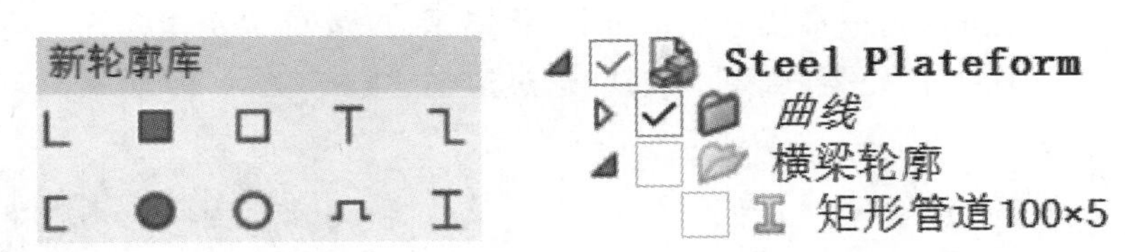

图 5-25　“横梁轮廓”分支

(2)在结构树中,鼠标右键单击“矩形管道”并将其重命名为“矩形管道 100×5”,再选择编辑横梁轮廓,此时将打开“矩形管道 100×5”的编辑窗口,在窗口左侧的群组中修改矩形截面信息,定义完成后关闭窗口,如图 5-26 所示。

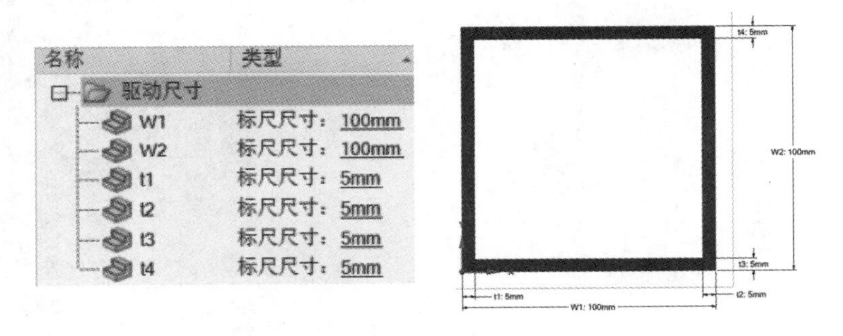

图 5-26　定义方钢管截面 100×5

(3)参照上面两步的操作,分别创建截面为 100×70×5、50×4 的轮廓,如图 5-27 所示。

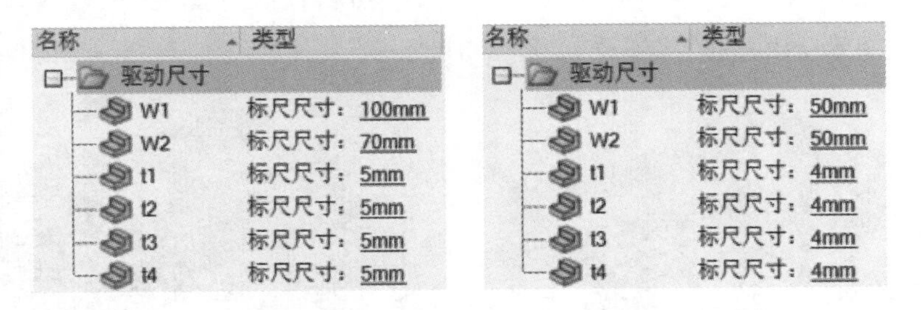

图 5-27　各种横梁截面信息及结构树

此时的结构树如图 5-28 所示。

图 5-28　结构树

5. 创建平台柱及主横梁

(1)单击主菜单中的准备→横梁→轮廓,在下拉窗口中选中“矩形管道 100×5”,如图 5-29 所示。

(2)单击主菜单中的准备→横梁→显示工具,将显示方式改为“实体横梁”,再次单击创建工具,然后依次选择平台柱及主横梁草图边线,通过边创建梁,如图 5-30 所示。

图 5-29　指定截面信息

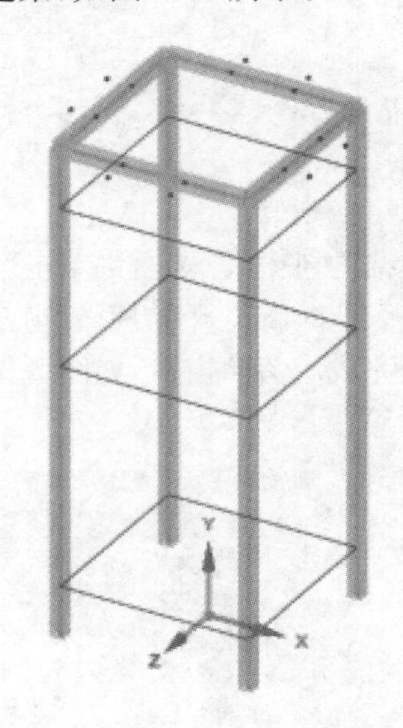

图 5-30　创建平台柱及主横梁

6. 创建 100×70×5 次横梁

(1)单击主菜单中的准备→横梁→轮廓,在下拉窗口中选中“矩形管道 100×70×5”。

(2)激活图形显示窗口左侧的选择点对工具,然后依次选择两个点,共计 4 组点对,通过点点连接的方式创建跨内的次横梁,如图 5-31 所示。

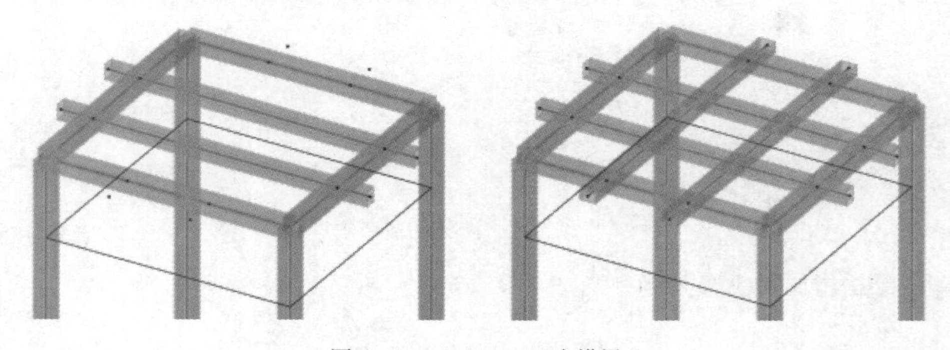

图 5-31　100×70×5 次横梁

(3)单击主菜单中的准备→横梁→定向工具,检查横梁轮廓方向是否合适,将不合适的横梁方向进行调整,如图 5-32 所示。

7. 创建 50×4 次横梁及斜支撑

(1)单击主菜单中的准备→横梁→轮廓,在下拉窗口中选中“矩形管道 50×4”。

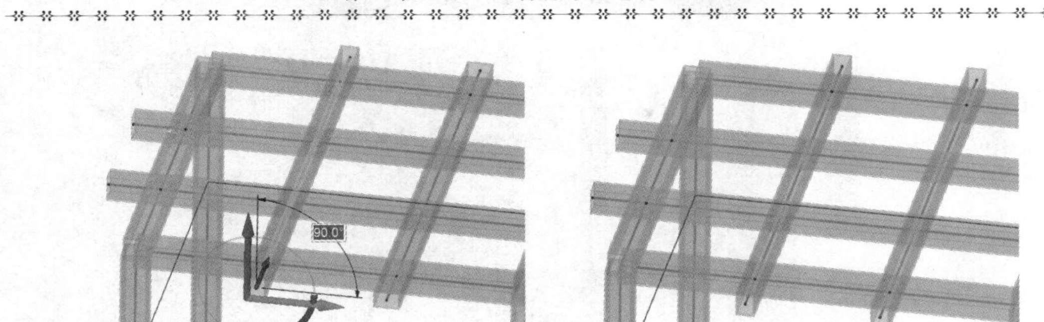

图 5-32 更改横梁方向

(2)激活图形显示窗口左侧的选择点链工具，然后依次选择 8 条边线，通过边创建次横梁，如图 5-33 所示。

(3)激活图形显示窗口左侧的选择点对工具，然后依次选择两个点，共计 8 组点对，通过点点连接的方式创建斜支撑，如图 5-34 所示。

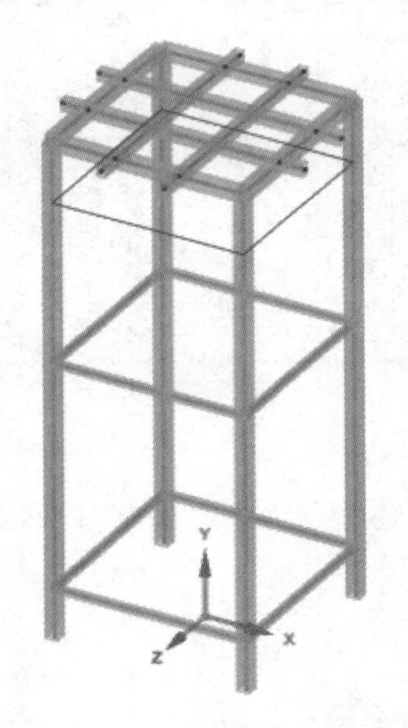

图 5-33 创建 50×4 次横梁

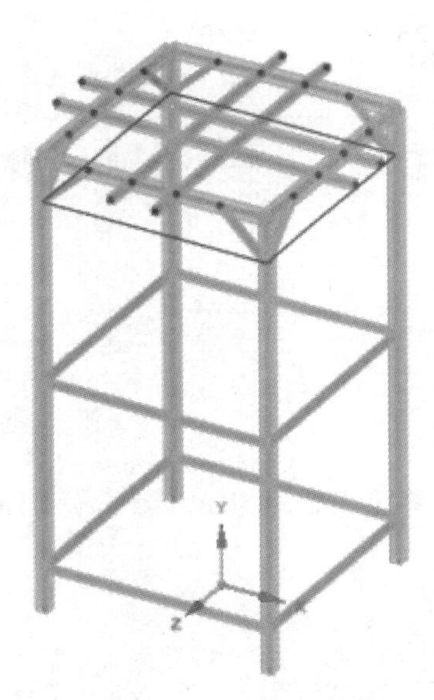

图 5-34 创建斜支撑

8. 创建平台柱底板

(1)按住“Ctrl”键，选中任意三个平台柱的柱底端点，然后单击设计→模式→草图模式，或按快捷键“K”进入草图模式，单击设计→定向→平面图工具或快捷键“V”正视当前草图，如图 5-35 所示。

(2)单击主菜单中的设计→草图→矩形工具或按快捷键“R”，绘制一个长、宽均为 275 mm的正方形。

(3)单击主菜单中的设计→编辑→移动工具或按快捷键“M”，框选选中上一步创建的正方形，利用直到工具，使得正方形中心与柱底端点重合，如图 5-36 所示。

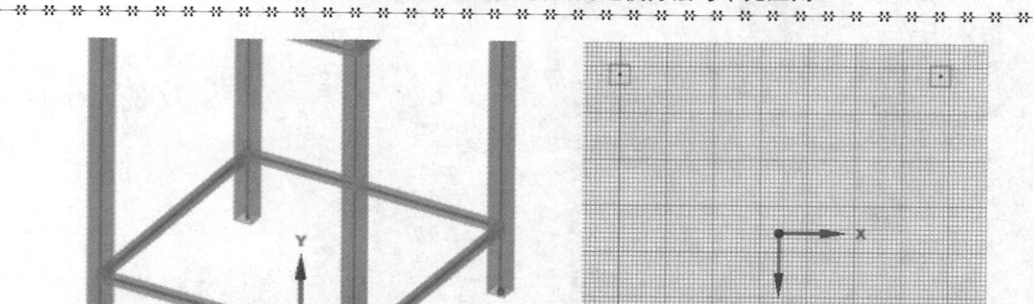

图 5-35　通过三个柱底端点创建草绘平面

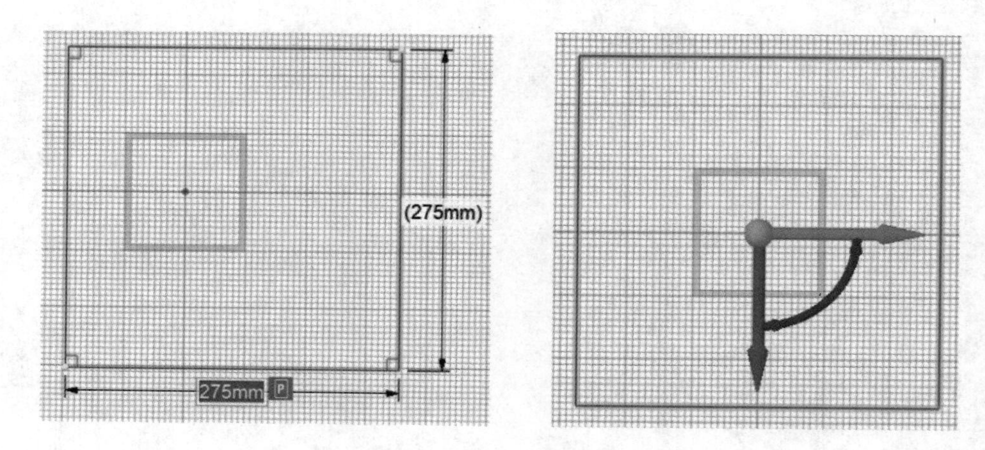

图 5-36　创建底板草图

(4)参照上面两步的操作,分别创建以另外三个柱底端点为中心的正方形,如图 5-37 所示。

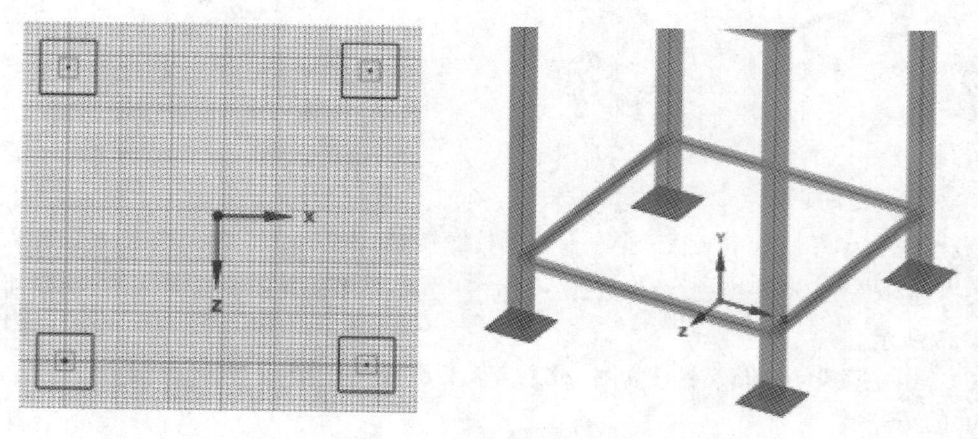

图 5-37　创建平台柱底板

(5)在结构树中选中上述操作创建的底板平面，在窗口左下方的属性面板中，输入平面的厚度为 15 mm，输入完成后结构树中的平面名称后会自动加入厚度的后缀，如图 5-38 所示。

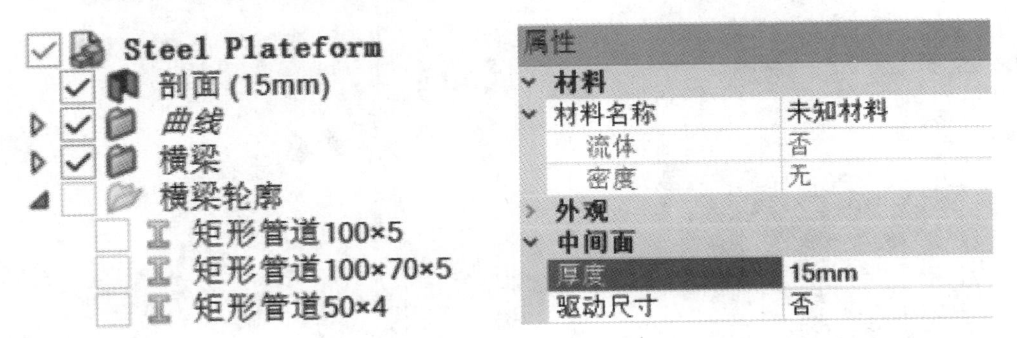

图 5-38　指定底板厚度

9. 创建平台柱根部筋板

(1)按住“Ctrl”键，选中任意两个相邻的平台柱，然后单击设计→模式→草图模式，或按快捷键“K”，进入草图模式，单击设计→定向→平面图工具或快捷键“V”正视当前草图，如图 5-39 所示。

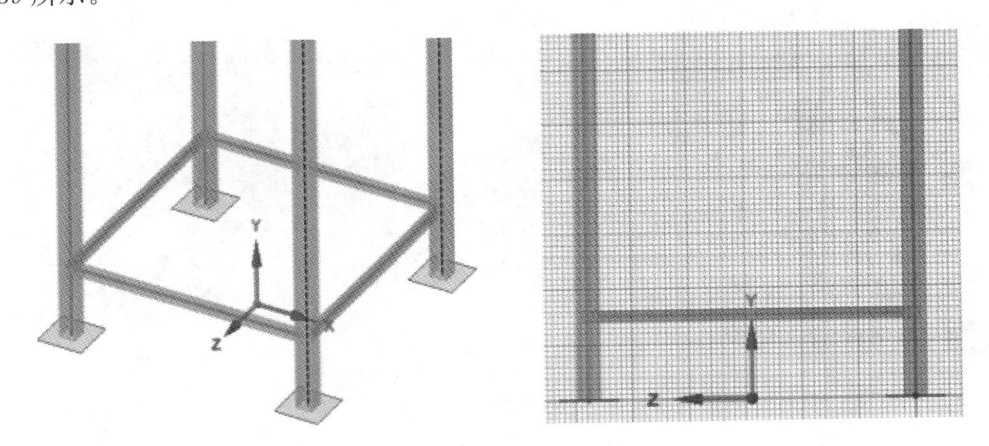

图 5-39　通过两条直线进入草图模式

(2)单击主菜单中的设计→草图→线工具或按快捷键“L”，绘制一个底边长 123.5 mm、顶边长 50 mm、高度 242.5 mm 的四边形，如图 5-40 所示。

(3)在结构树中选中上述操作创建的筋板平面，在窗口左下方的属性面板中，输入平面的厚度为 10 mm，输入完成后结构树中的平面名称后会自动加入厚度的后缀。

(4)单击主菜单中的设计→编辑→移动工具或按快捷键“M”，选中上一步创建的筋板平面，单击图形显示窗口左侧的定位工具，将其放置在平台柱上，设置其为回转轴线，如图 5-41 所示。

(5)勾选窗口左侧的常规选项面板→创建阵列前的复选框，拖动绕柱轴线回转的箭头至适当位置，输入阵列数量及角度，单击空白位置，完成筋板的创建，如图 5-42 所示。

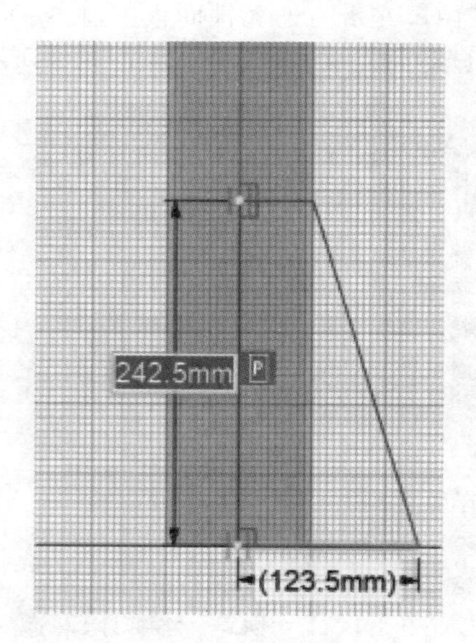

图 5-40　绘制筋板草图

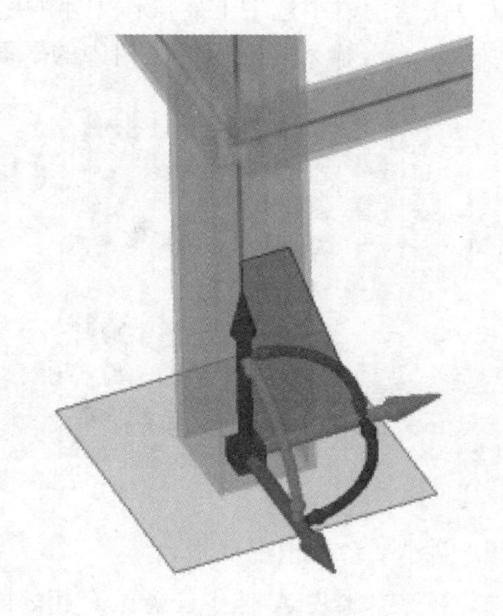

图 5-41　设置回转轴线

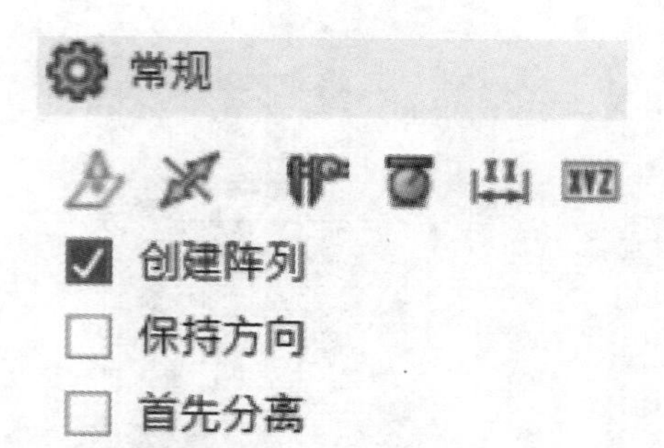

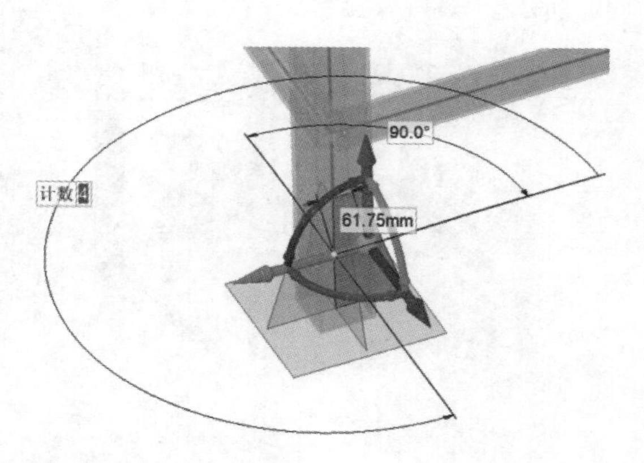

图 5-42　创建筋板阵列

(6)单击主菜单中的设计→编辑→移动工具或按快捷键“M”,选中上一步创建的四个筋板平面,按“Ctrl”键拖动 X 向移动箭头,按空格键后输入移动距离 1500 mm,完成另一柱根筋板的创建。

(7)参照上一步操作,同时选中两个柱根部共计 8 个筋板平面,按“Ctrl”键拖动 Z 向移动箭头,按空格键后输入移动距离 1500 mm,完成剩下两个柱根筋板的创建,如图 5-43 所示。

10. 保存几何模型

隐藏无关的点、线特征后,单击主菜单中的文件→保存,保存当前设计,最终的结构树及模型如图 5-44 所示。

11. 导入 Mechanical 并形成有限元模型

由于在平台钢结构支架的上方为水箱(第 4 章的例题),在第 6 章中将介绍支架和水箱有限元模型的装配技术,因此支架结构有限元建模后续操作请参考第 6 章的相关例题。

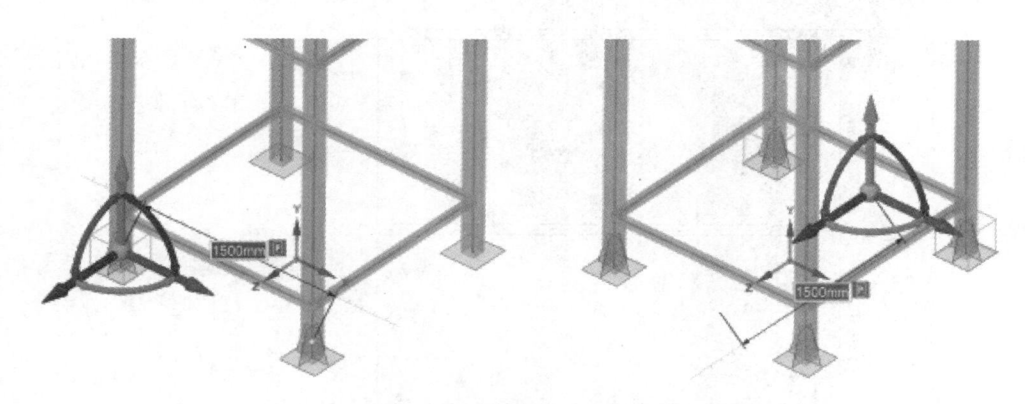

图5-43 创建平台柱根部筋板

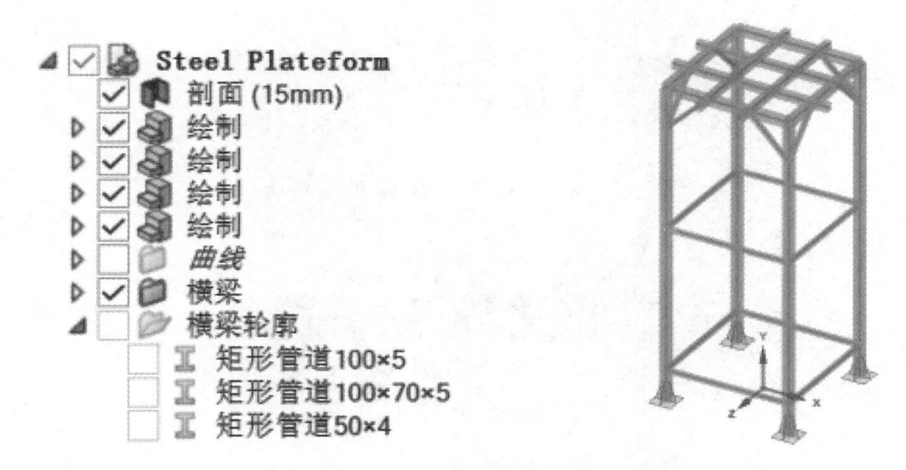

图5-44 结构树及钢平台支架模型

5.3.2 基于DM创建梁-壳组合结构:柱面壳与加劲曲梁

本节以一个弧形板-梁组合结构为例,介绍板梁组合结构建模方法。在建模阶段采用DesignModeler工具完成几何模型的准备,并对建模过程中可能出现的常见错误进行剖析。对习惯于使用SCDM的用户,将在5.3.3节中给出基于SCDM创建此模型的操作方法。

1. 问题描述

如图5-45所示,弧形板所在圆弧为圆的1/4,内部有三根弧形梁支撑,弧形板中线半径为3000 mm,板轴向长度为4000 mm,支撑梁为H型钢,截面规格为H200 mm×100 mm×8 mm×5.5 mm,详细尺寸如图5-45中所示。本例中采用壳单元结合截面偏置的梁单元来完成建模。

2. 建立操作流程

(1)启动ANSYS Workbench。

(2)创建分析系统。在窗口左侧的分析系统中双击“Static Structural”,此时右侧Project Schematic窗口中将出现一个名为“Static Structural”的分析系统,如图5-46所示。

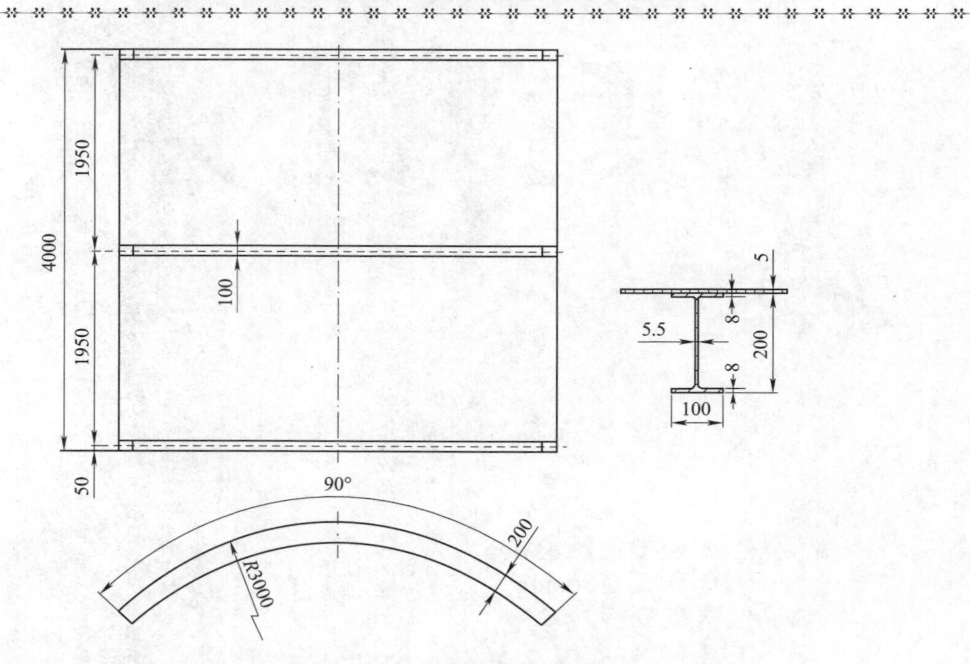

图 5-45 带有加劲曲梁的柱面壳(单位:mm)

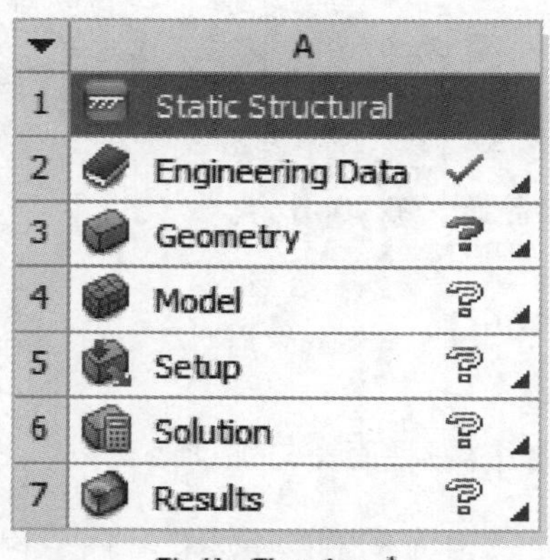

图 5-46 Static Structural 分析系统

3. 基于 DM 创建板-梁组合体几何模型

按照如下步骤进行操作:

(1)启动 DesignModeler 并设置建模单位

①鼠标右键单击"Static Structural"分析系统的 A3 Geometry 单元格,然后选择"New DesignModeler Geometry…",启动 DesignMolder。

②在打开的 DesignModeler 窗口主菜单中,利用鼠标左键依次单击 Units→Millimeter,将系统单位改为"mm"。

(2)绘制草图

①在窗口左侧的结构树中,利用鼠标左键单击"XYPlane",然后单击"Sketching"标签,打

开草图工具面板，同时图形显示窗口中 *XY* 平面将高亮显示，如图 5-47 所示。

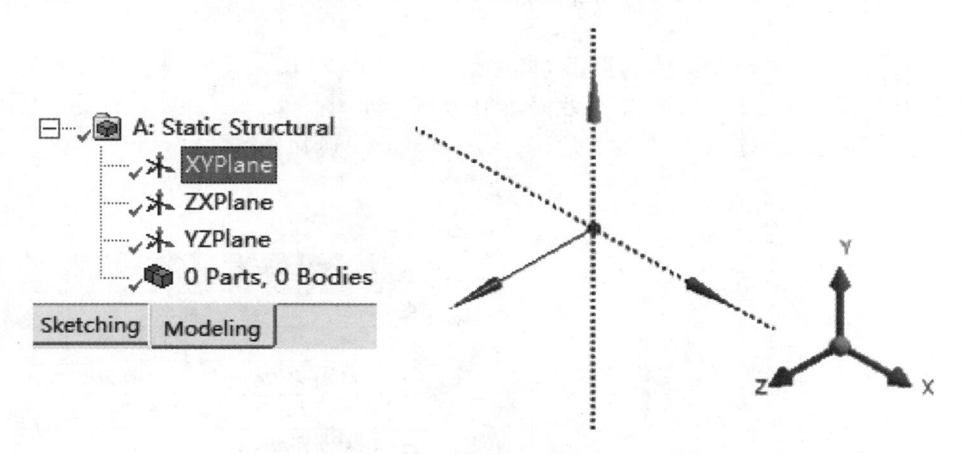

图 5-47　激活草绘平面

②在工具栏中单击正视平面按钮，正视 *XY* 草绘平面。

③在草图面板中鼠标左键依次单击 Draw→Arc By Center 工具，以坐标原点为圆心依次单击圆心位置(鼠标放置在圆心处时会出现“P”字符)、圆弧起点及中点，创建一个圆弧，如图 5-48 所示。

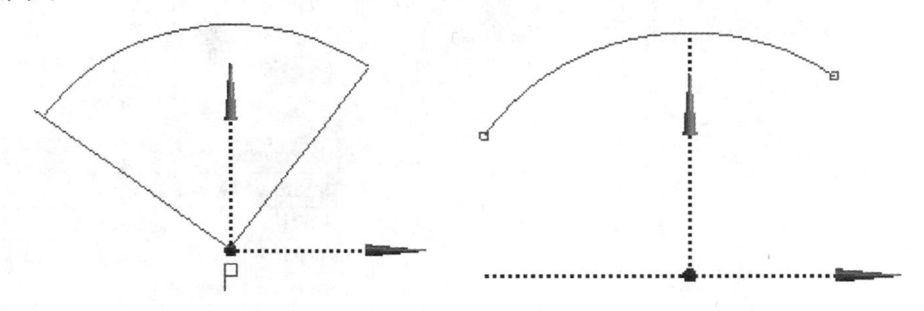

图 5-48　绘制圆弧

④在草图面板中鼠标左键依次单击 Draw→Line 工具，分别以坐标原点为起点、圆弧线的两个端点为终点创建两条线，如图 5-49 所示。

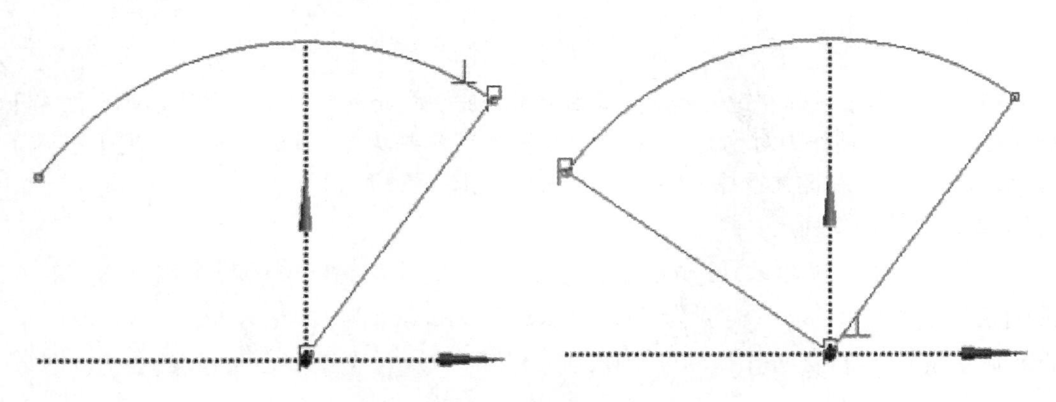

图 5-49　绘制线段

⑤在草图面板中鼠标左键依次单击 Dimensions→Display 工具，勾选 Name、Value 后面的复选框。

⑥在草图面板中鼠标左键依次单击 Dimensions→Angle 工具，选择两条线段标注它们之间的夹角，并在窗口左侧的明细栏中更改夹角值为 90°，如图 5-50 所示。如若标注时默认的标注角度不合适，可通过单击鼠标右键然后选择“Alternate Angle”来调整。

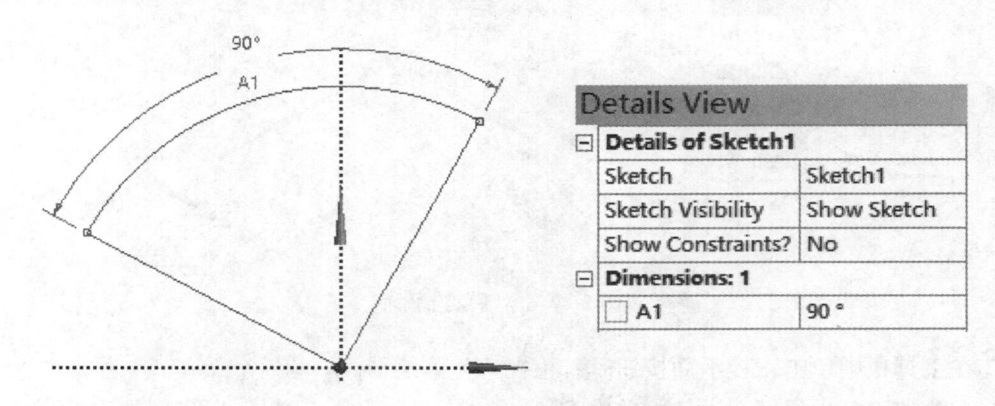

图 5-50 标注角度

⑦在草图面板中鼠标左键依次单击 Dimensions→Radius 工具，标注圆弧线半径，并在窗口左侧的明细栏中更改半径值为 3000 mm，如图 5-51 所示。

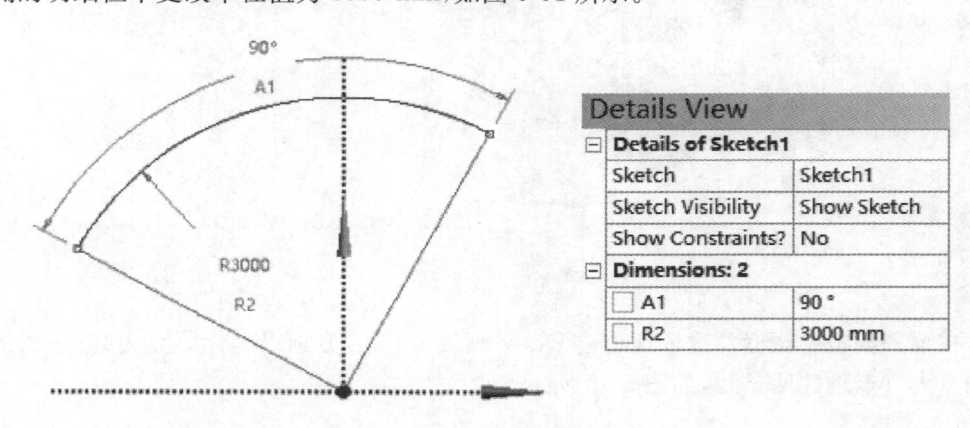

图 5-51 标注半径

⑧在草图面板中鼠标左键依次单击 Constraints→Symmetry 工具，根据 DM 界面左下角的操作提示指定 Y 轴作为对称线，建立两个线段的对称约束关系；鼠标左键分别单击两条线段，然后再单击鼠标右键并选择 Delete 将其删除，如图 5-52 所示。

(3)创建圆弧面面体

①鼠标左键单击拉伸工具 Extrude，然后在窗口左侧的明细栏中确保拉伸草图为先前创建的草图，Operation 类型为 Add Material，Direction 为 Both-Symmetric，Extent Type 为 Fixed 并输入 FD1，Depth(>0)为 2000，然后单击生成工具 Generate，如图 5-53 所示。

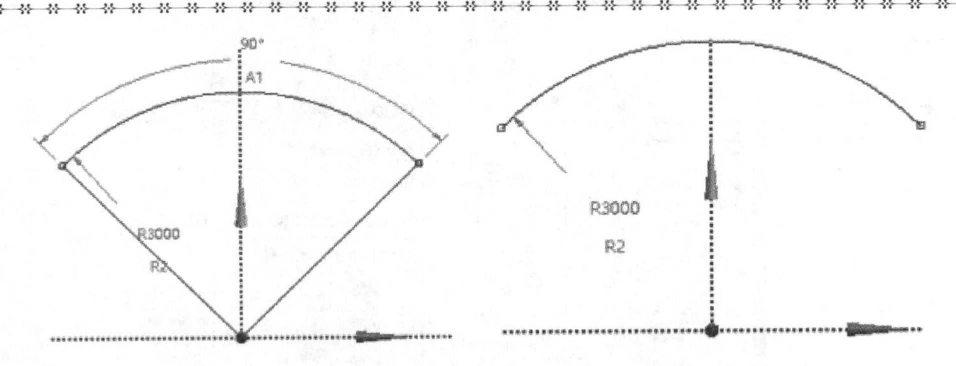

图 5-52　建立对称约束并删除无关线段

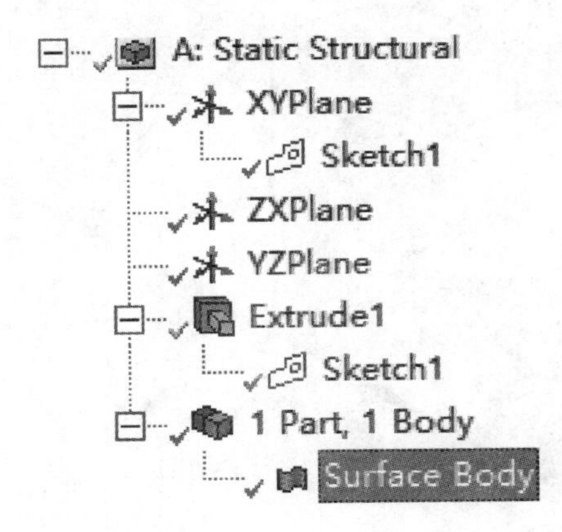

图 5-53　创建拉伸面体

②在窗口左侧的结构树中，利用鼠标左键选中新创建的面体，然后在明细栏中输入其 Thickness(>=0)为 5 mm，如图 5-54 所示。

A: Static Structural
XYPlane
Sketch1
ZXPlane
YZPlane
Extrude1
Sketch1
1 Part, 1 Body
Surface Body

Details View

Details of Surface Body	
Body	Surface Body
Thickness Mode	User Defined
Thickness (>=0)	5 mm
Surface Area	1.885e+07 mm²
Faces	1
Edges	4
Vertices	4
Fluid/Solid	Solid
Shared Topology Method	Automatic
Geometry Type	DesignModeler

图 5-54　定义面体厚度

(4)创建梁

①鼠标左键单击主菜单中的 Concept→Cross Section→I Section，此时图形显示窗口中出现一个 I 形截面的轮廓，在窗口左侧的明细栏中分别输入梁高 200 mm，上下翼板宽度为 100 mm，厚度为 8 mm，腹板厚度为 5.5 mm，如图 5-55 所示。

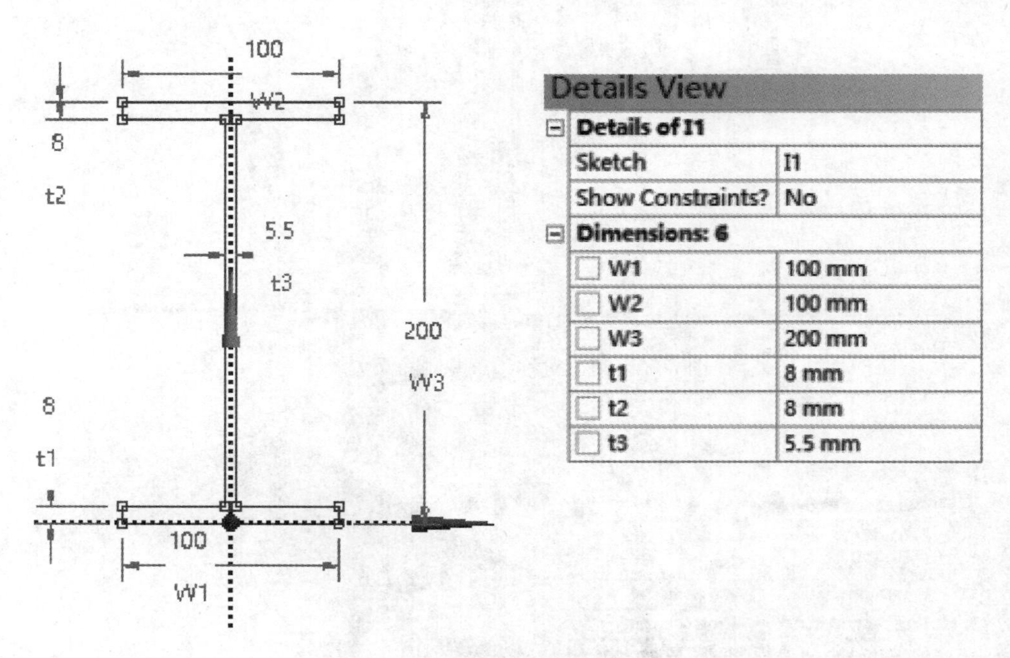

图 5-55 定义梁截面信息

②鼠标左键单击主菜单中的 Concept→Lines From Edges，选中弧面端部的两个弧形边，然后单击生成工具 Generate，此时结构树中会出现一个名为"Line1"的特征并创建了两个新的 Line Body，"Line1"特征的明细栏及图形显示窗口如图 5-56 所示。

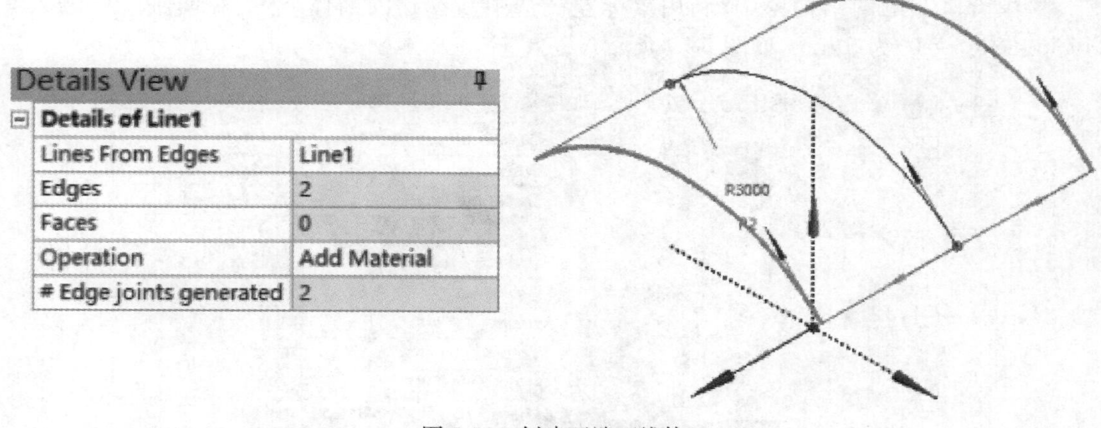

图 5-56 创建两端面线体

从图 5-56 中"Line1"的明细栏中可以看出，伴随 2 个线体的创建，同时生成了 2 个 Edge Joints，这也就建立了线体与先前创建面体的关联关系。

③鼠标左键单击主菜单中的 Concept→Lines From Sketches，选中先前创建的草图 Sketch1，然后单击生成工具 Generate，此时结构树中会出现一个名为"Line2"的特征并创建了一个新的 Line Body，"Line2"特征的明细栏及图形显示窗口如图 5-57 所示。

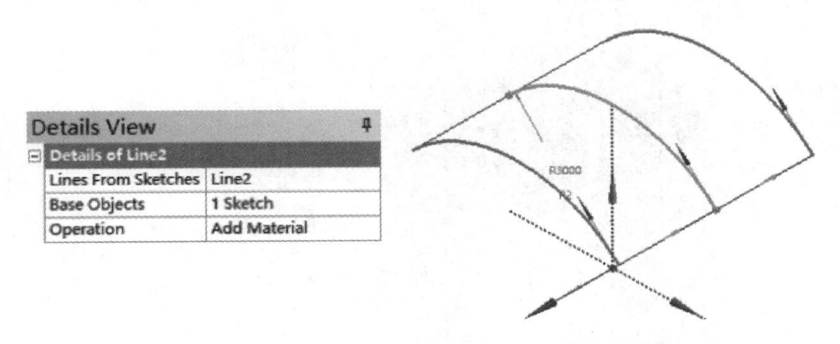

图 5-57　创建中心线体

从图 5-57 中“Line2”的 Details View 中可以看出，伴随着中心线体的创建，并未创建 Edge Joint，这是因为该线体是基于草图而来，Egde Joint 不能在两者之间创建；这也将会导致该线体与先前创建面体之间不会有关联关系，后续将对该模型进行简单分析予以验证并给出解决方式。

④鼠标左键依次选中新创建的三个线体，在明细栏中将 Cross Section 项改为先前创建的“I Section”截面，赋予线体截面信息。

⑤单击主菜单中的 View→Cross Section Solids，激活梁截面显示，此时的结构树及图形显示窗口所绘如图 5-58 所示。

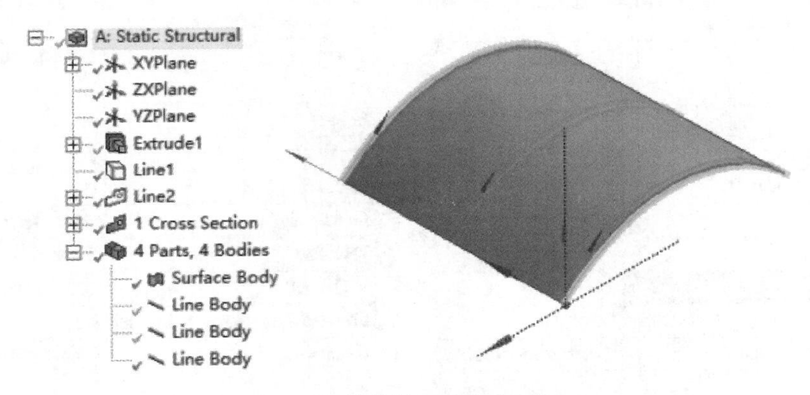

图 5-58　结构树与图形显示窗口

从图 5-58 可以看出，虽已显示出真实的梁轮廓，但其指向及偏置却不正确，下面将对其进行设置。

⑥激活工具栏中的线选择过滤器，在图形显示窗口中选择其中一端的边线，此时注意调整图像显示窗口左下角的选择面板，保证选中线体所在的边(Line-Body Edge)而不是线体(Line Body)，然后在其明细栏中更改 Alignment Mode 为 Vector，输入 Alignment (X,Y,Z)分别为(0,0,1)，如图 5-59 所示。

⑦参照上一步操作，更改剩余两处的梁的指向，此时的模型如图 5-60 所示。

⑧在结构树中，鼠标左键单击－Z 方向一侧的线体，在其明细栏中进行如下设置：更改 Offset Type 为 User Defined，输入 X Offset 值为－50 mm，输入 Y Offset 值为 202.5 mm。类似地，更改＋Z 方向一侧线体的偏移值分别为 50 mm、202.5 mm；中心线体的偏移值为 0 mm，202.5 mm，相关设置分别如图 5-61(a)～(c)所示。

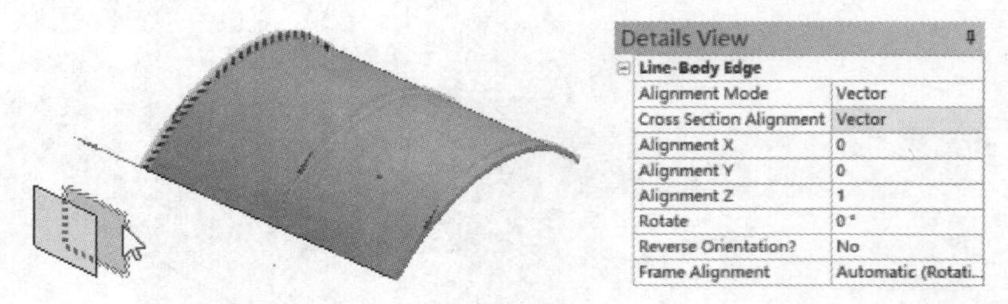

Details View

Line-Body Edge

Alignment Mode	Vector
Cross Section Alignment	Vector
Alignment X	0
Alignment Y	0
Alignment Z	1
Rotate	0 °
Reverse Orientation?	No
Frame Alignment	Automatic (Rotati...

图 5-59　定义梁的指向

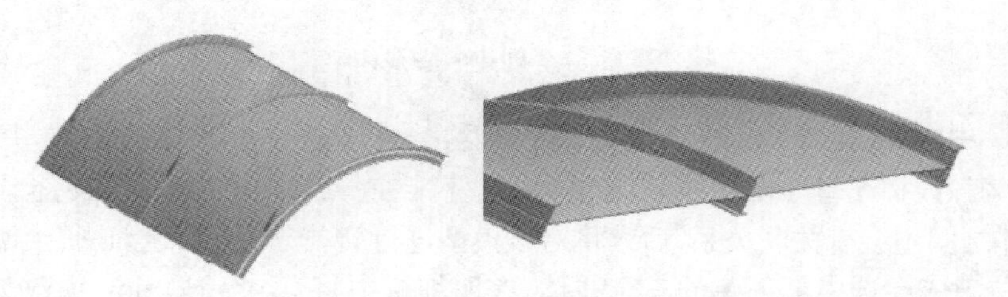

图 5-60　梁指向更改后的模型

Details View

Details of Line Body

Body	Line Body
Faces	0
Edges	1
Vertices	2
Cross Section	I1
Offset Type	User Defined
X Offset	-50 mm
Y Offset	202.5 mm
Shared Topology Method	Edge Joints
Geometry Type	DesignModeler

（a）

Details View

Details of Line Body

Body	Line Body
Faces	0
Edges	1
Vertices	2
Cross Section	I1
Offset Type	User Defined
X Offset	50 mm
Y Offset	202.5 mm
Shared Topology Method	Edge Joints
Geometry Type	DesignModeler

（b）

Details View

Details of Line Body

Body	Line Body
Faces	0
Edges	1
Vertices	2
Cross Section	I1
Offset Type	User Defined
X Offset	0 mm
Y Offset	202.5 mm
Shared Topology Method	Edge Joints
Geometry Type	DesignModeler

（c）

图 5-61　定义梁偏置

⑨在结构树中，按住“Ctrl”键选中面体和所有线体，然后单击鼠标右键再选择 Form New Part，创建多体部件，此时的结构树及模型如图 5-62 所示。

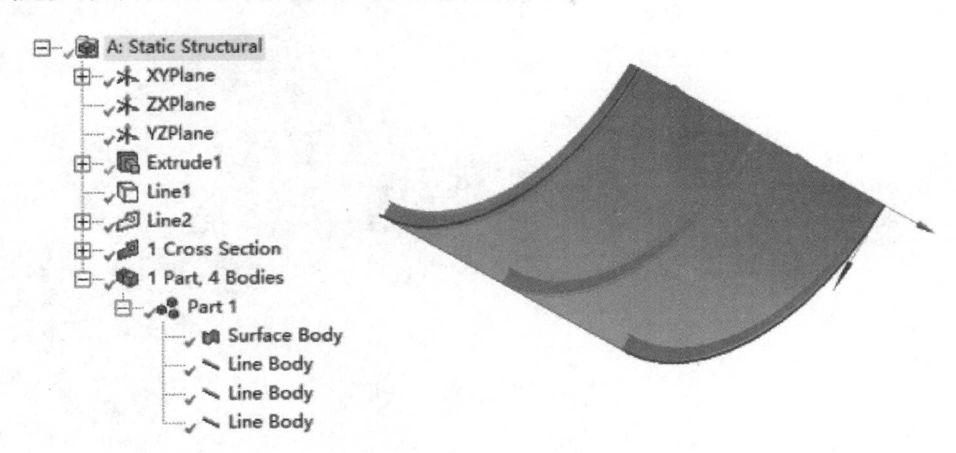

图 5-62　结构树及板梁几何模型

⑩关闭 DM 窗口，在 Workbench 中单击 File→Save，输入 Beam_Shell 作为名称，保存当前项目文件。

4. 计算分析

按照如下步骤在 Mechanical 组件中进行操作：

(1)启动 Mechanical

双击 A4 Model 单元格，进入 Mechanical 界面。

(2)划分单元并观察模型

①在 Mechanical 窗口左侧的结构树中，鼠标右键单击 Model (A4)→Mesh，选择 Generate Mesh，采用默认设置对模型进行网格划分。

②选择工具栏 Display→Style 中的 Thick Shells and Beams、Cross Section 工具，显示出板梁截面信息，此时的模型如图 5-63 所示。

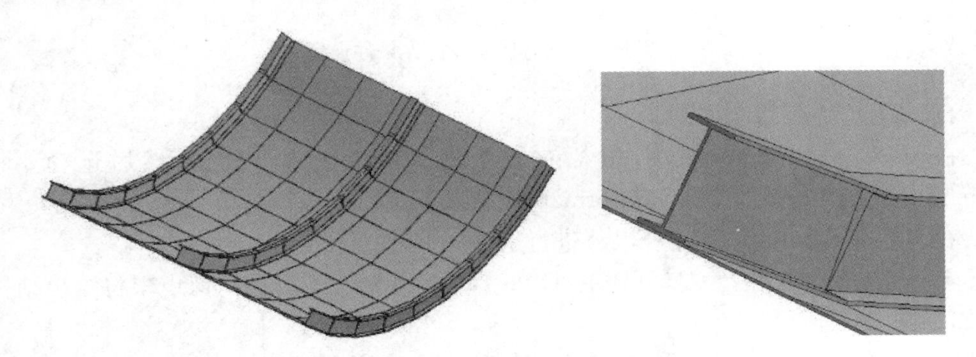

图 5-63　板梁结构的有限元模型及局部放大

(3)施加约束

在窗口左侧的结构树中，鼠标右键单击 Model (A4)→Static Structural (A5)，然后选择 Insert→Fixed Support，在明细栏中的 Geometry 选项中选定－X 方向的三个点将其固定，如

图 5-64 所示。

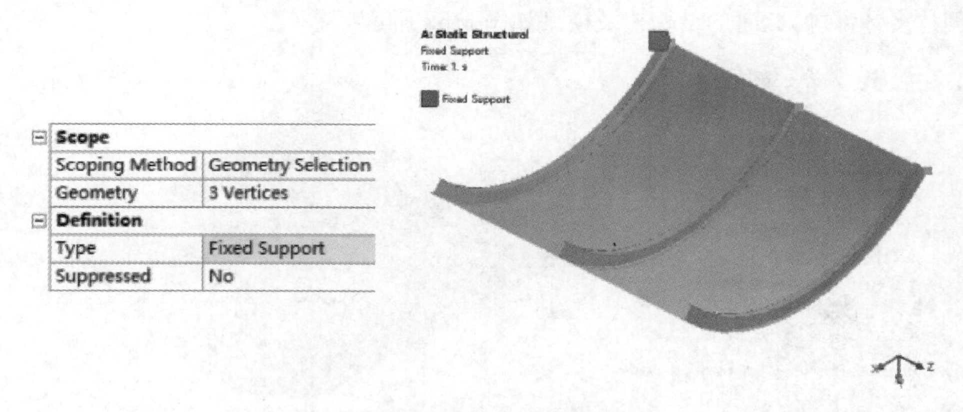

图 5-64　固定边界条件设置

(4)施加重力

在窗口左侧的结构树中，鼠标右键单击 Model (A4)→Static Structural (A5)，然后选择 Insert→Standard Earth Gravity，在明细栏中的将 Direction 项改为－Y Direction，如图 5-65 所示，在图中为了显示箭头而将模型倒置。

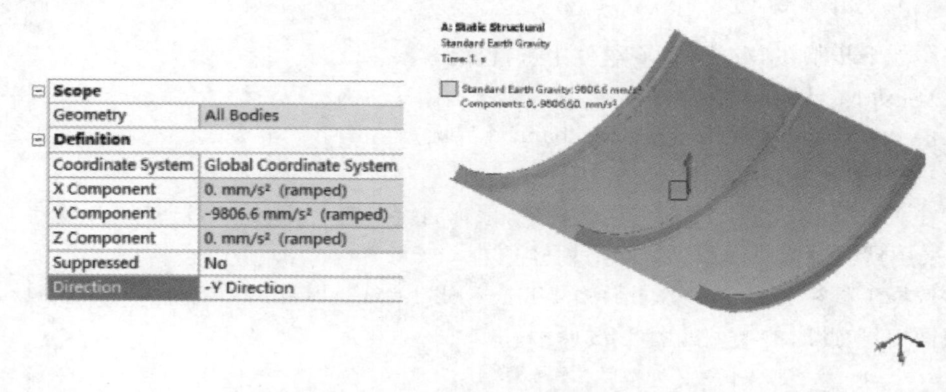

图 5-65　重力加速度边界条件设置

(5)求解及查看结果

①在窗口左侧的结构树中，鼠标右键单击 Solution(A6)分支，然后选择 Insert→Deformation→Total，添加 Total Deformation 结果。

②右键单击 Solution(A6)→Solve 进行求解。

③求解完成后，单击上一步创建的 Total Deformation，图形显示窗口中将绘出结构的位移云图，如图 5-66 所示。

从上面的位移云图中可以看出，整个结构的最大位移为 16.917 mm，且中间的曲梁已与弧形板之间发生分离，板和曲梁的节点变形不连续，这个变形结果说明建模过程存在错误。下面将返回 DesignModeler 对模型进行修改以解决该问题。

5. 修改模型并验证

按照如下步骤操作：

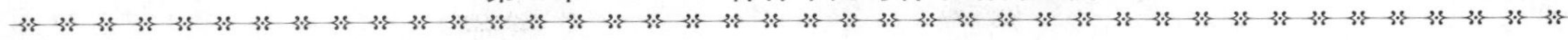

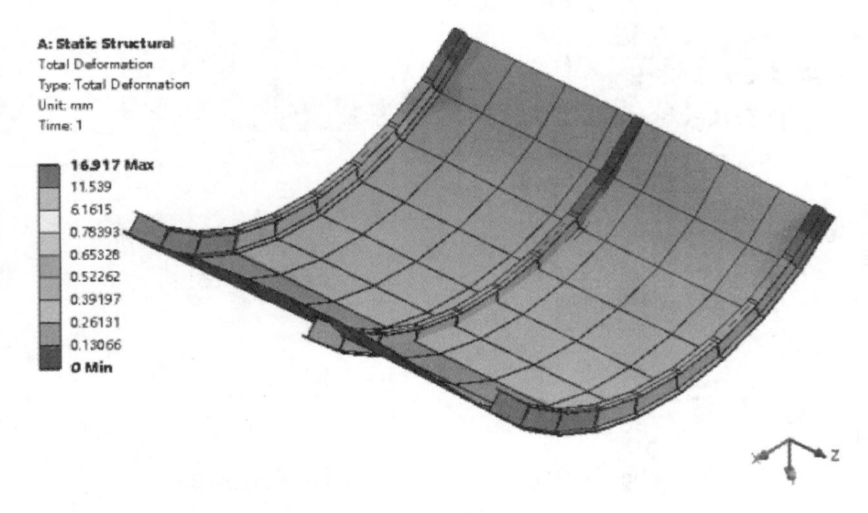

图 5-66　总体结构位移云图

(1)建立用于修正分析的系统

为了不覆盖先前的分析系统，在 Workbench 中，鼠标右键单击已创建的 Static Structural 分析系统的 A1 Static Structural 单元格，然后在右键菜单中选择 Duplicate，此时会复制生成一个名为“Copy of Static Structural”的分析系统 B，如图 5-67 所示。

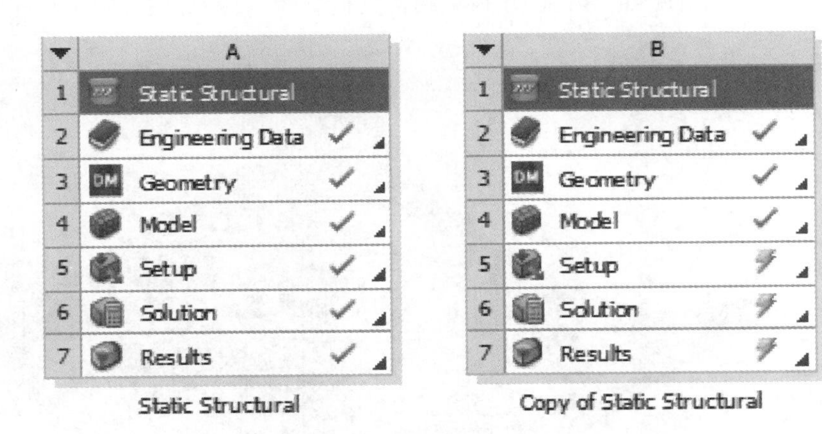

图 5-67　复制创建分析系统

(2)启动 DM

鼠标左键双击“Copy of Static Structural”分析系统的 B3 Geometry 单元格，启动 DesignMolder。

(3)定义边结合

鼠标左键依次单击主菜单中的 Tools→Joint，在明细栏中的 Target Geometries 项中按住“Ctrl”键通过结构树选中中间线体及面体，然后单击工具栏中的生成工具 Generate，完成 Joint 的创建，此时会在中间线体及面体之间生成一个新的 Edge Joint，如图 5-68 所示。

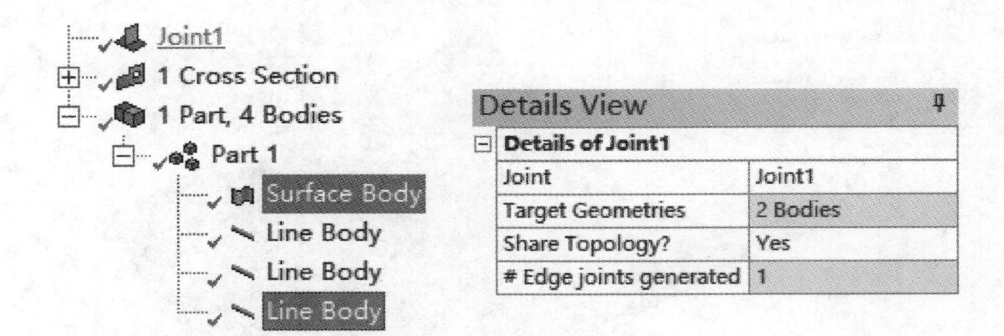

图 5-68 创建 Edge Joint

(4)保存文件

关闭 DM 窗口,在 Workbench 中单击 File→Save,保存当前模型。

(5)重新分析

重复前面在 Mechanical 中的操作,重新对模型进行网格划分、施加约束及重力荷载以及计算,具体步骤不再重复。

(6)查看新的分析结果

计算完成后,查看结构的总体位移等值线图如图 5-69 所示。从新的位移等值线图中可以看出,整个结构的最大位移为 8.8277 mm,且加劲梁未与弧形板发生分离,两者在变形后依然保持变形的协调连续。由此可见,在创建板梁结构的模型时,要特别注意确定其连接关系是否正确定义。

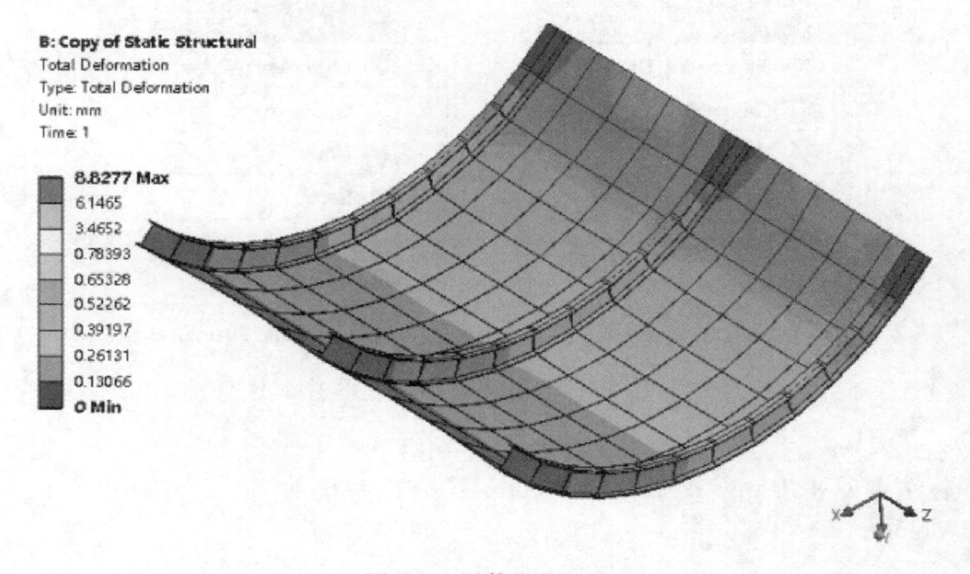

图 5-69 总体位移云图

5.3.3 基于 SCDM 创建梁-壳组合结构:柱面壳与加劲曲梁

本节采用 SCDM 创建 5.3.2 节中的曲梁-壳体的组合结构。

1. 创建分析系统

在 Workbench 窗口左侧的 Analysis System 中选择“Static Structural”，将其拖放至 B 系统右侧，如图 5-70 所示，在项目图解窗口中将生成一个名为“Static Structural”的新的分析系统 C。

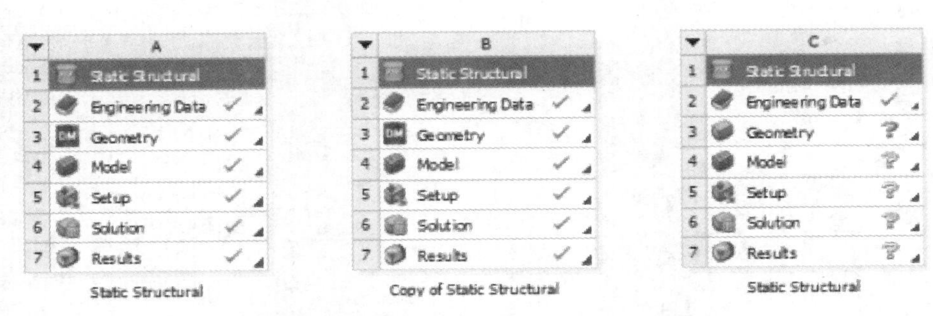

图 5-70　创建新的 Static Structural 分析系统

2. 启动 SpaceClaim

鼠标右键单击“Static Structural”分析系统的 C3 Geometry 单元格，然后选择“New SpaceClaim Geometry…”，启动 SpaceClaim。

3. 绘制草图

(1)选择绘图平面

启动 SpaceCalim 后，程序会自动打开一个的设计窗口，并自动激活至草图模式，且当前激活平面为 XZ 平面，如图 5-71 所示。

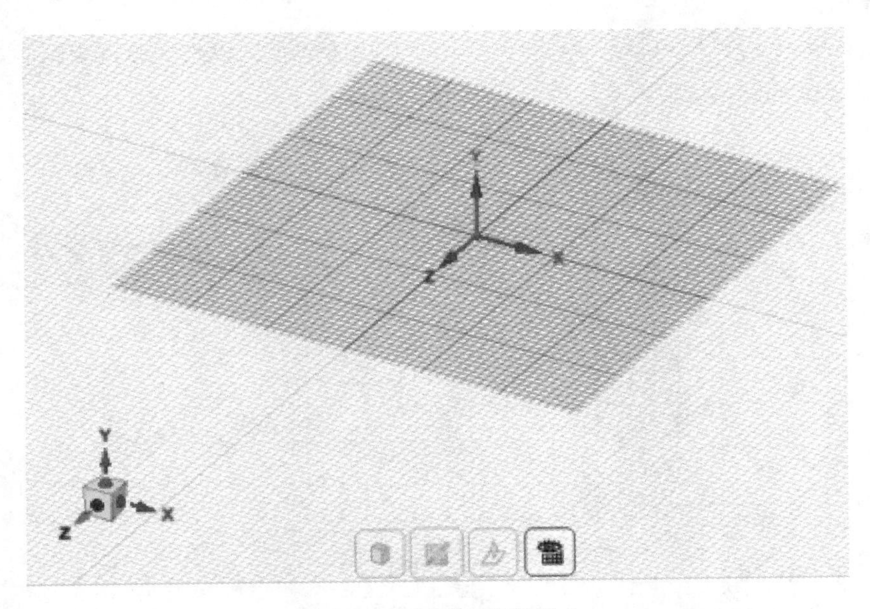

图 5-71　XZ 平面草图模式

为了与 DM 中的设置一致，将当前激活的草图平面切换至 XY 平面，具体操作如下：

①单击图形显示区下方微型工具栏中的图标，移动鼠标至 XY 平面高亮显示，然后单

击鼠标左键，此时草图平面已激活至 XY 平面，如图 5-72 所示。

②依次单击主菜单中的设计→定向→图标或微型工具栏中的图标，也可直接单击字母“V”键，正视当前草图平面，如图 5-73 所示。

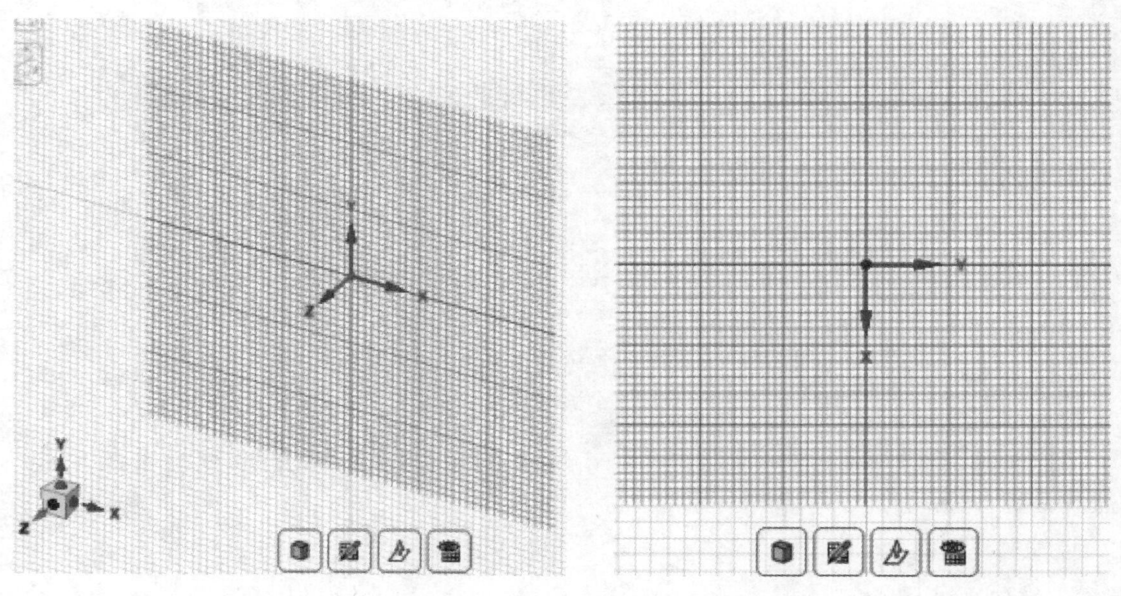

图 5-72 切换工作平面　　图 5-73 正视草图平面

(2)绘制圆

单击主菜单中的设计→草图→圆形工具或按快捷键“C”，以坐标原点为圆心，绘制一个直径为 6000 mm 的圆，如图 5-74 所示。

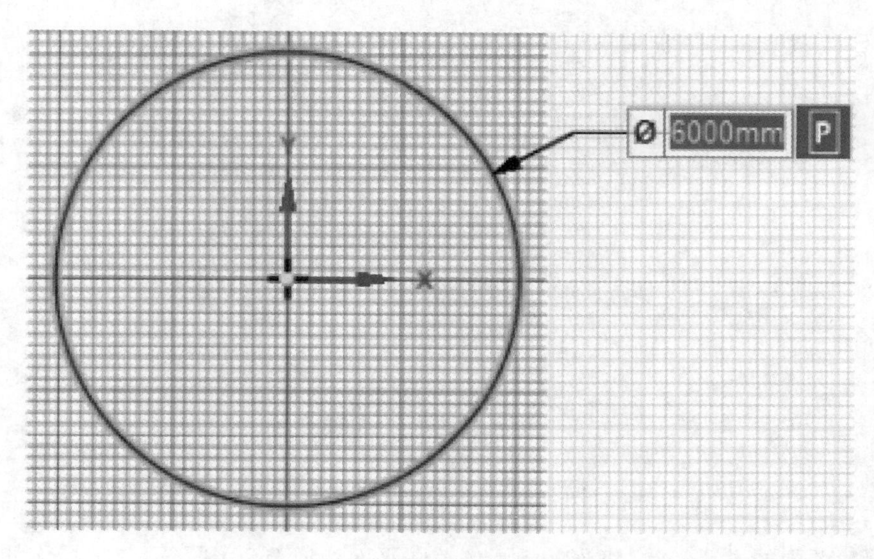

图 5-74 绘制圆草图

(3)绘制切线

单击主菜单中的设计→草图→线工具或按快捷键“L”,以坐标原点为圆心,沿半径方向绘制一条直线,通过切换“Tab”键,输入其与竖直线的角度为45°,继续参照上面步骤创建另一条与本线夹角为90°的线段,如图5-75所示。

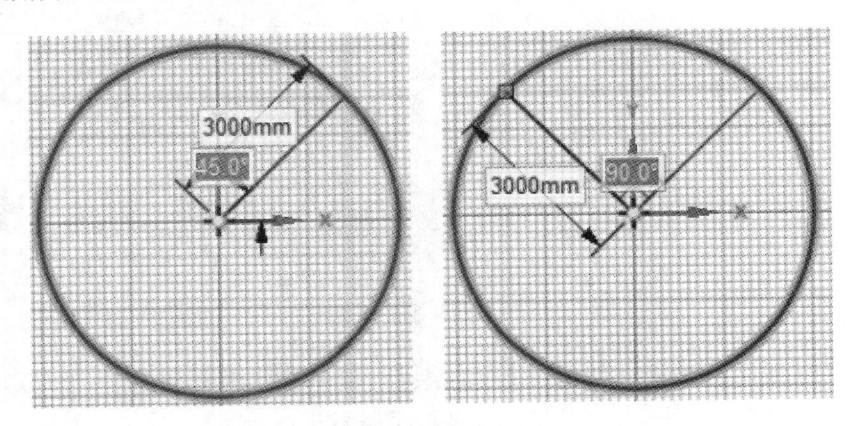

图5-75 创建线段

(4)修剪形成圆弧

单击主菜单中的设计→草图→剪掉工具或按快捷键“T”,剪掉除上圆弧线以外的所有线,如图5-76所示。

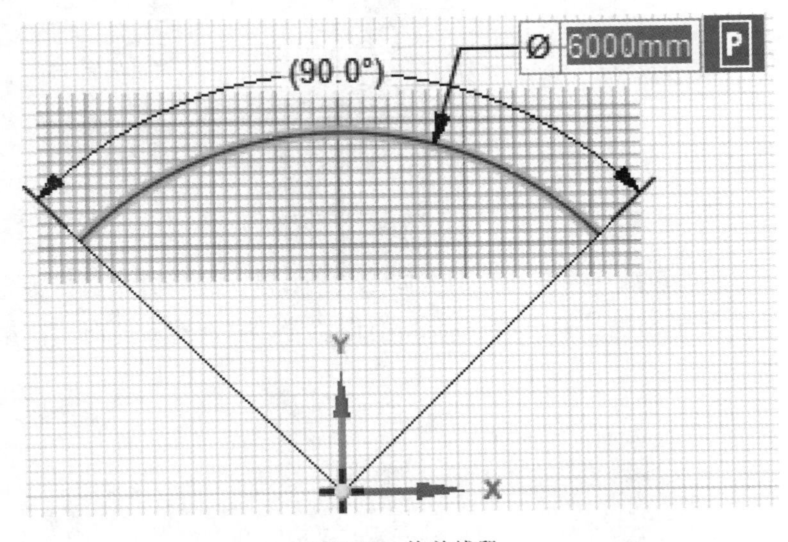

图5-76 修剪线段

4. 创建面体

(1)拉动形成面。单击主菜单中的设计→编辑→拉动工具,或按快捷键“P”,激活拉动工具并按如下步骤进行操作:

①鼠标左键选中圆弧线段。

②激活图形显示窗口左侧选项面板中的“拉伸条边”工具及“同时拉两侧”工具。

③拖动鼠标，按“空格”键并输入移动距离 4000 mm。

④单击窗口空白位置，完成圆弧面的创建，如图 5-77 所示。

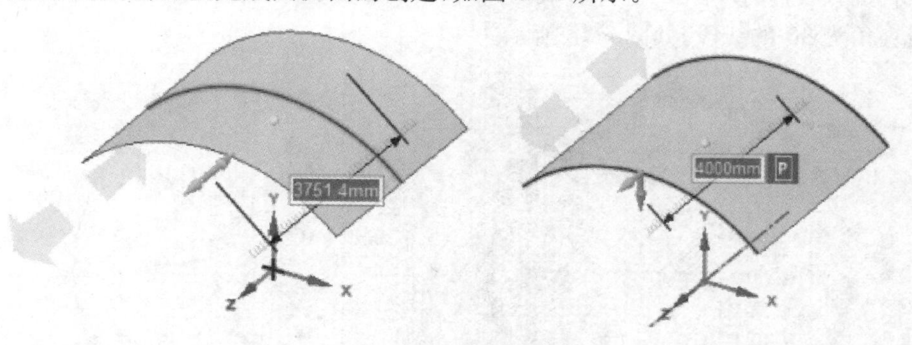

图 5-77　拉伸生成圆弧面

(2)单击主菜单中的设计→创建→平面工具，鼠标移动至 Z 轴附近，然后单击鼠标左键，创建与 XY 面重合的平面，此时的模型及结构树如图 5-78 所示。

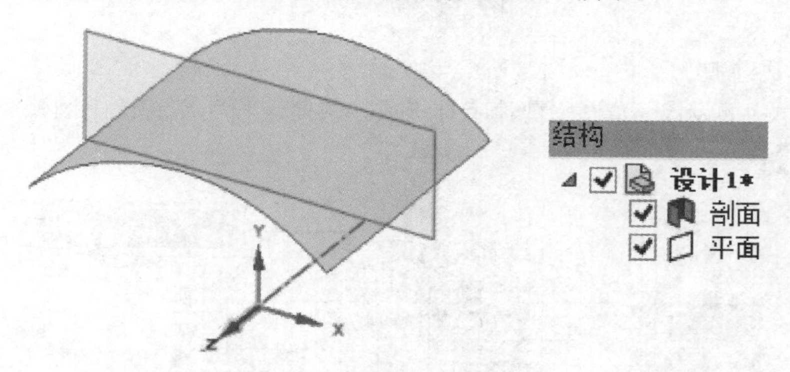

图 5-78　创建分割平面

(3)单击主菜单中的设计→相交→分割主体工具，依次选择分割目标为先前创建的圆弧面，分割工具为上一步创建的平面，单击窗口空白位置，完成分割，此时的模型及结构树如图 5-79 所示。

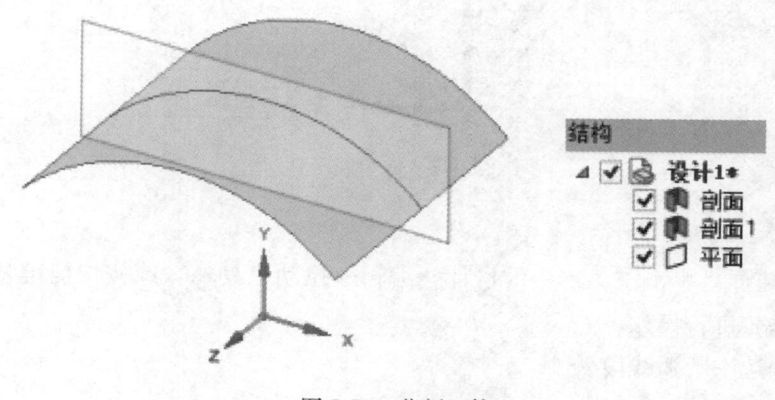

图 5-79　分割面体

(4)按住“Ctrl”键，利用鼠标左键在结构树中选中分割所得的两个面体，在窗口左下方的属性面板中，输入中间面厚度为 5 mm，如图 5-80 所示。

5. 创建梁

(1)单击主菜单中的准备→横梁→轮廓→ I 形管道工具，此时结构树中出现了“横梁轮廓”分支，如图 5-81 所示。

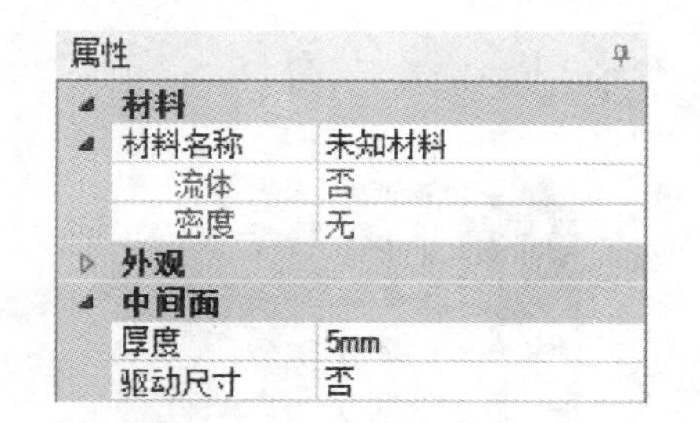

图 5-80　定义圆弧面厚度

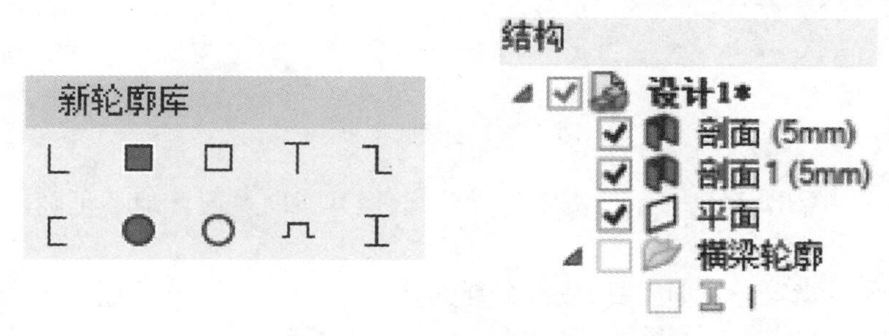

图 5-81　横梁轮廓分支

(2)在结构树中，鼠标右键单击“I”形轮廓然后选择“编辑横梁轮廓”，此时将打开横梁轮廓的编辑窗口，在窗口左侧的群组中分别输入梁高 200 mm，上下翼板宽度为 100 mm，厚度为 8 mm，腹板厚度为 5.5 mm，定义完成后关闭窗口，如图 5-82 所示。

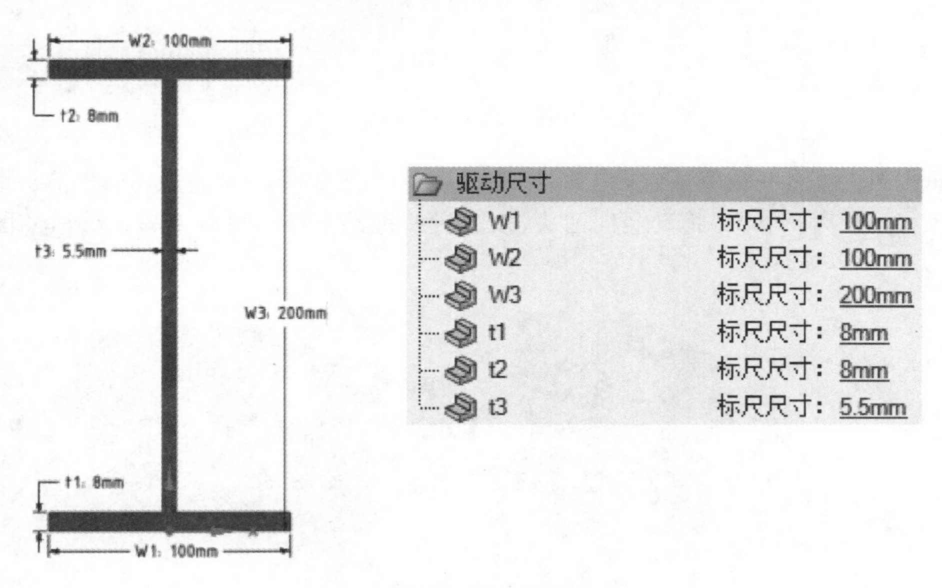

图 5-82　定义梁截面

(3)单击主菜单中的准备→横梁→轮廓，在下拉窗口中选中已定义完成的 I 形轮廓；单击主菜单中的准备→横梁→显示工具，将显示方式改为“实体横梁”。

(4)单击准备→横梁→创建工具，依次选择弧形面两端及中间的弧线，创建弧形梁，单击空白区域完成创建，如图 5-83 所示。

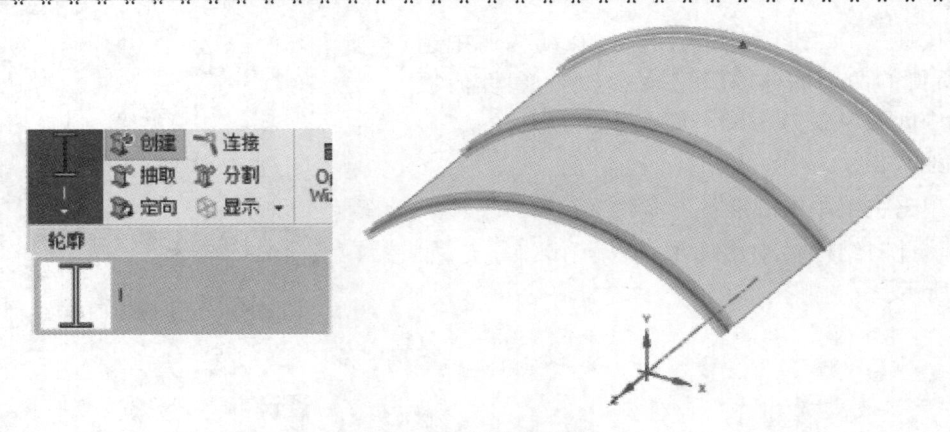

图 5-83　创建弧形梁

从图 5-83 可以看出，虽已显示出真实的梁轮廓，但其指向及偏置却不正确，下面将对其进行设置。

(5)单击准备→横梁→定向工具，依次分别选择每一条弧形梁，然后拖动代表旋转的箭头，按“空格”键输入旋转角度 90°，更改梁的指向，如图 5-84 所示。

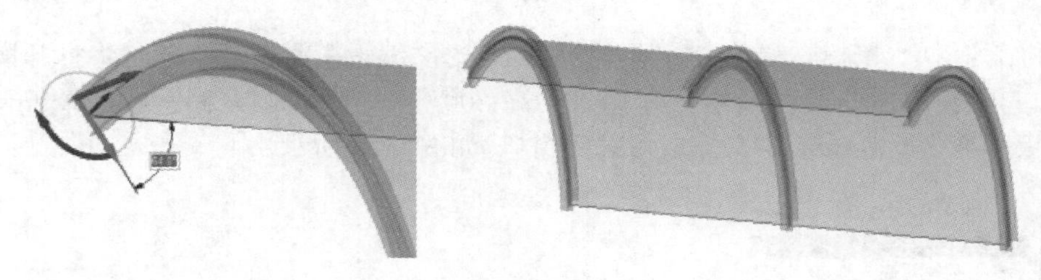

图 5-84　更改梁的指向

(6)再次单击准备→横梁→定向工具，选中－Z 方向的端部梁，向内拖动横移箭头，按“空格”键输入移动距离 50 mm，拖动竖向箭头，按“空格”键输入移动距离 102.5 mm，如图 5-85 所示。

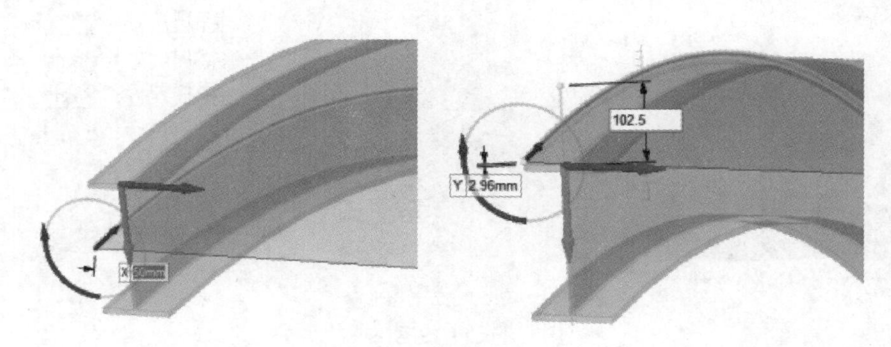

图 5-85　定义－Z 方向的端部梁的偏置

(7)参照上一步操作对剩余两个弧形梁进行偏置，其中中间梁仅竖向偏置即可，完成偏置后的模型如图 5-86 所示。

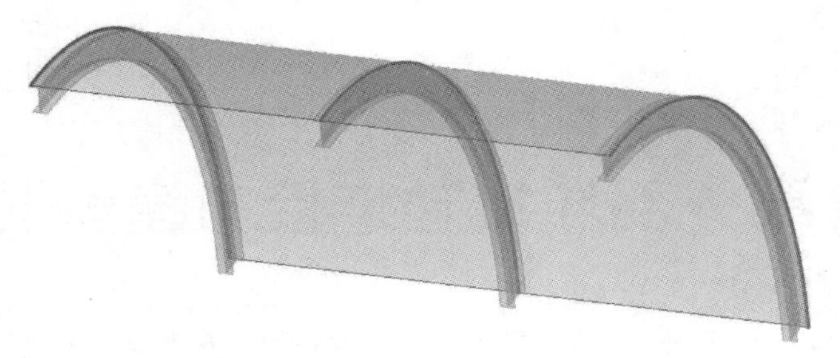

图 5-86　板梁几何模型

(8)在结构树中，选中根目录中的“设计 1”，然后在下方的属性面板中更改分析→共享拓扑为“共享”，如图 5-87 所示。

结构

- 设计1*
  - 剖面 (5mm)
  - 剖面1 (5mm)
  - 平面
  - 横梁
    - 横梁 (I)
    - 横梁 (I)
    - 横梁 (I)
  - 横梁轮廓

属性	
材料名称	未知材料
流体	否
密度	无
分析	
共享拓扑	共享
文档	
使用文件名	是
文档路径	
显示名称	设计1

图 5-87　定义共享拓扑

(9)关闭 SpaceClaim 窗口，在 Workbench 中单击 File→Save，保存当前模型。

6. 分析验证

双击 Static Structural 分析系统中的 C4 Model 单元格，启动 Mechanical 界面，按照上一节中介绍的操作步骤对模型进行分析验证，此时的总体位移云图如图 5-88 所示。

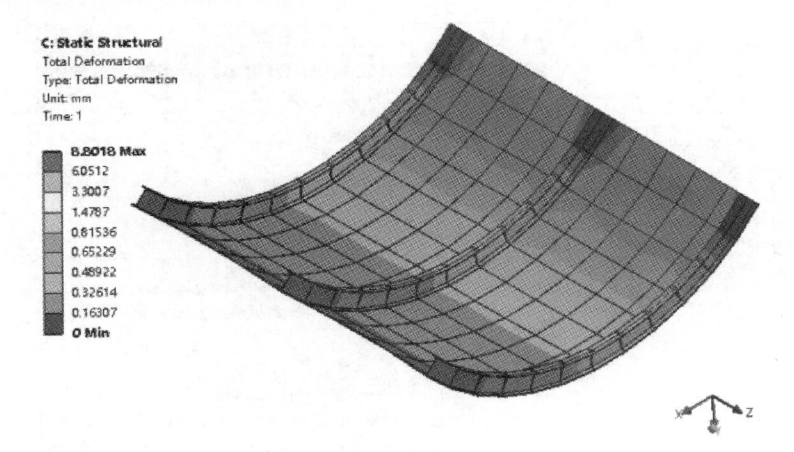

图 5-88　总体位移云图

从上面的位移云图中可以看出，整个结构的最大位移为 8.8018 mm，且加劲梁未与弧形板发生分离，板和梁在变形后保持连续，且与 5.3.2 节通过 DM 所创建模型的计算结果相一致。

第 6 章 部件接触连接与模型装配

本章介绍在 Workbench 中部件接触连接与模型装配的方法。详细介绍了接触以及 Joint、Spring、Spotweld、Beam Connection、End Release 等连接类型,还介绍了通过 External Model 导入外部模型并进行模型装配的方法,并给出典型实例。

6.1 在 Mechanical 中定义部件的接触与连接关系

6.1.1 定义部件的接触关系

本节介绍定义部件接触关系的方式以及接触选项的指定。

1. 定义部件间接触的三种方式

在 Mechanical 中定义部件之间接触关系可以通过以下三种方式:自动接触识别,手工定义接触,分组自动接触识别。

(1)自动接触识别方式

在 Workbench 环境的 Mechanical 界面下,部件间的接触关系可在几何模型导入过程中自动创建,也可以由用户手工创建,具体采用何种方式,可通过 Workbench 的 Options 选项来设置。在缺省情况下,选择 Workbench 的 Tools>Options 菜单,打开 Options 对话框,在其中选择 Mechanical,Auto Detect Contact On Attach 选项是被勾选的,导入几何模型时自动识别部件间的接触,如图 6-1 所示。

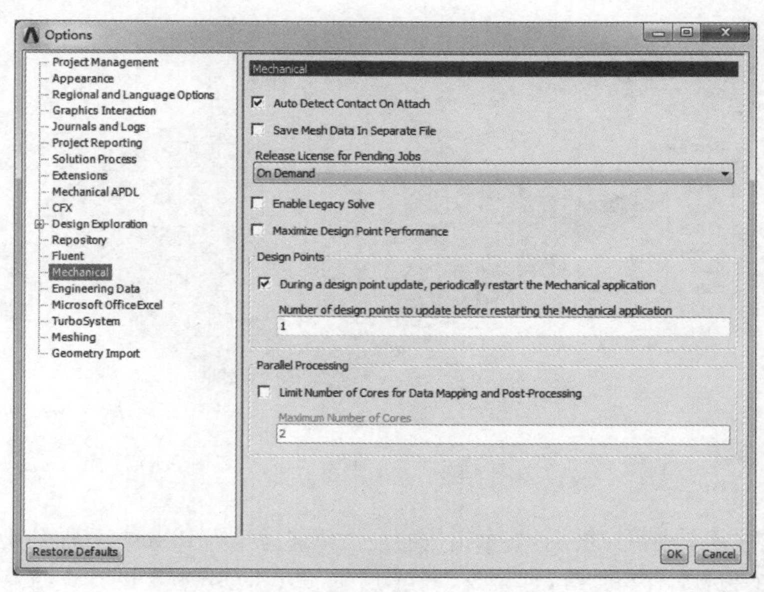

图 6-1 接触自动探测选项

采用 Mechanical 自动识别接触关系时，启动 Mechanical 界面后，在 Connection 分支下将自动创建一系列 Contact 目录，每个 Contact 目录下包含了若干分组的被识别出的接触区域 Contact Region 分支。每一个接触区域(Contact Region)包含 Contact 以及 Target 两侧的表面，即接触界面两侧的物体表面。在 Project 树中选择一个已经建立的接触对 Contact Region 分支时，在图形显示区域中会以红、蓝两种颜色区分显示接触面以及目标面，而那些与所选择的接触对无关的体(部件)在缺省情况下采用半透明的方式显示。如图 6-2(a)所示为三个部件的几何模型，选择下部圆盘体与中间块体组成的接触分支 Contact Region 时，其接触面显示如图 6-2(b)所示，上部的块体与此 Contact Region 无关，所以被半透明显示。

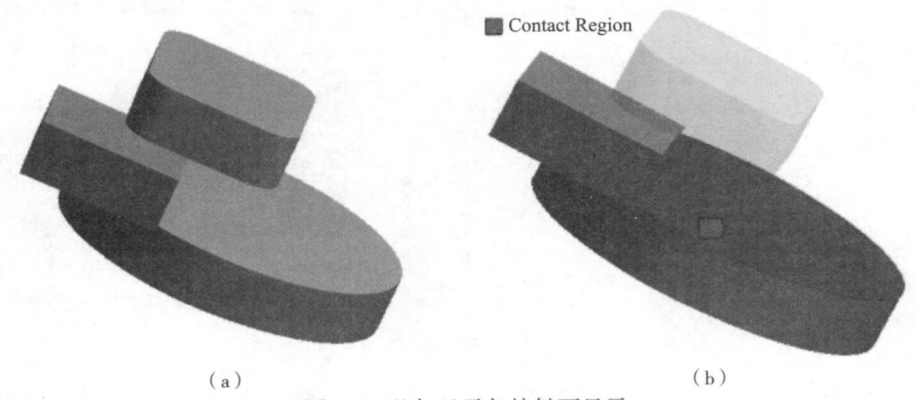

图 6-2　几何显示与接触面显示

选择工具栏上的 Body Views 按钮，可以打开 Body View 视图，可更清楚地观察接触面两侧的部件以及接触面的位置，如图 6-3 所示。在 Body View 视图中，接触面(Contact)一侧的视图中，目标面(Target)所在的体被半透明显示；在目标面一侧的视图中，接触面所在的体被半透明显示。

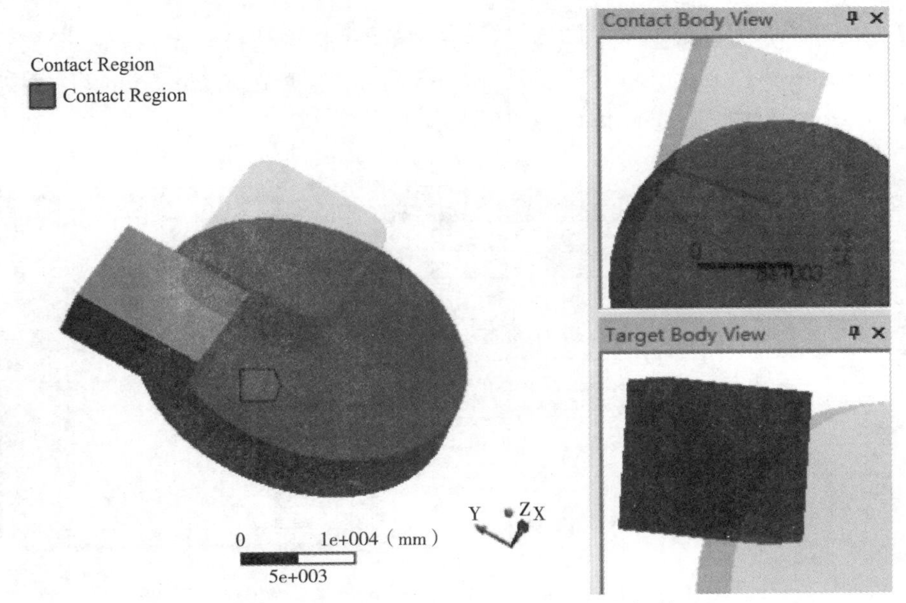

图 6-3　Body View 显示接触对两侧的部件

(2)手工定义接触方式

如果在 Workbench 的 Options 中自动探测接触选项，在导入几何或刷新几何模型之后还可以手工创建部件间的接触关系。手工定义接触的具体方法如下：

①在 Project 树中选择 Connection 分支的右键菜单，鼠标停放在 Insert 菜单上弹出二级菜单，如图 6-4 所示，选择 Insert＞Manual Contact Region 菜单，在 Connection 目录下加入新的 Contact 目录，在新的 Contact 目录下出现新的手工接触对分支。

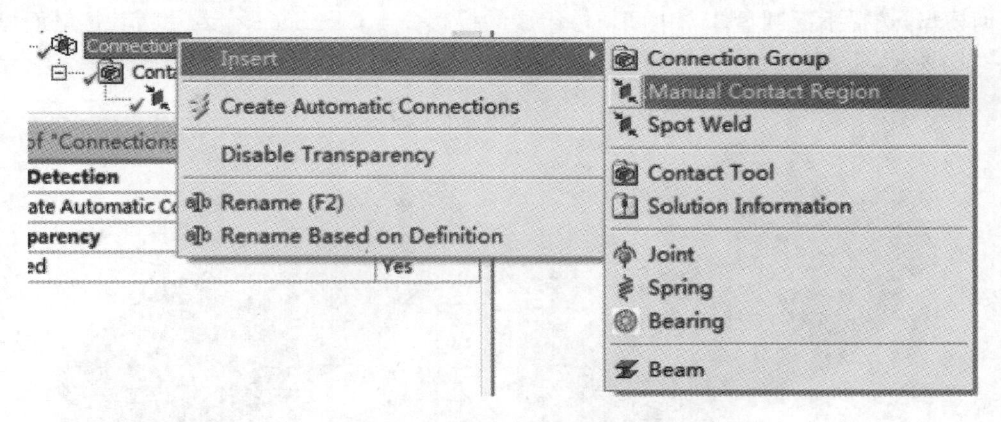

图 6-4　手工建立接触区域

②选择新加入的接触对分支，在其 Details 中手工选择接触面和目标面，然后再指定其算法及其他属性。

(3)分组自动接触识别方式

如果在模型导入过程中没有自动识别接触对，又不愿意逐个定义接触对时，还可以在导入完成后选择在一部分体中间自动识别接触。这种方式可以理解为部分自动识别接触，是一种比较实用的方式，其具体的操作方法如下：

①首先选择需要识别接触关系的体，然后在 Project 树中选择 Connection 分支，在其右键菜单中选择 Insert＞Connection Group，如图 6-5 所示，这时在 Connection 目录下出现一个 Connection Group 目录，其 Details 如图 6-6 所示。

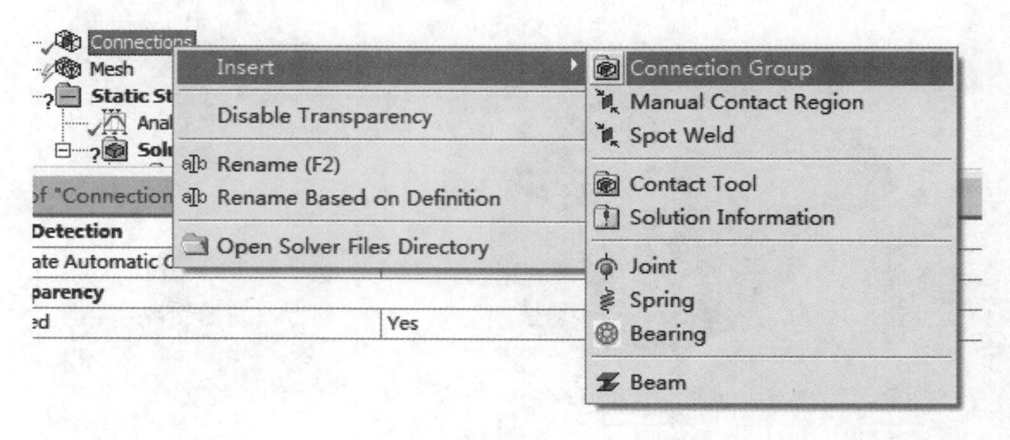

图 6-5　Connections 分支的右键菜单

②定义自动探测选项。上述 Details 选项中，Connection Type 缺省为 Contact，即接触探测。Scope 选项下的 Geometry 选项列出了被选择的体的数量。Auto Detection 部分用于对自动探测接触进行设置。其中，Tolerance 用于设置接触探测距离的容差；Use Range 和 Tolerance 可配合使用以进一步缩小接触探测距离；Face/Face、Face/Edge、Edge/Edge 三个选项用于指定是否包含此类型的接触；Priority 域用于指定接触探测的优先级别，如图 6-7 所示。如果选择 Face Overrides，优先探测面-面以及面-边接触，可能探测不到边-边接触；如果选择 Edge Overrides，优先探测边-边以及面-边接触，可能探测不到面-面接触。

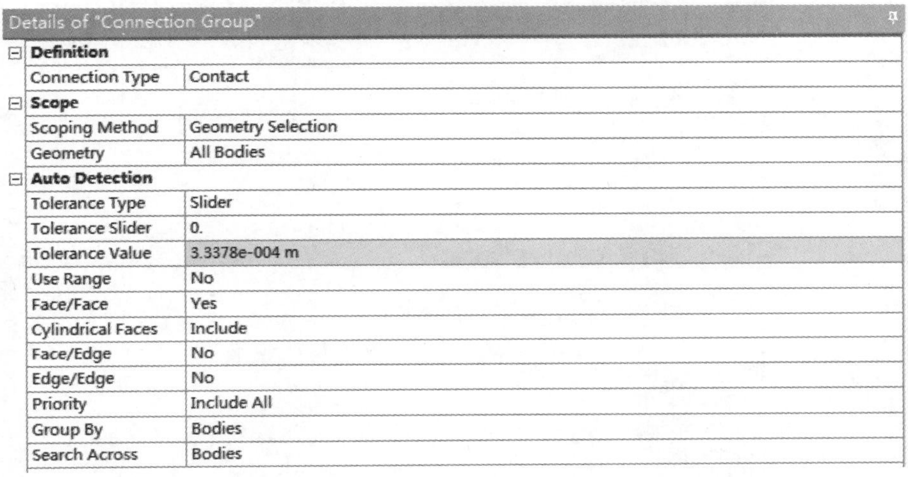

Details of "Connection Group"

Definition	
Connection Type	Contact
Scope	
Scoping Method	Geometry Selection
Geometry	All Bodies
Auto Detection	
Tolerance Type	Slider
Tolerance Slider	0.
Tolerance Value	3.3378e-004 m
Use Range	No
Face/Face	Yes
Cylindrical Faces	Include
Face/Edge	No
Edge/Edge	No
Priority	Include All
Group By	Bodies
Search Across	Bodies

图 6-6　Connection Group 分支的 Details 选项

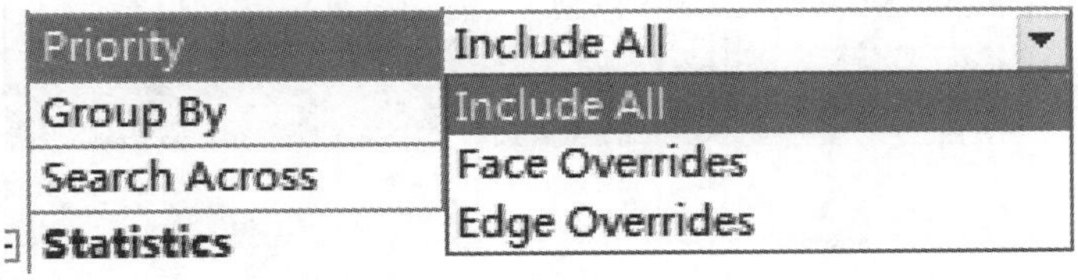

Priority	Include All
Group By	Include All
Search Across	Face Overrides
Statistics	Edge Overrides

图 6-7　接触探测的优先级别

③探测接触并定义接触属性。在 Connection Group 分支右键菜单中选择 Create Automatic Connections，如图 6-8 所示，Mechanical 会自动搜索相关体之间的接触关系。

搜索结束后，Connection Group 自动更名为 Contacts 分支，并在此分支下列出按照设置条件被识别出的全部 Contact Region 分支，如图 6-9 所示。用户在每一个接触对 Contact Region 分支的 Details 中确认或修改接触对的相关属性，相关属性选项见后面的具体介绍。

2. 定义接触的属性选项

无论采用上述何种方式创建接触关系，都会在 Project 树的 Connection 分支下建立一个 Contacts 分支，在 Contacts 分支下列出具体的接触对分支 Contact Region。对于每一个 Contact Region 分支，需要在其 Details 中设置相关的属性选项，如图 6-10 所示。除了目标面和接触面以外，常用的属性还有 Type（接触类型）、Behavior（行为）、Formulation（算法）、Normal Stiffness（法向刚度）、Pinball Region（接触影响范围）等。

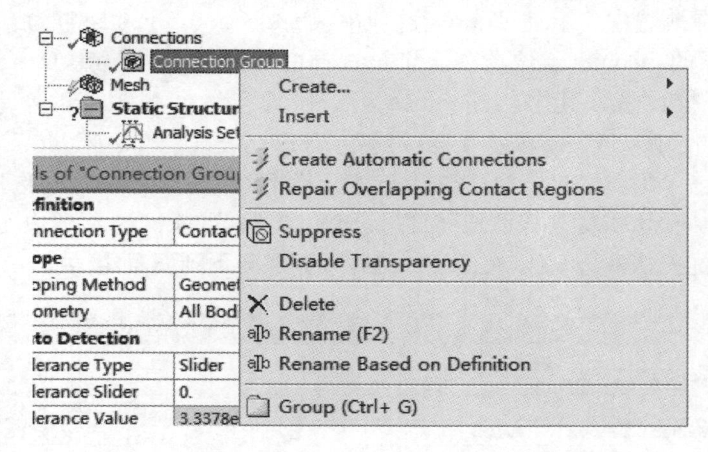

图 6-8　Connection Group 分支的右键菜单

图 6-9　新建的 Contacts 和 Contact Region 分支

Details of "Contact Region"

Scope	
Scoping Method	Geometry Selection
Contact	1 Face
Target	1 Face
Contact Bodies	body-1
Target Bodies	Solid
Definition	
Type	Bonded
Scope Mode	Automatic
Behavior	Program Controlled
Trim Contact	Program Controlled
Trim Tolerance	3.3378e-004 m
Suppressed	No
Advanced	
Formulation	Program Controlled
Detection Method	Program Controlled
Penetration Tolerance	Program Controlled
Elastic Slip Tolerance	Program Controlled
Normal Stiffness	Program Controlled
Update Stiffness	Program Controlled
Pinball Region	Program Controlled
Geometric Modification	
Contact Geometry Correction	None
Target Geometry Correction	None

图 6-10　接触对的属性设置

(1)接触面与目标面

对于自动创建的接触无需再指定接触面和目标面，而对于手工创建的接触，在其 Details 列表中的 Contact 和 Target 区域中需要分别选择要创建接触关系的两侧部件的表面，并分别点 Apply 确认。

(2)接触类型属性

接触的类型通过 Type 选项来指定,目前常见的接触类型有 Bonded(绑定)、No Seperation(法向不分离)、Frictionless(光滑)、Frictional(有摩擦)、Rough(粗糙)等。

(3)接触行为属性

接触行为可通过 Behavior 进行设置,主要是 Asymmetric(非对称接触)、Symmetric(对称接触)、Automatic Asymmetric(自动非对称接触)。一个 Contact Region 包含一个目标面和一个接触面,如果接触界面的两侧互为接触面和目标面,即所谓接触是对称的,否则是非对称的。

(4)接触的算法

接触的算法通过 Formulation 选项设置,可选择的算法包括 Augmented Lagrange、Pure Penalty、MPC、Normal Lagrange 等,对于连接多个部件的装配体接触一般多采用 MPC 算法。

(5)法向刚度属性

法向刚度(Normal Stiffness)是非线性接触类型计算的一个重要参数,简单情况下可选择 Program Controlled,对于复杂问题可选择 Manual 选项通过 Normal Stiffness Factor 来定义,如图 6-11 所示。Normal Stiffness Factor 的缺省值为 1,难于收敛的问题可减小至 0.1 或 0.01,但在克服收敛问题的同时还需要检查接触面的穿透量,并控制到合理范围。

Advanced	
Formulation	Program Controlled
Detection Method	Program Controlled
Penetration Tolerance	Program Controlled
Elastic Slip Tolerance	Program Controlled
Normal Stiffness	Manual
Normal Stiffness Factor	1.
Update Stiffness	Program Controlled
Pinball Region	Program Controlled

图 6-11　Normal Stiffness Factor 定义

(6)接触影响范围

接触影响范围通过 Pinball Region 指定,可选择通过输入半径 Radius 的方式来指定,如图 6-12 所示。对于 MPC 类型的接触,约束方程的创建将局限在 Pinball Region 所限定范围内的节点之间。

Advanced	
Formulation	Program Controlled
Detection Method	Program Controlled
Penetration Tolerance	Program Controlled
Elastic Slip Tolerance	Program Controlled
Normal Stiffness	Program Controlled
Update Stiffness	Program Controlled
Pinball Region	Radius
Pinball Radius	0. m

图 6-12　Pinball Radius 指定

6.1.2 定义部件之间的 Joint 连接

Joint 即运动副，是部件之间的一种常见的连接关系。本节介绍 Mechanical 中常用的 Joint 类型及其指定方法。

1. Joint 的作用与类型

Joint 可定义在体与体之间(Body to Body)或体与地之间(Body to Ground)。在模型导入 Mechanical 的过程中可以自动探测形成圆柱铰或固定 Joint，也可以手工定义 Joint。每一个 Joint 都是在其参考坐标系下定义的，根据被约束的自由度的不同，在 Mechanical 中有十余种 Joint，可以模拟体和体之间或者体和地面之间的作用。常见的 Joint 类型及其受约束自由度情况列于表 6-1 中。

表 6-1 常见的 Joint 类型及其自由度

Joint 类型	受到约束的自由度
Fixed Joint	All
Revolute Joint	UX, UY, UZ, ROTX, ROTY
Cylindrical Joint	UX, UY, ROTX, ROTY
Translational Joint	UY, UZ, ROTX, ROTY, ROTZ
Slot Joint	UY, UZ
Universal Joint	UX, UY, UZ, ROTY
Spherical Joint	UX, UY, UZ
Planar Joint	UZ, ROTX, ROTY

Joint 连接可用于 Mechanical 的 Explicit Dynamics、Harmonic Response、Modal、Random Vibration、Response Spectrum、Rigid Dynamics、Static Structural 以及 Transient Structural 等分析系统中。

2. Joint 自动探测

在 Mechanical 中，可对常用的 Fixed 和 Revolute 两类 Joint 进行自动探测，具体实现方法如下。

(1)定义 Connection Group 并指定其属性

①在 Project 面板中选择 Connections 目录，选择右键菜单 Insert>Connection Group，在 Connections 目录下添加一个 Connection Group。

②指定 Connection Group 的类型。选择新添加的 Connection Group，在其属性中选择 Connection Type 选项为 Joint，如图 6-13 所示。

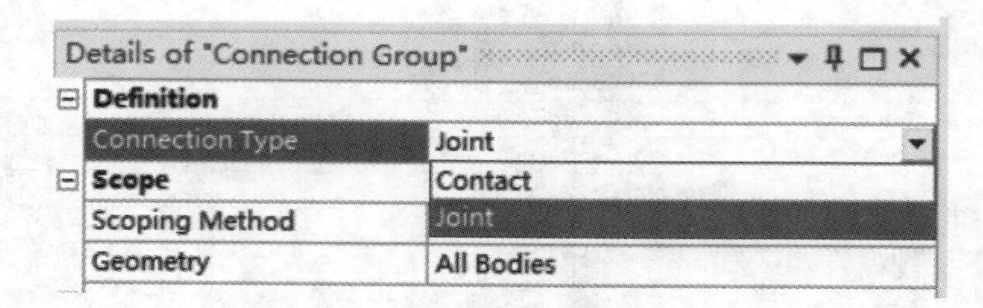

图 6-13 设置 Connection Group 类型为 Joint

③选择体。当 Scoping Method 选择缺省的 Geometry Selection 选项时，在图形窗口中选

择要探测 Joint 连接关系的体，在 Geometry 中单击 Apply 按钮。

④选择 Joint 类型。在 Details 的 Auto Detection 中，为 Fixed Joints 和 Revolute Joints 类型选择 Yes 或 No，如果选择了 Yes 将探测对应的 Joint 类型，如果都选择了 Yes，优先探测圆柱铰 Revolute Joints。

(2)探测 Joint 并指定其属性

①在 Connection Group 目录右键菜单中选择 Create Automatic Connections，将开始探测可能的 Joint 连接，探测到的 Joint 对象将会出现在 Joints 目录下。Joints 目录是由 Connection Group 目录自动更名而来的。

②对于每一个探测到的 Joint 连接，检查或者重新设置其 Details 属性，对于 Revolute 类型的 Joint，可以设置其扭转刚度/阻尼等属性，如图 6-14 所示。有的情况下可能还需要对 Joint 的 Reference 和 Mobile 坐标系进行调整。

Revolute - Ground To Solid

Details of "Revolute - Ground To Solid"

Definition	
Connection Type	Body-Ground
Type	Revolute
Torsional Stiffness	0. N·mm/°
Torsional Damping	0. N·mm·s/°
Suppressed	No

图 6-14　Revolute Joint 的属性

(3)观察和配置 Joint

①观察 Joint。通过 Connection 上下文标签栏 Views Group 的 Body Views 按钮，可以在右侧的视图中分别查看 Joint 所连接的两个体，图例显示了关于参考坐标系的 Joint 自由度。未约束的自由度和约束自由度分别用蓝色和灰色图例标出，如图 6-15 所示。

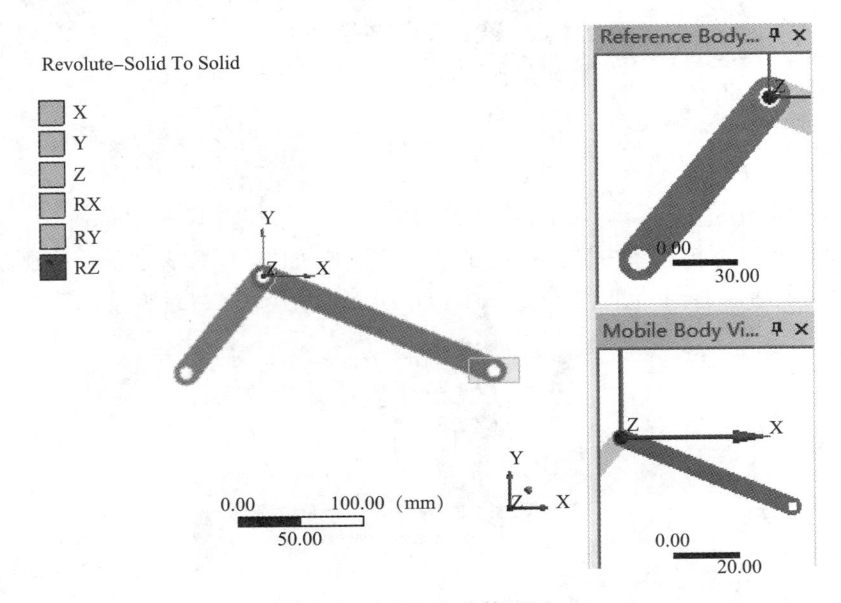

图 6-15　Joint 的分体视图

②配置 Joint。通过 Configure 工具可以配置 Joint，Configure 工具位于 Connection 上下文标签栏的 Joint 组，如图 6-16 所示。

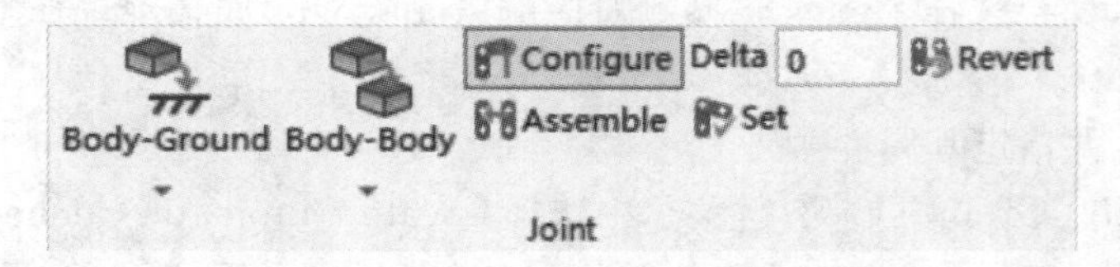

图 6-16 工具栏的 Joint 组

通过 Configure 工具可以配置 Joint 的初始状态。在 Project 树中选择需要配置的 Joint 对象分支，按下 Configure 按钮进入配置模式，这时可以通过拖动图 6-17 所示的 DOF 手柄来改变其位置。Joint 配置工具可以用来模拟 Joint 的运动效果，弹起 Configure 按钮即退出配置工具，Joint 将会恢复到初始的位置。如果需要，Joint 也可以被锁定在一个新位置，即在选择新的位置之后，按下上述工具中的 Set 按钮。在求解时，新的位置将作为初始位置。Revert 按钮可以用于取消配置操作。除了手动配置 Joint，还可以在 Configure 按钮旁边的文本区域输入 Delta 值，然后按下 Set 按钮。

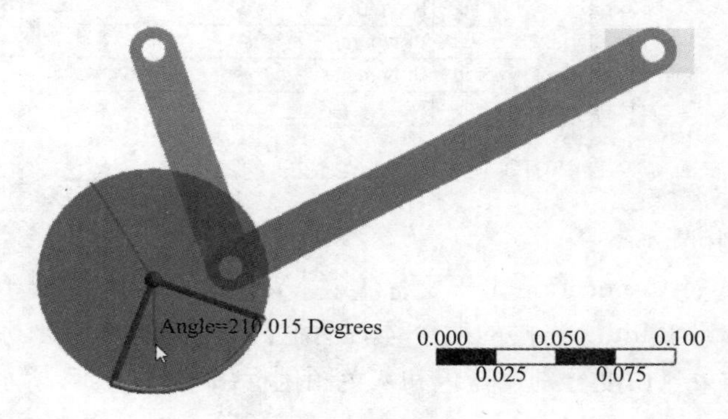

图 6-17 配置模式

3. 手工定义 Joint

按照如下步骤来手工指定 Joint：

(1)定义新的 Joint

在 Project 树中选择 Connections 目录，在其 Context 选项卡中选择 Body-Ground 或 Body-Body 选项，在下拉菜单中选择所需的 Joint 类型，如图 6-18 所示。一个新的 Joint 将被添加并成为当前活动对象，同时注意到一个包含 Joint 的 Joints 目录自动创建。

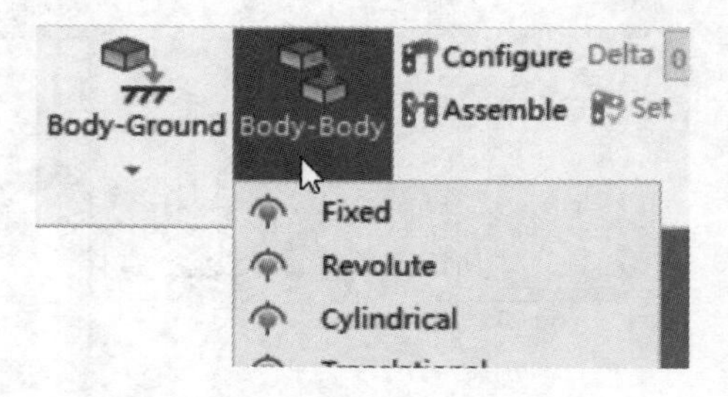

图 6-18 手工定义 Joint

(2)指定 Joint 属性

对手工创建的 Joint,也需要指定其 Details 属性。对于常见的 Revolute Joint 类型,需分别指定其 Reference 和 Mobile 表面,一般为圆柱铰链所在的圆柱面。其他属性的意义与自动识别情况下的相同。

(3)参考坐标系的定义

在 Joint 分支下包含一个 Reference Coordinate System 的分支,选择此分支,然后在其 Details 中设置相关属性,比如此坐标是基于某个圆柱面中心,则可通过几何选择的方式选择此圆柱面。

(4)查看和配置 Joint

与探测的 Joint 一样,可以用分体视图查看 Joint 连接的体,也可以通过 Configure 工具配置 Joint 的初始位置。

(5)冗余度检查

手工方式指定 Joint 后,建议进行冗余约束检查,通过检查可以得到活动的运动自由度数。具体方法是,在 Connection 分支的右键菜单中选择 Redundancy Analysis,如图 6-19 所示。在 Data View 中单击"闪电"按钮执行冗余度检查分析,并给出结果,如图 6-20 所示。

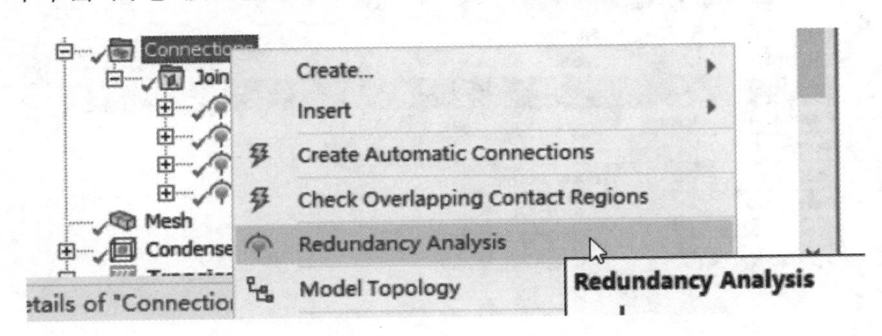

图 6-19　冗余度检查菜单

Data View

Redundancy Analysis

Number of free degrees of freedom: 1

Name	Type	Scope	X Displacement	Y Displacement	Z Displacement	Rotation X	Rotation Y
Revolute - Ground To Solid	Revolute	Body-Ground	Fixed	Fixed	Fixed	Fixed	Fixed
Revolute - Solid To Solid	Revolute	Body-Body	Fixed	Fixed	Redundant	Redundant	Redundant
Revolute - Solid To Solid	Revolute	Body-Body	Fixed	Fixed	Fixed	Fixed	Fixed

图 6-20　冗余度检查

6.1.3　弹簧、梁及点焊连接

本节介绍 Spring、Beam 及 Spot Weld 等几个比较常见的连接类型,这些连接方式通常采用手工方式指定。在 Connection 分支下添加这些连接类型分支,然后定义其 Details 选项。设置完成后,也可以通过 Body View 进行直观检查。

1. 弹簧

弹簧(Spring)可以作为体和体之间(Body-Body)或者体和地之间(Body-Ground)的连接,其实质是利用 ANSYS 的 COMBIN 单元。下面来介绍弹簧及其属性的定义方法。

(1)创建 Spring

在 Connections 分支下创建 Spring。对于模型中包括多个体的情况,Connections 分支总是自动出现的。如果模型中仅有一个体,缺省情况下 Project 树中不出现 Connections 目录,为了定义弹簧,选择 Model 分支,在其右键菜单中选择 Insert>Connections,这时在 Model 分支下出现 Connections 分支。选择 Connections 分支,在其右键菜单中选择 Insert>Spring,即可在 Connections 分支下添加一个名为"Longitudinal - No Selection To No Selection"的弹簧分支。

(2)设置弹簧属性

在弹簧分支的 Details 中为其设置各种属性,如图 6-21 所示。

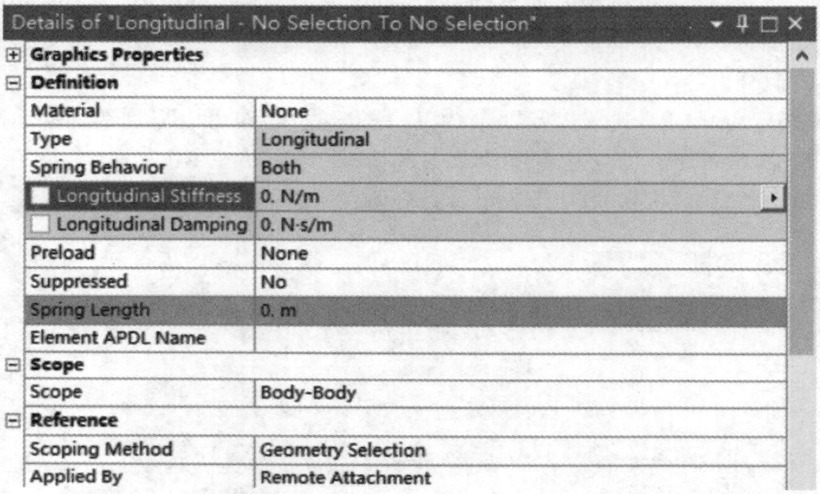

Details of "Longitudinal - No Selection To No Selection"

Graphics Properties	
Definition	
Material	None
Type	Longitudinal
Spring Behavior	Both
Longitudinal Stiffness	0. N/m
Longitudinal Damping	0. N·s/m
Preload	None
Suppressed	No
Spring Length	0. m
Element APDL Name	
Scope	
Scope	Body-Body
Reference	
Scoping Method	Geometry Selection
Applied By	Remote Attachment

图 6-21 弹簧的属性

①设置弹簧类型。Type 属性用于定义弹簧的类型,可选择 Longitudinal 或者 Torsional,即轴向弹簧和扭转弹簧。

②弹簧行为属性。缺省情况为 Both,既可以受拉又可以受压。在 Rigid Dynamics 和 Explicit Dynamics 系统中,Spring Behavior 还可以选择 Compression Only(仅受压)或 Tension Only(仅受拉)选项。当选择仅受拉时,弹簧的刚度及受力特性如图 6-22 所示。当选择仅受压时,弹簧的刚度及受力特性如图 6-23 所示。

③刚度与阻尼属性。在弹簧的 Details 设置中指定弹簧的刚度系数(Longitudinal Stiffness)以及弹簧的阻尼系数(Longitudinal Damping)。

④预载荷选项。Preload 选项用于定义弹簧中存在的预载荷。Preload 缺省为 None,即不考虑预载荷;如需定义预载荷,可选择下拉列表中的 Load 选项或 Free Length 选项,并指定 Load 或 Free Length 数值。

⑤Scope 选项。Scope 选项用于指定弹簧是 Body-Body 还是 Body-Ground。在添加弹簧时,如果是通过工具栏上的 Spring>Body-Ground 或 Spring>Body-Body 选项,则此选项无需另外指定。

⑥Reference 与 Mobile。Reference 和 Mobile 选项用于定义弹簧的两端,可有如下两种定

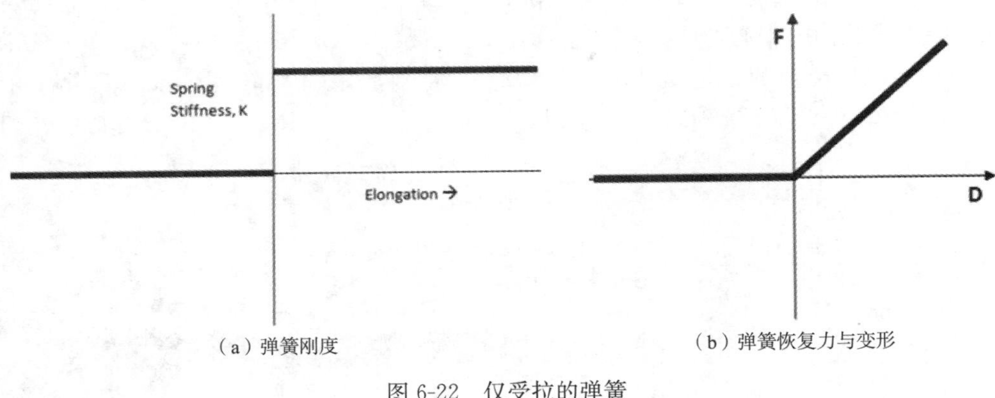

（a）弹簧刚度　（b）弹簧恢复力与变形

图 6-22　仅受拉的弹簧

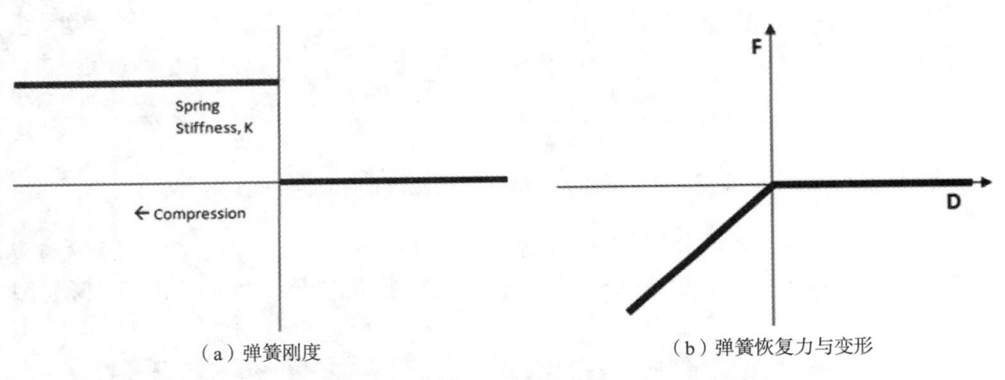

（a）弹簧刚度　（b）弹簧恢复力与变形

图 6-23　仅受压的弹簧

义方式。

a. Direct Attachment 情况。这种情况可以选择两个几何点或两个节点，这时 Reference 和 Mobile 被自动指定为选择的两个端点，Applied By 选项缺省为 Direct Attachment，如图 6-24所示。

Reference	
Scoping Method	Geometry Selection
Applied By	Direct Attachment
Scope	1 Vertex
Body	Solid
Mobile	
Scoping Method	Geometry Selection
Applied By	Direct Attachment
Scope	1 Vertex
Body	Solid

图 6-24　直接定义弹簧的端点

b. Remote Attachment 情况。在这种情况下，可通过基于 Remote Point 的作用范围的选择方式来指定 Reference 以及 Mobile，比如在 Reference 的 Scope 中选择一个面，则 Reference Location 缺省为此面的中心，其 X、Y、Z 坐标在 Reference Coordinate 中列出，如图 6-25 所示。Mobile 方面也采用类似的指定方式。这种情况实际上建立了内部的 Remote Point，可设置 Remote Point 的 Behavior 选项以及 Pinball Region 选项。关于 Remote Point 相关的技术，请参考第 7 章。

Reference	
Scoping Method	Geometry Selection
Applied By	Remote Attachment
Scope	1 Face
Body	Solid
Coordinate System	Global Coordinate System
Reference X Coordinate	0.1 m
Reference Y Coordinate	0. m
Reference Z Coordinate	0. m
Reference Location	Click to Change
Behavior	Rigid
Pinball Region	All

图 6-25 Remote Attachment 方式定义弹簧的端点

对于 Body-Ground 类型的弹簧(接地弹簧)，其 Reference 被假设为地面位置，这时仅需要按上述方式定义 Mobile 部分，而 Reference 部分仅需要指定接地位置的坐标即可，如图 6-26 所示。

Details of "Longitudinal - Ground To 1"	
Graphics Properties	
Definition	
Material	None
Type	Longitudinal
Spring Behavior	Both
Longitudinal Stiffness	1. N/m
Longitudinal Damping	0. N·s/m
Preload	None
Suppressed	No
Spring Length	2. m
Element APDL Name	
Scope	
Scope	Body-Ground
Reference	
Coordinate System	Global Coordinate System
Reference X Coordinate	0.25 m
Reference Y Coordinate	2.5 m
Reference Z Coordinate	0. m

图 6-26 接地弹簧的端点定义

2. 梁与点焊连接

梁(Beam)与点焊(Spot Weld)连接方式本质上是相同的，即都是通过短梁来连接不同的体。

(1)Beam 连接

Beam 连接可以为 Body-Body 或 Body-Ground。在 Mechanical 中假设 Beam 为圆形截面，如图 6-27 所示为一个 Body-Ground 形式的 Beam 连接。创建 Beam 的操作步骤如下：

图 6-27　体对地的 Beam 连接

①添加 Beam 对象。在 Connections 分支下通过右键菜单 Insert>Beam 添加 Beam 对象。

②定义 Beam 属性。在添加的 Beam 分支的 Details 中定义其属性，如图 6-28 所示为 Beam 连接的属性列表，需要定义的属性包括：

Details of "Circular - Ground To Solid"	
Graphics Properties	
Definition	
Material	Structural Steel
Cross Section	Circular
Radius	1.5e-002 m
Suppressed	No
Beam Length	0.1 m
Element APDL Name	
Scope	
Scope	Body-Ground
Reference	
Mobile	

图 6-28　Beam 连接的属性

a. 材料属性。Beam 的 Material 属性即材料属性，可在下拉列表中选择在 Engineering Data 定义过的材料类型。

b. 截面属性。在 Mechanical 中假设梁截面为圆，所以需要指定 Radius，即截面的半径。

c. 连接对象。Beam 连接的 Scope、Reference 以及 Mobile 的意义与 Spring 相同。当 Scope 为 Body-Ground 时，地面为 Reference。

(2)SpotWeld 连接

SpotWeld 即点焊，这种连接以顶点对的形式在体之间进行定义，其实质是在顶点之间建立短梁，并由顶点向周围节点辐射出蛛网状的梁，用于分布载荷，如图 6-29 所示。

目前，SCDM 和 DM 中创建的点焊对象可以被导入 Mechanical 中，在 Mechanical 中也可以手工创建 SpotWeld 对象，其具体方法如下：

①添加 SpotWeld 对象。在 Connections 目录的右键菜单中选择 Insert > SpotWeld，添加 SpotWeld 对象。

②定义 SpotWeld 属性。在添加了 SpotWeld 对象后，在其 Details 中指定其属性，如图 6-30 所示，基本属性包括：

a. Scoping Method。通常选择 Geometry Selection，即直接选择点的方式。

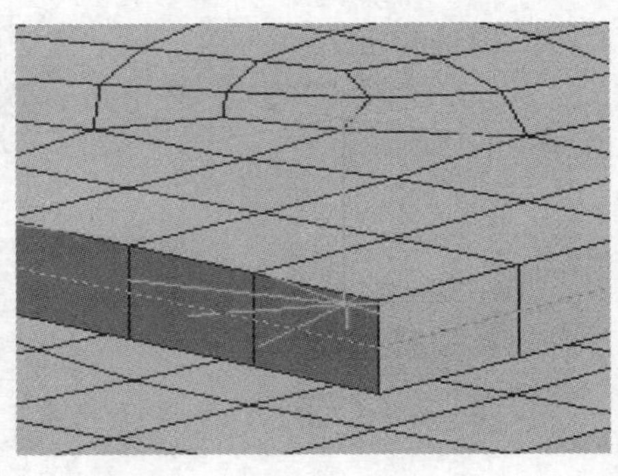

图 6-29　SpotWeld 连接示意图

b. Contact 和 Target。即选择 SpotWeld 所连接的两侧的点。具体方法是在模型中分别拾取适当的顶点，然后按 Apply 按钮以确认。用户也可以首先在图形区域拾取两个适当的顶点，然后再添加点焊对象。

Details of "Weld - Solid To Solid"

Scope	
Scoping Method	Geometry Selection
Contact	1 Vertex
Target	1 Vertex
Contact Bodies	Solid
Target Bodies	Solid
Definition	
Scope Mode	Manual
Suppressed	No
Advanced	
Penetration Tolerance	Program Controlled

图 6-30　点焊的属性

6.2　外部模型的导入与装配技术

6.2.1　外部模型的导入

在 Workbench 中可以利用 External Model 组件导入外部有限元或网格模型，如图 6-31 所示，使用 External Model 组件时，由 Workbench 左侧 Toolbox 的 Component Systems 中选择 External Model，并将其拖放至 Project Schematic 中。

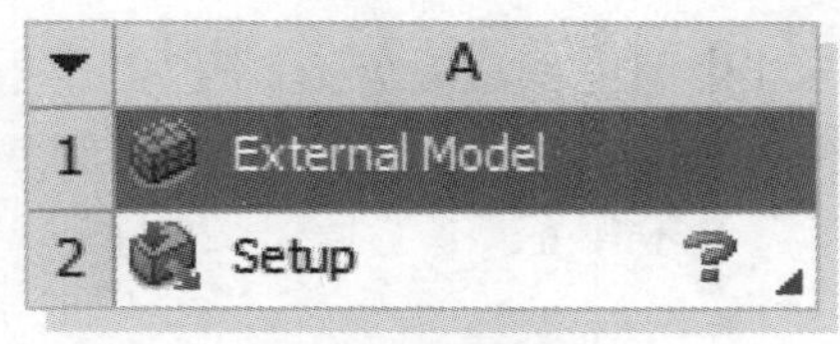

图 6-31　外部模型组件

如图 6-32 所示，可以被导入 Workbench 的外部模型包括 MAPDL、Abaqus、Nastran、

Fluent、ICEM CFD、LS-DYNA 等格式，并可以通过导入的网格合成几何模型。External Model 支持所有的 Mechanical 结构分析类型。

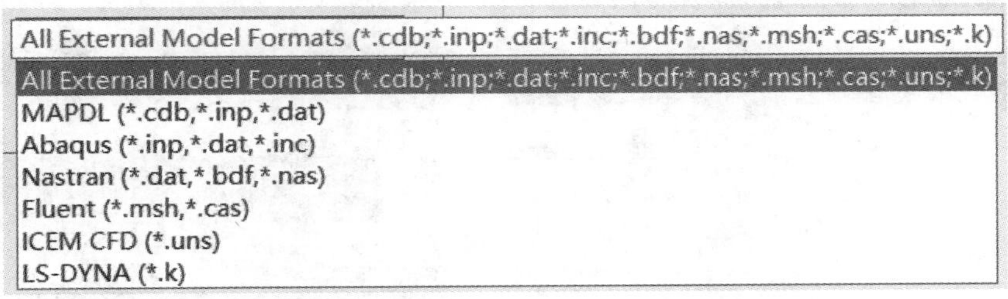

All External Model Formats (*.cdb;*.inp;*.dat;*.inc;*.bdf;*.nas;*.msh;*.cas;*.uns;*.k)

All External Model Formats (*.cdb;*.inp;*.dat;*.inc;*.bdf;*.nas;*.msh;*.cas;*.uns;*.k)
MAPDL (*.cdb,*.inp,*.dat)
Abaqus (*.inp,*.dat,*.inc)
Nastran (*.dat,*.bdf,*.nas)
Fluent (*.msh,*.cas)
ICEM CFD (*.uns)
LS-DYNA (*.k)

图 6-32　External Model 支持的模型格式列表

双击 External Model 组件的 Setup 单元格，可显示 External Model 单元格的属性。如图 6-33 所示，通过 External Model 导入了一个外部的 cdb 模型文件，如图 6-33 所示。

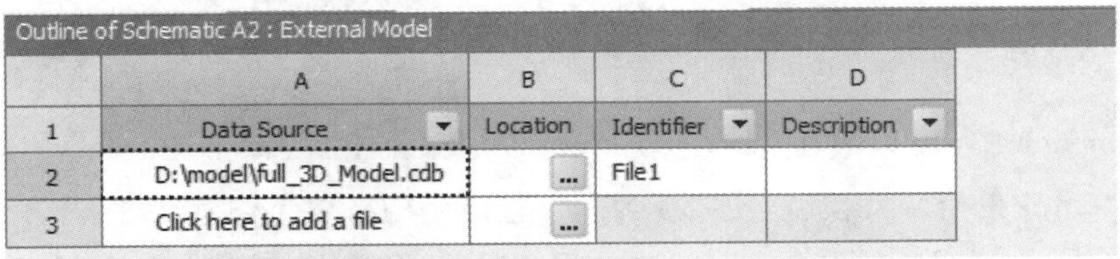

Outline of Schematic A2 : External Model

	A	B	C	D
1	Data Source	Location	Identifier	Description
2	D:\model\full_3D_Model.cdb	...	File1	
3	Click here to add a file	...		

图 6-33　导入的 cdb 文件

在 Outline 下方列出了相关的 Properties 选项，如图 6-34 所示。Definition 中包含了模型导入的设置选项，Rigid Transformation 中包含了模型导入后的复制以及装配定位选项。

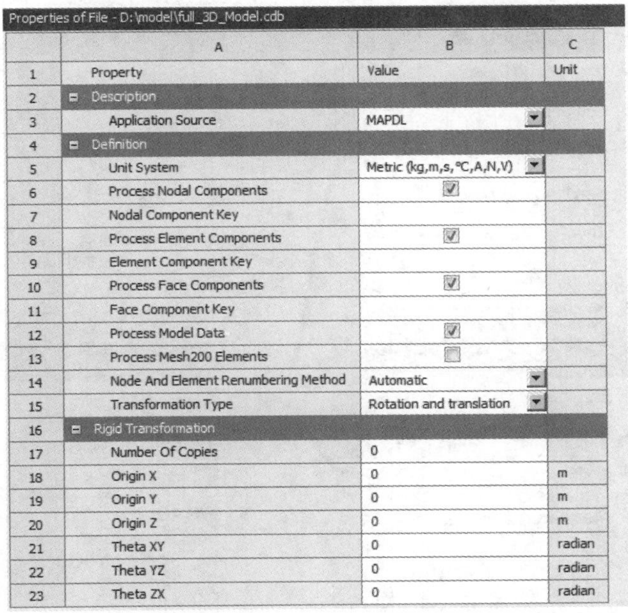

Properties of File - D:\model\full_3D_Model.cdb

	A	B	C
1	Property	Value	Unit
2	⊟ Description		
3	Application Source	MAPDL	
4	⊟ Definition		
5	Unit System	Metric (kg,m,s,℃,A,N,V)	
6	Process Nodal Components	☑	
7	Nodal Component Key		
8	Process Element Components	☑	
9	Element Component Key		
10	Process Face Components	☑	
11	Face Component Key		
12	Process Model Data	☑	
13	Process Mesh200 Elements	☐	
14	Node And Element Renumbering Method	Automatic	
15	Transformation Type	Rotation and translation	
16	⊟ Rigid Transformation		
17	Number Of Copies	0	
18	Origin X	0	m
19	Origin Y	0	m
20	Origin Z	0	m
21	Theta XY	0	radian
22	Theta YZ	0	radian
23	Theta ZX	0	radian

图 6-34　External Model 选项

如图 6-35 所示为导入的 External Model 用于后续分析的示意图，选择下游的 Model 单元格，可以在其 Properties 中设置有关的属性选项。

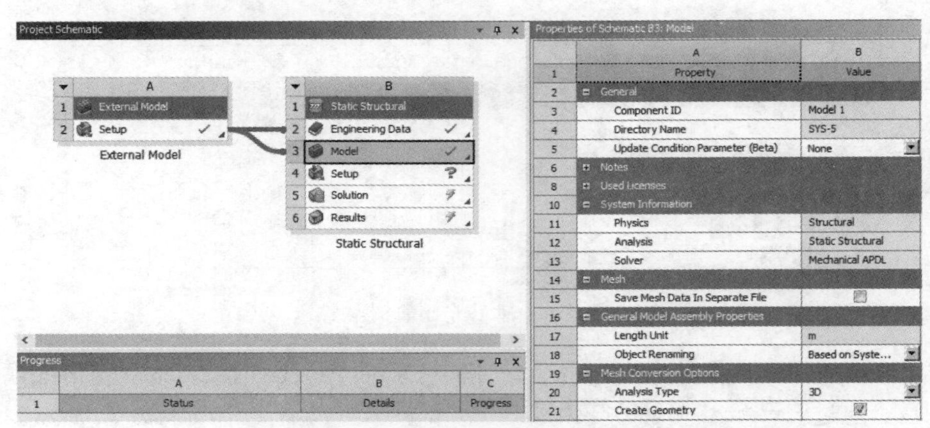

图 6-35　External Model 用于分析的示意图

6.2.2　模型的装配

在 Workbench 中，可以装配来自于 External Model 组件、Mechanical Model 组件以及 Analysis System 中的有限元模型，使之成为一个整体结构来承受载荷。

如图 6-36 所示，在 Project Schematic 中，系统 A 和 B 都是 Mechanical Model 组件，A 和 B 的 Model 单元格被组合后共享给系统 C，系统 C 为一个 Static Structural 系统，其 Model 就是由系统 A 和系统 B 中的两个 Model 组合形成的。

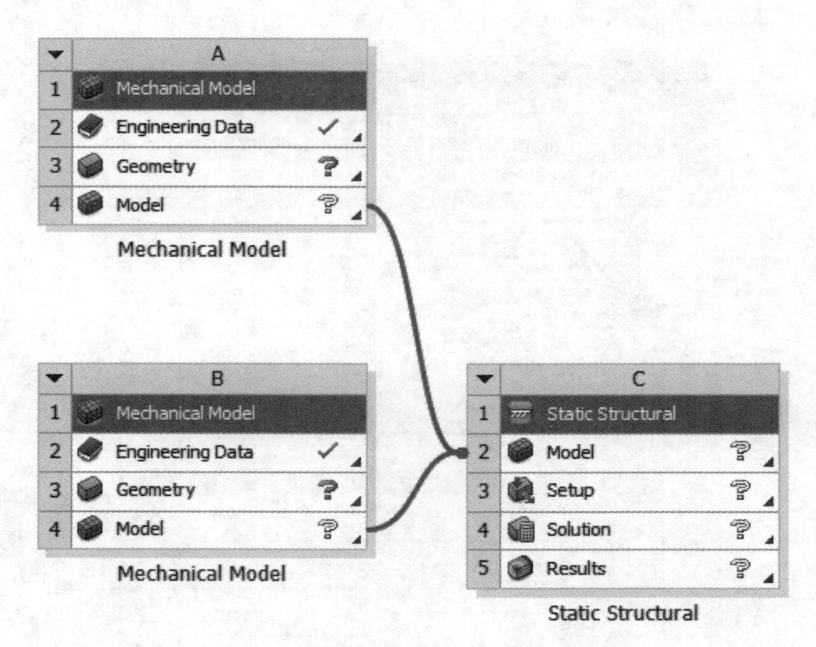

图 6-36　Mechanical Model 的组合

如图 6-37 所示，在图 6-36 基础上添加一个 Static Structural 系统 D，并将系统 D 的 Model 单元格与 Mechanical Model 组件 A、Mechanical Model 组件 B 中的 Model 组合在一起，然后共享给 Static Structural 系统 C 中的 Model 单元格。

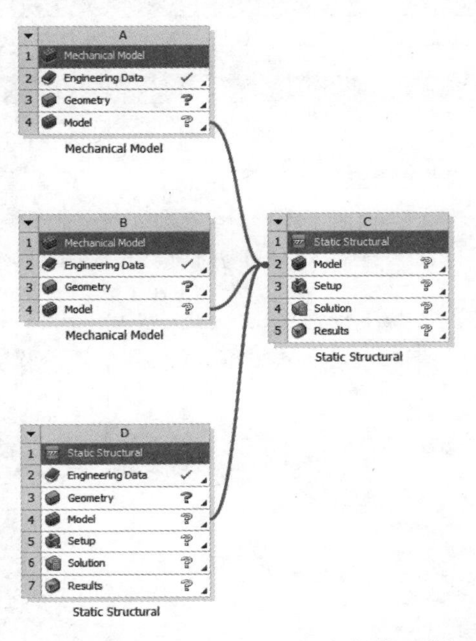

图 6-37　多个 Mechanical Model 与新模型的组合

如图 6-38 所示，如果将前面一个组合的系统 D 更换为一个 External Model 组件，则 Mechanical Model 组件 A、Mechanical Model 组件 B 以及 External Model 组件 D 中的 Model 被组合在一起，并用于右侧的 C 系统的静力分析中。

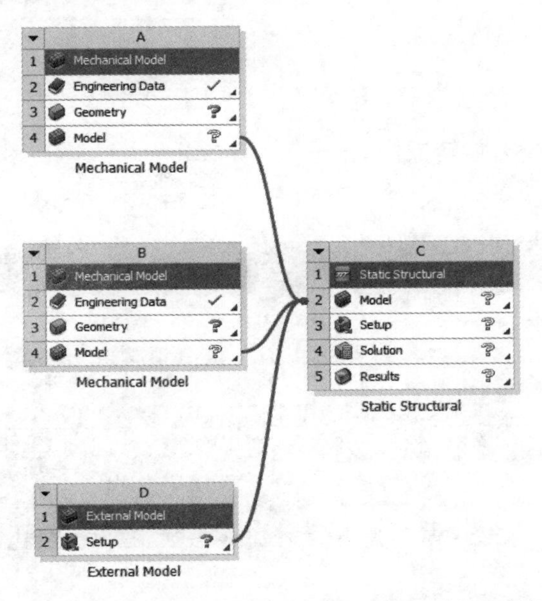

图 6-38　Mechanical Model 与 External Model 的装配组合

在各模型组合流程下游的 Model 单元格中，可通过 Properties 选项为每一个参与装配的模型定义 Transformation 选项，如图 6-39 所示。这些选项包括复制的份数、平移与旋转等。

16	General Model Assembly Properties	
17	Length Unit	m
18	Object Renaming	Based on System Name
19	Transfer Settings for Mechanical Model (Component ID: Model)	
20	Transformation Type	Rotation and Translation
21	Number of Copies	0
22	Renumber Mesh Nodes and Elements Automatically	☑
23	Rigid Transform	

图 6-39　在 Workbench 界面下指定 Model 属性

在 Mechanical 界面下，选择装配形成的 Model 分支，在其 Details 中通过 Worksheet 视图也可以直观地指定装配模型的平移、转动、镜像等 Alignment 操作，如图 6-40 所示。

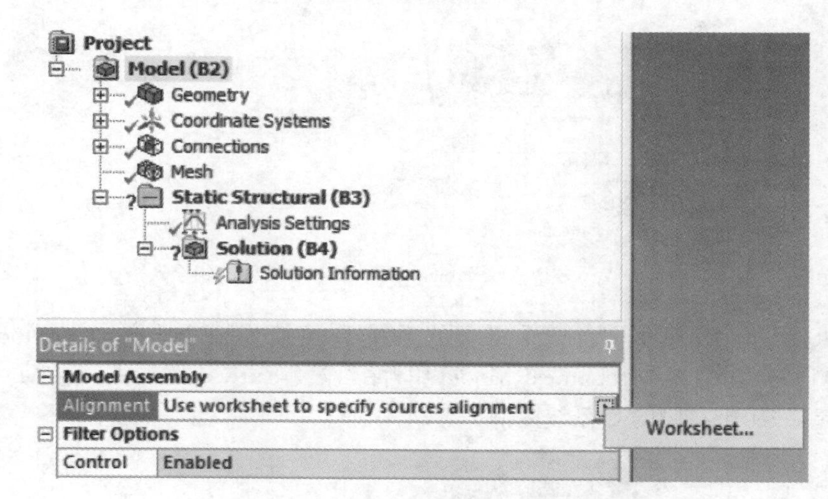

图 6-40　Model Alignment 选项

在 Worksheet 中，平移、旋转操作通过一个 Coordinate System 和一个 Target Coordinate System 实现，如图 6-41 所示。

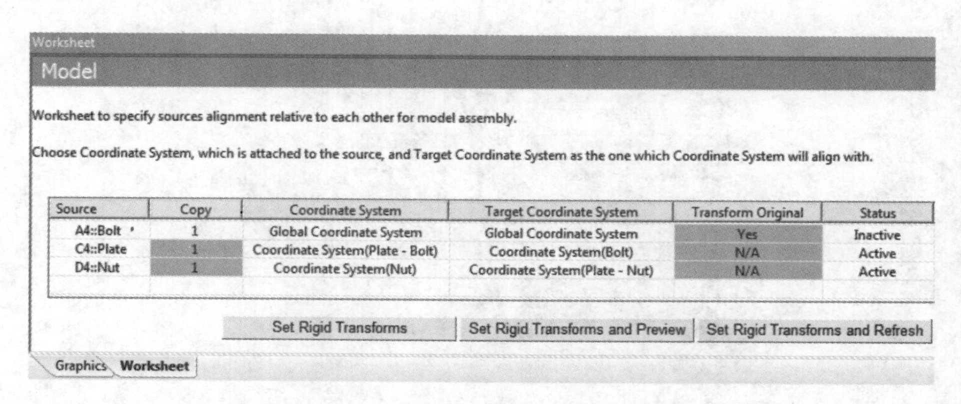

图 6-41　Worksheet 中定义装配信息

6.3 组合结构及装配体建模实例

6.3.1 组合结构建模案例:水箱与钢结构平台组合体

本节将利用 Workbench 的模型装配功能对第 4.3.1 节的水箱模型以及第 5.3.1 节的钢平台支架模型进行装配,形成新的水塔模型。装配前需要事先获得水箱及钢平台支架部分的有限元模型,然后定义各模型的定位信息,最后将这两个模型装配为一个整体。

1. 打开水箱模型并保存新的项目文件

双击打开第 4.3.1 节创建的水箱模型文件,文件名为“Water Tank_1. wbpj”。单击 Workbench 主菜单中的 File→Save As,输入“Water Tower”作为新的项目文件名称。

2. 创建钢平台支架的有限元模型

按照如下步骤完成具体的操作:

①在窗口左侧的组件系统中,拖动 Mechanical Model 组件系统至 Water Tank_1 系统下方,并将新生成的系统改为 Steel Plateform,如图 6-42 所示。

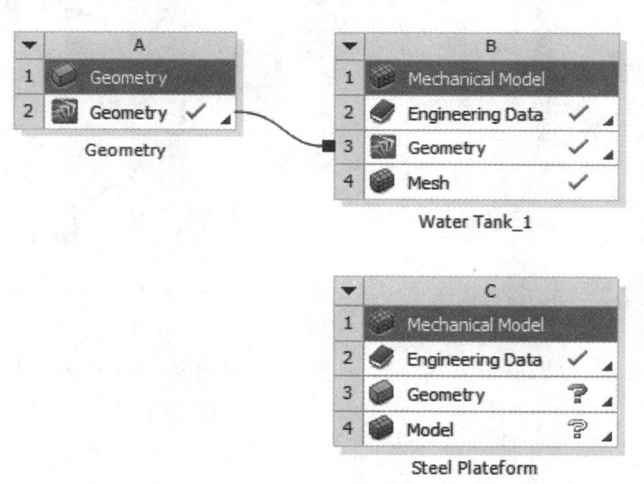

图 6-42 创建钢平台支架的 Mechanical Model 分析系统

②右键单击 C3 Geometry 单元格,选择 Import Geometry,导入第 5.3.1 节创建的模型文件“Steel Plateform. scdoc”。

③双击 C3 Geometry 单元格,进入 SpaceClaim,选中结构树中的根目录,然后在窗口左下方的属性面板中,将共享拓扑设置改为共享,该操作可使得钢平台支架梁、柱、板相交处共用节点,如图 6-43 所示。

④关闭 SpaceClaim,在 Workbench 窗口中双击 C4 Mesh 单元格,进入 Mechanical,激活主菜单中的 Display→Style→Cross Section 工具,此时图形显示窗口所绘如图 6-44 所示。

⑤在窗口左侧的结构树中,右键单击 Model(C4)→Mesh,选择 Generate Mesh,采用默认设置完成网格划分,如图 6-45 所示。

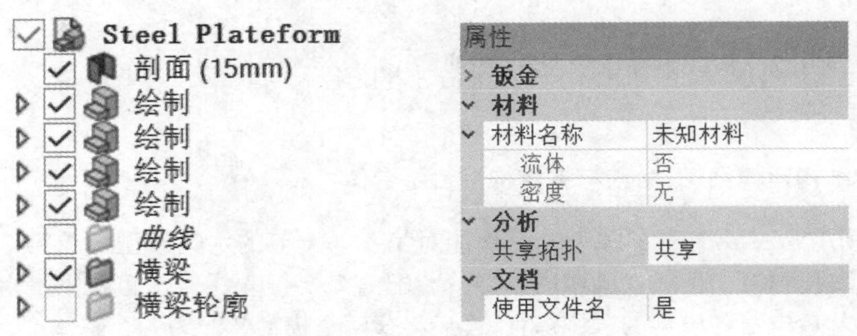

图 6-43　设置钢平台支架共享拓扑

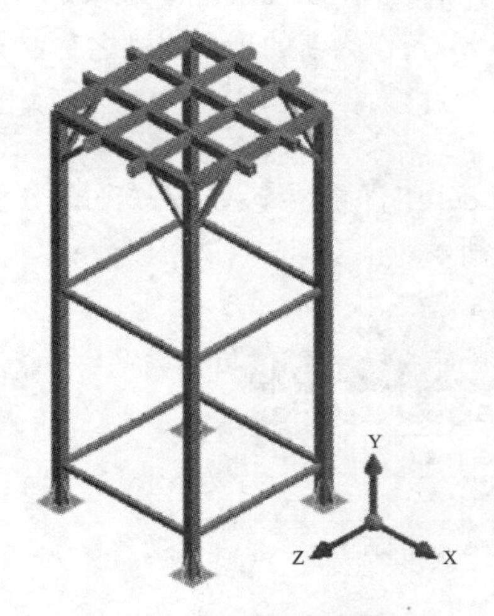

图 6-44　钢平台支架模型

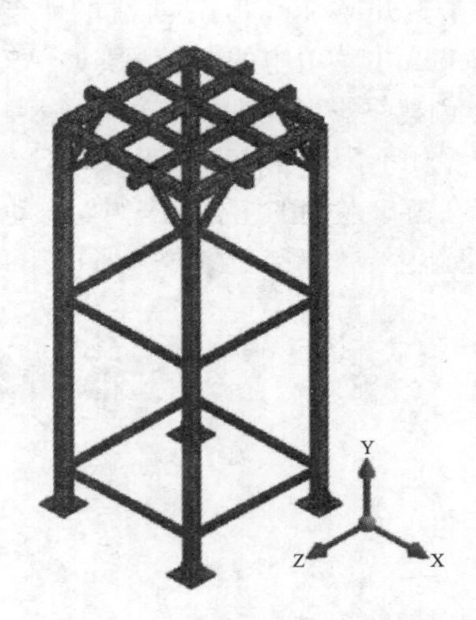

图 6-45　钢平台支架有限元模型

⑥关闭 Mechanical，返回 Workbench，单击主菜单中的 File→Save，保存当前系统。

3. 模型装配

(1)建立项目流程。在 Workbench 窗口左侧的组件系统中，拖动 Modal 分析系统至 Steel Plateform 系统右侧，并将新生成的系统改为 Water Tower，鼠标拖动 B4 Mesh 单元格、C4 Model单元格至 D2 Model 单元格，建立网格数据传递关系，如图 6-46 所示。

(2)更新系统组件。鼠标右键分别单击 B4 Mesh 单元格、C4 Model 单元格，选择 Update，更新数据信息，更新完成后其指示图标会由闪电符号转变为对号。

(3)预览装配模型。鼠标右键单击 D2 Model 单元格，选择 Preview Assembled Geometry 预览模型，此时程序会自动打开 Mechanical，但仅显示模型外形，如图 6-47 所示。从图中可以看出，水箱模型及钢平台支架模型交叠在一起，故需对其中一个部件进行平移以建立正确的位置关系。

(4)关闭 Mechanical，在 Workbench 窗口中选中 D2 Model 单元格，此时窗口右侧会自动显示其属性设置表格。

(5)在 Rigid Transform→Origin Y 一栏中输入 4045，并将其后的单位由 m 改为 mm，以使得水箱模型向＋Y 方向移动 4045 mm，如图 6-48 所示。

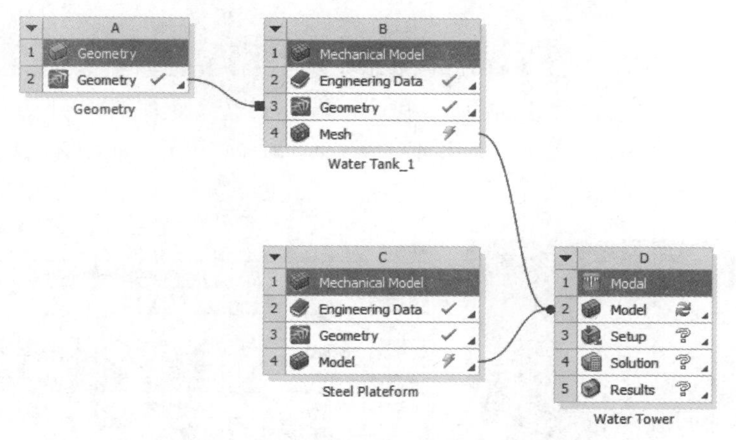

图 6-46　网格装配系统搭建

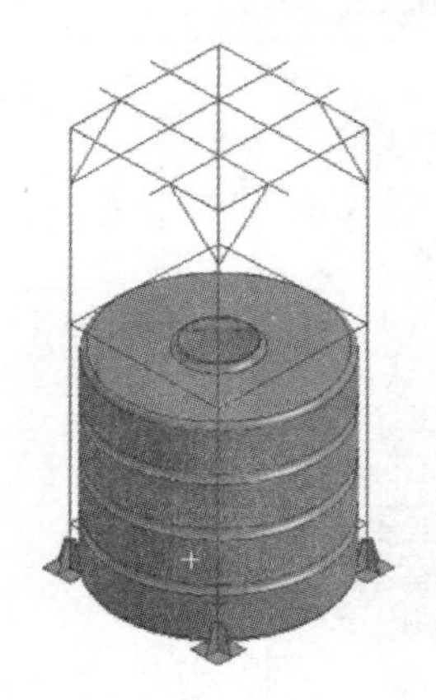

图 6-47　模型预览

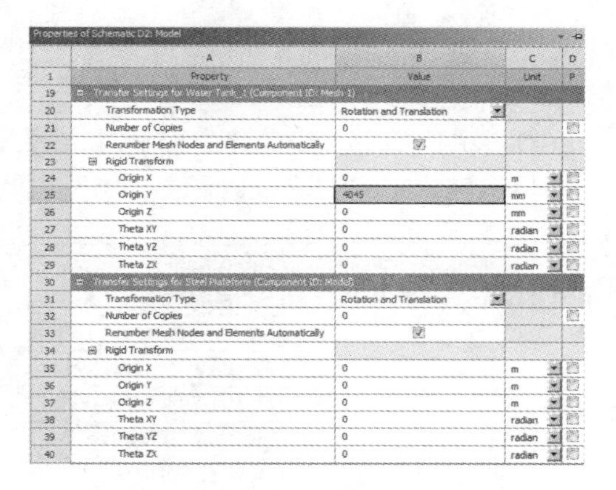

Properties of Schematic D2: Model

	A	B	C	D
1	Property	Value	Unit	P
19	Transfer Settings for Water Tank_1 (Component ID: Mesh 1)			
20	Transformation Type	Rotation and Translation		
21	Number of Copies	0		
22	Renumber Mesh Nodes and Elements Automatically			
23	Rigid Transform			
24	Origin X	0	m	
25	Origin Y	4045	mm	
26	Origin Z	0	mm	
27	Theta XY	0	radian	
28	Theta YZ	0	radian	
29	Theta ZX	0	radian	
30	Transfer Settings for Steel Plateform (Component ID: Model)			
31	Transformation Type	Rotation and Translation		
32	Number of Copies	0		
33	Renumber Mesh Nodes and Elements Automatically			
34	Rigid Transform			
35	Origin X	0	m	
36	Origin Y	0	m	
37	Origin Z	0	m	
38	Theta XY	0	radian	
39	Theta YZ	0	radian	
40	Theta ZX	0	radian	

图 6-48　网格导入位移设置

(6)双击 D2 Model 单元格,进入 Mechanical,此时的水塔模型如图 6-49 所示。单击主菜单中的 File→Save,保存当前系统。

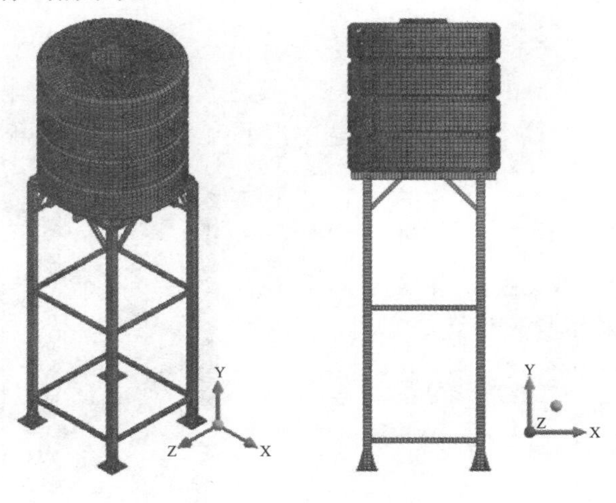

图 6-49　水塔模型

4. 创建接触关系

(1)鼠标右键单击 Model(D2)→Connections,然后选择 Insert→Manual Contact Region。

(2)在窗口左下方的接触设置面板中,利用框选方式选中钢平台上部所有线段作为接触面,选中水箱底面作为目标面,更改 Shell Thickness Effect 为 Yes,确保接触类型为 Bonded,如图 6-50 所示。

Scope	
Scoping Method	Geometry Selection
Contact	32 Edges
Target	1 Face
Contact Bodies	Multiple
Target Bodies	Geom\[illegible](Water Tank_1)
Target Shell Face	Program Controlled
Shell Thickness Effect	Yes
Protected	No
Definition	
Type	Bonded

图 6-50 创建接触对

(3)再次选中上一步创建的接触对,在其设置面板中,更改 Advanced 下的 Pinball Region 为 Radius,输入 Pinball Radius 值 55 mm,如图 6-51 所示。

Advanced	
Formulation	Program Controlled
Small Sliding	Off
Penetration Tolerance	Program Controlled
Elastic Slip Tolerance	Program Controlled
Normal Stiffness	Program Controlled
Update Stiffness	Program Controlled
Pinball Region	Radius
Pinball Radius	55. mm

图 6-51 设置影响球半径

5. 钢平台模态分析

(1)在结构树中选中 Modal(D3),然后在上下文工具栏中选中 Supports→Fixed Support,在窗口左下方的设置面板中的 Geometry 下选中钢平台支架的四个底板平面,如图 6-52 所示。

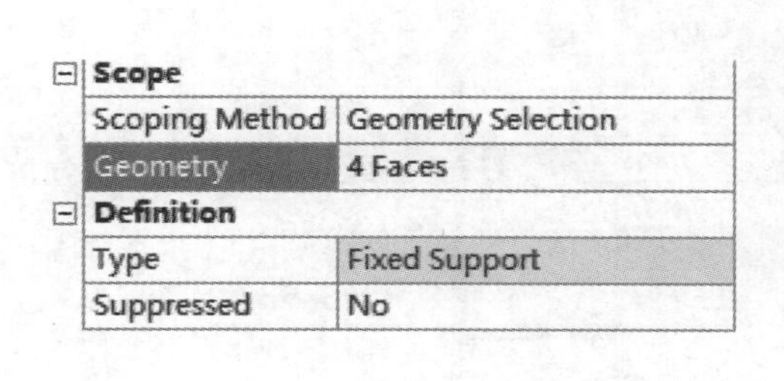

Scope	
Scoping Method	Geometry Selection
Geometry	4 Faces
Definition	
Type	Fixed Support
Suppressed	No

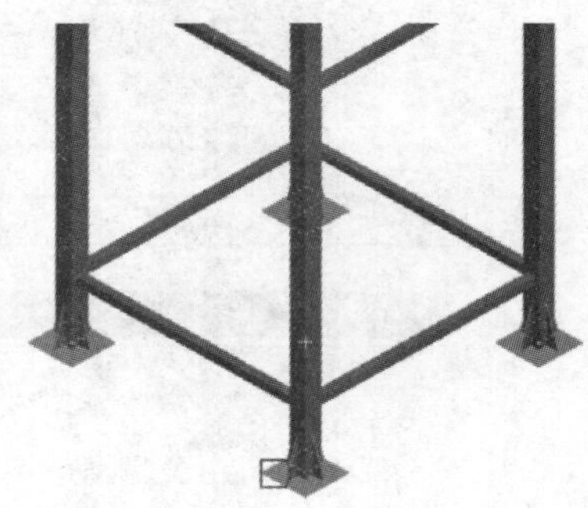

图 6-52 钢平台支架底板设置固定约束

(2)在结构树中右键单击 Solution(D4),选择 Solve,执行求解。

(3)分析完成后,在窗口下方的 Tabular Data 中,右键单击一阶模态然后选择 Create Mode Shape Results,如图 6-53 所示。

Tabular Data

	Mode	Frequency [Hz]
1	1.	4.0736
2	2.	4.0739
3	3.	5.9315
4	4.	17.826

Copy Cell
Create Mode Shape Results
Export

图 6-53　创建一阶模态振型

(4)在结构树中右键单击 Solution(D4),选择 Evaluate All Results,此时图形显示窗口中将绘制出水塔模型的一阶振型,如图 6-54 所示。

(5)关闭 Mechanical,在 Workbench 窗口中单击 File→Save,保存分析文件。

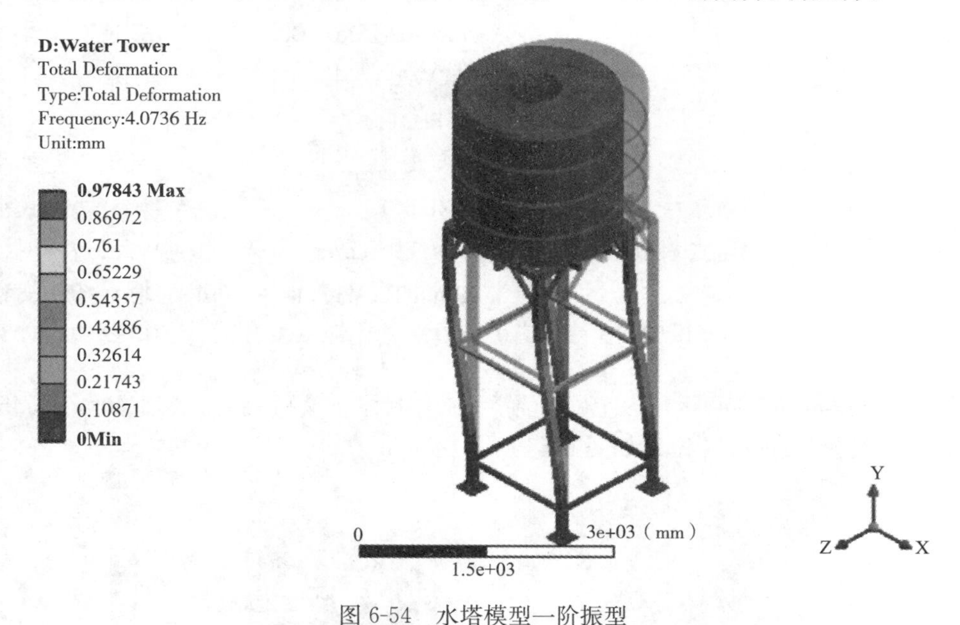

图 6-54　水塔模型一阶振型

6.6.2　有限元模型装配案例:涡轮叶片与底座

本节以一个涡轮结构为例,介绍 External Model 与 Mechanical Model 的组合装配方法。首先基于 Mechanical APDL 命令创建涡轮叶片,然后在 Workbench 中通过 SCDM 和 Mechanical 组件来创建涡轮底盘,最后通过 Workbench 对两个不同来源的模型进行组合装配。

1. 问题描述

涡轮底盘直径 200 mm,中心孔直径 40 mm,厚度 20 mm;涡轮叶片共计 12 个,叶片高度 100 mm;材质为钛合金,转速 800 rad/s,如图 6-55 所示。

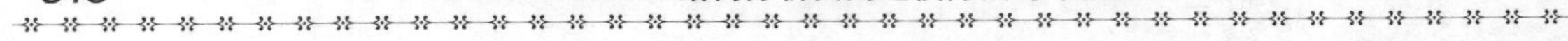

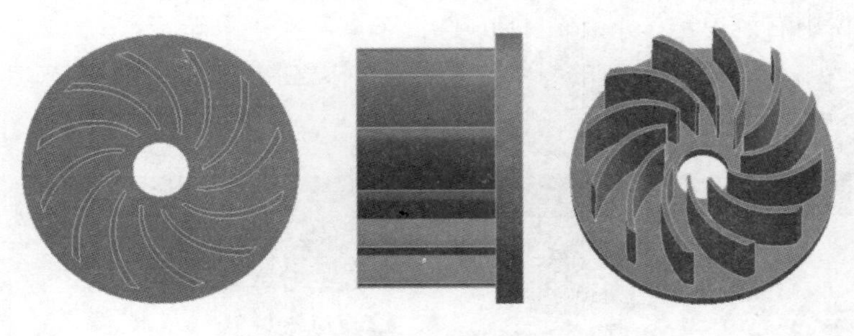

图 6-55 涡轮结构

2. 创建涡轮叶片模型

每个涡轮叶片的尺寸都相同，因此利用 APDL 创建一个叶片并对其划分网格，后续在模型组合时完成剩余 11 个叶片的复制创建，下面给出单个叶片模型创建的命令流：

```
/PREP7                        !进入前处理器
ET,1,186                      !创建单元类型
CSYS,0                        !激活笛卡尔坐标系
K,1,27.189,-12.679,,          !创建关键点
K,2,84.572,30.782,,
K,3,25.981,-15,,
K,4,86.933,-23.294,,
CSYS,1                        !激活柱坐标系
L,1,2                         !由点创建线
L,3,4
L,3,1
L,4,2
AL,ALL                        !由线创建面
CSYS,0                        !激活笛卡尔坐标系
VEXT,ALL,,,0,0,100,,,,        !通过面拉伸创建体
/VIEW,1,1,1,1                 !调整视口角度
/REPLOT
TYPE,1                        !指定单元类型
ESIZE,5,0                     !设定网格大小
VSWEEP,ALL                    !扫掠划分网格
CDWRITE,ALL,‘blace’,cdb’      !输出叶片模型文件
SAVE                          !保存
```

利用 Mechanical APDL 运行以上命令流后，工作目录下会生成一个名为“blade. cdb”的叶片模型文件，创建完成的叶片模型如图 6-56 所示。

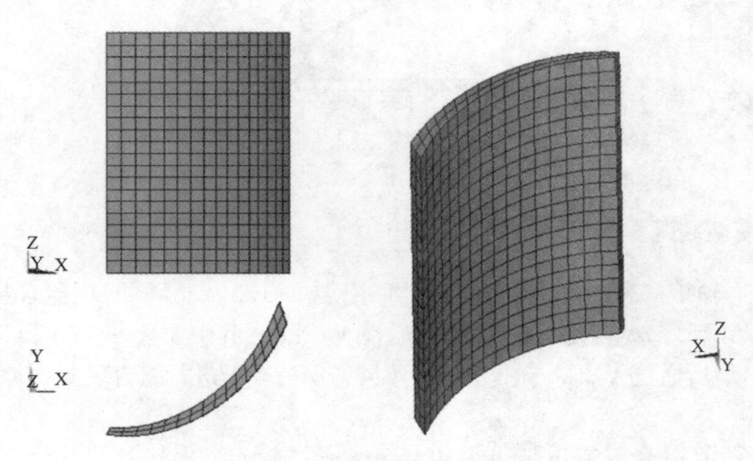

图 6-56 利用 APDL 创建的单个叶片模型

3. 创建涡轮底盘模型

下面在 SCDM 和 Mechanical 中建立底盘的有限元模型。

(1)启动 SCDM

①通过系统开始菜单单独启动 ANSYS 程序组下面的 SCDM。

②鼠标左键单击文件→保存,输入“Plate”作为文件名称,保存文件。

(2)绘制底盘草图

①启动 SpaceClaim 后,会自动创建一个名为“设计 1”的设计窗口,并自动激活至草图模式,且当前激活平面为 XZ 平面。

②鼠标左键单击图形显示区下方微型工具栏中的图标,移动鼠标至 XY 平面待其高亮显示,然后单击鼠标左键,此时草图平面将激活至 XY 平面,如图 6-57 所示。

③鼠标左键依次单击主菜单中的设计→定向→图标或微型工具栏中的图标,也可直接按快捷键“V”,正视当前草图平面,如图 6-58 所示。

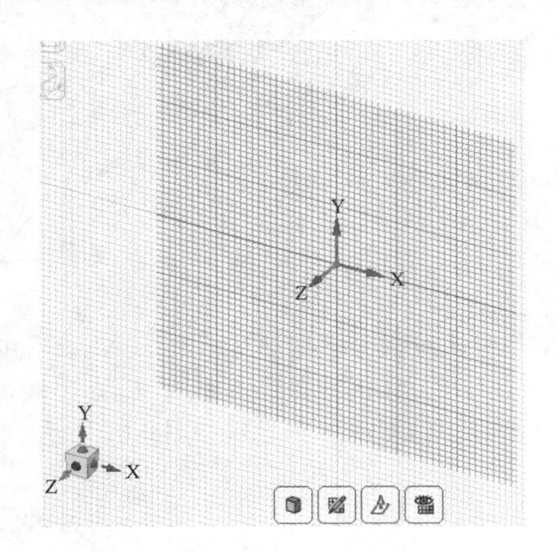

图 6-57　切换草图平面

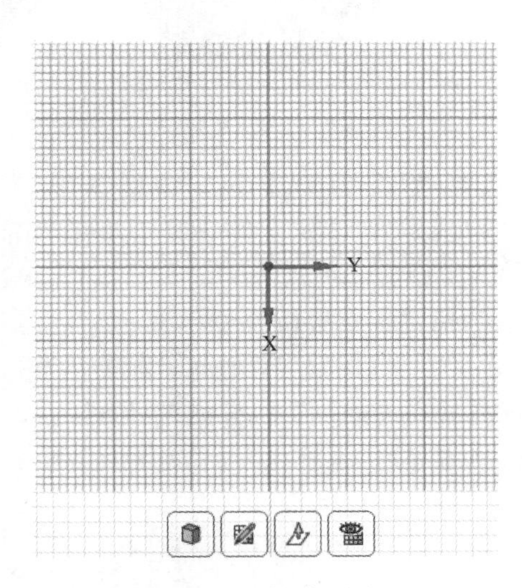

图 6-58　正视草图平面

④鼠标左键单击主菜单中的设计→草图→圆形工具或按快捷键“C”,以坐标原点中心为圆心分别绘制两个直径为 40 mm、200 mm 的同心圆,如图 6-59 所示。

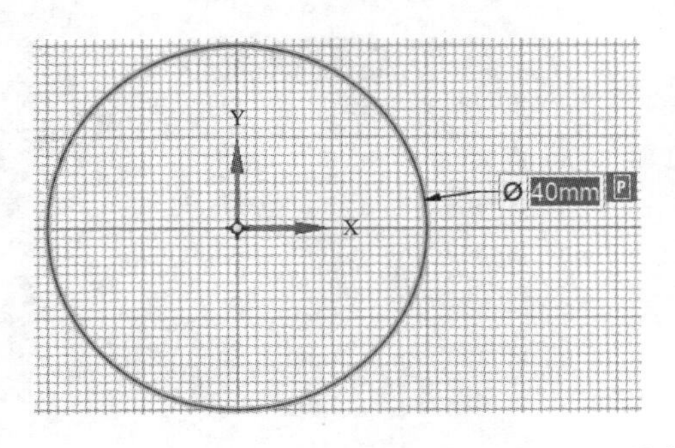

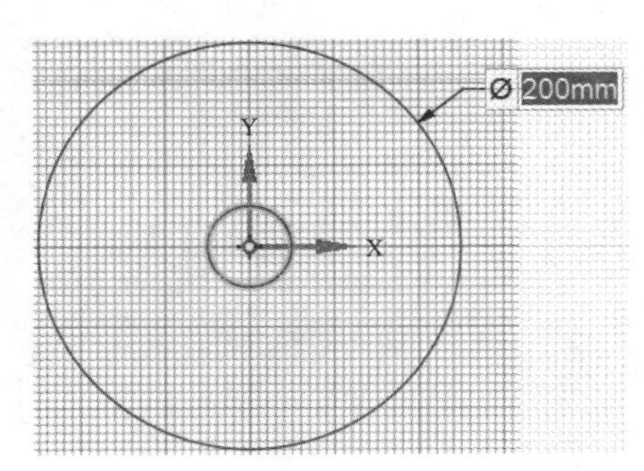

图 6-59　绘制同心圆

(3)创建底盘几何模型

①鼠标左键单击主菜单中的设计→编辑→拉动工具，或按快捷键“P”，此时将自动进入三维模式中；按住滚轮，然后拖动鼠标调整视角使其便于观察。

②选中上面创建的圆环部分表面，向＋Z 方向拖动鼠标，按空格键并输入 20 mm 作为底盘厚度。

③鼠标左键单击窗口空白位置，完成涡轮底盘模型的创建，如图 6-60 所示。

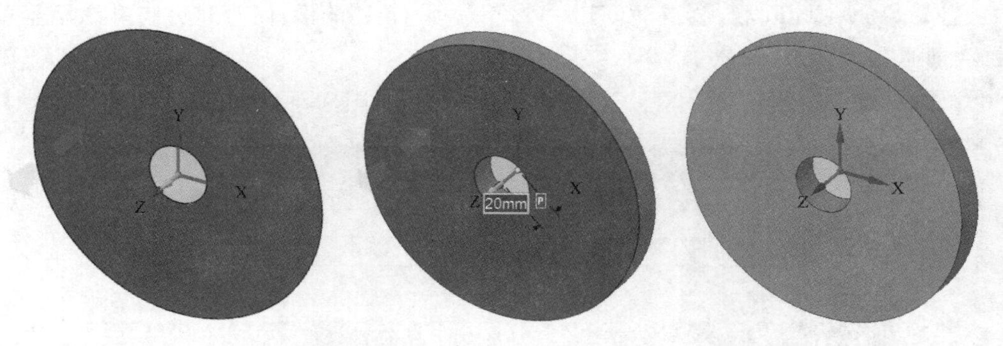

图 6-60　创建底盘几何模型

④在结构树中选中名为“剖面”的面体，将其删除，仅保留底盘“实体”。

⑤鼠标左键单击文件→保存，保存当前模型，关闭 SCDM 窗口。

4. 模型的装配组合

(1)搭建项目分析流程

①启动 ANSYS Workbench，在左侧工具箱的组件系统中分别拖动“External Model”和“Mechanical Model”至右侧的 Project Schematic 中；在工具箱的分析系统中拖动“Static Structural”分析系统至右侧的项目图解窗口中，此时项目图解窗口中的系统如图 6-61 所示。

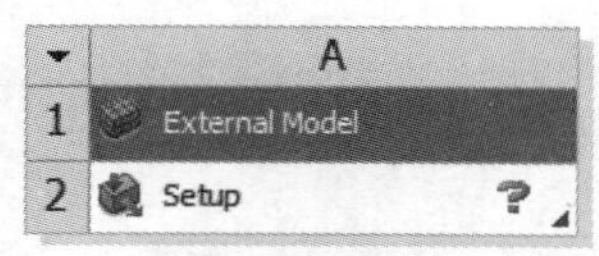

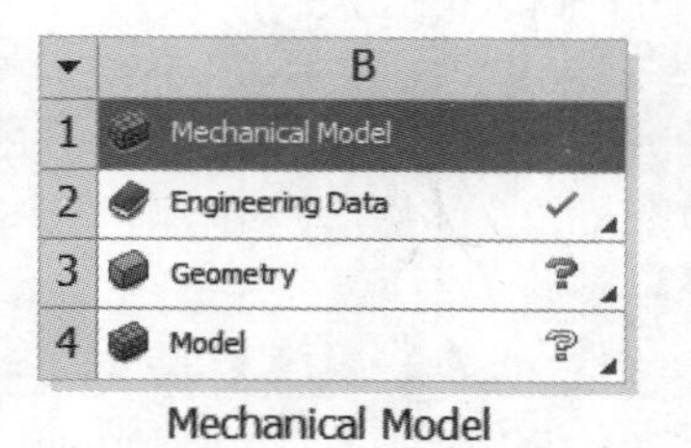

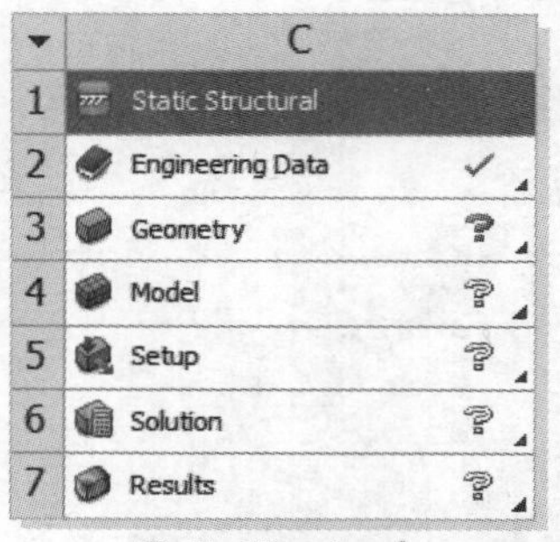

图 6-61　创建分析系统

②分别拖动 A2 Setup 单元格和 B4 Model 单元格至 C4 Model 单元格，搭建项目分析流程，如图 6-62 所示。

③鼠标左键单击 File→Save，输入“Blade Combination”作为文件名，保存项目。

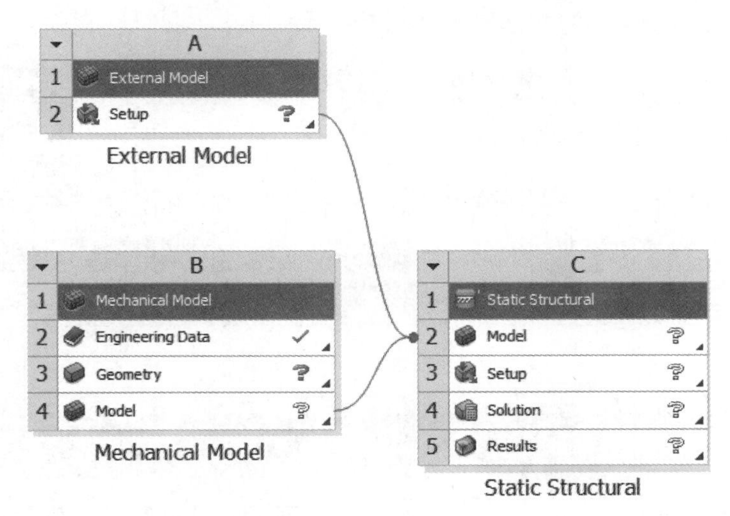

图 6-62　搭建项目分析流程

(2)叶片模型导入设置

①双击 A2 Setup 单元格，进入 External Model 设置窗口，单击 B2 单元格后的 ... 符号，导入前面创建过的“blade. cdb”文件。

②选中设置窗口中的 A2 单元格，在下方的属性面板中更改 Definition 中的 Unit System 为 Metric(kg, mm, s, …)；将 Rigid Transformation 中的 Number Of Copies 设为 11，更改 Theta XY 单位为 degree，并输入其值为 30°，如图 6-63 所示。

	A	B	C
1	Property	Value	Unit
2	⊟ Description		
3	Application Source	MAPDL	
4	⊟ Definition		
5	Unit System	Metric (kg,mm,s,℃,mA,N,mV)	
6	Process Nodal Components	☑	
7	Nodal Component Key		
8	Process Element Components	☑	
9	Element Component Key		
10	Process Face Components	☑	
11	Face Component Key		
12	Process Model Data	☑	
13	Process Mesh200 Elements	☐	
14	Node And Element Renumbering Method	Automatic	
15	Transformation Type	Rotation and translation	
16	⊟ Rigid Transformation		
17	Number Of Copies	11	
18	Transform Original	☐	
19	Origin X	0	m
20	Origin Y	0	m
21	Origin Z	0	mm
22	Theta XY	30	degree
23	Theta YZ	0	radian
24	Theta ZX	0	radian

图 6-63　叶片模型导入参数设置

通过以上设置，在后面导入 Mechanical 中时，将会绕 Z 轴每隔 30°再复制形成 11 个新的叶片。

③关闭 External Date 窗口，单击 File→Save，保存以上设置。

(3)材料设置

①双击 B2 Engineering Data 单元格，进入材料设置窗口，此时材料目录中仅有“Structural Steel”一种材料，如图 6-64 所示。

②鼠标左键单击 Engineering Data Sources 标签，打开材料库，然后利用鼠标左键单击 General Materials 将其选中，如图 6-65 所示。

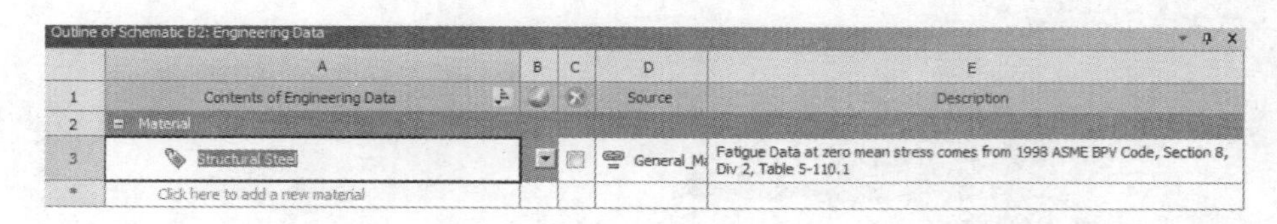

Outline of Schematic B2: Engineering Data

	A	B	C	D	E
1	Contents of Engineering Data			Source	Description
2	Material				
3	Structural Steel			General_M	Fatigue Data at zero mean stress comes from 1998 ASME BPV Code, Section 8, Div 2, Table 5-110.1
*	Click here to add a new material				

图 6-64　材料目录

Engineering Data Sources

	A	B	C	D
1	Data Source		Location	Description
2	Favorites			Quick access list and default items
3	Granta Design Sample Materials			More than 100 sample datasheets for standard engineering materials, including polymers, metals, ceramics and woods. Courtesy of Granta Design.
4	General Materials			General use material samples for use in various analyses.
5	Additive Manufacturing Materials			Additive manufacturing material samples for use in additive manufacturing analyses.
6	Geomechanical Materials			General use material samples for use with geomechanical models.
7	Composite Materials			Material samples specific for composite structures.
8	General Non-linear Materials			General use material samples for use in non-linear analyses.

图 6-65　选中通用材料库

③在下方的材料中，鼠标左键单击“Titanium Alloy”材料后的号，将其加入当前材料目录中，如图 6-66 所示。

Outline of General Materials

	A	B	C	D	E
1	Contents of General Materials	Add		Source	Description
10	Polyethylene			General_M	
11	Silicon Anisotropic			General_M	
12	Stainless Steel			General_M	
13	Structural Steel			General_M	Fatigue Data at zero mean stress comes from 1998 ASME BPV Code, Section 8, Div 2, Table 5-110.1
14	Titanium Alloy			General_M	

图 6-66　添加材料

④鼠标左键再次单击 Engineering Data Sources 标签，当前的材料目录中已成功添加“Titanium Alloy”材料，如图 6-67 所示。

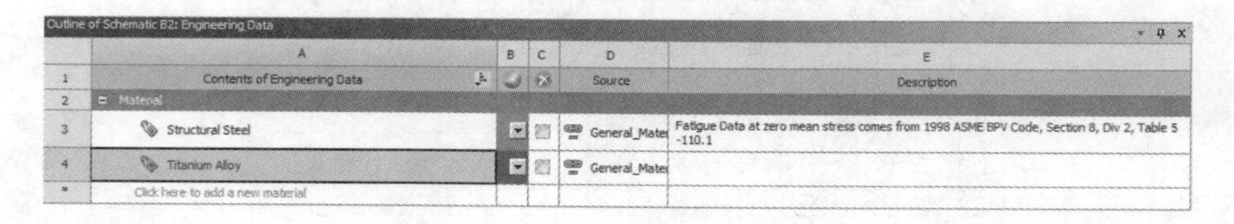

Outline of Schematic B2: Engineering Data

	A	B	C	D	E
1	Contents of Engineering Data			Source	Description
2	Material				
3	Structural Steel			General_Mate	Fatigue Data at zero mean stress comes from 1998 ASME BPV Code, Section 8, Div 2, Table 5-110.1
4	Titanium Alloy			General_Mate	
*	Click here to add a new material				

图 6-67　当前材料目录

⑤关闭 Engineering Data 窗口，单击 File→Save，保存以上设置。

(4)底盘模型导入及网格划分

①鼠标右键单击 B3 Geometry 单元格，然后选择 Import Geometry，浏览至第 3 步创建的“Plate. scdoc”文件。

②鼠标左键双击 B4 Model 单元格进入 Mechanical。

③在结构树中，鼠标右键单击 Model→Mesh，选择 Insert→Sizing，然后在窗口下方的 Sizing 设置面板中更改 Geometry 为底盘上表面，输入 Element Size 为 5 mm，如图 6-68 所示。

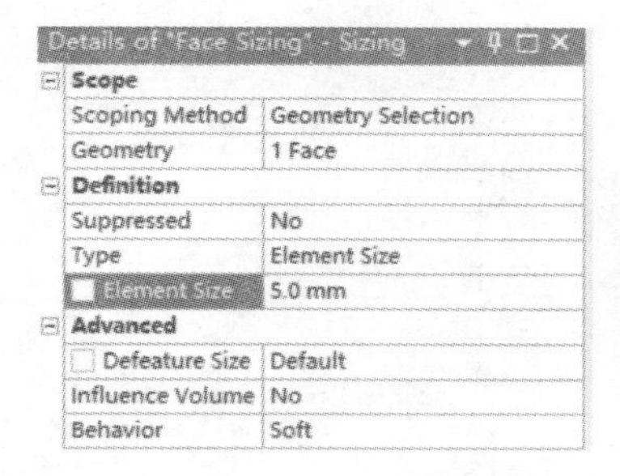
Details of "Face Sizing" - Sizing

Scope	
Scoping Method	Geometry Selection
Geometry	1 Face
Definition	
Suppressed	No
Type	Element Size
Element Size	5.0 mm
Advanced	
Defeature Size	Default
Influence Volume	No
Behavior	Soft

图 6-68　面网格尺寸控制

④鼠标右键再次单击 Model→Mesh，选择 Insert→Face Meshing，然后在窗口下方的 Face Meshing 设置面板中更改 Geometry 为底盘上表面，输入 Internal Number Of Divisions 为 15，如图 6-69 所示。

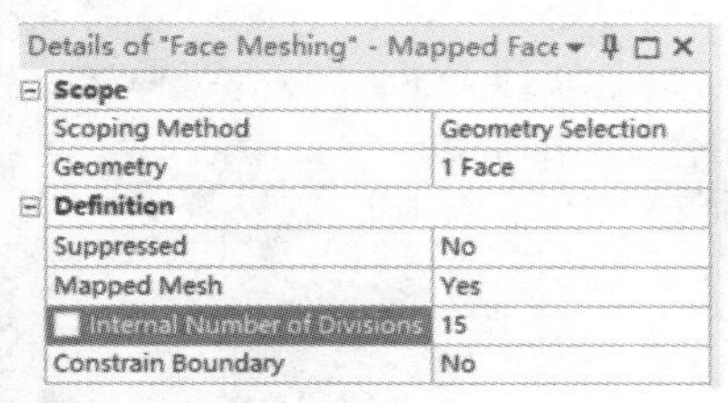
Details of "Face Meshing" - Mapped Face

Scope	
Scoping Method	Geometry Selection
Geometry	1 Face
Definition	
Suppressed	No
Mapped Mesh	Yes
Internal Number of Divisions	15
Constrain Boundary	No

图 6-69　面映射网格控制

⑤鼠标右键再次单击 Model→Mesh，选择 Generate Mesh，对底盘进行网格划分，离散后的底盘模型如图 6-70 所示。

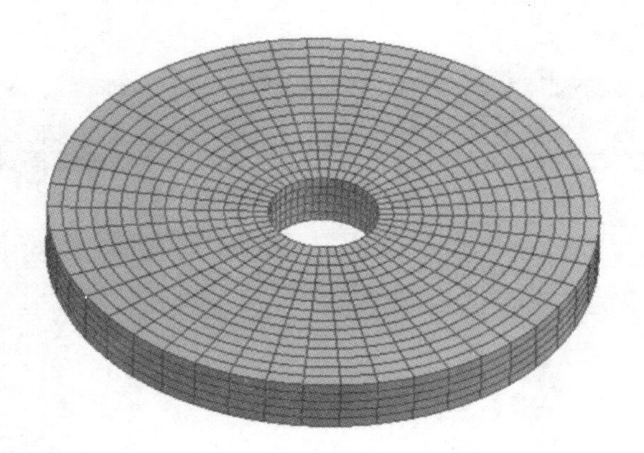

图 6-70　离散后的底盘模型

⑥关闭 Mechanical 窗口，单击 File→Save，保存以上设置。此时项目图解窗口中的分析系统流程如图 6-71 所示。

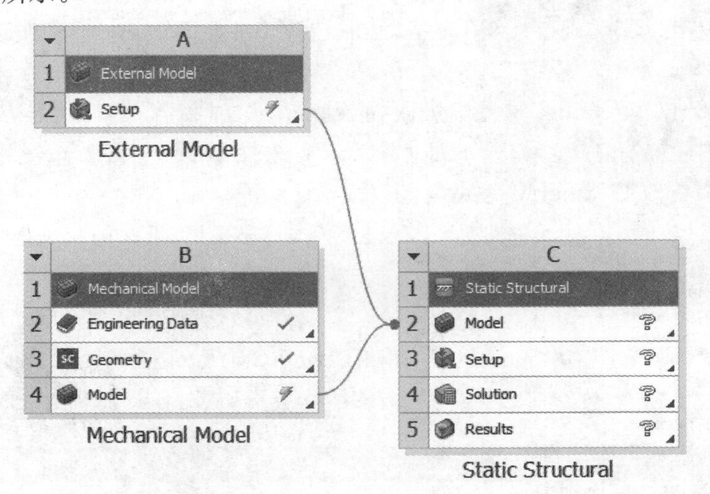

图 6-71　项目分析系统流程

(5)底盘模型导入设置

①鼠标右键分别单击 A2 Setup 单元格、B4 Model 单元格，选择 Update，更新数据信息，更新完成后其指示图标会由闪电符号转变为对号。

②鼠标右键单击 D2 Model 单元格，选择 Preview Assembled Geometry 预览模型，此时程序会自动打开 Mechanical，但仅显示模型外形，如图 6-72 所示，图中可以看出，叶片模型与底盘模型交叠在一起，故需对底盘进行平移以建立正确的位置关系。

图 6-72　模型预览

③关闭 Mechanical，在 Workbench 窗口中选中 C2 Model 单元格，此时窗口右侧会自动显示其属性设置面板。

④在 Rigid Transform→Origin Z 一栏中将单位由 m 改为 mm 并输入－20，以使得底盘模型向－Z 方向移动 20 mm，如图 6-73 所示。

Properties of Schematic C2: Model

	A	B	C	D
1	Property	Value	Unit	P
29	⊟ Transfer Settings for Mechanical Model (Component ID: Model)			
30	Transformation Type	Rotation and Translation		
31	Number of Copies	0		☐
32	Renumber Mesh Nodes and Elements Automatically	☑		
33	⊟ Rigid Transform			
34	Origin X	0	m	☐
35	Origin Y	0	m	☐
36	Origin Z	-20	mm	☐
37	Theta XY	0	radian	☐
38	Theta YZ	0	radian	☐

图 6-73　底盘模型导入设置

⑤双击 C2 Model 单元格，进入 Mechanical 中，可以看出此时模型不再重叠，如图 6-74 所

示。单击 File→Save，保存以上设置。

图 6-74　装配后的涡轮模型

5. 分析及结果查看

(1)调整接触关系

①鼠标左键依次单击 Model(C2)→Connections→Contacts，可以看到程序已经自动探测并在叶片底面和底盘上表面之间创建了 12 个绑定接触对。

②按住 Ctrl 键，利用鼠标左键选中上面 12 个接触对，单击鼠标右键并选择 Flip Contact/Target，调整接触面/目标面，使得叶片底面为接触面、底盘上表面为目标面。

(2)分析设置

①在 Project 树中鼠标右键依次单击 Modal(C3)→Static Structural(C3)，然后选择 Insert→Rotational Velocity，在窗口左下方的设置面板中的 Definition→Z Component 中输入 800 rad/s，如图 6-75 所示。

Details of "Rotational Velocity"

Scope	
Scoping Method	Geometry Selection
Geometry	All Bodies
Definition	
Define By	Components
Coordinate System	Global Coordinate System
X Component	0. rad/s (ramped)
Y Component	0. rad/s (ramped)
Z Component	800. rad/s (ramped)
X Coordinate	0. mm
Y Coordinate	0. mm
Z Coordinate	0. mm
Suppressed	No

C:Static Structural
Rotational Velocity
Time:1.s
Rotational Velocity:
Components:0.0.800.rad/s
Location:0.0.0.mm

图 6-75　施加转速

②在结构树中鼠标右键依次单击 Modal(C3)→Static Structural(C3)，然后选择 Insert→Cylindrical Support，在窗口左下方的设置面板中将 Scope→Geometry 项设定为涡轮底盘内孔圆柱面，更改 Definition 中的 Axial 为 Free，如图 6-76 所示。

Details of "Cylindrical Support"

Scope	
Scoping Method	Geometry Selection
Geometry	1 Face
Definition	
Type	Cylindrical Support
Radial	Fixed
Axial	Free
Tangential	Fixed
Suppressed	No

C:Static Structural
Cylindrical Support
Time:1. s
Cylindrical Support:0. mm

图 6-76 施加圆柱支撑边界条件

③在结构树中鼠标右键依次单击 Modal(C3)→Static Structural(C3),然后选择 Insert→Displacement,在窗口左下方的设置面板中将 Scope→Geometry 项设定为涡轮底盘内孔下边线,更改 Definition 中的 Z Component 为 0 mm,如图 6-77 所示。

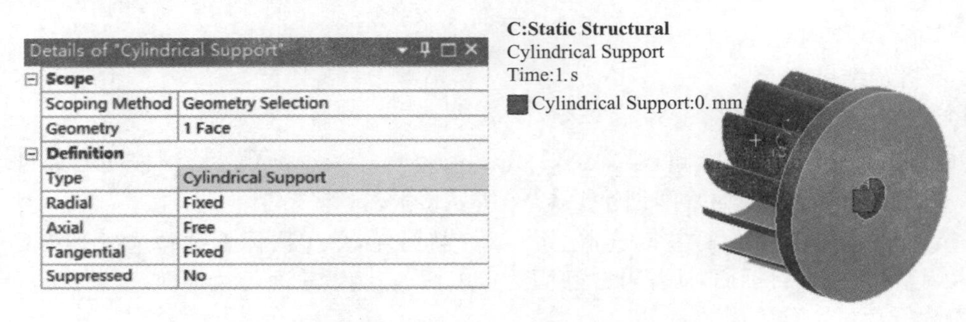
Details of "Cylindrical Support"

Scope	
Scoping Method	Geometry Selection
Geometry	1 Face
Definition	
Type	Cylindrical Support
Radial	Fixed
Axial	Free
Tangential	Fixed
Suppressed	No

图 6-77 施加边线 Z 向约束

(3)求解并查看结果

①在结构树中鼠标右键单击 Solution(C4),选择 Solve,执行求解。

②求解结束后在结构树中鼠标右键单击 Solution(D4),选择 Insert→Deformation→Total,插入整体变形结果。

③先选中涡轮底板,然后再次选择 Insert→Deformation→Total,插入底板的变形结果。

④鼠标右键单击 Solution(D4),然后选择 Evaluate All Results,此时可在图形显示窗口中查看前面插入的位移云图,如图 6-78 所示。

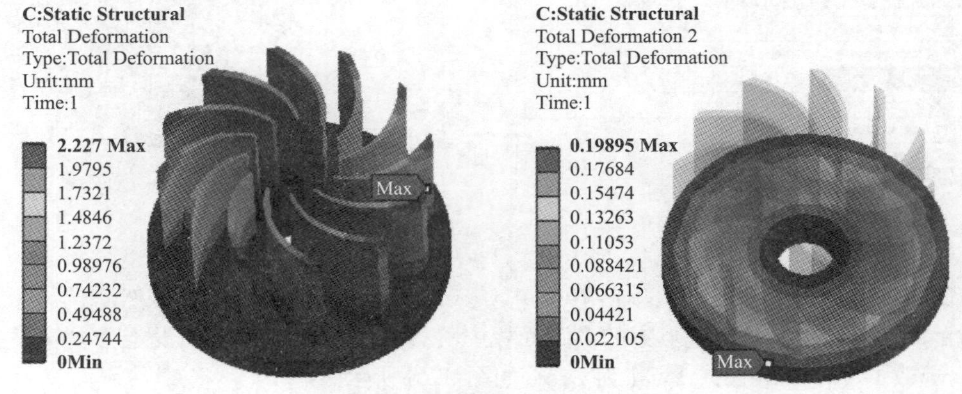

图 6-78 位移云图分布

⑤类似地，参照上面两步操作，可以查看整体等效应力分布，也可通过选定某个叶片查看所选对象的等效应力分布，如图 6-79 所示。

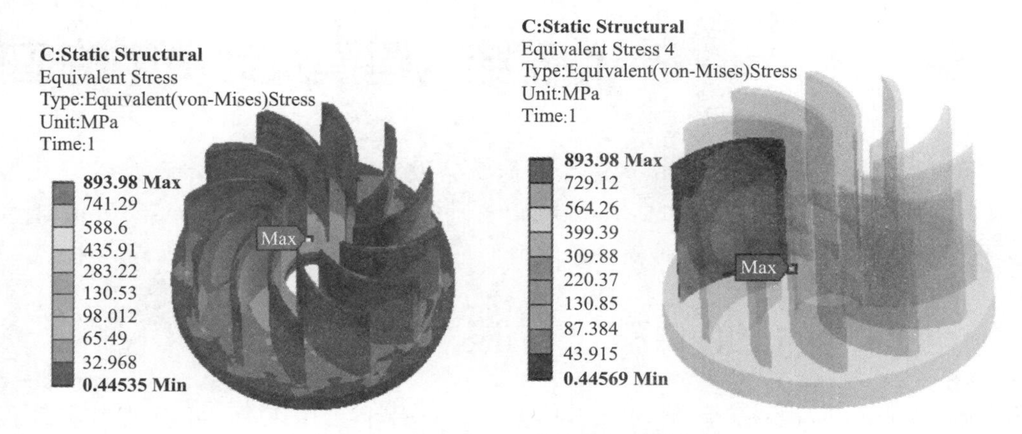

图 6-79　Von-Mises 等效应力云图分布

⑥关闭 Mechanical，返回 Workbench 界面，选择 File→Save 保存分析文件。

第 7 章　Remote Point 在结构建模及计算中的应用

在 Mechanical 中，Remote Point 是一个功能十分强大的辅助工具。本章介绍与 Remote Point 及其应用相关的问题，内容包括 Remote Point 的定义方法以及与 Remote Point 有关的各种远程边界条件、远程载荷及其他对象的使用。

7.1　Remote Point 的作用及定义方法

Remote Point（远程点）是 Mechanical 组件中的一个实用工具，可以用来实现很多 Mechanical APDL 中不容易实现的功能，比如在体外的作用点施加复杂载荷及边界条件，或者用于创建质量点、约束方程、弹簧、Joint 等对象。对于模型中定义的 Remote Point，求解器使用基于接触单元的 MPC 多点约束方程来定义远程点和作用影响范围间的关系，这是远程点的实质。一个远程点通常包含作用位置、作用影响范围以及作用行为等几个要素，下面详细介绍 Remote Point 的作用及其定义方法。

1. Remote Point 的作用

Mechanical 组件允许用户在任意位置定义远程点，然后根据需要选择既有几何对象或命名选择集合（第 8 章介绍）作为其作用范围，在远程点与其作用影响范围内的节点间将建立起 MPC 多点约束方程，以达到建立连接的效果。

为说明远程点的作用，首先来看一个特殊的加载场合。如图 7-1 所示，需要在体外施加一个荷载，并假象此荷载通过刚性臂传递到模型的端面上。如果建模过程中简化了刚性臂，而是代之以一个远程点，可以起到完全相同的效果。图中的远程力就是通过体外的远程点施加，通过远程点与远程点作用影响范围内（模型的端面）各节点之间的 MPC 约束方程，这个远程力由作用位置处传递到作用范围（圆环端面）上，在计算结束后，可以在 Solution Information 分支下查看到约束方程的图示，如图 7-2 所示。

图 7-1　体外施加的力

一旦通过远程点建立了约束和连接，就可以利用远程点来定义各种远程力、力矩、远程边界条件、约束方程、弹簧、质量点、运动副连接等各种对象。这些与远程点有关的对象，其共性是作用点均在远程点上（可以在体外或体上），并通过远程点与其作用影响范围的 MPC 约束方程实现模型的简化，提高了建模的效率。尽管与 Remote Point 相关的对象并不都是边界条件，但通常还是把与远程点相关的对象统称为远程边界条件。

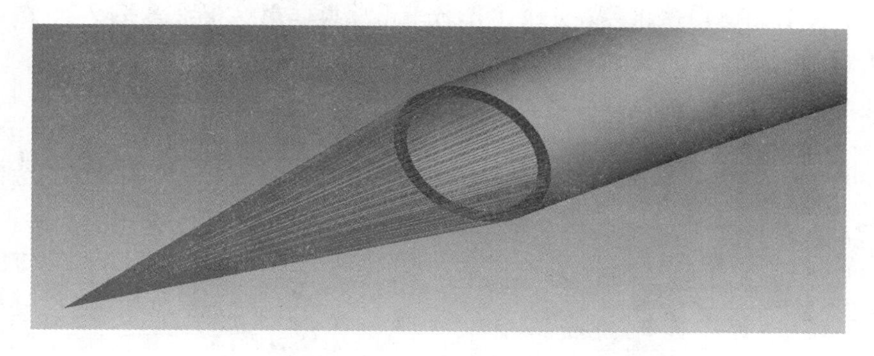

图 7-2　远程力的作用机理

2. 定义 Remote Point

定义 Remote Point 时，通常是在 Model 目录的右键菜单中选择 Insert>Remote Point，如图 7-3(a)所示。在 Project 树中出现一个名为 Remote Point 的目录，在其中包含新创建的 Remote Point 分支，如图 7-3(b)所示。

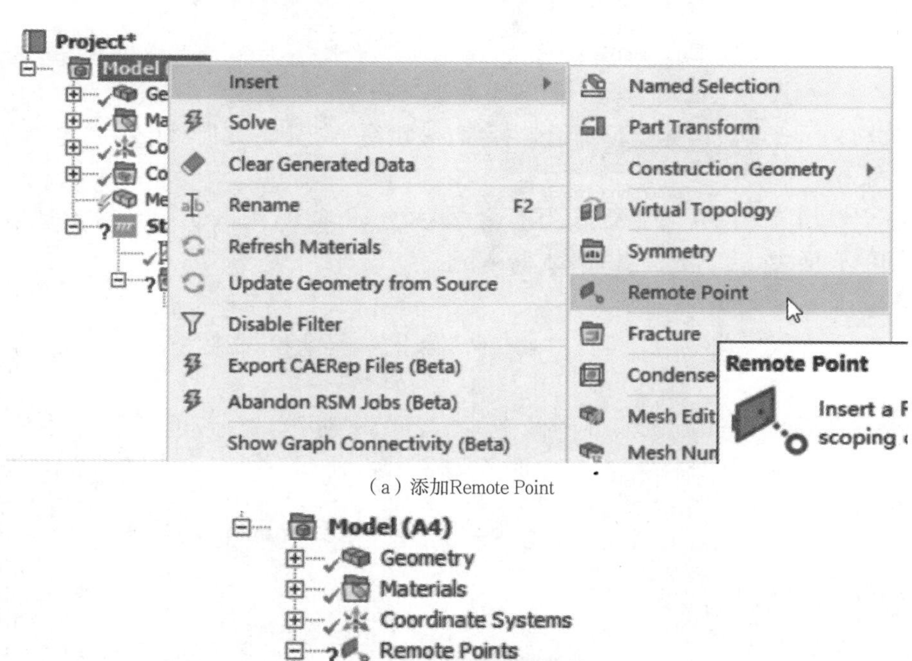

（a）添加Remote Point

（b）Remote Point对象

图 7-3　添加远程点

定义 Remote Point 后，选择新创建的 Remote Point 对象，设置其 Details 选项，如图 7-4 所示。下面对 Remote Point 的 Details 选项进行说明。

Details of "Remote Point"	
Scope	
Scoping Method	Geometry Selection
Geometry	No Selection
Coordinate System	Global Coordinate System
X Coordinate	0. m
Y Coordinate	0. m
Z Coordinate	0. m
Location	Click to Change
Definition	
Suppressed	No
Behavior	Deformable
Pinball Region	All
DOF Selection	Program Controlled
Pilot Node APDL Name	

图 7-4　设置远程点 Details 选项

(1)Scope 选项

Remote Point 属性的 Scope 选项用于选择远程点作用范围和远程点的位置。

①Scoping Method

远程点作用影响范围的对象选择方式选项，可以是 Geometry Selection 或 Named Selection。Geometry Selection 选项表示直接选择几何对象，如几何体的表面。Named Selection 选项表示选择已经定义的命名选择集合，即预先指定的几何对象组成的集合。

②Geometry

即远程点作用范围的几何对象，是 Scope 选项为 Geometry Selection 时才出现的，此时选择作用范围的表面，然后单击右侧的 Apply 按钮。

③Coordinate System

用于定义远程点位置坐标的坐标系，缺省情况下为总体直角坐标系。

④X、Y、Z Coordinate

即远程点在 Coordinate System 中的坐标值，可直接指定坐标，也可以通过 Location＞Click to Change，然后在图形显示窗口中选择几何对象，比如一个面，这时 Remote Point 的位置坐标将被改写为所选择几何对象的形心位置，在图形显示窗口中也会有箭头指向远程点位置。

(2)Defination 选项

Remote Point 属性的 Definition 部分包含了用于指定远程点其他属性的选项。

①Behavior

即远程点的行为控制选项，可以是 Deformable(可变形)、Rigid(刚性)或 Couple(自由度耦合)，这一属性决定了远程点内部约束方程的具体类型和受力后的实际响应。一般情况下，使用较多的是前面两种行为选项。Couple 是指在远程点作用范围内各点自由度耦合，即各点具有相同的位移值，在实际分析中应用较少。

为说明不同行为选项对计算结果的影响，看一个示例。如图 7-5 所示的圆盘，受到远程力的作用，其作用范围是上表面的圆环形区域。如果分别选择了 Deformable（柔性）和 Rigid（刚性）行为，则计算结果的侧视图如图 7-6 所示，上面为选择 Deformable 选项的计算结果，下面为选择 Rigid 选项的计算结果。显然，选择刚性行为选项时，远程点作用影响范围在加载前后保持形状不变。

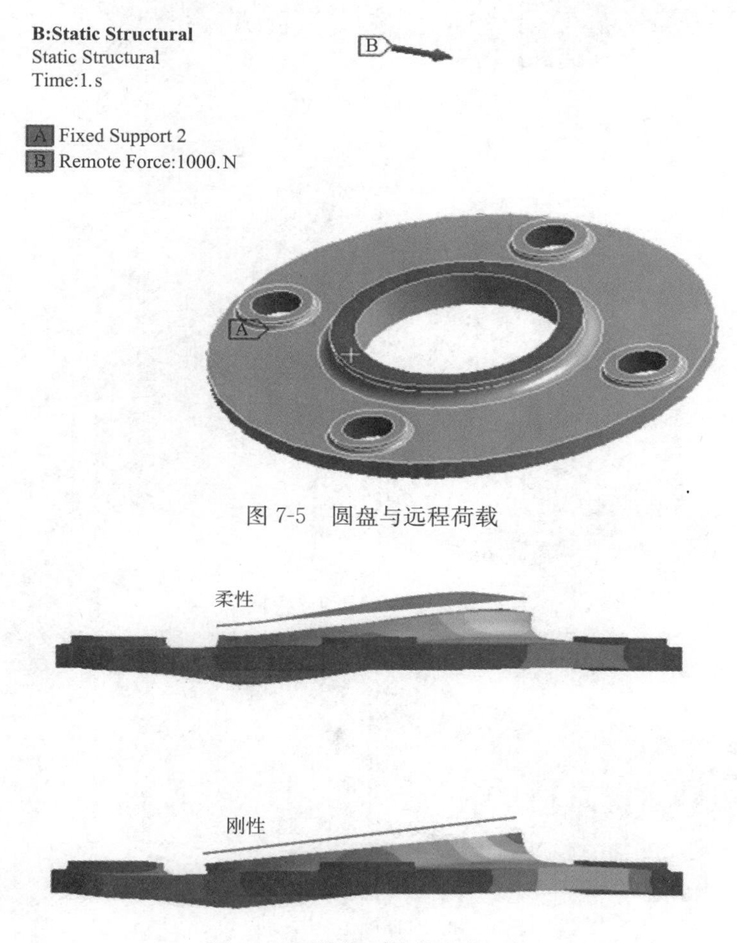

图 7-5　圆盘与远程荷载

图 7-6　柔性与刚性行为的比较

②Pinball Region

球体范围控制选项，缺省为 All，可以定义一个半径，在图形显示窗口会显示一个以远程点位置为中心的球体范围，只有当 Scoping 指定的范围落在 Pinball 球体范围内部的部分才建立约束方程。Pinball 控制可以减少形成的约束方程的数量。如图 7-7(a)所示，缺省情况下在整个作用范围形成了约束方程；如图 7-7(b)所示，指定了一个 Pinball 范围，在此范围内形成约束方程如图 7-7(c)所示。

③DOF Selection

此选项用于定义与远程条件相关联的自由度，即参与到约束方程中的自由度。

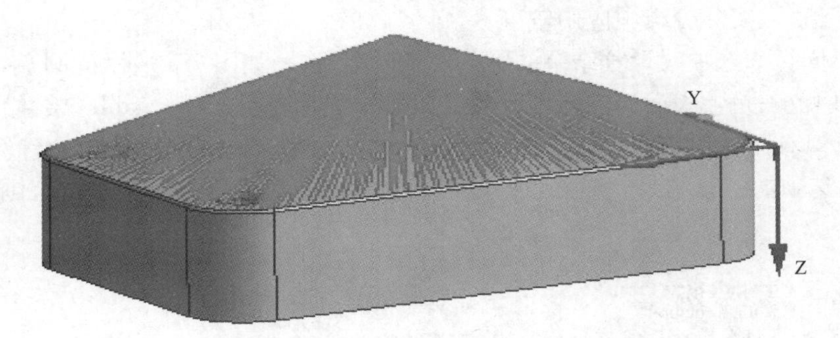

（a）缺省选项形成的约束方程

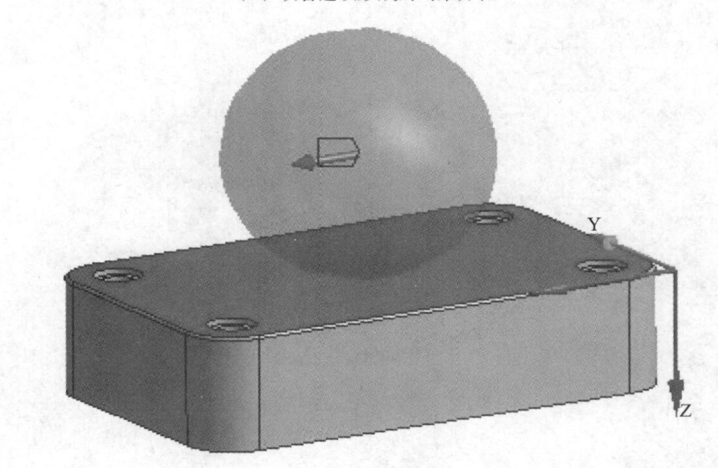

（b）指定远程力作用点的球体范围

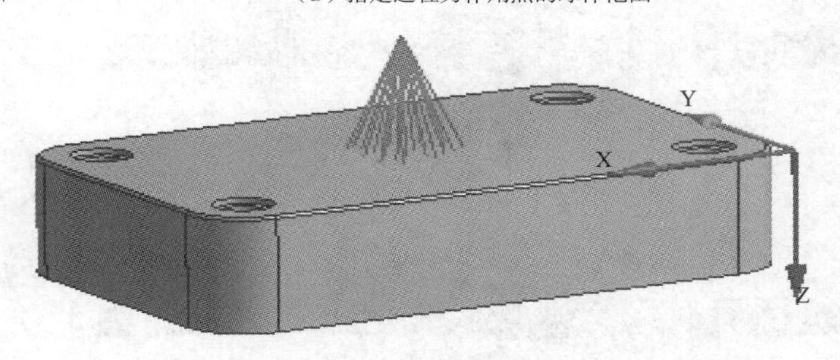

（c）指定Pinball后实际形成的约束方程

图 7-7　Pinball 范围对远程点的影响示意

3. 由远程边界条件提升 Remote Point

Remote Point 定义好之后，即可用来定义远程边界条件，如图 7-8 所示，在 Scoping Method 中选择 Remote Point，然后在 Remote Points 列表中选择定义过的远程点，即可在此远程点上施加荷载或其他远程条件。

另一方面，如果直接定义远程边界条件时，内部也可以自动生成 Remote Point。通过在已经定义的边界条件对象的右键菜单中选择 Promote Remote Point，可以将该远程边界条件中的远程点提升为一个独立的远程点，这样提升得到的远程点在其他的对象中可以像普通的远程点那样被其他对象所引用。如图 7-9(a)所示，在 Remote Force 的右键菜单中选择 Promote

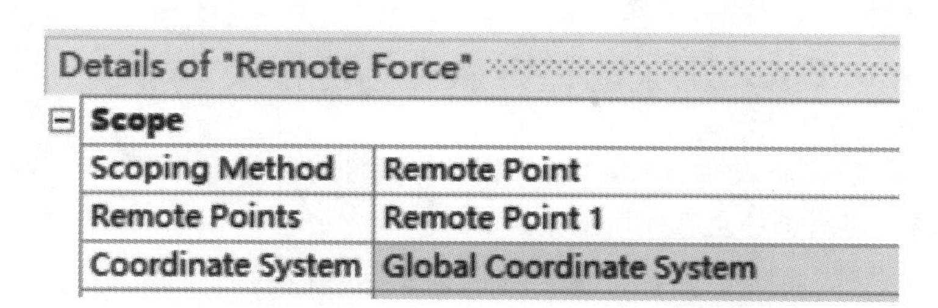

图 7-8　在远程点上施加远程荷载

to Remote Point，即可提升远程点；如图 7-9(b)所示，提升得到的远程点出现在 Model 列表中，新生成了一个 Remote Points 目录，在此目录下包含了一个名为 Remote Force-Remote Point 的对象。

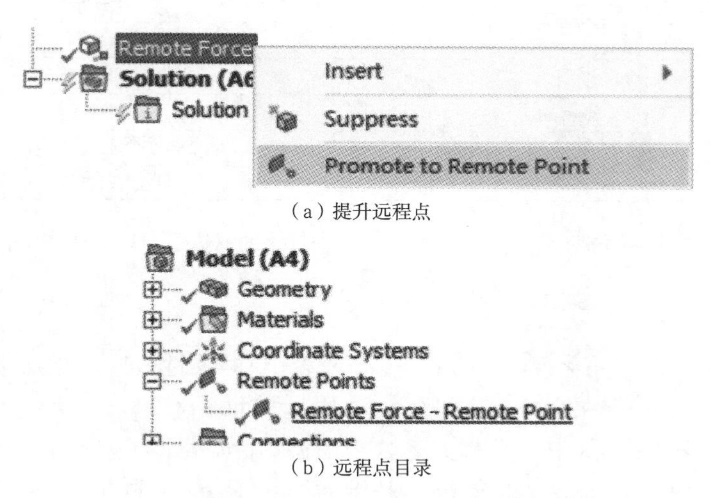

(a) 提升远程点

(b) 远程点目录

图 7-9　通过远程力提升远程点

计算完成后，可以在图形区域内显示处远程条件所形成的约束方程，可显示的选项列于 Soluiton Information 的 Display 选项中，如图 7-10 所示。

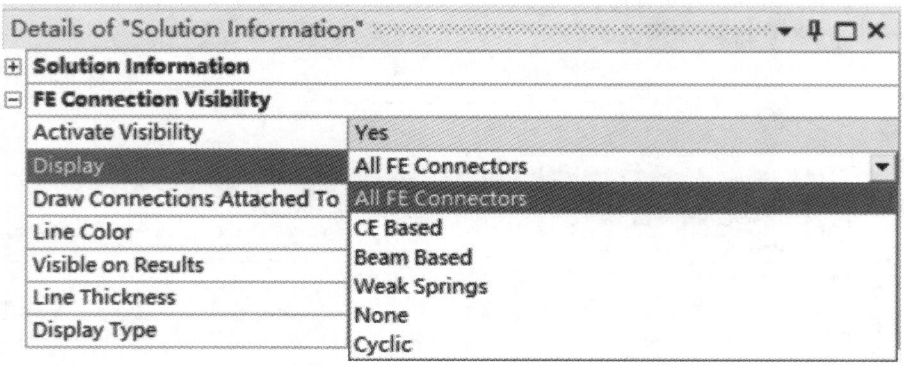

Details of "Solution Information"

Solution Information	
FE Connection Visibility	
Activate Visibility	Yes
Display	All FE Connectors
Draw Connections Attached To	All FE Connectors
Line Color	CE Based
Visible on Results	Beam Based
Line Thickness	Weak Springs
Display Type	None
	Cyclic

图 7-10　查看约束方程选项

7.2　与 Remote Point 相关的边界条件与连接类型

在 Mechanical 组件中，与 Remote Point 相关的条件统称为远程条件，远程条件有很多类型，表 7-1 中列出了这些条件及其作用的描述。

表 7-1　远程条件类型及其作用描述

远程条件类型	作用描述
Point Mass	集中质量点
Thermal Point Mass	热质量点
Joint	运动副连接
Spring	弹簧连接
Beam Connection	梁连接
Bearing	轴承
Remote Force	施加远程荷载
Remote Displacement	施加远程位移
Moment	向节点集合或表面施加力矩
Constraint Equation	约束方程

为说明上述远程点条件在建模和计算中的应用，下面对表 7-1 中所列的部分对象类型进行简单介绍。

1. Point Mass

集中质量点可以用于简化模型中部件(单个或多个)的惯性效应。添加集中质量点时，选择 Geometry 分支，在右键菜单中选择 Insert＞Point Mass，在 Geometry 分支下添加 Point Mass 分支，然后在其 Details 中定义相关参数。根据 Applied By 选项，有两种质量点定义方式。其中采用 Remote Attachment 选项时，基于远程点(Remote Point)方式定义集中质量点，相关的选项如图 7-11 所示。

Details of "Point Mass"

Scope	
Scoping Method	Geometry Selection
Applied By	Remote Attachment
Geometry	No Selection
Coordinate System	Global Coordinate System
X Coordinate	0. m
Y Coordinate	0. m
Z Coordinate	0. m
Location	Click to Change
Definition	
Mass	0. kg
Mass Moment of Inertia X	0. kg·m²
Mass Moment of Inertia Y	0. kg·m²
Mass Moment of Inertia Z	0. kg·m²
Suppressed	No
Behavior	Deformable
Pinball Region	All

图 7-11　基于 Remote Point 定义集中质量

选择 Remote Point 方式定义集中质量点时，需要选择作用的几何对象（Geometry 选项）、指定质量及惯量数值、远程点的 Behavior 以及远程点影响范围的 Pinball Region。这种情况下，质点为一种远程边界条件，是基于 MPC 约束方程的方式发生作用的，质量点的坐标即远程点的坐标，在选择了几何对象时，会自动计算几何体的形心位置且基于选择的 Coordinate System 显示此形心的 X、Y、Z 坐标。

也可以首先选择某个几何对象，然后在图形窗口中通过右键菜单选择 Insert>Point Mass，这时形成的 Point Mass 分支的 Details 中 Geometry 域为预先定义好的。

用户还需要注意，基于 Remote Point 方式定义集中质量时，远程点影响范围的 Pinball Region 宜根据实际情况设置为合理的范围，如果作用范围过大，会造成模型自振频率结果的偏差。

2. Remote Displacement

Remote Displacement 约束用于约束远程点（Remote Point）的位移，同时在约束点与模型上的作用范围（模型上的特定几何范围）之间建立多点约束方程，约束作用位置可以在体上，也可以在体外。Remote Displacement 约束可通过分析环境分支（比如 Static Structural）的右键菜单来添加，其 Details 如图 7-12（a）所示，在 Deifination 部分，可以对三个方向的位移以及绕三个轴的转动分别施加约束。如图 7-12（b）所示为计算后显示的远程点与作用对象面之间建立的约束方程。

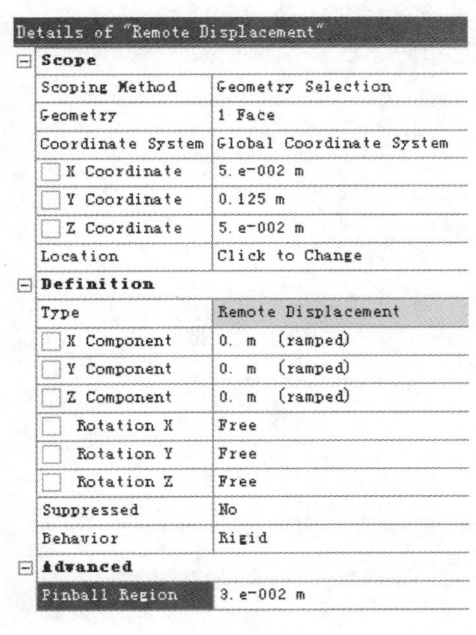

Details of "Remote Displacement"

Scope	
Scoping Method	Geometry Selection
Geometry	1 Face
Coordinate System	Global Coordinate System
X Coordinate	5. e-002 m
Y Coordinate	0.125 m
Z Coordinate	5. e-002 m
Location	Click to Change
Definition	
Type	Remote Displacement
X Component	0. m (ramped)
Y Component	0. m (ramped)
Z Component	0. m (ramped)
Rotation X	Free
Rotation Y	Free
Rotation Z	Free
Suppressed	No
Behavior	Rigid
Advanced	
Pinball Region	3. e-002 m

（a）远程位移属性列表

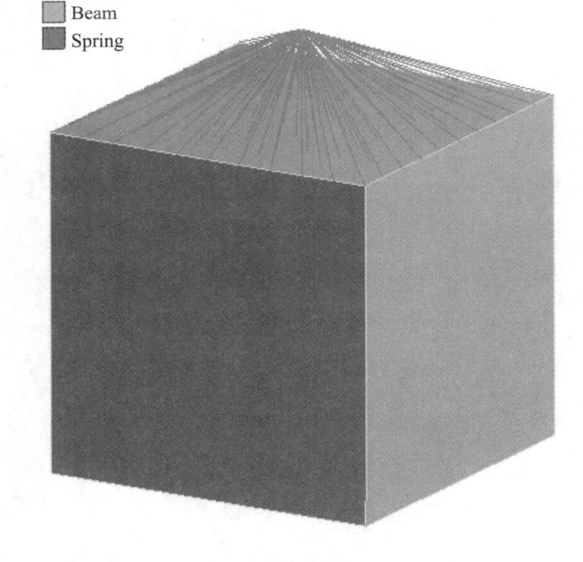

（b）远程位移的约束方程

图 7-12　施加远端位移约束

3. Constraint Equation

Constraint Equation 即自由度约束方程，可通过分析环境分支（如 Static Structural）的右键菜单 Insert>Constraint Equation 或工具栏添加，其 Details 如图 7-13（a）所示，其中 Constant Value 为约束方程的常数项。如图 7-13（b）所示，添加约束方程后在右侧 Worksheet

视图中进行定义，通过鼠标右键 Add 来添加行，每一行选择一个 Remote Point 以及此远程点的一个自由度方向，比如图中所示的 Point A 的 X 方向自由度等于 Point B 的 Z 方向自由度。

Details of "Constraint Equation"

Definition	
Constant Value	0
Suppressed	No

（a）

Constraint Equation

0 = -1 (1/mm) * Point A(X Displacement) + 1 (1/mm) * Point B(Z Displacement)

Coefficient	Units	Remote Point	DOF Selection
-1	1/mm	Point A	X Displacement
1	1/mm	Point B	Z Displacement

（b）

图 7-13 自由度约束方程及其 Worksheet 视图

第 8 章 Named Selections 的定义方法及其使用

Named Selections 是由一组同一类型的对象所组成的命名选择集合，可以通过直接选择或 Worksheet 逻辑选择方式来定义。Named Selections 可以用于后续网格划分选项、约束与荷载等对象的辅助定义，可以有效提高建模效率，是 Workbench 中常用的一个工具。

8.1 通过对象选择方式定义 Named Selections

本节介绍通过对象选择方式定义 Named Selections。在 Mechanical 中，用户可以通过如下几种途径之一基于对象选择方式来定义 Named Selections。

1. 第一种途径

在 Project 树中选择 Model 分支，在 Model 分支的上下文相关工具条上选择 Named Selection 按钮，此时在模型树中出现 Named Selections 目录分支，其下面含有一个命名选择集合分支，缺省名称为 Selection，如图 8-1 所示，其 Details 如图 8-2 所示。

图 8-1　Named Selections 目录分支及命名集合分支

Details of "Selection"	
Scope	
Scoping Method	Geometry Selection
Geometry	No Selection
Definition	
Send to Solver	Yes
Visible	Yes
Program Controlled Inflation	Exclude
Statistics	
Type	Manual
Total Selection	No Selection
Suppressed	0
Used by Mesh Worksheet	No

图 8-2　命名集合分支的 Details

在 Selection 分支的 Details 选项中，Scope 部分的 Scoping Method 选项缺省为 Geometry Selection，Geometry 选项为黄色高亮度显示，这时在图形窗口中选择所需要的几何对象，然后在 Geometry 选项中点 Apply 按钮，即可完成命名选择集合的定义。

2. 第二种途径

选择 Model 分支，在 Model 分支的右键菜单上选择 Insert>Named Selection，此时在模型树中出现 Named Selections 目录分支，其下面含有一个命名选择集合分支，缺省名称为 Selection。后续操作方法同第一种途径。

3. 第三种途径

在 Geometry 分支下选择几何体分支，可以按住 Shift 键或 Ctrl 键选择多个体对象分支，然后在右键菜单中选择 Create Named Selection，如图 8-3 所示，之后会弹出如图 8-4 所示的 Selection Name 窗口，在其中输入命名集合的名称即可定义命名选择集合。此时，在模型树中会出现 Named Selections 目录，此目录下包含创建的命名选择集合分支，缺省名称为 Selection，也可以是用户输入的名称。

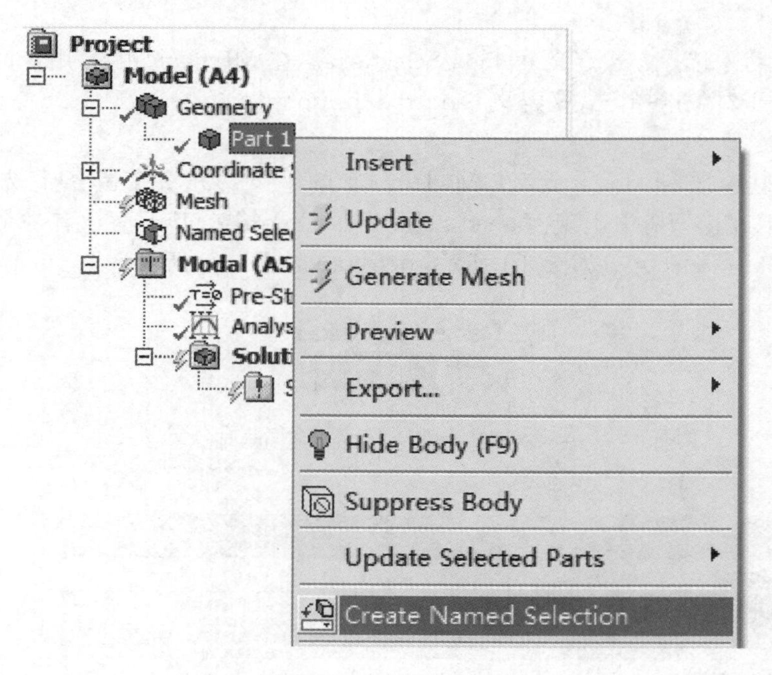

图 8-3 创建 Named Selections

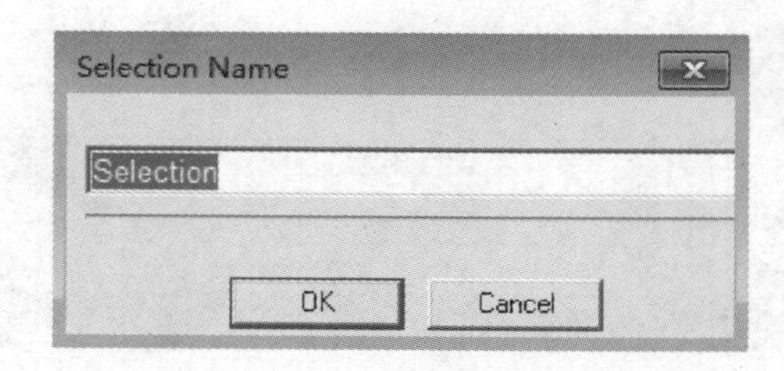

图 8-4 Selection Name 窗口

4. 第四种途径

在图形显示窗口内选择几何对象（比如表面或体），在右键菜单中选择 Create Named

Selection，之后会弹出如图 8-5(a)所示的 Selection Name 窗口，在其中可以选择缺省的 Apply selected geometry 直接输入命名选择集合的名称，然后按 OK 完成命名选择集合的定义。在模型树中会出现 Named Selections 目录，此目录下包含创建的命名集合分支，缺省名称为 Selection，也可以是用户输入的名称。

如果在 Selection Name 窗口中选择了 Apply geometry items of same 选项，如图 8-5(b)所示，则可以选择与当前所选择对象相同 Size、Type(即对象类型，比如都是平面、圆柱面或球面，或是同一类型的单元)或相同的 Location X、Location Y、Location Z(位置坐标)的对象，按 OK 按钮即可在模型树中创建一个由这些满足相同条件的对象组成的命名选择集合分支，其缺省名称为 Selection，也可以是用户定义的名称。这种情况下实质上是在内部通过 Worksheet 逻辑选择的方式来指定 Named Selection 的，这将在 8.2 节的最后进行介绍。

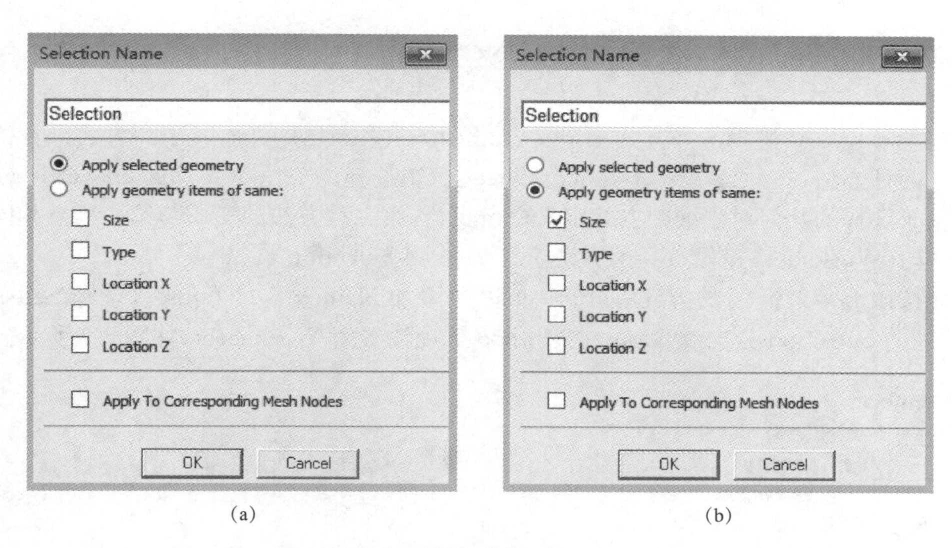

图 8-5 基于选择创建 Named Selections

5. 第五种途径

当模型树中已经存在 Named Selections 目录的情况下，在 Named Selections 目录分支的右键菜单中选择 Insert>Named Selection，可在 Named Selections 目录下添加新的 Named Selection 对象。这种情况的后续操作方法同前面的第一种途径及第二种途径。

6. 第六种途径

在一些已经定义的对象中，如果定义这些对象的过程中已经涉及到对象选择的，则可以通过选择对象提升的方式创建 Named Selection。如图 8-6(a)所示，在一个已经施加的压力荷载 Pressure 的右键菜单中选择 Promote to Named Selection，即可将施加压力作用的表面提升为一个表面的 Named Selection，在 Project 树中出现 Named Selections 目录(如果之前没有定义过其他 Named Selection)，在这个目录下出现一个名称为 Pressure 的面命名集合，如图 8-6(b)所示。

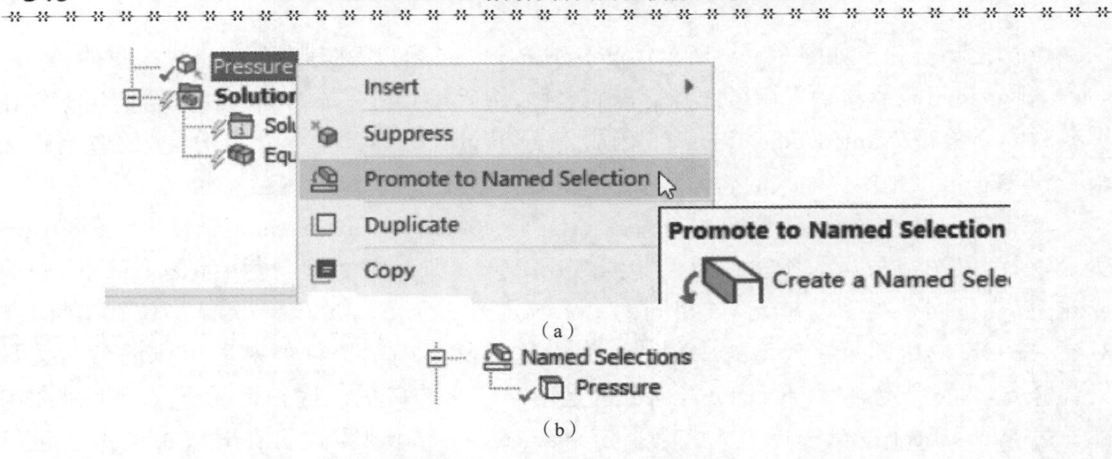

(a)

(b)

图 8-6 对象提升方式创建 Named Selection

8.2 Worksheet 逻辑选择方式定义 Named Selections

采用 Worksheet 逻辑选择方式来定义 Named Selections 是更加通用的方式。具体来说，又包含了两种方法：一种是基于直接 Worksheet 逻辑选择的方法定义 Named Selection；另一种则是基于选择的几何对象准则方式定义命名集合，第二种方法的实质与第一种是相同的。

1. 基于 Worksheet 逻辑选择的方法定义 Named Selection

首先按照上一节介绍的方法在 Project 树中添加 Named Selections 目录和 Selection 对象，将添加的 Selection 分支的 Scoping Method 选项设置为 Worksheet，如图 8-7 所示。

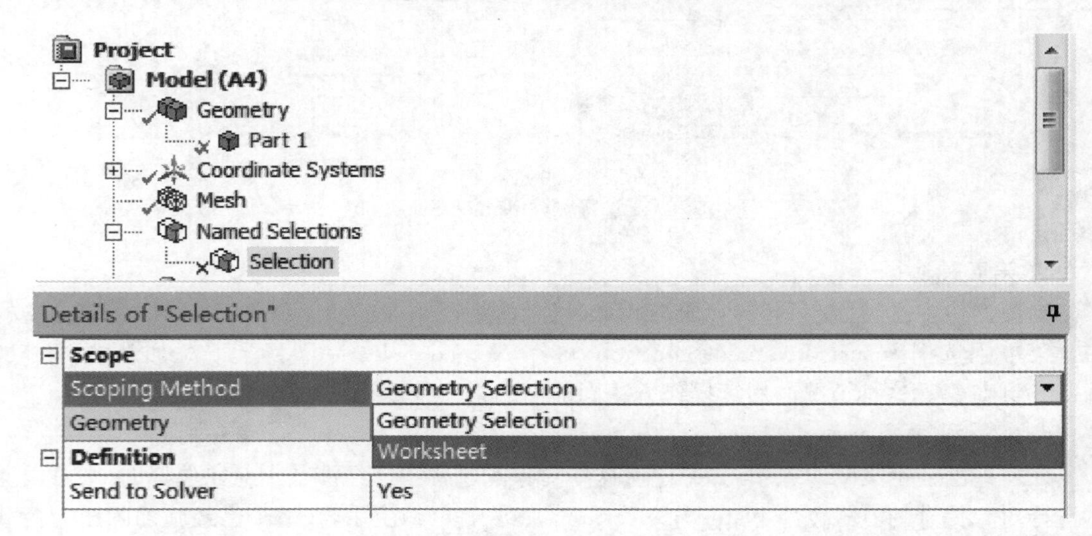

图 8-7 Worksheet 类型的 Named Selection

在右侧的 Worksheet 中通过右键菜单 Add Row 添加操作行，在每个行里依次定义 Action、Entity Type、Criterion、Operator、Units、Value、Lower Bound、Upper Bound、Coordinate System 等各列的选项，如图 8-8 所示。

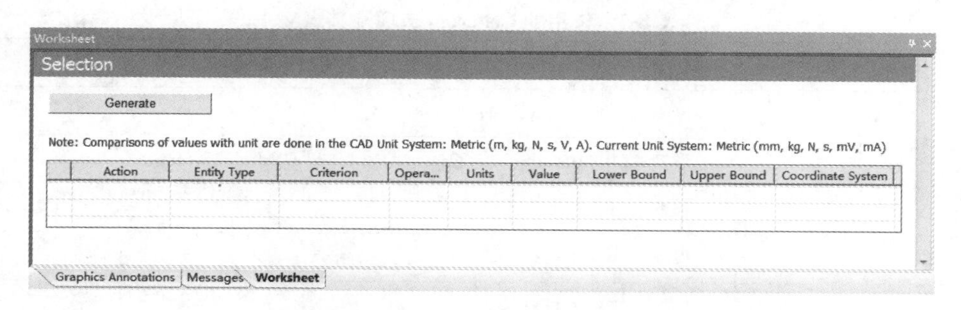

图 8-8　Worksheet 视图

下面对 Worksheet 表格中的各列的意义进行简单说明。

(1)Action 选项

Action 选项用于指定逻辑操作类型，包括 Add、Remove、Filter、Invert、Convert To 等，其意义列于表 8-1 中。

表 8-1　定义命名集合的逻辑选项

逻辑选项	意　　义
Add	向集合中添加对象
Remove	从已经选择的集合中删除对象
Filter	由已经选择的集合中建立子集
Invert	创建当前选择集合的补集
Convert To	将当前集合转化为另一种集合，比如将表面集合转化为节点的集合

(2)Entity Type 选项

Entity Type 选项用于定义选择的对象类型，包括各种几何类型及有限元模型对象类型，其意义列于表 8-2 中。

表 8-2　定义命名集合的实体类型选项

Entity Type 选项	意　　义
Body	建立几何体的命名集合
Face	建立几何表面的命名集合
Edge	建立几何边的命名集合
Vertex	建立几何顶点的命名集合
Mesh Node	建立网格节点的命名集合
Mesh Element	建立网格单元的命名集合

(3)Criterion 选项

Criterion 选项用于定义具体的逻辑操作法则，包括的选项较多，常用的 Criterion 选项及其意义列于表 8-3 中。

表 8-3 常用的 Criterion 选项及其意义

Criterion 选项	意义及适用对象类型
Size	尺寸，适用于 Body、Face 及 Edge
Type	类型，适用于 Body、Face、Edge、Mesh Node 或 Mesh Element
Location X	根据 X 坐标选择
Location Y	根据 Y 坐标选择
Location Z	根据 Z 坐标选择
Face Connections	面连接个数，适用于 Edge
Radius	半径，适用于圆形的 Face 或 Edge
Distance	根据对象的距离选择
Named Selection	选择命名选择集合中的对象
Shared Across Bodies	体相交得到的点、线、面，适用于 Face、Edge 或 Vertex
Shared Across Parts	部件共同节点，适用于 Mesh Node
Element Connections	连接单元数，适用于 Mesh Node，设置为 4 表示选择连接有 4 个单元的节点
Material	材料类型，适用于 Body
Name	名称，适用于 Body
Thickness	厚度，仅适用于表面体
Node ID	节点 ID 号，适用于 Mesh Node
Any Node	单元任意节点，适用于 Action＝Convert To 及 Mesh Element 类型
All Nodes	单元任意节点，适用于 Action＝Convert To 及 Mesh Element 类型
Element ID	单元 ID 号，适用于 Entity Type ＝Mesh Element
Volume	单元体积，适用于 Entity Type ＝Mesh Element
Area	单元面积，适用于 Entity Type ＝Mesh Element
Element Quality	单元形状指标，适用于 Entity Type ＝Mesh Element
Aspect Ratio	单元形状指标，适用于 Entity Type ＝Mesh Element
Jacobian Ratio	单元形状指标，适用于 Entity Type ＝Mesh Element
Warping Factor	单元形状指标，适用于 Entity Type ＝Mesh Element
Parallel Deviation	单元形状指标，适用于 Entity Type ＝Mesh Element
Skewness	单元形状指标，适用于 Entity Type ＝Mesh Element
Orthogonal Quality	单元形状指标，适用于 Entity Type ＝Mesh Element

(4)Operator 选项

Operator 选项用于定义逻辑选择运算符，包括的选项较多，常用选项列于表 8-4 中。

表 8-4　常用 Operator 选项及其意义

Operator 选项	意　　义
Equal	等于
Not Equal	不等于
Contains	包含，用于 Criterion = Name 的场合
Less Than	小于
Less Than or Equal	小于等于
Greater Than	大于
Greater Than or Equal	大于等于
Range	介于 Lower Bound 和 Upper Bound 范围
Smallest	最小，仅用于 Action = Add
Largest	最大，仅用于 Action = Add

(5)Units 选项

Units 选项为一个只读选项，当 Criterion = Size 或 Location X、Y、Z 时，显示当前的长度、面积或者体积单位。

(6)Value 选项

Value 选项是逻辑选择运算的数值，包括的类型较多，常见的一些 Value 类型列于表 8-5 中。

表 8-5　常用 Value 类型及其限制条件

Value 类型	数值意义或限制条件
Size	正数
Location X,Y,Z	坐标值
Type	用于 Entity Type = Body 及 Criterion = Type，可以为 Solid、Surface 或 Line
	用于 Entity Type = Face 及 Criterion = Type，可以为 Plane、Cylinder、Cone、Torus、Sphere、Spline、Faceted
	用于 Entity Type = Edge 及 Criterion = Type，可以为 Line、Circle、Spline、Faceted
	用于 Entity Type = Mesh Node 及 Criterion = Type，可以为 Corner 或 Midside
	用于 Entity Type = Body 及 Criterion = Name，输入体名称。Operator = Contains，可输入体名称的部分；Operator = Equal，输入准确的体名称；Operator = Not Equal，输入集合中不包含的体的名称
	用于 Entity Type = Mesh Element 及 Criterion = Type，可以为 Tet10、Tet4、Hex20、Hex8、Wed15、Wed6、Pyr13、Pyr5、Tri6、Tri3、Quad8、Quad4、High Order Beam、Low Order Beam
	用于 For Entity Type = Edge 及 Criterion = Face Connections，输入共享面个数。输入 1 表示仅属于一个面
Named Selection	已经定义的 NS，用于 Criterion = Named Selection
Material	材料列表中选择材料类型，用于 Criterion = Material
Distance	输入正数，用于 Criterion = Distance
Thickness	输入正数，用于 Criterion = Thickness
Lower/Upper Bound column	下限值/上限值，输入具体数值
Coordinate System	Global Coordinate System 或其他已经定义的坐标系

下面通过一个例子说明 Worksheet 类型 Named Selection 的定义方法。如图 8-9 所示，一个连杆结构，首先通过左侧大圆孔的几何表面选择方式，创建一个名为 hole_face 的关于表面的 Named Seletion。

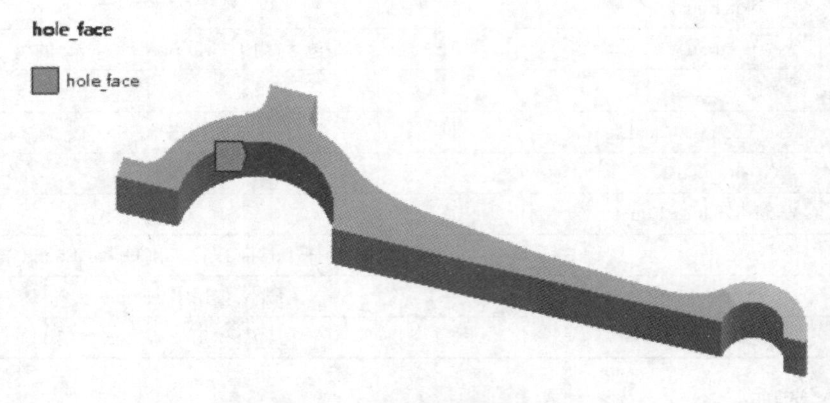

图 8-9　选择几何表面形成表面集合

在 Named Seletions 目录下再添加一个新的命名选择集合，缺省名称为 Selection，在 Selection 的 Details 中设置 Scoping Method 为 Worksheet，在 Worksheet 中添加第一行，如图 8-10 所示，单击 Generate，这时 Selection 包含与 hole_face 相同的表面，如图 8-11 所示。

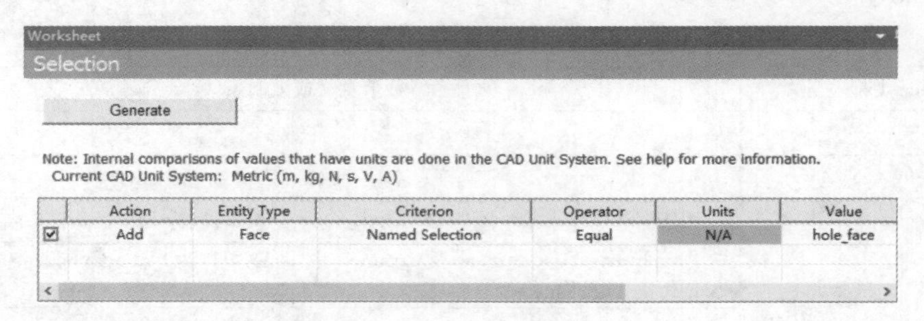

图 8-10　在 Worksheet 中添加第一行

图 8-11　添加第一行的选择效果

在 Selection 的 Worksheet 中继续添加第二行，如图 8-12 所示，单击 Generate 将选择的表面转化为面上的节点。在图形显示区域中，选择的节点被高亮度显示，这时名为 Selection 的命名选择集合被转化为节点集合，如图 8-13 所示。

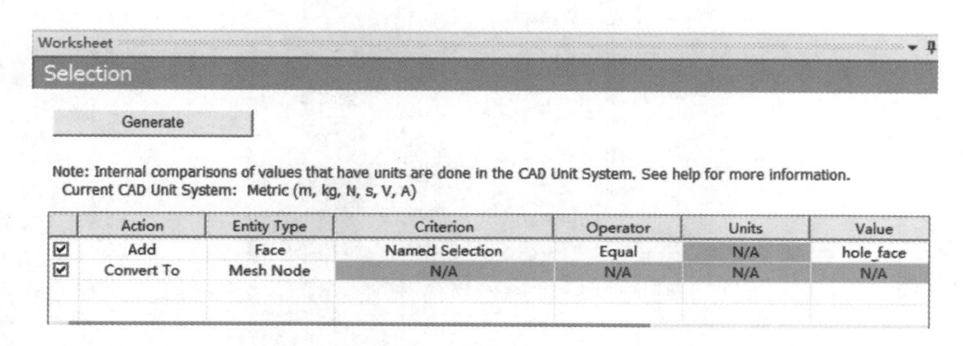

图 8-12　添加操作表第二行

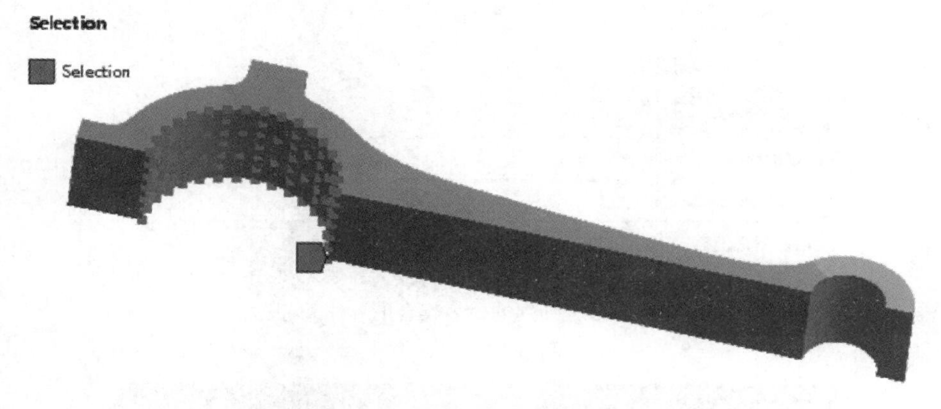

图 8-13　表面上的节点集合

2. 基于选择的几何对象准则方式定义命名集合

如果在图形显示窗口中选择某个对象，然后在右键菜单中选择 Create Named Selections（或者通过快捷键“N”），弹出 Selection Name 对话框。如果在 Selection Name 窗口中选择了 Apply geometry items of same 选项，如图 8-14 所示，则可以选择与当前所选择对象相同尺寸、类型（比如都是平面、圆柱面或球面，或是同一类型的单元）或相同位置的对象，按 OK 按钮即可在模型树中创建一个由这些满足相同条件的对象组成的命名选择集合分支，其缺省名称为 Selection，也可以是用户定义的名称。Apply To Corresponding Mesh Nodes 选项的作用是将选中的几何实体对象转化为节点。

按照具体的准则设置，单击 OK 按钮，选择与当前所选择的几何对象（比如面）尺寸一致的所有几何对象并将其转化为节点，然后形成命名选择集合。如果一开始选择的是一个面，则形成的 Named Selection 的 Details 中 Scoping Method 自动设置为 Worksheet，如图 8-15 所示，其 Worksheet 设置内容如图 8-16 所示，其中第一行的面积值是根据所选中的表面的面积自动填写的。

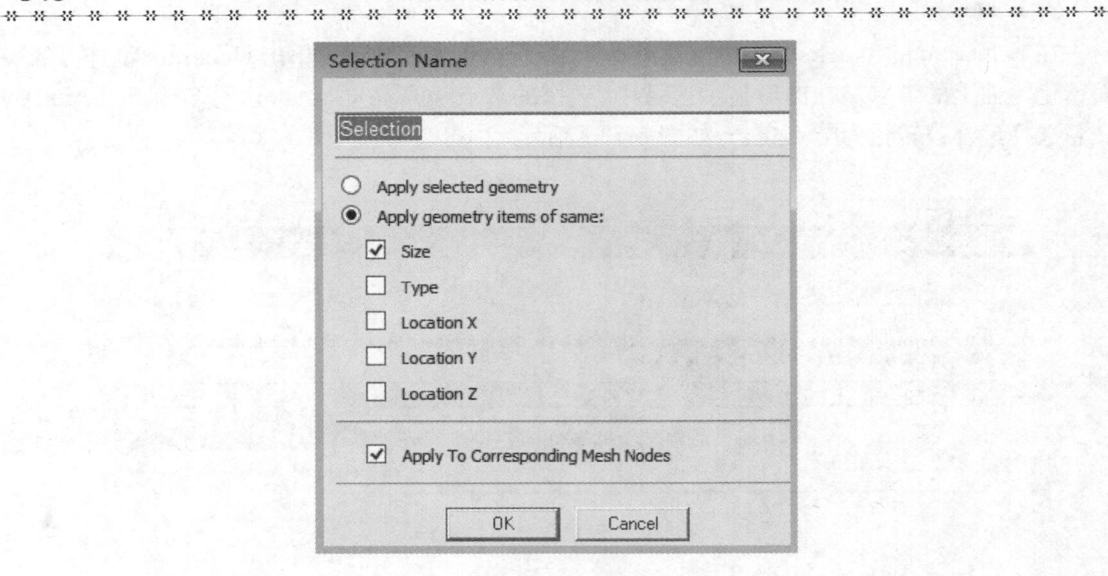

图 8-14　基于准则的选择

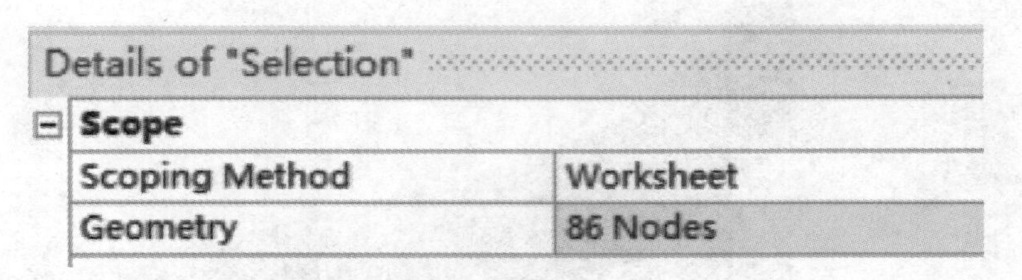

图 8-15　基于准则的命名集合的 Details 视图

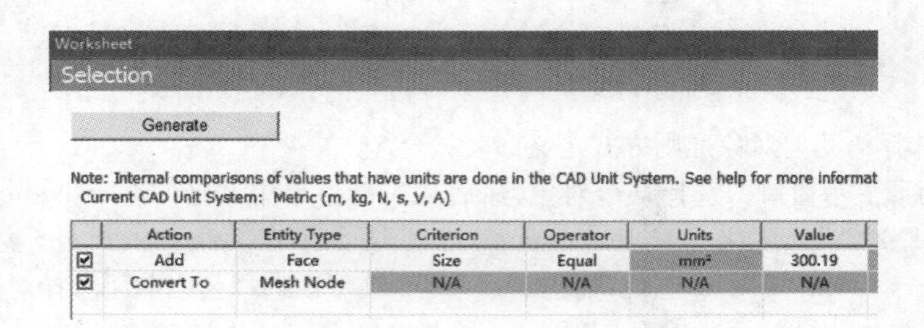

图 8-16　基于准则的命名集合的 Worksheet 视图

8.3　查看及使用定义的 Named Selection

对于定义的每一个 Named Selection，在模型中选择对应的对象分支，在 Details 中会详细列出这一集合所包含的实体或有限元对象类型以及数量，在图形显示窗口显示 Named Selection 中包含的实体或有限元模型对象，如图 8-17(a)、图 8-17(b)分别为一个单元 Named Selection 的 Details 列表以及图形显示。

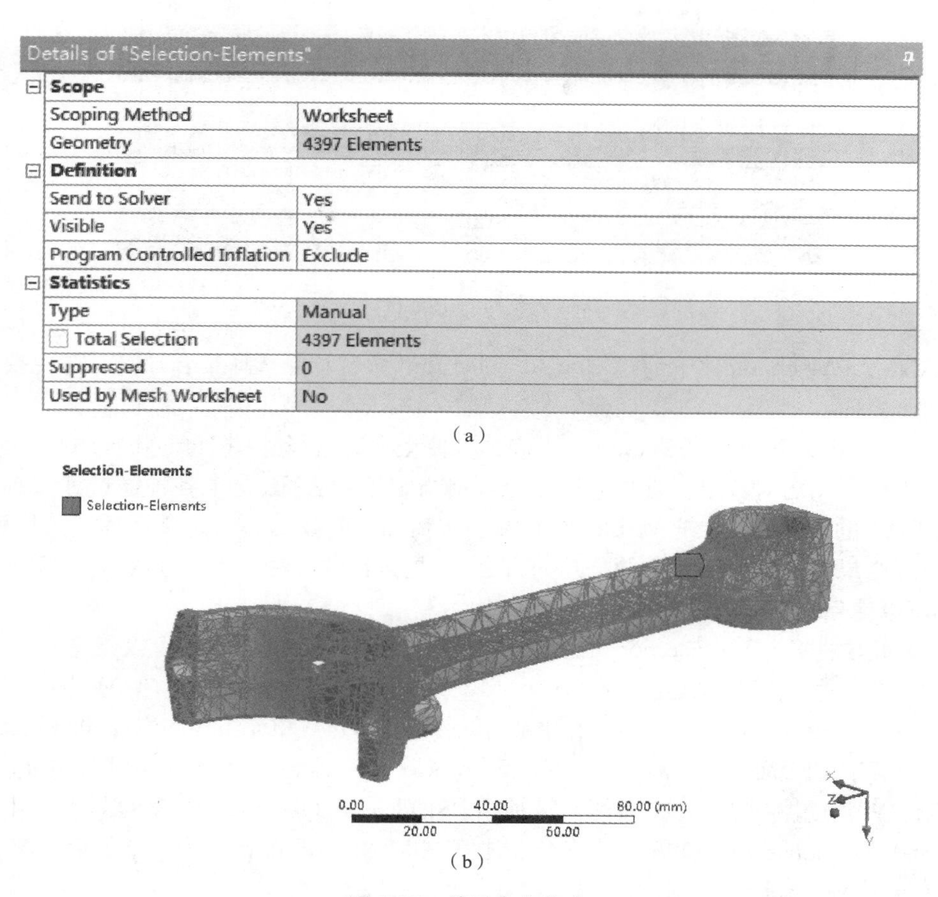

Details of "Selection-Elements"

Scope	
Scoping Method	Worksheet
Geometry	4397 Elements
Definition	
Send to Solver	Yes
Visible	Yes
Program Controlled Inflation	Exclude
Statistics	
Type	Manual
Total Selection	4397 Elements
Suppressed	0
Used by Mesh Worksheet	No

（a）

（b）

图 8-17　单元命名集合

当所有的 Named Selection 定义完成后，在模型树中选择 Named Selections 目录，按下工具栏的 Worksheet 按钮(位于 Home 工具面板 Tools 组)，在 Worksheet 视图中会列出所有的 Named Selection 概要信息，如图 8-18 所示，图中列出了所有命名集合，包含一个节点选择集合 Selection、一个面选择集合 Selection 1 以及一个线段的选择集合 Edge-1。

Worksheet

Named Selections

Name	Scoping Method	Geometry	Send to Solver	Visible	Program Controlled Inflation	Type
Selection	Worksheet	160 Nodes	Yes	Yes	Exclude	Manual
Selection1	Geometry Selection	1 Face	Yes	Yes	Exclude	Manual
Edge-1	Geometry Selection	1 Edge	Yes	Yes	Exclude	Manual

图 8-18　Named Selections 工作表

在 Named Selections 工作表视图中，可以选择某个特定的 Named Selection，然后通过鼠标右键菜单 Go To Selected Items in Tree 快速定位并选中模型树中对应的 Named Selection 分支，如图 8-19 所示，然后可以很方便地查看其 Details 列表以及图形。

Named Selections

Name	Scoping Method	Geometry	Send to Solver	Visible	Program Controlled Infl
Selection	Worksheet	160 Nodes			
Selection1	Geometry Selection	1 Face			
Edge-1	Geometry Selection	1 Edge	Yes	Yes	Exclude

Go To Selected Items in Tree

图 8-19　快速查看列表中的 Named Seletion

在 ANSYS Mechanical 中创建 Named Selection(命名对象选择集合)的作用，主要体现在如下的两个方面：

一方面，在定义 Named Selections，可以很方便地通过选择这些 Named Selections 而重新选择那些需要引用的对象组。常见应用场合包括指定接触表面、指定各种连接涉及到的几何对象(如 Joint 的 Reference 或 Moblie 侧)、施加载荷、施加边界条件、定义远程点的作用范围、选择后处理结果对象的显示范围等。总而言之，凡是涉及到各种几何对象或节点、单元选择的操作，都可以使用命名集合功能。

另一方面，这些 Named Selections 可以传递到其他应用界面中。比如，可以传递到 Mechanical APDL 界面中，作为节点或单元组成的 Component 继续用于后续的分析中。在 Mechanical 中定义的 Named Selections 在 Mechanical APDL 中被自动转化为节点或单元组成的组件(即 Component)。比如：实体及实体的表面如果分别被定义为 Named Selection，则在 Mechanical APDL 中分别被转化为单元组件和节点组件，如图 8-20 及图 8-21 所示。在 Commands Object 中，APDL 命令可以引用对应于 Named Selections 的节点和单元组名称。注意在 Mechanical 中首字为数字的命名集合，比如 1 Edge，传递到 Mechanical APDL 时会被冠以 C_，即 C_1Edge。

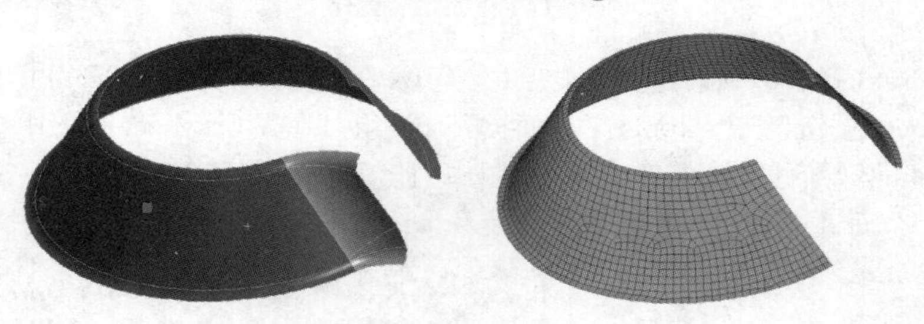

图 8-20　实体命名集合及其对应的单元组件

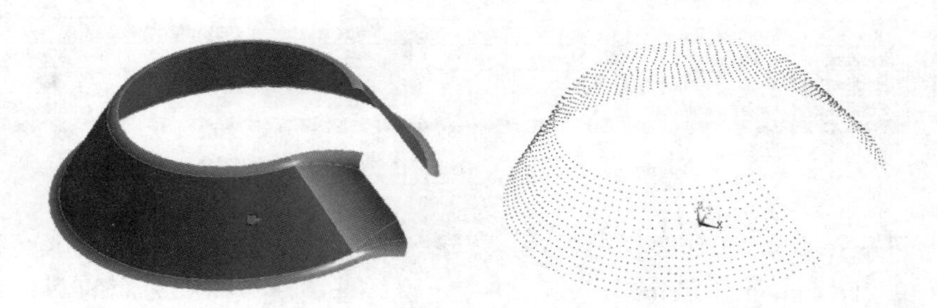

图 8-21　表面命名集合及其对应的节点组件

除了用于结构分析以外，这些 Named Selection 还可以传递到 Fluent 中，并可用于指定 Boundary Zones 和 Cell Zones。Fluent 能根据 Named Selections 名称所包含的字段，自动为 Named Selections 指定相应的边界条件或计算域，比如：某个体组成的 Named Selection 名称包含 Fluid 字段时，Fluent 会将其指定为流体域；名称中包含 Pressure、Field 以及 Far 的 Named Selection 会被 Fluent 指定成为压力远场边界条件；名称中包含 Inlet 的 Named Selection 会被自动指定为速度进口边界；名称中包含 Outlet 的 Named Selection 被 Fluent 自动地指定为压力出口边界；名称中包含 Wall 或不包含任何其他关键字段的 Named Selection 被 Fluent 自动地指定为壁面边界；名称中包含 Symmetry 的 Named Selection 被 Fluent 自动地指定为对称边界条件等，这一功能有效地提高了 Fluent 的前处理效率。

第9章　温度场单元及热分析建模

本章首先介绍了2D以及3D热分析单元的特性，然后介绍了固体结构热传导分析的系统、流程、材料参数以及建模方法，并结合一个散热器轴对称热分析典型实例，对相关问题进行了讲解。

9.1　热分析单元特性简介

9.1.1　二维温度场单元

在2D温度场分析中，ANSYS Workbench 中通常采用 PLANE55 和 PLANE77 两种单元，其中带有中间节点的 PLANE77 单元是缺省使用的单元类型。

1. PLANE55 单元

PLANE55 单元为一个4节点的线性单元，每个节点仅具有一个自由度 TEMP（温度），其节点组成及形状如图9-1所示。如采用直接建模方法时，输入节点号要按照图9-1中预设的节点顺序，节点依次为 I、J、K、L。如果节点 K 与节点 L 重合，则退化为三角形形式。

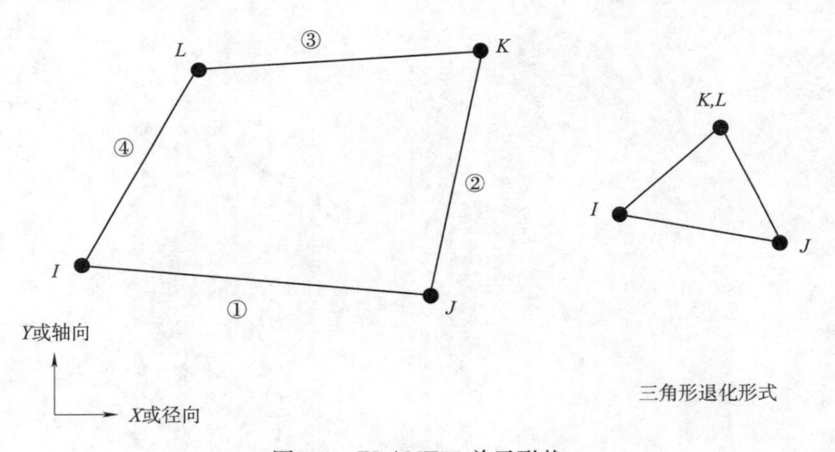

图9-1　PLANE55 单元形状

PLANE55 单元的算法和单元的物理行为通过其 KEYOPT 选项所决定，此单元的 KEYOPT 选项如下：

KEYOPT(1)选项用于控制单元比热矩阵的形式。其中，KEYOPT(1)＝0 表示采用一致比热矩阵，KEYOPT(1)＝1 表示采用对角比热矩阵。

KEYOPT(3)选项用于控制单元的行为。其中：KEYOPT(3)＝0 表示单元是平面单元；KEYOPT(3)＝1 表示单元为轴对称单元；KEYOPT(3)＝3 表示单元是平面单元但需要输入厚度（Z 方向）。

PLANE55 单元的荷载包括表面荷载以及体积荷载。PLANE55 单元的表面荷载（边界条件）包括热流（Heat Flow）、对流（Convection）和辐射（Radiation），作用的面编号与节点对应关系为 face 1（J-I）、face 2（K-J）、face 3（L-K）、face 4（I-L）。PLANE55 单元可以施加的体积荷载为热生成（Heat Generation），可以施加到各个节点上，即 HG（I）、HG（J）、HG（K）、HG（L）。对流引起的热流量以流出单元为正，施加的热流量以流入单元为正。对于轴对称分析，面积和热流率输出结果是基于一周 360°的。

PLANE55 的单元坐标系缺省条件下为总体直角坐标系，可根据需要转换到其他的方向。对正交异性材料模型，其参数与单元坐标系相关。PLANE55 单元应力计算结果也是在单元坐标系中的。

使用 PLANE55 单元要注意如下的一些限制：

(1)单元必须位于总体坐标的 *X*-*Y* 平面内。

(2)对于轴对称分析，*Y* 轴必须是轴对称分析的旋转轴，结构必须位于 *X* 轴正半轴区域。

2. PLANE77 单元

PLANE77 单元为一个 8 节点二次单元，每个节点仅具有一个自由度 TEMP（温度），其节点组成及形状如图 9-2 所示，此单元具有三角形形状的退化形式。

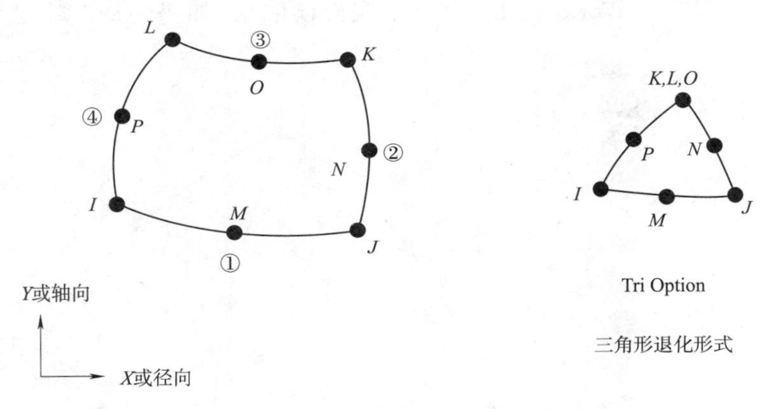

图 9-2　PLANE77 单元示意图

PLANE77 单元的算法和物理行为通过其 KEYOPT 选项所决定，此单元的 KEYOPT 选项如下。

KEYOPT（1）选项用于控制单元比热矩阵的形式。其中，KEYOPT（1）＝0 表示采用一致比热矩阵，KEYOPT（1）＝1 表示采用对角比热矩阵。

KEYOPT（3）选项用于控制单元的行为。其中：KEYOPT（3）＝0 表示单元是平面单元；KEYOPT（3）＝1 表示单元为轴对称单元；KEYOPT（3）＝3 表示单元是平面单元但需要输入厚度（*Z* 方向）。

PLANE77 单元的荷载包括表面荷载以及体积荷载。PLANE77 单元的表面荷载（边界条件）包括热流（Heat Flow）、对流（Convection）和辐射（Radiation），作用的面编号与节点对应关系为 face 1（J-I）、face 2（K-J）、face 3（L-K）、face 4（I-L）。PLANE77 单元可以施加的体积荷载为热生成（Heat Generation），可以施加到各个节点上，即 HG（I）、HG（J）、HG（K）、HG（L）、HG（M）、HG（N）、HG（O）、HG（P）。对流引起的热流量以流出单元为正，施加的热流量以流入单元为正。对于轴对称分析，面积和热流率输出结果是基于一周 360°的。

PLANE77 的单元坐标系缺省条件下为总体直角坐标系，可根据需要转换到其他的方向。对正交异性材料模型，其参数与单元坐标系相关。PLANE77 单元应力计算结果也是在单元坐标系中的。

使用 PLANE77 单元要注意如下的一些限制：

(1)单元必须位于总体坐标的 *X*-*Y* 平面内。

(2)对于轴对称分析，*Y* 轴必须是轴对称分析的旋转轴，结构必须位于 *X* 轴正半轴区域。

9.1.2 三维温度场单元

在 3D 温度场分析中，ANSYS Workbench 通常采用带中间节点的四面体单元 SOLID87、带中间节点的六面体单元 SOLID90 以及不带中间节点的六面体单元 SOLID70 等单元类型。缺省采用带有中间节点的单元。

1. 带有中间节点的温度场分析单元

(1)SOLID87 单元

SOLID87 单元是一个 10 节点四面体二次热分析单元，其单元形状和节点连接关系如图 9-3 所示。在 ANSYS Workbench 中，对于四面体网格，如果使用二次选项将会使用此单元。

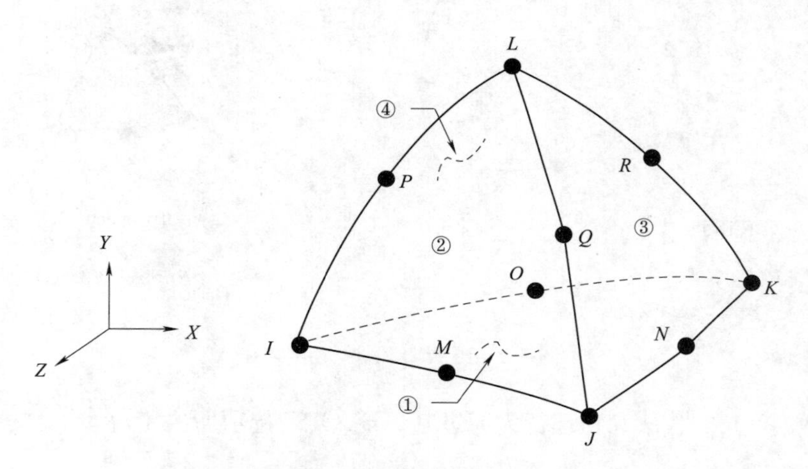

图 9-3 SOLID87 单元的形状

SOLID87 单元的算法和物理行为通过其 KEYOPT 选项所决定，此单元的 KEYOPT 选项如下。

KEYOPT(1)选项用于控制单元比热矩阵的形式。其中，KEYOPT(1)＝0 表示采用一致比热矩阵，KEYOPT(1)＝1 表示采用对角比热矩阵。

KEYOPT(5)选项用于控制表面对流矩阵的形式。其中，KEYOPT(5)＝0 表示采用对角对流矩阵，KEYOPT(1)＝1 表示采用一致对流矩阵。

SOLID87 单元的荷载包括表面荷载以及体积荷载。SOLID87 单元的表面荷载(边界条件)包括热流(Heat Flow)、对流(Convection)和辐射(Radiation)，作用的面编号与节点对应关系为 face 1(J-I-K)、face 2(I-J-L)、face 3(J-K-L)、face 4(K-I-L)。SOLID87 单元可以施加的体

积荷载为热生成(Heat Generation),可以施加到各个节点上,即 HG(I)、HG(J)、HG(K)、HG(L)、HG(M)、HG(N)、HG(O)、HG(P)、HG(Q)、HG(R)。对流引起的热流量以流出单元为正,施加的热流量以流入单元为正。

(2)SOLID90 单元

SOLID90 单元是一个 20 节点六面体热分析单元,其单元形状和节点连接关系如图 9-4 所示,其节点依次为 I、J、K、L、M、N、O、P、Q、R、S、T、U、V、W、X、Y、Z、A、B。SOLID90 单元还支持四面体、金字塔、三棱柱形状的退化单元。在 ANSYS Workbench 中,对于六面体网格如果使用二次选项,将使用此单元类型。

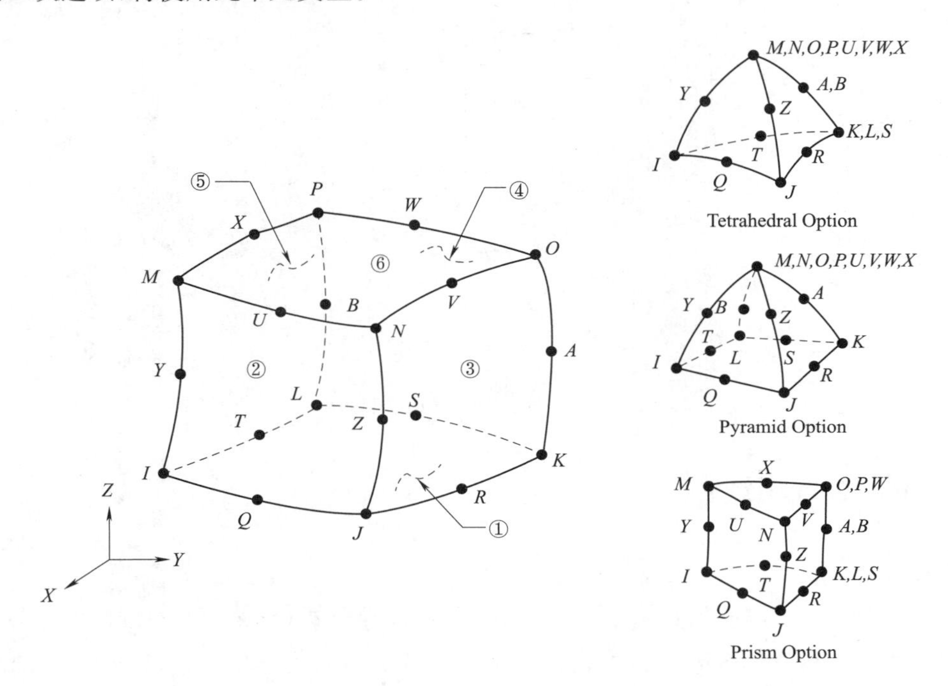

图 9-4　SOLID90 单元示意图

SOLID90 单元的算法和物理行为通过其 KEYOPT 选项所决定,此单元的 KEYOPT 选项如下。

KEYOPT(1)选项用于控制单元比热矩阵的形式。其中,KEYOPT(1)=0 表示采用一致比热矩阵,KEYOPT(1)=1 表示采用对角比热矩阵。

SOLID90 单元的荷载包括表面荷载以及体积荷载。SOLID90 单元的表面荷载(边界条件)包括热流(Heat Flow)、对流(Convection)和辐射(Radiation),作用的面编号与节点对应关系为 face 1(J-I-L-K)、face 2(I-J-N-M)、face 3(J-K-O-N)、face 4(K-L-P-O)、face 5(L-I-M-P)、face 6(M-N-O-P)。SOLID87 单元可以施加的体积荷载为热生成(Heat Generation),可以施加到各个节点上,即 HG(I)、HG(J)、HG(K)、HG(L)、HG(M)、HG(N)、HG(O)、HG(P)、HG(Q)、HG(R)、HG(S)、HG(T)、HG(U)、HG(V)、HG(W)、HG(X)、HG(Y)、HG(Z)、HG(A)、HG(B)。对流引起的热流量以流出单元为正,施加的热流量以流入单元为正。

2. 不带中间节点的温度场分析单元

SOLID70 单元是一个 8 节点的线性六面体单元,同时支持三棱柱体、五面体金字塔体、四面体等退化形式。图 9-5 为 SOLID185 单元及其退化形状的示意图。在 Workbench 热分析中，对于六面体网格，如果选择线性单元选项，将会使用此单元。

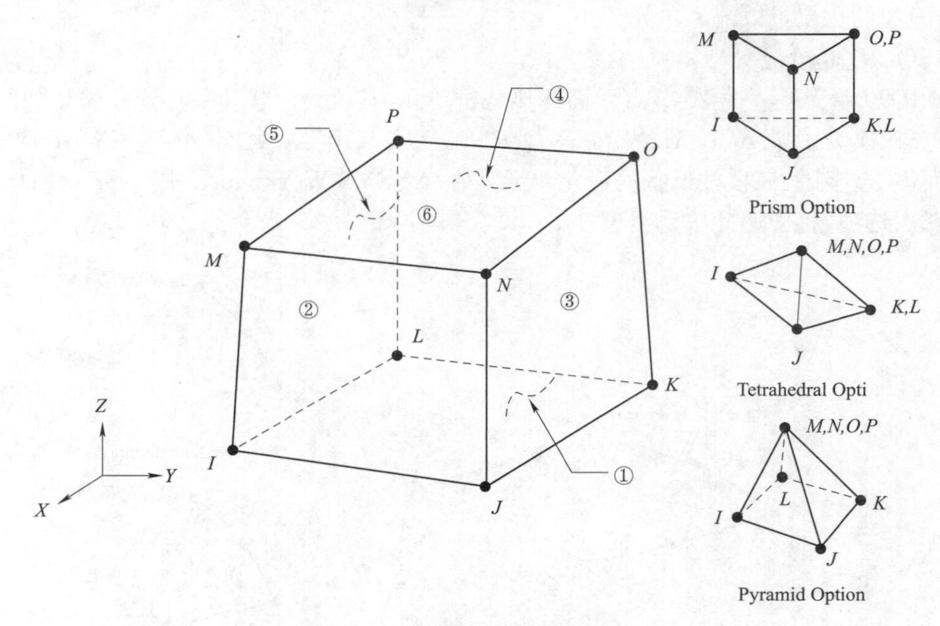

图 9-5　SOLID70 单元示意图

9.2　温度场分析建模

1. 系统与流程

在 Workbench 左侧的工具箱中，或调用稳态热传导分析(Steady-State Thermal)或瞬态热传导分析(Transient Thermal)的模板，用鼠标左键将其拖放至右侧 Project Schematic 窗口中，分别如图 9-6 和图 9-7 所示。

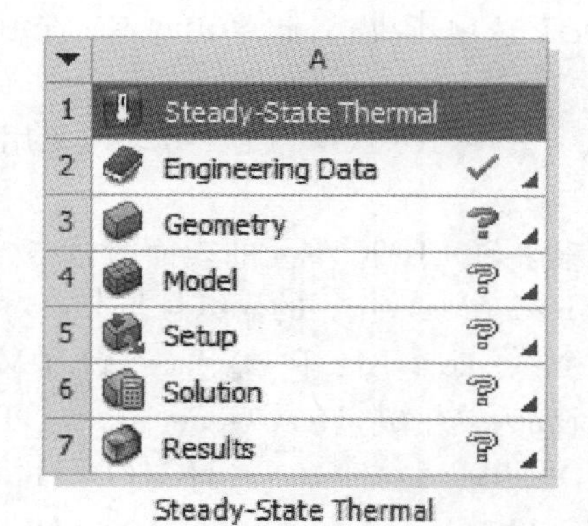

图 9-6　稳态热传导分析系统模板

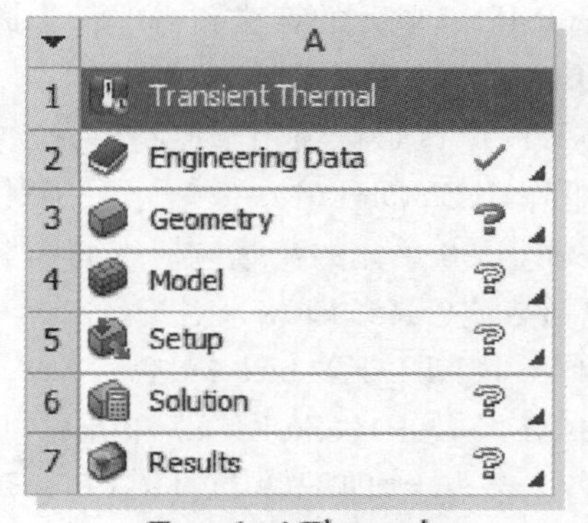

图 9-7　瞬态热传导分析系统模板

上述热分析系统包含了 Engineering Data、Geometry、Model、Setup、Solution、Results 等

组件。其中，Engineering Data 用于定义热传导分析所需的材料性能参数；Geometry 为几何组件，与结构分析系统的几何组件一样；Model 部分为创建有限元分析模型；Setup 部分用于问题的物理定义；Solution 部分用于求解；Results 部分用于后处理。Model、Setup、Solution 以及 Results 部分都是在 Mechanical 界面下进行的。

2. 材料参数

在上述热传导分析系统中双击 Engineering Data 单元格，即进入到工程材料数据定义界面。对于热传导问题，Engineering Data 的材料工具箱已经进行了过滤，仅显示与此分析类型相关的材料属性，如图 9-8 所示。

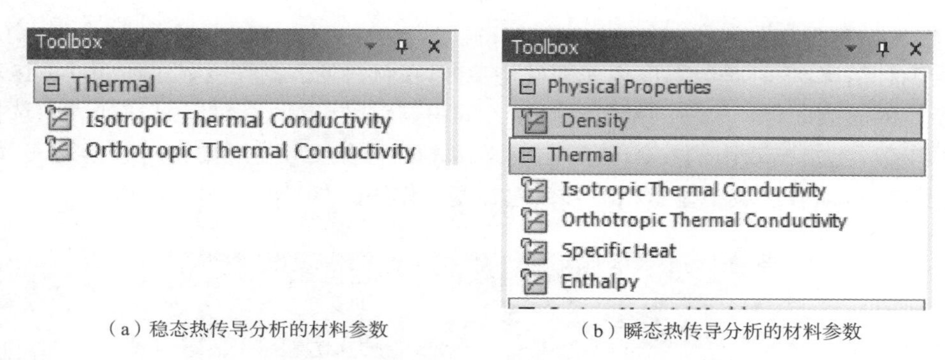

（a）稳态热传导分析的材料参数　（b）瞬态热传导分析的材料参数

图 9-8　热传导分析相关的材料属性

一般情况下较为常用的是自行指定材料属性和参数。稳态热分析需要定义 Isotropic Thermal Conductivity 或 Orthotropic Thermal Conductivity，瞬态分析中除了导热系数还需要指定 Density、Specific Heat 等参数。下面以各向同性体瞬态分析为例介绍具体的操作步骤。

(1)定义材料名称

在 Engineering Data 的 Outline 区域，输入一个材料名称，如图 9-9 所示的“MAT”。

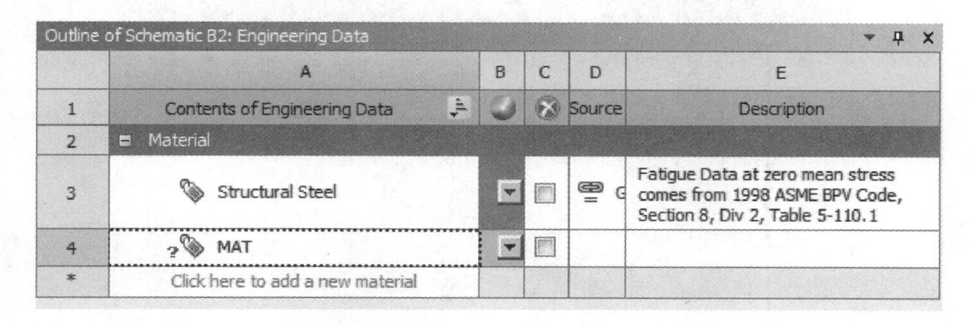

图 9-9　定义材料名称

(2)选择材料属性

在左侧 Toolbox 中依次选择 Density、Isotropic Thermal Conductivity、Specific Heat，用鼠标左键依次将其拖放至新材料名称 MAT 上，这时在 MAT 的 Properties 列表中出现 Density、Isotropic Thermal Conductivity、Specific Heat 属性，如图 9-10 所示。

Properties of Outline Row 4: MAT

	A	B	C	D	E
1	Property	Value	Unit		
2	Density		kg m^-3		
3	Isotropic Thermal Conductivity		W m^-1 C^-1		
4	Specific Heat		J kg^-1 C^-1		

图 9-10　定义材料参数

(3)输入材料参数

分为两种情况，一种是与温度无关的材料参数，在材料列表高亮度显示的 Value 区域内直接输入所需的参数即可。另一种是与温度相关的材料参数，这时在材料属性列表中选择要指定的材料参数，比如 Specific Heat，然后在右侧 Table 中输入与温度相关的数据列表，如图 9-11(a)所示，在 Graph 区域中显示相关参数随温度变化的曲线，如图 9-11(b)所示。

Table of Properties Row 4: Specific Heat

	A	B
1	Temperatur...	Specific Heat (J kg^-1 C^-1)
2	20	1.29
3	25	1.39
4	30	1.45
5	35	1.5
6	40	1.55
7	45	1.58
8	50	1.6
*		

(a)

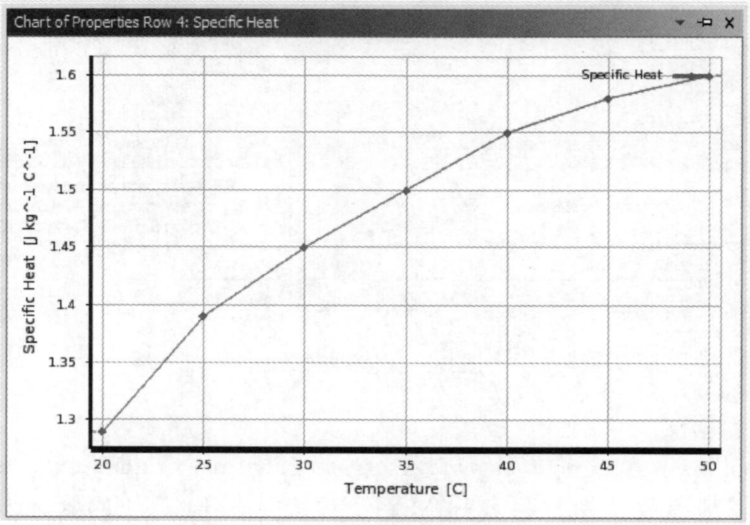

Chart of Properties Row 4: Specific Heat

(b)

图 9-11　定义与温度有关的比热参数

3. 建立热分析模型

热分析的建模过程与结构分析类似，几何模型可通过几何组件 SCDM 或 DM 创建或导入，具体几何建模方法请参考第 2 章的有关内容。这里仅介绍几何模型导入 Mechanical 后的热分析前处理操作要点。

(1)Geometry 分支

几何模型导入 Mechanical 后，在 Geometry 分支中需要为体指定材料、面体厚度等属性。在瞬态分析中，还可以加入热质量点，其操作方法是通过在 Project 树中选择 Geometry 目录，在其右键菜单中选择 Insert＞Thermal Point Mass，如图 9-12 所示。

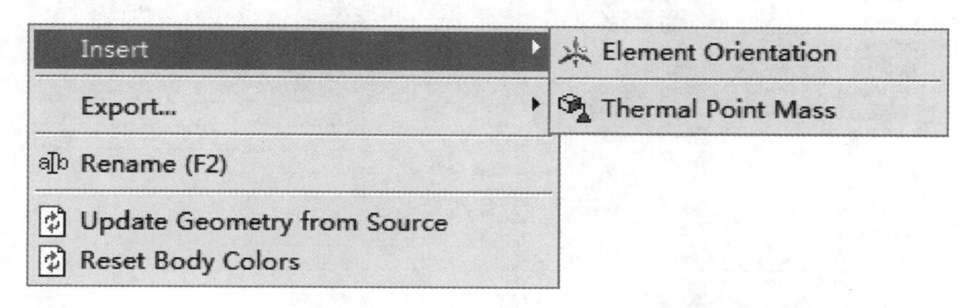

图 9-12　定义热质量点

如图 9-13(a)所示，新添加的热质量点出现在 Geometry 目录下。在 Thermal Point Mass 的 Details 中，需要为其指定热容量值等参数，如图 9-13(b)所示。

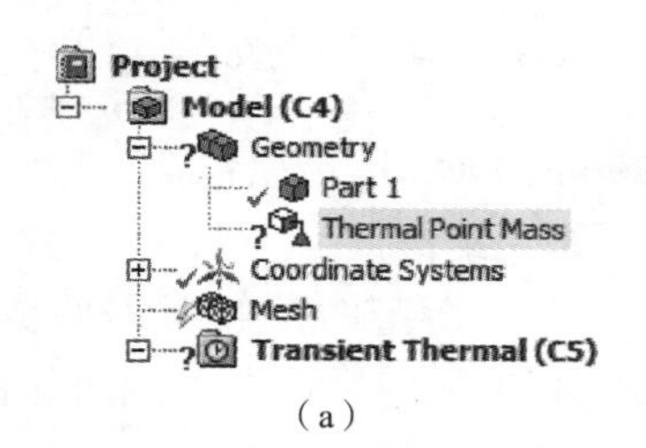

(a)

Details of "Thermal Point Mass"

Scope	
Scoping Method	Geometry Selection
Applied By	Remote Attachment
Geometry	1 Face
Coordinate System	Global Coordinate System
X Coordinate	-46.056 mm
Y Coordinate	2.1585 mm
Z Coordinate	4.7862e-004 mm
Location	Click to Change
Definition	
Thermal Capacitance	0. mJ/°C
Suppressed	No
Behavior	Heat-Flux Distributed
Pinball Region	All

(b)

图 9-13　热质量点分支及其 Details 设置

(2)Connections 分支

在 Connections 分支下，可通过与结构分析中相同的操作方法加入接触分支 Contact Region。通过接触界面可以在有温差的两个物体之间传递热量，在 Contact Region 的 Details 视图中进行接触设置，如图 9-14 所示。

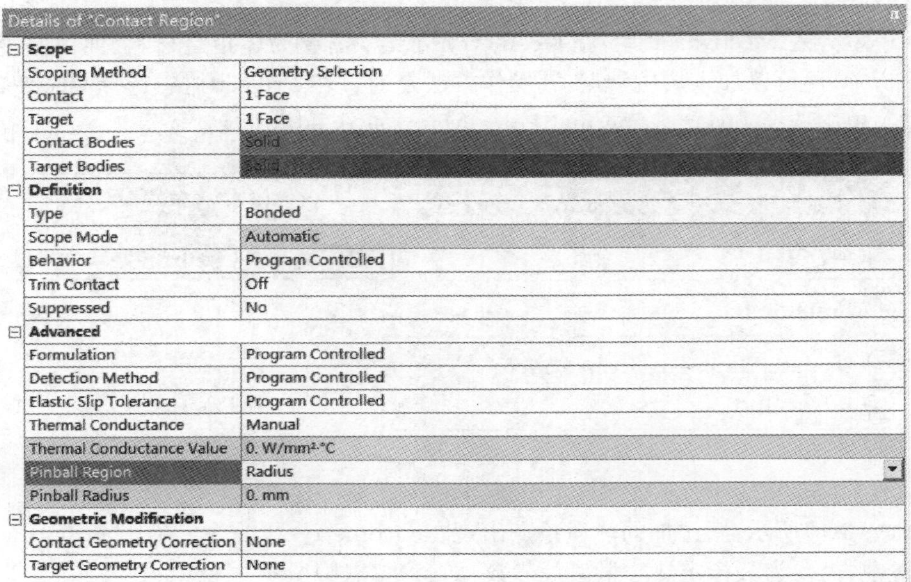

Details of "Contact Region"

Scope	
Scoping Method	Geometry Selection
Contact	1 Face
Target	1 Face
Contact Bodies	Solid
Target Bodies	Solid
Definition	
Type	Bonded
Scope Mode	Automatic
Behavior	Program Controlled
Trim Contact	Off
Suppressed	No
Advanced	
Formulation	Program Controlled
Detection Method	Program Controlled
Elastic Slip Tolerance	Program Controlled
Thermal Conductance	Manual
Thermal Conductance Value	0. W/mm²·°C
Pinball Region	Radius
Pinball Radius	0. mm
Geometric Modification	
Contact Geometry Correction	None
Target Geometry Correction	None

图 9-14 热接触的选项

接触区域分支 Contact Region 的 Details 选项包括：

①Scope 部分

这部分用于指定接触面，对于手工指定的接触对需要分别指定 Contact 面以及 Target 面。对于自动识别的接触可在此处列出或编辑修改接触面和目标面。

②Definition 部分

这部分用于指定接触类型、接触行为等，与结构分析的接触定义选项类似。

③Advanced 部分

这部分用于指定接触算法(Formulation)、接触探测方法(Detection Method)、Thermal Conductance 及 Pinball 等。

Thermal Conductance 选项可选择 Program Controlled 或 Manual。如果选择 Program Controlled，程序将设置一个足够大的值以模拟一个热阻抗最小的完美的热接触。如果设置为 Manual，需要手工指定 Thermal Conductance Value 的值。对于 3D 问题的面接触或 2D 问题的边接触，Thermal Conductance Value 的量纲是热量/(时间×温度×面积)。对于 3D 的边或点接触，量纲为热量/(时间×温度)，作用于接触面一侧的所有节点上。

Pinball Region 的作用与结构分析类似，用于定义接触搜索的范围。Pinball 区域的范围可以选择 Program Controlled、Auto Detection Value 或 Radius 三种方式定义。选择 Program Controlled 选项，程序自动计算 Pinball 区域范围。Auto Detection Value 选项仅用于自动生成的接触区域，选择此选项时 Pinball 区域范围将等于自动接触探测的 Tolerance 范围，这个选项适用于接触自动探测区域大于 Program Controlled 选项的范围。选择 Radius 选项时需要手工指定 Pinball 范围的半径，这时将出现一个 Radius 选项，在其中需要手工指定 Pinball 的半径。对于 Bonded 和 No Separation 类型的接触，Pinball 区域内的区域被认为发生接触和热量的传递。对于其他类型接触，Pinball 区域仅用于区分近场和远场，在 Pinball 范围以内的近场情况下程序将通过计算来探测接触是否真实发生。在 Pinball 区域以外的体，程序将不探测接触。

(3)Mesh 分支

在网格划分时，缺省设置是采用二次单元。对于不规则形状的 3D 几何体，在网格划分时采用 Hex Dominant 等划分方法，将形成包含有 SOLID90 单元以及 SOLID87 单元的混合有限元模型。如果采用 Tetra 划分方法，则形成仅包含 SOLID87 单元的有限元模型。如果在 Mesh 分支的 Details 中 Element Order 选项选择 Linear 时，如图 9-15 所示，不论选择何种网格划分方法，都将形成由 SOLID70 单元(包括六面体及各种退化形状单元)所组成的有限元模型。2D 情况下，Mechanical 会根据 Element Order 选项而分别采用 PLNAE77 或 PLNAE55 单元。

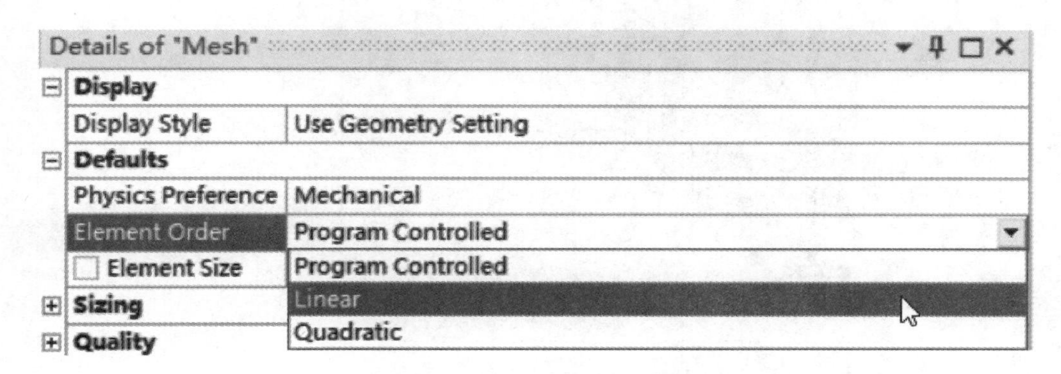

图 9-15　线性单元选项

9.3　温度场分析建模例题：散热器的轴对称模型

1. 问题描述

某铜合金换热器管段长 200 mm，内部流道直径为 50 mm，壁厚 6 mm，翅片外径 142 mm，厚度 5 mm，其中端部两翅片 2.5 mm，各翅片间距为 20 mm，详细尺寸如图 9-16 所示。此问题符合轴对称条件，本例将介绍换热器管段的二维轴对称模型的创建方法。

2. 创建换热器管段轴对称几何模型

(1)通过开始菜单启动 SpaceClaim，启动后，单击文件→保存，输入“Heat Exchanger Tube 1”作为文件名称，保存文件。

(2)选择工作平面。启动 SpaceCalim 后，程序会自动打开一个的设计窗口，并自动激活至草图模式，且当前激活平面为 *XZ* 平面，如图 9-17 所示。因轴对称分析必须在 *XY* 平面内建模，*Y* 轴为回转轴线，故需要将当前激活的草图平面切换至 *XY* 平面，具体操作如下：

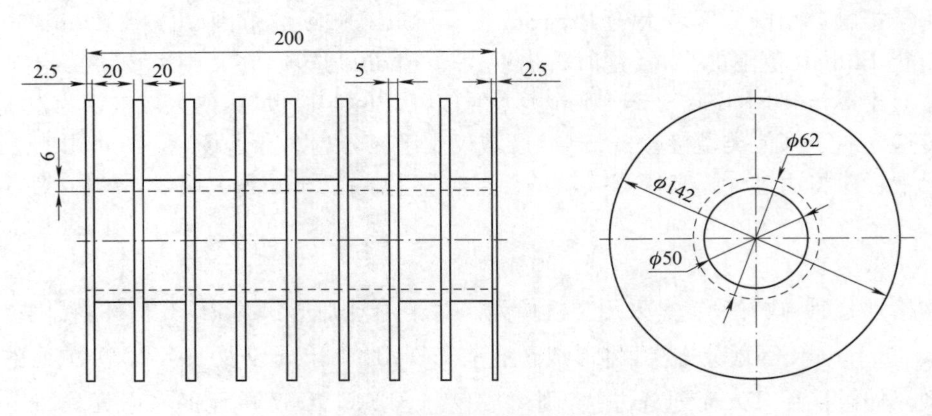

图 9-16 换热器管示意图(单位:mm)

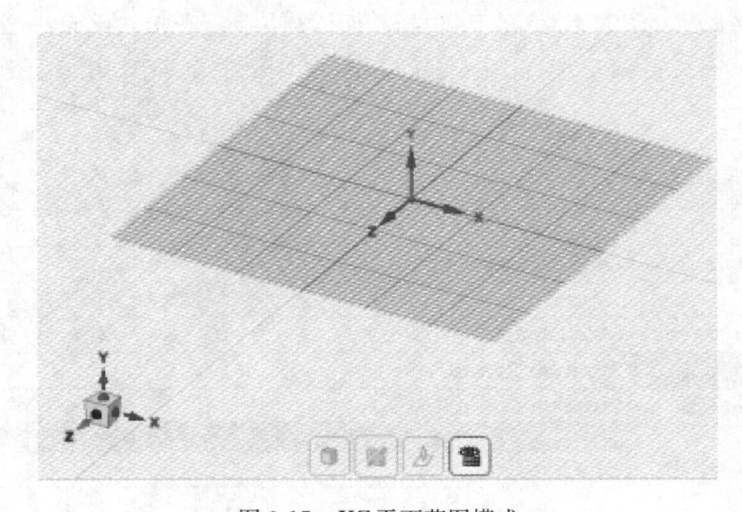

图 9-17 *XZ* 平面草图模式

①单击图形显示区下方微型工具栏中的图标,移动鼠标至 *XY* 平面高亮显示,然后单击鼠标左键,此时草图平面已激活至 *XY* 平面,如图 9-18 所示。

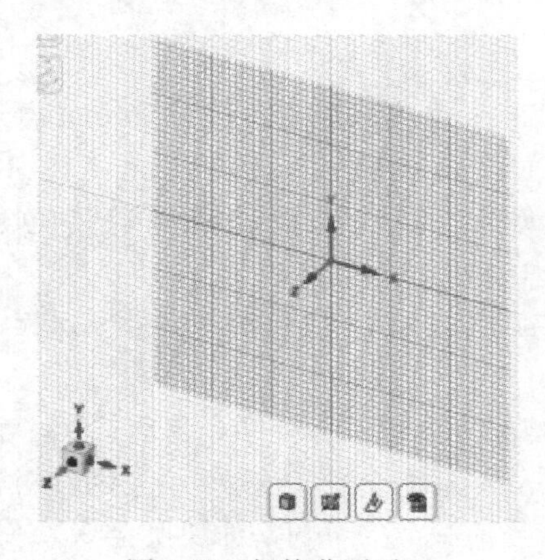

图 9-18 切换草图平面

②依次单击主菜单中的设计→定向→图标或微型工具栏中的图标，也可直接单击字母“V”键，正视当前草图平面，如图9-19所示。

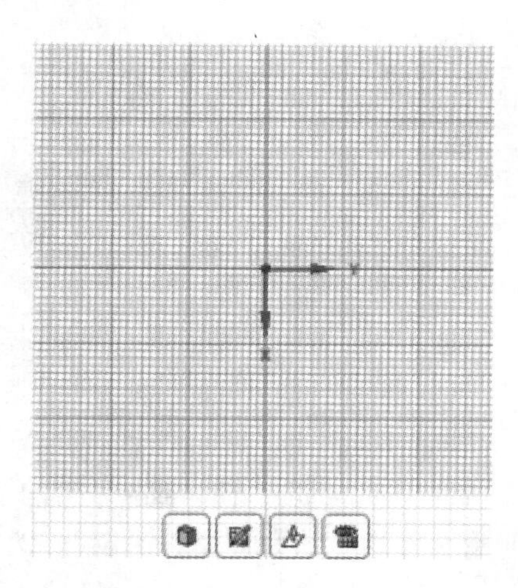

图9-19 正视草图平面

(3)单击主菜单中的设计→草图→矩形工具或按快捷键“R”，以坐标原点为起点，在第一象限内绘制一个长×宽为200 mm×6 mm的长方形，如图9-20所示。

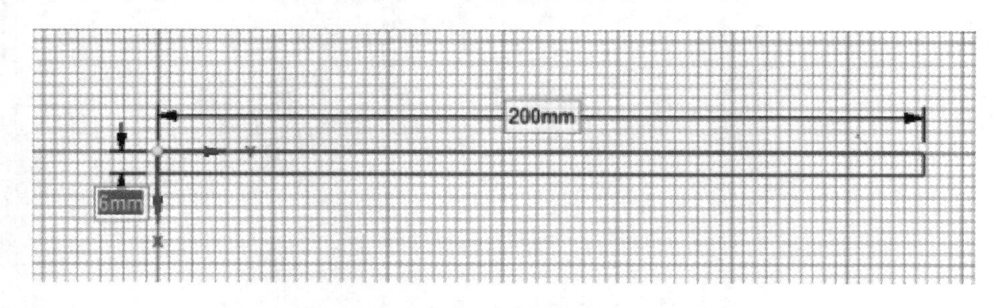

图9-20 绘制管壁草图

(4)单击主菜单中的设计→草图→矩形工具或按快捷键“R”，以长方形左下角为起点，绘制一个长×宽为40 mm×2.5 mm的长方形，如图9-21所示。

(5)参照上面一步操作，以长方形右下角为起点，绘制一个长×宽为40 mm×2.5 mm的长方形，如图9-22所示。

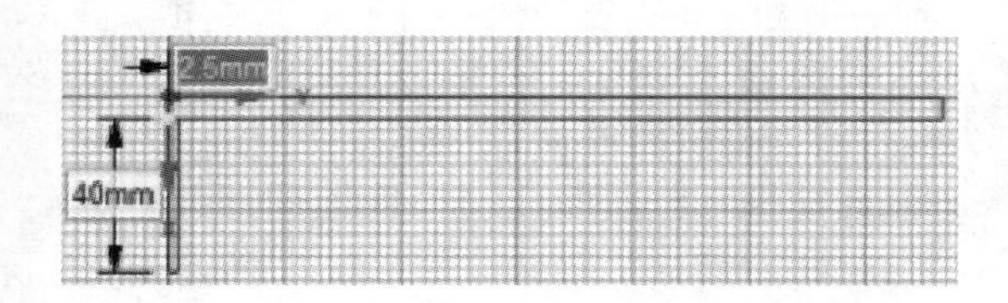

图9-21 绘制左侧端部翅板草图

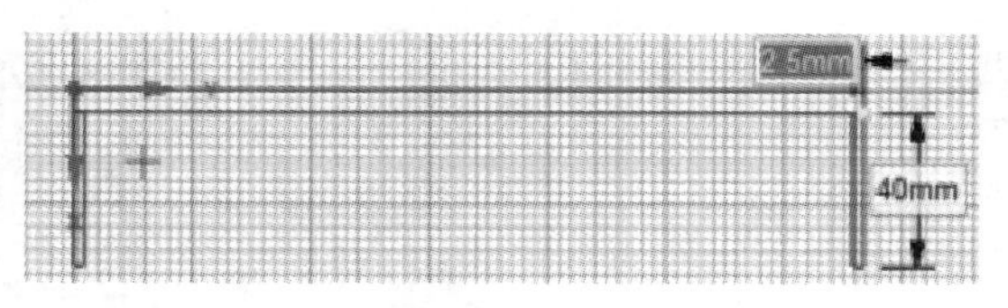

图9-22 绘制右侧端部翅板草图

(6)参照上面一步的操作方法，以长方形下边任意处为起点，绘制一个长×宽为40 mm×5 mm的长方形，如图9-23所示。

(7)单击主菜单中的设计→编辑→移动工具或按快捷键“M”,利用鼠标左键选中上一步创建的中间翅板草图,拖动移动原点至翅板左侧边上,再次单击窗口左侧选项面板中的标尺工具,标注两个翅板之间的间距,并输入 20 mm,如图 9-24 所示。

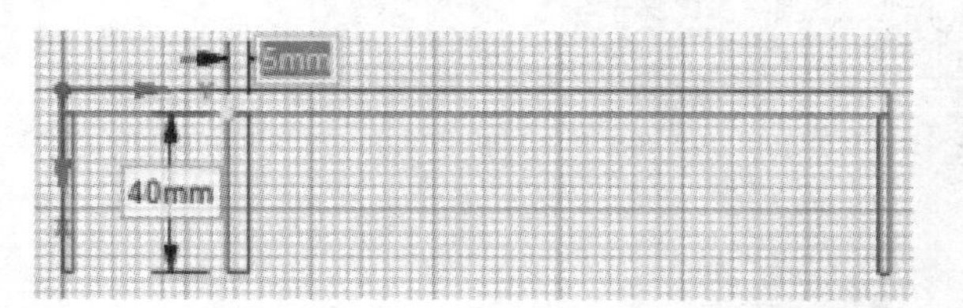

图 9-23 绘制中间翅板草图

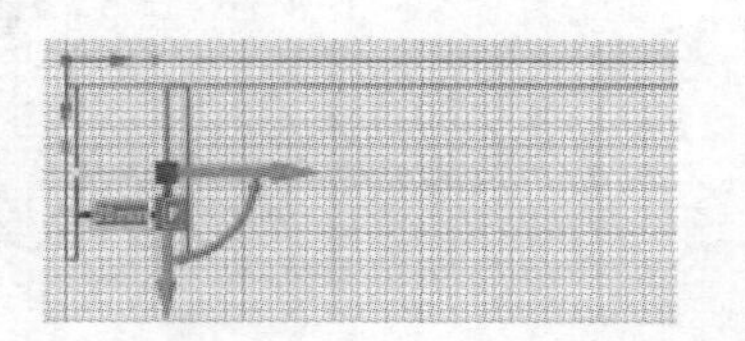

图 9-24 翅板间距标注

(8)单击主菜单中的设计→编辑→移动工具或按快捷键“M”,利用鼠标左键选中上一步创建的中间翅板草图,勾选窗口左侧选项面板中 创建阵列 前的复选框,向右(+Y 向)拖动移动箭头,通过切换“Tab”键分别输入阵列计数为 7 个,阵列间隔为 25 mm,如图 9-25 所示。

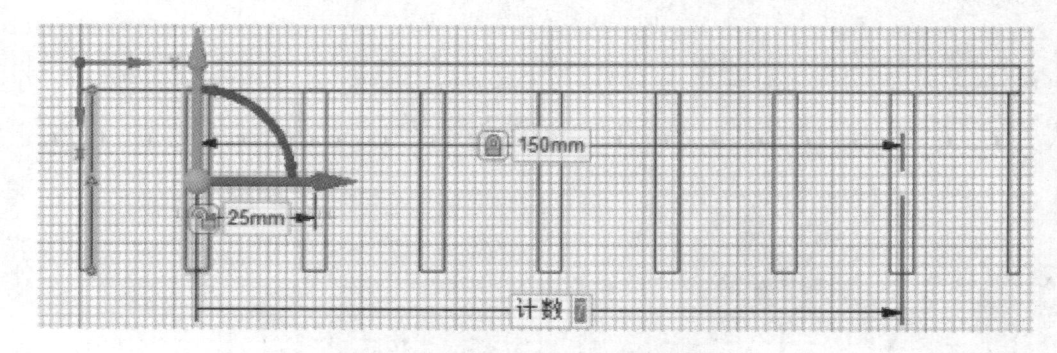

图 9-25 创建中间翅板阵列

(9)单击主菜单中的设计→草图→剪掉工具或按快捷键“T”,删除多余短边线,效果如图 9-26 所示。

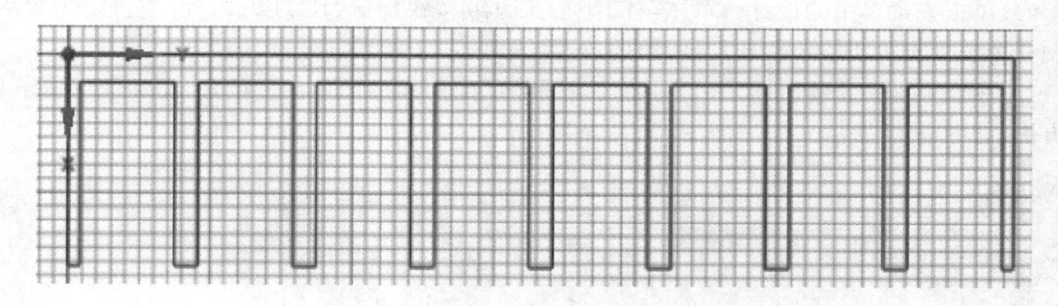

图 9-26 删除草图多余线段

(10)单击主菜单中的设计→编辑→移动工具或按快捷键“M”,利用鼠标左键选中先前创建的所有草图,拖动向下(+X 向)的移动箭头,输入移动距离为 25 mm,如图 9-27 所示。

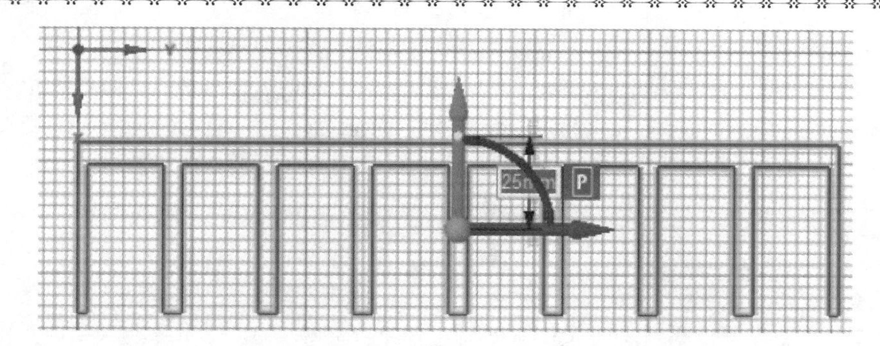

图 9-27　移动草图

(11)单击主菜单中的设计→模式→三维模式，或按快捷键“D”，此时将自动进入三维模式中。

(12)单击文件→保存，保存当前工作，完成换热器管段的轴对称模型的创建，如图 9-28 所示。

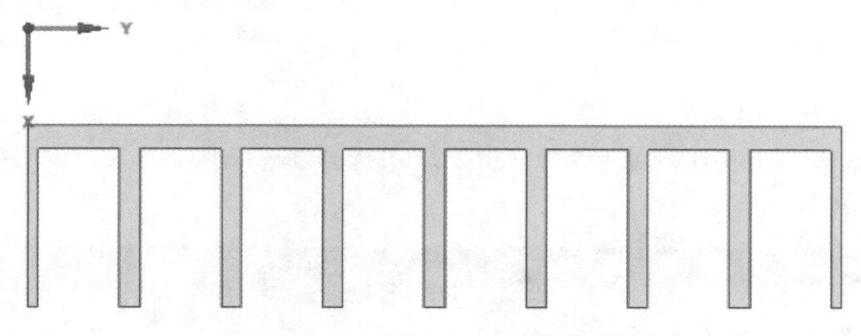

图 9-28　换热器管段的轴对称模型

3. 换热器稳态热传导分析

按照如下步骤进行操作：

(1)建立分析系统

启动 Workbench，利用左侧工具箱中的稳态热分析模板，在 Project Schematic 中建立一个 Steady-State Thermal 分析系统，如图 9-29 所示。

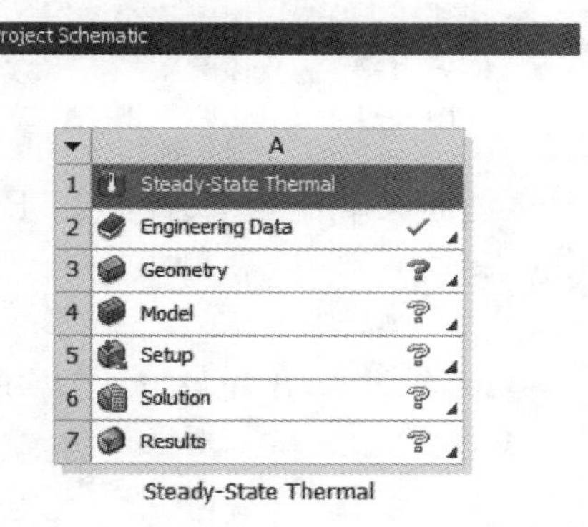

图 9-29　添加分析系统

(2)定义材料数据

在分析系统中双击 A2:Engineering Data,进入 Engineering Data,按下 Engineering Data Sources 按钮,选择 General Materials,在材料列表中选择 Copper Alloy,单击右侧的“+”号,添加到分析项目中,如图 9-30 所示。关闭 Engineering Data,返回 Workbench。

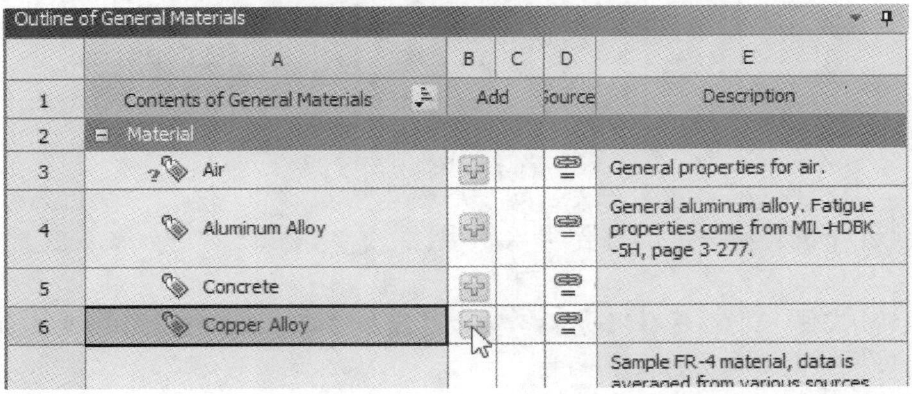

Outline of General Materials

	A	B	C	D	E
1	Contents of General Materials	Add		Source	Description
2	Material				
3	Air				General properties for air.
4	Aluminum Alloy				General aluminum alloy. Fatigue properties come from MIL-HDBK -5H, page 3-277.
5	Concrete				
6	Copper Alloy				
					Sample FR-4 material, data is averaged from various sources

图 9-30 添加材料

(3)导入几何模型

选择 View>Properties 菜单,在分析系统中选择 Geometry,在其 Properties 中设置 Analysis Type 为 2D,如图 9-31 所示。

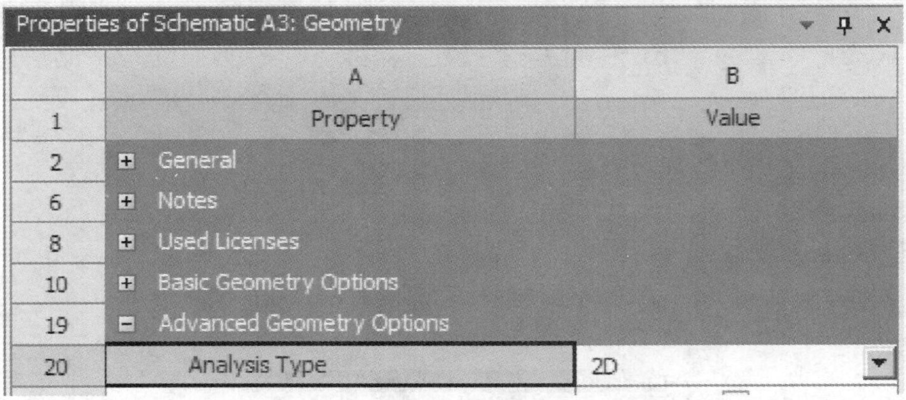

Properties of Schematic A3: Geometry

	A	B
1	Property	Value
2	General	
6	Notes	
8	Used Licenses	
10	Basic Geometry Options	
19	Advanced Geometry Options	
20	Analysis Type	2D

图 9-31 设置分析类型

右键菜单中选择 Import,导入前面保存的几何文件 Heat Exchanger Tube 1. scdoc。在分析系统中双击 A4:Model 单元格,启动 Mechanical 界面,将几何模型导入 Mechanical 中。

(4)定义几何属性

在 Mechanical 界面下,选择 Geometry 分支,在其 Details 中选择 2D Behavior 为 Axisymmetric,如图 9-32 所示。

(5)分配材料

选择 Geometry 分支下面的几何体分支,在其 Details 种选择 Material-Assignment 为 Copper Alloy,如图 9-33 所示。

2D Behavior
Axisymmetric
Display Style
Plane Stress
Bounding Box
Axisymmetric
Properties
Plane Strain
Statistics
Generalized Plane Strain
By Body

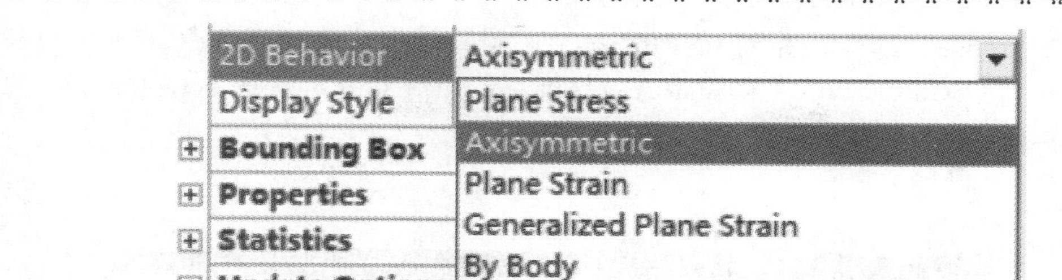

图 9-32　轴对称选项

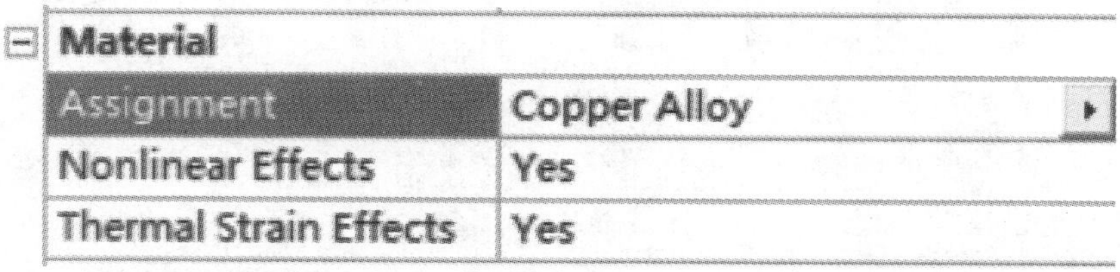

Material
Assignment
Copper Alloy
Nonlinear Effects
Yes
Thermal Strain Effects
Yes

图 9-33　材料设置

(6)划分网格

①选择 Mesh 分支，在其 Details 设置 Element Size 为 2.0 mm，如图 9-34 所示。

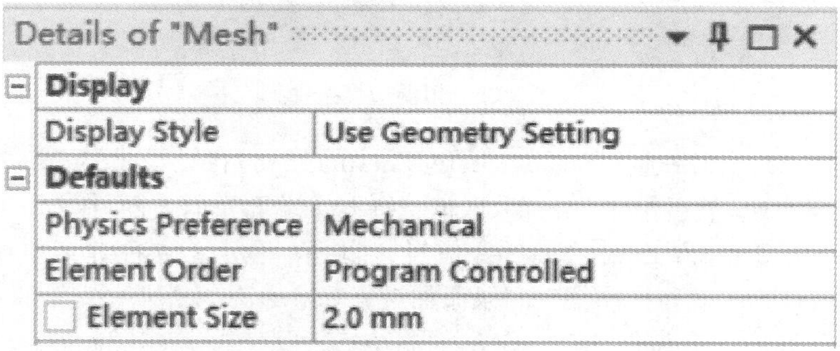

Details of "Mesh"
Display
Display Style
Use Geometry Setting
Defaults
Physics Preference
Mechanical
Element Order
Program Controlled
Element Size
2.0 mm

图 9-34　设置网格尺寸

②选择 Mesh 分支，在其右键菜单中选择 Generate Mesh，生成网格如图 9-35 所示。

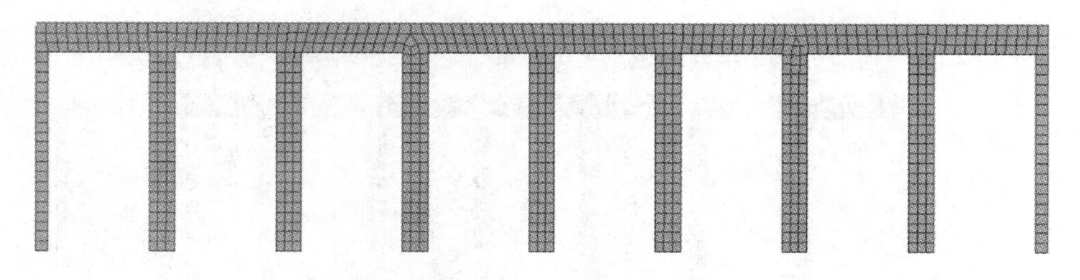

图 9-35　划分形成的计算网格

(7)加载与计算

①添加恒温边界。选择 Steady-State Thermal(A5)目录，在图形窗口中按下 Ctrl+E 组

合键切换至边选择模式，选择散热器内表面的边，在右键菜单中选择 Insert>Temperature，如图 9-36(a)所示，在 Steady-State Thermal(A5)目录下添加恒温边界条件 Temperature，在其 Details 中设置温度为 180 ℃，如图 9-36(b)所示。

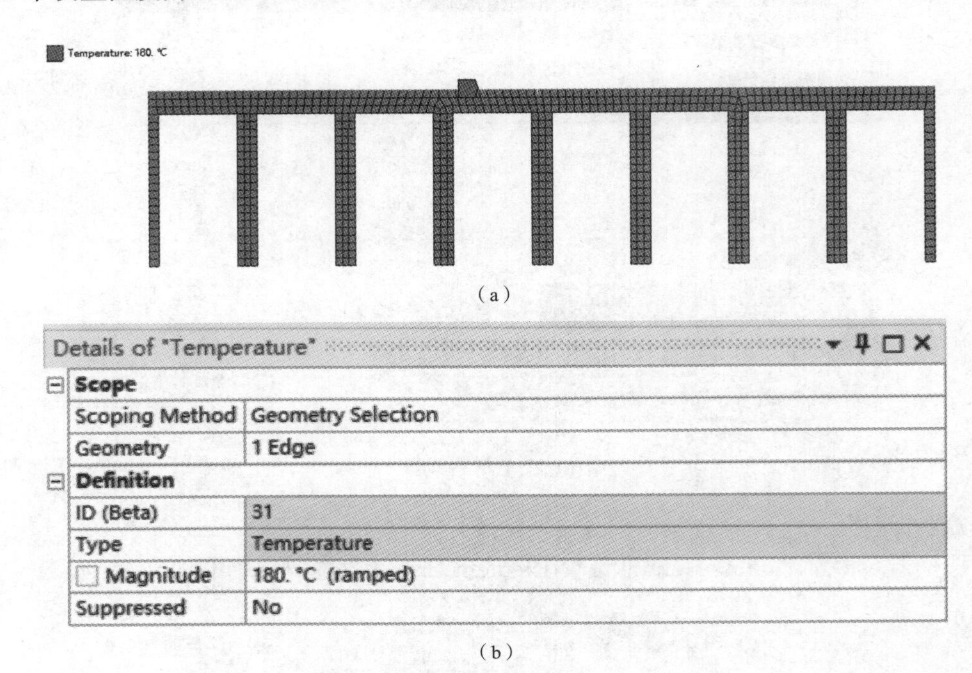

(a)

(b)

图 9-36　恒温边界条件

②添加对流边界。再次选择 Steady-State Thermal(A5)目录，在图形窗口中用鼠标右键 Select All，选择所有边，然后按住 Ctrl 键，取消选择两个端面及内表面，在 Mechanical 界面最下方的状态提示栏中显示 33 Edges Selected 信息；然后在图形区域右键菜单中选择 Insert>Convetion，在 Steady-State Thermal(A5)目录添加对流 Convetion，如图 9-37(a)所示；在 Convetion 的 Details 中设置 Film Coefficient 为 0.006 W/(mm²·℃)，设置 Ambient Temperature 为 25 ℃，如图 9-37(b)所示。

③选择 Solution 目录，在右键菜单中选择 Insert>Thermal>Temperature，添加温度结果。

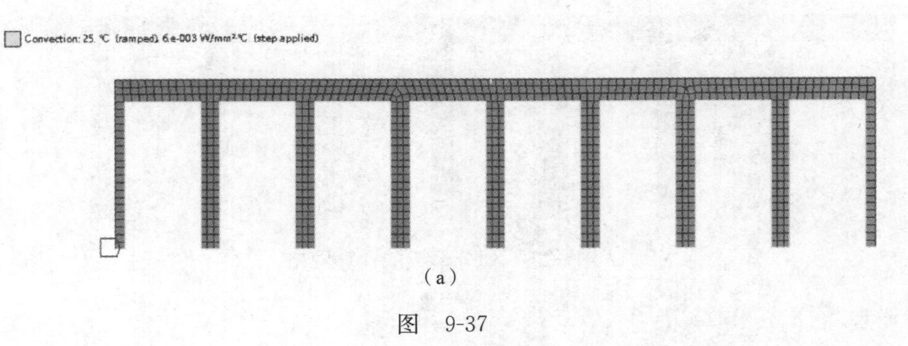

(a)

图　9-37

Details of "Convection"

Scope	
Scoping Method	Geometry Selection
Geometry	33 Edges
Definition	
ID (Beta)	33
Type	Convection
Film Coefficient	6.e-003 W/mm²·℃ (step applied)
Ambient Temperature	25. ℃ (ramped)
Convection Matrix	Program Controlled
Suppressed	No

(b)

图 9-37 添加对流条件

④选择 Solution 目录，在右键菜单中选择 Insert>Thermal>Total Heat Flux，添加热通量结果。

⑤结果添加完成后，再次选择 Solution 目录，在其右键菜单中选择 Solve，求解此热传导问题。

(8)查看结果

计算完成后，在 Solution 目录下查看结果。

选择 Temperature，查看温度分布等值线，如图 9-38 所示。

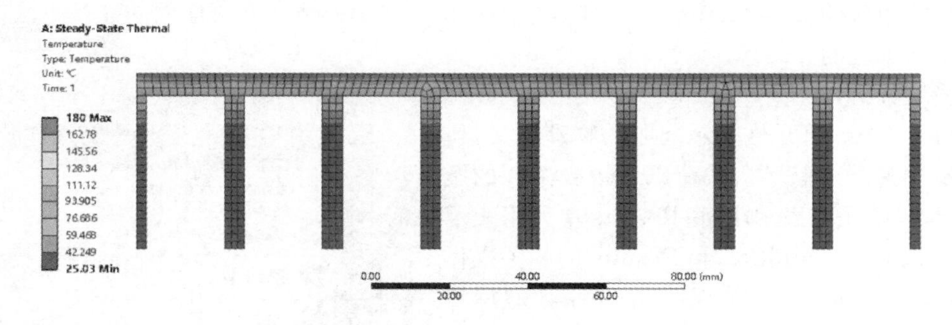

图 9-38 温度分布情况

选择 Solution 目录下的 Total Heat Flux，查看总体的热通量分布情况，如图 9-39 所示。

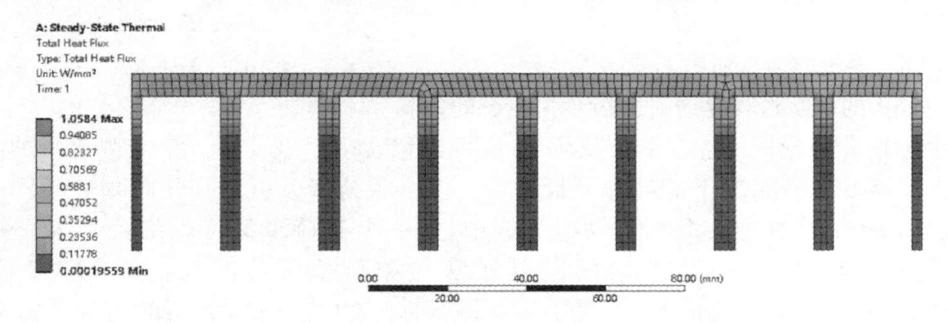

图 9-39 热通量分布

第 10 章　结构分析求解技术实现要点

本书重点介绍在 ANSYS Workbench 中各类工程结构的建模方法，然而建模和分析是不可分割的。本章对 ANSYS Workbench 中的各种结构分析类型进行归纳性的介绍，帮助读者在建模技术的基础上系统地掌握结构分析的技术实现要点。

10.1　结构分析系统与设置

本节介绍各种常见结构分析类型的分析系统与设置，包括结构静力分析、特征值分析、瞬态分析、谐响应分析、响应谱分析、随机振动分析以及稳态热传导分析、瞬态热传导分析、热应力分析。

10.1.1　静力分析

1. 静力分析系统

静力分析流程可调用 Workbench 工具箱中的 Static Structural 系统模板，如图 10-1 所示。此系统包含的 Engineering Data、Geometry、Model 单元格在本书前面的建模方法中已经进行了全面系统的介绍。

对线性分析，在 Engineering Data 指定线弹性参数即可。Setup 单元格表示问题的物理定义，包括载荷步设置、分析设置、载荷以及边界条件的施加；Solution 单元格表示求解；Results 单元格表示结果查看。Setup、Solution 和 Results 的相关操作实际上都是和 Model 一样，在 Mechanical 应用界面中完成的，因此其操作方法也是围绕 Mechanical 的 Project 树展开，只需要根据问题的需要在 Project 树中添加对象分支，在 Details 中设置其属性即可。

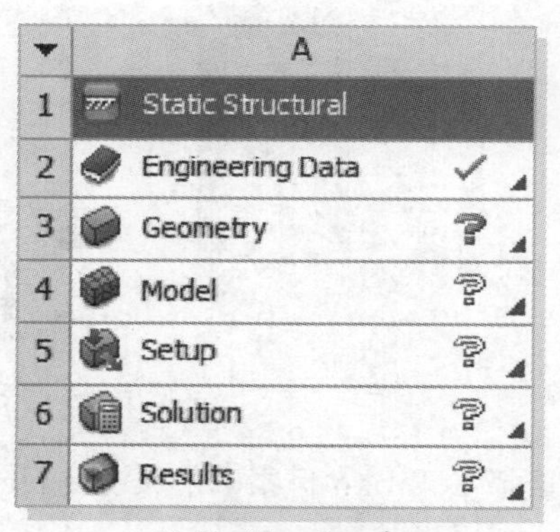

图 10-1　静力分析系统

2. 单步、多步静力分析

静力分析的求解过程是通过载荷步来组织的。

一个结构静力分析可包含单个载荷步，也可以包含多个载荷步。单个载荷步的分析可以理解为结构在单一工况下的静力分析过程。多个载荷步分析的作用是划分不同的加载阶段，通常用于非线性静力分析和动力分析中，每一个载荷步又可以细分为多个载荷子步。在静力分析中，载荷步个数的设置通常与载荷的历程相关，如图 10-2 所示的 Pressure 荷载，根据其变化情况，设置了 4 个载荷步。由此可见，载荷的施加要和载荷步的设置相统一。

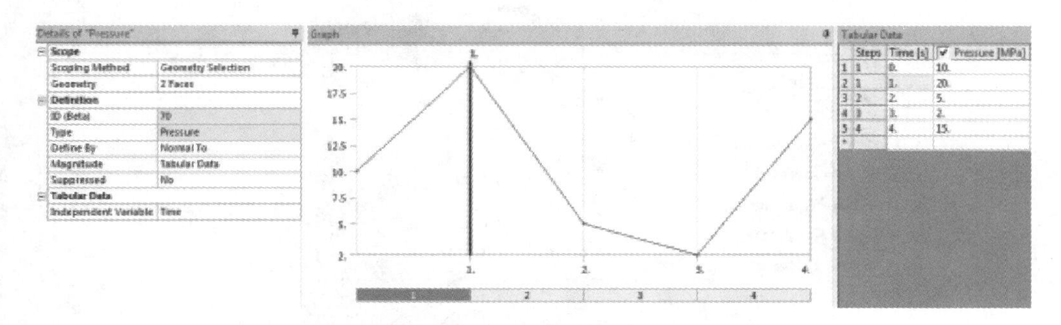

图 10-2　与载荷变化历程相关的载荷步设置

多工况分析是另一类典型的静力分析问题，实际上也需要通过多个载荷步进行分析。在 Workbench 中更为常用的做法是采用如图 10-3 所示的多个系统，共享 Model 以上内容。

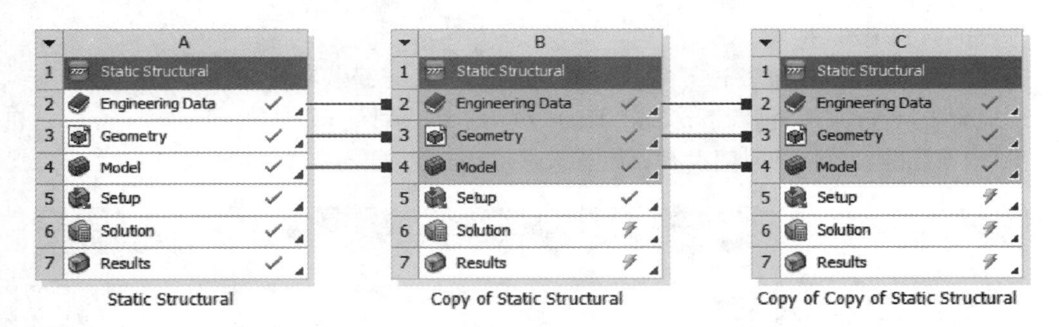

图 10-3　多工况组合的计算系统

当上述各个单一工况计算完成后，通过 Solution Combination 来进行组合，如图 10-4 所示。图中的 Combination 1 显示 1.2C+1.4D+1.3E，表示带组合系数的三个工况的组合公式。

	A	B	C	D	E
1		Environment	Static Structural	Static Structural 2	Static Structural 3
2		Time/Frequen..	End Time	End Time	End Time
3		Phase Angle			
4					
5	Combination N..	Type			
6	Combination 1	Linear	1.2	1.4	1.3
7	Combination 2	1.2C + 1.4D + 1.3E		1	0

Add Combination　Add Base Case

图 10-4　三个工况的组合

关于结构静力分析的载荷与边界条件类型及加载方法，请参考 10.2 节的有关内容。

3. 静力分析的选项设置

静力分析的选项设置是通过 Project 树中的 Analysis Settings 分支，此分支的 Details 设置选项如图 10-5 所示。实际上，所有分析类型（不仅是静力分析）的选项设置都是基于 Analysis Settings 分支来进行的。

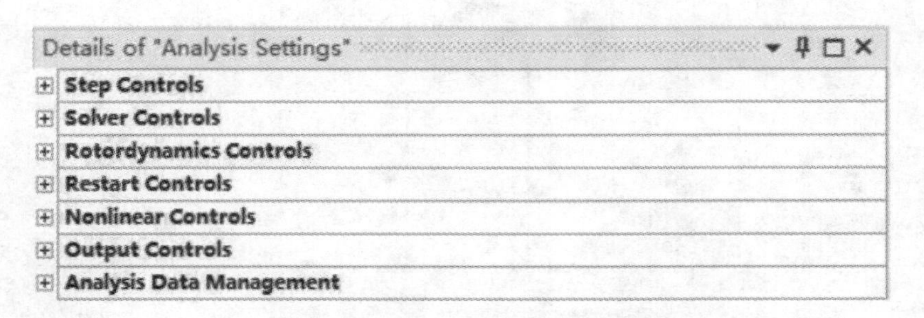

图 10-5　Analysis Settings 设置选项列表

在 Analysis Settings 中，涉及的分析选项中包括 Step Controls、Solver Controls、Rotor dynamics Controls、Restart Controls、Nonlinear Controls、Output Controls、Analysis Data Management 选项。下面对相关选项作简要的介绍。

(1)Step Controls 选项

即载荷步设置选项，如图 10-6 所示。Number Of Steps 是载荷步数，可根据需要设置。对于每个载荷步，可分别设置其 Step End Time(载荷步结束时间)和 Auto Time Stepping(自动时间步)选项。静力分析的时间没有具体意义，可以表示加载的次序和分数。

Details of "Analysis Settings"

Step Controls	
Number Of Steps	2.
Current Step Number	1.
Step End Time	1. s
Auto Time Stepping	Program Controlled

图 10-6　载荷步设置选项

自动时间步(Auto Time Stepping)选项用于非线性静力分析中，即设置载荷步划分子步的范围。收敛容易时可减少子步，反之则增加子步。子步数越多，每一子步的载荷增量就小，就越容易收敛。一般是给定一个范围，即开始的增量、最小增量以及最大增量。

当 Auto Time Stepping 设为 On 时，打开自动时间步。可以基于子步数或基于时间两种不同的方法设置自动时间步选项。在 Defined By 中选择 Substeps 时，设置初始子步数(Initial Substeps)、最小子步数(Minimum Substeps)以及最大子步数(Maximum Substeps)；在 Defined By 中选择 Time 时，设置初始时间步(Initial Time Step)、最小时间步(Minimum Time Step)以及最大时间步(Maximum Time Step)。两种方式本质上是一致的，子步数就等于载荷步结束时间除以时间步长值。

(2)Solver Controls 选项

Solver Controls 即求解器控制选项，如图 10-7 所示。Solver Type 选项用于指定求解器的类型选项，可选择 Direct(直接求解器)或 Iterative(迭代求解器)。直接求解器适用范围较广。对于大型实体模型，推荐使用迭代求解器。Weak Springs 选项为弱弹簧开关选项，在模型中没有刚度的方向添加刚度很低的弹簧可以稳定求解。Large Deflection 为几何非线性开关，选择 On 时表示需要考虑几何非线性。

Solver Controls	
Solver Type	Program Controlled
Weak Springs	Off
Solver Pivot Checking	Program Controlled
Large Deflection	Off
Inertia Relief	Off

图 10-7 求解器控制选项

(3)Restart Controls 选项

Restart Controls 为分析的重启动控制选项，用于控制重启动点的生成频率。

(4)Nonlinear Controls 选项

Nonlinear Controls 为非线性控制选项，包含的分析选项如图 10-8 所示。Force Convergence、Moment Convergence、Displacement Convergence、Rotation Convergence 分别用于指定非线性分析的力收敛准则、力矩收敛准则、位移收敛准则以及转动收敛准则。Line Search 为线性搜索选项，刚度突变的问题中可设置为 On。Stabilization 为非线性稳定性开关，选择 Constant 或者 Reduce 时在收敛困难问题中添加数值阻尼。

Nonlinear Controls	
Newton-Raphson Option	Program Controlled
Force Convergence	Program Controlled
Moment Convergence	Program Controlled
Displacement Convergence	Program Controlled
Rotation Convergence	Program Controlled
Line Search	Program Controlled
Stabilization	Program Controlled

图 10-8 非线性控制选项

(5)Output Controls 选项

Output Controls 为计算结果的输出控制选项，如图 10-9 所示。图中各选项设置为 Yes 时表示输出，否则不输出。Store Results At 选项用于指定结果文件保存的“时间”点，缺省为 All Time Points。对于大型模型的非线性分析或瞬态分析，可以选择保持等间隔的时间点上的结果，以减小结果文件规模。

(6)Analysis Data Management 选项

Analysis Data Management 即分析数据管理，这些选项用于指定 ANSYS 结构分析文件及单位系统等相关的计算数据设置，如图 10-10 所示。Save MAPDL db 选项用于指定 Mechanical 计算时是否保存 Mechanical APDL 数据库文件(db 文件)，缺省为 No。

Output Controls	
Stress	Yes
Surface Stress	No
Back Stress	No
Strain	Yes
Contact Data	Yes
Nonlinear Data	No
Nodal Forces	No
Contact Miscellaneous	No
General Miscellaneous	No
Store Results At	All Time Points
Cache Results in Memory (Beta)	Never
Combine Distributed Result Files (Beta)	Program Controlled
Result File Compression	Program Controlled

图 10-9　输出控制选项

Analysis Data Management	
Solver Files Directory	D:\model\model_files\dp0\SYS\MECH\
Future Analysis	None
Scratch Solver Files Directory	
Save MAPDL db	No
Contact Summary	Program Controlled
Delete Unneeded Files	Yes
Nonlinear Solution	No
Solver Units	Active System
Solver Unit System	nmm

图 10-10　分析数据管理选项

10.1.2　特征值分析

特征值分析包括特征值屈曲分析和模态分析两类，模态分析又包括一般模态和预应力模态。特征值屈曲用于计算结构的失稳临界载荷，模态分析用于计算结构的固有振动特性。本节介绍在 Workbench 中实现这些特征值屈曲分析的方法和要点。

1. 特征值屈曲分析

在 Workbench 中，特征值屈曲分析的流程可调用工具箱中的标准模板，具体方法是：首先添加一个 Static Structural 系统，然后将一个 Eigenvalue Buckling 系统（旧版本为 Linear Buckling）拖放至静力分析系统 A6 Solution 单元格上，得到如图 10-11 所示的分析流程。

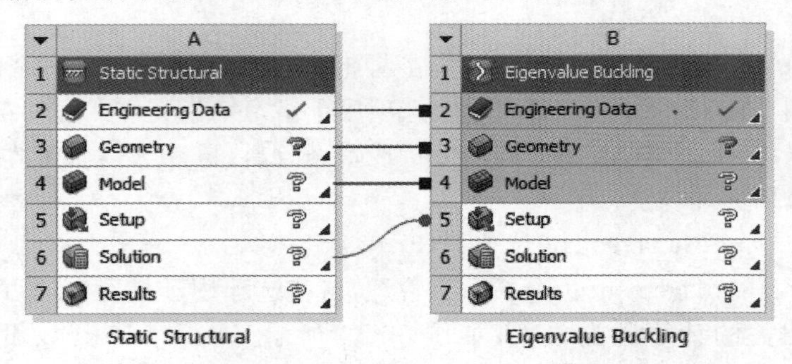

图 10-11　Workbench 环境中的特征值屈曲分析流程

特征值屈曲分析包括静力分析和线性屈曲分析两个阶段。在静力分析阶段，建模和分析设置与一般的静力分析几乎没有什么不同。施加的约束也要符合结构的实际约束情况。建议施加单位荷载，因为这样后面计算出来的特征值就正好等于临界荷载。静力分析可以单独求解，也可以在计算线性屈曲时一并求解。在特征值屈曲阶段，通过 Mechanical 中 Eigenvalue Buckling 下面的 Analysis Settings 分支进行分析设置，主要是设置提取特征值阶数和求解方法，如图 10-12 所示。一般问题提取一阶模态即可，复杂结构可提取前面数阶。可选择 Direct 方法和 Subspace 方法，Direct 方法是缺省方法。在特征值屈曲分析阶段将保持静力分析阶段使用的结构约束，不需要增加新的约束及荷载。

Details of "Analysis Settings"	
⊟ **Options**	
Max Modes to Find	6.
⊟ **Solver Controls**	
Solver Type	Program Controlled Program Controlled Direct Subspace
⊟ **Output Controls**	
Stress	
Strain	
General Miscellan...	No
⊞ **Analysis Data Management**	

图 10-12　特征值屈曲分析求解设置

2. 模态分析

在 Workbench 中，模态分析可以通过调用预置的 Modal 分析系统模板来实现，如图 10-13 所示。完成一个模态分析同样包含 Engineering Data、Geometry、Model、Setup、Solution 以及 Results 等操作环节。

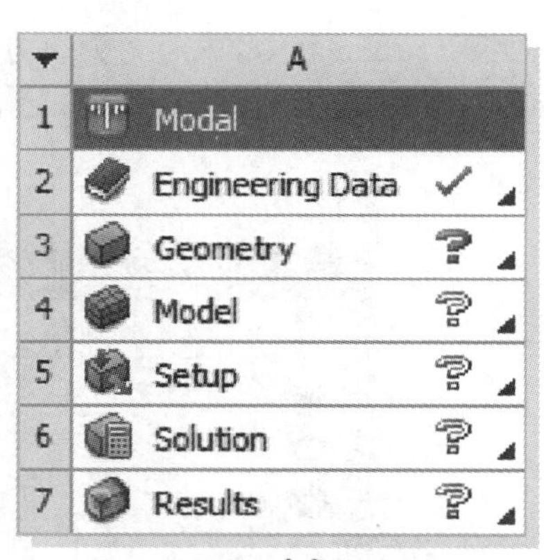

图 10-13　模态分析系统

模态分析涉及到质量和刚度两方面，因此在 Engineering Data 中需要指定材料的密度和弹性特性。在前处理阶段，可以将一些部件简化为质量点，但是要注意质心位置、质量以及转动惯量等的定义。结构中的均匀分布的恒载可以简化为分布质量。模态分析中总的质量计算要正确无误。模态分析本质上是线性的，只能采用线性接触，如绑定接触。计算整体模态时，可以采用较粗的网格。如果关心局部的高阶振动模态，可以采用局部的加密网格。

由于模态分析与外部激励无关，因此不用施加外部荷载，但是必须为结构施加必要的支座约束。施加约束时，选择 Mechanical 界面下的 Modal 分支，在右键菜单选择 Insert，然后可加入所需的约束类型。

模态分析选项通过 Analysis Settings 分支来设置。Analysis Settings 分支在 Modal 分支下，其 Details 选项用于设置模态分析的相关选项，如图 10-14 所示。Max Modes to Find 选项用于指定所需的 Number of Modes，缺省为提取前 6 个自然频率。如果设置 Limit Search to Range 为 Yes，然后再指定频率范围的上下限 Range minimum 以及 Range Maximum，这样就能提取限定范围内的频率。

Details of "Analysis Settings"	
Options	
Max Modes to Find	6
Limit Search to Range	Yes
Range Minimum	0. Hz
Range Maximum	1.e+008 Hz
Solver Controls	
Damped	No
Solver Type	Program Controlled
Rotordynamics Controls	
Output Controls	
Stress	No
Strain	No
Nodal Forces	No
Calculate Reactions	No
General Miscellaneous	No
Analysis Data Management	
Solver Files Directory	D:\modal_test_files\dp0\SYS\MECH\

图 10-14　模态分析的 Analysis Settings

3. 预应力模态分析

在 Workbench 中，预应力模态分析也可以通过调用预置的分析系统模板来完成。该模板是 Toolbox 的 Custom Systems 下面的 Pre-Stress Modal，其分析流程如图 10-15 所示。

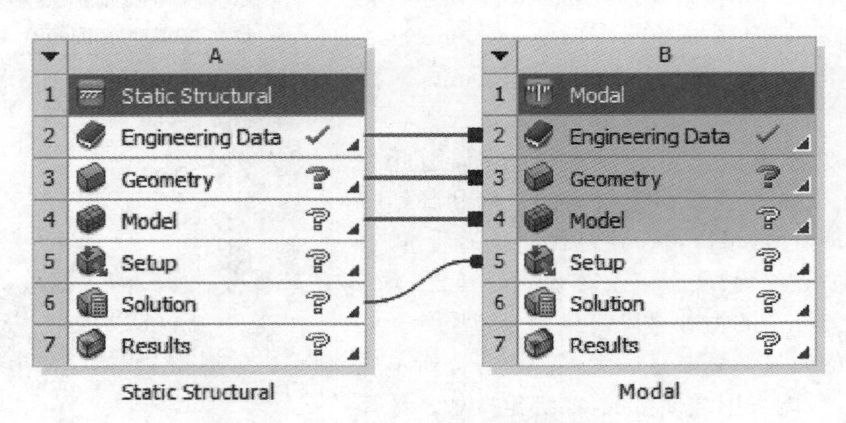

图 10-15　Workbench 预应力模态分析流程

预应力模态分析分为两个阶段。静力分析阶段(Static Structural)用于计算应力刚度，与一般的静力分析几乎没有区别，施加约束要符合实际情况。在模态分析阶段中，保持之前静力分析中使用的结构约束，不需要增加新的约束。模态分析阶段与一般的模态分析相同。

10.1.3　瞬态分析

1. 瞬态分析的作用与分析系统

瞬态分析是结构动力分析的一般形式，结构振动方程：

$$[M]\{\ddot{x}\}+[C]\{\dot{x}\}+[K]\{x\}=\{F(t)\}$$

式中　$[M]$,$[C]$,$[K]$——结构的总体质量矩阵、阻尼矩阵以及刚度矩阵；

$\{\ddot{x}\}$,$\{\dot{x}\}$,$\{x\}$——节点加速度向量、节点速度向量、节点位移向量；

$\{F(t)\}$——节点荷载向量。

瞬态分析就是计算结构在任意随时间变化载荷作用下的响应过程。根据算法不同，瞬态分析包括完全法和模态叠加法两类。在 Workbench 中，瞬态分析流程可调用 Workbench 工具箱中的 Transient Structural 系统模板，如图 10-16 所示。瞬态分析系统与前面静力分析系统的构成要素完全一致，模态叠加法需要前置一个模态分析，模态分析的 Solution 到瞬态分析的 Setup 之间建立数据传递，如图 10-17 所示。

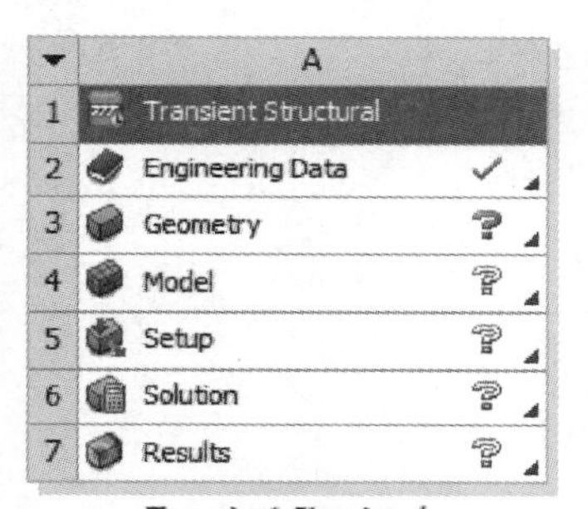

图 10-16　完全法瞬态分析流程

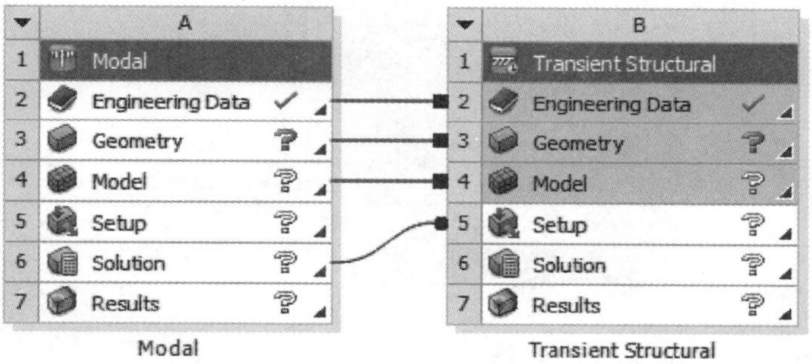

图 10-17　模态叠加法瞬态分析流程

2. 完全法瞬态分析

完全法瞬态分析可以包含非线性因素。对于包含非线性材料的问题，在 Engineering Data 中需要指定相关的材料非线性参数；对于有接触的问题，在前处理阶段需要定义非线性的接触对。

完全法瞬态分析选项在 Analysis Settings 分支中指定，包含 Step Controls、Solver Controls、Restart Controls、Nonlinear Controls、Output Controls、Damping Controls 以及 Analysis Data Management 等部分，如图 10-18 所示。在这些选项中，大部分选项的含义与一般结构分析类型(如静力分析)的选项含义相同，不再重复介绍，此处仅介绍与瞬态分析相关的几个选项。

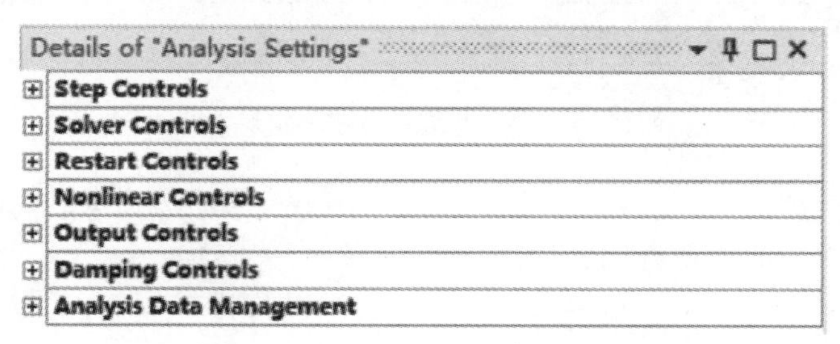

图 10-18　完全法瞬态分析的设置选项列表

在 Step Controls 中，注意时间步长要足够小，以便能够捕捉到结构的高频响应和动力载荷的时间历程；Time Integration 用于控制是否打开瞬态积分效应，默认为打开，如图 10-19 所示。

Step Controls	
Number Of Steps	1.
Current Step Number	1.
Step End Time	1. s
Auto Time Stepping	On
Define By	Time
Initial Time Step	0. s
Minimum Time Step	0. s
Maximum Time Step	0. s
Time Integration	On

图 10-19　完全法瞬态分析的载荷步控制选项

如果分析中需要考虑几何非线性效应，则需要打开大变形选项，将 Large Deflection 选项设置为 On，如图 10-20 所示。

Solver Controls	
Solver Type	Program Controlled
Weak Springs	Off
Large Deflection	On

图 10-20　几何非线性选项

Damping Controls 用于设置结构的阻尼，一般建议采用 Stiffness Coefficient 和 Mass Coefficient 方式来指定，如图 10-21 所示。Numerical Damping Value 为数值阻尼，完全法和模态叠加法的缺省值分别为 0.1 和 0.005，也可不设置数值阻尼。

Damping Controls	
Stiffness Coefficient Define By	Direct Input
Stiffness Coefficient	0.
Mass Coefficient	0.
Numerical Damping	Manual
Numerical Damping Value	.1

图 10-21　完全法瞬态分析的阻尼选项

瞬态分析的载荷类型与静力分析相同，区别在于载荷-时间历程中的时间为真实时间。关于各种载荷类型及常见的加载方式，请参考 10.2 节的有关内容。

3. 模态叠加法瞬态分析

模态叠加法瞬态分析包含模态分析和瞬态分析两个阶段。由于算法本身的特点，模态叠加法只能用于分析线性结构动力学问题，不能在分析中包含非线性因素，如大变形、材料非线性、非线性接触类型等。

模态叠加法瞬态分析选项在 Analysis Settings 分支中指定，包含 Step Controls、Options、Output Controls、Damping Controls 以及 Analysis Data Management 等部分，如图 10-22 所示。

Details of "Analysis Settings"
+ Step Controls
+ Options
+ Output Controls
+ Damping Controls
+ Analysis Data Management

图 10-22　模态叠加法瞬态分析的设置选项列表

在模态叠加法瞬态分析的载荷步设置中，时间步 Time Step 只能设置为固定值，如图 10-23 所示。

Step Controls	
Number Of Steps	1.
Current Step Number	1.
Step End Time	1. s
Auto Time Stepping	Off
Define By	Time
Time Step	0. s
Time Integration	On

图 10-23　模态叠加法瞬态分析的载荷步设置

模态叠加法瞬态分析的阻尼选项如图 10-24 所示，可以直接指定阻尼比 Damping Ratio，或通过指定刚度和质量阻尼系数。其他选项与完全法瞬态分析的相同，不再重复讲解。

Damping Controls	
Eqv. Damping Ratio From Modal	No
Damping Ratio	0.
Stiffness Coefficient Define By	Direct Input
Stiffness Coefficient	0.
Mass Coefficient	0.

图 10-24　模态叠加法的阻尼选项

10.1.4　谐响应分析

谐响应分析用于计算结构在简谐荷载作用下的响应。在这一分析类型中，所有施加的非零的荷载都被认为是简谐荷载并具有相同的频率，各荷载之间可以有相位差。谐响应分析也包括完全法和模态叠加法。本节对谐响应分析的设置选项进行介绍。

1. 谐响应分析系统

在 Workbench 中，可以调用 Toolbox 中的谐响应分析系统模板创建谐响应分析系统，如

图 10-25 所示。

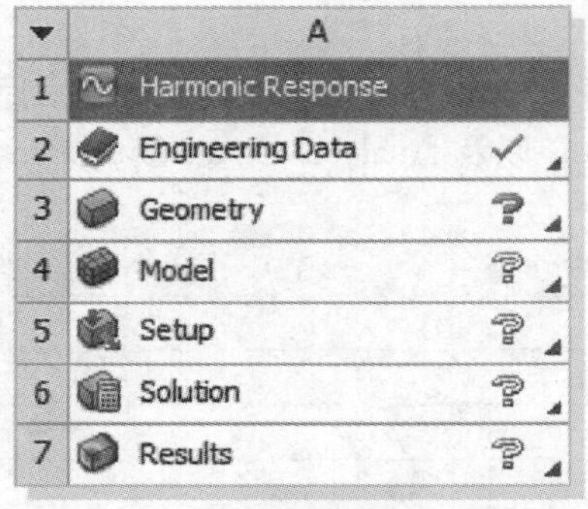

图 10-25 谐响应分析系统

如在谐响应分析中考虑预应力的影响，则通过静力分析与谐响应分析组成分析流程，如图 10-26 所示。

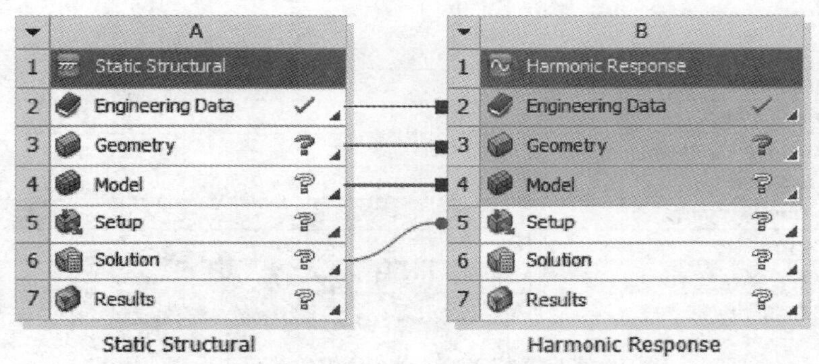

图 10-26 预应力谐响应分析系统

对于模态叠加法谐响应分析，可以采用一个独立的谐响应分析系统，也可采用带有模态分析的谐响应分析流程，如图 10-27 所示。两种处理方法的区别在于，后者包含一个独立的模态分析部分，改变工况进行求解时，只需要再添加一个谐响应系统至 A6 而无需再次进行模态分析。

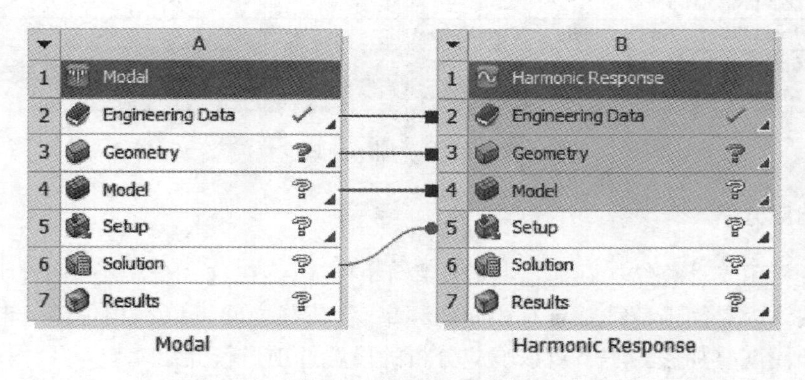

图 10-27 带有模态系统的谐响应分析流程

2. 完全法谐响应分析

完全法谐响应分析的设置选项如图 10-28 所示。Solution Method 选项表示求解方法，应设置为 Full。

Details of "Analysis Settings"	
Options	
Frequency Spacing	Linear
Range Minimum	0. Hz
Range Maximum	10. Hz
Solution Intervals	10
User Defined Frequencies	On
Solution Method	Full
Variational Technology	Program Controlled
Rotordynamics Controls	
Coriolis Effect	Off
Output Controls	
Damping Controls	
Constant Structural Damping Coefficient	0.
Stiffness Coefficient Define By	Direct Input
Stiffness Coefficient	0.
Mass Coefficient	0.

图 10-28　完全法谐响应分析的选项设置

在 Options 部分，Frequency Spacing 一般选择 Linear；Range Minimum 和 Range Maximum 分别为加载的频率下限以及上限；Solution Intervals 为频率计算范围的求解间隔；User Defined Frequencies 为用户指定频率计算点，设置 On 时需要在 Tabular 中指定额外计算响应的频率点。在 Rotordynamics Controls 中 Coriolis Effect 选项用于设置转子动力学分析中的科里奥利效应。完全法谐响应分析中，Constant Structural Damping Coefficient 用于设置结构阻尼系数，也可以分别设置 Stiffness Coefficient（刚度阻尼系数）和 Mass Coefficient（质量阻尼系数）。

3. 模态叠加法谐响应分析

对于模态叠加法谐响应分析，计算选项主要通过 Analysis Settings 中的 Options 部分来设置，如图 10-29 所示。Solution Method 应选择 Mode Superposition 为模态叠加法。

Options	
Frequency Spacing	Linear
Range Minimum	0. Hz
Range Maximum	10. Hz
Solution Intervals	10
User Defined Frequencies	On
Solution Method	Mode Superposition
Include Residual Vector	No
Cluster Results	No
Modal Frequency Range	Program Controlled
Skip Expansion (Beta)	No
Store Results At All Frequencies	Yes

图 10-29　MSUP 谐响应分析设置

Options 中除了前面在完全法中介绍过的选项外，Include Residual Vector 为剩余向量开关，如需计算高频响应可设为 Yes；Cluster Results 为自振频率附近聚集选项，可以使得频率响应曲线更好捕捉到峰值，如设为 Yes 需指定 Cluster Number，缺省为 4 个；Modal Frequency Range 为模态提取的频率范围，缺省为 Program Controlled，范围从 50%的 Range Minimum 到 200%的 Range Maximum；Store Results At All Frequencies 为结果保存选项，缺省为 Yes，即保存所有频率计算点的结果。

Analysis Settings 中的 Damping Controls 部分用于设置阻尼，如图 10-30 所示。Damping Ratio 为结构的阻尼比，也可以分别设置 Stiffness Coefficient（刚度阻尼系数）和 Mass Coefficient（质量阻尼系数）。

Damping Controls	
Eqv. Damping Ratio From Modal	No
Damping Ratio	0.
Stiffness Coefficient Define By	Direct Input
Stiffness Coefficient	0.
Mass Coefficient	0.

图 10-30　模态叠加法谐响应分析的阻尼设置

无论何种分析方法，完成上述计算设置后，施加约束及荷载（数值非零的自动被识别为简谐荷载）即可开始谐响应计算。

谐响应分析中可以查看的结果类型包括变形、应变、应力、Probe、各种量的频率响应 Frequency Response 以及相位响应 Phase Response。这些结果可通过 Solution 分支的鼠标右键菜单 Insert 来加入到 Project 树中，如图 10-31 所示。

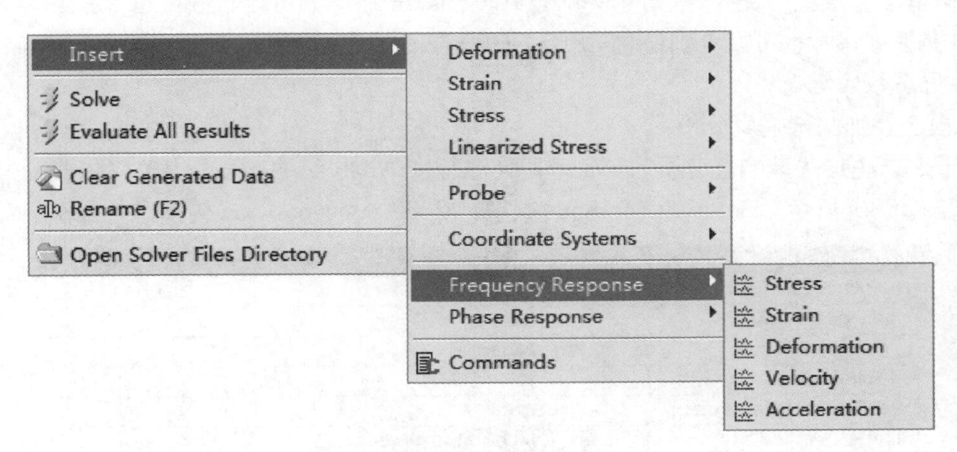

图 10-31　加入频率响应项目

10.1.5　响应谱与随机振动分析

响应谱分析用于计算结构对指定响应谱的最大动力响应，是对瞬态动力分析的一种简化分析手段。随机振动分析用于计算结构在随机荷载作用下的响应。

1. 响应谱分析

如图 10-32 所示，在 Workbench 左侧 Toolbox 中选择 Custom Systems 下面的 Response Spectrum，可以创建如图 10-33 所示的响应谱分析的流程。

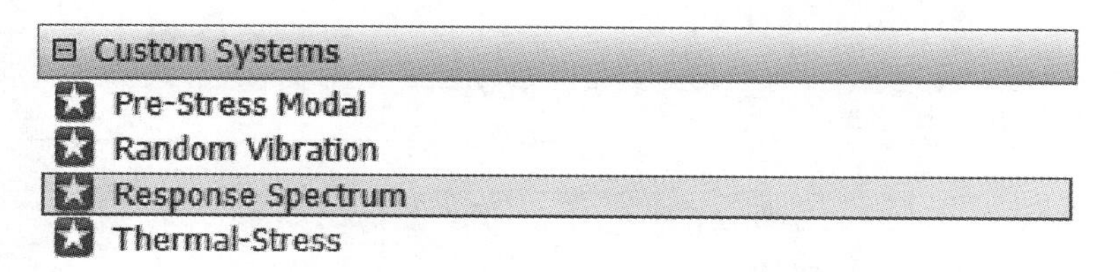

图 10-32　用户系统中的响应谱分析模板

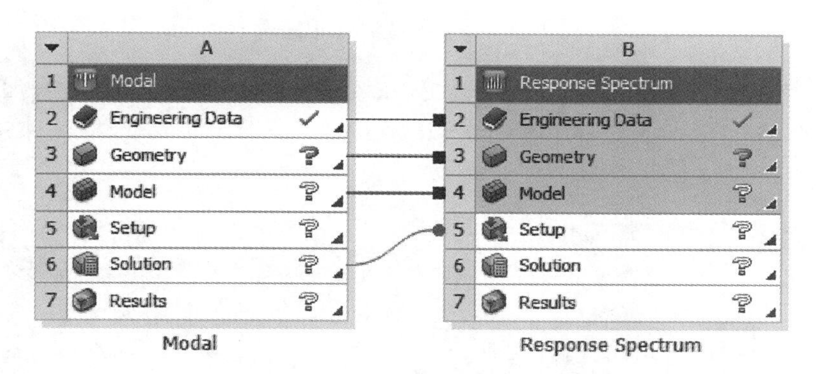

图 10-33　响应谱分析流程

响应谱分析包含模态分析和谱分析两个阶段。模态分析阶段与标准的模态分析完全相同。下面只介绍响应谱分析阶段的设置。

选择在 Response Spectrum 下面的 Analysis Settings 分支，相关选项如图 10-34 所示。

Details of "Analysis Settings"

Options	
Number Of Modes To Use	All
Spectrum Type	Single Point
Modes Combination Type	SRSS
Output Controls	
Calculate Velocity	No
Calculate Acceleration	No
Combine Distributed Res...	Program Controlled
Result File Compression	Program Controlled
Analysis Data Management	

图 10-34　响应谱分析设置选项

在 Options 目录下，Number of Modes To Use 选项用于指定参与谱分析的模态，缺省为 All。Spectrum Type 为谱分析类型，一般选择单点谱，即 Single Point。Modes Combination Type 选项表示模态合并方法，可选择 SRSS、CQC 或 ROSE。

在 Output Controls 目录下，Calculate Velocity 和 Calculate Acceleration 为计算速度和加速度，缺省为不计算。如需计算速度和加速度，可打开相应的开关。

如果选择 CQC 或 ROSE 方法，需要在 Damping Controls 目录下指定阻尼，可定义阻尼比或阻尼系数，如图 10-35 所示。

Damping Controls	
Damping Ratio	0.
Stiffness Coefficient Define By	Direct Input
Stiffness Coefficient	0.
Mass Coefficient	0.

图 10-35　响应谱分析阻尼选项

上述设置完成后，可通过 Response Spectrum 分支右键菜单施加响应谱，如图 10-36 所示，可施加的类型包括加速度谱、速度谱以及位移谱。应用较多的是加速度谱，即 RS Acceleration。

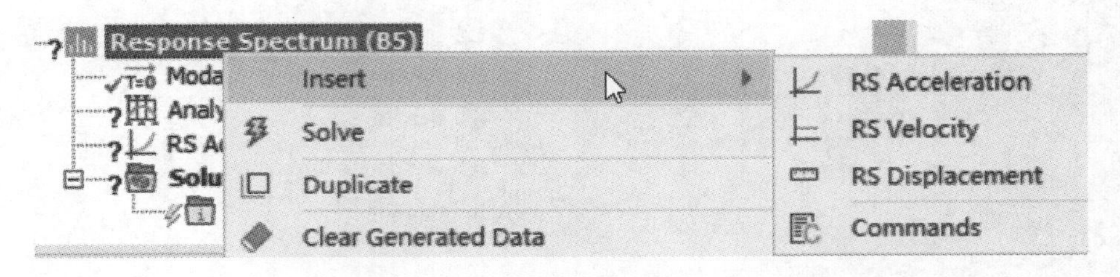

图 10-36　通过右键菜单施加响应谱

添加加速度响应谱后，在添加的 RS Acceleration 的 Details 需设置谱的选项和谱值。如图 10-37 所示，Boundary Condition 为施加响应谱的边界条件，对于单点响应谱分析选择 All Supports，在所有支座节点一致施加。Load Data 即响应谱曲线，谱值和频率的关系，一般选择 Tabular Data，在右侧 Tabular 面板中指定即可。如图 10-38 所示，在 Tabular Data 表格中就是响应谱数据，在 Graph 面板中为响应谱曲线的图示。

Details of "RS Acceleration"	
Scope	
Boundary Condition	All Supports
Definition	
Load Data	Tabular Data
Scale Factor	1.
Direction	Y Axis
Missing Mass Effect	No
Rigid Response Effect	No
Suppressed	No

图 10-37　加速度响应谱选项设置

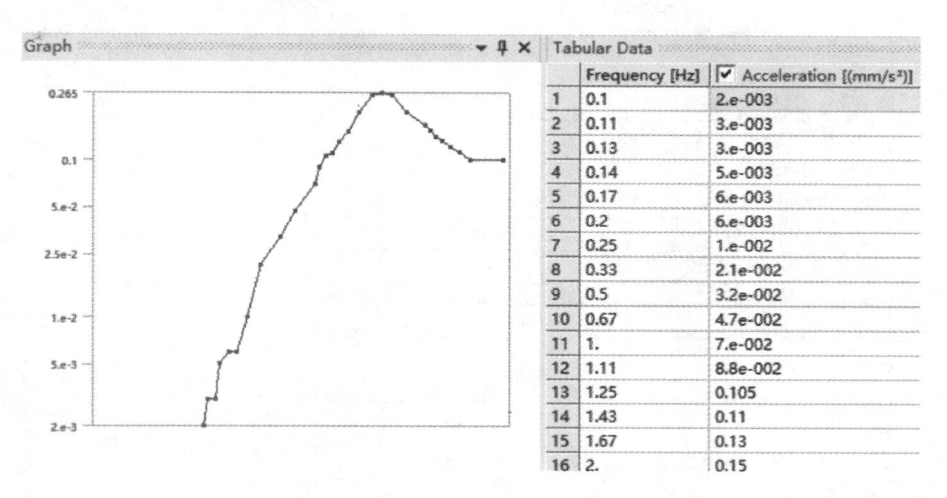

	Frequency [Hz]	Acceleration [(mm/s²)]
1	0.1	2.e-003
2	0.11	3.e-003
3	0.13	3.e-003
4	0.14	5.e-003
5	0.17	6.e-003
6	0.2	6.e-003
7	0.25	1.e-002
8	0.33	2.1e-002
9	0.5	3.2e-002
10	0.67	4.7e-002
11	1.	7.e-002
12	1.11	8.8e-002
13	1.25	0.105
14	1.43	0.11
15	1.67	0.13
16	2.	0.15

图 10-38　加速度响应谱曲线与谱值表格

2. 随机振动分析

如图 10-39 所示，在 Workbench 左侧 Toolbox 中选择 Custom Systems 下面的 Random Vibaration，可创建如图 10-40 所示的随机振动分析流程。

图 10-39　用户系统中的随机振动分析模板

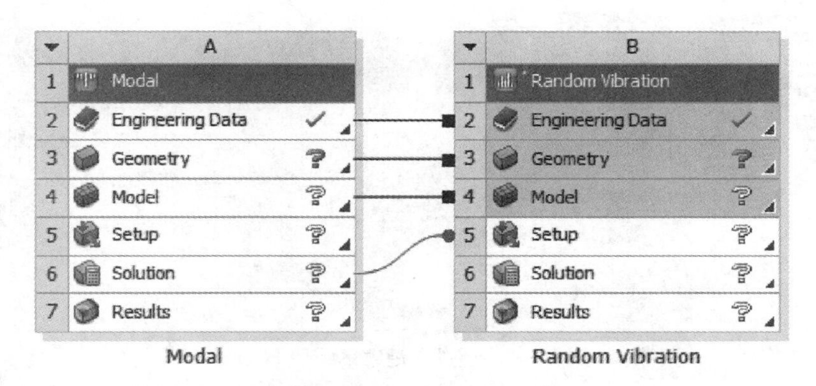

图 10-40　随机振动分析流程

随机振动分析包含模态分析和随机振动分析两个阶段。模态分析阶段与标准的模态分析完全相同。下面只介绍随机振动分析阶段的设置。

选择在 Random Vibaration 下面的 Analysis Settings 分支，相关选项如图 10-41 所示。

Details of "Analysis Settings"

Options	
Number Of Modes To Use	All
Exclude Insignificant Modes	No
Output Controls	
Keep Modal Results	No
Calculate Velocity	No
Calculate Acceleration	No
Combine Distributed Result Files (Beta)	Program Controlled
Result File Compression	Program Controlled
Damping Controls	
Constant Damping	Program Controlled
Damping Ratio	1.e-002
Stiffness Coefficient Define By	Direct Input
Stiffness Coefficient	0.
Mass Coefficient	0.
Analysis Data Management	

图 10-41　随机振动分析的选项设置

在 Options 目录下，Exclude Insignificant Modes 用于排除不重要的模态，设为 Yes 时需要指定 Mode Significance Level 值(0 到 1 之间)，小于此值的模态将被排除。

在 Output Controls 目录下，Keep Modal Results 选项为保留模态结果；Calculate Velocity 和 Calculate Acceleration 选项用于设置是否计算速度以及加速度。

在 Damping Controls 目录下，可设置分析阻尼，如果没有设置则系统默认阻尼比为 0.01。

上述分析设置完成后，施加 PSD 激励谱。PSD 可以通过 Random Vibration 分支右键菜单施加，如图 10-42 所示。可添加的 PSD 类型包括加速度、速度、加速度(以 G 为单位)以及位移。

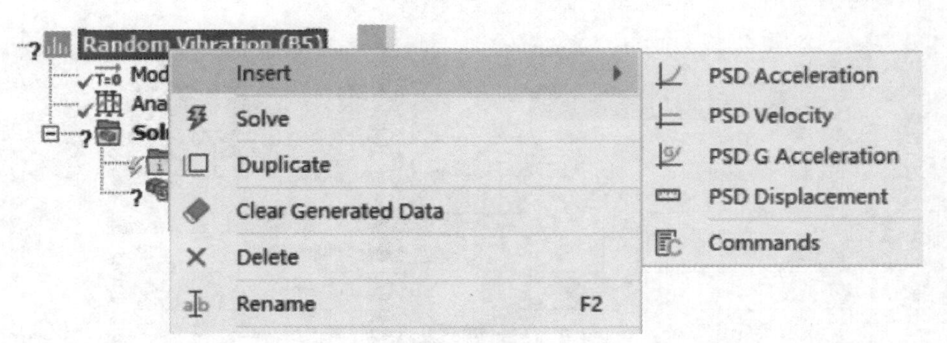

图 10-42　通过右键菜单施加 PSD

如果添加的是 PSD Acceleration，在其 Details 设置 PSD 选项以及谱值曲线，如图 10-43 所示。Boundary Condition 为施加 PSD 谱的边界；Direction 为加载方向。Load Data 为 PSD 曲线，一般选择 Tabular。在右侧 Tabular 面板中填写谱值后，在 Graph 面板中即可绘图显示 PSD 曲线，与前面的响应谱曲线显示方式相同。

随机振动分析完成后，可以查看响应 PSD 曲线以及 Sigma 响应等。选择 Solution 分支，

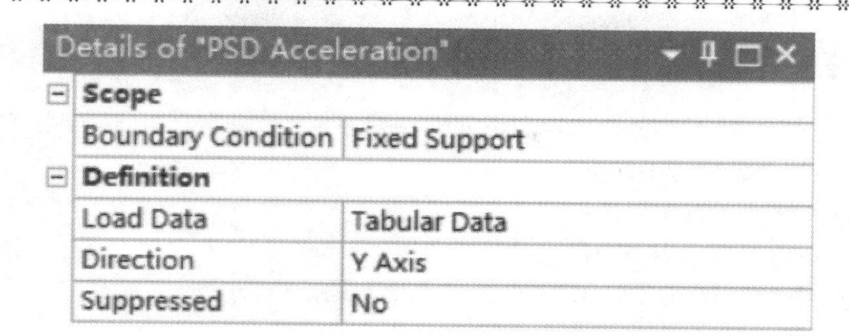

Details of "PSD Acceleration"

Scope	
Boundary Condition	Fixed Support
Definition	
Load Data	Tabular Data
Direction	Y Axis
Suppressed	No

图 10-43　加速度 PSD 激励

在其右键菜单中选择 Insert>Response PSD Tool>Response PSD Tool，可以添加 Response PSD Tool，其下面包含一个 Response PSD。在 Response PSD 分支的 Details 中可选择查看响应位置及类型，如图 10-44 所示为某个顶点位置的 *Y* 方向位移 PSD 响应设置。

Details of "Response PSD"

Definition	
Type	Response PSD
Location Method	Geometry Selection
Geometry	1 Vertex
Orientation	Solution Coordinate System
Reference	Absolute (including base motion)
Suppressed	No
Options	
Result Type	Displacement
Result Selection	Y Axis
Selected Frequency Range	Full

图 10-44　某个顶点 *Y* 向位移的 Response PSD 结果曲线设置

在 Solution 分支的右键菜单中选择 Insert>Deformation 可查看位移 Sigma 响应分布等值线图。如图 10-45 所示为 *Y* 方向位移的 Details 设置，Scale Factor 选择 1 Sigma，即查看 1 Sigma 位移，其对应的 Probability 为 68.269%。

Details of "Directional Deformation"

Scope	
Scoping Method	Geometry Selection
Geometry	All Bodies
Definition	
Type	Directional Deformation
Orientation	Y Axis
Reference	Relative to base motion
Scale Factor	1 Sigma
Probability	68.269 %
Coordinate System	Solution Coordinate System

图 10-45　1 Sigma 位移等值线结果选项

10.1.6 热传导分析

热传导分析包括稳态热分析和瞬态热分析两类。本小节分别介绍两类热传导分析的材料参数、建模要点以及分析选项设置。

1. 稳态热分析

稳态热分析流程可调用 Workbench 工具箱中的 Steady State Thermal 系统模板，具体建模方法可参考第 9 章，这里仅列出需要注意的几个问题。

(1)材料参数

稳态热分析需要输入的材料参数为材料的导热系数，在 Engineering Data 左侧工具箱中选择 Thermal 下面的各向同性(Isotropic)或正交各向异性(Orthotropic)材料的导热性，如图 10-46 所示，并将其拖至右侧材料名称上即可。

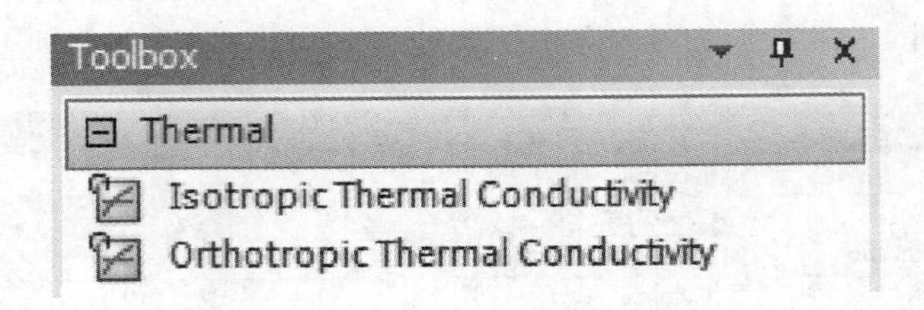

图 10-46 稳态热传导分析系统模板

对于各向同性情形，只需输入一个 Isotropic Thermal Conductivity 参数即可；对正交各向异性情形，则需要输入三个正交方向的 Thermal Conductivity X/Y/Z 参数。

(2)建模注意事项

热分析建模相关问题在第 9 章中已经进行了介绍。这里强调一点，在定义接触时，对于 Bonded 以及 No Separation 类型接触，只有在 Pinbll 区域内才会发生接触界面的热传递。

(3)载荷及分析选项设置

稳态热分析的载荷可通过 Steady State Thermal 分支的右键菜单 Insert 添加，具体载荷类型将在 10.2 节边界条件部分进行集中介绍。

稳态热分析的选项设置可通过 Analysis Settings 分支的 Details 进行设置，其中关于载荷步相关的设置选项，其意义与结构静力分析中的含义相同。载荷步的设置与载荷的施加要对应起来，与结构分析的处理方法完全一致。

2. 瞬态热分析

瞬态热分析流程可调用 Workbench 工具箱中的 Transient State Thermal 系统模板，具体建模方法可参考第 9 章，这里仅列出需要注意的几个问题。

(1)材料参数与建模

瞬态热分析的材料参数，除了导热系数，还需定义密度和比热。瞬态热分析的建模方法与稳态基本相同，不再重复介绍。

(2)瞬态分析的初始温度

Transient-State Thermal 分支下包含一个 Initial Temperature 分支，此分支用于定义瞬态分析的初始温度条件。可以定义均匀的初始温度，如图 10-47 所示。也可以指定稳态温度场的计算结果作为瞬态初始条件。这种情况下需创建如图 10-48 所示的分析流程，在稳态系统的 Solution 和瞬态系统的 Setup 之间建立数据的传递。

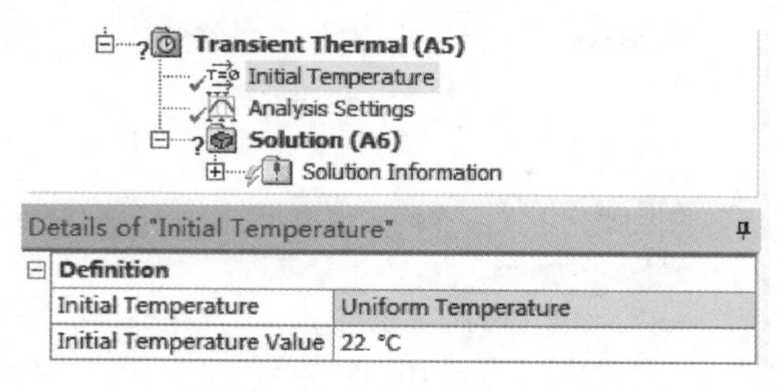

图 10-47　Initial Temperature 分支

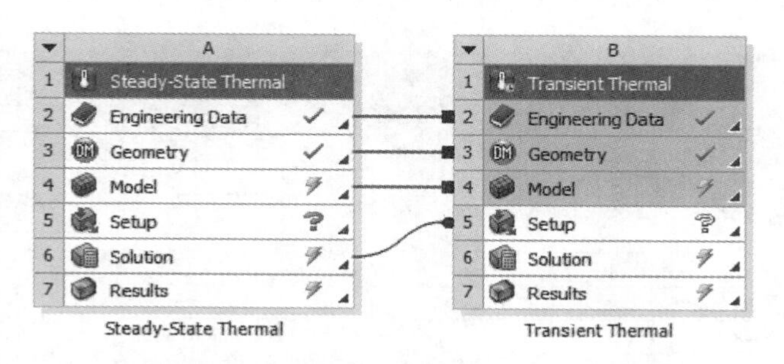

图 10-48　稳态热分析基础上的瞬态热分析

在 Mechanical 分析界面下，对于上述以稳态分析结果作为瞬态分析初始温度场的情形，在 Transient Thermal 分析环境分支查看 Initial Temperature 分支，其 Details 的 Initial Temperature 显示为 Non-Uniform Temperature，Initial Temperature Environment 为稳态热分析环境 Steady-State Thermal，初始温度场可选择稳态分析的任意“时刻”的温度场，缺省条件下为 End Time，即稳态分析载荷步结束时刻温度场，如图 10-49 所示。

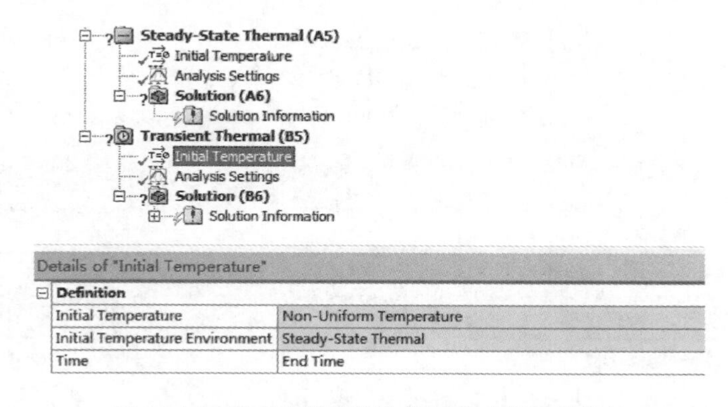

图 10-49　稳态分析结果作为瞬态分析初始条件

(3)载荷及分析选项设置

瞬态热分析的载荷可通过 Transient State Thermal 分支的右键菜单 Insert 添加，具体载荷类型将在 10.2 节边界条件部分进行集中介绍。瞬态热分析的选项设置可通过 Analysis Settings 分支的 Details 进行设置。其中关于载荷步相关的设置选项，其意义与结构瞬态分析中的选项相同。载荷步的设置与载荷的施加要对应起来，与结构分析的处理方法完全一致。加载时需要注意，瞬态分析的时间是真实物理时间。由于载荷时间变化特点，可采用表格、函数等方式加载。

10.1.7　热应力分析

热应力分析包括均匀的温度变化以及非均匀温度场引起的温度应力两类问题。

1. 均匀温度变化引起的热应力计算

这类问题可仅使用结构静力分析系统 Static Structural 来完成。需要定义的材料参数包括材料的弹性模量、泊松比、参考温度(Reference Temperature)以及热膨胀系数(Coefficient of Thermal Expansion)，材料参数在 Engineering Data 中定义，如图 10-50 所示。

Properties of Outline Row 3: mat

	A	B	C
1	Property	Value	Unit
2	Material Field Variables	Table	
3	Isotropic Secant Coefficient of Thermal Expansion		
4	Coefficient of Thermal Expansion		C^-1
5	Isotropic Elasticity		
6	Derive from	Young's Modulus and Poisson's Ratio	
7	Young's Modulus		Pa
8	Poisson's Ratio		

图 10-50　热应力分析的材料参数

导入模型后，在 Mechanical 分析界面中选择 Static Structural，在其鼠标右键菜单中选择 Insert>Thermal Condition，在其 Details 指定，如图 10-51 所示。这里定义的 Magnitude 值与环境参考温度之差用于计算温度应力。

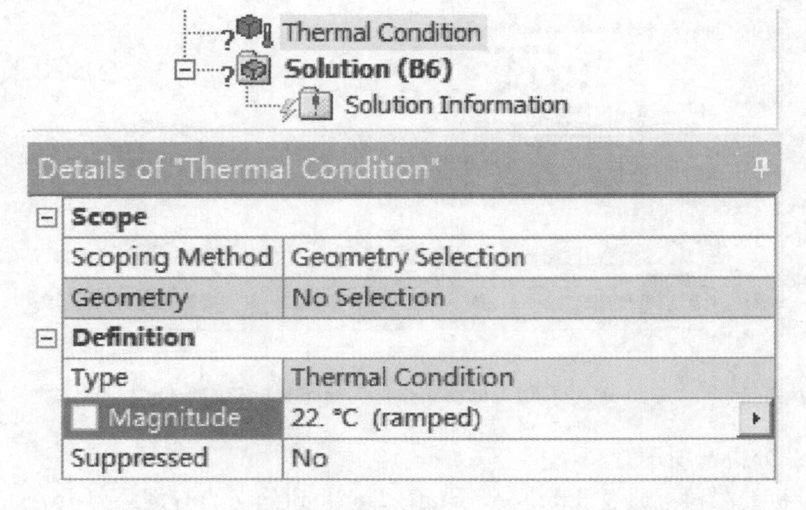

图 10-51　加入 Thermal Condition

Environment(环境温度)在 Static Structural 分支的 Details 的 Options 中指定，如图 10-52

所示。

在计算温度应力时，每个体的参考温度还可采用 By Body 方式定义。在每一个体的 Details 中设置 Reference Temperature 为 By Body 并指定参考温度值，如图 10-53 所示。在这种情形下，由体参考温度与 Thermal Condition 中指定的温度之差作为计算热应力的温差值。

Details of "Static Structural (C5)"

Definition	
Physics Type	Structural
Analysis Type	Static Structural
Solver Target	Mechanical APDL
Options	
Environment Temperature	20. °C
Generate Input Only	No

图 10-52　指定环境温度

Details of "Solid"

Graphics Properties	
Definition	
Suppressed	No
ID (Beta)	16
Stiffness Behavior	Flexible
Coordinate System	Default Coordinate System
Reference Temperature	By Body
Reference Temperature Value	20. °C

图 10-53　体参考温度指定

2. 非均匀温度变化引起的热应力计算

对于非均匀的温度变化，首先通过稳态热分析计算出温度场，然后把计算的温度场施加到结构上计算热应力。这种情况是热应力分析的一般情况，其分析流程如图 10-54 所示。

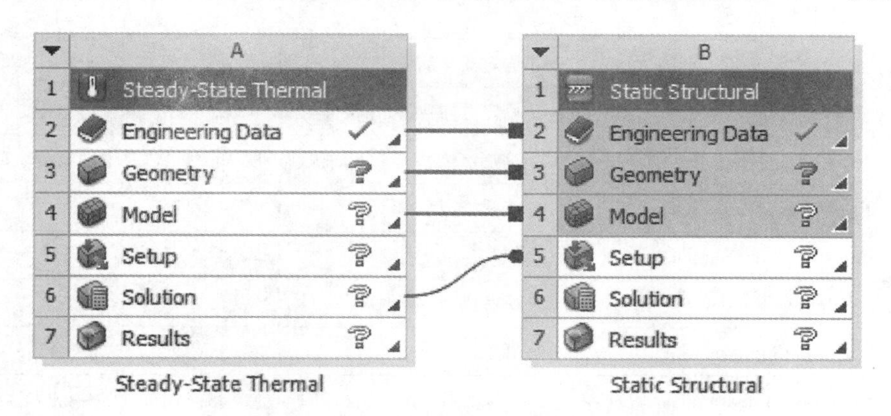

图 10-54　热应力计算的分析流程

材料特性方面，在 Engineering Data 中要注意指定材料的热膨胀系数、弹性参数以及导热系数等参数。

在 Mechanical 界面下，Static Structural(B5)下有一个 Imported Load(A6)，下面有一个 Imported Body Temperature，即导入的温度场结果，如图 10-55 所示。

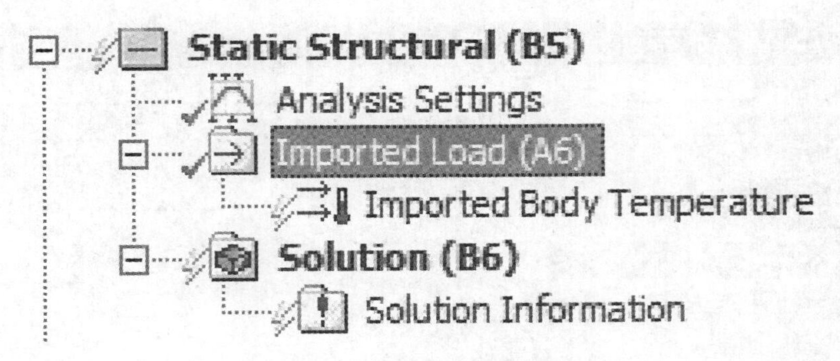

图 10-55 导入的温度场

Mechanical 将根据导入的温度值与参考温度之差来计算各点的热应变以及热应力。计算完成后，可以通过静力分析后处理相同方法查看应力结果。

10.2 边界条件与荷载的类型及施加方法

10.2.1 结构分析的边界条件与载荷类型

Mechanical 结构分析中可使用的边界条件和载荷类型众多，按照施加对象的不同，可分为施加于几何对象上及施加于节点上两大类。

1. 可施加到几何对象上的边界条件类型

表 10-1 中列出了 Mechanical 中施加到几何对象上的约束类型及其作用的描述，这些边界条件均可通过 Static Structural 等分析环境项目的右键菜单 Insert 来施加。

表 10-1 Mechanical 结构分析常用约束类型

约束类型名称	作　用
Fixed Support	固定支座约束
Displacement	固定方向位移，零位移与固定等效，非零则为强迫位移
Remote Displacement	远端点位移约束，约束施加到远端点，可以是平动或转动
Frictionless Support	光滑法向约束
Compression Only Support	仅受压的支撑
Cylindrical Support	圆柱面边界条件
Elastic Support	弹性面支撑
Constraint Equation	约束方程，用于把模型的不同部分通过自由度约束方程联系起来

2. 可施加于几何对象的载荷类型

可以施加于几何模型上的载荷类型及其特性描述列于表 10-2 中，这些载荷类型均可通过 Static Structural 等分析环境项目的右键菜单 Insert 来施加。

表 10-2　施加于几何对象上的载荷类型

载荷类型名称	载　荷　特　性
Acceleration	通过加速度施加惯性力
Standard Earth Gravity	施加结构的重力（以重力加速度的形式）
Rotational Velocity	施加转动速度惯性荷载
Pressure	施加表面力，可以沿着表面法向，也可沿着其他方向
Hydrostatic Pressure	施加静水压力（与液体深度成正比）
Force	施加力，可分配至线或面上
Remote Force	施加模型的体外力，可分配至线或面上
Bearing Load	施加螺栓或轴承荷载，不接触的一侧不受力
Bolt Pretension	施加在螺栓的预紧力
Moment	施加力矩荷载，可作用于面、边、点上
Line Pressure	在线上施加分布荷载，其单位量纲为力/长度

上述载荷按照作用位置来分类，Acceleration、Standard Earth Gravity、Rotational Velocity 是作用在体积上的荷载，属于体积力；Pressure、Hydrostatic Pressure 为作用在表面上的分布荷载；Line Pressure 为施加到线体（梁）上的分布荷载；Bearing Load、Bolt Pretension 只能作用于螺栓杆的圆柱表面；Force、Remote Force、Moment 可以施加到 Beam 或 Shell 单元的节点上作为集中荷载，也可作为分布力的合力施加到面上或边上。

3. 施加于节点上的边界条件及载荷类型

在 Mechanical 的 Environment 工具栏的载荷工具列表中有一类 DirectFE 荷载，可以施加到有限元模型的节点上，相关载荷类型及其特性列于表 10-3 中。其中实际上也包括一些自由度约束类型，但是其共同特点是作用于节点上。

表 10-3　Mechanical 中的常用载荷类型

载荷类型名称	载荷特性描述
Nodal Orientation	改变节点坐标系方向
Nodal Force	节点力
Nodal Pressure	加节点压力
Nodal Displacement	节点线位移
Nodal Rotation	节点转角

注意：节点坐标系是 ANSYS Workbench 结构分析中的重要概念，通过 Nodal Orientation 定义节点坐标系后，施加节点载荷的方向都需要沿着节点坐标系的方向。

10.2.2 热分析的边界条件与载荷类型

与结构分析相比，热分析的边界条件和载荷类型相对就少一些。常用的热分析问题边界及荷载类型及其意义列于表 10-4 中，表中所列的后三种为耦合求解的载荷数据的导入。

表 10-4 热分析中的边界条件及荷载类型

名 称	意 义
Temperature	恒温边界条件
Convection	对流边界条件
Radiation	辐射边界条件
Heat Flow	热流量
Perfectly Insulated	绝热边界条件
Heat Flux	热通量
Internal Heat Generation	体积内部热生成

Temperature、Heat Flow 可以定义在任意几何对象上，Convection、Radiation、Heat Flux 通常定义在表面上，Internal Heat Generation 则定义在体积上。量纲方面，Heat Flow 为功率，Heat Flux 为单位面积的功率，Internal Heat Generation 为单位体积上的功率。

10.2.3 边界条件与载荷的施加方法

结构分析和热分析的加载方法是相同的。对于每一种载荷或边界条件类型的施加，关键在于首先选择施加方式与范围，然后定义作用方向以及数值。

在 Mechanical 界面下，左侧 Project 树中选择 Static Structural 等分析环境分支，然后用右键菜单 Insert 即可添加边界条件或载荷类型。下面以 Pressure 荷载类型，说明载荷施加的一些共性的方法。对于 Pressure 类型的荷载，通过分析环境分支右键菜单 Insert→Pressure，在 Project 树种添加一个 Pressure 荷载分支，然后通过如图 10-56 所示的 Details 来完成此荷载的施加。

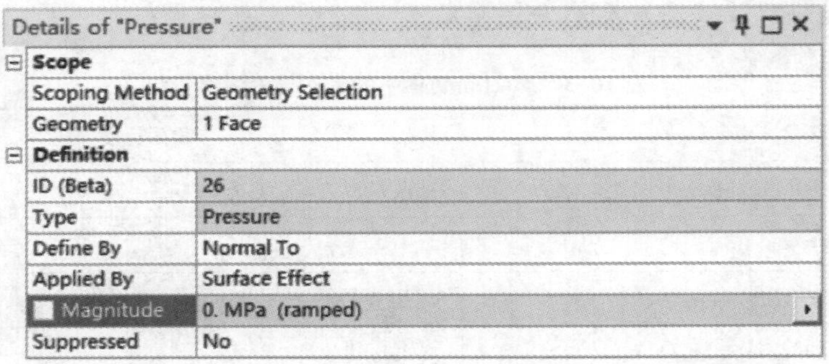

图 10-56 荷载的 Details 选项

下面介绍需要设置的 Details 选项：

(1)施加方式与范围

在 Details 中，Scope 部分用于定义载荷或边界条件的施加方式和范围。大部分的载荷或边界条件类型支持施加于几何对象，这时选择 Scoping Method（施加方式）为 Geometry Selection 即可，然后在图形窗口选择施加载荷的几何对象（如：1 个面），然后在 Details 中的 Geometry 中单击 Apply 按钮，Geometry 中显示 1 Face，表示 Pressure 作用于 1 个面上。也可以首先在图形窗口中选择要加载的表面，然后选择 Project 树中的 Static Structural 等分析类型分支，然后通过右键菜单 Insert→Pressure，施加压力载荷，这时 Pressure 的 Details 中 Geometry 区域直接显示 1 Face。

（2）施加的方向

很多载荷类型是与方向有关的，就需要指定作用的方向。以上述的 Pressure 载荷类型为例，在 Details 中设置 Define By 选项，可选择的选项（下拉列表显示）如图 10-57 所示。

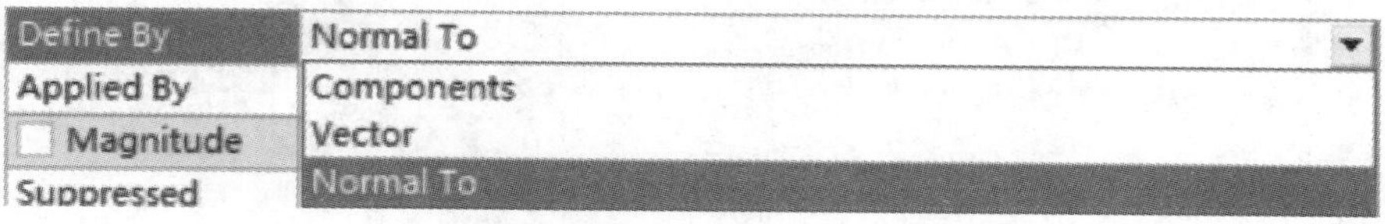

Define By	Normal To
Applied By	Components
Magnitude	Vector
Suppressed	Normal To

图 10-57　压力载荷的方向

选择 Normal To 表示 Pressure 作用沿着所施加表面的法向。选择 Vector 表示向量，这时还需要根据选择辅助面，根据其法向来决定加载方向，图形区域左下角的红黑箭头可用于更换向量的正负方向。选择 Components 是一种更常用的方法，只需将带有方向的载荷分解到坐标系的 X、Y、Z 方向，指定其三个分量 X Component、Y Component、Z Component 即可，如图 10-58 所示，这时要注意通过 Coordinate System 选择合适的坐标系。通过选择几何对象，然后在图形区域右键菜单中选择 Create Coordinate System，即可创建局部坐标系。用户创建的坐标系都在 Project 树的 Coordinate System 目录下。选择任意一个坐标系分支，然后在其 Details 中可对坐标系的类型或方向等进行进一步的设置。

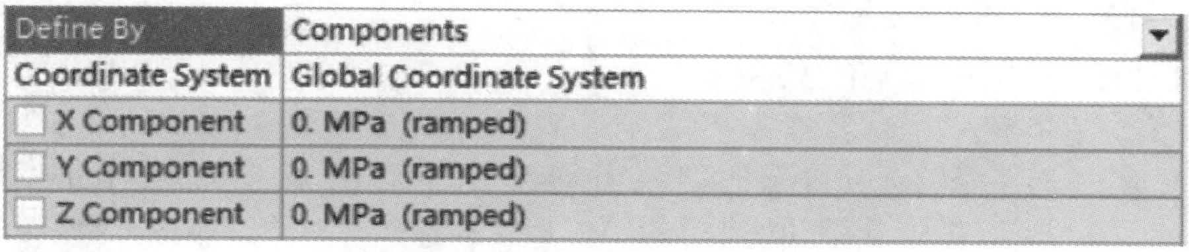

Define By	Components
Coordinate System	Global Coordinate System
X Component	0. MPa (ramped)
Y Component	0. MPa (ramped)
Z Component	0. MPa (ramped)

图 10-58　通过分量方式定义方向

（3）定义载荷的数值

载荷的数值可通过常数、表格或函数等方式指定。对于向量方式，定义 Magnitude 值，分量方式直接定义各分量值即可。如图 10-59 所示，定义 Magnitude 或分量时，在右侧下拉列表中选择定义方式。

选择 Constant 时，直接在文本框中输入数值。选择 Tabular 时，在右侧 Tabular Data 面板中输入载荷随时间变化的表格。选择 Function 时，直接在文本框中输入函数表达式，如图 10-60 所示，Magnitude 中输入的函数表示压力的数值是坐标 y 的函数。

在瞬态分析中施加的荷载通常是关于时间 time 的函数，比如表达式 10sin(2*time)，表示施加一个随时间简谐变化的荷载。

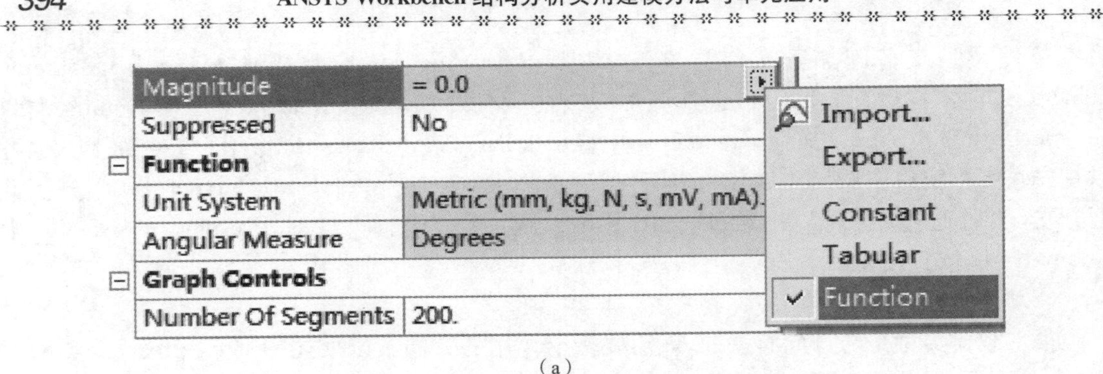

(a)

X Component	0. MPa (ramped)
Y Component	0. MPa (ramped)
Z Component	0. MPa (ramped)
Suppressed	No

Import...
Export...
Constant
Tabular
Function

(b)

图 10-59　设置载荷数值定义方式

Type	Pressure
Define By	Normal To
Applied By	Surface Effect
Magnitude	= 3*y

图 10-60　函数式加载

10.3　计算结果的查看与分析

计算完成后，对结果的查看和评价实际上也是分析的有机组成部分。本节重点介绍静力分析、瞬态动力分析、特征值分析以及热分析中的后处理操作。对于谐响应分析、响应谱以及随机振动分析，有关的后处理要点已经在 10.1 节中进行过讲解。

10.3.1　结构分析后处理方法

Mechanical 界面提供了丰富的结果后处理功能，可通过左侧 Project 树的 Solution 分支鼠标右键菜单 Insert 插入要查看的计算结果项目，如图 10-61 所示，其中凡是右侧有三角箭头的项目，表示下面还有子项。

可以通过等值线图(Contour)、矢量图(Vector)、动画(Animation)等方式来查看上述结果变量在结构上的分布情况。

无论求解前或求解后，在 Solution 分支下均可添加结果项目。如果是在计算之前添加结果项目，可在求解的同时获取结果。如果是在求解结束后添加的计算结果，可在 Solution 分支的右键菜单中选择 Evaluate All Results，评估所有的结果，如图 10-62 所示。

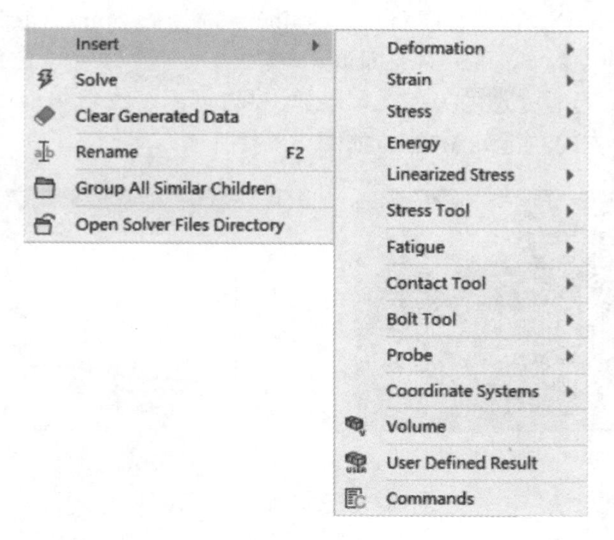

图 10-61　后处理查看项目

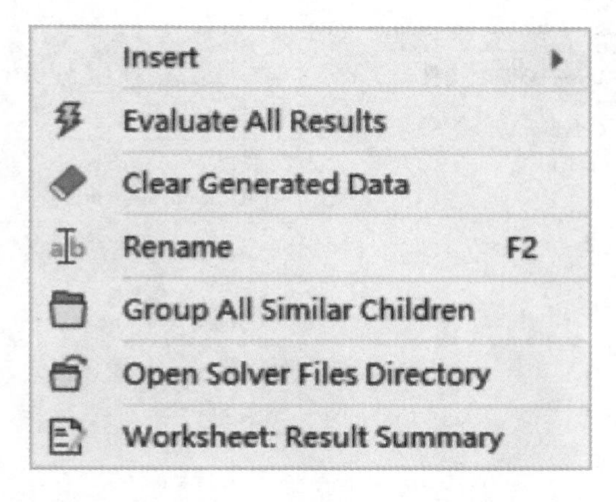

图 10-62　Solution 右键菜单

在 Model 分支的右键菜单中，还可以选择 Insert>Construction Geometry>Path 或 Surface，添加路径(Path)或切片(Surface)对象，如图 10-63 所示。

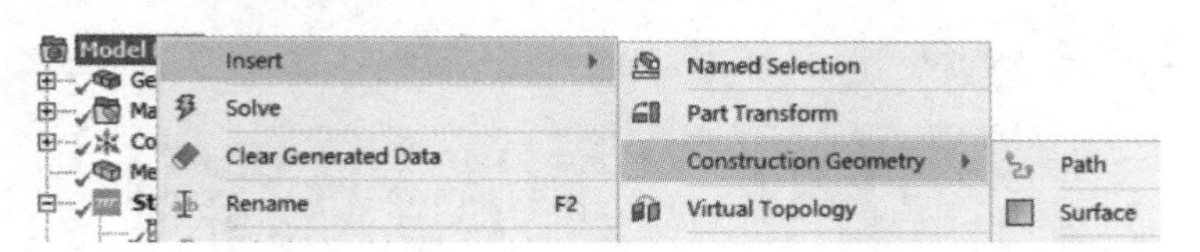

图 10-63　添加路径或切片

查看结果的 Path 分布图时，在 Solution 分支下添加分析结果项目，比如 Shear Stress 结果，在其 Details 设置中选择 Scoping Method 为 Path，并在 Path 中选择前面建立的 Surface 对象即可。如图 10-64(a)所示为模型中定义的 Path，图 10-64(b)为路径上的应力分布情况。

Surface 结果与 Path 结果类似，首先定义 Surface，然后在 Solution 分支下添加分析结果项目(比如 Shear Stress),在结果项目的 Details 中选择 Scoping Method 为 Surface,并在 Surface 中选择前面建立的 Surface 对象即可。

Probe(结果探针)是后处理的另一个有用的工具,可用于查看模型中特定位置处的结果,可以通过 Solution 分支的右键菜单插入,如图 10-65 所示。

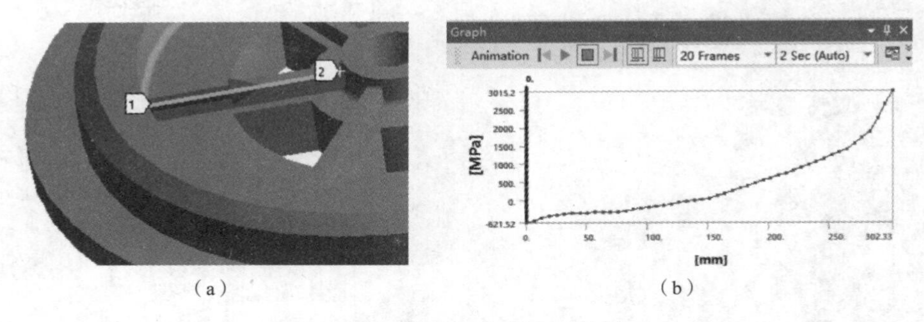

(a) (b)

图 10-64 定义 Path 并查看结果

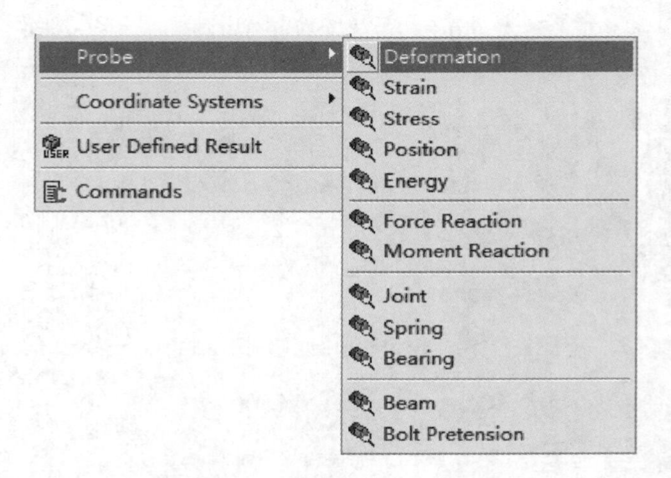

图 10-65 插入 Probe 结果

对于瞬态动力学分析,可利用 Probe 以曲线图以及数据表格方式显示相关结果量随时间的变化过程,如图 10-66 所示为某个 Vertex 的 Y 向位移 Probe 曲线。

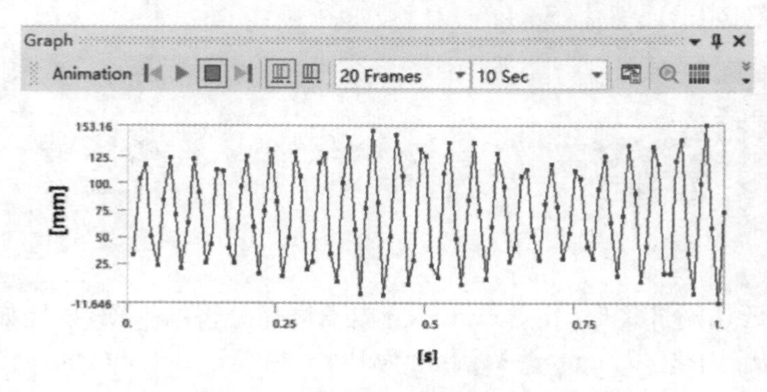

图 10-66 顶点的位移 Probe 曲线

10.3.2　特征值分析的后处理

对于特征值问题的后处理，主要是查看特征值以及特征变形。对于模态分析或屈曲分析，这些特征值具有不同的含义。下面分别介绍模态分析以及特征值屈曲分析中结果的含义。

1. 模态分析的结果

当模态计算完成后，在图形显示区域下方的 Graph 及 Tabular Data 区域，会通过柱状图以及表格的形式显示特征值结果。对于无阻尼模态分析，这些特征值就是结构的各阶自振频率。如图 10-67 所示为某个结构的频率列表，共提取了六阶模态。

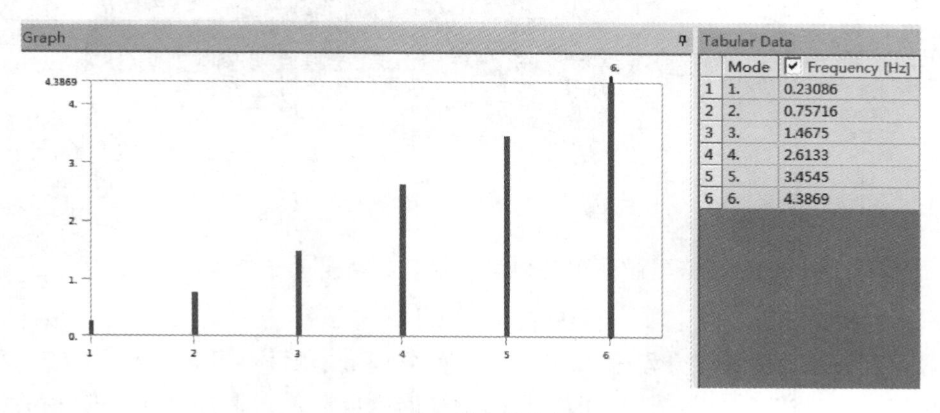

	Mode	Frequency [Hz]
1	1.	0.23086
2	2.	0.75716
3	3.	1.4675
4	4.	2.6133
5	5.	3.4545
6	6.	4.3869

图 10-67　频率计算结果

在 Graph 面板中选择某阶频率的条柱，或在 Tabular Data 中选择某一阶频率的单元格，按下鼠标右键，选择 Create Mode Shape Results 菜单，在 Project 树的 Solution 分支下就会增加一个 Total Deformation 子分支。或者在 Tabular Data 中用 Shift 键或 Ctrl 键选择多个或全部的模态频率，然后用鼠标右键菜单来创建所选的模态振型结果项目。在 Solution 分支的右键菜单中选择 Evaluate All Results，如图 10-68 所示，即可获得所需的振型结果。

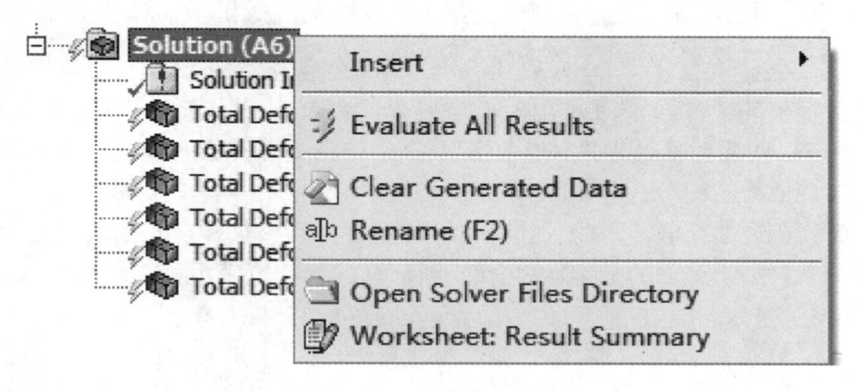

图 10-68　评估振型结果

选择每一个评估完成的振型变形结果分支，在图型显示区域即显示此模态的振型变形等值线图，如图 10-69 所示为一个悬臂板的一阶弯曲振型，图中也标注了该阶模态的频率值。在 Graph 区域出现动画播放控制条 Animation，可以通过动画播放来观察振型，或输出振型动画文件。

图 10-69 悬臂板的一阶弯曲振形

关于模态分析的结果，这里做简单的讨论。模态分析是基于如下的特征方程：

$$([K]-\omega^2[M])\{\varphi\}=0$$

计算得到特征值后代入方程得到的特征向量（方程组的解）实际上有无穷多组，这是因为特征方程为齐次线性方程组，按比例缩放后的特征向量依然是满足特征方程的。在计算中为了得到归一化的结果，通常是关于质量矩阵做归一化处理，即获得的模态变形满足下式：

$$\{\varphi_i\}^{\mathrm{T}}[M]\{\varphi_i\}=1$$

由此可见，模态变形只是相对值，没有物理意义。不能简单地认为，模态变形大的地方振动幅度就大，模态变形小的地方振动幅度就小。

2. 特征值屈曲分析的结果

特征值屈曲分析的结果后处理操作方法与模态分析相似。不同之处在于求解的特征方程不同，因此具有不同的物理意义。特征值屈曲问题的特征方程为：

$$([K]+\lambda[S])\{\psi\}=0$$

求解此特征值问题，得到的特征值 λ_i 称为临界屈曲因子，对应的特征向量 $\{\psi_i\}$ 为屈曲变形模式，$\lambda_i\{F\}$ 为第 i 阶屈曲临界荷载。通常情况下，由于只关心失稳的最低临界荷载，往往只需要计算第 1 阶屈曲模态即可。

为了便于得到屈曲荷载，通常施加的荷载采用单位荷载，这样计算出的特征值 λ_i 直接就是屈曲临界荷载。如果施加的是实际的荷载，则计算的特征值表示稳定承载力与实际承受荷载之比值，即安全系数。

10.3.3 热分析的后处理

热分析后处理可查看的量相对较少，计算结果同样是通过 Solution 分支的右键菜单添加。常见的分析结果项目包括温度、整体热通量、方向热通量，如图 10-70 所示。

除了直接查看物理量以外，还可以添加各种 Probe，提取模型中特定点的结果，比如温度、热通量、反作用热流、辐射等，如图 10-71 所示。

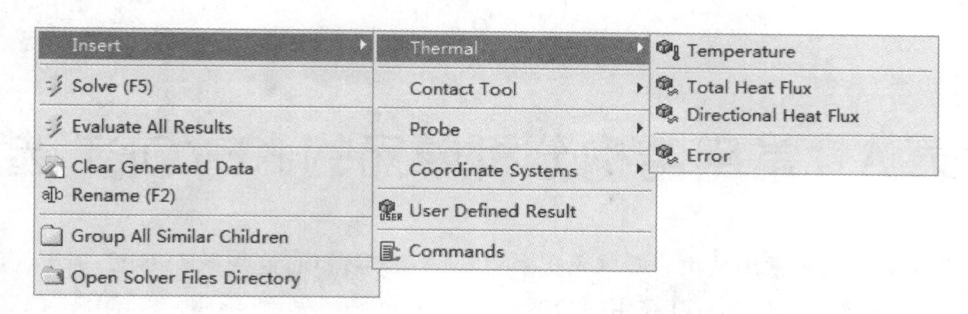

图 10-70　热分析的结果

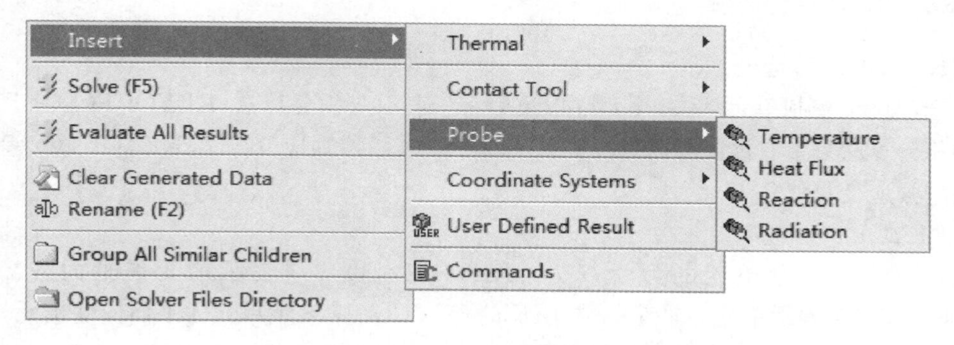

图 10-71　热分析的 Probe 项目

附录A 常用结构分析单元的KEYOPT选项

本附录列出部分常用结构分析单元类型的KEYOPT选项，这些KEYOPT选项可用于改变单元的算法和特性，供部分高级用户参考。

A.1 PLANE182单元选项

1. KEYOPT(1)选项

此选项用于控制单元算法。KEYOPT(1)=0表示全积分算法；KEYOPT(1)=1表示一致缩减积分算法且带有沙漏控制；KEYOPT(1)=2表示增强应变算法；KEYOPT(1)=3表示简化的增强应变算法。

2. KEYOPT(3)选项

此选项用于控制单元的力学行为。KEYOPT(3)=0表示单元是平面应力单元；KEYOPT(3)=1表示单元为轴对称单元；KEYOPT(3)=2表示单元为平面应变单元，Z方向应变等于0；KEYOPT(3)=3表示单元是平面应力单元但需要输入厚度；KEYOPT(3)=5表示单元是广义平面应变单元。

3. KEYOPT(6)选项

此选项用于控制单元自由度。其中，KEYOPT(6)=0为缺省选项，表示单元为纯位移单元；KEYOPT(6)=1表示单元为混合u-P单元，此算法不能用于平面应力情况。使用混合u-P算法时[KEYOPT(6)= 1]，必须使用稀疏矩阵直接求解器。

A.2 PLANE183单元选项

1. KEYOPT(1)选项

控制单元形状。当KEYOPT(1)=0时，此单元为8节点四边形单元，节点编号依次为I、J、K、L、M、N、O、P；如果节点K、节点L与节点O重合，则退化为三角形形式。当KEYOPT(1)=1时，此单元为6节点的三角形单元，节点编号顺次为I、J、K、L、M、N。

2. KEYOPT(3)选项

此选项用于控制PLANE183单元的力学行为。KEYOPT(3)=0表示单元是平面应力单元；KEYOPT(3)=1表示单元为轴对称单元；KEYOPT(3)=2表示单元为平面应变单元，Z方向应变等于0；KEYOPT(3)=3表示单元是平面应力单元但需要输入厚度；KEYOPT(3)=5表示单元是广义平面应变单元。

3. KEYOPT(6)选项

此选项用于控制单元的自由度和算法。其中，KEYOPT(6)=0为缺省选项，表示单元为纯位移单元；KEYOPT(6)=1表示单元为混合u-P单元，此算法不能用于平面应力情况。

A.3　SOLID185 单元选项

1. KEYOPT(2)选项

此选项用于控制单元算法。其中,KEYOPT(2)=0 为缺省选项,表示单元采用带有 B-Bar 的全积分算法;KEYOPT(2)=1 表示单元采用一致缩减积分且带有沙漏控制的算法;KEYOPT(2)=2 表示单元采用增强应变算法;KEYOPT(2)=3 表示单元采用简化的增强应变算法。

2. KEYOPT(3)选项

此选项用于控制单元的力学行为。KEYOPT(3)=0 是缺省选项,这种情况下 SOLID185 单元是匀质体单元;KEYOPT(3)=1 表示单元为多层复合材料单元。

3. KEYOPT(6)选项

此选项用于控制单元自由度算法。其中,KEYOPT(6)=0 为缺省选项,表示单元为纯位移单元;KEYOPT(6)=1 表示单元为混合 *u-P* 单元。

A.4　SOLID186 单元选项

1. KEYOPT(2)选项

此选项用于控制单元积分算法。其中,KEYOPT(2)=0 为缺省选项,表示单元采用一致缩减积分算法,此算法用于防止几乎不可压缩材料的体积锁定,但是当每个方向单元少于两层时会引起沙漏的传播;KEYOPT(2)=1 表示单元采用全积分算法,此算法一般用于线性分析或某个方向仅一层单元的情况。

2. KEYOPT(3)选项

此选项用于控制单元的力学行为。其中,KEYOPT(3)=0 是缺省选项,这种情况下 SOLID186 单元是匀质体单元;KEYOPT(3)=1 表示单元为多层复合材料单元。

3. KEYOPT(6)选项

此选项用于控制单元自由度算法。其中,KEYOPT(6)=0 为缺省选项,表示单元为纯位移单元;KEYOPT(6)=1 表示单元为混合 *u-P* 单元。

A.5　SOLID187 单元选项

SOLID187 单元的常用选项是 KEYOPT(6)选项,此选项用于控制 SOLID187 单元的算法。其中,KEYOPT(6)=0 为缺省选项,表示单元为纯位移算法;KEYOPT(6)=1 时单元为混合算法,单元中的静水压力是常数,推荐用于超弹性材料;KEYOPT(6)=2 时单元为混合算法,单元中的静水压力线性插值变化,推荐用于几乎不可压缩弹塑性材料。

A.6　SHELL181 单元

1. KEYOPT(1)选项

此选项用于控制单元刚度。KEYOPT(1)=0 为缺省选项,表示单元同时具有弯曲刚度和膜刚度;KEYOPT(1)=1 时,单元仅有膜刚度;KEYOPT(1)=2 时,单元不提供任何刚度,附着在实体单元表面,用于评估表面的应力和应变。

2. KEYOPT(3)选项

此选项用于控制积分选项。KEYOPT(3)=0 是缺省选项,表示单元采用有沙漏控制的缩减积分；KEYOPT(3)＝2时，单元采用带有非协调模式的全积分算法。

3. KEYOPT(5)选项

此选项用于控制曲面SHELL单元算法。KEYOPT(5)＝0为缺省选项，表示单元采用标准SHELL公式；KEYOPT(5)＝1时，单元采用高级SHELL公式，可以考虑壳的初始曲率效应。

4. KEYOPT(8)选项

此选项用于控制层数据存储。KEYOPT(8)＝0为缺省选项，表示对于多层SHELL单元，存储底层的底面以及顶层的顶面的数据；KEYOPT(8)＝1时，表示对于多层SHELL单元，存储每一层的顶面以及底面的数据；KEYOPT(8)＝2时，表示对于单层或多层SHELL单元，存储所有层的顶面、底面以及中面的数据。

5. KEYOPT(9)选项

此选项用于控制用户厚度选项。KEYOPT(9)＝0为缺省选项，表示没有用户子程序提供初始厚度；KEYOPT(9)＝1时，表示由用户子程序UTHICK中读取初始厚度数据。

A.7 SOLSH190单元

1. KEYOPT(2)选项

此选项用于控制增强横向剪切应变。其中，KEYOPT(2)＝0为缺省选项，表示单元没有横向增强剪切应变；KEYOPT(2)＝1表示单元包含横向增强剪切应变。

2. KEYOPT(6)选项

此选项用于控制单元算法。其中，KEYOPT(6)＝0是缺省选项，这种情况下SOLSH190单元采用纯位移算法；KEYOPT(6)＝1则表示单元采用混合u-P单元算法。

3. KEYOPT(8)选项

此选项用于控制层数据的存储。其中，KEYOPT(8)＝0为缺省选项，表示对于多层复合材料单元情况，存储底层的底面以及顶层的顶面的数据；选择KEYOPT(8)＝1选项时，表示对于多层复合材料单元，存储所有层的顶面和底面数据。

A.8 BEAM188单元

1. KEYOPT(1)

此选项用于控制单元算法。缺省为KEYOPT(1)＝0，一个节点有6个自由度，即UX、UY、UZ、ROTX、ROTY、ROTZ，不考虑截面翘曲。KEYOPT(1)＝1时，一个节点有7个自由度，即UX、UY、UZ、ROTX、ROTY、ROTZ、WARP，可以考虑双力矩和翘曲。

2. KEYOPT(2)

此选项用于控制大变形行为，仅用于打开几何非线性计算的情况(NLGEOM，ON命令)。缺省为KEYOPT(2)＝0，截面作为轴向拉伸的函数缩放；当KEYOPT(2)＝1时，截面被假设为刚性不变形。

3. KEYOPT(3)

此选项用于控制单元的轴向形函数阶次。缺省为KEYOPT(3)＝0，轴线方向为线性形函数，即挠度和转角按线性插值；当KEYOPT(3) ＝2时，采用二次形函数；当KEYOPT(3)＝3时，采用三次形函数，此选项能够减少单元的划分数量并获得精确解答。

4. KEYOPT(4)

此选项用于控制剪应力的输出。缺省为KEYOPT(4)=0,仅输出扭转相关剪应力;当KEYOPT(4)=1时,仅输出弯曲引起的横向剪应力;当KEYOPT(4)=2时,输出前述两种类型组合的剪应力。BEAM18X单元不能考虑截面剪应力的不均匀分布,如需要计算剪应力的精确分布时,可选择SOLID单元。

5. KEYOPT(11)

此选项用于控制截面属性。缺省为KEYOPT(11)=0,程序自动决定预积分的截面参数可否使用;当KEYOPT(11)=1时采用截面数值积分。

6. KEYOPT(12)

此选项用于控制变截面处理方式。缺省为KEYOPT(12)=0,线性渐变截面,截面属性参数按积分点位置处计算,是较为精确的计算方法;当KEYOPT(12)=1时采用平均截面分析,渐变截面按中点截面计算,是近似方法但速度快。

7. KEYOPT(15)

此选项用于控制结果文件格式。缺省为KEYOPT(15)=0,在每一个截面角节点位置存储平均的结果;当KEYOPT(15)=1时在截面积分点存储不平均的结果。

附录B　Mechanical界面常用快捷键汇总

本附录列出 Workbench 的结构分析组件 Mechanical 中常用的快捷键，供读者参考。

如图 B-1 所示的第一组快捷键为一些基本功能快捷键，其中：F3 键用于在模型树 Outline 中搜索信息；I 键用于打开或关闭选择对象信息面板；Ctrl＋O 和 Ctrl＋D 分别用于打开/关闭 Outline 面板和 Details 面板。

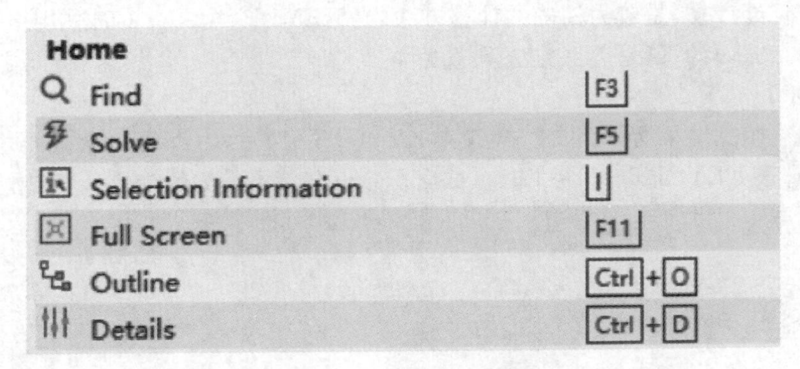

图 B-1　基本功能快捷键

如图 B-2 所示的第二组快捷键为视图显示控制键，其中，鼠标箭头用于平移模型，H 键用于恢复缺省视图，F6 键用于在各种视图之间快速切换。

Display	
Restore Default	H
Pan Up	Up Arrow
Pan Left	Left Arrow
Pan Down	Down Arrow
Pan Right	Right Arrow
Display	F6

图 B-2　显示控制快捷键

如图 B-3 所示的第三组快捷键为选择快捷键和运行宏快捷键。其中 Shift＋F 系列是常用的表面扩展选择快捷键。

如图 B-4 所示的第四组快捷键为动画播放控制快捷键。

如图 B-5 所示的第五组快捷键为 Graphics 工具栏快捷键。其中：F7 用于缩放视图以适应窗口；Ctrl＋P/E/F/B/N/L 分别用于切换至点、边、面、体、节点以及单元的选择模式。

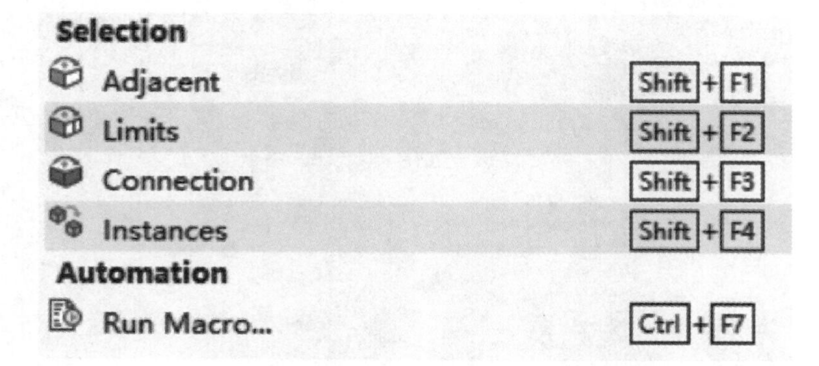

图 B-3　选择与宏运行快捷键

图 B-4　动画播放快捷键

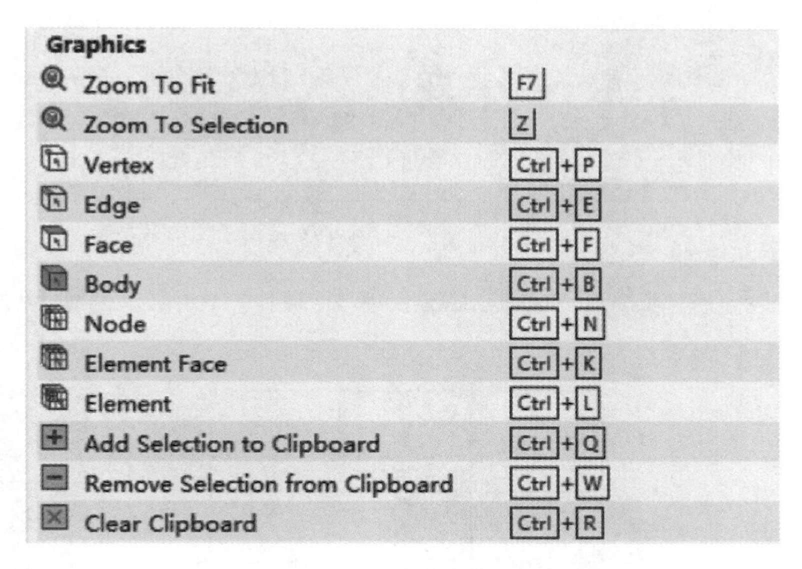

图 B-5　Graphics 工具栏快捷键

如图 B-6 所示的第六组快捷键为一组实用功能快捷键。其中：F9 和 Ctrl＋F9 分别用于隐藏体和隐藏所有其他的体；Shift＋F9 用于显示所有体；F8 和 Shift＋F8 分别用于隐藏和显示面；Ctrl＋C 用于复制图像到剪贴板；N 键用于创建 Named Selection；M 键用于通过 ID 选择节点或单元。

对于 2019R2 以上版本，顶部 Ribbon 工具栏还支持在按下 Alt 键后出现工具栏切换快捷键，如图 B-7 所示。

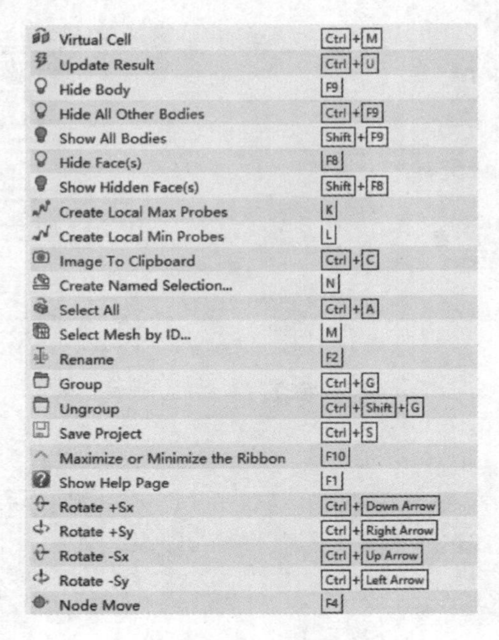

图 B-6 实用功能快捷键

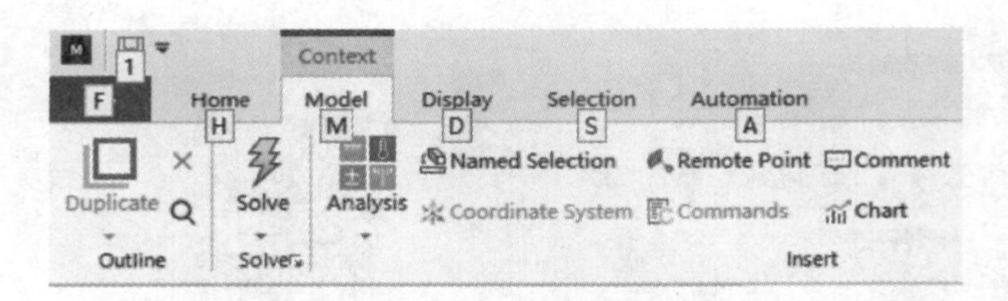

图 B-7 工具栏切换快捷键

此外，对于数字键盘(按下 NumLock 键)，还支持如图 B-8 所示的视图控制数字键快捷键。

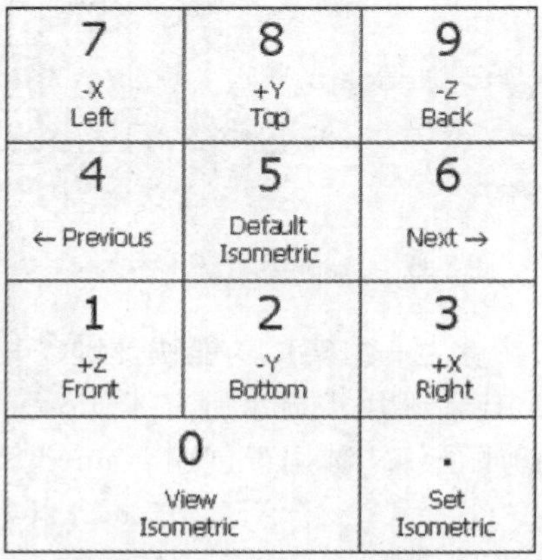

7 -X Left	8 +Y Top	9 -Z Back
4 ← Previous	5 Default Isometric	6 Next →
1 +Z Front	2 -Y Bottom	3 +X Right
0 View Isometric		. Set Isometric

图 B-8 视图控制数字键盘快捷键